仪 器 分 析

(第 2 版)

主 编 严拯宇
副主编 何 华 杜迎翔 沈卫阳
主 审 倪坤仪
编 者 (按姓氏笔画排序)
　　　　王志群 严拯宇 杜迎翔 肖 莹
　　　　何 华 沈卫阳 钟文英 倪坤仪

东南大学出版社
·南京·

内 容 提 要

本书以介绍药学领域常用的仪器分析方法为主要内容,全面地介绍了色谱分析和光谱分析的各种常用方法,简述了毛细管气相色谱法、微柱液相色谱法、高效毛细管电泳法、色质联用、^{13}C 核磁共振谱等新方法、新技术。本书各章附有内容小结,并附全部习题解答,便于学生自学。

本书适合作为高等院校药学各专业本科或专升本教材,也适合药学科研部门、管理部门、药检所、药厂等单位有关人员参考和作为培圳班教材。

图书在版编目(CIP)数据

仪器分析/严拯宇主编. —2 版. —南京:东南大学出版社,2009.12(2025.1重印)
 ISBN 978-7-5641-1945-4

Ⅰ. 仪⋯ Ⅱ. 严⋯ Ⅲ. 仪器分析-医学院校-教材
Ⅳ. O657

中国版本图书馆 CIP 数据核字(2009)第 216569 号

东南大学出版社出版发行
(南京四牌楼 2 号 邮编 210096)
出版人:白云飞
江苏省新华书店经销 江苏扬中印刷有限公司印刷
开本:787mm×1092mm 1/16 印张:26.75 字数:450 千字
2009 年 12 月第 2 版 2025 年 1 月第 16 次印刷
ISBN 978-7-5641-1945-4
印数:73001—74000 册 定价:60.00 元

(凡因印装质量问题,可直接与读者服务部联系。电话:025-83792328)

前 言

近年来,仪器分析飞速发展,新方法、新技术、新仪器层出不穷,仪器分析的应用日益普遍。仪器分析逐渐向药学、医学、生物学等领域渗透,特别是在新药研究、药物分析、临床检验、病因研究等方面都大量使用了仪器分析方法,其在药学专业中的重要地位日渐突出。

《仪器分析》第2版是在原教材的基础上,结合几年的使用及近年来药学类各专业函授教学的情况修订而成。在本教材的编写过程中,强调基本知识、基本思维、基本实验技能与其思想性、科学性、先进性和适应性等,力求使本教材适应高等院校药学及相关专业的学生、成人教育学生培养的特点,适应本课程的基本要求。

本次修订充分体现药学教育和药学成人教育的特点,基本维持一版的编写风格,教材内容包括电化学分析、光谱分析及色谱分析,删去了一版《滴定分析法简介》一章的内容;本书还附有9个仪器分析实验,供教学使用。

为了便于学生自学,本书每章后附有小结,对各章节的学习提出具体要求;在各章的习题部分补充了填空题和选择题,并在书后附有答案;全书最后附有本课程函授教学大纲,对各章节的学习按要求分为掌握、熟悉、了解三个层次;并附有自测题和模拟试卷,便于学生自学和自我测验。

本书主要供高等医药院校专升本学生、函授生及医药职工大学学生使用,也可作为高等医药院校仪器分析教学的主要参考书之一。

本书由严拯宇、何华、杜迎翔、沈卫阳、王志群、钟文英、肖莹等共同编写,倪坤仪教授对本书进行了仔细的审阅。分析化学教研室廖声华、徐光富、贾沪宁等年轻老师以及徐丽、刘明明、李丹、廖平、刘文一、单晓晖、徐之冀、何平、姜天玥等同学参加了大量的资料查阅和校对工作。在编写过程中得到了中国药科大学教务处、中国药科大学成人教育学院、中国药科大学基础部以及分析化学教研室全体老师的大力支持和帮助,在此一并表示感谢!

由于时间仓促,书中错误与不当之处恳请读者批评指正。

编 者
2009年8月

目 录

第一章 电位法及永停滴定法 (1)
- 第一节 电化学分析概述 (1)
- 第二节 电位法的基本原理 (2)
- 第三节 直接电位法 (7)
- 第四节 电位滴定法 (13)
- 第五节 永停滴定法 (17)
- 第六节 电化学生物传感器简介 (20)
- 学习指导 (23)
- 思考题 (24)
- 习题 (24)

第二章 紫外—可见分光光度法 (28)
- 第一节 电磁辐射与电磁波谱 (28)
- 第二节 基本原理 (30)
- 第三节 紫外—可见分光光度计 (36)
- 第四节 定性与定量分析方法 (40)
- 第五节 紫外吸收光谱与有机化合物分子结构的关系 (51)
- 学习指导 (57)
- 思考题 (58)
- 习题 (59)

第三章 荧光分析法 (61)
- 第一节 概述 (61)
- 第二节 基本原理 (61)
- 第三节 分子结构与荧光的关系 (65)
- 第四节 环境因素对荧光强度的影响 (67)
- 第五节 定量分析方法 (70)
- 第六节 荧光分光光度计 (71)
- 第七节 应用 (72)
- 学习指导 (73)
- 思考题 (74)
- 习题 (74)

第四章 红外分光光度法 (76)
- 第一节 概述 (76)
- 第二节 基本原理 (78)
- 第三节 典型光谱 (87)
- 第四节 红外分光光度计和实验技术 (98)

第五节 应用与示例……………………………………………………………(102)
  学习指导………………………………………………………………………(108)
  思考题…………………………………………………………………………(109)
  习题……………………………………………………………………………(109)

第五章 原子吸收分光光度法……………………………………………………(113)
  第一节 概述……………………………………………………………………(113)
  第二节 原理……………………………………………………………………(115)
  第三节 原子吸收分光光度计…………………………………………………(121)
  第四节 原子吸收定量分析方法………………………………………………(125)
  第五节 干扰及其抑制…………………………………………………………(128)
  第六节 应用与示例……………………………………………………………(130)
  学习指导………………………………………………………………………(133)
  思考题…………………………………………………………………………(135)
  习题……………………………………………………………………………(135)

第六章 核磁共振波谱法…………………………………………………………(138)
  第一节 概述……………………………………………………………………(138)
  第二节 基本理论………………………………………………………………(140)
  第三节 化学位移………………………………………………………………(144)
  第四节 自旋偶合和自旋系统…………………………………………………(151)
  第五节 核磁共振氢谱的解析方法与示例……………………………………(157)
  第六节 核磁共振碳谱简介……………………………………………………(160)
  第七节 核磁共振新技术简介…………………………………………………(166)
  学习指导………………………………………………………………………(169)
  思考题…………………………………………………………………………(170)
  习题……………………………………………………………………………(171)

第七章 质谱法……………………………………………………………………(175)
  第一节 概述……………………………………………………………………(175)
  第二节 质谱仪及其工作原理…………………………………………………(176)
  第三节 质谱……………………………………………………………………(180)
  第四节 分子式的测定…………………………………………………………(188)
  第五节 各类有机化合物的质谱………………………………………………(191)
  第六节 质谱的解析……………………………………………………………(195)
  学习指导………………………………………………………………………(200)
  思考题…………………………………………………………………………(201)
  习题……………………………………………………………………………(202)

第八章 平面色谱法………………………………………………………………(204)
  第一节 概述……………………………………………………………………(204)
  第二节 平面色谱法的分类与原理……………………………………………(205)
  第三节 薄层色谱法……………………………………………………………(208)
  第四节 纸色谱法………………………………………………………………(217)

  第五节 应用与示例 …………………………………………………………………… (219)
  学习指导 ………………………………………………………………………………… (223)
  思考题 …………………………………………………………………………………… (224)
  习题 ……………………………………………………………………………………… (225)

第九章 气相色谱法 …………………………………………………………………… (227)
  第一节 气相色谱法的分类和一般流程 …………………………………………… (227)
  第二节 气相色谱理论 ………………………………………………………………… (228)
  第三节 气相色谱固定相和流动相 …………………………………………………… (236)
  第四节 检测器 ………………………………………………………………………… (241)
  第五节 分离条件的选择 ……………………………………………………………… (245)
  第六节 毛细管气相色谱法 …………………………………………………………… (248)
  第七节 定性与定量分析 ……………………………………………………………… (253)
  第八节 应用与示例 …………………………………………………………………… (258)
  学习指导 ………………………………………………………………………………… (261)
  思考题 …………………………………………………………………………………… (263)
  习题 ……………………………………………………………………………………… (263)

第十章 高效液相色谱法 ………………………………………………………………… (266)
  第一节 概述 …………………………………………………………………………… (266)
  第二节 基本原理 ……………………………………………………………………… (267)
  第三节 固定相与流动相 ……………………………………………………………… (272)
  第四节 各类高效液相色谱法 ………………………………………………………… (280)
  第五节 微柱液相色谱法 ……………………………………………………………… (285)
  第六节 高效液相色谱仪 ……………………………………………………………… (288)
  第七节 高效液相色谱方法的选择与定性、定量方法 …………………………… (294)
  学习指导 ………………………………………………………………………………… (296)
  思考题 …………………………………………………………………………………… (297)
  习题 ……………………………………………………………………………………… (297)

第十一章 高效毛细管电泳法 …………………………………………………………… (301)
  第一节 概述 …………………………………………………………………………… (301)
  第二节 高效毛细管电泳法的理论 …………………………………………………… (301)
  第三节 高效毛细管电泳法的仪器和操作 …………………………………………… (308)
  第四节 分离类型及应用 ……………………………………………………………… (312)

第十二章 质谱联用技术 …………………………………………………………………… (319)
  第一节 概述 …………………………………………………………………………… (319)
  第二节 气相色谱/质谱联用法 …………………………………………………… (319)
  第三节 高效液相色谱/质谱联用法 ………………………………………………… (325)
  第四节 质谱/质谱联用法 ………………………………………………………… (327)

第十三章 药物分析方法的设计和验证 ………………………………………………… (330)
  第一节 药物分析方法的分类和设计 ………………………………………………… (330)
  第二节 分析方法的验证 ……………………………………………………………… (332)

  第三节 药物分析中的有效数字及运算法则……………………………………………(337)
  思考题……………………………………………………………………………………(339)
实　验……………………………………………………………………………………………(340)
  实验一 磷酸的电位滴定……………………………………………………………(340)
  实验二 邻二氮菲比色法测定水中含铁量…………………………………………(343)
  实验三 原料药品吸收系数的测定…………………………………………………(346)
  实验四 红外分光光度法测定药物的化学结构……………………………………(349)
  实验五 荧光分光光度法测定阿司匹林片中乙酰水杨酸和水杨酸………………(352)
  实验六 薄层色谱法分离复方新诺明片中 SMZ 及 TMP ………………………(354)
  实验七 酊剂中乙醇含量的测定(已知浓度样品对照法)………………………(357)
  实验八 程序升温毛细管气相色谱法测定药物中有机溶剂残留量………………(361)
  实验九 高效液相色谱柱的性能考察及分离度测试……………………………(363)
附录………………………………………………………………………………………………(369)
  附录1 主要基团的红外特征吸收峰………………………………………………(369)
  附录2 各种质子的化学位移………………………………………………………(375)
  附录3 质谱中常见中性碎片与碎片离子…………………………………………(378)
  附录4 气相色谱法重要固定液……………………………………………………(380)
  附录5 相对重量校正因子(f)………………………………………………………(382)
  附录6 高效液相色谱固定相……………………………………………………(384)
  附录7 常用式量表…………………………………………………………………(386)
  附录8 国际相对原子质量表(1995)……………………………………………(387)
自我测验题(一)…………………………………………………………………………………(389)
自我测验题(二)…………………………………………………………………………………(391)
模拟试卷…………………………………………………………………………………………(392)
《仪器分析》函授教学大纲……………………………………………………………………(395)
《仪器分析》面授辅导学时安排………………………………………………………………(399)
习题答案…………………………………………………………………………………………(400)
参考文献…………………………………………………………………………………………(420)

第一章 电位法及永停滴定法

第一节 电化学分析概述

一、电化学分析法

应用电化学原理进行物质成分分析的方法称为电化学分析(electrochemical analysis)。在进行电化学分析时,通常是将被测物制成溶液,根据它的电化学性质,选择适当电极组成化学电池,通过测量电池某种电信号(电压、电流、电阻、电量等)的强度或变化,对被测组分进行定性、定量分析。

二、电化学分析法分类

电化学分析方法可粗略地分为4类,如下所示。

1. 电解法(electrolytic analysis method) 是根据通电时,待测物在电池电极上发生定量沉积(或定量作用)的性质以确定待测物含量的分析方法。若是根据待测物在电极上发生定量沉积后电极的增重以确定待测物的含量,称为电重量法(electrogravimetry);若是根据待测物完全电解时消耗的电量以确定待测物的含量,称为库仑法(coulometry);若是以电极反应生成物进入溶液作为滴定剂,与溶液中待测物作用,根据滴定终点(可用指示剂指示)消耗的电量确定待测物的含量,称为库仑滴定法(coulome-tric titration)。电解法在分析中除作为测定方法外,还作为一种分离方法使用。

2. 电导法(conductometry) 是根据测量分析溶液的电导,以确定待测物含量的分析方法。直接根据测量的电导数据确定待测物的含量,称为电导分析法(conductometric analysis);若根据滴定过程中溶液电导的变化以确定滴定终点的方法,称为电导滴定法(conductometric titration)。

3. 电位法(potentiometry) 是根据测量电极电位(实为电池电动势),以确定待测物含量的分析方法。若是根据电极电位测量值,直接求算待测物的含量,称为直接电位法(direct potentiometry);若是根据滴定过程中电极电位的变化以确定滴定的终点,称为电位滴定法(potentiometric titration)。

4. 伏安法(voltammetry) 是将一微电极插入待测溶液中,利用电解时得到的电流—电压曲线为基础,演变出来的各种分析方法的总称。若微电极为滴汞电极,根据电解时的电流—电压曲线进行物质的定性、定量分析,称为极谱法(polarography);若在合适的某一恒定电压下,使待测物先在电极上析出,随后再用电学方法或化学方法使析出物溶解下来,根据析出物溶解时电流—电压或电流—时间曲线进行定性、定量分析,称为溶出法(stripping method);若在固定电压下,根据滴定过程中电流的变化以确定滴定的终点,则称为电流滴定法(amperometric titration)。

电化学分析法具有设备简单、操作方便、方法多、应用范围广和便于推广等优点,其中许多方法易于自动化,可用于连续、自动及遥控测定。另外,电化学分析法也有比较好的灵敏度、准确度与重现性。电化学分析是最早应用的仪器分析法,始于 19 世纪初,至今已有近 200 年的历史。在上世纪中期获得了新的推动力,目前仍属快速发展的学科。今后还会出现许多新方法,尤其在本身自动化和与其他分析方法联用技术方面,将会得到更快的发展。许多电化学分析法,既可定性又可定量,既可用于分析又可用于分离,既能分析有机物又能分析无机物,是仪器分析的一个重要组成部分,在生产、科研、医药卫生各个领域有着广泛的应用。

第二节　电位法的基本原理

一、相界电位与(金属)电极电位

金属晶体是由排列在晶格点阵上的金属正离子和在其间流动的自由电子组成。当把金属插入该金属盐的溶液中时,一方面金属表面的正离子受极性水分子的作用,有离开金属进入溶液中的倾向;另一方面,溶液中的金属离子与金属晶体碰撞,受自由电子的作用,有沉积到金属表面上(此外,还可能存在离子和极性分子选择性表面吸附)的倾向。这两种倾向引起电荷在相界面上的转移,都会破坏原来两相的电中性。由电荷转移造成金属与溶液中的多余正、负电荷,分别集中分布在界面的两边,形成了所谓的化学双电层(chemical double layer)。Ag 在 $AgNO_3$ 溶液中形成 Ag 带正电(有过剩的 Ag^+)、溶液带负电的双电层,Zn 在 $ZnSO_4$ 溶液中形成 Zn 带负电(有过剩的电子)、溶液带正电的双电层。双电层的形成抑制了电荷继续转移的倾向,达平衡态后,在相界两边产生一个稳定的电位差,称为相界电位(phase boundary potential),即溶液中的金属电极电位(electrode potential)。惰性金属,如铂金,可以看作是个"电子贮存器"。当把它插在含有某种物质的氧化态和还原态(如 Fe^{3+} 和 Fe^{2+})同时存在的溶液中时,也使金属带正电或负电,并与溶液在界面处形成双电层,最后达到平衡时,也建立起一个稳定的相界电位。金属越活泼,溶液中该金属离子的浓度越低,金属正离子进入溶液的倾向越大,电极还原性越强,电极电位越负;反之,电极氧化性越强,电极电位越正。

二、化学电池

化学电池(chemical cell)是由两个电极插在同一溶液内,或分别插在两个能够互相接触的不同溶液内所组成。化学电池有两种:一种是原电池(galvanic cell),原电池的电极反应是自发的,可产生电能;另一种是电解电池(或简称电解池,electrolytic cell),电解电池的电极反应不是自发的,而是当外接电源在它的两个电极上加一电动势后才能产生的,就是说,必须消耗电能才可使电解电池发生电极反应。

于一烧杯中盛 1 mol/L Zn^{2+} 溶液,其中插一金属锌片作为电极,于另一烧杯中盛 1 mol/L Cu^{2+} 溶液,其中插一金属铜片作为电极,两个烧杯用充有 KCl 及琼脂凝胶混合物的倒置 U 形管连接(这个 U 形管叫做盐桥,它可以提供离子迁移的通路,但又使两种溶液不致混合,并且还能消除液接电位),这样便组成一个我们熟知的 Daniell 电池。若用导线将两个电极连接起来,则金属 Zn 氧化溶解,Zn^{2+} 进入溶液。

$$Zn \rightleftharpoons Zn^{2+} + 2e^- \qquad \varphi^{\ominus}_{Zn^{2+}/Zn} = -0.763V$$

Cu^{2+} 还原成金属 Cu,沉积在电极上。

$$Cu^{2+} + 2e^- \rightleftharpoons Cu \qquad \varphi^{\ominus}_{Cu^{2+}/Cu} = +0.337V$$

这个自发电池的总反应为：
$$Zn+Cu^{2+} \rightleftharpoons Zn^{2+}+Cu$$

在不消耗电流的情况下，测量这个电池的电动势值为：
$$E=\varphi_{(+)}^{\ominus}-\varphi_{(-)}^{\ominus}=0.337-(-0.763)=1.100 \text{ (V)}$$

Cu 极为正极(cathode)，产生还原作用，Zn 极为负极(anode)，产生氧化作用。

另取一原电池，将其正极与 Daniell 电池的正极(Cu 极)连接，负极与 Daniell 电池的负极(Zn 极)连接。若是原电池的电动势小于 1.40 V，则 Daniell 电池仍按自发电池那样的电极反应产生电流，若是原电池的电动势等于 1.40 V，则 Daniell 电池不产生电极反应，无电流流动，若是原电池的电动势大于 1.40 V，则有方向相反的电流流过，Zn 电极处产生还原反应：
$$Zn^{2+}+2e^- \rightleftharpoons Zn$$

Cu 电极处产生氧化反应：
$$Cu-2e^- \rightleftharpoons Cu^{2+}$$

总的电池反应为：
$$Zn^{2+}+Cu \rightleftharpoons Zn+Cu^{2+}$$

这时的 Daniell 电池便成为一个电解电池，Zn 极产生还原作用，叫做阴极(cathode)，Cu 极产生氧化作用，叫做阳极(anode)。

若取两个铂金片作为电极，浸在 1 mol/L $HClO_4$ 溶液中，外加一电动势使有电流流通，则一个电极上产生 H_2，另一个电极上产生 O_2。即电解反应为：

$$2H^++2e^- \rightleftharpoons H_2 \qquad \varphi^{\ominus}=0.0000 \text{ V}$$

$$H_2O \rightleftharpoons \frac{1}{2}O_2+2H^++2e^- \qquad \varphi^{\ominus}=+1.23 \text{ V}$$

产生 H_2 的电极是阴极(发生还原反应)，产生 O_2 的电极是阳极(发生氧化反应)。电池表达式如下：

$$\underbrace{(-)\text{电极 a} | \text{溶液}(a_1) \| \text{溶液}(a_2) | \text{电极 b}(+)}_{E}$$
$$\quad\quad\text{阳极}\quad\quad\quad\quad\quad\quad\text{阴极}$$

电池电动势：$E=\varphi_b-\varphi_a+\varphi_{液接}=\varphi_{右}-\varphi_{左}+\varphi_{液接}$

当 $E>0$，为原电池；当 $E<0$，为电解池。

三、指示电极和参比电极

凡电极电位能随溶液中离子活度(或浓度)的变化而变化，也就是电位能反映离子活度(或浓度)大小的电极，称为指示电极(indicator electrode)。凡电极电位不受溶液组成变化的影响，且数值比较稳定的电极，称为参比电极(reference electrode)。

(一)指示电极

常用的指示电极有如下 4 类：

1. **第一类电极** 亦称金属电极($M|M^{n+}$)，是由金属插在该金属离子溶液中组成，金属离子浓度改变，电极电位也随之改变，故可用以测定金属离子浓度。例如，将 M 丝插入 M^{n+} 溶液，便构成这种电极，其平衡反应为：
$$M^{n+}+ne^- \rightleftharpoons M$$

电极电位为：

$$\varphi=\varphi^{\ominus}_{M^{n+}/M}+\frac{0.059}{n}\lg a_{M^{n+}}$$

如 Ag 电极反应：

$$Ag^{+}+e^{-}\rightleftharpoons Ag$$

电极电位为：

$$\varphi_{Ag^{+}/Ag}=\varphi^{\ominus}_{Ag^{+}/Ag}+0.059\lg a_{Ag^{+}}$$

较常用的金属电极有 Ag/Ag^{+}、Cu/Cu^{2+}、Zn/Zn^{2+}、Pb/Pb^{2+} 等。

2. **第二类电极** 亦称金属—难溶盐电极（$M|MX_n$），是由涂有金属难溶盐的金属插在难溶盐的阴离子溶液中组成。电极电位决定于阴离子浓度，故可用以测定阴离子浓度。此类电极可作为一些与电极离子产生难溶盐或稳定配合物的阴离子的指示电极。如对 Cl^- 响应的 Ag/AgCl电极。将涂有 AgCl 的银丝插在 KCl 溶液中，便构成这种电极，称为 Ag—AgCl 电极。电极反应为：

$$Ag+Cl^{-}\rightleftharpoons AgCl+e^{-}$$

电极电位与难溶盐的溶度积有关：

$$\varphi_{Ag^{+}/Ag}=\varphi^{\ominus}_{Ag^{+}/Ag}+0.059\lg a_{Ag^{+}}$$

$$a_{Ag^{+}}=K_{sp}/a_{Cl^{-}}$$

$$\varphi_{Ag^{+}/Ag}=\varphi^{\ominus}_{Ag^{+}/Ag}+0.059\lg K_{sp}-0.059\lg a_{Cl^{-}}=\varphi^{\ominus}_{AgCl/Ag}-0.059\lg a_{Cl^{-}}$$

3. **第三类电极** 第三类电极是由惰性金属插在含有不同氧化态的离子溶液中组成，称为惰性电极。惰性金属并不参与反应，仅供传递电子之用。电极电位决定于溶液中氧化态和还原态的浓度比，故可用以测定氧化态或还原态的浓度。例如，将铂金丝插入含有 Fe^{3+} 及 Fe^{2+} 的溶液，便构成这种电极。电极反应为：

$$Fe^{3+}+e^{-}\rightleftharpoons Fe^{2+}$$

电极电位为：

$$\varphi_{Fe^{3+}/Fe^{2+}}=\varphi^{\ominus}_{Fe^{3+}/Fe^{2+}}+0.059\lg\frac{a_{Fe^{3+}}}{a_{Fe^{2+}}}$$

可见 Pt 未参加电极反应，只提供 Fe^{3+} 及 Fe^{2+} 之间电子交换场所。$Pt|Ce^{4+},Ce^{3+}$ 电极等也是惰性电极。

4. **第四类电极** 第四类电极是由固体膜或液体膜为传感体以指示溶液中某种离子浓度的电极，称为膜电极。在这类电极上没有电子交换，电极电位的产生是由于离子交换和扩散的结果，其值也随溶液中膜电极响应的离子浓度（活度）而变。测定微量浓度的各种离子选择性电极和测定 pH 的玻璃电极均属此类。

作为指示电极，应符合下列基本要求：

(1) 电极电位与有关离子浓度（确切地说是活度）之间，应该符合 Nernst 方程式；
(2) 对有关离子的响应要快且能重现；
(3) 结构简单，便于使用。

(二) 参比电极

标准氢电极是测量电位值的基准，其制作和使用均较麻烦，故通常并不用它作为参比电极。常用的参比电极有下面两种，它们的电位是以标准氢电极为比较标准测得的。

1. **饱和甘汞电极（saturated calomel electrode，SCE）**

(1) 构成电极由两个玻璃套管组成，内管盛 Hg 和 $Hg-HgCl_2$ 糊状混合物，下端用浸有饱和KCl溶液的棉花(或纸浆)塞紧,上端封入一段铂金丝作为连接导线之用,外管下端用石棉丝或微孔玻璃片(或素烧瓷片)封住,内盛带有固体KCl的KCl饱和溶液。

(2) 电极组成:Hg|Hg$_2$Cl$_2$,KCl(x mol/L)‖,图1-1表示饱和甘汞电极的简单结构。

(3) 电极反应:Hg$_2$Cl$_2$(s)+2e$^-$ ⇌ 2Hg(l)+2Cl$^-$

(4) 电极电位:$\varphi_{Hg_2Cl_2/Hg} = \varphi^{\ominus}_{Hg_2Cl_2/Hg} - 0.059 \lg a_{Cl^-}$

可见电极电位与Cl$^-$的活度或浓度有关。当Cl$^-$浓度不同时,可得到具有不同电极电位的参比电极。

(5) 特点:① 制作简单、应用广泛;② 使用温度较低(<40℃)且受温度影响较大(当T从20℃至25℃时,饱和甘汞电极电位从0.247 9 V至0.244 4 V,ΔE=0.003 5 V);③ 当温度改变时,电极电位平衡时间较长;④ Hg^{2+}可与一些离子发生反应。

若外管内盛的是1 mol/L KCl或0.1 mol/L KCl溶液,则电极电位分别是0.280 V和0.334 V(25℃)。

2. Ag/AgCl电极(silver-silver chloride electrode)

(1) 构造:该参比电极由电极插入用AgCl饱和的一定浓度(3.5 mol/L或饱和)的KCl溶液中构成。结构类同甘汞电极,只是将甘汞电极内管中的Hg、Hg$_2$Cl$_2$、饱和KCl换成涂有AgCl的银丝即可。

(2) 电池组成:Ag|AgCl,(x mol/L)KCl‖

(3) 电极反应:AgCl+e$^-$ ⇌ Ag+Cl$^-$

(4) 电极电位:$\varphi = \varphi^{\ominus}_{Ag^+/Ag} - 0.059 \lg a_{Cl^-}$,饱和KCl的Ag-AgCl电极电位为0.197 1 V(25℃),1 mol/L和0.1 mol/L KCl的Ag-AgCl电极电位分别为0.222 V和0.288 V(25℃)。

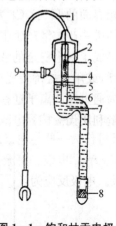

图1-1 饱和甘汞电极
1. 电极引线 2. 玻璃管
3. 汞 4. 甘汞糊(Hg$_2$Cl$_2$和Hg研成的糊) 5. 玻璃外套 6. 石棉或纸浆
7. 饱和KCl溶液 8. 素烧瓷片 9. 小橡皮塞

(5) 特点:可在高于60℃的温度下使用;较少与其他离子反应(如可与蛋白质作用)并导致与待测物界面的堵塞。

作为参比电极,应该符合下列基本要求:

(1) 电位稳定,可逆性好,在测量电动势过程中,有不同方向的微弱电流通过,仍能保持不变。

(2) 重现性好。

(3) 装置简单,使用寿命长。

(三) 参比电极使用注意事项

1. 为了防止试样对内部溶液的污染或因外部溶液与Ag$^+$、Hg^{2+}发生反应而造成液接面的堵塞,电极内部溶液的液面应始终高于试样溶液液面。

2. 上述试液污染有时是不可避免的,通常对测定影响较小。但如果用此类参比电极测量K$^+$、Cl$^-$、Ag$^+$、Hg^{2+}时,其测量误差可能会较大。这时可用盐桥(不含干扰离子的KNO$_3$或Na$_2$SO$_4$)来克服。

四、液接电位

(一) 液接电位的形成

当组成不同或浓度不同的两种电解质溶液相互接触时,由于离子扩散速度不同而在两溶液的界面处形成的电位差,称为液体接界电位(liquid junction potential),简称液接电位,用 E_j 表示。如图1-2所示,两份不同浓度的 HCl 溶液[$c(Ⅰ)<c(Ⅱ)$]相接触,H^+ 和 Cl^- 均由较高浓度[$c(Ⅱ)$]一方向较低浓度[$c(Ⅰ)$]一方扩散。由于 H^+ 在溶液中的移动速率比 Cl^- 快,越过相界面的 H^+ 比 Cl^- 多,因而在两相界面形成双电层,产生电位差。此电位差一经产生,对 H^+ 的进一步扩散产生阻碍作用,对 Cl^- 的扩散起促进作用,直到最后两种离子的扩散速度相等,形成了一个稳定的液接电位 E_j。在有液接电池中,通常用某种多孔物质隔膜将两种溶液隔开,或用一盐桥装置将两种溶液连接起来。多孔隔膜和盐桥的作用在于阻止两种溶液混合,又为通电时的离子迁移提供必要的通道。电位法测量主要利用有液接界电池,而永停滴定法测量利用无液接界电池。

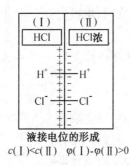
液接电位的形成
$c(Ⅰ)<c(Ⅱ)$ $φ(Ⅰ)-φ(Ⅱ)>0$

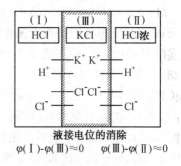
液接电位的消除
$φ(Ⅰ)-φ(Ⅲ)≈0$ $φ(Ⅲ)-φ(Ⅱ)≈0$

图 1-2 液接电位的产生和消除

(二) 液接电位的消除

液接电位常达几十毫伏,难以准确测定和计算,如不设法将其降至可忽略程度,必将影响电极电位的准确测定,实际工作中应消除。目前,在两个电解质溶液间连一个"盐桥"的做法是消除或减小液接电位最常用的方法。盐桥有多种类型,最简单的盐桥是以 U 形管内充满含3%琼脂的 KCl 饱和溶液制成,将其倒置,两端管口分别插入两种溶液,形成"盐桥"(如图 1-2 中所示)。盐桥能使液接电位大大减小,E_j 值与桥内盐的成分和浓度有关。

五、可逆电极和可逆电池

当一个无限小的电流以相反方向流过电极时(即电极反应是在电极的平衡电位下进行时),发生的电极反应是互为逆反应的,称为可逆电极反应。如果一个电极的电极反应是可逆的,并且反应速度很快,便称为可逆电极。如果电极反应不可逆,反应速度很慢,则称为不可逆电极。可逆电极达到平衡(电极)电位快,测量时电极电位稳定,受扰动后平衡(电极)电位恢复得也快。

组成电池的两个电极都是可逆电极时,这个电池称为可逆电池,如果两个电极或其中之一是不可逆的,则称为不可逆电池。只有可逆电池才能用经典的热力学处理。

六、极化和超电压

在电解时,电子从外部流入金属电极,在电极表面与溶液中的金属离子结合成金属,沉积在电极表面上。如果流入的电子都能立即与紧邻界面的金属离子结合成金属,而且紧邻界面的金属离子又能立即从大量溶液得到补充,则电极电位仍能维持原来的平衡状态。如果电子与金属离子结合的速度慢,或紧邻电极表面的金属离子得不到立即补充,则电极不能维持原来的平衡状态,电极电位必然改变。这种在电解过程中,电极电位与原来未电解时的平衡电位产生偏离的现象,称为极化(polarization)。由于电子与离子结合的速度慢而产生的极化,叫做电化学极化,由于金属离子补充不及而产生的极化,叫做浓差极化。对于阴极来说,极化使电极电位变得更负,对于阳极来说,极化使电极电位变得更正。

电化学电池中的两个电极的极化程度可以不同。在通过一定的电流之后,如果一个电极的电位偏离很大,而另一个电极的电位偏离很小,则相对地说,前者称为极化电极,后者称为不极化电极或去极化电极。

电解时,在一定的电流密度下,实际电极电位与平衡电极电位的差值,称为超电压(overpotencial)。超电压可以用来衡量电极极化的程度。由于电化学极化引起的超电压叫做活化超电压,由于浓差极化引起的超电压叫做浓差超电压。如取两个铂金片浸在 1 mol/L $HClO_4$ 溶液中,理论上外加电压达到 1.23 V 时便应开始电解,但实际上则必须达到 1.70 V。超出的 0.47 V 称为超电压,在这里主要是产 O_2 电极的超电压。

七、电极电位的计算和电池电动势的测量

一个电池的电动势应该等于：

$$E=(\varphi_+ - \varphi_-)+E_j+iR$$

如果用盐桥把液接电位 E_j 消除,控制通过的电流 i 极小,使由于电池内阻产生的电位降 iR 小到可以忽略不计,则电池的电动势便等于两个电极的还原电位之差,即：

$$E=\varphi_+ - \varphi_-$$

如果其中一个电极是参比电极,其电位值已知并恒定,则根据测量的电动势值便可算出另一个电极(指示电极)的电位值。再根据 Nernst 方程式,便可求出溶液中相关离子的浓度。

为了不使有显著电流流过电池,测量电动势时不能使用一般伏特计,必须使用电位计(potentiometer)按补偿法进行。

第三节　直接电位法

将合适的指示电极和参比电极插入阴(阳)离子的待测溶液中,测量所成电池的电动势。根据 Nernst 方程式电极电位与活度间的关系,求出离子活度的方法,叫做直接电位法(direct potentiometric method)。这里只介绍两种应用。

一、氢离子活度的测定——玻璃电极

(一) 参比电极

参比电极是电极电位恒定的去极化电极,以饱和甘汞电极(SCE)最为常用。

(二) 指示电极

氢电极、醌氢醌电极、锑电极和玻璃电极等都可用做指示电极。氢电极装置复杂,操作麻烦,非十分必要时不用,醌氢醌电极和锑电极目前已多为玻璃电极所代替,所以这里只着重讨论应用最广的玻璃电极。

1. 玻璃电极的构造　玻璃电极的构造如图 1-3 所示。它是由在玻璃管下端,接一软质

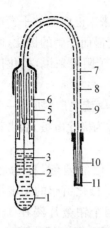

玻璃(组成为 Na_2O，CaO 和 SiO_2)的球形薄膜，其厚度不到 0.1 mm，膜内盛 0.1 mol/L HCl 溶液或含有一定浓度 NaCl 的 pH 为 4 或 7 的缓冲溶液，溶液中插入一根 Ag—AgCl 电极 (称为内参比电极)所构成。因为玻璃电极的内阻很高(~40 MΩ)，故导线及电极引出线都要高度绝缘，并装有屏蔽隔离罩，以免漏电和静电干扰。

2. 玻璃电极的原理 当玻璃膜的内外表面与水溶液接触时，都能吸收水分，形成一厚度为 $10^{-4}\sim10^{-5}$ mm 的溶胀水化层或硅胶层，硅胶层中的 Na^+(或其他 1 价离子)与溶液中的 H^+ 进行交换，使膜内外表面上 Na^+ 的点位几乎全被 H^+ 所占据。越进入硅胶层内部，交换的数量越少，即点位上的 H^+ 越来越少，Na^+ 越来越多。达到干玻璃层上便全无交换，亦即全无 H^+。由于溶液中的 H^+ 浓度与硅胶层中的 H^+ 浓度不同，H^+ 将由浓度高的一方向浓度低的一方扩散(负离子及高价正离子难以进出玻璃膜，故无扩散)，余下过剩的阴离子，因而在两相界面间形成一双电层，产生电位差。产生

图 1-3 玻璃电极
1. 玻璃膜球 2. 缓冲溶液 3. 银—氯化银电极 4. 电极导线 5. 玻璃管 6. 静电隔离层 7. 电极导线 8. 塑料高绝缘 9. 金属隔离罩 10. 塑料高绝缘 11. 电极接头

的电位差抑制 H^+ 继续扩散的速度，最后，当扩散速度不变，扩散作用达到动态平衡时，电位差也达到稳定。这个电位差值便是相界电位。参见图 1-4。

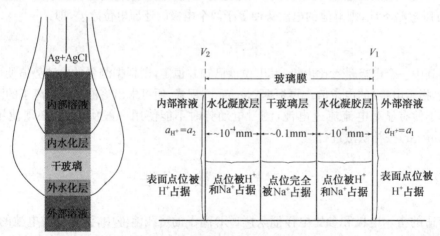

图 1-4 水化后玻璃膜电极示意图

电流通过干玻璃层，是通过 Na^+ 从一个点位到另一个点位的移动，在两个凝胶层内，电流是由 Na^+ 和 H^+ 两者传带，在凝胶—溶液界面上，电流的通过是由于 H^+ 的传递。

可以看出，整个玻璃膜的电位 E_m 是两个相界电位 V_1 和 V_2 之差，设 V_1 较正，则：

$$E_m = V_1 - V_2 \tag{1-1}$$

相界电位值按下式，遵守 Nernst 方程式关系(电位差均按膜对溶液而言)：

$$V_1 = K_1 + \frac{2.303RT}{F}\lg\frac{a_1}{a_1'}$$

$$V_2 = K_2 + \frac{2.303RT}{F} \lg \frac{a_2}{a_2'}$$

a_1 和 a_2 是外部溶液和内部溶液中的 H^+ 活度,a_1' 和 a_2' 是接触外部内部溶液的两个凝胶层中的 H^+ 活度。只要玻璃膜内外两个表面的物理性能相同,即两个表面上的 Na^+ 点位数相同,且已完全被 H^+ 所代替,则 $K_1 = K_2$,$a_1' = a_2'$,因此,得膜电位为:

$$E_m = V_1 - V_2 = \frac{2.303RT}{F} \lg \frac{a_1}{a_2}$$

(内部溶液对外部溶液而言)

因为 a_2 是个固定值,保持不变,故上式可写为:

$$E_m = K' + \frac{2.303RT}{F} \lg a_1 \tag{1-2}$$

K' 为常数,可见膜电位与外部溶液的 H^+ 活度的对数间有直线关系。整个玻璃电极的电位 E 为:

$$E_{玻} = E_m + \varphi_{AgCl/Ag} = K' + \varphi_{AgCl/Ag} - \frac{2.303RT}{F} pH \tag{1-3}$$

式中,T 为温度,F 为法拉第常数。

上式为 pH 溶液的膜电位表达式或采用玻璃电极进行 pH 测定的理论依据。

3. **玻璃电极的性能** 玻璃电极对 H^+ 很敏感,有高度选择性,达到平衡快,可以做得很小,能用于 1 滴溶液的 pH 测定,也可以连续测定,记录流动液的 pH,使用范围广。因为它是由膜电位确定 H^+ 活度,电极上无电子交换,所以不受溶液中存在的氧化还原剂的干扰,浑浊带色或胶态的液体 pH 也可测定。

$$E = K'' + \frac{2.303RT}{F} \lg a_{H^+} \tag{1-4}$$
$$= K'' - 0.059 pH \quad (25℃)$$

可知,溶液的 pH 每改变一个单位,电极电位应改变 0.059 V 或 59 mV(25℃),此值称为转换系数,若以 S 表示,则:

$$S = \frac{-\Delta E}{\Delta pH} \tag{1-5}$$

在使用玻璃电极所作的 $E-pH$ 曲线中,S 便是直线的斜率。通常玻璃电极的 S 值稍小于理论值(相差不超过 2 mV/pH)。在使用过程中,由于玻璃电极逐渐老化,S 值与理论值的偏离越来越大,最后不能再用。

一般玻璃电极的 $E-pH$ 曲线只在一定范围内呈直线,在较强的酸碱溶液中,便偏离直线关系。在 pH>9 的溶液中,普通玻璃电极对 Na^+ 也有响应,因而反应出的 H^+ 活度高于真实值,亦即 pH 读数低于真实值,产生负误差。这种误差叫做碱误差或钠误差。使用含 Li_2O 的锂玻璃制成的玻璃电极,可测至 pH13.5 也不产生误差。在 pH<1 的溶液中,普通玻璃电极反应出的 pH 高于真实值,产生正误差。这种误差叫做酸误差,其产生原因可能是由于大量水与 H^+ 水合,水的活度显著下降所致。

由于制造工艺等原因,使表面的几何形状不同、结构上的微小差异、水化作用等的不同,玻璃膜内外两个表面吸水形成凝胶层的能力并不完全相同,它们对 H^+ 交换的结果也不完全相同,当膜两侧溶液的 pH 相等时,两侧电位的差值($V_1 - V_2$)理应等于 0,可实际的 E_m 并不是 0,而是有几毫伏。这个电位叫做不对称电位(asymmetry potential)。不对称电位已包括在电极电位公式的常数项内,只要它维持常数,对测量 pH 便无影响。但是,在电极使用过程中,膜外表面可能受腐蚀、受污染、脱水等等,因此不对称电位常有轻微变动,不维持恒定值。不对称电位对 pH 测定的影响可通过充分浸泡电极和用标准 pH 缓冲溶液校正的方法加以消除。这就是 pH 测定前玻璃电极要充分浸泡的理由。

温度过低,玻璃电极的内阻增大,温度过高,对离子交换不利,所以一般玻璃电极最好在高于 0℃、低于 50℃ 温度范围内使用。

玻璃电极的电阻很大,所以组成电池的内阻很高,这就要求通过的电流必须很小,否则电位降 iR 便产生不可忽略的误差。为此,在用玻璃电极测量溶液的 pH 时,须使用输入电流很小(或者说输入阻抗很大)的电子管或晶体管电位计。

玻璃电极通过改变玻璃膜的结构可制成对 K^+、Na^+、Ag^+、Li^+ 等响应的电极。

(三) pH 测量原理和方法

以 pH 玻璃电极为指示电极、SCE 电极为参比电极,与待测溶液构成电池如下:

$$Ag|AgCl(s),HCl(0.1\ mol/L)|玻璃膜|待测溶液|KCl(s),Hg_2Cl_2(s)|Hg$$

竖线表示有电位的相界,共 5 处:

(1) Ag—AgCl 电极电位($\varphi_{Ag-AgCl}$);
(2) 玻璃电极内的 HCl 溶液与玻璃膜的内表面间的相界电位(V_2);
(3) 玻璃膜的外表面与待测溶液间的相界电位(V_1);
(4) 待测溶液与参比电极的饱和 KCl 溶液间的液接电位(E_j);
(5) SCE 电位(φ_{SCE})。

(1)和(5)的 $\varphi_{Ag-AgCl}$ 和 φ_{SCE} 值是固定的,(2)和(3)构成 E_m 玻璃电极的不对称电位,已包括在 E_m 的常数项内,(4)可通过盐桥加以消除。所以,电池的电动势(按饱和甘汞电极电位较高计算)为:

$$E = \varphi_{SCE} - \varphi_{玻} = \varphi_{SCE} - \varphi_{AgCl/Ag} - K' + \frac{2.303RT}{F}\text{pH}$$

$$= K + \frac{2.303RT}{F}\text{pH} = K + 0.059\text{pH} \quad (25℃)$$

$$K = \varphi_{SCE} - \varphi_{AgCl/Ag} - K' \tag{1-6}$$

由于液接电位未必能用盐桥完全消除,且其值常有微小变动,玻璃电极的不对称电位也常有微小变动,所以 K 值不能很好地维持在一恒定的值上。为了克服这一缺点,测量步骤如下。

先将玻璃电极与 SCE 插入一 pH 准确已知的标准溶液中,测量电动势,得:

$$E_s = K + \frac{2.303RT}{F}\text{pH}_s$$

再用待测溶液代替标准溶液测量电动势,得:

$$E_x = K + \frac{2.303RT}{F}\text{pH}_x$$

两式相减,并项,得

$$\text{pH}_x = \text{pH}_s + \frac{E_x - E_s}{2.303RT/F} \tag{1-7}$$

据 pH_s、E_s 和 E_x,按上式即可算出 pH_x。必须指出,饱和甘汞电极在标准溶液中和在待测溶液中的液接电位未必相同,两者的差值叫做残余液接电位(residual liquid-junction potential),其值不易知道,但只要标准溶液和待测溶液的离子强度和 pH 极其接近,残余液接电位便可小到接近于 0。通常 pH 的关系更为显著，为此，在选择标准溶液时，其 pH_s 必须尽量与待测溶液的 pH_x 接近。

我国标准计量局颁布有 6 种 pH 标准缓冲溶液，它们在不同温度的 pH_s 可见表 1-1。

表 1-1 6 种标准缓冲溶液的 pH_s

温度/℃	0.05 mol/L 草酸氢钾	25 ℃饱和 酒石酸氢钾	0.05 mol/L 邻苯二甲酸氢钾	0.025 mol/L 混合磷酸盐	0.01 mol/L 硼砂	25 ℃饱和 氢氧化钙
0	1.67	—	4.01	6.98	9.46	13.42
5	1.67	—	4.00	6.95	9.39	13.21
10	1.67	—	4.00	6.92	9.33	13.01
15	1.67	—	4.00	6.90	9.28	12.82
20	1.68	—	4.00	6.88	9.23	12.64
25	1.68	3.56	4.00	6.86	9.18	12.46
30	1.68	3.55	4.01	6.85	9.14	12.29
35	1.69	3.55	4.02	6.84	9.10	12.13
40	1.69	3.55	4.03	6.84	9.07	11.98
45	1.70	3.55	4.04	6.83	9.04	11.83
50	1.71	3.56	4.06	6.83	9.02	11.70
55	1.71	3.56	4.07	6.83	8.99	11.55
60	1.72	3.57	4.09	6.84	8.97	11.43
70	1.74	3.60	4.12	6.85	8.93	—
80	1.76	3.62	4.16	6.86	8.89	—
90	1.78	3.65	4.20	6.88	8.86	—
95	1.80	3.66	4.22	6.89	8.84	—

因为玻璃电极有许多优良性能，所以用玻璃电极和 pH 计作为工具，几乎可以解决所有 pH 测定问题。被测溶液可以带色、浑浊、黏稠，测前无需作预处理，测后溶液不致受破坏，在工业制造、科学研究、医药卫生、遥控监测等各方面可以广泛使用。

二、一些阴阳离子活度的测定——离子选择性电极

前面已经提过，在 pH>9 的溶液中，普通玻璃电极对 Na^+ 也有响应，若在 $a_{H^+} \leqslant 10^{-12}$ mol/L，$a_{Na^+} \geqslant 10^{-2}$ mol/L 的溶液中，几乎完全响应 Na^+。可见，用这种电极测量溶液的 pH，只有 a_{Na^+} 小到一定程度以下，才不干扰测定。如果把玻璃膜的成分改成 Na_2O、Al_2O_3 及 SiO_2，则电极响应 Na^+ 的能力大大提高，响应 H^+ 的能力大大降低，在 pH=11 的溶液中，可以用之作为指示电极测定 a_{Na^+}。总之，电极的响应都具有选择性，只有在其他离子响应能力极小的情况下，才具有"专属性"。

通常将对特定离子具有选择性响应，在一定条件下具有测定某种离子的"专属性"的这些电极，叫做离子选择性电极(ion selective electrode，ISE)。离子选择性电极是一类电化学传感器，它所指示的电极电位 E_{ISE} 值与溶液中相应离子活度 a_i 的关系符合 Nernst 方程，即 E_{ISE} 与 $\lg a_i$ 呈线性关系。应注意的是，离子选择性电极电位 E_{ISE} 不是由于氧化还原反应体系通过电子交换产生的，它与金属电极在基本原理上有本质的不同。

(一) 膜电位及其产生

膜电位＝扩散电位(膜内)＋Donnan 电位(膜与溶液之间)

1. 扩散电位 液液界面或固体膜内因不同离子之间或离子相同而浓度不同而发生扩散，即扩散电位。这类扩散是自由扩散，正负离子可自由通过界面，没有强制性和选择性。

2. Donnan 电位 选择性渗透膜或离子交换膜，它至少阻止一种离子从一个液相扩散至另一液相或与溶液中的离子发生交换。这样将使两相界面之间电荷分布不均匀，形成双电层，产生电位差，所以有 Donnan 电位。这类扩散具有强制性和选择性。

(二) 测定原理

离子选择性电极都属于膜电极。膜中有与待测离子相同的离子，膜的内表面与具有相同离子的固定浓度溶液接触，其中插一内参比电极，膜的外表面与待测离子溶液接触。与前述的玻璃电极相似，由于离子交换和扩散作用产生膜电位，因为内充溶液中有关离子的浓度恒定，内参比电极的电位固定，所以离子选择性电极的电极电位只随待测离子的活度不同而变化，并符合 Nernst 方程式：

$$\varphi = K + \frac{2.303RT}{nF} \lg a_{M^{n+}}$$

或：

$$\varphi = K - \frac{2.303RT}{nF} \lg a_{R^{n-}}$$

有些离子选择性电极与待测离子没有直接的离子交换平衡，而是通过诸如沉淀或配合平衡，影响膜上有关离子的活度，从而产生膜电位的变化，电极电位也符合 Nernst 方程式。

还有一些离子选择性电极的作用原理，目前仍不十分清楚。

(三) 离子选择性电极的构造

离子选择电极主要由两部分组成：

1. 敏感膜 敏感膜也称传感膜，它起着将溶液中特定离子的活度转变成电位信号—膜电位的作用。离子选择电极最重要的组成部分就是敏感膜，它决定着电极的性质，不同的电极具有不同的敏感膜。

2. 内导体系 内导体系一般包括内参比溶液和内参比电极，其作用在于将膜电位引出。

(四) 离子选择性电极的分类

1. 响应金属离子的玻璃膜电极 玻璃电极是最早使用的膜电极。20 世纪 30 年代，玻璃电极测定 pH 的方法是最为方便的方法(通过测定分隔开的玻璃电极和参比电极之间的电位差)。50 年代由于真空管的发明，很容易测量阻抗为 40 MΩ 以上的电极电位，因此其应用更加普及。利用不同成分的玻璃，可以制成不同的金属离子选择性玻璃膜电极，例如，用成分为 11% Na_2O,18% Al_2O_3 和 71% SiO_2 制成玻璃膜，接在玻璃管下端，管内充以 0.1 mol/L NaCl 溶液，插入一 Ag—AgCl 丝，便构成 Na^+ 选择性电极，用它可以在 pH 为 11 的溶液中测定浓度低至 pNa 达 5 的 Na^+, 2 800 倍以下的 K^+ 不致干扰。目前已有 Li^+、Na^+、K^+、Ag^+ 等金属离子以及 NH_4^+ 等玻璃膜电极问世。

2. 难溶无机盐的晶体电极及压片电极 用难溶盐的单晶切片作为电极膜制成离子选择性电极，可以测定一些阴离子和阳离子。例如，将 LaF_3 单晶(常加入少量 EuF_2 以增加导电性)，切成直径 1 cm 左右，厚约 1~2 mm 的薄片，用环氧树脂粘在塑料管的一端，管内充以 0.1 mol/L NaF 及 0.1 mol/L NaCl 溶液，插入 Ag—AgCl 电极作为内参比电极，即构成一 F^-

选择性电极(图1-5)。用它可以在pH为5.0~6.0的溶液中测定1~10^{-6} mol/L范围内的F^-浓度。

由于Ag_2S的导电性较好,所以常将它与别种难溶盐混合压成薄片,制成一些阴、阳离子的选择性电极。例如,Ag_2S与CuS,或CdS,或PbS混合压制成的膜电极,可以作为Cu^{2+}、Cd^{2+}、Pb^{2+}的选择性电极,Ag_2S与AgSCN,或AgCl,或AgBr,或AgI混合压制成的膜电极,可以作为SCN^-、Cl^-、Br^-、I^-的选择性电极。

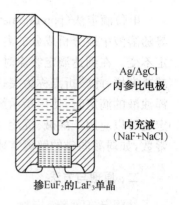

图1-5 F^-选择性电极

(五)离子选择电极响应机理、电位选择性系数、测量方法

1. 响应机理 离子选择电极的电位只与待测溶液中有关离子的活(浓)度有关,符合Nernst方程式:

$$\varphi = K \pm \frac{2.303RT}{nF}\lg a_i = K' \pm \frac{2.303RT}{nF}\lg c_i$$

阳离子时取"+"号,阴离子时取"-"号。

2. 电位选择性系数$K_{X,Y}$ 离子选择电极除对待测离子X响应外,还可对共存Y离子有响应,此时电极电位可用下式表示:

$$\varphi = K \pm \frac{2.303RT}{nF}\lg[a_X + K_{X,Y}(a_Y)^{n_X/n_Y}]$$

式中$K_{X,Y}$为电位选择性系数,它是指在相同条件下,同一离子选择电极对待测离子X和干扰离子Y响应能力之比,即提供相同电位响应的X离子和Y离子的活度比。

$$K_{X,Y} = \frac{a_X}{(a_Y)^{n_X/n_Y}}$$

$K_{X,Y}$越小,表示电极对X离子响应的选择性越高,Y离子的干扰作用越小。

$K_{X,Y}$不仅可用来估算电极选择性的误差,还可计算在一定误差要求下,允许干扰离子存在的最高浓度。

3. 测量方法 以离子选择电极为指示电极,饱和甘汞电极为参比电极,浸入待测试液中组成原电池,通过测原电池电动势进而求出待测离子的活(浓)度。

$$E = K \pm \frac{2.303RT}{nF}\lg c_i$$

测定时通常要在标准溶液和试样溶液中加入总离子强度调节缓冲剂(TISAB),它是一种不含被测离子、不与被测离子反应、不污染或损害电极膜的浓电解质溶液,以保持试样溶液与标准溶液有相同的pH离子强度和活度系数。

常用的方法有直接比较法、校正曲线法、标准加入法。

第四节 电位滴定法

一、概述

电位滴定法与永停滴定法是容量分析中用以确定终点或选择核对指示剂变色域的方法。选用适当的电极系统可以作氧化还原法、中和法(水溶液或非水溶液)、沉淀法、重氮化法或水分测定法等的终点指示。

电位滴定法(potentiometric titration)选用2支不同的电极。一支为指示电极,其电极电势随溶液中被分析成分的离子浓度的变化而变化;另一支为参比电极,其电极电势(位)固定不变。在到达滴定终点时,因被分析成分的离子浓度急剧变化而引起指示电极的电势突减或突增,此转折点称为突跃点,根据滴定试剂的消耗量计算待测物含量。在进行有色或浑浊液的滴定时,使用指示剂确定滴定终点会比较困难。此时可采用电位滴定法。电位滴定法可以应用于酸碱、沉淀、配合、氧化还原及非水等各种滴定,还可用以确定一些热力学常数,如弱酸弱碱的解离常数、配离子的稳定常数等。

二、原理与方法

(一)基本原理

各种滴定分析法都要研究滴定过程中有关离子浓度的变化情况,即绘制滴定曲线。酸碱滴定法用 $pH-V$ 关系绘制,沉淀滴定法用 $pAg-V$ 关系绘制,配合滴定法用 $pM-V$ 关系绘制,氧化还原滴定法用 $E-V$ 关系绘制。可见,只要选用适当的指示电极,配合参比电极与滴定溶液组成电池,测量滴定过程中电池电动势的变化,根据 Nernst 方程式关系可知,电极电位或电动势的变化,直接反映溶液中 pH、pAg、pM、E 等参数的变化,故以滴定剂体积与电动势作图,从得到的 $E-V$ 曲线,即滴定曲线,便可确定出滴定终点来。

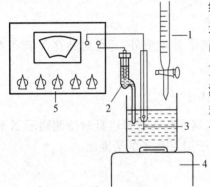

图 1-6 电位滴定装置图
1. 滴定管 2. 参比电极 3. 指示电极
4. 电磁搅拌器 5. pH-mV计

(二)仪器装置

电位滴定的仪器装置比较简单,见图1-6。

将盛有供试品溶液的烧杯置电磁搅拌器上,浸入电极,搅拌,并自滴定管中分次滴加滴定液;开始时可每次加入较多的量,搅拌,记录电位;至将终点前,则应每次加入少量,搅拌,记录电位;至突跃点已过,仍应继续滴加几次滴定液,并记录电位。

常见的电位滴定法电极系统见表1-2。

表 1-2 电位滴定法电极系统

方 法	指示电极	参比电极	说 明
酸碱滴定法	玻璃电极	饱和甘汞电极	
氧化还原滴定法	铂电极	饱和甘汞电极	铂电极用加有少量三氯化铁的硝酸或铬酸液浸洗
沉淀滴定法	银电极、离子选择电极	饱和甘汞电极	银量法用 KNO_3 外盐桥饱和甘汞电极
配位滴定法	pM汞电极、离子选择电极	饱和甘汞电极	
非水滴定法	玻璃电极	饱和甘汞电极	饱和甘汞电极套管内装氯化钾、无水甲醇溶液,玻璃电极用后立即清洗并浸在水中保存

(三)终点确定方法

在电位滴定时,边滴定边记录滴定剂体积 V 及电位计(或 pH 计)读数 E(或 pH)。在终点附近,因为电位变化逐渐加大,应减小滴定剂的每次加入量,并每加入一小份(如1滴)即记录一次数据,各次小份的体积最好一致,这样可使以后的数据处理较为方便、准确。

下面介绍几种数据处理和确定终点的方法。

1. $E-V$ 曲线法　用加入滴定剂的毫升数(V)为横坐标,电位计读数(E)为纵坐标画图,得 $E-V$ 曲线。曲线上的转折点即是终点。例如,根据表 1-3 的第一栏和第二栏数据作图,即得这样的曲线,见图 1-7(1)。

表 1-3　典型的电位滴定数据一例

(1) 滴定剂体积 V/mL	(2) 电位计读数 E/mV	(3) ΔE	(4) ΔV	(5) $\Delta E/\Delta V$ mV/mL	(6) 平均体积 $\bar{V}$/mL	(7) $\Delta(\Delta E/\Delta V)$	(8) $\Delta^2 E/\Delta^2 V$
0.00	114						
		0	0.10	0.0	0.05		
0.10	114						
		16	4.90	3.3	2.55		
5.00	130						
		15	3.00	5.0	6.50		
8.00	145						
		23	2.00	11.5	9.00		
10.00	168						
		34	1.00	34	10.50		
11.00	202						
		16	0.20	80	11.10		
11.20	218						
		7	0.05	140	11.225		
11.25	225						
		13	0.05	260	11.275	120	2 400
11.30	238						
		27	0.05	540	11.325	280	5 600
11.35	265						
		26	0.05	520	11.375	−20	−400
11.40	291						
		15	0.05	300	11.425	−220	−4 400
11.45	306						
		10	0.05	200	11.475		
11.50	316						
		36	0.05	72	11.75		
12.00	352						
		25	1.00	25	11.50		
13.00	377						
		12	1.00	12	13.50		
14.00	389						

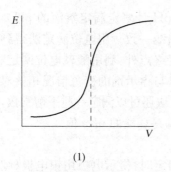
(1)

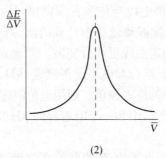
(2)

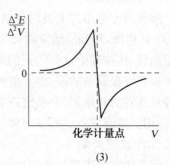
(3)

图 1-7　滴定数据处理曲线

2. $\Delta E/\Delta V - \bar{V}$ 曲线法　本法又称一级微商法。从图 1-7(1)可见,在远离终点处,V 改变一小份,E 改变很少,即 $\Delta E/\Delta V$ 较小,在靠近终点处,V 改变一小份,E 的改变逐渐加大,即 $\Delta E/\Delta V$ 逐渐增大,在终点时,V 改变一小份,E 改变最大,即 $\Delta E/\Delta V$ 达最大值。终点过后,$\Delta E/\Delta V$ 又逐渐减小。因此,以 $\Delta E/\Delta V$ 对 $\bar{V}$(两次体积的平均值)作图,得图 1-7(2)所示的曲线,与曲线最高点相应的体积即是终点。

数据处理方法可见表 1-3。与每个 $\Delta E/\Delta V$ 相应的滴定剂体积,都是取前后两个体积数据的平均值($\bar{V}$)。不经作图,只从表 1-3 也可看出 $\Delta E/\Delta V$ 最大值所相应的体积;最大值在 540~520 之间,相应的体积应为 11.35 mL。

3. $\Delta^2 E/\Delta^2 V - V$ 曲线法 本法又称二级微商法。$\Delta^2 E/\Delta^2 V$ 的含意是在 $\Delta E/\Delta V - V$ 曲线上,体积改变一小份所引起的 $\Delta E/\Delta V$ 的改变,即 $\Delta(\Delta E/\Delta V)/\Delta V$。从图 1-7(2)可见,在终点前,$V$ 变化一小份引起 $\Delta E/\Delta V$ 的变化逐渐加大,即 $\Delta^2 E/\Delta^2 V$ 逐渐加大,至终点附近达最大值,终点过后,V 增加一些,$\Delta E/\Delta V$ 减小一些,至终点附近,一小份 V 引起的 $\Delta E/\Delta V$ 的变化最大(负最大),恰在终点时,V 的变化所引起的 $\Delta E/\Delta V$ 的变化为零。以 $\Delta^2 E/\Delta^2 V$ 对 V 作图,得图 1-7(3)曲线。数据见表 1-3。$\Delta^2 E/\Delta^2 V$ 为 0 时相应的体积即终点体积。也可用内插法来计算终点体积。

例如,加入 11.30 mL 滴定剂时,$\Delta^2 E/\Delta^2 V = 5\,600$

加入 11.35 mL 滴定剂时,$\Delta^2 E/\Delta^2 V = -400$

按下图进行比例计算:

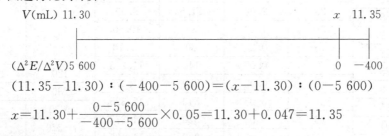

$(11.35-11.30):(-400-5\,600)=(x-11.30):(0-5\,600)$

$$x = 11.30 + \frac{0-5\,600}{-400-5\,600} \times 0.05 = 11.30 + 0.047 = 11.35$$

即滴定到达终点时,消耗滴定剂的体积应为 11.35 mL。

滴定前加入指示剂,观察终点前至终点后的颜色变化,以选定该品种终点时的指示剂颜色。

三、应用与示例

(一)酸碱滴定

酸碱滴定常用的电极对为玻璃电极与饱和甘汞电极,用 pH 计测定滴定溶液的 pH。以 pH 对 V 作图,得到的滴定曲线与酸碱滴定法中计算的滴定曲线一致。用电位滴定法得到的滴定曲线,比按理论计算得到的滴定曲线更切合实际。除确定终点外,利用酸碱电位滴定法,还可以研究极弱的酸碱、多元酸碱、混合酸碱等能否滴定,可以与指示剂的变色情况相核对以选择最适宜的指示剂,并确定正确的终点颜色。利用电位滴定法还可以测定一些平衡常数,例如,在用强碱滴定弱酸的滴定曲线上,中和一半时溶液的 pH 即是弱酸的 pKa 值。

(二)沉淀滴定

沉淀滴定常用银盐或汞盐做标准溶液,用银盐标准溶液滴定时,指示电极用银电极(纯银丝);用汞盐标准溶液滴定时,指示电极用汞电极(汞池,或铂丝上镀汞,或把金电极浸入汞中做成金汞齐)。在银量法及汞量法滴定中,Cl^- 都有干扰,因此不宜直接插入饱和甘汞电极,通常是用 KNO_3 盐桥把滴定溶液与饱和甘汞电极隔开。如氯、溴和碘离子混合物的电位滴定在沉淀电位滴定法中应用最多的是以 $AgNO_3$ 滴定卤素离子。

(三)配位滴定

EDTA 配位滴定金属离子是配位滴定中广泛应用的方法。按理可以用与被滴定的金属离子相应的金属电极作为指示电极,然而这些金属电极大多在金属离子活度范围变化较宽时,其电位与 Nernst 方程式不能完全相符,对溶解氧及其他共存离子多很敏感,因而不能用做指示电极。某些离子选择性电极虽可作为配位滴定的指示电极,但目前适用的还为数不多。

实际上现在多采用 Hg/Hg(Ⅱ)—EDTA 作为指示电极。这是在滴定溶液中加入少量极稳定的 Hg(Ⅱ)—EDTA 配合物,浓度约为 10^{-4} mol/L,插入汞电极及饱和甘汞电极,用 EDTA 标准溶液滴定,记录电池电动势及滴定剂体积并作图。只要金属与 EDTA 的配合物不如 Hg(Ⅱ)—EDTA 的配合物稳定,都可用这种方法进行电位滴定。

（四）氧化还原滴定

氧化还原滴定一般都用铂电极作为指示电极。为了响应灵敏,电极表面必须洁净光亮,如有沾污,需用热 HNO_3(或加入少量 $FeCl_3$)浸洗,必要时用氧化焰灼烧。滴定分析中所讲的氧化还原滴定,都可以用电位滴定法来完成。

以前已经讨论过,氧化还原滴定突跃范围的大小与两个电对的标准电极电位之差有关,差值愈大,突跃范围愈大,滴定准确度愈高。

（五）非水溶液滴定

在非水溶液电位滴定中,以酸碱滴定用得最多。

1. 滴定碱性物质时,常用的电极系统

（1）玻璃电极—甘汞电极或玻璃电极—银—氯化银电极:适用于在冰醋酸、醋酐、醋酸—醋酐混合液、醋酐—硝基甲烷混合液等溶剂系统中的滴定。

（2）四氯醌—四氯氢醌—甘汞电极:适用于在冰醋酸中滴定。

在上述滴定中,为了避免由甘汞电极漏出的水溶液干扰非水滴定,可采用饱和氯化钾无水乙醇溶液代替电极中的氯化钾饱和水溶液。滴定生物碱或有机碱的氢卤酸盐时,氯化物干扰滴定,可用适当的盐桥把甘汞电极与滴定溶液隔开。

2. 滴定酸性物质时,常用的电极系统

玻璃电极—甘汞电极:适用于在二甲基甲酰胺溶液中测定极弱的酸类。

在非水溶液中进行电位滴定时,常于介电常数较大的溶剂中加一定比例的介电常数较小的溶剂。这样,既容易得到较稳定的电动势,又能获得较大的滴定突跃。

第五节　永停滴定法

永停滴定法,又称死停滴定法(dead—stop titration)或死停终点法,采用 2 支相同的铂电极,当在电极间加一低电压(10～200 mV)时,若电极在溶液中极化,则在未到滴定终点时,仅有很小或无电流通过;但当到达终点时,滴定液略有过剩,使电极去极化,溶液中即有电流通过,电流计指针突然偏转,不再回复。反之,若电极由去极化变为极化,则电流计指针从有偏转回到零点,也不再变动。永停滴定法装置简单,准确度高,确定终点容易,已成为重氮化滴定及卡氏(Karl Fisher)水分测定确定终点的法定方法。永停滴定法属于电流滴定范畴。

一、原理

若溶液中同时存在某氧化还原电对的氧化形物质及其对应的还原形物质,如 I_2 及 I^-,插入一个铂电极时,按照 Nernt 方程式关系:

$$\varphi = \varphi^{\ominus} + \frac{0.059}{2} \lg \frac{c_{I_2}}{c_{I^-}^2} \qquad (25℃)$$

电极将反映出 I_2/I^- 电对的电极电位。若同时插入两个相同的铂电极,则因两个电极的电

位相同,电极间没有电位差,电动势等于 0。若在两个电极间外加一小电压,则接正极的铂电极将发生氧化反应:

$$2I^- \rightleftharpoons I_2 + 2e^-$$

接负极的铂电极上将发生还原反应:

$$I_2 + 2e^- \rightleftharpoons 2I^-$$

就是说,将产生电解。只有两个电极上都发生反应,它们之间才会有电流通过。当电解进行时,阴极(产生还原反应的铂电极)上得到多少电子,阳极(产生氧化反应的铂电极)上就失去多少电子,两个电极上得失的电子数总是相同。当溶液中电对的氧化形和还原形的浓度不相等时,通过电解池电流的大小决定于浓度低的那个氧化形或还原形的浓度,氧化形和还原形的浓度相等时电流最大。

像 I_2/I^- 这样的电对,在溶液中与双铂电极组成电池,给一很小的外加电压就能产生电解,有电流通过,称为可逆电对。

若溶液中的电对是 $S_4O_6^{2-}/S_2O_3^{2-}$,同样插入两个铂电极,同样给一很小的外加电压,由于只能发生反应:$2S_2O_3^{2-} \longrightarrow S_4O_6^{2-} + 2e^-$,不能发生反应:$S_4O_6^{2-} + 2e^- \longrightarrow 2S_2O_3^{2-}$,所以不能产生电解,无电流通过。这种电对叫做不可逆电对。只有当两个铂电极间的外加电压很大时,才会产生电解,但这是由于发生了其他电极反应所致。

永停滴定法便是利用上述现象以确定滴定终点的方法。在滴定过程中,电流变化可有 3 种不同情况。

(一)滴定剂属可逆电对,被测物属不可逆电对

用碘滴定硫代硫酸钠就是这种情况。将硫代硫酸钠溶液置烧杯中,插入两个铂电极,外加 10~15 mV 的电压,用灵敏电流计测量通过两极间的电流。在终点前,溶液中只有 $S_4O_6^{2-}/S_2O_3^{2-}$ 电对,因为它们是不可逆电对,虽有外加电压,电极上也不能产生电解反应。另外,溶液中虽然存在 I^-,阳极上似乎应有 I^- 氧化成 I_2 的可能,但因溶液中没有 I_2 存在,阴极上不可能发生 I_2 的还原反应,故电解反应同样不能发生。所以电流计指针一直保持停止不动。达到终点并有稍过量一些 I_2 后,溶液中有了 I_2/I^- 可逆电对,电极上产生电解反应,有电流通过两个电极,电流计指针开始偏转。终点过后,随着 I_2 浓度的逐渐增加,电解电流也逐渐增大。滴定过程中电流变化的情况如图 1-8 所示。

(二)滴定剂为不可逆电对,被测物为可逆电对

用硫代硫酸钠滴定碘即是这种情况。在终点前溶液中存在 I_2 及 I^-,有电流通过,并逐渐减小,终点后溶液中只有 $S_4O_6^{2-}/S_2O_3^{2-}$ 及 I^-,无电解发生,电流降到最低点并不再变化。情况如图 1-9 所示。

(三)滴定剂与被滴定剂均为可逆电对

用 Ce^{4+} 滴定 Fe^{2+} 即是这种情况。开始滴定前溶液中只有 Fe^{2+},因无 Fe^{3+} 存在,阴极上不可能有还原反应,所以无电解反应,无电流通过。当 Ce^{4+} 不断滴入时,Fe^{3+} 不断增多,因为 Fe^{3+}/Fe^{2+} 可逆,故电流也不断增大,当 $[Fe^{3+}]=[Fe^{2+}]$ 时,电流达到最大值,继续加入 Ce^{4+},Fe^{2+} 浓度逐渐下降,电流也逐渐下降,达到终点时电流降至最低点,终点过后,Ce^{4+} 过量,由于溶液中有了 Ce^{4+}/Ce^{3+} 可逆电对,$[Ce^{4+}]$ 不断增加,故电流又开始上升,情况如图 1-10 所示。

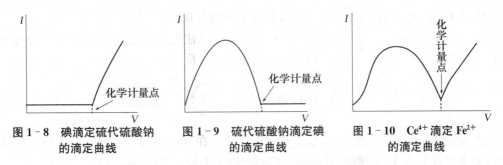

图 1-8 碘滴定硫代硫酸钠的滴定曲线　　图 1-9 硫代硫酸钠滴定碘的滴定曲线　　图 1-10 Ce^{4+} 滴定 Fe^{2+} 的滴定曲线

二、方法

永停滴定的仪器装置一般如图 1-11 所示。

图 1-11 中 B 为 1.5 V 干电池，R 为 5 000 Ω 左右的电阻，R' 为 500 Ω 的绕线电位器，G 为电流计（灵敏度为 $10^{-7} \sim 10^{-9}$ A/分度），R'' 为电流计的分流电阻，作为调节电流计灵敏度之用，E 和 E' 为两个铂电极。滴定过程中用电磁搅拌器搅动溶液。

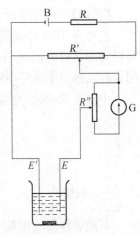

图 1-11 永停滴定的一般装置图

通常只需在滴定时仔细观察电流计指针变化，即可找到终点。必要时可每加一次标准溶液，测量一次电流。以电流为纵坐标，以滴定剂体积为横坐标作图，从中找出终点。用做重氮化法的终点指示时，使加于电极上的电压约为 50 mV。取供试品适量，精密称定，置烧杯中，除另有规定外，可加水 40 mL 与盐酸溶液（1→2）15 mL，而后置电磁搅拌器上，搅拌使溶解，再加溴化钾 2 g，插入铂-铂电极后，将滴定管的尖端插入液面下约 2/3 处，用亚硝酸钠滴定液（0.1 mol/L 或 0.05 mol/L）迅速滴定，随滴随搅拌，至近终点时，将滴定管的尖端提出液面，用少量水淋洗尖端，洗液并入溶液中，继续缓缓滴定，至电流计指针突然偏转，并不再回复，即为滴定终点。用做水分测定的终点指示时，使电流计的初始电流为 5～10 μA，待滴定到电流突增至 50～150 μA，并持续数分钟不退回，即为滴定终点。

三、应用与示例

永停滴定法简便易行、准确可靠，所以已有不少可逆或不可逆电对采用这种方法，测定它们的氧化形或还原形的含量。除上面已经介绍过的 I_2/I^-，$S_4O_6^{2-}/S_2O_3^{2-}$，Fe^{3+}/Fe^{2+}，Ce^{4+}/Ce^{3+} 外，还有 Br_2/Br^-，$Fe(CN)_6^{3-}/Fe(CN)_6^{4-}$ 等，甚至 MnO_4^- 及 H_2O_2 亦能测定。下面介绍两个典型例子。

1. 在进行 $NaNO_2$ 法滴定时，采用永停法确定终点比使用内外指示剂更加准确方便。例如，用 $NaNO_2$ 标准溶液滴定某芳香胺，终点前溶液中不存在可逆电对，故：

$$R-\text{\textcircled{}}-NH_2 + NaNO_2 + 2HCl \longrightarrow [R-\text{\textcircled{}}-\overset{+}{N}\equiv N]Cl^- + 2H_2O + NaCl$$

电流计指针停止在 0 位（或接近于 0 位）不动。达到终点并稍有过量的 $NaNO_2$，则溶液中便有 HNO_2 及其分解产物 NO 作为可逆电对同时存在，两个电极上起如下的电解反应：

阳极　　$NO + H_2O \longrightarrow HNO_2 + H^+ + e^-$

阴极　　$HNO_2 + H^+ + e^- \longrightarrow NO + H_2O$

电路中有电流通过,电流计指针显示偏转并不再回至 0 位。

2. 在进行 Karl Fisher 法测定微量水分时,采用永停法指示终点比用碘作为自身指示剂更加准确方便。样品中的水与 Karl Fisher 滴定剂起如下反应:

$$I_2 + SO_2 + 3\,C_5H_5N + CH_3OH + H_2O \longrightarrow 2\,[C_5H_5NH]I + [C_5H_5NH]SO_2CH_3$$

终点前溶液中不存在可逆电对,故电流计指针停止在 0 位不动。达到终点并稍有过量的 I_2,则溶液中便有 I_2 及 I^- 可逆电对同时存在,两个电极上起如下的电解反应:

阳极　　　$2I^- \longrightarrow I_2 + 2e^-$

阴极　　　$I_2 + 2e^- \longrightarrow 2I^-$

电路中有电流通过,电流计指针显示偏转并不再回至 0 位。

【示例】　永停法测定中成药中维生素 C 的含量

近年来,不少中成药中加入维生素 C 制成中西药复方制剂,以增强其疗效。由于与中成药浸膏配制成的制剂,采用《药典》方法测定其中的维生素 C 含量,则滴定终点难以判定。应用永停法测定中成药中维生素 C 含量,不需要过滤和加指示剂,可以消除溶液颜色的干扰。

中国药典(2005 年版)和美国药典(29 版)利用永停滴定法测定的药物以磺胺类为多。

第六节　电化学生物传感器简介

一、概述

不同学科间的相互渗透和彼此结合是当今科学技术发展的一个重要特征,分析检测技术的发展也不例外。同其他领域的检验工作一样,医药学及卫生检验亟待改进的问题之一,就是提高分析速度。而提高分析速度的障碍,主要是样品的前处理过程相当繁琐,因为实际样品中除被测组分外,常含有多种干扰测定的共存成分。所以如能研究出特异性能非常好的测定方法,便可以大大减少分离消除干扰的前处理过程,分析速度则可望大幅度提高。

物质之间具有较高的特异亲和力的例子,在生物体内比较多见,例如酶与底物之间、抗原与抗体之间、激素与受体之间等等。如果利用上述的生物材料作为选择性识别被测物的敏感成分,再利用电化学的原理和手段去检测敏感成分与被测物之间相互作用时所引起的变化,就能把生物学与电化学两种不同学科结合起来,建立一种跨学科的新的检测方法或技术,这是电化学生物传感器(electrochemical biosensor)研究工作者的出发点,而敏化离子选择电极中的酶电极就是这种传感器的一个分支。

二、电化学生物传感器的组成、分类和基本工作原理

电化学生物传感器又称生物敏电极,它由两部分构成。一部分是把生物体内成分、生物体本身(如微生物)或生物体的一部分(如组织)固定在惰性的疏水基质膜或多孔粒子上,形成能识别被测定物的敏感元件;第二部分是把敏感元件对被测物起作用时所产生的信息变化转变成电信号的所谓信号转换器件。

根据敏感元件中敏感材料识别物质的不同,生物传感器可分为酶传感器、微生物传感器、组织膜传感器、免疫传感器等 4 类。如果按信号转换的输出信号来分类,则可分为电位型生物

传感器和电流型生物传感器等。

(一) 酶传感器

酶传感器俗称酶电极,是最早出现的生物传感器,其敏感材料是具有生物活性的酶。利用酶对特定化学物质的选择性催化功能,使反应快速进行,而酶促反应过程中的底物或生成物的变化可用特定电极检测。现以研究得最为成熟的葡萄糖氧化酶传感器为例,说明生物传感器的工作原理。

葡萄糖氧化酶传感器的敏感元件是固定有葡萄糖氧化酶(GOD)的酶膜,即将葡萄糖氧化酶用适当的方法固定在乙酸纤维素等高分子多孔膜上,制成活性膜。再将其密封在 Clark 氧电极的透氧膜上,因此它的信号转换器是 Clark 氧电极。整个电极的结构和工作原理见图 1-12。

当将此电极浸入含葡萄糖的试液后,葡萄糖分子扩散进入酶膜,在 GOD 的催化作用下,发生如下反应:

$$\beta\text{-D-葡萄糖} + O_2 \xrightarrow{\text{GOD}} \text{葡萄糖酸内酯} + H_2O_2$$

反应结果导致试液中溶解氧浓度降低,因此氧电极的输出电流迅速下降。当本体溶液中的溶解氧向电极表面的扩散速度与电极上因酶反应而消耗氧的速度相等时,电极表面处溶解氧的量便不再变化,氧电极的输出电流便达到恒定值。反应前后氧电流的改变值与试液中葡萄糖的浓度在一定范围内成线性关系,根据电极输出电流的改变值可求出试样中葡萄糖的浓度。此法能在临床检验中用于测定体液中的葡萄糖含量。

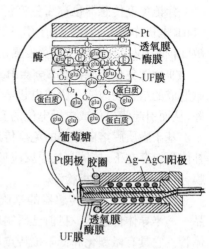

图 1-12 葡萄糖电极的结构和工作原理

同样,利用尿素在脲酶作用下生成氨和碳酸的反应原理,可以由脲酶固定化膜与氨气敏电极或 pH 玻璃电极组合制成尿素传感器等。

(二) 微生物传感器

将存活状态下的微生物用高聚物或高分子凝胶固定成微生物膜,再将它密封在电极表面,则可制成微生物传感器。由于微生物比酶易得且稳定,所以微生物传感器比较经济耐用。根据原理不同,微生物传感器又分为呼吸活性测定型和代谢产物型两类。

呼吸活性测定型微生物传感器由固定有好氧微生物的膜和氧电极组成。把传感器浸入含有机物的溶液中,有机物向微生物膜扩散并被微生物摄取,引起微生物的呼吸活性发生改变,导致溶液中溶解氧量变化,其减少值可用氧电极上的还原电流指示。这样,根据摄取有机物前后氧电流的差值,即可测出试液中有机物的含量。

代谢产物型微生物传感器,其原理是利用微生物摄取有机物后生成各种能在电极上反应的代谢产物,用电化学电极去检测这些电化学活性物质。由于试样中有机化合物的浓度与代谢产物的浓度具有相关性,因此从电极输出信号的强弱即可测定有机化合物的含量。

(三) 组织膜传感器

组织膜传感器是用生物组织薄片(动物或植物组织)为生物催化层,与气敏电极组成的传感器。其测定原理是被测化合物 A 经组织膜中的活性成分 B(如酶)的催化,生成对电极有响应的产物 P,通过测定 P 而求出 A 的量。

$$A \xrightleftharpoons{B} P$$

生物组织膜传感器的内敏感元件多用气敏电极，常用的有 NH_3、CO_2 和 O_2 气敏电极，而制备该传感器的关键是固定膜的制作技术。植物组织膜传感器常以瓜果（如木瓜、菠萝等）的组织薄片作生物催化剂，与 CO_2 或其他气敏电极组合而成；动物组织膜传感器的制备，要取新鲜组织（如牛、猪或兔的肝、肾等）切成薄片，制成组织膜，并加入 0.02% 叠氮钠溶液为防腐剂，装于气敏电极的透气膜上，再用透析膜片加以覆盖制得。

（四）免疫传感器

免疫传感器是在免疫测定法的基础上，利用抗体对抗原的识别功能和与抗原的结合能力而设计的新型传感器。它可分为标记的、非标记的和基于脂质膜溶菌作用的免疫传感器 3 类。

标记免疫传感器也称酶免疫传感器，通常用酶标记抗原或酶标记抗体作分子识别元件，Clark 电极作信号转换。由于用具有化学放大作用的酶作标记物，所以标记免疫传感器的灵敏度较高，可以作超微量的免疫测定。

非标记免疫传感器直接将抗体或抗原固定于膜或电极表面，当发生免疫反应后，抗体与抗原形成的结合物改变了膜或电极表面的物理性质，如表面电荷密度、离子在膜内的传质速度等，从而引起膜电位或电极电位的变化，由离子选择电极检测。其灵敏度不如标记法。

基于脂质膜溶菌作用的免疫传感器是将抗原固定在脂质膜表面，季铵离子作标示物。在补体蛋白存在下，抗体与抗原反应形成的复合物引起脂质膜的溶菌作用，于是标示物穿过脂质膜，由离子选择性电极检测。

在上述 4 种生物传感器的基础上，应用微电子技术的发展成果，又开发研制出第三代产品——半导体传感器。目前已研制出的半导体生物传感器有酶场效应晶体管和免疫场效应晶体管。它具有微型化和低阻抗特点，可以进行体内监测。

三、电化学生物传感器的特点和应用范围

电化学生物传感器具有以下特点：

1. 生物敏感电极特异性强　即选择性高，例如用上述葡萄糖电极测血糖，可从分离出的血清中直接测定，不需进行任何前处理。

2. 简单、快速　测定中除缓冲液外一般无需再加其他试剂。测定速度快，如使用流动注射装置，测定速度可达 50 个/h。

3. 电极寿命长　由于敏感物质是固定化的，测定中几乎没有消耗极可以反复测定。如葡萄糖电极最高可重复测定上千次。

4. 测试仪器简单，成本低，远非其他大型仪器设备可比　电化学生物传感器应用范围相当广泛，除医疗领域外，也可用于药物分析、食品检验、环境监测、发酵工业等。目前已研究的生物传感器约有上百种，世界上许多国家都在从事这方面的研究工作。我国从事生物传感器研究的单位也有几十家。据专家估计，21 世纪生物传感器将获得广泛应用，并将对医学、生物学乃至分析化学的发展起到重大作用。

学习指导

一、要求

1. 熟练掌握电位法的基本原理;掌握化学电池、相界电位、液接电位、可逆电极、指示电极、参比电极和不对称电位等基本概念。
2. 了解常用指示电极和参比电极的构造与原理。
3. 熟悉酸度计的原理、两次测量方法以及有关实验技术。
4. 掌握直接电位法中氢离子活度和其他离子选择性电极的测定方法。
5. 了解离子选择性电极的原理和性能;掌握电位滴定法的实验技术和确定电位滴定终点的方法。
6. 掌握永停滴定法的基本原理、滴定曲线、仪器装置和确定终点的方法。
7. 了解电位法和永停滴定法在药学中的基本应用,了解电化学生物传感器。

二、小结

(一) 直接电位法

1. 可逆电极和化学电池

(1) 可逆电极:电极反应为可逆反应,且反应速率较快的电极为可逆电极。组成电池的两个电极都是可逆电极的电池为可逆电池。

(2) 化学电池:有两个电极和电解液组成。根据电极反应是否自发产生,化学电池分为原电池和电解池两类。

2. 相界电位、液接电位、残余液接电位

(1) 相界电位:在不同相界接触的界面上由于带电质点的迁移,破坏了原来两相的电中性,正负电荷分别集中在相界面的两侧形成了双电层,达平衡后,双电层间的电位差称相界电位。

(2) 液接电位:两种不同组分的溶液或组成相同而浓度不同的溶液接触界面两边存在的电位差称液接电位。它是由于离子在通过相界面时扩散速率不同而形成的,因此又称扩散电位。常用盐桥减小或消除液接电位。

(3) 残余液接电位:用"两次测量法"测溶液 pH 时,饱和甘汞电极浸入标准溶液与浸入待测溶液中所产生的液接电位不可能完全相等,二者差值即为残余液接电位,其电位值约相当±0.01pH 单位。

3. 指示电极与参比电极

(1) 指示电极:电极电位随被测离子活(浓)度变化而变化的一类电极。常用的一类指示电极是金属基电极,它的响应机理是基于电子转移反应,包括金属-金属离子电极、金属-金属难溶盐电极、惰性金属电极。另一类指示电极称膜电极,又称离子选择电极,响应机理是基于离子交换和扩散。

(2) 参比电极:在一定条件下,电极电位基本恒定的电极。电位法常用的参比电极有饱和甘汞电极和银-氯化银电极。

4. 直接电位法测溶液 pH 的原理和方法

(1) 测量原理:玻璃电极(指示电极、负极)与饱和甘汞电极(参比电极、正极)浸入试液中组成原电池,此原电池电动势 E 与试液 pH 间有如下关系:

$$E = \varphi_+ - \varphi_- = \varphi_{SCE} - \varphi_{玻} = K' + \frac{2.303RT}{F}\text{pH}$$

(2) 测量方法:由于上式中 K' 既不能准确测量,又不易由理论计算求得,因此,采用"两次测量法",将 K' 互相抵消。

5. 离子选择电极是在特定条件下有选择性响应的电极,其电极电位随待测离子的活度不同而变化,并符合 Nernst 方程。

(二) 电位滴定法与永停滴定法

电位滴定法与永停滴定法的对比如下:

方法名称	化学电池	电极体系	测定物理量	终点确定
电位滴定法	原电池	指示—参比	电压	电位变化
永停滴定法	电解池	双铂	电流	电流变化

1. **电位滴定法及其确定终点的方法** 将合适的指示电极和参比电极浸入待测试液中组成原电池,借助滴定过程中电动势(或指示电极电位)突跃确定滴定终点的方法。确定终点的方法有:① $E-V$ 曲线法(曲线的拐点);② $\Delta E/\Delta V - \bar{V}$ 曲线法(曲线的最高点);③ $\Delta^2 E/\Delta V^2 - \bar{V}$ 曲线法(二阶微商为零之点)。

电位滴定法具有客观可靠、准确度高、易于自动化、不受溶液有色或浑浊的限制等优点,特别适用于没有合适指示剂的滴定反应,并常用于确定指示剂的变色终点以及评价新的滴定法方法终点判断的可行性。

2. **永停滴定法及其确定终点的方法** 永停滴定法又称双电流法或双安培滴定法。是将两支完全相同的铂电极插入待测试液中,在双铂电极间外加一小电压,根据可逆电对(电极反应是可逆的电对),通过观察滴定过程中电流的变化确定滴定终点的方法。

永停滴定法是重氮化滴定和 Karl Fischer 测定微量水分的常用滴定终点判断方法,其滴定曲线根据电流变化的特性分为可逆电对滴定不可逆电对、不可逆电对滴定可逆电对和可逆电对滴定可逆电对三种类型。通常是根据 $I-V$ 曲线确定滴定终点时的体积 V_e,常见的有三种类型 $I-V$ 曲线。药物分析中磺胺类药物含量测定常用永停滴定法和外指示剂法配合确定滴定终点。

(三) 电化学生物传感器的组成和分类

电化学生物传感器由两部分构成。第一部分是把生物体内成分、生物体本身(如微生物)或生物体的一部分(如组织)固定在惰性的疏水基质膜或多孔粒子上,形成能识别被测定物的敏感元件;第二部分是把敏感元件对被测物起作用时所产生的信息变化转变成电信号的所谓信号转换器件。

根据敏感元件中敏感材料识别物质的不同,生物传感器可分为酶传感器、微生物传感器、组织膜传感器、免疫传感器等四类。如果按信号转换的输出信号来分类,则可分为电位型生物传感器和电流型生物传感器等。

电化学生物传感器应用范围除医疗领域外,也可用于药物分析、食品检验、环境监测、发酵工业等。

思考题

1. 电位法中,何谓指示电极?何谓参比电极?
2. 简述玻璃电极测定溶液 pH 采用两次测量法的意义。
3. 简述永停滴定法基本原理及特点。
4. 列表说明各种电位滴定法中所选用的指示电极和参比电极。
5. 下列方法中测量电池各属什么电池?
   (1) 直接电位法;(2) 电位滴定法;(3) 永停滴定法。
6. 玻璃电极的 pH 使用范围是多少?什么是碱差和酸差?
7. 离子选择电极有哪些类型?
8. 什么是"总离子强度调节缓冲剂(TISAB)"?加入它的目的是什么?
9. 图示并说明电位滴定法及各类永停滴定法如何确定滴定终点。
10. 生物传感器可分哪几类?

习 题

一、填空题

1. 参比电极应具备_____、_____、_____等特性。
2. 在电位滴定中,几种确定终点方法间的关系是,在 $E-V$ 图上的_____,就是一次微商曲线上的_____,也就是二次微商曲线上_____的点。
3. 用直接电位法测定溶液的 pH,常用_____为指示电极,_____为参比电极,采用

_____法测定。

4. 永停滴定法中,用 I_2 溶液滴定 $Na_2S_2O_3$ 溶液,滴定曲线的形状为_____,该曲线以_____为纵坐标。

5. 电位分析中,电位保持恒定的电极称为_____,常用的有_____。

6. 用 pH 玻璃电极测定强酸溶液时,测得的 pH 比实际数值_____,这种现象称为_____。测定强碱时,测得的 pH 比实际数值_____,这种现象称为_____。

7. 电位法测量常以_____作为电池的电解质溶液,浸入两个电极,一个是指示电极,另一个是参比电极,在零电流条件下,测量所组成的原电池_____。

8. 永停滴定法使用的电极对是_____,电位滴定法测某酸时使用的电极对是_____。

9. pH 玻璃电极膜电位的产生是由于_____。

10. 25 ℃时,用玻璃电极测定溶液的酸度时,电池电动势与 pH 的关系是_____。

二、选择题

1. 用 NaOH 滴定草酸的滴定体系中应选用(　　)为指示电极。
   A. 玻璃电极　　　B. 甘汞电极　　　C. 银电极　　　D. 铂电极

2. pH 玻璃电极产生的不对称电位来源于(　　)。
   A. 内外玻璃膜表面特性不同　　　B. 内外溶液中 H^+ 浓度不同
   C. 内外溶液的 H^+ 活度系数不同　D. 内外参比电极不一样

3. pH 玻璃电极的膜电位产生是由于测定时,溶液中的(　　)。
   A. H^+ 穿过了玻璃膜
   B. 电子穿过了玻璃膜
   C. Na^+ 与水化玻璃膜上的 K^+ 交换作用
   D. H^+ 与水化玻璃膜上的 H^+ 交换作用

4. 玻璃电极的内参比电极是(　　)。
   A. Pt 电极　　　　　　　　　B. Ag 电极
   C. Ag—AgCl 电极　　　　　　D. 石墨电极

5. 测定溶液 pH 时,用标准缓冲溶液进行校正的主要目的是消除(　　)。
   A. 不对称电位　　　　　　　B. 液接电位
   C. 不对称电位和液接电位　　D. 温度

6. 液接电位的产生是由于(　　)。
   A. 两种溶液接触前带有电荷　　　B. 两种溶液中离子扩散速度不同所产生的
   C. 电极电位对溶液作用的结果　　D. 溶液表面张力不同所致

7. 测量溶液 pH 通常所使用的两支电极为(　　)。
   A. 玻璃电极和饱和甘汞电极　　　B. 玻璃电极和 Ag—AgCl 电极
   C. 玻璃电极和标准甘汞电极　　　D. 饱和甘汞电极和 Ag—AgCl 电极

8. 电位滴定法测定时,确定滴定终点体积的方法是(　　)。
   A. 比较法　　　B. 二阶微商法　　　C. 外标法　　　D. 内标法

9. 现采用双指示电极安培滴定法(永停法)以 Ce^{4+} 滴定 Fe^{2+},下述滴定曲线中正确的是(　　)。

A. 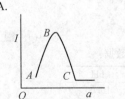　　B. 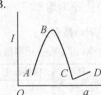　　C. 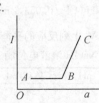　　D.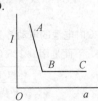

10. 下列(　　)可用永停滴定法指示终点进行定量测定。
    A. 用碘标准溶液测定硫代硫酸钠的含量

B. 用基准碳酸钠标定盐酸溶液的浓度
C. 用亚硝酸钠标准溶液测定磺胺类药物的含量
D. 用 Karl Fischer 法测定药物中的微量水分

11. 玻璃电极使用前,需要( )。
   A. 在酸性溶液中浸泡 1 小时　　B. 在碱性溶液中浸泡 1 小时
   C. 在水溶液中浸泡 24 小时　　　D. 测量的 pH 不同,浸泡溶液不同

12. 在电位滴定中,以 $\Delta E/\Delta V - \bar{V}$($E$ 为电位,V 为滴定剂体积)作图绘制滴定曲线,滴定终点为( )。
   A. 曲线的最大斜率点　　　　　　B. 曲线的最小斜率点
   C. $\Delta E/\Delta V$ 为零时的点　　　　D. $\Delta E/\Delta V$ 为最大时的点

13. 玻璃电极使用前必须在水中浸泡,其主要目的是( )。
   A. 清洗电极　　B. 活化电极　　C. 校正电极　　D. 清除吸附杂质

三、计算题

1. 将一 ClO_4^- 选择性电极插入 50.00 mL 某高氯酸盐待测溶液,与饱和甘汞电极(为负极)组成电池,测得电动势为 358.7 mV,加入 1.00 mL 0.050 0 mol/L $NaClO_4$ 标准溶液后,电动势变成 346.1 mV。求待测液中 ClO_4^- 浓度。 (1.50 mmol/L)

2. 用 Ca^{2+} 选择性电极测定 $a_{Ca^{2+}}$ 时,几种离子的选择性系数值如右表所示。

干扰离子,Y	$K_{Ca,Y}$
Mg^{2+}	0.040
Ba^{2+}	0.021
Zn^{2+}	0.081
K^+	6.6×10^{-5}
Na^+	1.7×10^{-4}

在 1.00×10^{-3} mol/L Ca^{2+} 纯溶液中,测得电位为 +300.0 mV。若是在同样浓度的 Ca^{2+} 溶液中还含有:1.00×10^{-3} mol/L Mg^{2+},1.00×10^{-3} mol/L Ba^{2+},5.00×10^{-4} mol/L Zn^{2+},0.10 mol/L K^+ 及 0.050 0 mol/L Na^+,则电极电位有多大?若是这些干扰离子的浓度都相同,则哪种离子对 Ca^{2+} 测定的干扰最大(计算时可用浓度代替活度)? (301.2 mV;Zn^{2+})

3. 有下列电池:
Bi/BiO^+(0.050 mol/L),H^+(1.00×10^{-2} mol/L),H^+(1.00×10^{-2} mol/L) ‖ I^-(0.100 mol/L),AgI(s)/Ag。已知:$K_{sp(AgI)} = 8.3 \times 10^{-17}$,$\varphi_{BiO^+/Bi}^{\ominus} = 0.160$ V,$\varphi_{Ag^+/Ag}^{\ominus} = 0.799$ V。计算电池电动势,并说明是原电池还是电解池。 (−0.15 V,电解池)

4. 用下列电池按直接电位法测定草酸根离子浓度:
(−)Ag|$Ag_2C_2O_4$(固体饱和),$C_2O_4^{2-}$(未知浓度) ‖ KCl(饱和),AgCl(固体饱和)|Ag(+)
   (1) 导出 $pC_2O_4^{2-}$ 与电池电动势之间的关系式。
   (2) 若将一未知浓度的草酸钠溶液置入此电池,在 25℃时测得电池电动势为 0.402 V,Ag—AgCl 电极为负极。计算未知溶液的 $pC_2O_4^{2-}$。 (3.82)

5. 为测定吡啶与水之间的质子转移反应的平衡常数,
$$C_5H_5N + H_2O \rightleftharpoons C_5H_5NH^+ + OH^-$$
装置下列电池,

$$(-)Pt,H_2(20\ kPa)\left|\begin{array}{l}C_5H_5N(0.189\ mol/L)\\C_5H_5NH^+Cl^-(0.053\ 6\ mol/L)\end{array}\right\|\begin{array}{l}Hg_2Cl_2(饱和)\\KCl(饱和)\end{array}\right|Hg(+)$$

若 25℃时电池的电动势为 0.563 V,上列反应的平衡常数(K_b)是多少? (1.70×10^{-9})

6. 下面是用 0.125 0 mol/L NaOH 溶液电位滴定 50.00 mL 某一元弱酸的数据:

体积/mL	pH	体积/mL	pH	体积/mL	pH
0.00	2.40	36.00	4.76	40.08	10.00
4.00	2.86	39.20	5.50	40.80	11.00
8.00	3.21	39.92	6.51	41.60	11.24
20.00	3.81	40.00	8.25		

(1) 绘制滴定曲线；

(2) 绘制 $\Delta pH/\Delta V - \bar{V}$ 曲线；

(3) 绘制 $\Delta^2 pH/\Delta^2 V - V$ 曲线；

(4) 计算样品酸溶液的浓度； (0.100 mol/L)

(5) 计算弱酸的电离常数为多少？ (1.55×10^{-4})

7. 氟化镧（LaF_3）电极可用于硝酸镧电位滴定氟离子，也能用于直接电位法测定氟离子。现用 0.033 18 mol/L 的硝酸镧溶液电位滴定 100.0 mL 的 0.030 93 mol/L 氟化钠溶液，滴定反应为：

$$La^{3+} + 3F^- \rightleftharpoons LaF_3 \downarrow$$

用固体 LaF_3 膜电极（F^- 选择性电极）为指示电极，饱和甘汞电极为参比电极。得如下的滴定数据：

$La(NO_3)_3$ 体积/mL	电动势读数/V	$La(NO_3)_3$ 体积/mL	电动势读数/V
0.00	−0.104 6	31.20	+0.065 6
29.00	−0.024 9	31.50	+0.076 9
30.00	−0.004 7	32.50	+0.088 8
30.30	+0.004 1	36.00	+0.100 7
30.60	+0.017 9	41.00	+0.106 9
30.90	+0.041 0	50.00	+0.111 8

(1) 用已知的氟化钠和硝酸镧溶液的浓度以及氟化钠溶液的体积，计算应需的滴定剂体积。算得的结果与电位法所确定的终点相比较，有无不同？如何解释？ (31.09 mL, 30.93 mL)

(2) 已知氟化镧电极与饱和甘汞电极所组成电池的电动势与氟化钠浓度间的关系为：

$$E = K + 0.059\ pF$$

试用上表的第一个数据，计算式中的 K 值。 (−0.193 9)

(3) 用(2)求得的常数，计算加入 50.00 mL 滴定剂后氟离子的浓度。 (6.79×10^{-6} mol/L)

(4) 计算加入 50.00 mL 滴定剂后，游离镧离子的浓度。 (4.183×10^{-6} mol/L)

(5) 用(3)(4)两个结果计算 LaF_3 的溶度积常数。 (1.31×10^{-18})

8. 当下列电池中的溶液是 pH=4.00 的缓冲溶液时，在 25℃测得电池的电动势为 0.209 V：

$$\text{玻璃电板} | H^+ (a=x) \| SCE$$

当缓冲溶液由未知溶液代替时，测得电池电动势如下：(1) 0.312 V，② 0.088 V，③ −0.017 V。计算每种溶液的 pH。

(① 5.75; ② 1.95; ③ 0.17)

9. 下列电池：S^{2-} 选择电极 | S^{2-} (1.0×10^{-3} mol/L) ‖ SCE，其电动势为 0.315 V。若换用未知溶液，测得电动势为 0.248 V。试计算未知溶液的 S^{2-} 浓度。 (2.7×10^{-4} mol/L)

10. 在 25℃时，电池：|（−）Ni(s) | Ni^{2+} (0.025 0 mol/L) ‖ IO_3^-, Cu^{2+} | Cu(s)（＋）的电动势为 0.482V，计算溶液 IO_3^- 的平衡浓度。

已知 $Cu(IO_3)_2$ 的 $K_{sp} = 3.20 \times 10^{-7}$，$\varphi^{\ominus}_{Ni^{2+}/Ni} = -0.231$ V，$\varphi^{\ominus}_{Cu^{2+}/Cu} = 0.337$ V

(0.10 mol/L)

11.（−）Ag | $Ag(S_2O_3)_2^{3-}$ (0.001 0 mol/L), $S_2O_3^{2-}$ (2.00 mol/L) ‖ Ag^+ (0.050 mol/L) | Ag(＋) 的电动势为 0.903 V，求 $Ag(S_2O_3)_2^{3-}$ 配位离子的稳定常数。 (1.0×10^{13})

12.（−）Ag | AgCl·Cl^- (0.0769 mol/L) ‖ Ag^+ (0.072 mol/L) | Ag(＋)在 25℃时电动势为 0.445 5 V，求 AgCl 在 25℃的溶度积常数 $K_{sp(AgCl)}$。 (已知 $\varphi^{\ominus}_{Ag^+/Ag} = 0.799$ V)

(1.56×10^{-10})

(何华)

第二章 紫外—可见分光光度法

紫外—可见光区一般指波长 200~760 nm 范围内的电磁波。根据物质分子对这一光区电磁波的吸收特性进行定性和定量分析的方法为紫外—可见分光光度法(ultraviolet and visible spectrophotometry)。紫外—可见分光光度法适用于微量和痕量组分的分析，测定灵敏度可达到 10^{-4}~10^{-7} g/mL 或更低范围。

第一节 电磁辐射与电磁波谱

一、电磁辐射

光是一种电磁辐射，它具有波动性和粒子性。光在传播时，表现了它的波动性，描述波动性的主要参数是波长 λ、频率 ν 和波数 σ，它们之间的关系是：

$$\sigma = \nu/c = 1/\lambda \tag{2-1}$$

式中，c 是电磁辐射在真空中传播速度，其值约为 3×10^{10} cm/s，波长 λ 是光波移动 1 个周期的距离，在紫外—可见区常用纳米(nm)为波长单位。

$$1 \text{ nm} = 10^{-3} \mu m = 10^{-6} \text{ mm} = 10^{-9} \text{ m}$$

光又具有粒子性，它是由一颗一颗不连续的光子构成的粒子流。这种粒子叫光子，它是量子化的，只能一整个一整个地发射或被吸收。光子的能量(E)取决于频率，其关系为：

$$E = h\nu \tag{2-2}$$

式中，h 是 Plank 常数，其值为 6.6262×10^{-34} J·s。频率越大或波长越短的光，其能量越大。例如，波长为 200 nm 的光，1 个光子的能量是：

$$E = 6.6262\times10^{-34} \times \frac{3.0\times10^{10}}{200\times10^{-7}} = 9.9\times10^{-19} \text{(J)}$$

这样小的能量用电子伏特(eV)作单位较方便，1 eV 等于 1.6×10^{-19} J。上边 1 个光子的能量可写作：

$$E = 9.9\times10^{-19}/1.6\times10^{-19} = 6.2 \text{(eV)}$$

在讨论化学问题时，常用 1 mol 光子能量概念。1 mol 光子的能量就是 6.02217×10^{23} 个光子的能量，所以 200 nm 光的 1 mol 光子能量是：

$$\begin{aligned}E &= 9.9\times10^{-19}\times6.02217\times10^{23}\\ &= 5.96\times10^{5} \text{(J·mol}^{-1})\\ &= 596 \text{ (kJ·mol}^{-1})\end{aligned}$$

二、电磁波谱

所有电磁波在性质上是完全相同的，它们之间的区别仅在于波长或频率不同。若把电磁辐射按照波长大小顺序排列起来，就称为电磁波谱(electromagneticspectrum)。如表 2-1 所示。虽然电磁波谱的区域是根据产生和检测辐射的方法来划分的，但波谱区的界限，并非按照有关物理现象的明显突变来确定,而受测定方法的实际限度影响,因此不同文献所提供的波谱区界限往往略有出入。表2-1表明了各电磁波谱区的近似能量范围、跃迁类型和光谱类型。由于各区电磁波能量不同,与物质相互作用遵循的机理不同,因此所产生的物理现象亦不同,由此就可建立各种不同的光谱分析方法。

表2-1 电磁波谱分区示意表

能量/eV	频率/Hz	辐射区段	波长	波数/cm^{-1}	光谱类型	跃迁类型
4.1×10^6	1×10^{21}	γ射线	0.0003 nm	3.3×10^{10}	γ射线发射	核反应
4.1×10^4	1×10^{19}	X射线	0.03 nm	3.3×10^8	X射线吸收发射	电子(内层)
410	1×10^{17}		3 nm	3.3×10^6		
4.1	1×10^{15}	紫外 可见	300 nm	3.3×10^4	真空紫外吸收 紫外可见吸收发射荧光	电子(内层)
0.0	1×10^{13}	红外	30 μm	3.3×10^2	红外吸收拉曼	分子振动
4.1×10^{-4}	1×10^{11}	微波	3 mm	3.3×10^0	微波吸收	电子自旋共振 / 分子转动
4.1×10^{-6}	1×10^9		30 cm	3.3×10^{-2}		磁场诱导电子自旋能级跃迁
4.1×10^{-8}	1×10^7	无线电波	30 m	3.3×10^{-4}	核磁共振	磁场诱导核自旋能级跃迁

三、光谱分析法

电磁辐射源与物质作用时,会与物质间产生能量交换。按物质和辐射能的转换方向,光谱法可分为吸收光谱法和发射光谱法两大类。

(一)吸收光谱分析法

电磁辐射源照射试样时,其原子或分子选择吸收某些具有适宜能量的光子,使相应波长位置出现吸收线或吸收带,所构成的光谱为吸收光谱。利用物质的吸收光谱进行定量、定性及结构分析的方法称为吸收光谱分析法。

分子中有原子与电子,分子、原子和电子都是运动着的物质,都具有能量。在一定的环境条件下,整个分子处于一定的运动状态。其分子内部的运动可分为价电子运动、分子内原子(或原子团)在平衡位置附近的振动和分子绕其重心轴的转动。因此分子具有电子能级、振动能级和转动能级。

电子能级具有电子基态与电子激发态;在同一电子能级,还因振动能量不同而分为若干振动能级($V=0,1,2,\cdots$);分子在同一电子能级和同一振动能级时,它的能量还因转动能量不同而分为若干个转动能级($J=0,1,2,\cdots$)。所以分子的能量 E 为：

$$E_{分子}=E_{电子}+E_{振动}+E_{转动}$$

当分子吸收具有一定能量的光子时,就由较低的能级 E_1(基态)跃迁到较高能级 E_2(激发态)。被吸收光子的能量必须与跃迁前后的能级差 ΔE 恰好相等,否则不能被吸收。

$$\Delta E_{分子}=E_2-E_1=E_{光子}=h\nu \tag{2-3}$$

上述分子中的 3 种能级,以转动能级差最小,约为 $0.025\sim10^{-4}$ eV。单纯使分子转动能级跃迁所需的辐射是波长约为 50 μm$\sim$1.25 cm 的电磁波,属于远红外区和微波区。分子的振动能级差约为 1$\sim$0.025 eV。使振动能级跃迁所需的辐射,波长约为 1.25$\sim$50 μm,在中红外区。分子的外层电子跃迁的能级差约为 20$\sim$1 eV,所需辐射的波长约为 60 nm$\sim$1.25 μm,其中以紫外—可见光区为主要部分。

分子的能级跃迁是分子总能量的改变,当发生振动能级跃迁时常伴有转动能级跃迁;在电子能级跃迁时,则伴有振动能级和转动能级的改变。因此,分子光谱总是较宽的带状光谱。常见的分子吸收光谱法有紫外—可见吸收光谱法和红外吸收光谱法。当原子蒸气吸收紫外—可见区中一定光子的能量时,外层电子发生跃迁,产生的光谱叫原子吸收光谱。其光谱线结构简单,为不连续的线状光谱。

(二)发射光谱分析法

原子或分子受辐射激发跃迁到激发态后,由激发态回到基态,以辐射的方式释放能量,所产生的光谱为发射光谱。利用物质的发射光谱进行定性或定量的方法称为发射光谱分析法。常见的发射光谱法有原子发射光谱法、原子荧光光谱法、分子荧光光谱法和磷光光谱法。

第二节 基本原理

一、紫外—可见吸收光谱

紫外—可见吸收光谱是一种分子吸收光谱。它是由于分子中价电子的跃迁而产生的。在不同波长下测定物质对光吸收的程度(吸光度),以波长为横坐标,以吸光度为纵坐标所绘制的曲线,称为吸收曲线,又称吸收光谱。测定的波长范围在紫外—可见区,称紫外—可见光谱,简称紫外光谱。如图 2-1 所示。吸收曲线的峰称为吸收峰,它所对应的波长为最大吸收波长,常用 λ_{max} 表示。曲线的谷所对应的波长称为最小吸收波长,常用 λ_{min} 表示。在吸收曲线上短波长端底只能呈现较强吸收但又不成峰形的部分,称末端吸收。在峰旁边有一个小的曲折,形状像肩的部位,称为肩峰,其对应的波长用 λ_{sh} 表示。某些物质的吸收光谱上可出现几个吸收峰。不同的物质有不同的吸收峰。同一物质的吸收光谱有相同的 λ_{max}、λ_{min}、λ_{sh};而且同一物质相同浓度的吸收曲线应相互重合。因此,吸收光谱上的 λ_{max}、λ_{min}、λ_{sh} 及整个吸收光谱的形状取决于物质的分子结构,可作定性依据。

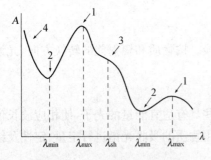

图 2-1 吸收光谱示意图
1. 吸收峰 2. 谷 3. 肩峰 4. 末端吸收

当采用不同的坐标时,吸收光谱的形状会发生改变,但其光谱特征仍然保留,见图 2-2。

紫外吸收光谱常用吸光度 A 为纵坐标；有时也用透光率（transmitance, T）或吸光系数（absorptivity, E）为纵坐标。但只有以吸光度为纵坐标时，吸收曲线上各点的高度与浓度之间才呈现正比关系。当吸收光谱以吸光系数或其对数为纵坐标时，光谱曲线与浓度无关。

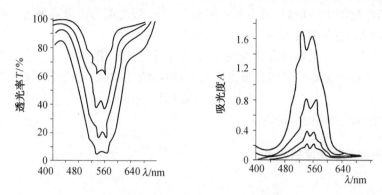

图 2-2　纵坐标不同的吸收光谱图

KMnO₄ 溶液的 4 种浓度：5 ng/L、10 ng/L、20 ng/L、40 ng/L，1 cm 厚

二、Beer－Lambert 定律

Beer－Lambert 定律是吸收光谱的基本定律，是描述物质对单色光吸收的强弱与吸光物质的厚度和浓度间关系的定律。

假设一束平行单色光通过 1 个含有吸光物质的物体，物体的截面积为 s，厚度为 l，如图 2-3 所示。物质中含有 n 个吸光质点。光通过后，一些光子被吸收。光强从 I_0 降至 I。

今取物体中一极薄层来讨论，设此断层中所含吸光质点数为 dn，这些能捕获光子的质点可以看作是截面 s 上被占去一部分不让光子通过的面积 ds，即：

$$ds = k\,dn$$

k 是比例常数，光子通过断层时，被吸收的几率是：

$$\frac{ds}{s} = \frac{k\,dn}{s}$$

因而使投射于此断层的光强 I_x 被减弱了 dI_x，所以有：

$$-\frac{dI_x}{I_x} = \frac{k\,dn}{s}$$

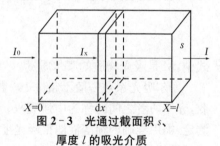

图 2-3　光通过截面积 s、厚度 l 的吸光介质

因此可得，光通过厚度为 l 的物体时，

$$-\int_{I_0}^{I} \frac{dI_x}{I_x} = \int_0^n \frac{k\,dn}{s} \qquad -\ln\frac{I}{I_0} = \frac{kn}{s}$$

$$-\lg\frac{I}{I_0} = (\lg e)k\frac{n}{s} = E\frac{n}{s}$$

又因截面积 s 与体积 V，质点总数与浓度 c 等有以下关系：

$$s = \frac{V}{l},\; n = Vc \quad \therefore \frac{n}{s} = lc$$

$$-\lg\frac{I}{I_0} = Ecl \tag{2-4}$$

式（2-4）为 Beer－lambert 定律的数学表达式，I_0 为入射光强度，I 为透过光的强度，I/I_0 是透光率（transmitance, T），常用百分数表示，$A = -\lg T$，A 称为吸光度（absorbance），于是：

$$A=-\lg T=Elc$$
或
$$T=10^{-A}=10^{-Elc} \qquad (2-5)$$

式(2-5)表明单色光通过吸光介质后,透光率 T 与浓度 c 或厚度 l 之间的关系是指数函数关系。例如,浓度增大一倍时,透光率从 T 降至 T^2。吸光度与浓度或厚度之间是正比关系,其中 E 是比例常数,称为吸光系数(absorptivity)。

在多组分体系中,如果各组分吸光物质之间没有相互作用,则 Beer-Lambert 定律仍适用,这时体系的总吸光度等于各组分吸光度之和,即各物质在同一波长下,吸光度具有加和性。

$$A_{总}=A_a+A_b+A_c+\cdots$$

利用此性质可进行多组分的测定。

三、吸光系数和吸光度的测量

(一) 吸光系数

吸光系数的物理意义是吸光物质在单位浓度及单位厚度时的吸光度。在一定条件下(单色光波长、溶剂、温度等),吸光系数是物质的特性常数,不同物质对同一波长的单色光,可有不同的吸光系数,吸光系数愈大,表明该物质的吸光能力愈强,灵敏度愈高,所以吸光系数是定性和定量的依据。

吸光系数常用两种方式表示:

(1) 摩尔吸光系数:用 ε 表示,其意义是在一定波长下,溶液浓度为 1 mol/L,厚度为 1 cm 时的吸光度。

(2) 百分吸光系数:又称比吸光系数,用 $E_{1cm}^{1\%}$ 表示,指在一定波长下,溶液浓度为 1%(W/V),厚度为 1 cm 的吸光度。

两种吸光系数之间的关系是:

$$\varepsilon=\frac{M}{10}E_{1cm}^{1\%} \qquad (2-6)$$

式中,M 是吸光物质的摩尔质量。

摩尔吸光系数一般不超过 10^5 数量级。通常将 ε 值达 10^4 划为强吸收,小于 10^2 划为弱吸收,介于两者之间的称为中强吸收。吸光系数不能直接用 1 mol/L 或 1% 这样高的浓度进行测定,需用准确的稀溶液测得吸光度换算而得到。

例如,氯霉素($M=323.15$ g/mol)的水溶液在 278 nm 处有最大吸收。设用纯品配制 100 mL含 2.00 mg 的溶液,以 1.00 cm 厚的吸收池在 278 nm 处测得透光率为 24.3%,求吸光度 A 和吸光系数 ε、$E_{1cm}^{1\%}$。

$$A=-\lg T=-\lg 0.243=0.614$$
$$E_{1cm}^{1\%}=\frac{A}{cl}=\frac{0.614}{2.00\times 10^{-3}\times 1}=307$$
$$\varepsilon=\frac{M}{10}E_{1cm}^{1\%}=\frac{323.15}{10}\times 307=9\ 920$$

(二) 吸光度的测量

1. **溶剂和容器** 测量溶液吸光度的溶剂和吸收池应在所用的波长范围内有较好的透光性。玻璃不能透过紫外光,所以在紫外光区只能使用石英吸收池。许多溶剂本身在紫外光区有吸收峰,只能在它吸收较弱的波段使用。表2-2列出一些溶剂适用的最短波长(截止波长),低于这些波长就不宜使用。

表2-2 溶剂的使用波长极限

溶剂	波长极限/nm	溶剂	波长极限/nm	溶剂	波长极限/nm
乙醚	210	乙醇	215	四氯化碳	260
环己烷	200	二氧六环	220	甲酸甲酯	260
正丁醇	210	正己烷	220	乙酸乙酯	260
甲基环己烷	210	2,2,4-三甲戊烷	220	二硫化碳	380
水	200	甘油	230	苯	280
异丙醇	210	二氯乙烷	233	甲苯	285
甲醇	200	二氯甲烷	235	吡啶	305
96%硫酸	210	氯仿	245	丙酮	330

2. **空白对比** 测定吸光度,实际上是测定透光率。而在测定光强减弱时,不只是由于被测物质的吸收所致,还有溶剂和容器的吸收、光的散射和界面反射等因素,都可使透射光减弱。用空白对比可排除这些因素的干扰。空白是指与试样完全相同的溶液和容器,只是不含被测物质。采用光学性质相同、厚度相同的吸收池装入空白溶液作参比,调节仪器,使透过参比吸收池的吸光度为零($A=0$),透光率$T=100\%$。然后将装有待测溶液的吸收池移入光路中测量,得到被测物质的吸光度。

四、偏离比尔定律的主要因素

按照比尔定律,浓度c与吸光度A之间的关系应是一条通过原点的直线。实际工作中,特别是溶液浓度较高时,会出现偏离直线的现象,如图2-4中的虚线,称偏离比尔定律。

实际上在推导比尔-朗伯定律时包含了这样两个假设:① 入射光是单色光;② 溶液是吸光物质的稀溶液。因此导致偏离比尔-朗伯定律的主要因素表现在光学和化学两个方面。

(一)光学因素

比尔定律只适用于单色光,但一般单色器提供的入射光并不是纯的单色光,而是波长范围较窄的光带,实际上仍是复合光。由于物质对不同波长光的吸收程度不同,因而就产生偏离比尔定律。现假设入射光由波长λ_1和λ_2的光组成,两个波长的入射光强各为I_{01}和I_{02}。因:

$$I=I_0 10^{-Ecl}$$

故此混合光的透光率为:

$$T=\frac{I_1+I_2}{I_{01}+I_{02}}$$

$$=\frac{I_{01}10^{-E_1cl}+I_{02}10^{-E_2cl}}{I_{01}+I_{02}}$$

$$=10^{-E_1cl}\frac{I_{01}+I_{02}10^{(E_1-E_2)cl}}{I_{01}+I_{02}}$$

$$A=-\lg T$$

$$=E_1cl-\lg\frac{I_{01}+I_{02}10^{(E_1-E_2)cl}}{I_{01}+I_{02}} \quad (2-7)$$

由式(2-7)可知,只有当 $E_1=E_2$ 时,$A=E_1cl$ 符合线性关系,若 $E_1 \neq E_2$,则 A 与 c 不成直线关系,E_1 与 E_2 差别越大,A 与 c 偏离线性关系越大。

因此测定时应选择较纯的单色光(即波长范围很窄的光)。同时选择吸光物质的最大吸收波长作测定波长,因为吸收曲线此处较平坦,E_1 和 E_2 差别不大,对比尔定律的偏离就较小,而且吸光系数大,测定有较高的灵敏度,如图 2-5 中的 a 所示。若用谱带 b 的复合光测量,其 E 的变化较大,因而会出现较明显的偏离。

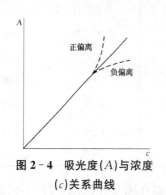

图 2-4 吸光度(A)与浓度(c)关系曲线

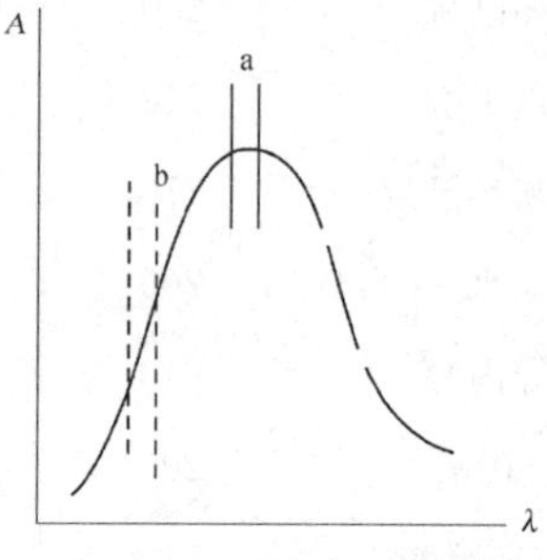

图 2-5 测定波长的选择

1. 杂散光 从分光器得到的单色光中,还有一些不在谱带宽范围内的与所需波长相隔较远的光,称为杂散光(stray light)。杂散光一般来源于仪器制造过程中难于避免的瑕疵。仪器的使用保养不善,光学元件受到尘染或霉蚀是杂散光增多的常见原因。杂散光也可使光谱变形变值。特别是在透射光很弱的情况下,会产生明显的作用。随着仪器制造工艺的提高,极大部分波长范围内杂散光强度的影响可以减少到忽略不计。但在接近紫外末端吸收处,有时因杂散光影响而出现假峰。

2. 散射光和反射光 吸光质点对入射光有散射作用,入射光在吸收池内外界面之间通过时又有反射作用。散射光和反射光,都是入射光谱带宽度内的光,对透射光强度有直接影响。

光的散射可使透射光减弱。真溶液质点小,散射光不强,可用空白对比补偿。但浑浊溶液质点大,散射光强,一般不易制备相同空白补偿,常使测得的吸光度偏高,分析中不容忽视。

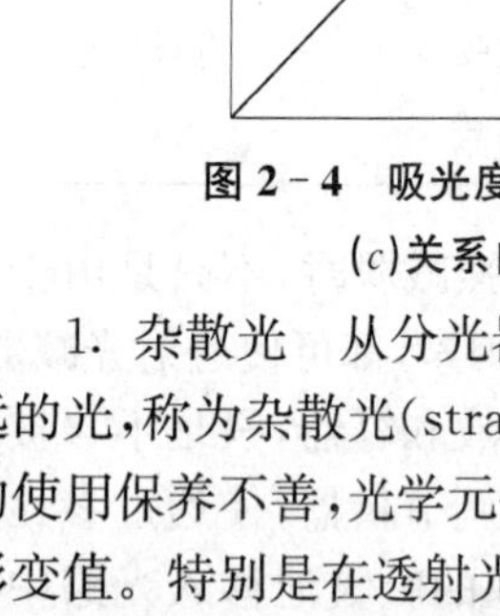

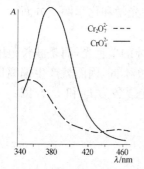

图 2-6 水溶液中 Cr(Ⅵ)的两种离子的吸收曲线

3. 非平行光 通过吸收池的光,一般都不是真正的平行光,倾斜光通过吸收池的实际光程将比垂直照射的平行光的光程长,使厚度 l 增大而影响测量值。

(二) 化学因素

Beer-Lambert 定律假设溶液中吸光粒子是独立的,即彼此无相互作用。然而实际表明,这种情况在稀溶液中才成立。浓度高时,粒子间距小,相互之间的作用不能忽略不计,这将使粒子的吸光能力发生改变,引起对 beer 定律的偏离。浓度越大,对 beer 定律的偏离越大,故 beer 定律只适用于稀溶液。

另一方面,吸光物质可因浓度改变而有解离、缔合、溶剂化及配合物组成改变等现象,使吸光物质的存在形式发生改变,因而影响物质对光的吸收能力,导致 beer 定律的偏离。例如,在水溶液中,Cr(Ⅵ)的两种离子 $Cr_2O_7^{2-}$(橙色)与 CrO_4^{2-}(黄色)有以下平衡:

$$Cr_2O_7^{2-} + H_2O \rightleftharpoons 2CrO_4^{2-} + 2H^+$$

两种离子有不同的吸收光谱(图 2-6),溶液的吸光度将是两种离子吸光度之和。如果溶液浓度改变时,两种离子浓度的比值$[CrO_4^{2-}]/[Cr_2O_7^{2-}]$能保持不变,则浓度与吸光度之间可有直线关系。但由于上述离解平衡,两种离子的比值在水溶液中不能始终保持恒定。浓度降低时,比值变大,使CrO_4^{2-}的吸光度在溶液总吸光度中所占比值增大。由于两者的吸光系数有很大差别,使$Cr(VI)$的总浓度与吸光度之间的关系偏离直线。

为了防止这类偏离,必须根据物质对光的吸光能力和溶液中的化学平衡的知识,严格控制显色反应条件,使被测物质定量地保持在吸光能力相同的形式,以获得较好的分析结果。

五、透光率的测量误差

透光率测量误差ΔT是测量中的随机误差,来自仪器的噪音。ΔT是仪器测得透光率的不确定部分,主要包含两类性质不同的因素。一类与光讯号无关,称为暗音;另一类随光讯号强弱而变化,称讯号噪音。

由朗伯-比尔定律可导出测定结果的相对误差间的关系:

$$c = \frac{A}{El} = -\frac{\lg T}{El}$$

微分后除以上式可得浓度的相对误差$\Delta c/c$为:

$$\frac{\Delta c}{c} = \frac{0.434 \Delta T}{T \lg T} \tag{2-8}$$

式(2-8)表明,测定结果的相对误差是透光率T的函数,同时也取决于ΔT的大小。

（一）暗噪音

暗噪音是光电换能器(检测器)与放大电路等各部件的不确定性。这种噪音的强弱取决于各种电子元件和线路结构质量、工作状态及环境条件等。不管有光照射或无光照射,ΔT可视为一个常量。测定结果的相对误差与测量值之间的关系如图2-7中的实线。当A值在$0.2 \sim 0.7$(T值为65%～20%)时,曲线平坦,相对误差$\Delta c/c$较小,是测定较为适宜的区域。超出这个范围,虽然透光率测量的误差ΔT不变,但$\Delta c/c$值急剧上升。因此要求测量在最适宜范围(A为$0.2 \sim 0.8$)即可。

（二）讯号噪音

讯号噪音亦称讯号散粒噪音。光敏元件受光照时的电子迁移,例如光电管中电子从阴极飞向阳极,或光电池中电子越过堰层,电子是1个1个受激发而迁移的。用很小的时间单位来衡量,每一单位时间中电子迁移的数量是不相等的,而是某一均值周围的随机数,形成测定光强的不确定性。随机变动的幅度随光照增强而增大,讯号噪音与被测光强的方根成正比,其比值K与光的波长及光敏元件的品质有关。

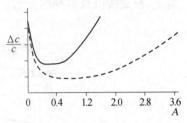

图2-7 暗噪音(—)与讯号噪音(…)的误差曲线

由讯号噪音生产的ΔT可用下式表示:

$$\Delta T = TK\sqrt{\frac{1}{T}+1}$$

代入式(2-8)得:

$$\frac{\Delta c}{c} = \frac{0.434\,K}{\lg T}\sqrt{\frac{1}{T}+1} \tag{2-9}$$

图2-7中虚线即表示按式(2-9)所得的浓度相对误差与测定值间的关系。误差较小的范围一直伸延到高吸收度区,对测定是个有利因素。

第三节 紫外—可见分光光度计

紫外—可见分光光度计是在紫外可见光区可任意选择不同波长的光来测定吸光度的仪器。商品化仪器的类型很多,质量差别悬殊,基本原理相似。光路示意如下:

光源──→单色器──→吸收池──→检测器──→讯号处理及显示器

一、主要部件

(一) 光源

光源的功能是提供能量激发被测物质分子,使之产生电子光谱谱带。分光光度计对光源的要求是要能发射足够强度的连续光谱,有良好的稳定性和足够的使用寿命。紫外光区和可见光区通常分别用氢灯(或氘灯)和钨灯(或卤钨灯)两种光源。

1. **钨灯或卤钨灯** 作为可见光源,是由固体炽热发光,适用波长范围为 350~1 000 nm。钨灯发光强度与供电电压的 3~4 次方成正比,所以供电压要稳定。卤钨灯的发光强度比钨灯高,使用寿命长。

2. **氢灯或氘灯** 常用做紫外光区的光源,由气体放电发光,发射 150~400 nm 的连续光谱,使用范围为 200~360 nm。氘灯发光强度比氢灯约大 4~5 倍,现在仪器多用氘灯。气体放电发光需要激发,同时应控制稳定的电流,所以配有专用的电源装置。氢灯或氘灯的发射谱线中有几根原子谱线,可作为波长校正用。常用的有 486.13 nm(F 线)和 656.28 nm(C 线)。

(二) 单色器

紫外—可见分光光度计的单色器通常置于吸收池之前,它的作用是将光源发射的复合光变成所需波长的单色光。单色器由狭缝、准直镜及色散元件等组成。原理简示见图 2-8。聚集于进光狭缝的光,经准直镜变成平行光,投射于色散元件上。色散元件的作用是使各种不同波长的混合光分解成单色光。再由准直镜将色散后的各种不同波长的平行光聚集于出光狭缝面上,形成按波长排列的光谱。转动色散元件的方位,可使所需波长的光从出光狭缝分出。

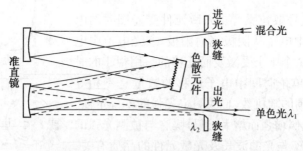

图 2-8 单色器光路示意图($\lambda_2 > \lambda_1$)

1. **色散元件** 常用的色散元件是光栅,其性能直接影响仪器的工作波长范围和单色光纯度。光栅是密刻平行条纹的光学元件(每毫米刻痕 600~1 200 条),复合光通过狭缝,照射到每一条纹上的光反射后,产生衍射与干涉作用,使不同波长的光有不同方向而起到色散作用。它具有波长范围宽、色散近似线性、谱线间距相等及高分辨等优点。

2. **狭缝** 有入射狭缝和出射狭缝之分。入射狭缝的作用是使光源发出的光成一束整齐的细光束,照在准直镜上;出射狭缝的作用是选择色散后的单色光。狭缝是直接影响仪器分辨率的重要元件,经出射狭缝的单色光,并不是某种单一波长的光。狭缝的宽度直接影响分光质量。狭缝过宽，单色光不纯；狭缝太窄，则光通量小，将降低灵敏度。所以狭缝宽度要适当，一般以减小狭缝宽度时，试样吸光度不再改变时的宽度为合适。

3. 准直镜　准直镜是以狭缝为焦点的聚光镜。使从入射狭缝发出的光变为平行光，又使色散后的平行光聚集于出射狭缝。

（三）吸收池

吸收池是盛装空白溶液和样品溶液的器皿。可见光区应选用玻璃吸收池，紫外光区应选用石英吸收池。为了保证吸光度测量的准确性，要求同一测量使用的吸收池具有相同的透光特性和光程长度。两只吸收池的透光率之差应小于0.5%，否则应进行校正。使用时要保证透光面光洁，无磨损和沾污。

（四）检测器

检测器是一种光电换能器，将所接收的光信息转变成电信息。常用的有光电管和光电倍增管。近年来采用光多道检测器，在光谱分析检测器技术中，出现了重大改进。

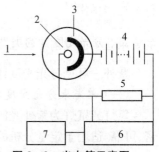

1. 光电池　光电池是一种光敏半导体。光照使它产生电流，在一定范围内光电流与光强成正比，可直接用微电流计测量。光电池价廉耐用，但不适用于弱光，如硒光电池用于谱带宽度较大的低廉仪器。

图 2-9　光电管示意图
1. 照射光　2. 阳极
3. 光敏阴极
4. 90V 直流电流　5. 高电阻
6. 直流放大器　7. 指示器

2. 光电管　光电管由半圆筒形的光阴极和金属丝阳极构成。阴极内侧涂有一层光敏物质，当光照射时光敏物质就发射出电子。如在两极间外加一电压，电子就流向阳极形成光电流。光电管产生的光电流很小，需经放大才能检测（见图 2-9）。光电流的大小与入射光强度及外加电压有关。当外加电压为 90 V 时，光电流与入射光强度成正比。

目前，国产光电管有两种：一种为紫敏光电管，为铯阴极，适用波长为 200～625 nm；另一种为红敏光电管，为银氧化铯阴极，适用波长为 625～1 000 nm。

3. 光电倍增管　其原理与光电管相似，结构上的差别是在涂有光敏金属的阴极和阳极之间加上几个倍增极（一般是9个）。如图 2-10 所示。光电倍增管响应速度快，能检测 10^{-8}～10^{-9} s 的脉冲光，放大倍数高，大大提高了仪器测量的灵敏度。

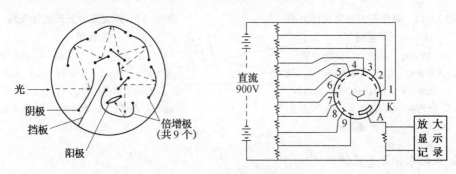

图 2-10　光电倍增管示意图

4. 光二极管阵列检测器　光二极管阵列是在晶体硅上紧密排列一系列光二极管检测管，例如 HP8452A 型二极管阵列，在 190～820 nm 范围内，由 316 个二极管组成。当光透过晶体硅时，二极管输出的电讯号强度与光强度成正比。每个二极管相当于 1 个单色仪的出口狭缝。

两个二极管中心距离的波长单位称为采样间隔,因此二极管阵列分光光度计中,二极管数目愈多,分辨率愈高。HP8452A型二极管阵列中,每1个二极管,可在1/10 s内,每隔2 nm测定1次,并采用同时并行数据采集方法,那么HP8452A型二极管阵列可同时并行测得316个数据,在1/10 s的时间,可获得全光光谱。而一般分光光度计,若每隔2 nm测一次,要获190~820 nm范围内的全光光谱,共需测316次,若每测1次需1 s,那么316 s才能获全光光谱。所以,二极管阵列仪器快速光谱采集是它技术上的一个特点。

（五）讯号显示装置

光电管输出的电讯号很弱,需经放大才能以某种方式将测定结果显示出来。常用的显示方式有数字显示、荧光屏显示和曲线扫描及结果打印等多种。高性能仪器还带有数据站,可进行多功能操作。

二、分光光度计的类型

紫外—可见分光光度计的光路系统大致可分为单光束、双光束、双波长等几种。

（一）单光束分光光度计

氢灯或氘灯为紫外光源,钨灯为可见光源,光栅为色散元件,光电管作检测器,是一类较精密、可靠,适用于定量分析的仪器,可用于吸光系数的测定。

单光束仪器只有一束单色光,空白溶液100%透光率的调节和样品溶液透光率的测定,是在同一位置用同一束单色光先后进行。仪器结构简单,但对光源发光强度的稳定性要求较高,其光路示意如图2-11所示。

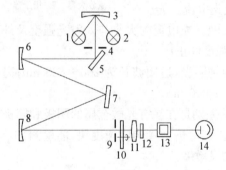

图2-11 单光束分光光度计光路示意图

1. 溴钨灯 2. 氘灯 3. 凹面镜
4. 入射狭缝 5. 平面镜 6、8. 准直镜
7. 光栅 9. 出射狭缝 10. 调制器
11. 聚光镜 12. 滤色片 13. 样品室
14. 光电倍增管

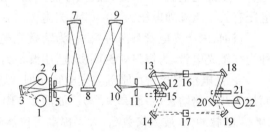

图2-12 双光束分光光度计光路示意图

1. 钨灯 2. 氘灯 3. 凹面镜 4. 滤色片
5. 入射狭缝 6、10、20. 平面镜 7、9. 准直镜
8. 光栅 11. 出射狭缝 12、13、14、18、19. 凹面镜
15、21. 扇面镜 16. 参比池 17. 样品池
22. 光电倍增管

（二）双光束分光光度计

双光束光路是被普遍采用的光路,图2-12表示其光路的原理。从单色器发射出来的单色光,用1个旋转扇面镜(又称斩光器)将它分成两束交替断续的单色光束,分别通过空白溶液和样品溶液后,再用一同步扇面镜将两束光交替地投射于光电倍增管,使光电管产生1个交变脉冲信号,经比较放大后,由显示器显示出透光率、吸光度、浓度或进行波长扫描,记录吸收光谱。扇面镜以每秒几十转至几百转的速度匀速旋转,使单色光能在很短时间内交替地通过空

白与试样溶液,可以减少因光源强度不稳而引入的误差。测量中不需要移动吸收池,可在随意改变波长的同时记录所测量的吸光度值,便于描绘吸收光谱。

(三) 双波长分光光度计

双波长分光光度计是具有两个并列单色器的仪器,图2-13为其光路示意图。两个单色器分别产生两束不同波长的单色光,经斩光器控制,交替地通过同一个样品溶液,得到样品对两种单色光的吸光度(或透光率)之差。利用吸光度差值与浓度的正比关系测定含量,可以消除一些干扰和由于空白溶液吸收池不匹配所引起的误差。仪器可以固定一个单色光波长作参比,用另一个单色扫描,得到吸光度差值的光谱;也可固定两束单色光的波长差($\Delta\lambda$)扫描,得到一阶导数光谱。双波长仪器因需装备两个单色器而使之价格较高,体积较大。当前,用微电脑装备的单波长仪器已能实现上述双波长仪器的功能。

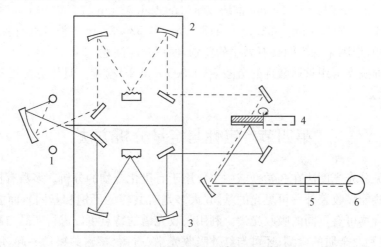

图 2-13 双波长分光光度计光路示意图
1. 光源 2、3. 两个单色器 4. 斩光器 5. 样品吸收池 6. 光电倍增管

三、分光光度计的光学性能及校正

(一) 光学性能

仪器的光学性能主要有:波长范围、波长精度、单色光纯度及光度测量精度等。一般用下列项目表示。

1. **波长范围** 仪器能测量的波长范围,一般为 200～800 nm。

2. **波长准确度** 以仪器显示的波长值与单色光的实际波长值之间的误差表示,一般可在 ±0.5 nm 范围内或更小。

3. **波长重现性** 是指重复使用同一波长时,单色光实际波长的变动值,此值一般是波长准确度的 $\frac{1}{2}$ 左右。

4. **狭缝或谱带宽** 单色器狭缝的作用是调控单色光的谱带宽度。光栅分光仪器常用单色光的谱带宽表示狭缝宽度,一般在 0～5 nm 范围内可调。有些低价仪器,狭缝是固定的,不能随意改变宽度。

5. **分辨率** 用仪器能分辨出的最接近两谱线的波长差值表示,差值($\Delta\lambda$)愈小,分辨率愈好。

6. **杂散光** 通常以测光信号较弱的波长处(如 200 nm 或 220 nm,310 nm 或 340 nm 处)

所含杂散光的强度百分比为指标,一般可不超过 0.5%。

7. **测光准确度** 透光率测量误差一般约±0.5%或更小。用吸光度测量值误差表示时,常注明吸光度值。例如,A 值为 1 时,误差为±0.005 以内;A 值为 0.5 时,误差在±0.003 以内等。

8. **测光重现性** 是在同样情况下重复测量的变动性。一般为测光准确度误差范围的 $\frac{1}{2}$ 左右。

(二) 仪器的校正

由于温度变化对机械部分的影响,仪器的波长经常会略有变动,因此除定期对所用的仪器进行全面校正检定外,还应于测定前校正测定波长。常用汞灯中的较强谱线 237.83 nm,275.28 nm,313.16 nm,365.02 nm,453.83 nm 与 576.96 nm 等;或用仪器中氢灯的 379.79 nm,486.13 nm 与 656.28 nm 谱线或氘灯的 486.02 nm 与 656.10 nm 谱线进行校正;钬玻璃在 279.4 nm,287.5 nm,333.7 nm,418.5 nm 与 536.2 nm 等波长处有尖锐吸收峰,也可作波长校正用,但因来源不同会有微小的差别,使用时应注意。

吸光度的准确度可用重铬酸钾的硫酸液(0.005 mol/L)检定。具体方法可参考中国药典(2005 年版)附录。

第四节 定性与定量分析方法

紫外—可见分光光度法在药学领域中主要用于有机化合物的分析。多数有机药物由于其分子中含有某些能吸收紫外—可见光的基团(大多是有共轭的不饱和基团),而能显示吸收光谱。不同的化合物可有不同的吸收光谱。利用吸收光谱的特点可以进行药品与制剂的定量分析、纯物质的鉴别及杂质的检测;还可与红外吸收光谱、质谱、核磁共振谱一起,用以解析物质的分子结构。

溶剂和溶液的酸碱性等条件以及所用单色光的纯度都对吸收光谱的形状与数据有影响,所以应使用选定的溶液条件和有足够纯度单色光的仪器进行测试。

一、定性鉴别

用紫外光谱对物质鉴定时,主要根据光谱上的一些特征吸收,包括最大吸收波长、肩峰、吸光系数、吸光度等,特别是最大吸收波长(λ_{max})和吸光系数(ε_{max} 和 $E_{1cm}^{1\%}$)是鉴定物质的常用参数。通常可用以下几种方法进行定性鉴别。

(一) 比较光谱的一致性

两个化合物若是相同,其吸收光谱应完全一致。在鉴别时,试样和对照品以相同浓度配制,在相同溶剂中,分别测定吸收光谱图,比较光谱图是否一致。如果没有对照品,也可以和标准光谱图(如 Sadtler 标准图谱)对照比较。但这种方法要求仪器准确度、精密度高,而且测定条件要相同。

采用紫外光谱进行定性鉴别,有一定的局限性。主要是因为紫外吸收光谱吸收带不多,在成千上万种有机化合物中,不同的化合物可以有很相似的吸收光谱。所以在得到相同的吸收光谱时,应考虑到有并非同一物质的可能性。为了进一步确证,可换一种溶剂或采用不同酸碱性的溶剂,再分别对照品和样品配成溶液,测定光谱作比较。

如果两个纯化合物的紫外光谱有明显差别时,则可以肯定两物不是同一物质。

(二) 对比吸收光谱特征数据的一致性

最常用于鉴别的光谱特征数据有吸收峰(λ_{max})和峰值吸光系数(ε_{max}或$E_{1cm}^{1\%}$)。这是因为峰值吸光系数大,测定灵敏度较高,且吸收峰处与相邻波长处吸光系数值的变化较小,测量吸光度时受波长变动影响较小,可减少误差。不只有1个吸收峰的化合物,可同时用几个峰值作鉴别依据。肩峰或吸收谷处的吸光度测定受波长变动的影响也较小,有时也可用谷值、肩峰值与峰值同时作鉴别数据。

具有不同吸光基团的化合物,可有相同的最大吸收波长,但它们的摩尔吸光系数常有明显的差别,所以摩尔吸光系数常用于分子结构分析中吸光基团的鉴别。对分子中含有相同吸光基团的物质,它们的摩尔吸光系数常很接近,但可因相对分子质量不同,使百分吸光系数的值差别较大。例如,结构相似的甲基睾丸酮和丙酸睾丸素在无水乙醇中的最大吸收波长λ_{max}都是240 nm,但在该波长处的$E_{1cm}^{1\%}$数值,前者为540,而后者为460,因而有较大的鉴别意义。

(三) 对比吸光度比值的一致性

有时物质的吸收峰较多,可规定在几个吸收峰处吸光度或吸光系数的比值作鉴别标准。如维生素B_{12}有3个吸收峰278 nm、361 nm及550 nm,中国药典(2005版)规定用下列比值进行鉴定:

$$\frac{A_{361}}{A_{278}}=1.70\sim1.88;\frac{A_{361}}{A_{550}}=3.15\sim3.45$$

如果被鉴定物的吸收峰和对照品的相同,且峰处吸光度或吸光系数的比值又在规定范围之内,则可考虑被测样品与对照品分子结构基本相同。

用分光光度计进行鉴定时,对仪器的准确度要求很高,所以仪器必须经常校正;另一方面,样品的纯度必须可靠,要经过几次重结晶,几乎无杂质,熔点敏锐,熔距短,才能获得可靠结果。

二、纯度检测

纯化合物的吸收光谱与所含杂质的吸收光谱有差别时,可用紫外分光光度法检查杂质。杂质检测的灵敏度取决于化合物与杂质两者之间吸光系数的差异程度。

(一) 杂质检查

如果一化合物在紫外可见光区没有明显的吸收峰,而所含杂质有较强的吸收峰,那么含有少量杂质就能被检查出来。例如,乙醇中可能含有苯的杂质,苯的λ_{max}为256 nm,而乙醇在此波长处几乎无吸收,乙醇中含苯量低达0.001%时,也能从光谱中检查出来。

若化合物在某波长处有强的吸收峰,而所含杂质在该波长处无吸收或吸收很弱,则化合物的吸光系数将降低;若杂质在该波长处有比化合物更强的吸收,将会使化合物的吸光系数增大,且会使化合物的吸收光谱变形。

(二) 杂质限量检测

纯与否是相对的,对于药品中的杂质,需制定一个允许其存在的限度。例如,肾上腺素在合成过程中有一中间体肾上腺酮,当它还原成肾上腺素时,反应不够完全而带入产品中,成为肾上腺素的杂质,将影响肾上腺素的疗效。因此,肾上腺酮的量必须规定在某一限量之下。肾上腺酮与肾上腺素的紫外吸收曲线有显著不同,见图2-14。在310 nm处,肾上腺酮有最大吸收,而肾上腺素则几乎没有吸收。因此,测定肾上腺素0.05 mol/L HCl溶液在310 nm波长处的吸光度,可检测肾上腺酮的混入量。其方法为:将肾上腺素制成品用0.05% mol/L HCl溶液配制成每1 mL含2 mg的溶液,在1 cm吸收池中,于310 nm处测定吸光度A。若

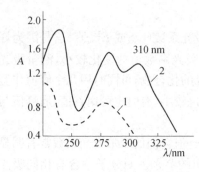

图2-14 肾上腺素(1)和肾上腺酮(2)的吸收光谱

规定 A 值不得超过 0.05，则以肾上腺酮的 $E_{1cm}^{1\%}$ 值(435)计算，即相当于含酮体不超过 0.06%。

有时也用峰谷吸光度的比值控制杂质的限量。例如，碘磷定有很多杂质，如顺式异构体、中间体等，在碘磷定的最大吸收波长 294 nm 处，这些杂质无吸收，但在 262 nm 碘磷定的吸收谷处有吸收，则可利用碘磷定的峰谷吸光度的比值作为杂质限量检查指标。已知纯品碘磷定的 $A_{294}/A_{262}=3.39$，如果它有杂质，则在 262 nm 处吸光度增加，使峰谷吸光度之比小于 3.39。因此，可以规定一个峰谷吸光度比的最小允许值，作为限制杂质含量的限度。

三、比色法

测定能吸收可见光的有色溶液的方法，称为可见分光光度法，通常称为光电比色法或比色法。它可以使许多不吸收可见光的无色物，通过显色反应变成有色物，用光电比色法测定。通过显色反应，还可以提高测定的灵敏度和选择性。

（一）显色反应的要求

显色反应有各种类型，如配位反应、氧化还原反应、缩合反应等。其中尤以配位反应应用最广。同一物质可与多种显色剂反应，生成不同的有色物质。究竟选用什么显色剂用于显色反应较为理想，可考虑以下基本原则：

1. **灵敏度高** 光电比色法一般用于微量组分的测定，因此选择灵敏的显色反应是非常重要的。吸光物质摩尔吸光系数的大小是灵敏度大小的主要标志，一般来说，$\varepsilon > 10^4$ 可认为该反应的灵敏度较高。

2. **选择性好** 所谓选择性好，是指显色剂与一个或极少数组分发生显色反应。仅与某一个组分发生反应的试剂称为特效显色剂，实际上这种特效显色剂是没有的。但是干扰较少或严格控制反应条件可以除去干扰显色反应的影响，使显色剂成为选择性试剂。

3. **显色剂在测定波长无明显吸收** 这样试剂空白一般较小，可提高测定的准确度。在一般分光光度法中，要求有色化合物与显色剂的最大吸收波长之差在 60 nm 以上。

4. **有色化合物的稳定性** 反应产物必须有足够的稳定性，以保证测得的吸光度有一定的重现性。

5. 被测物质与生成的有色物质之间，必须有确定的定量关系，才能保证测定的准确度。

（二）显色条件的选择

显色反应能否完全满足比色分析的要求，除选择合适的显色反应外，控制好显色反应的条件也很重要。因此，必须了解影响显色反应平衡及反应速度等诸因素，利用其有利因素，改善条件，以便得到可靠准确的结果。影响显色反应的因素主要有显色剂用量、pH、温度和时间等。

1. **显色剂的用量** 为了使显色反应进行完全，保证被测组分定量地转变为有色化合物，根据反应的平衡原理，应该有过量的显色剂。但显色剂用量并不是越多越好，在此，既要考虑到使被测组分定量地转变为有色化合物，还应考虑显色剂过量可能引起其他副反应，从而影响测定。显色剂的用量一般通过试验确定。其方法是将待测组分的浓度及其他条件固定，然后加入不同量的显色剂，测定其吸光度，绘制吸光度-显色剂浓度曲线。当显色剂浓度到某一数值后，吸光度不再增大，表明显色剂的用量已足够。一般吸光度对显色剂浓度的曲线可能有图

2-15所示的3种不同情况：

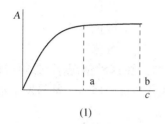 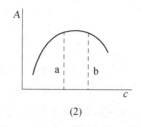 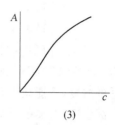

(1)　　　　　　　　　　　(2)　　　　　　　　　　(3)

图 2-15　吸光度与显色剂浓度曲线

图 2-15(1)中曲线说明，当显色剂浓度在 0～a 范围内，吸光度 A 随显色剂浓度增大而增大，说明显色剂用量不足。在 a～b 范围内，曲线平坦，吸光度不随显色剂浓度增大而改变，这种情况，显色剂用量选择 a～b 为适宜范围。

图 2-15(2)中曲线说明，当显色剂浓度在 a～b 这一较窄范围内，吸光度才较稳定，范围以外，吸光度都随显色剂浓度而变，所以必须严格控制显色剂的浓度，才能进行被测组分的测定。例如，硫氰酸盐与钼(V)的反应：

$$Mo(V) \underset{}{\overset{+SCN^-}{\rightleftharpoons}} Mo(SCN)_3^{2+} \underset{}{\overset{+SCN^-}{\rightleftharpoons}} Mo(SCN)_5 \underset{}{\overset{+SCN^-}{\rightleftharpoons}} Mo(SCN)_6^-$$

　　浅蓝　　　　　　浅红　　　　　　橙红　　　　　　浅红

显色剂 SCN^- 浓度偏低或偏高，生成配合物的配位数也或低或高，吸光度降低，不利于钼的测定。

图 2-15(3)中曲线说明，随显色剂浓度增大，吸光度不断增大。在这种情况下，一般是不能用于定量分析的。除非十分严格控制显色剂用量。例如，Fe^{3+} 与 SCN^- 显色时，因生成配合物的组成和 SCN^- 的浓度有关，就会产生这种情况。随着 SCN^- 的浓度增大，而依次生成 $Fe(SCN)^{2+}$、$Fe(SCN)_2^+$、$Fe(SCN)_4^-$、$Fe(SCN)_5^{2-}$ 等，溶液的颜色由橙色变为血红色。所以硫氰酸铁反应虽然很灵敏，但一般仅用于定性，而不能用于定量。

2. 酸度　酸度对显色反应的影响是多方面的。

(1) 酸度对显色剂颜色的影响：不少有机显色剂具有酸碱指示剂的性质，在不同的酸度下有不同的颜色，有的颜色可能干扰测定。如二甲酚橙用于多种金属离子的测定，它在溶液 pH>6.3 时呈红紫色，pH<6.3 时呈黄色；而它与金属离子形成的配合物一般呈红色。因此，考虑酸度对二甲酚橙颜色的影响，测定只能在 pH<6 的溶液中进行。

(2) 酸度对显色反应的影响：有些显色剂本身是有机弱酸，显色反应进行时，显色剂(HR)首先发生离解，然后与金属离子(Me^{n+})配位，存在下列平衡

$$nHR \rightleftharpoons nH^+ + nR^-$$
$$+$$
$$Me^{n+}$$
$$\rightleftharpoons$$
$$MeR_n$$

溶液酸度过大，会阻碍显色剂的离解，因而也会影响显色反应的定量完成。其影响大小与显色剂离解常数有关：K_a 大时，允许酸度可大些；K_a 很小时，允许酸度就应小些。

某些逐级形成配合物的显色反应，在不同酸度下，生成配合物的配位数及颜色有所不同，如

Fe^{3+} 与磺基水杨酸根($C_7H_4SO_6^{2-}$)的显色反应,在不同的酸度下所生成的配位离子及其颜色为:

pH 1.8~2.5	$Fe(C_7H_4SO_6)^+$	红色
pH 4.8~8	$Fe(C_7H_4SO_6)_2^-$	橙色
pH 8~11.5	$Fe(C_7H_4SO_6)_3^{3-}$	黄色

当 pH>12 时,Fe^{3+} 水解,生成 $Fe(OH)_3$,不能形成配合物。在这种情况下,必须严格控制合适的酸度,才能获得理想的分析结果。同时还应考虑大部分高价金属离子都易发生水解,导致沉淀生成,对显色反应不利,故溶液的酸度不能太低。

3. 温度 很多显色反应都是在室温下进行,温度变化一般对结果的影响不大。有些反应则需加热,以加速反应进行。但有些反应在较高的温度时,容易产生副反应,使有色化合物分解。因此,对不同的反应,应通过试验找出最佳温度范围或控制恒温。

4. 时间 有的显色反应能迅速完成,而且稳定。而有些显色反应速度较慢,加入显色剂后要放置一定时间后,因被空气氧化或产生光化反应等各种因素而褪色,因此必须选择适宜的显色时间。适宜的显色时间可以用实验方法确定。其方法是配制一份显色溶液,从加入显色剂的时间开始,每隔几分钟测量一次吸光度,然后绘制吸光度—时间($A-t$)曲线,确定适宜的显色时间。

四、单组分定量方法

根据 Beer 定律,物质在一定的波长处的吸光度与浓度之间呈线性关系。因此,只要选择适宜的波长测定溶液的吸光度,就可求出其浓度。通常应选择被测物质吸收光谱的吸收峰处,以提高灵敏度并减少测定误差。被测物质如有几个吸收峰,可选不易有其他物质干扰的、较高的吸收峰,一般不选光谱中靠短波长的末端吸收峰。

(一)吸光系数法

吸光系数是物质的特征常数,只要测定条件(溶液浓度与酸度、单色光纯度等)不引起比尔定律的偏离,即可根据所测吸光度求浓度。

$$c=\frac{A}{El}$$

常用于定量的是百分吸光系数 $E_{1cm}^{1\%}$。

例 2-1 维生素 B_{12} 的水溶液在 361 nm 的 $E_{1cm}^{1\%}$ 值为 207,用 1 cm 吸收池测得某维生素 B_{12} 溶液的吸光度是 0.414,求该溶液的浓度。

解:
$$c=\frac{A}{El}=\frac{0.414}{207\times1}$$
$$=0.002\ 00(g/100mL)$$
$$=20.0(\mu g/mL)$$

注意:有此吸光系数计算的浓度为百分浓度,即 100 mL 中所含被测组分的质量(g)数。若用紫外分光光度法测定原料药的含量,可按上述方法计算 $c_{测}$,按下式计算百分含量:

$$含量=\frac{c_{测}}{c_{配}}\times100\%=\frac{c_{测}}{样品称重\times稀释倍数}\times100\% \qquad (2-10)$$

也可将待测样品溶液的吸光度换算成样品的吸光系数,而后与对照品的吸光系数相比求百分含量。

$$含量=\frac{E_{1cm(样)}^{1\%}}{E_{1cm(标)}^{1\%}}\times100\% \qquad (2-11)$$

例 2-2 精密称取维生素 B_{12} 样品 25.00 mg，用水溶液配成 100 mL。精密吸取 10.00 mL，又置 100 mL 容量瓶中，加水至刻度。取此溶液在 1 cm 的吸收池中，于 361 nm 处测得吸光度为 0.507，求 B_{12} 的百分含量。

解：

$$c_{测}=\frac{0.507}{207\times 1}=2.45\times 10^{-3}(\text{g}/100\text{mL})$$

$$c_{配}=\frac{25.00\times 10^{-3}}{100}\times 10=2.50\times 10^{-3}(\text{g}/100\text{mL})$$

$$w(B_{12})=\frac{c_{测}}{c_{配}}\times 100\%=\frac{2.45\times 10^{-3}}{2.50\times 10^{-3}}\times 100\%=98.0\%$$

也可按(2-11)式计算：

$$E_{1\text{cm}(样)}^{1\%}=\frac{0.507}{2.50\times 10^{-3}\times 1}=202.8$$

$$w(B_{12})=\frac{E_{1\text{cm}(样)}^{1\%}}{E_{1\text{cm}(标)}^{1\%}}\times 100\%$$

$$=\frac{202.8}{207}\times 100\%$$

$$=98.0\%$$

（二）标准曲线法

用吸光系数 E 值作为换算浓度的因数进行定量的方法，不是任何情况下都适用。特别是在单色光不纯的情况下，测得的吸光度值可以随所用仪器不同而在 1 个相当大的幅度内变化不定，若用吸光系数计算浓度，则将产生很大误差。但若认定一台仪器，固定工作状态和测定条件，则浓度与吸光度之间的关系在很多情况下仍然可以是直线关系或近似直线关系。即：

$$A=Kc \quad \text{或} \quad A\approx Kc \tag{2-12}$$

此时，K 值不再是物质的常数，不能做定性依据。K 值只是个别具体条件下的比例常数，不能互相通用。

用标准曲线测定时，需配制一系列不同浓度的标准溶液，在相同条件下分别测定其吸光度。考察浓度与吸光度成线性关系的范围，然后以吸光度为纵坐标，标准溶液的浓度为横坐标绘制 A—c 曲线，即为标准曲线，或称工作曲线。亦可用标准溶液的浓度与相应吸光度进行线性回归，求出回归方程。然后将样品的吸光度从标准曲线查出相应浓度，或代入回归方程求出浓度。在固定仪器和方法的条件下，标准曲线或回归方程可以多次使用。

标准曲线由于对仪器的要求不高，是分光光度法中简便易行的方法，尤其适用于比色分析。

例 2-3 槐米中芦丁的含量测定。配制每毫升芦丁对照品 0.200 mg 的标准储备溶液。分别移取 0.00 mL, 1.00 mL, 2.00 mL, 3.00 mL, 4.00 mL, 5.00 mL 于 25 mL 容量瓶中，按样品溶液显色的同样方法显色，稀释至刻度，测各溶液的吸光度制作标准曲线，并在相同条件下测量样品溶液（称 3.00 mg 置 25 mL 容量瓶中）的吸光度。数据如表 2-3：

表 2-3 芦丁的测量数据

	1	2	3	4	5	6	样
浓度 $c/(\text{mg}\cdot\text{mL}^{-1})$	0.000	0.200	0.400	0.600	0.800	1.00	c_x
吸光度 A	0.000	0.240	0.491	0.712	0.950	1.156	0.845

解:绘制标准曲线,样品吸光度 $A=0.845$,由标准曲线查出相当于芦丁浓度为 0.710 mg/25 mL,所以样品中芦丁的百分含量为:

$$w(芦丁)=\frac{0.710}{3.00}\times 100\%=23.7\%$$

亦可求出回归方程:

$$A=0.010\ 5+1.162c \qquad \gamma=0.999\ 6$$

样品中含芦丁量:

$$c=\frac{0.845-0.010\ 5}{1.162}=0.718(\text{mg}/25\ \text{mL})$$

则

$$w(芦丁)=\frac{0.718}{3.00}\times 100\%=23.9\%$$

(三)对照法

在相同条件下配制样品溶液和对照品溶液,在所选波长处同时测定吸光度 $A_{样}$ 和 $A_{标}$,按下式计算样品的浓度:

$$c_{样}=\frac{c_{标}\times A_{样}}{A_{标}} \qquad (2-13)$$

然后根据样品的称量及稀释情况计算样品的百分含量。为了减少误差,比较法一般配制对照溶液的浓度常与样品溶液浓度相接近。

例 2-4 维生素 B_{12} 注射液的含量测定。精密吸取 B_{12} 注射液 2.50 mL,加水稀释至 10.00 mL;另配制 B_{12} 对照液,精密称取 B_{12} 对照品 2 500 mg,加水稀释至 1 000 mL。在 360 nm 处,用 1 cm 吸收池,分别测得吸光度为 0.508 和 0.518,求 B_{12} 注射液的浓度以及标示量的百分含量(该 B_{12} 注射液的标示量为 100 μg/mL)。

解:(1) 用对照法计算:

$$c_{样}=\frac{c_{标}\times A_{样}}{A_{标}}$$

$$c_{样}\times \frac{2.50}{10}=\frac{\frac{25.00\times 1\ 000}{1\ 000}\times 0.508}{0.518}$$

$$c_{样}=98.1(\mu\text{g/mL})$$

$$w(B_{12}\text{标示量})=\frac{c_{样}}{\text{标示量}}\times 100\%=\frac{98.1}{100}\times 100\%=98.1\%$$

(2) 用吸光系数法计算:

$$c=\frac{A}{El}$$

$$c_{样}\times \frac{2.50}{10}=\frac{0.508}{207\times 1} \qquad c_{样}=98.1(\mu\text{g/mL})$$

同样也可求出 B_{12} 标示量的百分含量为 98.1%。

五、多组分定量方法

利用分光光度法测定样品中的两种或多种组分的含量,由于不需要复杂的分离,所以方法比较简便。测定时,要求被测组分彼此不发生反应;同时每一组分须在某一波长范围内符合比尔定律。如符合上述条件,那么在任一波长,溶液的总吸光度等于各组吸光度之和,即符合吸光度的加和性原则。现讨论溶液中同时存在两组分 a 和 b，根据其吸收峰的互相干扰程度，可分为下述 3 种情况，见图 2-16。

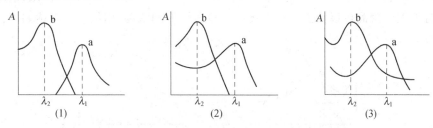

图 2-16　混合组分吸收光谱的 3 种相干情况示意图

混合物中 a、b 组分最大吸收峰不重叠，如图 2-16(1)所示，在组分的最大吸收波长 λ_1 处，b 组分没有吸收；在 b 组分的最大吸收波长 λ_2 处，a 组分没有吸收，可分别在 λ_1 和 λ_2 处用单一物质的定量方法从混合物中测定 a 和 b 的浓度。

图 2-16(2)所示为混合物光谱部分重叠，即在 λ_1 处，b 组分无吸收，但在 b 组分的吸收峰 λ_2 处，a 组分有吸收，则可在 λ_1 处测定混合物的吸光度 A_1^a，直接求出 a 组分的浓度；在 λ_2 处测定混合物的吸光度 A_2^{a+b}，根据吸光度加和性原则，计算 b 组分的浓度。

因：
$$A_2^{a+b}=A_2^a+A_2^b=E_2^a c_a+E_2^b c_b$$
$$c_b=(A_2^{a+b}-E_2^a c_a)/E_2^b \tag{2-14}$$

式(2-14)中 a、b 两组分在 λ_2 处的吸光系数 E_2^a 与 E_2^b 需事先求得。

在混合物测定中，更多遇到的是各组分吸收光谱相互干扰，如图 2-16(3)。下面介绍几种对光谱相互干扰的混合样品的定量方法。

（一）解线性方程组法

对于图 2-16(3)中 a、b 两组分混合物的溶液，如果事先测知 λ_1 与 λ_2 处两组分各自的吸光系数 E_1^a、E_1^b、E_2^a 和 E_2^b 的值，则在两波长处测得混合物溶液的吸光度 A_1^{a+b} 与 A_2^{a+b} 的值后，可用解方程组的方法得出两组分的浓度。

因：
$$A_1^{a+b}=A_1^a+A_1^b=E_1^a c_a+E_1^b c_b$$
$$A_2^{a+b}=A_2^a+A_2^b=E_2^a c_a+E_2^b c_b$$

故：
$$\begin{cases} c_a=\dfrac{A_1^{a+b}\cdot E_2^b-A_2^{a+b}\cdot E_1^b}{E_1^a\cdot E_2^b-E_2^a\cdot E_1^b} \\ c_b=\dfrac{A_2^{a+b}\cdot E_1^a-A_1^{a+b}\cdot E_2^a}{E_1^a\cdot E_2^b-E_2^a\cdot E_1^b} \end{cases} \tag{2-15}$$

式中，浓度 c 的单位依据所用的吸光系数而定，若用百分吸光系数，则浓度为百分浓度。

解线性方程组的方法是混合物测定的经典方法。在所选波长处各组分的吸光系数间的差别大，并都有良好的重现性，则可得比较准确的结果。本法也可用于三组分或更多组分混合物的测定。若单从数学的角度来看，只需用作测定的波长点数等于或多于所含组分数，则都能应用。而且繁冗的运算过程亦可由计算机来完成。不过在实际应用中，对于多组分的混合物，要能选到为数较多且又适用于测定的波长点，并不常能如愿。

（二）等吸收双波长消去法

吸收光谱重叠的 a、b 两组分共存时，可先把一种组分的吸收设法消去，测另一组分的浓度。具体做法如图 2-17(1)所示。若欲消去 a 测定 b，在 b 的峰顶 $\lambda_{max}(\lambda_1)$ 处向横坐标作垂线与 a 吸收曲线相交，从相交点作与横坐标的平行线与 a 吸收曲线相交于另一点，所对应的波长

为 λ_2，即在 λ_1 与 λ_2 处 a 组分的吸光度相等，而对于被测组分 b，则这两波长处的吸光度有显著差别，见图中示出为 ΔA。在这两波长处测得的混合物吸光度之差只与 b 组分的浓度成正比，而与 a 组分无关。因此可以消去 a 的干扰而直接测得 b 的浓度，用数学式表达如下：

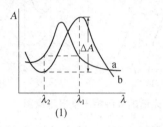
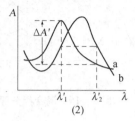

图 2-17 等吸收双波长消去法示意图
(1) 消去 a,测定 b (2) 消去 b,测定 a

$$\Delta A^{a+b} = A_1^{a+b} - A_2^{a+b} = A_1^a + A_1^b - A_2^a - A_2^b = \Delta A^a + \Delta A^b$$

$$\because \quad E_1^a = E_2^a$$

$$\therefore \quad \Delta A^a = c(E_1^a - E_2^a) = 0$$

因此
$$\Delta A^{a+b} = \Delta A^b = c_b(E_1^b - E_2^b)$$
$$= c_b \Delta E^b$$
$$= Kc_b \tag{2-16}$$

由式(2-16)的推导过程可知,在进行波长 λ_1 与 λ_2 的选择时,必须符合两个基本条件:① 干扰组分 a 在这两个波长处应具有相同的吸光度,即 $\Delta A^a = A_1^a - A_2^a = 0$,② 欲测组分在 λ_1 与 λ_2 两波长处的吸光度差值应足够大。被测组分在两波长处的 ΔA 愈大,愈有利于测定。需测另一组分 a 时,也可用相同的方法,另取两个适宜波长 λ_1' 与 λ_2' 消去 b 的干扰,见图 2-17(2)。

本法还适用于浑浊溶液的测定,浑浊液因有固体悬浮于溶液中,遮断一部分光线,使测得的吸光度增高,这种因浑浊表现的吸光度与浑浊程度有关,但一般不受波长影响或影响甚微,可看作在所有波长处吸光度是相等的。因此,可任意选择两个适当波长来用 ΔA 法消去浑浊干扰。

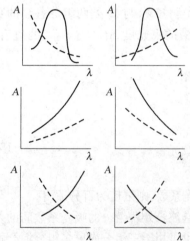

图 2-18 几种吸收光谱的组合
(实线为待测组分,虚线为干扰组分)

(三) 系数倍率法

在混合物的吸收光谱中,并非干扰组分的吸收光谱中都能找到等吸收波长。

如图 2-18 中的几种光谱组合情况,因干扰组分等吸收点无法找到,而不能用等吸收双波长消去法测定。而系数倍率法不仅可以克服波长选择上的上述限制,而且能方便地任意选择最有利的波长组合,即待测组分吸光度差值大的波长进行测定,从而扩大了双波长分光光度法的应用范围。

系数倍率法的基本原理为:在双波长分光光度计中装置了系数倍率器(函数发生器),当两束单色光 λ_1 和 λ_2 分别通过吸收池到达光电倍增管,其信号经过对数转换器转换成吸光度 A_1 和 A_2,再经系数倍率器加以放大,得到差示信号 ΔA。

如干扰组分在选定的两个波长 λ_1 和 λ_2 处测得的吸光度分别为 A_1 和 A_2，当 $A_1>A_2$ 时，$A_1/A_2=K$(或 $A_1<A_2,A_2/A_1=K$)。调节波长 λ_2 的系数倍率器，使吸光度 A_2 放大 K 倍，则干扰组分在 λ_1 和 λ_2 的 ΔA 为：

$$\Delta A=KA_2-A_1=0$$

或

$$\Delta A=A_2-KA_1=0$$

K 称为掩蔽系数，或称倍率因子。当样品为双组分(待测组分为 X，干扰组分为 Y)混合物，若干扰组分在两波长处的吸光度值 $A_1>A_2$，可令 $KA_{y_2}=A_{y_1}$，则

$$A_2 = K(A_{x_2}+A_{y_2})$$
$$A_1 = A_{x_1}+A_{y_1}$$
$$\Delta A = A_2 - A_1$$
$$= K(A_{x_2}+A_{y_2})-(A_{x_1}+A_{y_1})$$
$$= (KE_{x_2}-E_{x_1})c_x \tag{2-17}$$

也就是说，样品溶液的吸光度差值 ΔA 与被测组分 X 的浓度 c_x 呈正比关系，而与干扰组分 Y 的浓度无关。此法中，干扰组分和待测组分的吸光度信号放大了 K 倍，所测得的 ΔA 值也增大，使测定的灵敏度提高。但因噪音随之放大，使信噪比 S/N 减小而给测定带来不利，故一般 K 值不能过大，以 5～7 倍为限。

(四) 导数光谱法

对吸收光谱进行简单的微分，即可得到吸收光谱关于波长的微分对应于波长 λ 的函数曲线，即 $(dA/d\lambda)-\lambda$ 曲线，这一曲线称为导数吸收光谱，简称导数光谱。

从吸收光谱数据中每隔 1 个波长间隙，即 $\Delta\lambda$(一般 1～2 nm)，由下式逐点计算出 $(\frac{\Delta A}{\Delta\lambda})_i$ 的值。

$$\left(\frac{\Delta A}{\Delta\lambda}\right)_i = \frac{A_{i+1}-A_i}{\lambda_{i+1}-\lambda_i}$$

用这些值对波长描绘成图，即为一阶导数光谱。以同样方法可以得到二阶、三阶、四阶导数光谱。

1. 导数光谱的波型特征 若原吸收光谱(又称为零阶导数光谱)近似于高斯曲线时，其零阶和一至四阶导数光谱见图 2-19，导数光谱具有以下波形特征：

(1) 零阶导数光谱的最大吸收处，在奇数阶导数光谱上 ($n=1,3,\cdots$) 对应于零，而在偶数阶导数光谱上 ($n=2,4,\cdots$) 对应于极值(极大值或极小值)。

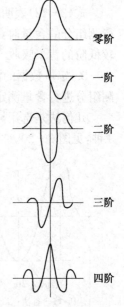

图 2-19 高斯曲线与它的导函数曲线

(2) 零阶光谱上的拐点处，在奇数阶导数上产生极值，而在偶数阶导数光谱中则对应于零。有助于肩峰的分离与鉴别。

(3) 随导数光谱阶数的增加，吸收谱带变窄，峰形变锐，提高了光谱的分辨率，可分离两个或两个以上的重叠峰。

2. 导数光谱法的原理 利用双波长分光光度计，固定两波长间隙(相隔 1～2 nm)，同时扫描，记录试样对两束光吸光度的差值 ΔA，便得到试样的一阶导数光谱。20 世纪 70 年代中期以来，分光光度计装配了微处理机后，将吸收光谱信号输入微处理机，对信号进行模拟微分

后可直接描绘出一阶、二阶、三阶、四阶导数光谱。

(1) 定量依据。据比尔定律：$A = \varepsilon c l$

求其一阶导数：
$$\frac{dA}{d\lambda} = \frac{d\varepsilon}{d\lambda} c l \tag{2-18}$$

因吸光系数是波长的函数，当波长一定时，吸光系数是一定值，所以一阶导数光谱值 $dA/d\lambda$ 与试样浓度成正比。且光谱曲线斜率 $d\varepsilon/d\lambda$ 愈大，灵敏度愈高。

同理，可以得到各高阶导数光谱值：
$$\frac{d^2 A}{d\lambda^2} = \frac{d^2 \varepsilon}{d\lambda^2} c l \tag{2-19}$$

$$\frac{d^3 A}{d\lambda^3} = \frac{d^3 \varepsilon}{d\lambda^3} c l \tag{2-20}$$

即在任一波长处，导数光谱值与试样浓度成正比，所以导数光谱可用于定量测定。

(2) 干扰吸收的消除 导数光谱可以成功地消除共存组分的干扰吸收。设在一定波长范围内，各干扰组分的吸收曲线近似于 n 次幂函数：
$$A_{干} = a_0 + a_1 \lambda + a_2 \lambda^2 + \cdots + a_n \lambda^n \tag{2-21}$$

其 n 阶导数为：
$$\frac{d^n A}{d\lambda^n} = n! a_n \tag{2-22}$$

式(2-22)表明，干扰组分的 n 阶导数值为一常数，当用待测组分的 n 阶导数光谱法测定待测组分的含量时，而干扰组分的干扰吸收被消除。如果继续微分，则较高阶导数总可以消除较低阶的背景吸收。

3. 定量数据的测量 当待测组分的导数值与浓度成正比时，可以应用导数光谱数据对待测组分进行含量测定。下边介绍测量定量数据的几何方法。

几何法是选用导数光谱上适宜的振幅作为定量信息的方法，测量振幅的常用方法有如下3种，见图2-20。

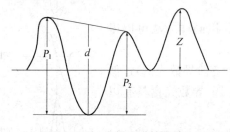

图2-20 导数光谱的求值

P. 峰—谷法；d. 切线法；Z. 峰—零法

(1) 切线法：相邻两峰（或两谷）的极大值（或极小值）处作一切线，然后在中间极值处作一平行纵轴的直线，极值至切线的距离 d 为定量数据。

(2) 峰—谷法：测量相邻峰谷两极值之间的距离 P（如图2-20中的 P_1 或 P_2），作为定量信息的方法。又称全波振幅法。

(3) 峰—零法：测量极值到零线之间的垂直距离，作为定量信息的方法，又称半波振幅法。

4. 导数光谱参数的选择 导数光谱法中有3个重要参数，即导数阶数 n，波长间隙 $\Delta\lambda$ 及中间波长 λ_m。

n 的选择主要根据干扰组分的吸收曲线而定，如干扰组分为二次曲线，可采用二阶导数光谱法消除，也可用更高阶导数光谱校正干扰吸收。一般情况下，n 越大，峰越尖锐，分辨率越高，但信噪比会因此而降低。

$\Delta\lambda$ 越大，灵敏度越高，但分辨率降低，用几何法找定量数据时，$\Delta\lambda$ 以狭缝宽度的2倍为宜。

λ_m 的选择原则是，干扰吸收在 λ_{m_1}、λ_{m_2} 的导数值相等或接近相等；待测组分的导数光谱在该处的形状较有特征，定量信息（振幅）的绝对值较大。若找不到2个合适的 λ_m，也可只选1

个,但待测组分在该波长处的导数光谱应是峰或谷;而干扰吸收的导数值最好为零,若不为零,在制备标准曲线时,可采用在标准曲线中添加适量的干扰组分的方法予以校正。

导数光谱的信息量多,又较灵敏。且通过选择适宜的波长和求导条件可消除背景吸收、杂质或共存物质的干扰。在测定前需用标准品在特定的条件下求得测量值与浓度间的关系(工作曲线或直线方程),而后在相同的条件下测定。

5. 导数光谱定性和定量分析示例

(1) 定性鉴别乙醇中痕量苯的检定:乙醇中常要检定痕量的芳烃(苯、甲苯或二甲苯),若用一般紫外吸收光谱检查,当吸收池厚度为 1 cm 时,苯的浓度达 0.005% 时才能检出,当苯的含量降到 0.001% 时,只能看到微弱的吸收峰,降到 0.000 1% 时,就根本检测不出苯。而应用导数光谱法,经过几次求导,检测限大大降低,四阶导数可检出含量小于 0.000 1% 的苯,见图 2-21 所示。

(2) 定量分析废水中苯胺和苯酚的含量测定:该二组分的紫外光谱重叠,用常规分光光度法无法测定。若用导数光谱即可同时测定它们的含量。图 2-22 所示是含 0.000 5% 苯胺和苯酚废水液的四阶导数光谱。图中 $\overline{CD}$ 正比于苯酚浓度;$\overline{FN}$ 正比于苯胺浓度。运用标准曲线法,即可测出废水中苯胺和苯酚的含量。

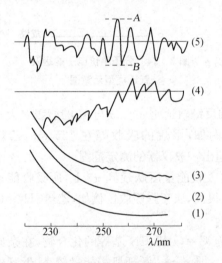

图 2-21 乙醇中痕量苯的定性鉴别

空白醇(1) 醇中含苯 0.000 1%(2) 与 0.001%(3) 的吸收光谱,及含苯 0.000 1% 醇液的二阶(4) 与四阶(5) 导数光谱;AB 峰一谷距可用作测定

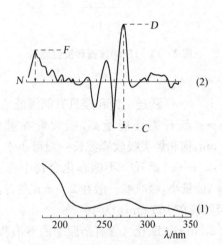

图 2-22 废水中苯胺和苯酚同时定量测定

(1) 一般光谱;(2) 四阶导数光谱

第五节 紫外吸收光谱与有机化合物分子结构的关系

一、基本概念

(一) 电子跃迁类型

紫外吸收光谱是由于分子中价电子的跃迁而产生的。因此,这种吸收光谱决定于分子中价电子的分布和结合情况。按分子轨道理论,在有机化合物分子中有几种不同性质的价电子:形成单键的电子称 σ 电子,形成双键的电子称 π 电子;氧、氮、卤素等含有未成键的孤对电子,

称 n 电子(或 p 电子)。电子围绕分子或原子运动的几率分布叫轨道。轨道不同,电子所具有的能量不同,当它们吸收一定的能量后,就跃迁到能级更高的轨道而呈激发态。未受激发的较稳定的状态为基态。成键电子的能级比未成键的低。如图 2-23,2 个氢原子形成一个氢分子时,2 个氢原子上的 s 电子形成 σ 键后能量降低了,成为更稳定的状态,称为成键轨道,以 σ 表示。分子外层还有一种更高的能级存在,称作反键轨道,以 σ* 表示。分子中有 π 键时,还有 π 反键轨道 π*。分子中价电子的 5 种能级高低次序是:

$$\sigma < \pi < n < \pi^* < \sigma^*$$

分子中外层电子的跃迁方式与键的性能有关,也就是说与化合物的结构有关。分子外层电子的跃迁有以下几种类型,见图 2-24。

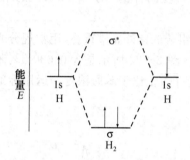

图 2-23 H$_2$ 的成键和反键轨道

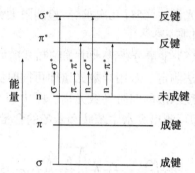

图 2-24 分子中价电子能级及跃迁类型示意图

1. σ→σ* 跃迁 饱和烃只有能级低的 σ 键,它的反键轨道是 σ*。σ 与 σ* 的能级差大。实现 σ→σ* 跃迁需要能量高,吸收峰在远紫外区。例如,甲烷的吸收峰在 125 nm,乙烷在 135 nm,饱和烃类吸收峰波长一般都小于 150 nm,超出一般仪器的测定范围。

2. π→π* 跃迁 不饱和化合物中有 π 键电子,吸收能量后跃迁到 π* 上,所吸收能量比 σ→σ* 能量小,吸收峰一般在 200 nm 左右,吸光系数很大,属于强吸收。例如,乙烯 CH$_2$=CH$_2$ 的吸收峰在 165 nm,ε 为 10^4。

3. n→π* 跃迁 含有杂原子的不饱和基团,如有 C=O 基、CN 基等的化合物,在杂原子上未成键的 n 电子能级较高。激发 n 电子跃迁至 π*,即 n→π* 跃迁所需能量较小,近紫外区的光能就可激发。n→π* 跃迁的吸光系数小,属弱吸收。例如丙酮,除 π→π* 跃迁强吸收外,还有吸收峰在 280 nm 左右的 n→π* 跃迁吸收峰,ε 为 10~30。

4. n→σ* 跃迁 如 —OH、—NH$_2$、—X、—S 等基团连在分子上时,杂原子上未共用 n 电子跃迁到 σ* 轨道,形成 n→σ* 跃迁,所需能量与 π→π* 跃迁接近。如三甲基胺(CH$_3$)$_3$N 有 σ→σ*,n→σ* 跃迁,后者吸收峰在 227 nm,ε 为 900,为中强吸收。

电子由基态跃迁到激发态时所需能量是不同的,所以吸收不同波长的光能。所需光能大小由图 2-24 所示,其顺序为:

$$\sigma \to \sigma^* > n \to \sigma^* \geqslant \pi \to \pi^* > n \to \pi^*$$

其中 n→π* 跃迁所需能量在紫外可见光区,单独的 π→π* 与 n→σ* 跃迁所需能量差不多,它们都靠近 200 nm 一边,在吸收光谱上呈末端吸收。另外,π→π* 跃迁吸光系数比 n→π* 大得多。且若 π→π* 有共轭双键时,由于电子离域,易激发,所需能量减小,如丁二烯的 λ_{max} 为 217 nm,ε 为 21 000。

(二) 生色团和助色团

1. 生色团 有机化合物分子结构中有 $\pi \to \pi^*$ 或 $n \to \pi^*$ 跃迁的基团,如 C=C、C=O、C≡C 等,能在紫外—可见光范围内产生吸收的原子团为生色团。

2. 助色团 与发色团或饱和烃相连,能使吸收峰向长波长移动,并使吸收强度增加的带有杂原子的饱和基团。如 —OH、—NH$_2$ 及卤素等。

3. 红移(red shift) 由于化合物结构的改变,如发生共轭作用,引入助色团以及溶剂改变等,使吸收峰向长波长方向移动。

4. 紫(蓝)移(blue shift) 当化合物结构改变时或受溶剂的影响使吸收峰向短波长方向移动。

(三) 吸收带

吸收带就是吸收峰在紫外—可见光谱中的位置。根据分子结构与取代基团的种类,可把吸收带分为 4 种类型,以便在解析光谱时可以从这些吸收带的归属推测化合物分子结构的信息。

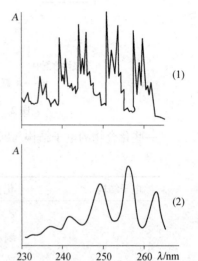

图 2-25 苯环的 B 带吸收光谱
1. 苯蒸气 2. 乙醇中苯的稀溶液

1. R 带 由 $n \to \pi^*$ 跃迁引起的吸收带。是含杂原子的不饱和基团(如 C=O、—NO、—NO$_2$、—N=N— 等)这类发色团的特征。它的特点是处于较长波带范围(250~500 nm),是弱吸收($\varepsilon < 100$)。

2. K 带 是由共轭双键中的 $\pi \to \pi^*$ 跃迁引起的吸收带。其 $\varepsilon > 10^4$,为强吸收。随共轭双键增加,产生长移,且吸收强度增加。

例如:CH$_2$=CH—CH=CH$_2$　　　　　$\pi \to \pi^*$　K 带　λ_{max} 217 nm　ε = 21 000
　　　CH$_2$=CH—CH=CH—CH=CH$_2$　$\pi \to \pi^*$　K 带　λ_{max} 258 nm　ε = 35 000
　　　苯甲醛　　　　　　　　　　　　$\pi \to \pi^*$　K 带　λ_{max} 244 nm　ε = 15 000

3. B 带 是芳香族化合物的特征吸收带。苯处于气态下,在 230~270 nm 出现精细结构的吸收光谱,反映出孤立分子振动、转能级跃迁;在苯溶液中,因分子间作用加大,转动消失,仅出现部分振动跃迁,因此谱带较宽;在极性溶剂中,溶剂和溶质间作用更大,因而精细结构消失,B 带出现一宽峰,其重心在 256 nm 附近,ε 为 220 左右,见图 2-25。

4. E 带 也是芳香族的特征吸收带,由苯环中 3 个乙烯组成的环状共轭系统所引起的 $\pi \to \pi^*$ 跃迁,E 带可细分为 E$_1$ 和 E$_2$ 带。如苯环的 E$_1$ 带约在 180 nm(ε 为 47 000)处,E$_2$ 带约在 200 nm 处(ε 为 8 000)。当苯环上有生色团取代,并和苯环共轭时,E$_2$ 带与 K 带合并,吸收带长移,B 带也长移。当苯环上有助色团(如 —Cl,—OH 等)取代时,E$_2$ 带产生长移,但波长一般不超过 210 nm。

(四) 溶剂效应

化合物在溶液中的紫外吸收光谱受溶剂影响较大,一般应注明所用溶剂。溶剂的极性不同,对 $\pi \to \pi^*$、$n \to \pi^*$ 跃迁所产生的吸收峰位置移动方向不同。当改用极性较大的溶剂时,使 $\pi \to \pi^*$ 跃迁吸收峰长移,这是由于激发态的极性比基态极性大,激发态与极性溶剂之间相互作用所降低的能量比基态与极性溶剂发生作用所降低的能量大,使能级差变小,所以产生长移。而在 $n \to \pi^*$ 跃迁中,基态的极性大,非键电子(n 电子)与极性溶剂之间能形成较强的氢键,使基态能量降低大于 π^* 反键轨道与极性溶剂相互作用所降低的能量,因而 $n \to \pi^*$ 跃迁能级差变大,故产生短移,见图2-26。

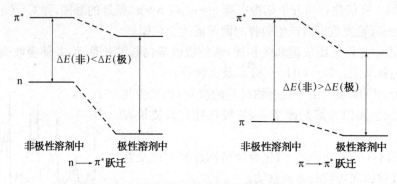

图2-26 极性溶剂对两种跃迁能级差的影响

一些化合物的电子结构与跃迁类型和吸收带的关系见表2-4。

表2-4 电子结构和跃迁类型

电子结构	化合物	跃迁	λ_{max}/nm	E_{max}	吸收带
σ	乙烷	σ→σ*	135	10 000	
n	碘乙烷	n→σ*	257	486	
π	乙烯	π→π*	165	10 000	
	乙炔	π→π*	173	6 000	
π和n	丙酮	π→π*	约160		
		n→σ*	194	9 000	
		n→π*	279	15	R
π-π	$CH_2=CH-CH=CH_2$	π→π*	217	21 000	K
	$CH_2=CHCH=CHCH=CH_2$	π→π*	258	35 000	K
π-π 和 n	$CH_2=CH-CHO$	π→π*	210	11500	K
		n→π*	315	14	R
芳香族 π	苯	芳香族 π→π*	约180	60 000	E_1
		芳香族 π→π*	约200	8 000	E_2
		芳香族 π→π*	255	215	B
芳香族 π-π	⌬-CH=CH_2	芳香族 π→π*	244	1 2000	K
		芳香族 π→π*	282	450	B
芳香族 π-σ	⌬-CH_3	芳香族 π→π*	208	2 460	E_2
		芳香族 π→π*	262	174	B
芳香族 π-π 和 n	⌬-CO-CH_3	芳香族 π→π*	240	13 000	K
		芳香族 π→π*	278	1 110	B
		n→π*	319	50	R
芳香族 π-n	⌬-OH	芳香族 π→π*	210	6 200	E_2
		芳香族 π→π*	270	1 450	B

二、各类有机化合物的紫外吸收光谱特征

（一）饱和碳氢化合物

饱和碳氢化合物只有 σ 电子，因此只能产生 σ→σ* 跃迁，所需能量很大，其吸收峰在真空紫外区，这类化合物在 200~400 nm 没有吸收，在紫外吸收光谱分析中常用作溶剂。

（二）含孤立助色团和生色团的饱和化合物

饱和碳氢化合物上的氢被氧、氮、硫、卤素等杂原子取代后，分子内除 σ 电子外还有 n 电子，因而有 n→σ* 跃迁。n→σ* 跃迁所需能量比 σ→σ* 跃迁小，所以吸收峰长移。杂原子的电负性小和离子半径大，其 n 电子能级高，n→σ* 跃迁所需的能量小，吸收峰波长较长（表 2-5）。

表 2-5 含有杂原子的饱和化合物的吸收峰

助色团	化合物	溶剂	跃迁	λ_{max}/nm	ε_{max}/nm
	CH_4	气态	σ→σ*	<150	—
—Cl	CH_3Cl	正己烷	n→σ*	173	200
—Br	$CH_3CH_2CH_2Br$	正己烷	n→σ*	208	300
—I	CH_3I	正己烷	n→σ*	259	400
—OH	CH_3OH	正己烷	n→σ*	177	200
—SH	CH_3SH	乙醇	n→σ*	195	1 400
—NH_2	CH_3NH_2	乙醇	n→σ*	215	600

含有孤立生色团化合物会产生 n→π* 和 n→σ* 跃迁，因含杂原子双键，故还会产生 π→π* 跃迁。孤立双键的 π→π* 跃迁吸收峰在 160~180 nm。酮和醛有 3 个吸收峰：n→σ* 跃迁吸收峰在 190 nm 左右；π→π* 吸收峰在 160~180 nm；n→π* 吸收峰在 275~295 nm。

（三）共轭烯烃

在同一分子中有 2 个双键，其间有 2 个以上次甲基隔开，则它们的吸收峰位置与只含 1 个双键的吸收峰位置相同，只是吸收强度约增加一倍。若分子中 2 个双键间只隔 1 个单键，则成为共轭系统，生成大 π 键，使 π 与 π* 间能级距离变小，吸收峰长移，吸收增强。随着共轭体系增加，π→π* 跃迁所需能量减小，吸收峰长移增加，ε 增大，化合物可由无色逐渐变为有色（表 2-6）。

表 2-6 一些孤立生色团的最大吸收峰

生色团	化合物	溶剂	λ_{max}/nm	ε_{max}/nm
C=C	乙烯	气态	171	10 000
—C≡C—	乙炔	气态	173	6 000
C=O	乙醛	气态	289	12.5
			160	20 000
			182	10 000

续表 2-6

生色团	化合物	溶剂	λ_{max}/nm	ε_{max}/nm
	丙酮	正己烷	194	900
		气态	166	16 000
		正己烷	279	15
—COOH	乙酸	水	204	40
—COOR	乙酸乙酯	水	204	60
—CONH$_2$	乙酰胺	甲醇	205	160
—COCl	乙酰氯	庚烷	240	34
C=N—	丙酮肟	水	190	5 000
—N=N—	偶氮甲烷	二氧六环	347	4.5
—N=O	亚硝基丁烷	乙醚	300	100
			665	
—NO$_2$	硝基甲烷	乙醇	271	18.6

三、紫外光谱在有机化合物结构研究中的应用

分子中生色团和助色团以及它们的共轭情况，决定了有机化合物紫外光谱的特征。因此紫外光谱可用于推定分子的骨架、判断发色团之间的共轭关系和估计共轭体系中取代基的种类、位置和数目。

（一）初步推断官能团

一化合物在 220～800 nm 范围内无吸收，它可能是脂肪族饱和碳氢化合物、胺、腈、醇、醚、氰代烃和氟代烃，不含直链或环状共轭体系，没有醛酮等基团。如果在 210～250 nm 有吸收带，可能含有 2 个双键的共轭体系；在 260～300 nm 有强吸收带，可能含 3～5 个共轭双键；250～300 nm 有弱吸收，表示有羰基存在；在 250～300 nm 有中强吸收带，很可能有苯环存在；如果化合物有颜色，分子中含有的共轭生色团一般为 5 个以上。

（二）顺反异构体的推断

例如顺式和反式 1,2-二苯乙烯。

	反式	顺式
λ_{max}^{EtOH}	295.5 nm	280 nm
ε	29 000	10 500

顺式异构体一般比反式异构体的波长短而且 ε 小。这是由于立体障碍引起的，顺式 1,2-二苯乙烯的 2 个苯环在双键同一边，由于立体障碍影响了 2 个苯环与乙烯的碳—碳双键共平面，因此不易发生共轭，吸收波长短，且 ε 小。而反式异构体的 2 个苯环与乙烯双键共平面性好，形成大的共轭体系，吸收波长长，且 ε 也大。

（三）化合物骨架的推断

未知化合物与已知化合物的紫外光谱一致时，可以认为两者具有相同的发色团，这一原理

可用于推定未知物的骨架。例如,维生素 K_1(A)有吸收带 λ_{max} 249 nm(lgε 为 4.28),260 nm(lgε 为 4.26),325 nm(lgε 为 3.28)。查阅文献知与 1,4-萘醌的吸收带 λ_{max} 250 nm(1gε 为 4.6),λ_{max} 330 nm(1gε 为 3.8)相似,因此把 A 与几种已知 1,4-萘醌的光谱比较,发现(A)与 2,3-二烷基-1,4-萘醌(B)的吸收带很接近,这样就推定了 A 的骨架。

学习指导

一、要 求

本章重点要求掌握吸收光谱的特征,电子跃迁类型,化合物产生紫外光谱的基本结构条件,比尔一朗伯定律的物理意义和成立条件,摩尔吸光系数与比吸光系数,紫外一可见分光光度法的单组分定量方法,测定波长的选择,紫外一可见分光光度计的基本部件。

理解分子能级与电磁波谱、吸收带,根据分子结构预测可能出现的吸收带的类型及波长范围,理解影响比尔定律的因素、空白对比测量方法、显色反应的条件。

掌握紫外一可见分光光度法的定性鉴别和杂质检查,多组分定量方法。了解紫外一分光光度计各部件的原理、结构以及类型,紫外一可见分光光度计的类型,显色反应的要求等内容为一般了解部分。

二、小 结

(一)紫外—可见吸收光谱的产生

当一定波长的电磁波照射物质分子,当光子能量恰好等于分子中某两能级的能量差 ΔE 时,分子会从低能级向高能级跃迁,并吸收光子:

$$\Delta E_{分子} = E_2 - E_1 = E_{光子} = h\nu$$

这是产生吸收光谱的必要条件。当 $\Delta E \neq h\nu$ 时,跃迁不能发生。不同分子,能级不同,因此产生的吸收光谱有可能不同,这是吸收光谱用于定性的依据。

吸收光谱主要有紫外光谱和红外光谱,分别又称为电子光谱和振转光谱。它们又都属于分子光谱。

紫外吸收光谱中最重要的光谱参数是 λ_{max}、$E_{1cm}^{1\%}$、ε_{max}。

(二)电子跃迁类型和吸收带

电子跃迁类型比较与 4 种吸收带比较见表 2-7 和表 2-8。

表 2-7 电子跃迁类型比较

ΔE	$\sigma \to \sigma^*$	$>$	$n \to \sigma^*$	$\geqslant$	$\pi \to \pi^*$	$>$	$n \to \pi^*$
λ_{max}/nm	<150		约 200		约 200		250~500
ε_{max}					>10^4		<100

紫外—可见光谱主要由共轭的不饱和基团产生,具有共轭不饱和基团的化合物才具有紫外光谱。

表2-8 4种吸收带比较

	R带		B带		K带		E带
起因	n→π*		芳香环特征谱带之一		由共轭双键的π→π*		芳香环特征谱带之一
波长	λ_R	>	λ_B	>	λ_K	>	λ_E
吸收强度	最弱		中		最强		中强

（三）比尔—朗伯定律是定量分析的依据

其数学表达式为：

$$A = -\lg T = Ecl$$

比尔—朗伯定律是描述溶液的吸光度与溶液浓度和厚度的关系,吸光度 A 与浓度 c 或厚度 l 是正比关系,而透光率 T 与 C 或 l 是指数关系。定律成立的条件是单色光和稀溶液。

E 是吸光系数,分摩尔吸光系数和比吸光系数两种,它们之间的关系是：

$$\varepsilon_\lambda = \frac{M}{10} E_{1cm}^{1\%}$$

影响比尔定律的因素有光学因素和化学因素。

（四）紫外—可见分光光度计的构造和基本性能

主要部件有光源、单色器、吸收池、检测器、讯号处理和显示装置。

紫外—可见分光光度计用光栅为单色器的色散元件,光电管为检测器。在测定紫外光部分,用氘灯为电源,采用石英吸收池;使用可见光部分,改用钨灯为光源,采用玻璃吸收池。

（五）定性定量方法

紫外—可见分光光度法常用于化合物定性鉴别。对单组分的定量方法有吸光系数法、标准曲线法和对照法。多组分测定有解线性方程组法和双波长测定法。

（六）光电比色法

对显色反应的要求是：灵敏度高,选择性好,重现性好,有确定的定量关系。

显色反应的条件须通过实验,作出有关曲线来确定最佳显色剂用量、pH、显色时间和温度等,并加以严格控制。

思考题

1. 紫外—可见光谱是如何产生的？
2. 比尔—朗伯定律的适用条件是什么？
3. 紫外吸收光谱有什么特征？哪些特征和常数可作为鉴定物质的定性参数？
4. 电子跃迁类型有哪几种？哪些跃迁在紫外—可见光谱上可以反映出来？
5. 试解释下列名词：吸光度、透光率、摩尔吸光系数、百分吸光系数、生色团、助色团、长移、短移。
6. 简述紫外—可见分光光度计的主要部件、类型和基本性能。
7. 双波长消去法测定中,如何选择测定波长 λ_1 与参比波长 λ_2？
8. 为什么最好在 λ_{max} 处测定化合物的含量？
9. 举例说明发色团和助色团,并解释长移和短移。

习 题

一、填空题

1. Lamber-Beer 定律是描述_____与_____和_____的关系，其数学表达式为_____。
2. 紫外-可见分光光度法合适的检测波长范围是_____，其中_____nm 为紫外光区，_____nm 为可见光区。
3. 紫外-可见光谱又叫_____，它是由于物质的_____所引起的。它只适合于研究_____的化合物。
4. 紫外-可见分光光度计的光源，可见光区用_____灯，吸收池可用_____材料的吸收池，紫外光区光源用_____灯，吸收池用_____材料的吸收池。
5. 可见-紫外分光光度法中，有机化合物分子的电子跃迁类型可能有_____，_____，_____，_____。
6. 在紫外吸收光谱中，K 吸收带是由_____跃迁产生，R 吸收带是由_____跃迁产生。
7. 分光光度法中，Lamber-Beer 定律的适用条件是_____和_____。
8. 可见-紫外分光光度计的主要部件包括_____、_____、_____、_____和_____五个部分。

二、选择题

1. 紫外-可见分光光度法的合适检测波长范围是（　　）。
   A. 200~400 nm　　B. 400~760 nm　　C. 200~760 nm　　D. 100~400 nm
2. 下列化合物同时有 $\sigma \rightarrow \sigma^*$，$\pi \rightarrow \pi^*$，$n \rightarrow \pi^*$ 跃迁的为（　　）。
   A. 一氯甲烷　　B. 丙酮　　C. 1,3-丁二烯　　D. 甲醇
3. 某有色溶液，当用 1 cm 的吸收池时，其透光率为 T，若改用 2 cm 的吸收池，则透光率为（　　）。
   A. $2T$　　B. $2\lg T$　　C. $\sqrt{T}$　　D. T^2
4. 有一符合比尔定律的溶液，厚度不变，当浓度为 c 时，透光率为 T，当浓度为 $1/2\,c$ 时，则透光率 T' 为（　　）。
   A. $T' = \sqrt{T}$　　B. $T' = \sqrt{T^2}$　　C. $T' = \frac{1}{2}T$　　D. $2T$
5. 丙酮在乙烷中的紫外吸收 $\lambda_{max} = 279$ nm，$\varepsilon_{279nm} = 14.8$，此吸收峰由下列（　　）跃迁引起。
   A. $\sigma \rightarrow \sigma^*$　　B. $n \rightarrow \sigma^*$　　C. $\pi \rightarrow \pi^*$　　D. $n \rightarrow \pi^*$
6. 电子能级间隔越小，电子跃迁时，吸收光子的（　　）。
   A. 能量越高　　B. 波长越长　　C. 波数越大　　D. 频率越高
7. 符合比尔定律的有色溶液稀释时，其最大吸收峰波长的位置将（　　）。
   A. 向长波长移动　　　　　　B. 向短波长移动
   C. 不移动，但吸收度减小　　D. 不移动，但吸收度增大
8. 有机化合物的摩尔吸光系数与下列（　　）因素有关。
   A. 比色池厚度　　B. 溶液的浓度
   C. 吸收池的材料　　D. 入射光的波长

三、计算题

1. 试推测下列各化合物含有哪些跃迁和吸收带。

   (1) $CH_2 = CHCH_3$　　　　(2) $CH_2 = CHCCH_3$ (含 $C=O$)

   (3) 苯酚 (C₆H₅—OH)　　　　(4) 苯乙酮 (C₆H₅—CO—CH₃)

2. 异丙基丙酮有两种异构体：(1) $CH_3C(CH_3)=CHCOCH_3$；(2) $CH_2=C(CH_3)CH_2COCH_3$。它们的紫外吸收光谱为：(a) 最大吸收波长为 235 nm, $\varepsilon=12\,000$；(b) 220 nm 以后无强吸收。根据这两个光谱来判别上述异构体，试说明理由。

3. 安络血的相对分子质量为 236，将其配成 0.496 2 mg/100 mL 的浓度，在 λ_{max} 355 nm 处，于 1 cm 的吸收池中测得吸光度为 0.557，试求安络血的比吸光系数和摩尔吸光系数的值。

4. 某维生素（$M=296.6$ g/mol）溶于乙醇中，取此溶液在 1 cm 吸收池中，于 264 nm 处测得其摩尔吸光系数为 18 200，并在一个很宽的范围内服从朗伯—比尔定律。(1) 求比吸光系数值；(2) 若要测量吸光度约为 0.400 时，则分析浓度约为多少（以百分浓度表示）。

5. 某试液用 2.0 cm 的吸收池测量时，$T=60\%$，若用 1.0 cm 或 3.0 cm 的吸收池测定时，透光率各为多少？

6. 相对分子质量为 156 的化合物，摩尔吸光系数为 6.74×10^3，要使之在 1 cm 吸收池中透光率为 10% 左右，浓度（mg/mL）应是多少？

7. 同一物质不同浓度的甲、乙两溶液，在同一条件下，测得 $T_甲=54\%$，$T_乙=32\%$，如果此溶液符合比尔定律，试求它们的浓度比。

8. 取咖啡酸，在 165℃ 干燥至恒重，精密称取 10.00 mg，加少量乙醇溶解，转移至 200 mL 容量瓶中，加水至刻度，取此溶液 5.00 mL，置于 50 mL 容量瓶中，加 6 mol/L 的 HCl 4 mL，加水至刻度。取此溶液于 1 cm 吸收池中，在 323 nm 处测得吸光度为 0.463。已知该波长处咖啡酸的 $E_{1\,cm}^{1\%}=927.9$，求咖啡酸的百分含量。

9. 精密称取 0.050 0 g 样品，置于 250 mL 容量瓶中，加入 0.02 mol/L HCl 溶解，稀释至刻度。准确吸取 2 mL，稀释至 100 mL。以 0.02 mol/L HCl 为空白，在 263 nm 处用 1 cm 吸收池测得透光率为 41.7%，其摩尔吸光系数为 12 000，被测物相对分子质量为 100.0，试计算 263 nm 处 $E_{1\,cm}^{1\%}$ 和样品的百分含量。

10. 苦味酸（$C_6H_3O_7N$，$M=229$ g/mol）的胺盐醇溶液在 380 nm 有吸收峰，摩尔吸光系数是 1.34×10^4 ($\pm1\%$)。今有一胺 $C_nH_{2n+3}N$，使成苦味酸盐，并精制后准确配制成 100 mL 含 1.00 mg 的醇溶液，用 1 cm 吸收池在 380 nm 测得透光率为 45.1%，求此胺的相对分子质量。

11. 有一 A 和 B 两化合物混合溶液，已知 A 在 282 nm 和 238 nm 处的吸光系数 $E_{1\,cm}^{1\%}$ 值分别为 720 和 270；而 B 在上述两波长处吸光度相等，现把 A 和 B 混合液盛于 1.0 cm 吸收池中，测得 282 nm 处的吸光度为 0.442，在 238 nm 处的吸光度为 0.278，求 A 化合物的浓度（mg/100 mL）。

（严拯宇）

第三章 荧光分析法

第一节 概 述

荧光是分子吸收了较短波长的光(通常是紫外和可见光),在很短时间内发射出的较照射光波长更长的光。荧光光谱是一种发射光谱。根据物质的荧光波长可确定物质分子具有某种结构,从荧光强度可测定物质的含量,这就是荧光分析法(fluorometry)。

荧光分析法最主要的优点是测定灵敏度高和选择性好。一般紫外—可见分光光度法的检出限约为 10^{-7} g/mL,而荧光分析法的检出限可达 10^{-10} g/mL,甚至 10^{-12} g/mL。虽然具有天然荧光的物质数量不多,但许多重要的生化物质、药物及致癌物质(如许多稠环芳烃等)都有荧光现象。而荧光衍生化试剂的使用,又扩大了荧光分析法的应用范围。所以荧光分析法在医药和临床分析中有着特殊的重要性。

第二节 基本原理

一、分子荧光的发生过程

(一) 分子的电子能级与激发过程

每种物质分子中都具有一系列紧密相隔的能级,称为电子能级,而每个电子能级中又包含一系列的振动能级和转动能级。物质受光照射,可能部分或全部地吸收入射光的能量。在物质吸收入射光的过程中,光子的能量便传递给物质分子,于是便发生电子从较低能级到较高能级的跃迁。这个过程进行极快,费时大约 10^{-15} s。所吸收的光子能量等于跃迁所涉及的两个能级间的能量差。当物质吸收紫外光或可见光时,这些光子的能量较高,足以引起物质分子中的电子发生电子能级间的跃迁。处于这种激发状态的分子,称为电子激发态分子。

电子激发态的多重态用 $2S+1$ 表示,S 为电子自旋量子数的代数和,其数值为 0 或 1,分子中同一轨道所占据的两个电子必须具有相反的自旋方向,即自旋配对。假如分子中全部轨道里的电子都是自旋配对的,即 $S=0$,该分子体系便处于单重态(或称单线态),用符号 S 表示。大多数有机分子的基态是处于单重态的。倘若分子吸收能量后电子在跃迁过程中不发生自旋方向的变化,这时分子处于激发的单重态;如果电子在跃迁过程中还伴随着自旋方向的改变,这时分子便具有 2 个自旋不配对的电子,即 $S=1$,分子处于激发的三重态(或称三线态),用符号 T 表示。如图 3-1 所示。

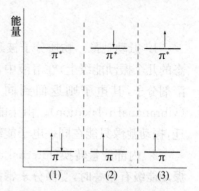

图 3-1 单线态和三线态的电子分布

(1) 基态(π^2) (2) 激发单线态($\pi\pi^*$)
(3) 激发三线态($\pi\pi^*$)

(二) 荧光的产生

根据 Boltzmann 分布,分子在室温时基本上处于电子能级的基态。当吸收了紫外—可见光后,基态分子中的电子只能跃迁到激发单重态的各个不同振动—转动能级,根据自旋禁阻选律,不能直接跃迁到激发三重态的各个振动—转动能级。

处于激发态的分子是不稳定的,它可能通过辐射跃迁和无辐射跃迁等分子内的去活化过程释放多余的能量而返回基态,发射荧光是其中的一条途径。图 3-2 为分子内所发生的各种光物理过程,符号 S_0、S_1^* 和 S_2^* 分别表示基态、第一和第二电子激发单重态,T_1^* 表示第一电子激发三重态。

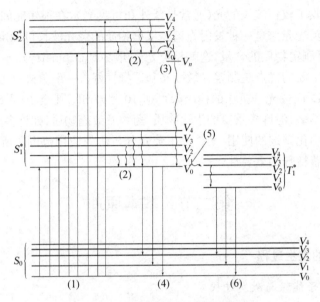

图 3-2 荧光与磷光产生示意图
(1) 吸收 (2) 振动弛豫 (3) 内部能量转换
(4) 荧光 (5) 体系间跨越 (6) 磷光

1. **振动弛豫** 物质分子被激发后,其电子可能跃迁到第一电子激发态或更高的电子激发态的几个振动能级上,在溶液中,激发态分子通过与溶剂分子的碰撞而将部分振动能量传递给溶剂分子,其电子则返回到同一电子激发态的最低振动能级,这一过程称为振动弛豫 (vibrational relaxation)。由于能量不是以光辐射的形式发出的,故振动弛豫属于无辐射跃迁,振动弛豫只能在同一电子能级内进行。

2. **内部能量转换**(internal conversion) 当两个电子激发态之间的能量相差较小以致其振动能级有重叠时,受激分子常由高电子能级以无辐射跃迁方式转移至低电子能级。

3. **荧光发射** 无论分子最初处于哪一个激发单线态,通过内转换及振动弛豫,均可返回到第一激发单线态的最低振动能级,然后再以辐射形式发射光量子而返回到基态的任一振动能级上,这时发射的光量子即为荧光。由于振动弛豫和内部能量转换损失了部分能量,荧光的能量小于激发光能量,故发射荧光的波长除共振荧光外总比激发光波长要长。

4. **体系间跨越**(intersystem crossing) 是指处于激发态分子的电子发生自旋反转而使分子的多重性发生变化的过程。图 3-2 中,如果激发单线态 S_1^* 的最低振动能级同三线态 T_1^* 的最高振动能级重叠,则有可能发生电子自旋反转的体系跨越。分子由激发单线态跨越到三线态后,荧光强度减弱甚至熄灭。含有重原子(如碘、溴等)的分子体系间跨越最为常见,原因是在高原子序数的原子中,电子的自旋与轨道运动之间的相互作用较大,有利于电子自旋反转的发生。另外,在溶液中存在氧分子等顺磁性物质也容易发生体系间跨越,从而使荧光减弱。

5. **磷光发射** 经过体系间跨越的分子再通过振动弛豫降至三线态的最低振动能级,分子在三线态的最低振动能级可以存活一段时间,然后返回至基态的各个振动能级而发出光辐射,这种光辐射称为磷光。

总之,处于激发态的分子可通过上述几种不同途径回到基态,其中以速度最快、激发态寿命最短的途径占优势。荧光和磷光的差别在于激发分子由激发态降落到基态所经过的途径不同;磷光的能量比荧光小,波长较长;从激发到发光,磷光所需的时间较荧光长,甚至有时在入射光源关闭后,还能看到磷光的存在。荧光的发射时间约在照射后的 $10^{-8} \sim 10^{-14}$ s,而磷光的发射时间约在照射后的 $10^{-4} \sim 10$ s。

二、荧光的激发光谱与发射光谱

任何荧光化合物都具有两种特征的光谱:激发光谱和发射光谱。

激发光谱(excitation spectrum)是指不同激发波长的辐射引起物质发射某一波长荧光的相对效率。激发光谱的具体测绘方法是,通过扫描激发单色器以使不同波长的入射光激发荧光体,然后让所产生的荧光通过固定波长的发射单色器而照射到检测器上,由检测器检测相应的荧光强度,最后通过记录仪记录荧光强度对激发光波长的关系曲线,即为激发光谱。激发光谱可供鉴别荧光物质,在进行荧光测定时供选择适宜的激发波长。

荧光发射光谱又称荧光光谱。如使激发光的波长和强度保持不变,而让荧光物质所产生的荧光通过发射单色器后照射于检测器上,扫描发射单色器并检测各种波长下相应的荧光强度,然后通过记录仪记录荧光强度对发射波长的关系曲线,所得到的谱图称为荧光光谱。荧光光谱表示在所发射的荧光中各种波长组分的相对强度。荧光光谱可供鉴别荧光物质,并作为在荧光测定时选择适宜的测定波长或滤光片的依据,图3-3是硫酸奎宁的激发光谱及荧光光谱。

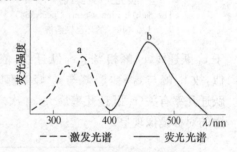

图 3-3 硫酸奎宁的激发光谱(虚线)与荧光光谱(实线)

溶液荧光光谱通常具有如下特征:

(一) 斯托克斯位移

在溶液荧光光谱中,所观察到的荧光的波长总是大于激发光的波长。斯托克斯在1852年首次观察到这种波长移动的现象,因而称为斯托克斯位移(Stokes shift)。

斯托克斯位移说明了在激发与发射之间存在着一定的能量损失。激发态分子由于内转化和振动弛豫过程而迅速衰变到 S_1 电子态的最低振动能级,这是产生斯托克斯位移的主要原因。

荧光发射可能只使激发态分子衰变到基态的各种不同振动能级,然后进一步损失能量,这也造成了斯托克斯位移。此外,溶剂效应和激发态分子所发生的反应,也会加大斯托克斯位移。例如,5-羟基吲哚在 pH=7 的溶液中,其激发峰位于 295 nm,荧光峰位于 330 nm,而在强酸性溶液中,虽然激发峰不变,但其荧光峰则位移到 550 nm,这是由于 5-羟基吲哚的激发态分子发生质子化作用的结果。

(二)荧光发射光谱的形状与激发波长无关

虽然分子的电子吸收光谱可能含有几个吸收带,但其荧光光谱却只含一个发射带,即使分子被激发到高于 S_1^* 的电子态的更高电子能级,然而由于内转化和振动弛豫的速率是那样之快,以致很快地丧失多余的能量而衰变到 S_1^* 电子态的最低振动能级,所以荧光发射光谱只含一个发射带。由于荧光发射发生于第一电子激发态的最低振动能级,而与荧光体被激发至哪一个电子态无关,所以荧光光谱的形状通常与激发波长无关。

(三)荧光光谱与激发光谱的镜像关系

如把某种荧光物质的荧光光谱和它的激发光谱相比较,便会发现两种光谱之间存在"镜像对称"关系。图 3-4 是蒽的激发光谱和荧光光谱图。由图可见,蒽的激发峰有两个峰,a 峰由分子吸收光能后从基态 S_0 跃迁至第二电子激发态 S_2^* 而形成。在高分辨的荧光图谱上可观察到 b 峰由一些明显的小峰 b_0、b_1、b_2、b_3、b_4 组成,它们分别由分子吸收光能后从基态 S_0 跃迁到第一电子激发态 S_1^* 的各个不同振动能级而形成(如图 3-5 所示),b_0 峰相当于 b_0 跃迁线,b_1 峰相当于 b_1 跃迁线,依此类推。各小峰间波长递减值 $\Delta\lambda$ 与振动能级差 ΔE 有关,各小峰的高度与跃迁几率有关(b_1 跃迁几率最大,b_0 次之,b_2、b_3、b_4 依次递减)。蒽的荧光光谱同样包含 c_0、c_1、c_2、c_3、c_4 等一组小峰。它们分别由分子从第一电子激发态 S_1^* 的最低振动能级跃迁至基态 S_0 的各个不同振动能级而发出光辐射所形成(c_0 峰相当于 c_0 跃迁线,c_1 峰相当于 c_1 跃迁线,依此类推)。由于电子基态的振动能级分布与激发态相似,故 b_1 峰与 c_1 峰,b_2 峰与 c_2 峰等都以 λ_{b_0} 为中心基本对称。再加上 c_0、c_1、c_2 等峰的高度与跃迁几率有关(c_1 跃迁几率最大,c_0 次之,c_2、c_3、c_4 依次递减),因此形成了激发光谱与荧光光谱的对称镜像现象。

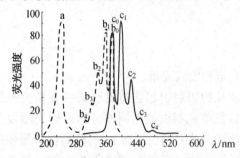

图 3-4 蒽的激发光谱(虚线)和荧光光谱(实线)
(The Sadtler Fluorescence Spectra84)
1.0×10^{-6} 的环己烷溶液

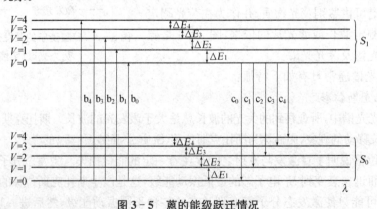

图 3-5 蒽的能级跃迁情况

三、荧光的寿命和量子产率

荧光的寿命和量子产率是荧光物质的重要发光参数,经常需要加以测量。了解这两个参数的数值,在分析化学和光化学的研究中都具有重要的意义。

(一) 荧光寿命 (fluorescence lifetime)

当除去激发光源后,分子的荧光强度降低到激发时最大荧光强度的 $1/e$ 所需的时间称为荧光寿命,常用 τ_f 表示。当荧光物质受到一个极其短暂的光脉冲激发后,它从激发态到基态的变化可用指数衰减定律表示:

$$F_t = F_0 \cdot e^{-kt} \tag{3-1}$$

式中,F_0 和 F_t 分别是在激发时 $t=0$ 和激发后时间 t 时的荧光强度,k 是衰减常数,假定在时间 $t=\tau_f$ 时测得的 F_t 为 F_0 的 $1/e$,即 $F_t=(1/e)F_0$,则根据式(3-1):

$$\left(\frac{1}{e}\right)F_0 = F_0 e^{-k\tau_f}$$

即

$$\frac{1}{e} = e^{-k\tau_f}, k = \frac{1}{\tau_f}$$

所以式(3-1)可写成 $\quad F_t = F_0 e^{-t/\tau_f}$ 或 $\ln\dfrac{F_0}{F_t} = \dfrac{t}{\tau_f}$

如果以 $\ln\dfrac{F_0}{F_t}$ 对 t 作图,直线斜率即为 $\dfrac{1}{\tau_f}$,由此可计算荧光寿命,利用分子荧光寿命的差别,可以进行荧光物质混合物的分析。

(二) 荧光量子产率

荧光量子产率(fluorescence quantum yield),又称荧光效率(fluorescence efficiency),就是指激发态分子发射荧光的光子数与基态分子吸收激发光的光子数之比,常用 φ_f 表示。

$$\varphi_f = \frac{\text{发射荧光的光子数}}{\text{吸收激发光的光子数}}$$

如果在受激分子回到基态的过程中,没有其他去活化过程与发射荧光过程竞争,那么在这一段时间内所有激发态分子都将以发射荧光的方式回到基态,这一体系的荧光量子产率就等于1。事实上,任何物质的荧光量子产率 φ_f 不可能等于1,而是在 0~1 之间,例如荧光素钠在水中 $\varphi_f=0.92$;荧光素在水中 $\varphi_f=0.65$;蒽在乙醇中 $\varphi_f=0.30$;菲在乙醇中 $\varphi_f=0.10$。荧光量子产率越大,化合物的荧光越强。不发荧光的物质,其荧光量子产率的数值为零或非常接近于零。

第三节 分子结构与荧光的关系

为了更有效地运用荧光分析技术,人们有必要了解荧光与荧光体结构的关系,以便能把非荧光体转变为荧光体。

能够发射荧光的物质应同时具备两个条件:即物质分子必须有强的紫外—可见吸收和一定的荧光效率。分子结构中具有 $\pi \rightarrow \pi^*$ 跃迁或 $n \rightarrow \pi^*$ 跃迁的物质都有紫外—可见吸收,但 $n \rightarrow \pi^*$ 跃迁引起的 R 带是一个弱吸收带,电子跃迁几率小,由此产生的荧光极弱。所以实际上只有分子结构中存在共轭的 $\pi \rightarrow \pi^*$ 跃迁,也就是 K 带强吸收时,才可能有荧光发生。一般来说,长共轭分子具有 $\pi \rightarrow \pi^*$ 跃迁的 K 带紫外吸收,刚体平面结构分子具有较高的荧光效率,而在共轭体系上的取代基对荧光光谱和荧光强度也有很大的影响。

一、共轭 π 键体系

发生荧光的物质,其分子都含有共轭双键(π 键)体系。共轭体系越大,离域 π 电子越容易激发,荧光越容易产生。大部分荧光物质都具有芳环或杂环,芳环越大,其荧光峰越移向长波长方向,且荧光强度往往也较强。例如,苯和萘的荧光位于紫外区,蒽位于蓝区,丁省位于绿区,戊省位于红区(表3-1)。

表 3-1 几种线状多环芳烃的荧光

化合物	φ_f	λ_{ex}/nm	λ_{em}/nm
苯 	0.11	205	278
萘 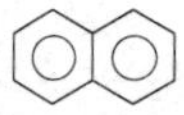	0.29	286	321
蒽 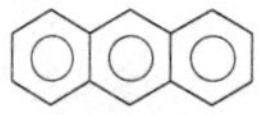	0.46	365	400
丁省 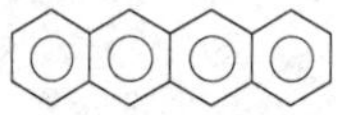	0.60	390	480
戊省 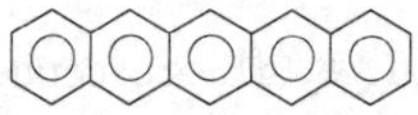	0.52	580	640

除芳香烃外,含有长共轭双键的脂肪烃也可能有荧光,但这一类化合物的数目不多。维生素 A 是能发射荧光的脂肪烃之一。

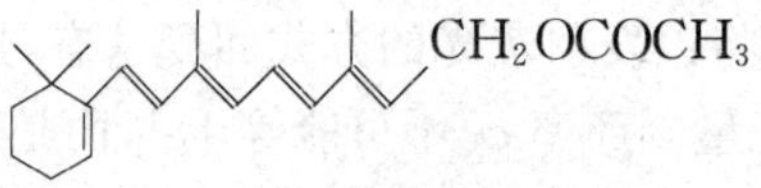

$$\lambda_{ex}=327 \text{ nm}, \lambda_{em}=510 \text{ nm}$$

二、刚性平面结构

荧光效率高的荧光体,其分子多是平面构型且具有一定的刚性。例如,荧光黄呈平面构型,是强荧光物质,它在 0.1 mol/L NaOH 溶液中的荧光效率为 0.92,而酚酞没有氧桥,其分子不易保持平面,不是荧光物质;芴和联苯,在类似的条件下,前者的荧光效率接近于1,而后者仅为 0.20,两者的结构差别在于芴的分子中加入亚甲基成桥,使两个苯环不能自由旋转,成为刚性分子,共轭 π 电子的共平面性增加,使芴的荧光效率大大增加。

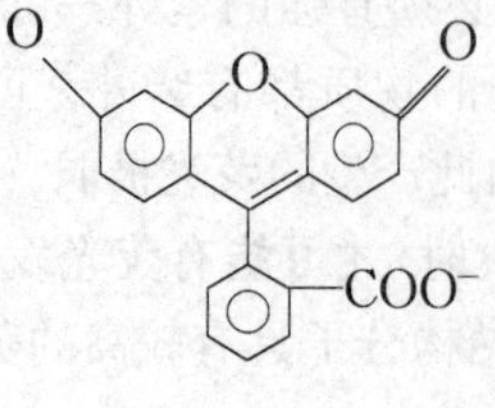

荧光黄 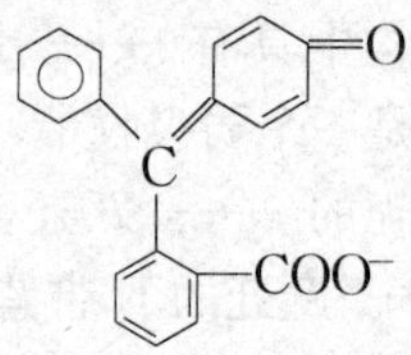　　　　　　　酚酞

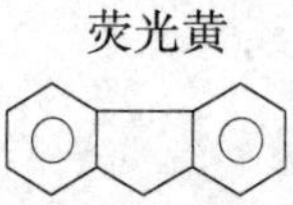

芴 $\varphi_f=1.0$ 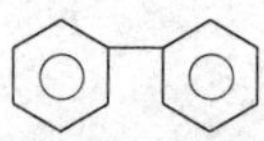　　　　联苯 $\varphi_f=0.2$

本来不发生荧光或发生较弱荧光的物质与金属离子形成配位化合物之后,如果刚性和共平面性增强,那么就可以发射荧光或增强荧光。

例如,8-羟基喹啉是弱荧光物质,与 Mg^{2+}、Al^{3+} 形成配位化合物后,荧光就增强。

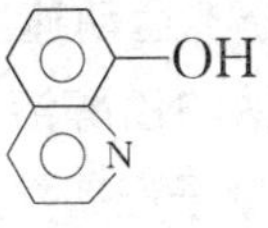

8-羟基喹啉 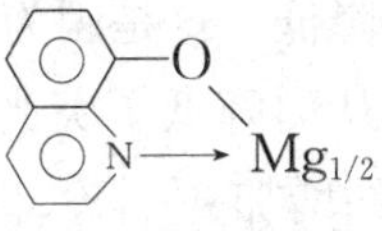　　　　　　8-羟基喹啉镁

某些荧光体存在着异构体,其立体异构现象对它的荧光强度也有显著影响,因而其顺式和反式同分异构体具有不同的荧光强度。例如 1,2-二苯乙烯。

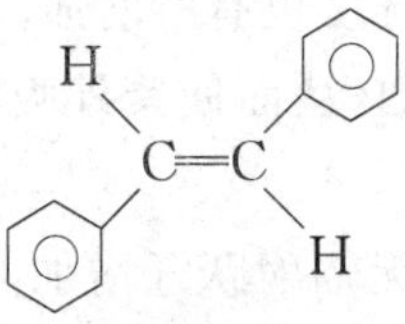

反式强荧光 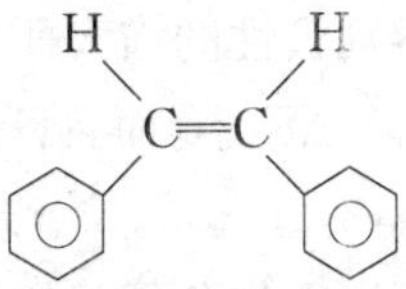　　　　　　顺式不发荧光

其分子结构为反式者,分子空间处于同一平面,顺式者则不处于同一平面,因而反式者呈强荧光,顺式者不发荧光。

三、取代基的影响

取代基的性质对荧光体的荧光特性和强度均有强烈的影响。

(一) 供电子取代基

属于这类基团的有 $-NH_2$,$-NHR$,$-NR_2$,$-OH$,$-OR$,$-CN$,含这类基团的荧光体,其激发态常由环外的羟基或氨基上的 n 电子激发转移到环上而产生,由于它们的 n 电子的电子云几乎与芳环上的 π 轨道平行,因而实际上它们共享了共轭 π 电子结构,同时扩大了其共轭双键体系。因此,这类化合物的吸收光谱与发射光谱的波长都比未被取代的芳族化合物的波长长,荧光效率也提高了许多。

(二) 吸电子取代基

这类取代基取代的荧光体,其荧光强度一般都会减弱。属于这类取代基的有 $-C=O$,$-COOH$,$-NO_2$,$-NO$,$-SH$,$-NHCOCH_3$,$-F$,$-Cl$,$-Br$,$-I$ 等。这类取代基也都含有 n 电子,然而其 n 电子的电子云并不与芳环上的 π 电子云共平面,不像供电子基团那样与芳环共享共轭 π 键和扩大其共轭 π 键。

(三) $-R$,$-SO_3H$,$-NH_3^+$ 等取代基

对 π 电子共轭体系作用较小,对荧光的影响不明显。

第四节　环境因素对荧光强度的影响

溶液中的环境因素对分子荧光可能产生强烈的影响,了解和利用这一重要因素,可以提高荧光分析的灵敏度和选择性。以下讨论某些比较重要的环境因素的影响。

一、温度的影响

温度对于溶液的荧光强度有显著的影响。在一般情况下,随着温度的升高,溶液中荧光物质的荧光效率和荧光强度将降低。这是因为,当温度升高时,分子运动速度加快,分子碰撞几率增加,使无辐射跃迁增加,从而降低了荧光效率。如荧光素钠的乙醇溶液,在0℃以下温度每降低10℃,荧光量子产率约增加3%,冷却至-80℃时,荧光量子产率接近100%。

二、溶剂的影响

同一种荧光体在不同的溶剂中,其荧光光谱的形状和强度都可能会有显著的差别。一般情况下,荧光波长随着溶剂极性的增大而长移,荧光强度也有所增强。这是因为在极性溶剂中 $\pi \rightarrow \pi^*$ 跃迁所需的能量差 ΔE 小,而且跃迁几率增加,从而使紫外吸收波长和荧光波长均长移,强度也增强。

溶剂黏度减小时,可以增加分子间碰撞机会,使无辐射跃迁增加而荧光减弱,故荧光强度随溶剂黏度的减小而减弱。

三、pH 的影响

假如荧光物质是一种弱酸或弱碱,溶液的 pH 改变将对荧光强度产生很大的影响。这主要是因为弱酸、弱碱分子和它们的离子结构有所不同,在不同酸度中分子和离子间的平衡改变,因此荧光强度也有差异。每一种荧光物质都有它最适宜的发射荧光的存在形式,也就是有其最适宜的 pH 范围。例如,苯胺在不同 pH 下有下列平衡关系:

$$\underset{\text{pH}<2}{\text{C}_6\text{H}_5-\text{NH}_3^+} \underset{\text{H}^+}{\overset{\text{OH}^-}{\rightleftharpoons}} \underset{\text{pH 7}\sim12}{\text{C}_6\text{H}_5-\text{NH}_2} \underset{\text{H}^+}{\overset{\text{OH}^-}{\rightleftharpoons}} \underset{\text{pH}>13}{\text{C}_6\text{H}_5-\text{NH}^-}$$

苯胺在 pH 7~12 的溶液中主要以分子形式存在,由于 $-\text{NH}_2$ 为提高荧光效率的取代基,故苯胺分子会发生蓝色荧光。但在 pH<2 和 pH>13 的溶液中均以苯胺离子形式存在,故不能发射荧光。

四、散射光的影响

当一束平行光照射在溶液样品上,大部分光线透过溶液,小部分由于光子和物质分子相碰撞,使光子的运动方向发生改变而向不同角度散射,这种光称为散射光(scattering light)。

光子和物质分子发生了弹性碰撞时,不发生能量的交换,仅仅是光子运动方向发生改变,这种散射光叫做瑞利散射光(Reyleigh scattering light),其波长与入射光波长相同。

光子和物质分子发生非弹性碰撞时,在光子运动方向发生改变的同时,光子与物质分子发生能量交换,光子把部分能量转给物质分子或从物质分子获得部分能量,而发射出比入射光波长稍长或稍短的光,这两种光均称为拉曼散射光(Raman scattering light)。

散射光对荧光测定有干扰,尤其是波长比入射光波长更长的拉曼光,因其波长与荧光波长接近,对荧光测定的干扰更大,必须采取措施消除。

选择适当的激发波长可消除拉曼光的干扰。以硫酸奎宁为例,从图3-6(1)可见,无论选择320 nm或350 nm为激发光,荧光峰总是在448 nm。将空白溶剂分别在320 nm和350 nm激发光照射下测定荧光光谱(此时实际上是散射光而非荧光),从图3-6(2)可见,当激发波长为320 nm时,瑞利光波长是320 nm,拉曼光波长是360 nm,360 nm的拉曼光对荧光无影响;当激发光波长为350 nm时,瑞利光波长是350 nm,拉曼光波长是400 nm,400 nm的拉曼光对荧光有干扰,因而影响测定结果。

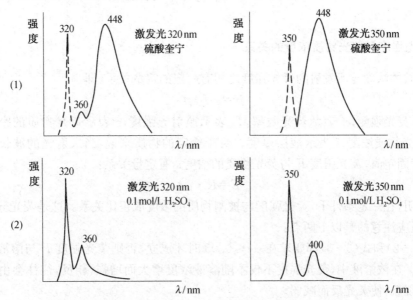

图3-6 硫酸奎宁与空白溶剂在不同波长激发下的荧光与散射光谱
(MPF-4型荧光分光光度计)

表3-2为水、乙醇、环己烷及四氯化碳4种常用溶剂在不同波长激发光照射下拉曼光的波长,可供选择激发光波长或溶剂时参考。从表中可见,四氯化碳的拉曼光与激发光波长极为接近,所以其拉曼光几乎不干扰荧光测定。而水、乙醇及环己烷的拉曼光波长较长,使用时必须注意。

表3-2 在不同波长激发光下主要溶剂的拉曼光波长/nm

溶 剂	激发光/nm				
	248	313	365	405	436
水	271	350	416	469	511
乙 醇	267	344	409	459	500
环己烷	267	344	408	458	499
四氯化碳	—	320	375	418	450

五、溶解氧的影响

溶液中的氧可使荧光溶液发射的荧光强度降低甚至熄灭。溶解氧对荧光的熄灭作用可能是荧光物质受到氧化所致,也可能由于处于基态的三重态能级的氧分子和激发单重态的荧光物质相碰撞,形成了单重激发态的氧分子和三重态的荧光物质分子,导致荧光熄灭。也可能是氧分子的顺磁性的作用,这种顺磁性的荧光物质能够促使激发分子发生体系间跨越而转换成三重态。溶解氧几乎对所有的有机荧光物质有不同程度的熄灭作用,对芳香烃尤为显著。

第五节 定量分析方法

一、荧光强度与荧光物质浓度的关系

荧光物质的浓度与所发射的荧光强度之间有一定的定量关系,即:

$$F = \varphi_f I_0 \varepsilon c l \tag{3-2}$$

式中,F 表示荧光强度,φ_f 表示荧光效率,I_0 表示照射光强度,ε 表示荧光物质的摩尔吸光系数,c 表示荧光物质浓度,l 表示液层厚度。对于给定的物质来说,当入射光的波长和强度固定,液层厚度固定时,荧光强度 F 与荧光物质的浓度 c 有定量关系:

$$F = K \cdot c \tag{3-3}$$

上式表明,在一定条件下,荧光强度与被测物质的浓度成正比关系。这是荧光分析的定量计算公式,但应注意的是以下两点:

1. 式(3-2)和式(3-3)都要求在 $\varepsilon c l \leqslant 0.05$ 时才成立,否则荧光强度 F 与溶液浓度 c 不呈线性关系。在浓溶液中,荧光强度不仅不随溶液浓度增大而增强,相反,往往会由于发生荧光的"熄灭"现象,使荧光反而减弱。

2. 荧光分析法是测量荧光强度,而紫外—可见分光光度法是测量吸光度 A。对于很稀的溶液,由于吸收光的强度 I_A 值很小,$\lg \frac{I_0}{I_0 - I_A}$ 接近于零,其浓度就不能从 $\lg \frac{I_0}{I_0 - I_A}$ 反映出来,因此测定灵敏度受到一定限制。另外,即使将光信号放大,由于透过光强和入射光强都被放大,比值 $\frac{I_0}{I_0 - I_A}$ 仍然不变。对提高灵敏度不起作用,荧光分析法测定的是荧光强度,而荧光强度的灵敏度取决于检测器的灵敏度,即只要改进光电倍增管和放大系统,使极微弱的荧光也能被检测到,就可以测定很稀的溶液浓度,所以荧光分析的灵敏度比紫外—可见分光光度法高。

二、定量分析方法

与紫外—可见分光光度法相同,荧光分析法也是采用标准曲线法和对照法。

(一) 标准曲线法

用标准物质按试样相同方法处理后,配成一系列不同浓度的标准溶液。在仪器调零之后再以浓度最大的标准溶液作基准,调节荧光强度读数为100(或某一较高值);然后,测出其他标准溶液的相对荧光强度和空白溶液的相对荧光强度,扣除空白值后,以荧光强度为纵坐标,标准溶液浓度为横坐标,绘制标准曲线,然后将处理后的试样配成一定浓度的溶液,在同一条件下测定其荧光强度,扣除空白后,从标准曲线上求出含量。

由于影响荧光分析灵敏度的因素较多,为了使一个实验在不同时间所测的数据前后一致,在测绘标准曲线时或者在每次测定试样前,常用一个稳定的荧光物质(其荧光峰与试样的荧光峰相近)的标准溶液作为基准进行校正。例如,在测定 V_{B1} 时,采用硫酸奎宁作基准。

(二) 对照法

如果荧光物质的标准曲线通过原点,就可选择其线性范围内某一浓度的标准溶液,用对照法测定。取已知纯荧光物质配成在线性范围内的标准溶液,测出其荧光强度(F_s),然后在同样条件下测定试样溶液的荧光强度(F_x),分别扣除空白(F_0),以标准溶液和试样溶液的荧光强度比,求试样中荧光物质的含量。

$$\frac{F_s - F_0}{F_x - F_0} = \frac{c_s}{c_x} \tag{3-4}$$

$$c_x = \frac{F_x - F_0}{F_s - F_0} \cdot c_s \tag{3-5}$$

(三) 多组分混合物的荧光分析

在荧光分析中,也可以像紫外—可见分光光度法一样,从混合物中不经分离就可测得被测组分的含量。

如果混合物中各组分荧光峰相距颇远,且相互间无显著干扰,则可分别在不同波长测量各个组分的荧光强度,从而直接求出各个组合的浓度。如不同组分的荧光光谱相互重叠,则可利用荧光强度的加和性质,在适宜波长处测量混合物的荧光强度,再根据被测物质各自在适宜荧光波长处的最大荧光强度,列出联立方程式,求算它们各自的含量。

第六节 荧光分光光度计

荧光分光光度计和紫外—可见分光光度计的构造基本上是相同的。仪器包括4个主要部件:激发光源、激发和发射单色器、样品池及检测器,但部件的布置有些差别,见图3-7。

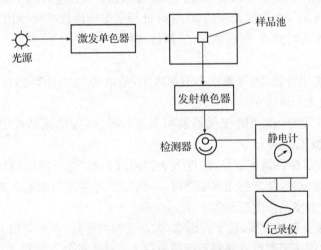

图3-7 荧光分光光度计示意图

由激发光源发出的光,经第一单色器(激发单色器)色散后,得到所需要的激发光波长,照射到放有荧光物质的试样池上,产生荧光,让与光源方向垂直的荧光经第二种单色器(发射单色器)滤出激发光所发生反射光、溶剂的散射光和溶液中的杂质荧光,只让被测组分的一定波长的荧光通过。然后由检测器把荧光变成电信号,经放大后显示结果。

(1) 激发光源:荧光激发光源常用更强的汞灯或氙弧灯。

(2) 单色器：荧光分光光度计装有两个光栅单色器：激发单色器和发射单色器。

荧光分光光度计的入射狭缝及出射狭缝是用以控制通过波长的谱带宽度及照射到测定试样上的光能强度的。测定的目的不同，可以选择不同的狭缝，以获得较好的测定结果。

(3) 样品池：测定荧光用的样品池必须用低荧光的材料制成，常用石英池，样品池的形状以散射光较小的方形为宜（四面透光）。

(4) 检测器：常用光电倍增管。

第七节 应 用

有机化合物的荧光分析

荧光分析可测定芳香族及具有芳香结构的化合物、生化物质及具荧光结构的药物，其中包括多环胺类、萘酚类、嘌呤类、吲哚类、多环芳烃类，具有芳环或芳杂环结构的氨基酸、蛋白质等；药物中的生物碱类如麦角碱、蛇根碱、麻黄碱、喹啉类等；甾体如皮质激素及雌醇类等，抗菌素、维生素。还有中草药中的许多有效成分，不少是属于芳香结构的大分子杂环类，都能产生荧光。荧光分析可作初步鉴别及含量测定，目前，广泛应用于医药学、生物学、农业科学和工业三废等科研工作，特别适用于药物在体液中的浓度测定及药物在体内代谢过程的研究。

例 复方炔诺酮中炔雌醇的测定。

取本品 8 片，研细，用无水乙醇适量移置 100 mL 量瓶中，置热水浴中加热 30 min，并不时振摇使溶解，放冷至室温，加无水乙醇稀释至刻度，摇匀，过滤，弃去初滤液，取续滤液作供试品溶液。

精密量取供试品 5 mL，置 10 mL 量瓶中，加无水乙醇稀释至刻度，摇匀，照荧光光谱法，在激发光波长为 285 nm，在发射光波长 307 nm 处测定荧光读数，同时用炔雌醇对照品的乙醇溶液（1.4 μg/mL）作为对照液，同法测定，计算，即得。

讨论：

(1) 本品为甾类化合物，为芳香族不饱和体系，是结构大的化合物，在紫外线照射下能产生荧光，故能应用荧光光谱法测定。

(2) 荧光分光光度计，使用时按仪器说明书进行操作，按供试品规定，选定激发光波长(285 nm)和发射光波长(307 nm)。

(3) 荧光分光光度法灵敏度较高，浓度太大的溶液会有"熄灭效应（自熄灭）"及由于在液面附近溶液会吸收激发光，使发射光强度下降，导致发射光强度与浓度不成正比，荧光法应在低浓度溶液中进行，故本品浓度配制为 1.4 μg/mL。

(4) 由于荧光法灵敏度较高，故干扰因素多，溶剂纯度要好，否则会带入较大误差，并应先作空白检查；必要时用玻璃磨口蒸馏器蒸馏后再用。溶液中的悬浮物对光有散射作用，必要时应用玻璃垂熔漏斗滤去或离心法除去。所用的玻璃仪器也必须十分洁净。溶液中的溶氧有降低荧光作用，必要时可在测定前通入稀有气体除氧。

(5) 温度对荧光强度会产生较大影响，测定时应控制一致。

(6) 反应时间对荧光强度会产生一定的影响，有些药品随时间的延长，荧光强度会增加或减弱，有些药物在一定时间内荧光强度变化较大，而后荧光强度趋向平稳。

(7) 计算式：

$$c_x = \frac{F_x - F_0}{F_s - F_0} \times c_s$$

式中，c_x：供试品溶液的浓度；c_s：对照品溶液的浓度；F_x：供试品溶液的读数；F_0：试剂空白的读数；F_s：对照溶液的读数。

$$w(标示量) = \frac{c_x \times 平均片重 \times 25}{供试品重 \times 规格} \times 100\%$$

学习指导

一、要求

本章重点要求掌握荧光的发生过程，荧光的激发光谱与发射光谱，发射光谱的特征，荧光的寿命及量子产率，分子结构与荧光的关系，荧光定量分析，荧光分光光度计的基本部件。

了解激发态分子回到基态的若干途径，荧光与磷光的区别，影响荧光的外部因素。

二、小结

（一）激发态分子返回基态的主要途径

激发态分子返回基态的主要途径有：振动弛豫、内部能量转换、荧光发射、外部能量转换、体系间跨越及磷光发射，其中以速度最快、激发态寿命最短的途径占优势。

荧光与磷光的主要区别为：

1. 途径不同　荧光指从第一激发单线态的最低振动能级返回基态的任一振动能级而发射的光量子。而磷光指从第一激发三线态的最低振动能级返回基态的任一振动能级而发射的光量子。

2. 能量不同　磷光的能量比荧光小，波长较长。

3. 时间不同　荧光发射时间约 $10^{-8} \sim 10^{14}$ s，磷光为 $10^{-4} \sim 10$ s。

（二）激发光谱与发射光谱

1. 激发光谱　指不同激发波长的辐射引起物质发射某一波长荧光的相对效率。

2. 发射光谱（荧光光谱）　表示在所发射的荧光中各种波长组分的相对强度。

溶液的荧光光谱有如下特征：

(1) Stokes 位移。

(2) 荧光发射光谱的形状与激发波长无关。

(3) 荧光光谱与激发光谱成镜像关系。

（三）荧光寿命和量子产率

1. 荧光寿命　除去激发光源后，分子的荧光强度降低到激发时最大强度的 $1/e$ 所需的时间。

2. 荧光量子产率（荧光效率）　指激发态分子发射荧光的光子数与基态分子吸收激发光的光子数之比。

$$\varphi_f = \frac{发射荧光的光子数}{吸收激发光的光子数}$$

（四）分子结构与荧光的关系

一般来说，长共轭体系、刚体平面的结构分子具有较高的荧光效率，而在共轭体系上的取代基对荧光光谱和荧光强度也有很大影响。

(五)影响荧光强度的环境因素
温度、溶剂、溶液的 pH、散射光、溶解氧等会影响荧光强度。

(六)定量分析方法
1. 荧光强度与荧光物质浓度的关系:$F=K \cdot c(\varepsilon cl \leqslant 0.05)$。
2. 分析方法有标准曲线法、对照法等。

(七)荧光分光光度计
荧光分光光度计主要部件有:激发光源(氙灯)、激发和发射单色器(光栅)、样品池(石英、方形)及检测器(光电倍增管)。

思考题

1. 名词解释:荧光、磷光、荧光寿命、荧光效率。
2. 激发态分子回到基态的主要途径有哪些?
3. 如何绘制荧光激发光谱和发射光谱?
4. 荧光发射光谱有哪些特征?
5. 荧光分析的定量依据是什么?
6. 荧光分光光度计与紫外—可见分光光度计有哪些部件不同?
7. 物质产生荧光的必要条件有哪些?
8. 影响荧光波长和强度的因素有哪些?

习 题

一、填空题
1. 能够发射荧光的物质应具备的两个条件是＿＿＿＿＿＿＿和＿＿＿＿＿＿＿。
2. 荧光物质的＿＿＿＿＿和＿＿＿＿＿是鉴定物质的依据,也是定量测定时最灵敏的条件。

二、选择题
1. 下列关于荧光发射光谱的叙述中,错误的是(　　)。
   A. 发射光谱的形状与激发波长无关
   B. 发射光谱和激发光谱呈对称镜像关系
   C. 发射光谱是分子的吸收光谱
   D. 发射光谱位于激发光谱的右侧
2. 下列(　　)物质的荧光效率最高。
   A. 联苯　　　　B. 苯　　　　C. 芴　　　　D. 甲苯
3. 荧光素钠的乙醇溶液在(　　)条件下荧光强度最强。
   A. 0℃　　　　B. －10℃　　　　C. －20℃　　　　D. －30℃
4. 荧光法测定硫酸奎宁时,当激发波长为 320 nm 时,Raman 光波长为 360 nm;当激发光波长为 350 nm 时,Raman 光波长为 400 nm。若最长发射波长为 448 nm,则进行荧光测定时应选择(　　)。
   A. $\lambda_{ex}=320$ nm, $\lambda_{em}=400$ nm　　　　B. $\lambda_{ex}=320$ nm, $\lambda_{em}=360$ nm
   C. $\lambda_{ex}=350$ nm, $\lambda_{em}=448$ nm　　　　D. $\lambda_{ex}=320$ nm, $\lambda_{em}=448$ nm

三、计算题
1. 1.00 g 谷物制品试样,用酸处理后分离出核黄素及少量无关杂质,加入少量 $KMnO_4$,将核黄素氧化,过量的 $KMnO_4$ 用 H_2O_2 除去。将此溶液移入 50 mL 量瓶,稀释至刻度。吸取 25 mL 放入样品池中加以测定荧光强度(核黄素中常含有发生荧光的杂质叫光化黄)。事先将荧光计用硫酸奎宁调整至刻度"100"处,测得氧化液的读数为 6.0 格。加入少量连二亚硫酸钠($Na_2S_2O_4$),使氧化态核黄素(无荧光)重新转化为核黄素,这时荧光计读数为 55 格。在另一样品池中重新加入 24 mL 被氧化的核黄素溶液,以及 1 mL 核黄素标准溶液(0.5 μg/mL),这一溶液的读数为 92 格,计算试样中核黄素的含量(μg/g)。

2. 烟酰胺腺嘌呤双核苷酸的还原型(NADH)是一种重要的强发荧光辅酶,在 340 nm 有一吸收极大,在 365 nm 有一发射极大,用 NADH 的标准溶液得到如下表的荧光强度值。试绘出工作曲线,并计算出一相对荧光强度为 42.3 的未知样品中 NADH 的浓度。

相对荧光强度值列表如下:

NADH 浓度 /(μmol·L^{-1})	0.100	0.200	0.300	0.400	0.500	0.600	0.700	0.800
相对强度	13.0	24.6	37.9	49.0	59.7	71.2	83.5	95.1

(钟文英)

第四章 红外分光光度法

第一节 概 述

一、红外线的区域

波长大于 0.76 μm,小于 500 μm(或 1 000 μm)的电磁波,称为红外线(infrared ray,IR)。习惯上按波长的不同,将红外线分为 3 个区域,如表 4-1 所述。

表 4-1 红外线区域

区域	波长/μm	波数/cm^{-1}	能级跃迁类型
近红外区(泛频区)	0.76～2.5	13 158～4 000	OH、NH 及 CH 键的倍频吸收区
中红外区(基本振动区)	2.5～25	4 000～400	振动,伴随着转动
远红外区(转动区)	25～500(或 1 000)	400～20(或 10)	转动

由分子的振动、转动能级跃迁引起的光谱,称为中红外吸收光谱(mid-infrared absorbtion spectrum,mid-IR),简称红外吸收光谱或红外光谱(IR)。根据样品的红外吸收光谱进行定性、定量分析及测定物质分子结构的方法,称为红外吸收光谱法(infrared spectroscopy)或红外分光光度法(infrared spectrphotometry)。在上述 3 个区域中,中红外区(波长 2.5～25 μm,波数 4 000～400 cm^{-1})是目前人们研究最多的区域,故本章只讨论中红外吸收光谱。

二、红外吸收光谱的表示方法

红外吸收光谱的表示方法与紫外吸收光谱有所不同,它是以波数(σ/cm^{-1})或波长(λ/μm)为横坐标、相应的百分透光率(T/%)为纵坐标所绘制的曲线,即 $T-\sigma$ 曲线或 $T-\lambda$ 曲线。图 4-1、图 4-2 分别为苯酚的两种红外光谱。

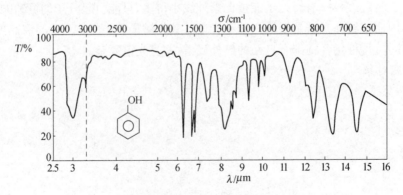

图 4-1 苯酚的红外棱镜光谱($T-\lambda$ 曲线)

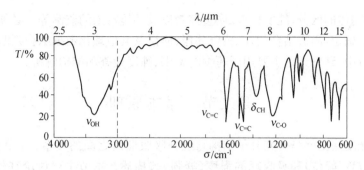

图 4-2 苯酚的红外光栅光谱（T-σ 曲线）

波数（σ）为波长（λ）的倒数，表示单位长度（cm）中所含光波的数目。波数的单位为 cm^{-1}，波长的单位为微米（μm），因为 1 μm=10^{-4} cm，波长和波数可按下式换算：

$$\sigma(\text{cm}^{-1})=\frac{10^4}{\lambda(\mu\text{m})} \tag{4-1}$$

中红外光区的波长范围为 2.5～25 μm，在波长 2.5 μm 处，对应的波数为：

$$\sigma=\frac{10^4}{2.5}=4\ 000\ (\text{cm}^{-1})$$

在波长 25 μm 处，对应的波数值为：

$$\sigma=\frac{10^4}{25}=400\ (\text{cm}^{-1})$$

一般红外光谱的横坐标，都具有波数与波长两种标度，但以一种为主。目前的红外光谱都采用波数为横坐标。扫描范围在 4 000～400 cm^{-1}。为了防止 T-σ 曲线在高波数区（短波长）过分扩张，一般用两种比例尺，多以 2 000 cm^{-1}（5 μm）为界。

三、红外光谱与紫外光谱的区别

（一）起源

紫外吸收光谱与红外吸收光谱都属于分子吸收光谱，但起源不同。紫外线波长短、频率高、光子能量大，可以引起分子的外层电子的能级跃迁（伴随着振动及转动能级跃迁）。就其能级跃迁类型而论，紫外吸收光谱是电子光谱，其光谱比较简单。

中红外线波长比紫外线长，光子能量比紫外线小得多，只能引起分子的振动能级伴随转动能级的跃迁，因而中红外光谱是振动—转动光谱。其光谱最突出的特点是具有高度的特征性。除光学异构体外，每种化合物都有自己的红外光谱，并且光谱复杂。

（二）研究对象

紫外光谱只适于研究不饱和化合物，特别是分子中具有共轭体系的化合物，而红外光谱则不受此限制。所有化合物，凡是在各种振动类型中伴随电偶极矩变化者，在中红外区都可测得其吸收光谱。因此，红外光谱研究对象的范围要比紫外光谱广泛得多。

紫外光谱法测定对象的物态为溶液及少数物质的蒸气，而红外光谱可以测定气、液及固体样品，但以固体样品最方便。

四、应用

由于红外光谱具有高度的特征性，因此可广泛用于未知物的鉴别、化学结构的确定、化学反应的检查、异构体的区分、纯度检查、质量控制以及环境污染的监测等。必须指出,对于复杂分子结构的最终确定,尚需结合紫外、核磁共振、质谱及其他理化数据综合判断。

在药物分析中,红外光谱主要用于药物的鉴别、纯度检查和结构解析。

第二节　基本原理

红外分光光度法主要是研究分子结构与红外吸收曲线之间的关系。一条红外吸收曲线,可用吸收峰的位置(峰位)和吸收峰的强度(峰强)来描述。本节主要讨论红外光谱的产生原因、峰位、峰数、峰强及其影响因素。

一、分子振动与振动光谱

红外吸收光谱是由于分子的振动伴随转动能级跃迁而产生的。为简单起见,先以双原子分子 AB 为例,说明分子振动。

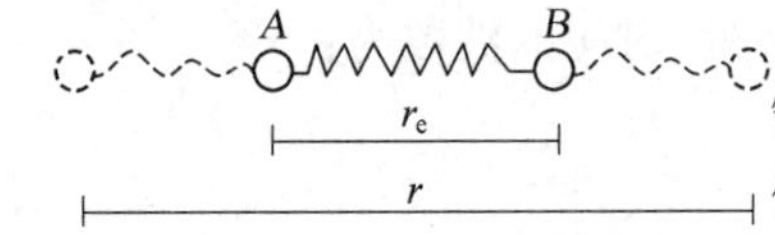

图 4-3　双原子分子伸缩振动示意图

若把分子 AB 的两个原子视为两个小球,把其中的化学键看成质量可以忽略不计的弹簧,则两个原子间沿其平衡位置的伸缩振动,可近似地看成沿键轴方向的简谐振动,两个原子可视为谐振子(图 4-3)。

图 4-3 中,r_e 表示平衡位置时核间距,r 表示某一瞬间的核间距。由量子力学可推导出分子在振动过程中所具有的能量 E_V。

$$E_V = (V + \frac{1}{2})h\nu \tag{4-2}$$

式中,ν 为分子振动频率,V 为振动量子数,$V=0,1,2,3,\cdots$,h 为 Plank 常数。常温下,大多数分子都处于振动基态,$V=0$,此时分子的能量 $E_0 = \frac{1}{2}h\nu$。当分子吸收适宜频率的红外线而跃迁至激发态时,由于振动能级是量子化的,则分子所吸收光子的能量 E_L 必须恰好等于两个振动能级的能量差 ΔE_V。即:

$$\Delta E_V = E_{激发} - E_{基态} = (V_{激发} - V_{基态})h\nu = \Delta V h\nu$$
$$= E_L = h\nu_L$$

$$\therefore \quad \nu_L = \Delta V \nu_{振动} \text{ 或 } \sigma_L = \Delta V \sigma_{振动} \tag{4-3}$$

由上式可以说明,若把双原子分子视为谐振子,其吸收红外线而发生能级跃迁时所吸收红外线的频率 ν_L,只能是谐振子振动频率 $\nu_{振动}$ 的 ΔV 倍。

当分子由振动基态($V=0$)跃迁到第一振动激发态($V=1$)时,$\Delta V=1$,则 $\nu_L = \nu_{振动}$,此时所产生的吸收峰称为基频峰。因分子振动能级从基态到第一激发态的跃迁较易发生,基频峰的强度一般都较大,因而基频峰是红外光谱上最主要的一类吸收峰。

分子吸收红外光,除发生 $V=0$ 到 $V=1$ 的跃迁外,还有振动能级由基态($V=0$)跃迁到第二振动激发态($V=2$)、第三振动激发态($V=3$)等现象,所产生的吸收峰称为倍频峰。由 $V=0$ 跃迁至 $V=2$ 时,$\nu_L = 2\nu$,即所吸收红外线频率(ν_L)是基团基本振动频率(ν)的 2 倍,所产生的吸收峰称为 2 倍频峰,如分子中有羰基时,除在 1 700 cm^{-1} 附近有 $\nu_{C=O}$ 峰外,在 3 400 cm^{-1} 常见其倍频峰。由 $V=0$ 跃迁至 $V=3$,$\Delta V=3$,所产生的吸收峰称为 3 倍频峰。其他类推。在倍频峰中,2倍频峰还经常可以观测到,3倍频峰及3倍以上,因跃迁几率很小,一般都很弱,常观测不到。因分子的振动能级差异非等距,V越大,间距越小,因此倍频峰的频率并非是基频峰的整数倍,而是略小一些。

除倍频峰外,尚有合频峰($\nu_1+\nu_2, 2\nu_1+\nu_2, \cdots$),差频峰($\nu_1-\nu_2, 2\nu_1-\nu_2, \cdots$),这些峰多数为弱峰,一般在光谱上不易辨认。

倍频峰、合频峰及差频峰统称为泛频峰。泛频峰的存在使光谱变得复杂,但增加了光谱的特征性。例如,取代苯的泛频峰出现在 2 000~1 667 cm^{-1} 的区间,主要由苯环上碳氢面外弯曲的倍频峰等构成,特征性很强,可用于鉴别苯环上的取代位置。

二、振动类型与峰数

讨论分子的振动类型,可以了解吸收峰的起源,即吸收峰是由什么振动形式的能级跃迁所引起。讨论分子基本振动的数目,有助于了解红外图谱上基频峰的数目。

(一)振动类型

双原子分子只有一种振动类型——伸缩振动。而多原子分子随着原子数的增加,其振动类型也较复杂,但基本上可分为两大类:伸缩振动和弯曲振动。

1. 伸缩振动(ν)(stretching vibration) 是指原子沿着键轴伸缩,使键长发生周期性变化的振动。伸缩振动又可分为对称伸缩振动及不对称伸缩振动。分别用 ν_s 或 ν^s 及 ν_{as} 或 ν^{as} 表示。例如,亚甲基 $\diagup$CH$_2$ 中的2个碳氢键同时伸长或缩短,称对称伸缩振动。若1个碳氢键和另1个键交替伸长、缩短,则称不对称伸缩振动。这两种伸缩振动有各自对应的吸收峰。

2. 弯曲振动(bending vibration) 又可分为面内弯曲振动及面外弯曲振动。

(1)面内弯曲振动:弯曲振动是在几个原子构成的平面内进行,这个平面可用纸平面代表。面内弯曲振动又可分为剪式和面内摇摆两种。AX$_2$型基团分子易发生此类振动。如 CH$_2$、NH$_2$ 等。

① 剪式振动(δ):是指键角发生周期性变化的振动。由于键角在振动过程的变化与剪刀的开闭相似,故称剪式振动。

② 面内摇摆振动(ρ):是基团作为一个整体在平面内摇摆。

(2)面外弯曲振动(γ):在垂直于几个原子所组成的平面外进行的弯曲振动。也分为两种。

① 面外摇摆(ω):振动时基团作为整体在垂直于分子对称平面的前后摇摆。"+"表示运动方向垂直纸面向上,"-"表示运动方向垂直纸面向下。

② 扭曲振动(τ):振动时基团离开纸面,方向相反地来回扭动。如 AX$_2$ 型基团,1个 X 向面上,1个 X 向面下的振动。

(3)变形振动:AX$_3$ 型基团或分子的弯曲振动。分为两种。

① 对称变形振动(δ_s 或 δ^s):在振动过程中,3个 AX 键与轴线组成的夹角 α 对称地缩小或增大,犹如花瓣的开闭。

② 不对称变形振动(δ_{as} 或 δ^{as}):在振动过程中,2个 α 角缩小,1个 α 角增大,或相反的振动。以分子中亚甲基($\diagup$CH$_2$)和甲基(—CH$_3$)为例,图4-4和图4-5直观地显示了各种振动类型。

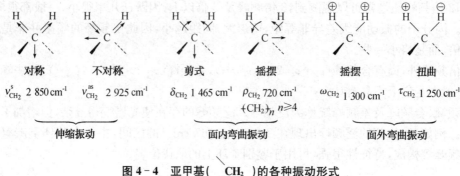

对称
$\nu^{s}_{CH_2}$ 2 850 cm^{-1}
不对称
$\nu^{as}_{CH_2}$ 2 925 cm^{-1}
剪式
δ_{CH_2} 1 465 cm^{-1}
摇摆
ρ_{CH_2} 720 cm^{-1}
$(CH_2)_n$ $n \geq 4$
摇摆
ω_{CH_2} 1 300 cm^{-1}
扭曲
τ_{CH_2} 1 250 cm^{-1}
伸缩振动
面内弯曲振动
面外弯曲振动

图 4-4　亚甲基(CH_2)的各种振动形式

对称变形振动
$\delta^{s}_{CH_3}$ 1 375 cm^{-1}
不对称变形振动
$\delta^{as}_{CH_3}$ 1 450 cm^{-1}

图 4-5　甲基($-CH_3$)的变形振动

（二）振动自由度与峰数

分子基本振动的数目称为振动自由度。研究分子的振动自由度，可以帮助了解化合物红外吸收光谱吸收峰的数目。

用红外光照射物质分子，不足以引起分子的电子能级跃迁。因此，只需考虑分子中 3 种运动形式：平动（平移）、振动和转动的能量变化。分子的 3 种运动形式中，只有振动能级的跃迁产生红外吸收光谱，而分子的平动能改变，不产生光谱。转动能级跃迁产生远红外光谱，不在红外光谱的讨论范围，因此应扣除这两种运动形式。

在三维空间中表示 1 个质点的位置可用 X、Y、Z 3 个坐标表示，称为 3 个自由度。因此，一个原子在三维空间有 3 个自由度。

由 N 个原子组成的分子，总的运动自由度则为 $3N$。分子的总自由度（$3N$）是由分子的平动转动和振动自由度构成。

由 N 个原子所组成的分子，其重心向任何方向的移动，都可以分解为沿 3 个坐标方向的移动，因此，分子有 3 个平动自由度。

在非线性分子中，整个分子可以绕 3 个坐标轴转动，即有 3 个转动自由度。而在线性分子中，由于以键轴为转动轴的转动的转动惯量为零，不发生能量变化，因而线性分子只有 2 个转动自由度。

分子的振动自由度＝分子的总自由度（$3N$）－平动自由度－转动自由度

非线性分子振动自由度＝$3N-3-3=3N-6$

线性分子振动自由度＝$3N-3-2=3N-5$

例 4-1　计算非线性分子的振动自由度，以水分子为例。

振动自由度＝$3N-6=3\times3-6=3$

说明水分子有 3 种基本振动形式。

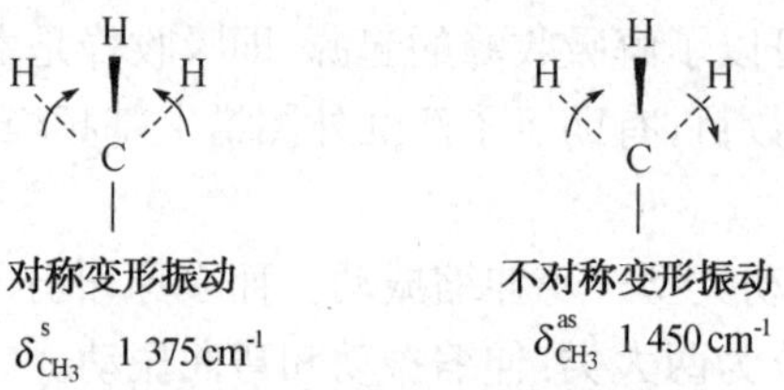

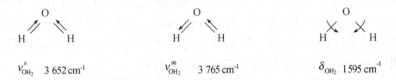

$\nu^s_{OH_2}$ 3 652 cm^{-1}　　　　$\nu^{as}_{OH_2}$ 3 765 cm^{-1}　　　　δ_{OH_2} 1 595 cm^{-1}

例 4-2 计算线性分子的振动自由度,以 CO_2 为例。

振动自由度 $=3N-5=3\times3-5=4$

说明 CO_2 有 4 种基本振动形式。

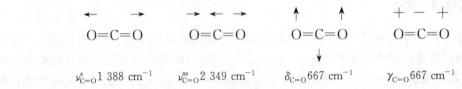

$\nu^s_{C=O}$ 1 388 cm^{-1}　$\nu^{as}_{C=O}$ 2 349 cm^{-1}　$\delta_{C=O}$ 667 cm^{-1}　$\gamma_{C=O}$ 667 cm^{-1}

已经介绍,分子吸收一定频率的红外线,其振动能级由基态($V=0$)跃迁至第一振动激发态($V=1$)所产生的吸收峰为基频峰,由于 $\Delta V=1$,所以 $\nu_L=\nu$。由分子基本振动的数目即振动自由度可以估计基频峰的可能数目。是否基团的每一个基本振动都产生吸收峰,即振动自由度与基频峰数是否相等?

以 CO_2 为例,CO_2 的基本振动自由度为 4,但在红外光谱上只能看到 2 349 cm^{-1} 和 667 cm^{-1} 两个基频峰。基频峰数小于基本振动数,原因有以下几点。

1. 简并　CO_2 分子的面内及面外弯曲振动,虽然振动类型不同,但振动频率相同,因此,它们的基频峰在光谱上的同一位置 667 cm^{-1} 处出现,故只能观察到 1 个吸收峰。这种现象称为简并。

2. 红外非活性振动　CO_2 的对称伸缩振动频率为 1 388 cm^{-1},但在图谱上却无此吸收峰。这说明 CO_2 分子的对称伸缩振动并不吸收频率为 1 388 cm^{-1} 的红外线,因而不能呈现相应的基频峰。不能吸收红外线发生能级跃迁的振动,称为红外非活性振动,反之则为红外活性振动。

非活性振动的原因,可由 CO_2 对称与不对称伸缩振动的对比说明。不难发现,它们的差别在于振动过程中分子的电偶极矩变化不同。

电偶极矩 μ 是电荷 q 及正负电荷重心间距离 r 的乘积,即 $\mu=q\cdot r$。

CO_2 分子及其伸缩振动,如下图(a)、(b)、(c)所示。当 CO_2 分子处于振动平衡位置时(a),两个 $C=O$ 键的电偶极矩的大小相等,方向相反,分子的正负电荷重心重合,$r=0$,因此分子的电偶极矩 $\mu=0$。在对称伸缩振动中(b),正负电荷重心仍然重合,因而 $r=0,\mu=0$,与处于平衡位置时相比,$\Delta\mu=0$。但在不对称伸缩振动中(c),由于一个键伸长另一个键缩短,使正负电荷重心不重合,$r\neq0,\mu\neq0,\Delta\mu\neq0$,因此,$CO_2$ 的不对称伸缩峰在 2 349 cm^{-1} 处出现。

　　　　O=C=O　　　　O=C=O　　　　O=C=O
　　　　－ ＋ －　　　　－ ＋ －　　　　－ ＋ －
　　　　　(a)　　　　　　 (b)　　　　　　 (c)
$r=0,\mu=0$　　$r=0,\mu=0,\Delta\mu=0$　　$r\neq0,\mu\neq0,\Delta\mu\neq0$

"＋""－"表示正、负电荷重心。

由上例可见,只有在振动过程中,电偶极矩发生变化($\Delta\mu\neq0$)的那种振动类型才能吸收红外线,从而在红外光谱上出现吸收峰。这种振动类型称为红外活性振动。反之,在振动过程中电偶极矩不发生改变($\Delta\mu=0$)的振动类型是红外非活性振动,虽有振动存在,但不能吸收红外线。这是因为红外线是具有交变电场与磁场的电磁波,它不能被非电磁性分子或基团所吸收。

综上所述,某基团或分子的基本振动吸收红外线而发生能级跃迁必须满足两个条件:① 振动过程中 $\Delta\mu\neq 0$;② 必须服从 $\nu_L=\Delta V\nu$,两个条件缺一不可。

除红外非活性振动及简并外,仪器的分辨率低,对一些频率很接近的吸收峰分不开或强的宽峰往往会掩盖与它频率相近的弱而窄的吸收峰,以及一些较弱的峰仪器检测不出等原因往往使吸收峰数减少。当然也有使峰数增多的因素,如倍频与组合频等。

三、振动频率与峰位

基团或分子的红外活性振动,将吸收红外线而发生振动能级的跃迁,在红外图谱上产生吸收峰。吸收峰的位置或称峰位通常用 σ_{max}(或 ν_{max}、λ_{max})表示,即振动能级跃迁时所吸收的红外线的波数 σ_L(或频率 ν_L、波长 λ_L)。对基频峰而言,$\sigma_{振动}=\sigma_L$,所以 $\sigma_{max}=\sigma_{振动}$,基频峰的峰位即分子或基团的基本振动频率。其他峰,如倍频峰,则是 $\sigma_{max}=\Delta V \cdot \sigma_{振动}$。要了解基团或分子的振动能级跃迁所产生的吸收峰的峰位,首先要讨论基团的基本振动频率。

(一)基本振动频率

分子中原子以平衡点为中心,以非常小的振幅(与原子核间距离相比)作周期性的振动,即所谓简谐振动。根据这种分子振动模型,把化学键相连的两个原子近似地看作谐振子,则分子中每个谐振子的振动频率 ν,可用经典力学中虎克定律导出的简谐振动公式(也称振动方程)计算:

$$\nu=\frac{1}{2\pi}\sqrt{\frac{K}{\mu'}} \quad (s^{-1}) \tag{4-4}$$

式中,K 为化学键力常数($N \cdot cm^{-1}$)。将化学键两端的原子由平衡位置拉长 0.1 nm 后的恢复力称为化学键力常数。单键、双键及叁键的力常数 K,分别近似为 $5\ N \cdot cm^{-1}$、$10\ N \cdot cm^{-1}$ 及 $15\ N \cdot cm^{-1}$。化学键力常数大,表明化学键的强度大。μ' 为折合质量,$\mu'=\frac{m_A \cdot m_B}{m_A+m_B}$。$m_A$ 及 m_B 为化学键两端原子 A 及 B 的质量。K 越大,折合质量越小,谐振子的振动频率越大。

若用波数 σ 代替 ν,用原子 A、B 的折合相对原子质量 μ 代替 μ',则公式(4-4)可改为:

$$\sigma=1\,307\sqrt{\frac{K}{\mu}} \quad (cm^{-1}) \tag{4-5}$$

上式说明双原子基团的基本振动频率与化学键力常数及折合相对原子质量的关系。由式(4-5)计算出以波数表示的基本振动频率($\sigma_{振动}$)即基频峰的峰位(σ_L 或 σ_{max})。因此,式(4-5)说明基频峰的峰位与 K 的平方根成正比,与 μ 的平方根成反比。即化学键越强,折合相对原子质量越小,其振动频率越高。如由同种原子组成的化学键 C—C、C=C、C≡C,它们的 μ 均相同[$\mu=12\times 12/(12+12)=6$],而它们的力常数分别近似等于 5、10、15 $N \cdot cm^{-1}$。将上述数值代入式(4-5),则它们的振动频率即基频峰的峰位分别为:

$$\nu_{C-C} \quad \sigma=1\,307\sqrt{\frac{5}{6}}\approx 1\,190\ (cm^{-1})$$

$$\nu_{C=C} \quad \sigma=1\,307\sqrt{\frac{10}{6}}\approx 1\,690\ (cm^{-1})$$

$$\nu_{C\equiv C} \quad \sigma=1\,307\sqrt{\frac{15}{6}}\approx 2\,060\ (cm^{-1})$$

同法可计算出其他各键的基本振动频率。上述计算所用的力常数为近似值，各种键的伸缩力常数的具体数值列于表 4-2。

表 4-2 伸缩力常数($N \cdot cm^{-1}$)[①]

键	分子	K	键	分子	K
H—F	HF	9.7	C—H	CH_2=CH_2	5.1
H—Cl	HCl	4.8	C—H	CH≡CH	5.9
H—Br	HBr	4.1	C—Cl	CH_3Cl	3.4
H—I	HI	3.2	C—C		4.5～5.6
H—O	H_2O	7.8	C=C		9.5～9.9
H—O	游离	7.12	C≡C		15～17
H—S	H_2S	4.3	C—O		5.0～5.8
H—N	NH_3	6.5	C=O		12～13
C—H	CH_3X	4.7～5.0	C≡N		16～18

① Oslen E D. Modern Optical Methods of Analysis. 1975,166

由式(4-5)还可引出以下几点结论：

(1) 折合相对原子质量相同的基团，伸缩力常数越大，伸缩振动基频峰的频率越高。如 $\nu_{C≡C} > \nu_{C=C} > \nu_{C-C}$；$\nu_{C≡N} > \nu_{C=N} > \nu_{C-N}$ 等。

(2) 折合相对原子质量越小，伸缩振动频率越高。各种含氢官能团因 μ 均较小，因此，它们的伸缩振动能级跃迁产生的基频峰均在高波数区。如：

$$\nu_{C-H} \quad 3\,100 \sim 2\,800 \text{ cm}^{-1}$$
$$\nu_{O-H} \quad 3\,600 \sim 3\,200 \text{ cm}^{-1}$$
$$\nu_{N-H} \quad 3\,500 \sim 3\,300 \text{ cm}^{-1}$$

(3) 对于化学键和折合相对原子质量都相同的基团，由于键长变化比键角变化需要更多的能量，故伸缩振动频率出现在较高波数区，而弯曲振动频率出现在较低波数区，即 $\nu > \delta > r$。

例如：

$$\nu_{C-H} \quad 3\,100 \sim 2\,800 \text{ cm}^{-1}$$
$$\delta_{C-H} \quad 1\,500 \sim 1\,300 \text{ cm}^{-1}$$
$$r_{C-H} \quad 900 \sim 600 \text{ cm}^{-1}$$

虽然由式(4-5)可以计算出基频峰的峰位，而且某些计算值与实测值很接近，如甲烷的 ν_{CH} 基频峰计算值为 $2\,910$ cm^{-1}，实测为 $2\,915$ cm^{-1}，这是因为甲烷分子简单，与谐振子差别不大的缘故。实际上，对比较复杂的分子来说，由于分子中各种化学键间相互有影响，可使峰位产生 $10 \sim 100$ cm^{-1} 的位移。一些主要基团的基频峰位(σ_{max})的实际分布如图 4-6 所示。

各种基团的基本振动频率除了与化学键强度、化学键两端的相对原子质量以及化学键的振动方式有关外，还与邻近基团的诱导效应、共轭效应、氢键效应等内部因素以及溶剂效应、物态效应等外部因素有关。

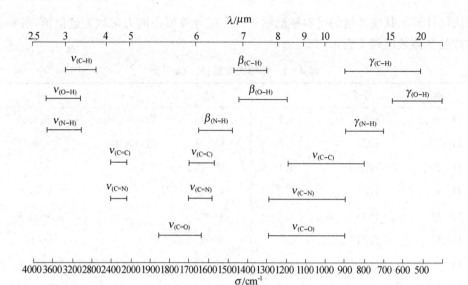

图 4-6 基频峰分布略图

(二) 峰位影响因素

1. 内部因素

(1) 诱导效应：由于不同取代基具有不同的电负性，因此分子中的电子云分布通过静电诱导作用而发生改变，从而使键力常数改变而导致基团频率位移。这种作用称为诱导效应。

在红外吸收光谱法中，诱导效应一般是指吸电子基团的影响，它使吸收峰向高波数方向移动。以羰基化合物为例，$\overset{X}{\underset{R}{>}}C=\overset{..}{\overset{..}{O}}$ 因 X（卤素）为吸电子基，所以电子云密度按箭头方向移动，即羰基上的孤对电子向双键转移，使羰基的双键特性增强，力常数增大，振动频率增加，吸收峰向高波数移动，并且随着吸电子基数目增加或它的电负性增大，使 $\nu_{C=O}$ 的吸收峰移向更高的波数，例如：

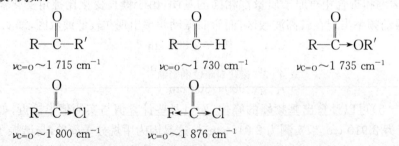

(2) 共轭效应：分子中形成大 π 键所引起的作用称为共轭效应，在 π—π 共轭体系中，由于共轭效应使其电子云密度平均化，羰基的双键性减弱，力常数减小，因此伸缩振动频率向低波数方向移动，例如：

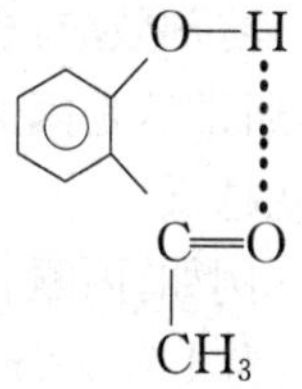

(3) 氢键效应：分子内或分子间形成氢键后，通常引起它的伸缩振动频率向低波数方向显著位移，并且峰强增高、峰形变宽。其中分子内氢键不受其浓度影响，例如 2-羟基苯乙酮会形成分子内氢键，使羰基和羟基的伸缩振动的基频峰大幅度向低频方向移动。ν_{OH} 为 2 835 cm^{-1}，而通常酚羟基的 ν_{OH} 为 3 705～3 125 cm^{-1}；该分子中的 $\nu_{C=O}$ 为 1 623 cm^{-1}，而通常酚酮中的 $\nu_{C=O}$ 为 1 700～1 670 cm^{-1}。

分子间氢键受浓度的影响较大，随浓度的稀释吸收峰位置改变。因此，可观测稀释过程峰位是否变化，来判断是分子间氢键还是分子内氢键。

例如，高浓度羧酸会形成分子间氢键，生成二聚体。

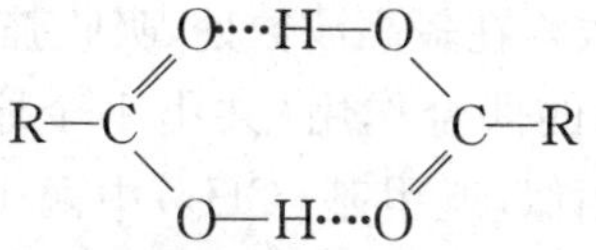

故它的 $\nu_{C=O}$ 为 1 710 cm^{-1}，而通常游离羧酸的 $\nu_{C=O}$ 为 1 760 cm^{-1}。这种氢键缔合的结果，不仅使羰基的吸收频率发生变化，而且也使羧酸中羟基吸收频率改变，使 ν_{OH} 出现在 3 200～2 500 cm^{-1} 区间，表现为宽而散的吸收峰。它非常有特征，可作为羧酸结构的 1 个重要标志。

(4) 环张力（键角效应）：在环酮中，环上羰基的 $\nu_{C=O}$ 随着环张力的增大而升高，吸收峰左移。例如：

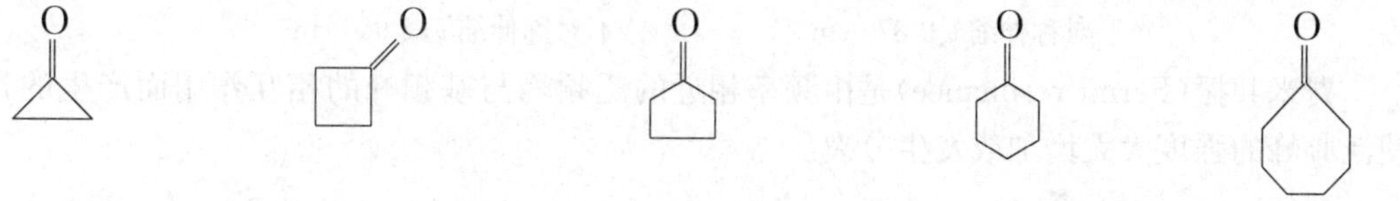

$\nu_{C=O}$～1 815 cm^{-1}　　$\nu_{C=O}$～1 780 cm^{-1}　　$\nu_{C=O}$～1 745 cm^{-1}　　$\nu_{C=O}$～1 715 cm^{-1}　　$\nu_{C=O}$～1 705 cm^{-1}

环张力增大

(5) 杂化影响：在碳原子的杂化轨道中 s 成分增加，键能增加，键长变短，C—H 伸缩振动频率增加（表 4-3）。碳—氢伸缩振动频率是判断饱和氢与不饱和氢的重要依据。ν_{CH} 在 3 000 cm^{-1} 左右，大体以 3 000 cm^{-1} 为界，不饱和碳氢的伸缩振动频率大于 3 000 cm^{-1}；饱和碳氢的伸缩振动频率小于 3 000 cm^{-1}。

表 4-3　杂化对峰位的影响

键	—C—H	=C—H	≡C—H
杂化类型	sp^3—1s	sp^2—1s	sp—1s
C—H 键长/nm	0.112	0.110	0.108
C—H 键能/(kJ·mol^{-1})	423	444	506
ν_{CH}/cm^{-1}	～2 900	～3 100	～3 300

除上述因素外，尚有互变异构及空间位阻等内部因素，对峰位均有影响。

2. 外部因素　主要是溶剂及仪器色散元件的影响。温度虽然也有影响，但温度变化不大时，影响较小。

溶剂效应：极性基团的伸缩振动频率随溶剂的极性增大而降低，但其吸收峰强度往往增强，通常这是因为极性基团和极性溶剂间形成氢键的缘故。形成氢键的能力越强，吸收带的频率就越低。

例如，丙酮在环己烷中 $\nu_{C=O}$ 为 1 727 cm^{-1}，在四氯化碳中 $\nu_{C=O}$ 为 1 720 cm^{-1}，在氯仿中 $\nu_{C=O}$ 为 1 705 cm^{-1}。

（三）振动的偶合

分子内有近似相同振动频率且位于相邻部位（两个振动基团共用 1 个原子，或振动基团间有 1 个共用键）的振动基团，常常彼此相互作用，产生两种以上基团参加的混合振动，称之为振动偶合。振动偶合有对称和不对称之分。对称偶合振动的红外吸收峰在较低的波数处，吸收强度亦小。不对称偶合振动的吸收峰在较高波数处，吸收强度亦大。现举例说明。

CH$_3$ 中 3 个 C—H 伸缩振动的偶合作用（共用 1 个原子的振动）形成 ν_s 2 870 cm^{-1} 和 ν_{as} 2 960 cm^{-1} 的吸收峰。与甲基相似，亚甲基（CH$_2$）中两个 C—H 伸缩振动偶合作用，形成 ν_s 2 850 cm^{-1} 和 ν_{as} 2 930 cm^{-1} 吸收峰。而次甲基（CH）中不产生偶合，只在 2 890 cm^{-1} 处产生 C—H 伸缩振动吸收峰。

对称伸缩 ν_s 2 870 cm^{-1}　　　　不对称伸缩 ν_{as} 2 960 cm^{-1}

费米共振（Fermi resonance）是由频率相近的泛频峰与基频峰的相互作用而产生的，结果使泛频峰的强度大大增加或发生分裂。

例如，（苯甲醛）分子中 2 850 cm^{-1} 和 2 750 cm^{-1} 产生两个强吸收峰。这是由 ν_{C-H}（2 800 cm^{-1}）峰和 δ_{C-H}（1 390 cm^{-1}）的倍频峰（2 780 cm^{-1}）费米共振形成的。

四、吸收峰的强度

一条红外吸收曲线上各个吸收峰为什么有强有弱，即各峰的相对强度受什么因素影响？现以乙酸丙烯酯（CH$_3$C(=O)—OCH$_2$CH=CH$_2$）的红外光谱（图 4-7）为例，来讨论这个问题。

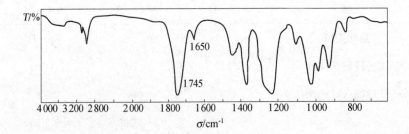

图 4-7　乙酸丙烯酯的红外光谱

图 4-7 中，1 745 cm^{-1} 为 $\nu_{C=O}$ 峰，1 650 cm^{-1} 为 $\nu_{C=C}$ 峰，在相同浓度下，两谱带强度却相差悬殊，可由分子振动能级跃迁几率来说明。基态分子中的很小一部分，吸收某种频率的红外

线,产生振动能级的跃迁而处于激发态。激发态分子通过与周围基态分子的碰撞等过程,损失能量而回到基态(弛豫过程),它们之间形成动态平衡。跃迁过程中激发态分子占总分子的百分数,称为跃迁几率,谱带的强度即跃迁几率的量度。跃迁几率与振动过程中电偶极矩的变化($\Delta\mu$)有关,$\Delta\mu$越大,跃迁几率越大,谱带强度越大。

因此,电负性相差大的原子形成的化学键(如 C—N、C—O、C=O、C≡N 等)比一般的 C—H、C—C、C=C 键红外吸收要强得多。乙酸乙烯酯的 $\nu_{C=O}$ 峰较 $\nu_{C=C}$ 峰强度大,是因为 C=O 振动电偶极矩变化大于 C=C 振动电偶极矩变化。C=O 吸收带之所以特别受到重视,一方面因为酮、醛、酸、酯、酰胺等许多类有机化合物中均含有羰基,另外,也由于它的吸收带的强度相当大,不易受到干扰。红外光谱中除 C=O 基外,Si—O、C—Cl、C—F 等极性较强的基团都有强吸收带。

化学键振动时电偶极矩变化的大小主要与下述因素有关:

(1) 原子的电负性:化学键连接的两个原子,电负性相差越大(即极性越大),则伸缩振动时,产生的吸收峰强度越强,如 $\nu_{C=O} > \nu_{C=C}$;$\nu_{OH} > \nu_{CH} > \nu_{C-C}$。

(2) 分子的对称性:分子结构的对称性越强,电偶极矩变化越小;完全对称,变化为零,则没有吸收峰出现。

例如,三氯乙烯（$\begin{matrix} Cl & & H \\ & C=C & \\ Cl & & Cl \end{matrix}$）和四氯乙烯（$\begin{matrix} Cl & & Cl \\ & C=C & \\ Cl & & Cl \end{matrix}$）,前者结构不对称,故在 1 585 cm^{-1} 处出现 $\nu_{C=C}$ 峰,而后者结构完全对称,则 $\nu_{C=C}$ 峰消失。

(3) 振动类型:由于振动类型不同,对分子的电荷分布影响不同,偶极矩变化不同,故吸收峰的强度也不同。一般峰强与振动类型之间有下述规律。

$$\nu_{as} > \nu_s \quad \nu > \delta$$

吸收峰的强度,可用摩尔吸收系数 ε 来衡量。通常把峰强分为 5 级。

vs	s	m	w	vw
极强峰	强峰	中强峰	弱峰	极弱峰
$\varepsilon > 100$	$\varepsilon = 20 \sim 100$	$\varepsilon = 10 \sim 20$	$\varepsilon = 1 \sim 10$	$\varepsilon < 1$

第三节 典型光谱

一、基团的特征峰与相关峰

物质的红外光谱是其分子结构的客观反映,谱图中的吸收峰都对应于分子和分子中各基团的振动形式。无论该基团处于分子中的什么位置,它都在一定区域出现该基团的吸收峰。例如分子中含有 —C≡N 基,则在 2 400~2 100 cm^{-1} 出现 $\nu_{C≡N}$ 峰;C=O 键的 $\nu_{C=O}$ 峰一般出现在 1 870~1 650 cm^{-1}。由于各种基团的吸收峰均出现在一定的波数范围内,具有一定的特征性,因此可用一些易辨认、有代表性的吸收峰来确认官能团的存在。凡是可用于鉴别官能团存在的吸收峰,称为特征吸收峰,简称特征峰或特征频率。如上述腈基峰、羰基峰等。

虽然特征峰可用于鉴定官能团的存在,但多数情况,1 个官能团通常有数种振动形式,而每一种红外活性振动,一般相应产生1个吸收峰,有时还能观测到泛频峰,因此常常不能由单一特征峰肯定官能团的存在。

例如羧基(—COOH)就有如下一组红外特征吸收峰:ν_{OH} 3 400~2 400 cm^{-1} 很宽的吸收峰,$\nu_{C=O}$ 1 710 cm^{-1} 附近强而宽的峰,ν_{C-O} 1 260 cm^{-1} 中强峰,δ_{OH}(面内弯曲)1 430 cm^{-1} 附近,这一组特征峰是因羧基存在而存在的相互依存的吸收峰。由1个官能团所产生的一组相互依存的特征峰称为相关吸收峰,简称相关峰。以区别于其他非依存的特征峰。相关峰的数目与基团的活性振动数及光谱的波数范围有关。在中红外光区,多数基团都有一组相关吸收峰。在进行某官能团鉴别时,必须找到该官能团的一组相关峰,有时由于其他峰的重叠或峰强度太弱,并非相关峰都能观测到,但必须找到其主要相关峰才能认定该官能团的存在。这是光谱解析的一条较重要原则,一些较常见的官能团的相关峰见图4-8。具体数据见本书附录。

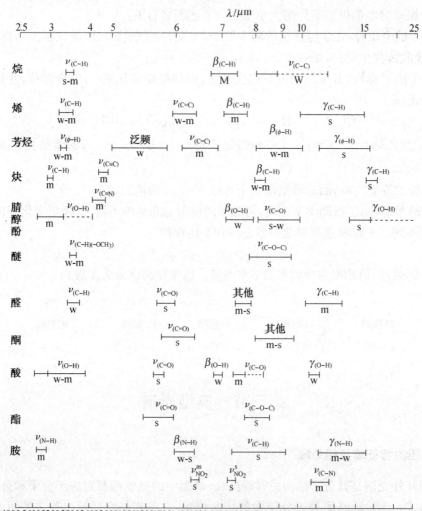

图4-8 主要基团相关峰图

熟知化学键与基团的特征峰是解析红外光谱的基础,为此下面将分别讨论各类有机化合物的基团特征峰。

二、脂肪烃类

以己烷、1-己烯及1-己炔的红外光谱(图4-9)为例。识别饱和碳氢伸缩振动(ν_{CH})、烯氢伸缩振动($\nu_{=CH}$)及炔氢伸缩振动($\nu_{\equiv CH}$)所产生的吸收峰;碳碳双键伸缩振动($\nu_{C=C}$)及碳碳叁键伸缩振动($\nu_{C\equiv C}$)吸收峰;甲基变形振动($\delta_{CH_3}^{as}$,$\delta_{CH_3}^{s}$)及亚甲基(CH_2)剪式振动(δ_{CH_2})和面内摇摆振动(ρ_{CH_2})等吸收峰。

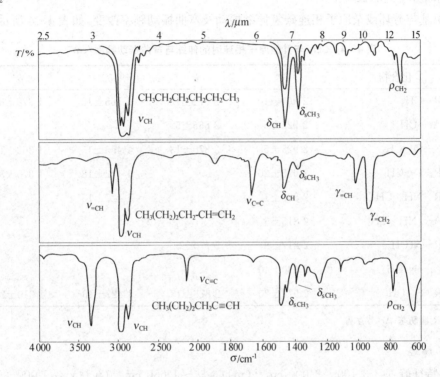

图4-9 己烷、1-己烯及1-己炔的红外光谱

(一) 烷烃

主要特征峰:ν_{C-H} 3 000~2 850 cm^{-1}(s,张力环除外);δ_{CH} 1 480~1 350 cm^{-1}。甲基、亚甲基的特征吸收峰如下:

	$\nu(\text{cm}^{-1})$		$\delta(\text{cm}^{-1})$	
	ν_{as}	ν_s	δ_{as}	δ_s
CH$_3$	2 960±10 (s)	2 870±10 (s)	~1 450 (m)	~1 375 (m)
CH$_2$	2 925±10 (s)	2 850±10 (s)	~1 465 (m)	

讨论:

1. 饱和烷烃的碳氢伸缩振动 ν_{C-H} 吸收峰 除张力环(环丁烷、环丙烷)外,都小于3 000 cm^{-1}。

2. 甲基与亚甲基的弯曲振动峰 亚甲基(CH$_2$)面内弯曲振动只有剪式振动(δ_{CH_2})一种形

式[(1465 ± 20) cm^{-1}]。甲基因具有3个碳氢键,而使其变形振动分为反称变形振动($\delta_{CH_3}^{as}$)与对称变形振动($\delta_{CH_3}^s$)两种振动形式。孤立甲基的这两种振动峰分别为1 450 cm^{-1}±20 cm^{-1}及~1 375 cm^{-1}。其中甲基的$\delta_{CH_3}^s$(1 375 cm^{-1})吸收带峰形尖,中等强度,它的出现说明化合物中存在甲基。当两个甲基同时连接在1个碳原子上时(异丙基),由于振动的偶合,使甲基的$\delta_{CH_3}^s$(1 375 cm^{-1})峰分裂成强度大致相等的双峰(1 380 cm^{-1}和1 370 cm^{-1}),称为异丙基裂分,可用来判断异丙基的存在。

3. 长链脂肪烃如$-(CH_2)_n-$中,当$n \geqslant 4$时,其ρ_{CH_2}(面内摇摆)吸收峰出现在722 cm^{-1}处,借此可判断分子链的长短。

4. 甲基与芳环或杂原子相连碳氢伸缩振动及弯曲振动频率改变,如表4-4所示。

表4-4 CH$_3$与其他原子相连时的伸缩与弯曲振动频率/cm^{-1}

化合物	ν^{as}	ν^s	δ^{as}	δ^s
R—CH$_3$	2 960±10	2 872±12	1 465±12	1 378±8
Ar—CH$_3$	2 925±5	2 865±5		
R—O—CH$_3$	2 925±5	2 870±13	1 455±15	1 362±12
R—C—CH$_3$	2 975±20		1 422±18	1 375±3
R—NH—CH$_3$	2 808±12		1 425±15	
Ar—NH—CH$_3$	2 815±5			
R—N(CH$_3$)$_2$	2 817±8	2 770±5		
Ar—N(CH$_3$)$_2$	2 830±40			
R—S—CH$_3$	2 975±20	2 878±13	1 427±13	1 310±20

R:脂肪基;Ar:芳香基

(二) 烯烃

主要特征峰:ν_{CH} 3 100~3 000 cm^{-1}(m);$\nu_{C=C}$~1 650 cm^{-1}(w);$\gamma_{=CH}$ 1 000~650 cm^{-1}(s),峰高与对称情况有关。

1. $\gamma_{=CH}$峰 可用于确定取代位置及构型。反式单烯双取代的面外弯曲振动频率(γ_{CH})大于相同取代基的顺式取代。前者为(970±5)cm^{-1}(s),后者为(690±30)cm^{-1}(s),差别显著。顺式与反式取代基相同时,顺式峰强大于反式。取代基完全对称时,峰消失。

2. 共轭效应 共轭双烯或C=C与C=O、C≡N、芳环共轭时,C=C伸缩振动频率降低10~30 cm^{-1}。例如,乙烯苯中乙烯基的$\nu_{C=C}$为1 630 cm^{-1},比正常烯基的$\nu_{C=C}$降低20 cm^{-1}。具有共轭双烯结构时,常由于两个双键伸缩振动的偶合,而出现双峰。其高频吸收峰与低频吸收峰分别为同相(振动相位相同)及反相振动偶合所产生。例如,1,3-戊二烯的双峰近似为1 650 cm^{-1}及1 600 cm^{-1}。

(三) 炔烃

$\nu_{\equiv CH}$~3 300 cm^{-1};$\nu_{C \equiv C}$~2 200 cm^{-1}。$\nu_{\equiv CH}$与$\nu_{C \equiv C}$虽是高度特征峰,但因含炔基的化合物较少,重要性较差。

三、芳香烃类

以取代苯为例,图 4-10 为邻、间及对位二甲苯的红外吸收光谱。

取代苯的主要特征峰:

$\nu_{\Phi H}(\nu_{=CH})$:3 100~3 030 cm^{-1}(m),>3 000 cm^{-1} 为不饱和化合物。

$\nu_{C=C}$(骨架振动):~1 600 cm^{-1}(m 或 s)及~1 500 cm^{-1}(m 或 s)。

$\gamma_{\Phi H}(\gamma_{CH})$:910~665 cm^{-1}(s),用以确定苯环的取代方式。

$\delta_{\Phi H}(\delta_{=CH})$:1 250~1 000 cm^{-1}(w)特征性不强。

泛频峰:出现在 2 000~1 667 cm^{-1}(w 或 vw),这些弱吸收可用来确定苯环的取代方式。

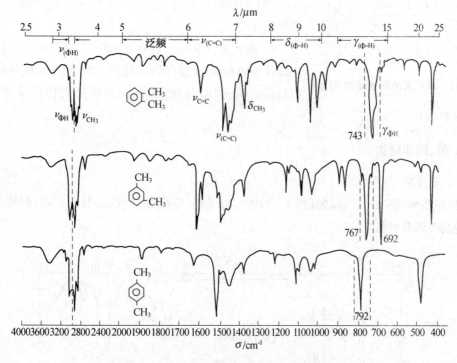

图 4-10　邻、间及对位二甲苯红外吸收光谱

讨论:

1. $\nu_{\Phi H}$、$\nu_{C=C}$、$\gamma_{\Phi H}$ 为决定苯环存在的最主要相关峰。

2. 苯环骨架伸缩振动($\nu_{C=C}$)峰出现在~1 600 及~1 500 cm^{-1},为苯环骨架(C=C)伸缩振动的重要特征峰,是鉴别有无芳核存在的标志之一。1 500 cm^{-1} 峰较强。当苯环与不饱和或与含有 n 电子的基团共轭时,由于双键伸缩振动间的偶合,1 600 cm^{-1} 峰分裂为 2,约在 1 580 cm^{-1} 出现第三个吸收峰,同时使 1 600 cm^{-1} 及 1 500 cm^{-1} 峰加强。也有时,在~1 450 cm^{-1} 处出现第四个吸收峰,但常与 CH$_3$ 或 CH$_2$ 的弯曲振动峰重叠而不易辨认。

3. $\gamma_{\Phi H}$ 芳环上的 C—H 键面外弯曲振动在 900~690 cm^{-1} 出现强的吸收峰,这些极强的吸收是由于苯环上相邻碳氢键强烈偶合而产生的,因此它们的位置由环上的取代形式即留存于芳香环上的氢原子的相对位置来决定,与取代基的种类基本无关,是确定苯环上取代位置及鉴定苯环存在的重要特征峰。$\gamma_{\Phi H}$峰随苯环上相邻氢数目的减少而向高频方向位移,常见的苯环取代类型讨论如下:

(1) 单取代芳环:常在 710~690 cm^{-1}处有强吸收。如无此峰,则不为单取代苯环。第二强吸收出现在 770~730 cm^{-1},参见图 4-2。

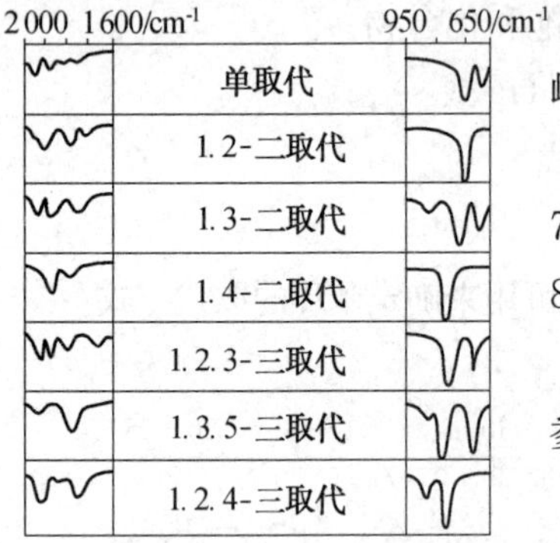

(2) 邻位取代芳环:770~735 cm^{-1}处出现 1 个强峰,参见图 4-10。

(3) 间位取代芳环:分别在 710~690 cm^{-1},810~750 cm^{-1}处产生吸收峰。第三个中等强度的峰常在 880 cm^{-1}处出现,参见图 4-10。

(4) 对位取代芳环:在 860~790 cm^{-1}处出现 1 个强峰,参见图 4-10。

4. 取代苯泛频峰出现在 2 000~1 667 cm^{-1},是鉴别苯环取代位置的高度特征峰。峰位与峰形与取代基的位置、数目高度相关,但其峰强很弱,必须加大样品量才能观测到,见图 4-11。

图 4-11 取代苯的泛频峰和 $\gamma_{\Phi H}$峰

四、醇、酚和醚类

(一) 醇与酚

对比脂肪醇(图 4-12)和酚(图 4-2)的红外光谱,它们都具有 ν_{OH} 及 ν_{C-O} 峰,但峰位不同。此外,酚具有苯环特征。

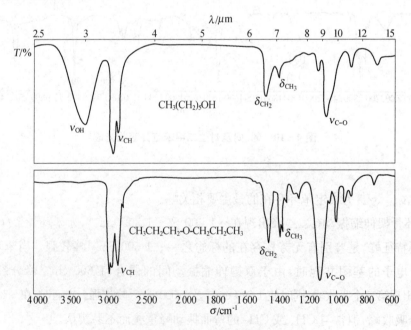

图 4-12 1-正己醇及正丙醚的红外光谱

主要特征峰:

$\nu_{\varphi H}$:游离羟基 3 650~3 600 cm^{-1}(s 或变)锐峰,仅在稀溶液中才能观察到。

缔合羟基:3 500~3 200 cm^{-1}(s 或 m)钝峰,有时与 ν_{N-H} 重叠。此峰只在净(纯)液体的光谱中才是唯一的峰。在浓溶液样品的光谱中氢键峰和"游离"峰都存在。

ν_{C-O}:1 250~1 000 cm^{-1}(s),可用于确定醇类的伯、仲、叔结构。

讨论:

红外光谱区分和确定伯、仲、叔醇类和酚类的结构如表 4-5。

表 4-5 醇与酚的主要特征峰 ν_{OH}(游离羟基)及 ν_{C-O} 峰对比

化合物	ν_{C-O}/cm^{-1}		游离 ν_{OH}/cm^{-1}	
酚	1 220	↑	3 610	↑
叔醇	1 150	增加	3 620	增加
仲醇	1 100		3 630	
伯醇	1 050	↓	3 640	↓

(二) 醚

主要特征峰:ν_{C-O} 1 300~1 000 cm^{-1}。不具有 ν_{OH} 峰,是醚与醇类的主要区别。

虽然醚键(C—O—C)具有反称与对称伸缩两种振动形式,但脂链醚的取代基对称或基本对称时,只能看到位于 1 150~1 060 cm^{-1} 的 ν^{as}_{C-O-C} 强吸收峰,而 ν^{s}_{C-O-C} 峰消失或很弱。

醚基氧与苯环或烯基相连时,C—O—C 反称伸缩振动频率增加,对称伸缩峰峰强增大。例如,苯甲醚 ν^{as}_{C-O-C} 1 250 cm^{-1}(s);ν^{s}_{C-O-C} 1 040 cm^{-1}(s)。也有教材把它们分别视为 Ar—O 及 R—O 伸缩振动峰。

醚基氧与苯环或烯基相连时,反称伸缩振动频率增加,可用共振效应解释。共振结果,醚键的双键性增加,振动频率增大,约为 1 220 cm^{-1},而饱和醚为 1 120 cm^{-1}。

$$[\ CH_2=CH-\ddot{\underset{..}{O}}-R \leftrightarrow\ :CH_2-CH=\overset{+}{O}-R\ ]$$

五、羰基化合物

羰基吸收峰是红外光谱上最重要、最易识别的吸收峰。由于羰基在振动中电偶极矩的变化大,而在 1 870~1 650 cm^{-1} 区间有强吸收,往往是图谱中的第一强峰,并且很少与其他吸收峰重叠,易于识别。羰基峰的重要性还在于含羰基的化合物较多,如酮、醛、羧酸、酯、酸酐、酰卤和酰胺等,而且,在质子核磁共振谱中,不呈现羰基共振峰,因此利用红外光谱鉴别羰基显得更为重要。

现将含羰基化合物分成两组,讨论如下:

(一) 酮、醛及酰氯类化合物(图 4-13)

1. 酮类 $\nu_{C=O}$:~1 715 cm^{-1}(s,基准值)。受一些因素的影响,$\nu_{C=O}$ 峰峰位在 1 870~1 640 cm^{-1} 区间内变化。若 C=O 与其他基团共轭,则 $\nu_{C=O}$ 峰向低波数移动;形成分子内或分子间氢键,$\nu_{C=O}$ 峰向低波数移动;若 C=O 与吸电子基团相连,由于诱导效应,$\nu_{C=O}$ 峰向高波数移动。在环酮中,环张力增大,$\nu_{C=O}$ 峰左移(详见本章第二节"峰位影响因素"部分)。

例如：

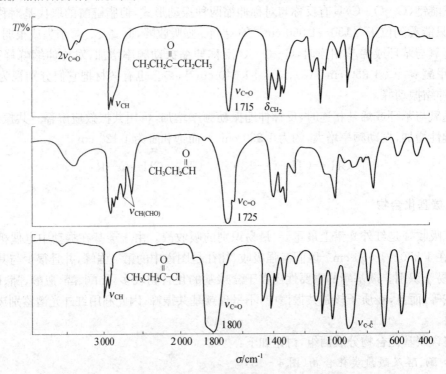

2. 醛类　$\nu_{C=O}$：1 725 cm^{-1}(s,基准值)，宽峰。共轭，羰基峰向低波数移动。

$\nu_{CH(O)}$：双峰，～2 850 及 2 750 cm^{-1}(w)。是由于醛基中的 $\nu_{CH(O)}$ 与其 δ_{CH}(～1 400 cm^{-1})的倍频峰发生 Fermi 共振，分裂为两个峰。用此双峰可以区别醛与酮。

3. 酰氯　$\nu_{C=O}$：1 800 cm^{-1}(s,基准值)。如有共轭效应，则吸收峰向低波数移动。

$\nu_{C-C(O)}$：脂肪酰氯伸缩振动在 965～920 cm^{-1}，芳香酰氯伸缩振动在 890～850 cm^{-1}。

图 4-13　二乙酮、丙醛及丙酰氯的红外光谱

(二) 酸、酯及酸酐类化合物(图4-14)

1. **羧酸类** 主要特征峰为 ν_{OH}:3 400～2 500 cm^{-1}；$\nu_{C=O}$:1 740～1 650 cm^{-1}。此外还有 ν_{C-O}:1 320～1 200 cm^{-1}(m)及 δ_{OH}:1 450～1 410 cm^{-1}。

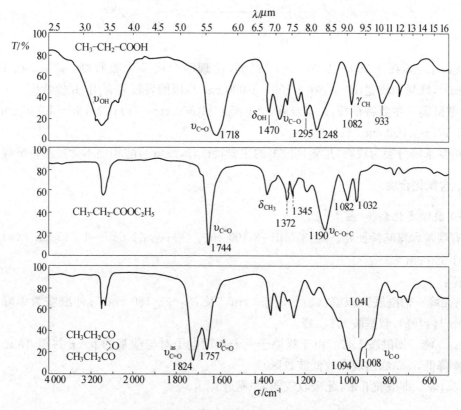

图4-14 正丙酸、丙酸乙酯及丙酸酐的红外吸收光谱

讨论：

(1) ν_{OH} 峰：液态或固态脂肪酸由于氢键缔合使羟基伸缩峰变宽。通常在 3 400～2 500 cm^{-1} 区间呈现以 3 000 cm^{-1} 为中心的宽峰，烷基的碳氢伸缩峰常被它部分淹没，只露峰顶。一般烷基碳链越长，被羟基淹没得越少。芳酸与脂肪酸 ν_{OH} 峰的峰位类似，但峰顶更不规则，$\nu_{\phi H}$ 峰几乎全被 ν_{OH} 淹没。

(2) $\nu_{C=O}$ 峰：酸的羰基(伸缩)峰比酮、醛、酯的羰基峰钝，是较明显的特征。芳酸与 α,β 不饱和酸比饱和脂肪酸的羰基峰频率低，可由共轭效应解释。

2. **酯类** 主要特征峰：$\nu_{C=O}$ 峰～1 735 cm^{-1}(s,基准值)；ν_{C-O-C} 峰 1 300～1 000 cm^{-1}。

(1) $\nu_{C=O}$ 峰：酯(RCOOR′)的羰基若与R基共轭时，峰位右移；若单键氧与R′发生p-π共轭，则峰位左移。例如：

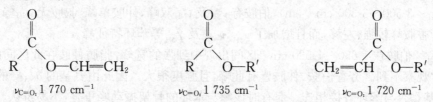

羧酸乙烯酯中的 $\nu_{C=O}$ 为 1 770 cm^{-1}，是因为 OR′ 中氧原子的 n 电子转移而使羰基的双键

性增强,力常数增大。

$$\overset{:\ddot{O}:}{\underset{R}{\overset{\parallel}{C}}}\overset{\curvearrowright}{\underset{\ddot{O}}{\text{—}}}\overset{CH_2}{\underset{H}{\overset{\parallel}{C}}} \longleftrightarrow \overset{:\ddot{O}:^-}{\underset{R}{\overset{\parallel}{C}}}\overset{+}{\underset{\ddot{O}}{\text{—}}}\overset{\bar{C}H_2}{\underset{H}{\overset{\parallel}{C}}}$$

(2) ν_{C-O-C}峰在 1 300~1 000 cm^{-1} 区间,出现两个或多个吸收峰,ν^{as}_{C-O-C} 在 1 300~1 150 cm^{-1},峰强而较宽,ν^s_{C-O-C} 在 1 150~1 000 cm^{-1},以前者较为有用,并较特征。

3. 酸酐类　主要特征峰:$\nu_{C=O}$ 双峰,ν^{as} 1 850~1 800 cm^{-1}(s);ν^s 1 780~1 740 cm^{-1}(s);ν_{C-O} 峰 1 170~1 050 cm^{-1}(s)。

酸酐羰基峰分裂为双峰,是鉴别酸酐的主要特征峰,酸酐与酸相比不含羟基特征峰。

六、含氮化合物

(一) 酰胺类化合物(图 4-15)

具有羰基和氨基特征峰。ν_{NH} 3 500~3 100 cm^{-1}(s);$\nu_{C=O}$ 1 680~1 630 cm^{-1}(s);δ_{NH} 1 640~1 550 cm^{-1}。

讨论:

1. ν_{NH} 峰　伯酰胺为双峰,ν^{as}_{NH}~3 350 cm^{-1} 及 ν^s_{NH}~3 180 cm^{-1};仲酰胺为单峰,ν_{NH}~3 270 cm^{-1}(锐峰);叔酰胺无 ν_{NH} 峰。

2. $\nu_{C=O}$ 峰　即酰胺 I 带。由于氮原子上未共用电子对与羰基的 p-π 共轭,使 $\nu_{C=O}$ 伸缩振动频率降低,$\nu_{C=O}$ 峰出现在较低波数区。

3. δ_{NH} 峰　即酰胺 II 带,此吸收较弱,并靠近 $\nu_{C=O}$。

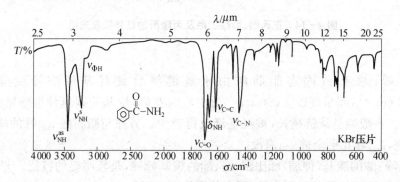

图 4-15　苯酰胺的红外光谱

(二) 胺类化合物(图 4-16)

特征峰:ν_{NH} 峰与 δ_{NH} 是主要吸收峰;ν_{C-N} 及 γ_{NH} 峰次要。

1. ν_{NH}　3 500~3 300 cm^{-1}(m),伯胺有 ν^{as}_{NH} 及 ν^s_{NH} 双峰,仲胺单峰,叔胺无 ν_{NH} 峰。脂肪胺峰较弱;芳香胺峰较强,左移,而且增加了 $\nu_{\Phi H}$、$\nu_{C=C}$ 及 $\gamma_{\Phi H}$ 等苯环特征峰。

2. δ_{NH}　伯胺在 1 650~1 580 cm^{-1} 区间出现中到强的宽峰,脂肪仲胺在此区间的峰是很弱的,通常观察不到。芳香伯胺、仲胺皆有此峰,且强度很大。因此由氨基的 δ_{NH} 峰的强弱,可以鉴别氨基是否与苯环直接相连。但有时该峰与苯环的骨架振动峰重叠,不易辨认。

3. γ_{NH}　900~650 cm^{-1}。

4. ν_{C-N}　1 350～1 000 cm^{-1}，脂肪胺在 1 250～1 000 cm^{-1} 有吸收，芳香胺在 1 350～1 250 cm^{-1} 有吸收。而芳香胺中，由于共轭增大了环碳与氮原子间的双键性，力常数变大，因而 ν_{CN} 吸收发生在较高波数。

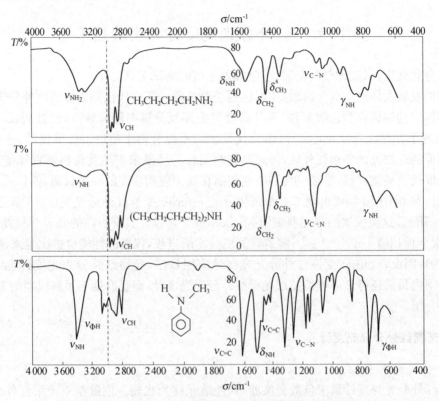

图 4-16　正丁胺、正二丁胺及 N-甲基苯胺的红外光谱

(三) 硝基化合物(图 4-17)

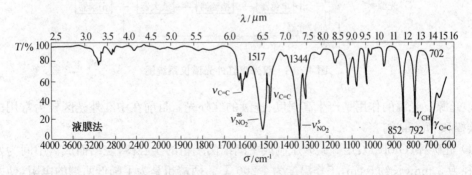

图 4-17　硝基苯的红外吸收光谱

主要特征峰为两个硝基伸缩峰：$\nu_{NO_2}^{as}$ 1 590～1 510 cm^{-1}(s) 及 $\nu_{NO_2}^{s}$ 1 390～1 330 cm^{-1}(s)，强度很大，很容易辨认。在芳香族硝基化合物中，由于硝基的存在，使苯环的 $\nu_{\Phi H}$ 及 $\nu_{C=C}$ 峰明显减弱。

ν_{C-N} 峰较弱，在脂肪族硝基化合物中，ν_{C-N} 920～850 cm^{-1}，在芳香族中，ν_{C-N} 870～830 cm^{-1}。

（四）腈基化合物

$\nu_{C \equiv N}$ 2 260~2 220 cm^{-1}，是腈类化合物的特征峰。只含 C、H、N 元素的腈类，$\nu_{C \equiv N}$ 吸收较强，峰形尖锐，若 —C≡N 的 α-位上有卤素、氧原子等吸电子基，吸收强度明显下降。

第四节 红外分光光度计和实验技术

红外分光光度计(或称红外光谱仪)是红外光谱的测试工具。

仪器的发展大体经历 3 个阶段，主要区别是单色器。第一代仪器为棱镜红外分光光度计，这类仪器以岩盐棱镜作为色散元件，因其易吸潮损坏及分辨率低等缺点，已被淘汰。20 世纪 60 年代出现了光栅红外分光光度计(第二代仪器)，不但分辨率超过了棱镜仪器，还可以使测定波长延伸到近红外区和远红外区，而且具有对安装环境要求不高及价格便宜等优点。光栅仪器很快取代了棱镜仪器，是 20 世纪 80 年代前在我国应用较多的一类仪器，但扫描速度较慢是其缺点。20 世纪 70 年代出现了干涉调频分光 Fourier 变换红外分光光度计(第三代仪器，缩写 FT—IR)。这类仪器的分光器多用 Michelson 干涉仪。具有很高的分辨率和极快的扫描速度(一次全程扫描小于 10^{-1} s)。随着计算机技术的进步，仪器的性能价格比越来越高(性能好，价格低)，因此，Fourier 变换红外分光光度计应用日广，光栅红外分光光度计也终将被淘汰。由于国内目前还有许多单位使用光栅红外分光光度计，而且有助于了解仪器的工作原理，故仍简要介绍。

一、光栅红外分光光度计

（一）主要部件

光栅红外分光光度计属于色散型仪器，其色散元件为光栅。色散型双光束红外分光光度计是由光源、吸收池、单色器、检测器和放大记录系统等几个基本部分组成(见图 4-18)。

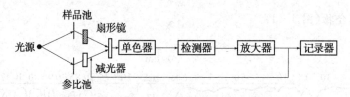

图 4-18 双光束红外光谱仪系统图

1. **光源** 光源的作用是产生高强度、连续的红外光。目前在中红外光区较为常用的光源有硅碳棒和 Nernst 灯。

（1）硅碳棒(Globar)：用硅碳砂压制成中间细两端粗的实心棒，烧结而成。中间为发光部分，直径为 5 mm，长约 5 cm，工作温度为 1 200 ℃。两端粗是为了降低两端的电阻，使之在工作状态时两端温度低。最大发射波数为 5 500~5 000 cm^{-1}，寿命长、发光面积大是其优点。

（2）Nernst 灯：由稀有金属氧化物 ZrO_2、Y_2O_3 及 ThO_2 的混合物压制烧结而成。该灯在低温时不导电，温度升高到约 500℃以上时，电阻迅速下降，变成半导体。当温度高于 700℃时成为导体，开始发光，因此常具有预热装置。正常工作温度 1 750℃，最大发射波数 7 100 cm^{-1}。Nernst 灯寿命长、稳定性好，但价格较贵，操作不如硅碳棒方便。

2. **分光系统** 红外光谱仪的分光系统包括入射狭缝到出射狭缝这一部分。它主要由反射镜、狭缝和色散元件组成。这是红外光谱仪的关键部分,其作用是将通过样品池和参比池后的复式光分解成单色光。分光系统也叫单色器。

(1) 狭缝:在分光系统光路的入口和出口各有1个狭缝,其开口的大小直接影响分辨率和灵敏度。狭缝开口大,光的能量增加,但分辨率下降;开口小,光的能量减小,但分辨率提高。

(2) 反射镜:仪器中有若干个反射镜,有的用于反射光线;有的除了反射作用外,还可将聚焦的光变为平行光或将平行光变为聚焦的光。这些反射镜一般采用真空镀铝制成,镜面要严格防尘、防腐蚀和防机械擦伤。

(3) 色散元件:目前多用反射光栅。在玻璃或金属坯体上的每毫米间隔内,刻划上数十至百余条等距线槽而构成反射光栅,其表面呈阶梯形。

当红外线照射至光栅表面时,由反射线间的干涉作用而形成光栅光谱,各级光谱相互重叠,为了获得单色光必须滤光。由于一级光谱最强,故常滤去二级、三级光谱。刻制的原光栅价格较贵,一般仪器多用复制光栅。

3. 检测器　检测器是测量红外光的强度并将其转变为电信号的装置,主要有真空热电偶及Golay池等。

(1) 热电偶:是利用不同导体构成回路时的温差电现象,将温差转变为电位差的装置。红外分光光度计所用热电偶是用半导体热电材料制成,装在玻璃与金属组成的外壳中,并将壳内抽成高真空,构成真空热电偶。真空热电偶的靶面涂金黑,是为了使靶有吸收红外辐射的良好性能。靶的正面装有岩盐窗片,用于透过红外线辐射。当靶吸收红外线温度升高时,产生电位差。为了避免靶在温度升高后,以对流方式向周围散热,而采用高真空,以保证热电偶的高灵敏度及正确测量红外辐射的强度。

(2) Golay池是灵敏度较高的气胀式检测器,使用寿命短,约1~2年,现已较少使用。

(二) 工作原理

早期的红外光谱仪为单光束手动式仪器,不能自动扣除背景的影响,已淘汰。现都采用双光束红外光谱仪(图4-18)。自光源发出的连续红外光对称地分为两束,一束通过样品池,一束通过参比池。这两束光经过半圆形扇形镜面调制后进入单色器,再交替地射在检测器上。当样品有选择地吸收特定波长的红外光后,两束光强度就有差别,在检测器上产生与光强差成正比的交流信号电压。这信号经放大后带动参比光路中的减光器(光楔)使之向减小光强差方向移动,直至两光束强度相等。与此同时,与光楔同步的记录笔可描绘出物质的吸收情况,得到光谱图。

光栅型双光束红外光谱仪光路系统的工作情况见图4-19。

由光源 S_0 发出的红外线,分别由凹面镜 M_1、M_3 及 M_2、M_4 反射分成两束光:一束光通过样品池 C_1,称为样品光束(S光束);另一束光通过参比池 C_2,称为参比光束(R光束)。两光束分别聚焦于小光楔 T_r(100%调节钮)及大光楔 W(梳状光栏)上,再分别由 M_5 及 M_6、M_8 反射会合于斩光器 M_7 上。斩光器每旋转一周,样品光束与参比光束交替射至椭圆镜 M_9 上,再经 M_{10} 反射后,两光束交替成像于入射狭缝 S_1 上。通过 S_1 的光被准直镜 M_{11} 反射形成平行光束,投射至光栅 G 上。经光栅 G 分光后,经 M_{11} 聚焦在出射狭缝 S_2,经滤光片 F,再经 M_{13} 反射及椭圆镜 M_{14} 聚焦在真空热电偶 T_c 上,热电偶将光信号变成电信号。

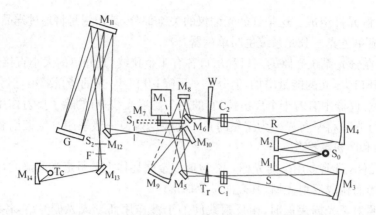

图 4-19　光栅双光束红外分光光度计光路图

S_0:光源　$M_{1,2,3,4}$:球面镜　R:参考光束　S:样品光束　C_1:样品池　C_2:空白池　T_r:小光楔（100%调节钮）　W:大光楔（梳状光栏）　$M_{5,6,8,10,12,13}$:反光镜　M_7:斩光器（扇面镜）　M_{14}:椭圆镜　S_1:入射狭缝　S_2:出射狭缝　G:光栅　M_{11}:准直镜　F:滤光片　T_c:热电偶

由于斩光器 M_7 每秒转动10周，因此样品光束与参比光束将每秒10次交替射至热电偶上。当两光束光强相等时，则检测器无信号产生。当有样品吸收红外光时，则参比光束光强大于样品光束，此时热电偶上产生与光强差成正比的10周交流信号电压。此信号电压经放大、调制等步骤而后推动电动机，带动参比光束中的光楔使之向减弱参比光束光强的方向移动，直至两束光光强相等为止。此时热电偶无信号输出，处于平衡状态，光楔位置正好等于样品的透光率。光楔和记录笔属于同一驱动装置，当光楔移动时，记录笔同时进行绘图。这样，由于两束光不平衡而反映出样品吸收的图谱即被记录下来。当记录笔随样品吸收情况而移动时，光栅也按一定速度运动，于是到达检测器上的入射光波数将随之变化。记录纸与光栅同步运动，这样就可绘出吸收强度随波数变化的红外光谱图。上述仪器为"光学零位法"的仪器。

二、干涉分光型红外分光光度计(FT—IR)

Fourier 变换红外分光光度计或称干涉分光型红外分光光度计，简写为 FT—IR，是通过测量干涉图和对干涉图进行 Fourier 变换的方法来测定红外光谱。其光学系统是由光源、Michelson(迈克逊)干涉仪、检测器等组成，其中光源吸收池等部件与色散型仪器通用。但两种仪器的工作原理有很大不同，主要在于单色器的差别，FI—IR 用 Michelson 干涉仪为单色器，工作原理示意图如图 4-20。

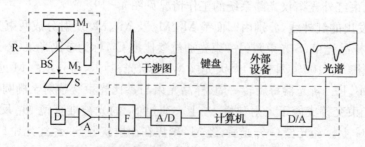

图 4-20　FT—IR 工作原理示意图

R:红外光源　M_1:定镜　M_2:动镜　BS:光束分裂器　S:样品　D:探测器
A:放大器　F:滤光器　A/D:模数转换器　D/A:数模转换器

由光源发出的红外辐射,通过 Michelson 干涉仪产生干涉图,透过样品后,得到带有样品信息的干涉图。用计算机解出此干涉图函数的 Fourier 余弦变换,就得到了样品的红外光谱。

Michelson 干涉仪内有两个互相垂直的平面反射镜 M_1、M_2 和 1 个与两镜成 45°角的分束器,见图 4-21。M_1 可沿镜轴方向前后移动。自光源发出的红外光经准直镜 M_3 反射后变为平行光束,照在分束器上再次分成反射光和透射光,透射光部分照在聚光镜 M_4 上,然后到达探测器;另一束光透过分束器,射在固定镜 M_2 上,并被 M_2 反射回分束器,在分束器上再次发生反射和透射,反射部分照在聚光镜 M_4 上,最后也到达探测器。因而这两束光有了光程差,成了相干光。移动可动镜 M_1 可改变两光束的光程差。在连续改变光程差的同时,记录下中央干涉条纹的光强变化,即得到干涉图。如果在复合的相干光路中放有样品,就得到样品的干涉图。需要通过计算机进行傅里叶变换后才能得到红外光谱图。

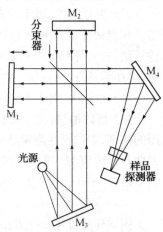

图 4-21 Michelson 干涉仪工作原理示意图

干涉仪的基本功能是产生两束相干光,并使之以可控制的光程相互干涉,以给出干涉图。这干涉图就是检测器记录下来的干涉强度和两束光光程差之间的函数关系。

由于 FT—IR 的全程扫描小于 1 s,一般检测器的响应时间不能满足要求。因此,多用热电型硫酸三甘肽(TGS)或光电导型如汞镉碲(MCT)检测器,这些检测器的响应时间约为 1 μs。

FT—IR 具有以下优点:

① 分辨率高,波数准确度高达 0.01 cm^{-1}。

② 扫描时间短,在几十分之一秒内可扫描一次,在 1 s 内可以得到一张分辨率高、低噪音的红外光谱图。可用于快速化学反应的追踪、研究瞬间的变化。也是实现色谱—光谱联用较理想的仪器,已有 GC—FTIR 和 HPLC—FTIR 等联用仪。

③ 灵敏度高,样品量可少到 $10^{-9} \sim 10^{-11}$ g,可用于痕量分析。

④ 测量范围宽,可以研究 1 000~10 cm^{-1} 范围的红外光谱。

三、样品制备

气、液及固态样品均可测定其红外光谱。

对样品的主要要求:① 样品的纯度需大于 98%,以便与纯化合物光谱对照(Sadtler 纯化合物光谱是由纯度大于 98%的样品测得)。若为商业规格的样品,如药典规格等,所测得的光谱需与商业光谱对照。② 样品应不含水分,以免干扰样品中羟基峰的观察。样品更不得是水溶液,若制成溶液,需用符合光谱波段要求的溶剂配制。

(一) 液体样品

1. 液体吸收池　分为固定池、可拆池和其他特殊池(如微量池、加热池、低温池)等。

液体池由框架、垫片、间隔片及红外透光窗片组成。

可拆池的液层厚度可由间隔片的厚薄调节,但由于各次操作液体层的厚度的重复性差,即使小心操作,误差也在 5%,所以可拆池一般用在定性或半定量分析上,而不用在定量分析。固定池与可拆池不同,使用时不拆开,只用注射器注入样品或清洗池子,它可以用于定量和易挥发液体的定性工作。红外透光窗片有多种材料,可以自行根据透红外光的波长范围、机械强度及对试样溶液的稳定性选用。

2. 制样方法　可用夹片法、涂片法和液体池法。

（1）夹片法：适用于挥发性不大的液态样品，在作定性分析时，此法可代替液体池，方法简易。压制两片空白 KBr 片，将液态样品滴入一片上，再盖上另一片，片的两外侧放上环形保护滤纸垫，放入片剂框中夹紧，放入光路中，即可测定样品的红外吸收光谱。空白片在气候干燥时，可用溶剂洗净，再用一两次。

（2）涂片法：黏度大的液态样品，可以涂在一片空白片上测定，不必夹片。

（3）液体池法：将液态样品装入具有岩盐窗片的液体池中，测定样品的吸收光谱。样品所用的溶剂，需选择在测定波段区间无强吸收的溶剂，否则即便使用空白抵偿也不能完全抵消。因此在作精密测定时，需按波段选择数个溶剂完成整个区间的测定。一般常用的有 CCl_4（$4\,000\sim1\,350\ cm^{-1}$）及 CS_2（$1\,350\sim600\ cm^{-1}$）。CCl_4 在 $1\,580\ cm^{-1}$ 处稍有干扰。

（二）固体样品

固体样品可用 3 种方法制样：压片法、糊剂法及薄膜法。

1. 压片法　压片法是测定固体样品常用的一种方法。取样品 $1\sim2$ mg，加入干燥 KBr 约 200 mg，置玛瑙乳钵中，在红外灯照射下研磨、混匀，装入压片模具，边抽气边加压，至压力约 18 MPa，维持压力 10 min，卸掉压力，可得厚约 1 mm 的透明 KBr 样品片。光谱纯 KBr 在中红外区无特征吸收，因此将含样品的 KBr 片放在仪器的光路中，可测得样品的红外光谱。无光谱纯 KBr 时，可用 GR 或 AR 级品重结晶，未精制前，若无明显吸收，也可直接使用。

2. 糊剂法　压片法无法避免固体粒子对光的散射现象，故可采用糊剂法，把干燥好的样品研细，滴入几滴不干扰样品吸收谱带的液体，在玛瑙乳钵中研磨成糊状，将此糊剂夹在可拆液体池的窗片中测定。通常选用的液体有石蜡油、全氟代烃等，石蜡油适用于 $1\,300\sim400\ cm^{-1}$，全氟代烃适用于 $4\,000\sim1\,300\ cm^{-1}$，可根据样品出峰情况选择使用。

3. 薄膜法　首先将样品用易挥发的溶剂溶解，然后将溶液滴在窗片上，待溶剂挥发后，样品则遗留在窗片上成薄膜。应该注意，在制膜时一定要把残留的溶剂去除干净，否则溶剂可能干扰样品的光谱。这种方法特别适于测定能够成膜的高分子物质。

第五节　应用与示例

红外分光光度法的用途可概括为定性鉴别、定量分析及结构分析等。因红外光谱的高度特征性，在药物分析中，用于鉴别组分单一、结构明确的原料药，是首选的方法。在定量分析方面，虽然红外光谱上可供选择的波长较多，但操作比较麻烦，准确度也比紫外分光光度法低，除用于测定异构体的相对含量外，一般较少用于定量分析。在结构分析中，红外光谱可提供化合物具有什么官能团、化合物类别（芳香族、脂肪族）、结构异构、氢键及某些链状化合物的键长等信息，是分子结构研究的主要手段之一。

一、特征区与指纹区

根据红外光谱与分子结构的关系可将中红外光区分为官能团特征区和指纹区两个区域。讨论如下：

（一）特征区（$4\,000\sim1\,250\ cm^{-1}$）

该区的吸收峰较稀疏，易辨认，故称为特征区。此区域包括含有氢原子的单键、各种双键、叁

键的伸缩振动基频峰,还包括部分含氢原子单键的面内弯曲振动的基频峰。主要解决的问题是:

1. 化合物具有哪些基团。
2. 确定化合物是芳香族、脂肪族饱和和不饱和化合物。

(1) ν_{CH} 出现在 3 300~2 800 cm^{-1},一般以 3 000 cm^{-1} 为界。$\nu_{CH}>$3 000 cm^{-1} 为不饱和的碳氢伸缩振动;$\nu_{CH}<$3 000 cm^{-1} 为饱和碳氢伸缩振动。

(2) 根据芳环骨架振动 $\nu_{C=C}$、$\nu_{\Phi H}$ 吸收峰的出现与否,判断是否含有苯环。一般 $\nu_{C=C}$ 峰出现在约 1 600 cm^{-1} 及 1 500 cm^{-1}。若有取代基与芳环共轭,往往在 1 580 cm^{-1} 会出现第 3 个峰,同时能增强 1 500 cm^{-1} 及 1 600 cm^{-1} 的吸收峰。

(二) 指纹区(1 250~400 cm^{-1})

此区域出现的吸收峰主要是 A—X(A 为 C,N,O) 单键的伸缩振动及各种弯曲振动。由于这些单键的强度相差不大,原子质量又相似,所以吸收峰出现位置也相近,相互间影响较大,加上各种弯曲振动的能级差别小,所以在此区域吸收峰较为密集,犹如人的指纹,故称指纹区。各个化合物在结构上的微小差异在指纹区都会得到反映。该区主要分子结构信息是:

1. 作为化合物含有何种基团的旁证 因指纹区的许多吸收峰是特征区吸收峰的相关峰。
2. 确定化合物较细微的结构 如芳环上的取代位置、几何异构体的判断等。

(三) 9 个重要区段

通常,可将红外光谱划分为 9 个重要区段,如表 4-6 所示。根据红外光谱特征,参考表 4-6,可推测化合物可能含有什么基团。

表 4-6 光谱的 9 个重要区段

波数/cm^{-1}	波长/μm	振动类型
3 750~3 000	2.7~3.3	ν_{OH}、ν_{NH}
3 300~3 000	3.0~3.4	$\nu_{\equiv CH}>\nu_{=CH}\approx\nu_{ArH}$
3 000~2 700	3.3~3.7	ν_{CH}(—CH$_3$,饱和 CH$_2$ 及 CH,—CHO)
2 400~2 100	4.2~4.9	$\nu_{C\equiv C}$、$\nu_{C\equiv N}$
1 900~1 650	5.3~6.1	$\nu_{C=O}$(酸酐、酰氯、酯、醛、酮、羧酸、酰胺)
1 675~1 500	5.9~6.2	$\nu_{C=C}$、$\nu_{C=N}$
1 475~1 300	6.8~7.7	δ_{CH}、δ_{OH}(各种面内弯曲振动)
1 300~1 000	7.7~10.0	ν_{C-O}(酚、醇、醚、酯、羧酸)
1 000~650	10.0~15.4	$\gamma_{=CH}$(不饱和碳氢面外弯曲振动)

二、化合物的定性鉴别

化合物的红外吸收光谱如同熔点、沸点、折射率和比旋度等物理性质一样,是化合物的一种重要物理特征。化合物的红外吸收峰一般多达 20 个以上,指纹区又各不相同,用于鉴定、鉴别化合物以及晶型、异构体区分,较其他物理化学手段更为可靠。在药物分析中,各国药典均将红外光谱法列为药物的常用鉴别方法并对晶型和异构体区分提供有用信息。

药物的红外鉴别方式常用两种:

1. 与对照品比较法 将供试品与其对照品在相同条件下测定吸收光谱,比较光谱图应完全相同。
2. 与标准谱图对比法 在标准谱图一致的测定条件下记录样品的红外吸收光谱,比较,如完全一致,且其他物理常数(熔点,沸点,比旋度等)、元素分析结果也一致,则可确证为同一化合物。中国药典(2005年版)中药物的红外光谱鉴别大多采用此方法,标准图谱为与药典配套出版的《药品红外光谱》。

药物的晶型不同,其熔点、溶解度、稳定性、体内吸收和疗效也有差异。如棕榈氯霉素以B晶型有效,A晶型生物活性甚低,因此有必要对它们进行鉴别。中国药典(2005年版)利用A、B晶型的红外光谱不同,采用糊剂法测定供试品光谱,再与标准谱图对照来进行晶型鉴别。甲苯咪唑有A、B、C 3种晶型,C型的驱虫率最高,约为90%,B型为40%～60%,A型小于20%,因此,有必要控制A型的含量以保证疗效。中国药典(2005年版)采用红外光谱法控制A晶型甲苯咪唑量。将供试品与含A晶型为10%的甲苯咪唑对照,分别制成厚度约0.15 mm的液状石蜡糊片(以厚度相同的空白液状石蜡糊片作参比)。测定供试品和对照品在约640～662 cm^{-1}波数处的校正吸收值(参见药典)之比值,规定供试品的比值不得大于对照品的比值。

三、未知物的结构解析

红外光谱可提供物质分子中官能团、化学键及空间立体结构的信息。还可用于对未知化合物的结构推测,解析红外谱图之前必须尽可能多地了解样品的来源、理化性质。了解样品来源有助于缩小所需考虑的范围。样品的物理常数,如熔点、沸点、折光率、旋光度等,可作为结构鉴定的旁证。

(一) 不饱和度

有条件的应首先测定未知物质的相对分子质量及分子式。根据分子式可计算该化合物的不饱和度U(即表示有机分子中碳原子的饱和程度),从而可以估计分子结构中是否含有双键、叁键或芳香环等,可初步判断有机化合物的类型,并可验证谱图解析结果是否合理。

计算不饱和度的公式为:

$$U = \frac{2 + 2n_4 + n_3 - n_1}{2} \tag{4-6}$$

n_4、n_3及n_1分别是分子式中4价、3价及1价元素(如C、N、H、Cl等)的数目。在计算不饱和度时,2价元素的数目无须考虑,因为它是根据分子结构的不饱和情况以双键或单键来填补。

式中$2+2n_4+n_3$是达到饱和时所需的1价元素的数目,n_1是实有的1价元素数。因为饱和时原子间为单键连接,每缺两个1价元素则形成1个双键,故除以2。

例4-3　　HC≡CH　　　　　　C_2H_2　　$U=\dfrac{2+2\times2-2}{2}=2$

例4-4　　□ C_4H_8(环丁烷)　　$U=\dfrac{2+2\times4-8}{2}=1$

例4-5　　⌬-CHO (苯甲醛)　　C_7H_6O　　$U=\dfrac{2+2\times7-6}{2}=5$

例4-6　　⌬N (吡啶)　　C_5H_5N　　$U=\dfrac{2+2\times5+1-5}{2}=4$

由上可归纳如下规律:
(1) 链状饱和化合物$U=0$。
(2) 1个双键或脂环的$U=1$,结构中若含双键或脂环,则$U\geqslant1$。
(3) 1个叁键的$U=2$,结构中若含叁键时,则$U\geqslant2$。

(4) 1个苯环的 $U=4$,结构中若含有苯环时,则 $U\geqslant 4$。

因此,根据分子式计算出不饱和度就可初步判断有机化合物的类型。

(二) 光谱解析程序

根据测得化合物的红外谱图来解析化合物结构,一般解谱程序如下:

1. 根据分子式计算不饱和度(U),从而可初步判断化合物的类型。

2. 下列经验可供参考:

(1) 先特征,后指纹;先最强峰,后次强峰,并以最强峰为线索找到相应的主要相关峰。例如,1 695 cm^{-1} 的强峰是由于 $\nu_{C=O}$ 引起的,它可能是芳香醛(酮)或不饱和醛(酮),也可能是酸、酯等的 $\nu_{C=O}$ 峰。这就必须根据相关峰来确定该 $\nu_{C=O}$ 峰属于什么基团的羰基。若在 3 300~2 500 cm^{-1} 出现宽而散的 ν_{OH} 峰,并在 920 cm^{-1} 处又出现 ν_{OH} 的钝峰,即可认为它属于羧酸的 $\nu_{C=O}$ 峰。

(2) 先粗查,后细找;先否定,后肯定。

根据吸收峰的峰位,由图 4-8 粗查该峰的振动类型及可能含有什么基团,根据粗查提供的线索,再细查主要基团特征峰表。由该表提供的某基团的相关峰峰位、数目,再到未知物的谱图上去查找这些相关峰。若找到全部或主要相关峰,即可以肯定化合物含有什么基团,可初步判断化合物的结构,并与标准谱图进行对照。

需要说明,红外谱图上吸收峰很多,但并不是所有吸收峰都要解析。因有些峰是某些基频峰、倍频峰、组合频峰或多个基团振动吸收的叠加。

3. 对分析者来说是未知物,但并非新化合物,而且标准谱图已收载,可根据测得的红外光谱,由谱带检索查找标准谱图或将谱图进行必要的解析,按样品所具有的基团种类、类数及化合物类别由化学分类索引查找标准谱图对照后,进行定性。

核对谱图时,必须注意:

(1) 所用仪器与标准谱图所用仪器是否一致。

(2) 测试条件(指样品的物理状态、样品浓度及溶剂等)与标准谱图是否一致。如不同,则谱图会有差异。特别是溶剂的影响较大,须加以注意,以免得出错误结论。

4. 新发现待定结构的未知物一般仅依据红外光谱不能解决问题。尚需配合紫外、质谱、核磁共振等方法进行综合解析。

(三) 谱图解析示例

例 4-7 某化合物的分子式为 $C_3H_5O_2Cl$,试根据其红外图谱(图 4-22)推测其可能结构式。

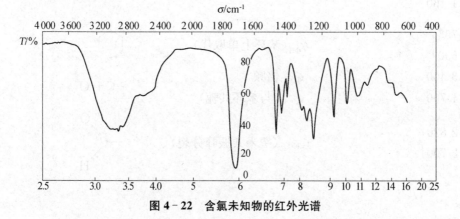

图 4-22 含氯未知物的红外光谱

解：(1) $U = \dfrac{3 \times 2 + 2 - 6}{2} = 1$ （分子中有一双键或1个环）

(2) 吸收峰(cm^{-1})　　　　　振动类型　　　归属

3 400～2 400(s,宽)　　　ν_{OH}　　　—OH
1 720　　　　(s)　　　　$\nu_{C=O}$　　　—C=O
1 320～1 200　　(m)　　　ν_{C-O}　　　—C—O
1 380　　　　(m)　　　　$\delta^{S}_{CH_3}$　　　CH_3

(3) 剩余组成原子C、H、Cl各1个

故该化合物结构为：

$$CH_3-\underset{\underset{Cl}{|}}{CH}-\overset{\overset{O}{\|}}{C}OH$$

例 4-8　某化合物的分子式为C_7H_6O，试推断其结构式，见图4-23。

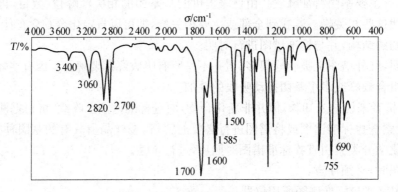

图 4-23　未知物的红外光谱(净液、盐片)

解：(1) $U = \dfrac{2 + 2 \times 7 - 6}{2} = 5$　　（可能有苯环存在）

(2) 吸收峰(cm^{-1})　　　　　振动类型　　　　　　归属

3 060
1 600,1 500,1 585　　　$\nu_{\Phi H}$
1 460　　　　　　　　　　$\nu_{C=C}$

755
690　　　　　　　　　　$\gamma_{\Phi H}$（苯环上单取代）

3 400　　　　　　　　　　$\nu_{C=O}$倍频
1 700　　　　　　　　　　$\nu_{C=O}$（与苯环共轭）

2 820
2 700　　　　　　　　　　$\nu_{CH(O)}$（费米共振峰分裂）

故该化合物的结构为 [苯甲醛结构图]（苯甲醛），原子数及不饱和度验证合理。再与标准图核对，其谱图一致，说明上述推断是正确的。

例 4-9 某化合物其分子式为 C_8H_{10}，红外吸收光谱如图 4-24，试推测其结构式。

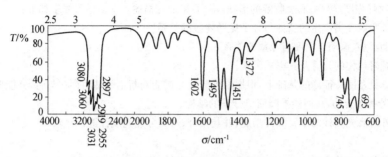

图 4-24 未知物的红外光谱

解：(1) $U = \dfrac{2+2\times 8-10}{2} = 4$（可能有苯环）

(2) 吸收峰(cm^{-1})　　　　振动类型　　　　归属

$\left.\begin{array}{r}3\,080\\3\,060\\3\,031\end{array}\right\}$ 　　　　$\nu_{\Phi-H}$

$\left.\begin{array}{r}1\,602\\1\,495\end{array}\right\}$ 　　　　$\nu_{C=C}$（苯环骨架振动）　[苯环]

$\left.\begin{array}{r}745\\695\end{array}\right\}$ 　　　　$\gamma_{\Phi H}$ 单取代

$\left.\begin{array}{r}2\,955\\2\,919\\2\,867\end{array}\right\}$ 　　　　ν_{C-H} 　　　　CH_3 或 CH_2

$\left.\begin{array}{r}1\,372\\1\,451\end{array}\right\}$ 　　　　δ_{C-H}

因有 [苯环], $-CH_3$, $-CH_2$ 且苯环为单取代，根据以上分析，结合分子式，推断该化合物为乙基苯 [乙基苯结构式]。与标准谱图对照，证明推断正确。

学习指导

一、要求

红外分光光度法是根据样品的吸收光谱对物质进行定性、定量的分析方法。红外吸收光谱可由吸收峰的位置(峰位)、吸收峰强度(峰强)和吸收峰的形状(峰形)来加以描述。本章学习要求如下：

1. 掌握红外吸收光谱产生的条件与分子振动能级的关系。
2. 掌握振动类型、振动自由度与峰数的关系。
3. 掌握基频峰峰位的计算及其影响因素。
4. 在掌握常见基团特征峰的基础上，根据红外吸收光谱能判断主要基团存在与否，并能鉴别饱和及不饱和脂肪化合物、芳香化合物，从而能推断简单分子的结构。
5. 了解红外分光光度计的主要部件功能，并与紫外、可见分光光度计进行比较。

二、小结

(一)红外吸收光谱的条件

红外吸收光谱是由分子振动能级跃迁而产生的，而分子振动能级具有量子化特征，所以产生红外吸收必须满足以下两个条件：

1. 分子振动过程中电偶极矩发生改变($\Delta\mu \neq 0$)。
2. 符合跃迁选律　$\nu_L = \Delta V \cdot \nu_{振动}$，$\Delta V = \pm 1, \pm 2, \pm 3, \cdots$，由 $V=0$ 跃迁至 $V=1$，跃迁产生的吸收峰为基频峰；由 $V=0$ 跃迁至 $V=2,3,\cdots$ 产生的吸收峰为倍频峰。

(二)红外吸收光谱可反映分子的结构

分子结构不同，因而吸收光谱也不同，可以从红外吸收光谱的峰位、峰强及峰形来鉴别物质。

1. 多原子分子振动类型 $\begin{cases} 伸缩振动 \begin{cases} 对称伸缩振动(\nu_s) \\ 不对称伸缩振动(\nu_{as}) \end{cases} \\ 弯曲振动 \begin{cases} 面内弯曲振动(\delta) \\ 面外弯曲振动(\gamma) \end{cases} \end{cases}$

2. 分子基本振动的数目称为振动自由度。

非线性分子振动自由度 $= 3N-6$

线性分子振动自由度 $= 3N-5$

从红外光谱上观察，由于简并、红外非活性振动等原因使峰数少于基本振动数目，但也由于振动偶合、倍频峰等使峰数增多。

3. 红外吸收光谱的峰强与振动过程中电偶极矩的变化有关，电偶极矩变化大则峰强度大。而电偶极矩大小与化学键相连的两个原子的电负性差值及分子对称性取代基等的影响有关。

4. 双原子分子的振动近似简谐振动，其基本振动频率可用简谐振动公式算出：

$$\sigma = 1\,307\sqrt{\frac{K}{\mu}}$$

由于分子中某一基团的振动不是孤立的，而是受邻近基团等影响(如诱导效应、共轭效应、氢键等)，从而使峰位变化。

(三)红外分光光度计的主要部件

红外分光光度计中，常用光源为硅碳棒、Nernst 灯；常用色散元件为光栅，常用检测器为真空热电偶。

(四)红外光谱用于药物的鉴别、晶型、异构体区分，是采用对比谱图法

当供试品谱图与对照品谱图或标准谱图完全相同，且其他理化常数也一致时，可认为供试品与对照品具有相同的分子结构。

红外光谱法也可用于晶型及异构体杂质的限量检查。

(五)对于较简单药物，测得红外光谱图后，可进行结构解析

常用步骤为：
① 由分子式计算不饱和度。
② 由特征区及指纹区搜索可能存在的基团或化学键。
③ 结合分子式、不饱和度及可能存在基团等信息，综合推测分子结构式。
④ 由标准谱验证。

思考题

1. 红外吸收光谱法与紫外吸收光谱法有何区别？
2. 红外吸收光谱产生的条件是什么？什么是红外非活性振动？
3. 线性和非线性分子的振动自由度各为多少？为什么红外吸收峰数有时会少于或多于其基本振动数？
4. 根据伸缩振动频率计算公式 $\sigma=1\,307\sqrt{\dfrac{K}{\mu}}$，说明 $\nu_{CH}>\nu_{C=C}>\nu_{C-C}>\nu_{C-C}$ 的原因。
5. 为什么共轭效应能使一些基团的振动频率降低，而诱导效应相反，举例说明。
6. $\nu_{C=O}$ 及 $\nu_{C=C}$ 峰都在 1 700~1 600 cm^{-1} 区域附近，哪个峰强度大？为什么？
7. 在醇类化合物中为什么 ν_{OH} 峰随着溶液浓度增大而向低波数方向移动？
8. 特征区和指纹区的吸收各有什么特点？它们在谱图解析中提供分子结构信息的特点分别是什么？
9. 根据红外光谱，如何区别下述 3 个化合物？

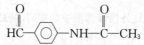

(1) CH$_3$CH$_2$COOH　　(2) CH$_3$CH$_2$C—H　　(3) CH$_3$CCH$_3$

10. 如何利用红外吸收光谱区别脂肪族饱和与不饱和碳氢化合物、脂肪与芳香族化合物？
11. 某化合物的结构式如下：

$$\text{HC}\underset{\text{O}}{\overset{\text{O}}{\|}}-\bigcirc-\text{NH}-\text{C}\underset{\text{O}}{\overset{\text{O}}{\|}}-\text{CH}_3$$

试写出各官能团的特征峰、相关峰，并估计所在的峰位。

习　题

一、填空题

1. 红外光谱又被称为_____，它是由分子的_____跃迁而产生。波数在_____cm^{-1}范围内的波段称中红外区，其中特征区指_____cm^{-1}范围内的波段，指纹区指_____cm^{-1}范围内的波段。
2. 红外光谱中基频峰是_____。基频峰数通常小于振动自由度，其主要原因是_____和_____。
3. 物质分子吸收红外线而发生能级跃迁，必须满足两个条件，即_____和_____。
4. 红外分光光度计常用_____作光源，_____作检测器。固体样品制样时，最常用的方法是_____。
5. 线性分子的振动自由度等于_____，非线性分子的振动自由度等于_____。
6. 红外光谱中，特征峰是指_____，相关峰是指_____。

二、选择题

1. IR 中，分子间氢键的形成使伸缩振动频率（　　）。
   A. 升高　　　　　　B. 降低　　　　　　C. 不变　　　　　　D. 无法确定

2. 下列化合物中，$\nu_{C=O}$ 的大小顺序为（　　）。

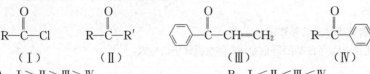

A. Ⅰ＞Ⅱ＞Ⅲ＞Ⅳ　　　　　　　　B. Ⅰ＜Ⅱ＜Ⅲ＜Ⅳ
C. Ⅰ＞Ⅱ＞Ⅳ＞Ⅲ　　　　　　　　D. Ⅲ＞Ⅰ＞Ⅳ＞Ⅱ

3. CO_2 的下列振动中，属于红外非活性振动的是（　　）。

A. $\vec{O}=C=\vec{O}$　　B. $\vec{O}=C=\overset{\leftarrow}{O}$　　C. $\overset{\uparrow}{O}=\overset{\downarrow}{C}=\overset{\uparrow}{O}$　　D. $\overset{+}{O}=\overset{-}{C}=\overset{+}{O}$

4. 红外光谱中，（　　）基团的振动频率最小。

A. $\nu_{C\equiv C}$　　B. $\nu_{C=C}$　　C. ν_{C-O}　　D. ν_{C-H}

5. 某化合物分子式为 $C_5H_{10}O$，在 3 350 cm^{-1} 处有一宽而强的吸收峰，判断可能为下列（　　）物质。

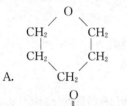

A.　　　　　　　　　　　　　B.

C. $CH_3CH_2\overset{O}{\overset{\|}{C}}CH_2CH_3$　　　　　D. $CH_3(CH_2)_3CHO$

6. 有一未知物分子式为 $C_5H_{10}O$，其 IR 光谱在 1 725 cm^{-1} 处有强吸收，试判断此未知物可能为下列（　　）物质。

A. $CH_3CH_2\overset{O}{\overset{\|}{C}}CH_2CH_3$　　B. 　　C. 　　D.

7. 并不是所有的分子振动其相应的红外谱带都能被观察到，这是因为（　　）。

A. 分子既有振动又有转动，太复杂
B. 分子中有 C、H、O 以外的原子存在
C. 一些波数很接近的吸收峰重叠在一起
D. 有些分子振动是红外非活性振动

三、解谱题

1. 指出下列各种振动类型中，哪些是红外活性振动，哪些是红外非活性振动？

　　　　分子　　　　　　振动类型
(1) CH_3-CH_3　　　　ν_{C-C}
(2) CH_3-CCl_3　　　　ν_{C-C}
(3) SO_2　　　　　　　$\nu^s_{SO_2}$
(4)

① ν_{CH}: H₂C=CH₂ (对称)　　　② ν_{CH}: H₂C=CH₂ (反对称)

③ ω_{CH}: (+ +/+ +)　　　　　④ τ_{CH}: (- +/+ -)

2. 将羧酸基（—COOH）分解为 $C=O$、$C-O$、$O-H$ 等基本振动。假定不考虑它们之间的相互影响，

(1) 试计算各自的基频峰($V=0 \to V=1$)的波数及波长;(2) 比较 ν_{OH} 与 $\nu_{C=O}$;$\nu_{C=O}$ 及 ν_{C-O},说明力常数与折合质量及伸缩振动频率间的关系(C=O、O—H 及 C—O 的力常数分别为 12.1、7.12 及 5.80 N·cm^{-1})。

3. 某化合物 3 640~1 740 cm^{-1} 区间的红外吸收光谱如下图。问该化合物是六氯苯(Ⅰ)、苯(Ⅱ)或 4-叔丁基甲苯(Ⅲ)中的哪一个,并说明理由。

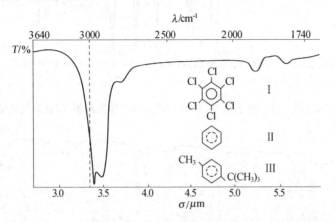

4. 某化合物 4 000~1 300 cm^{-1} 区间的红外吸收光谱如下图。问该化合物的结构是Ⅰ还是Ⅱ?

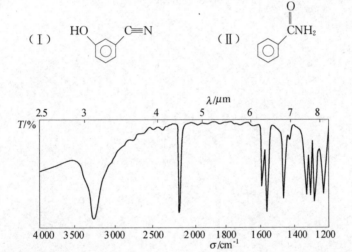

5. 某一检品,由气相色谱分析证明为一纯物质,熔点 29℃,分子式为 C_8H_7N,用液膜法制样,其红外吸收光谱如下图,试确定其结构。

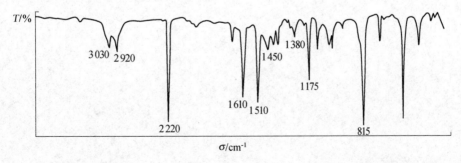

6. 某未知物的沸点为 202℃,分子式为 C_8H_8O,在 4 000~1 300 cm^{-1} 波段以 CCl$_4$ 为溶剂,在 1 330~600 cm^{-1} 以 CS$_2$ 为溶剂,测得其红外光谱如下,试推断其结构。

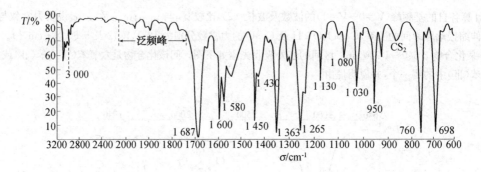

7. 某化合物的分子式为 $C_{14}H_{14}$，熔点为 51.8~52.0℃，其红外光谱如下，试推测其结构式。

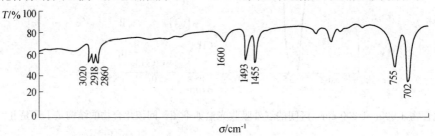

（王志群）

第五章 原子吸收分光光度法

第一节 概 述

绝大多数的化合物在加热到足够高的温度时,可离解成为气态的原子。这些原子的发射光谱都是谱线很窄的锐线光谱,而看不到像分子吸收光谱那样的带光谱。因为原子没有转动和振动能级,其光谱仅来源于原子外层电子能级间的跃迁。例如,配合物溶液的光谱带宽有 100 nm,而气化的铁原子的光谱有一系列的锐线,其自然宽度小于 0.01 nm(图 5-1)。每一种元素有它自己的特征光谱。由于谱线尖锐,同一样品中不同元素的光谱间很少有重叠的现象存在。

在分子光谱法(可见、紫外、红外、荧光分光光度法等)中,测得的是样品对不同波长照射光的吸收度(可见、紫外、红外分光光度法),或不同波长照射光激发下垂直方向的发射光强度(荧光分光光度法)。这两种测定方法都可应用于原子蒸气的测定,所以原子光谱法(atomic spectroscopy)包括 3 种方法:

1. 原子吸收分光光度法(atomic absorption spectrophotometry,AAS);
2. 原子发射分光光度法(atomic emmision spectrophotometry),或叫火焰分光光度法(flame spectrophotometry);
3. 原子荧光光谱法(atomic fluorescence spectroscopy)。图 5-2 中给出它们三者的示意图。

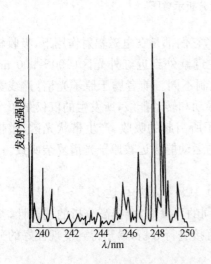

图 5-1 铁空心阴极灯的部分光谱
图示氧化铁原子的尖锐谱线系列,
其谱线宽度已由单色器变宽

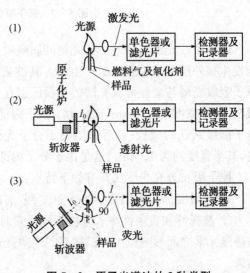

图 5-2 原子光谱法的3种类型
(1) 原子发射 (2) 原子吸收 (3) 原子荧光

从图 5-2 中可以看出,原子发射分光光度法(火焰分光光度法)是基于光谱的发射现象,原子吸收分光光度法是基于原子对发射光的吸收现象,原子荧光光谱法则是基于被辐射激发的原子的再发射现象的分析方法。原子发射分光光度法和原子吸收分光光度法是密切相关的两类仪器分析方法。通常原子吸收分光光度仪器大都具有测定发射光谱和吸收光谱两种性能。因此,原子吸收分光光度计可用以进行原子发射分光光度法和原子吸收分光光度法两种测定。

本章仅讲述原子吸收分光光度法。原子吸收分光光度法是基于从光源辐射出具有待测元素特征谱线的光,通过试样蒸气时被蒸气中待测元素基态原子所吸收,由辐射谱线被减弱的程度来测定试样中待测元素含量的方法。

原子吸收分光光度分析过程如图 5-3 所示,例如,测定氯化镁中镁的含量时,先将氯化镁溶液喷射成雾状进入燃烧火焰中,氯化镁雾滴在火焰温度下,挥发并离解成镁原子蒸气,即使样品中待测元素在原子化器中转变成气态的基态原子。再用镁空心阴极灯作光源,以适当波长的电磁辐射(具有镁的特征谱线的光)通过一定厚度含有镁基态原子的蒸气,部分光被蒸气中基态镁原子吸收而减弱,通过单色器和检测器测得镁特征谱线光波被减弱的程度,即可计算试样中镁的含量。

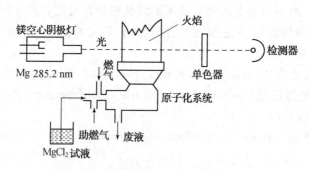

图 5-3 原子吸收分光光度分析示意图

原子吸收光谱与紫外可见光谱同属吸收光谱范畴,它们都是在电磁辐射作用下,吸收辐射能发生核外层电子的跃迁所产生的。其波长范围均在近紫外到近红外光区(190~900 nm)。原子吸收光谱与紫外可见光谱的主要区别在于吸收机制不同。前者属于原子光谱,谱线宽度很窄,其半宽度约为 3 nm,这是由于原子内部不存在振动和转动能级,所发生的仅仅是单一的电子能级跃迁的缘故;而后者则属于分子光谱,是分子所引起的吸收,产生带状光谱,谱带很宽,其半宽度约为 10 nm。这是由于分子内部各质点的运动能级远较原子光谱复杂所致。

原子吸收分光光度法具有如下特点:

1. 灵敏度高 火焰原子法达 10^{-6} 级,有时可达 10^{-9} 级;石墨炉可达 10^{-9}~10^{-14}。

2. 选择性和重现性好 分析不同元素时,选用不同的元素灯,可提高分析的选择性,基体和待测元素之间影响较少。试样只需简单处理,就可直接进行分析,易于得到复现性好的分析结果。

3. 测定的范围广 既可作痕量组分测定,又可进行常量组分测定。可测 70 多种元素。

4. 简便、快速、准确度高(可达 1%~3%)。

原子吸收分光光度法尚有一些不足之处,例如测定不同元素时常需更换光源灯,多元素同时测定有困难,仪器的价格较贵,对非金属及难熔元素的测定尚有困难;对复杂样品分析干扰也较严重。

原子吸收分光光度法与其他分析方法比较起来,具有灵敏、准确、干扰少、简便和测定元素含量范围较广等特点,因而不仅在冶金、地质、石油、农业等方面已广泛应用,而且在生物、医药、卫生、食品、环境监测等方面的应用也已日趋广泛。因此,本法是常用的、有效的仪器分析方法之一。

第二节 原 理

一、原子对辐射能的吸收过程——共振线与吸收线

任何元素的原子都是由带一定数目正电荷的核和相同数目的带负电荷的核外电子所组成。核外电子分层排布,每层具有确定的能量,称为原子能级。所有电子按一定规律分布在各个能级上,每个电子的能量是由它所处的能级决定的。核外电子的排布具有最低能级时,原子处于基态。当原子受外界能量激发时,最外层电子吸收一定的能量而跃迁到较高的能级上,原子即处于激发态。这种激发到较高能级的电子是不稳定的,在极短时间内又回到原能级,同时辐射出原吸收的能量。前已述及,原子无振动能级和转动能级,因而原子吸收光谱只包含有若干尖锐的吸收线。

吸收线的频率(ν)或波长(λ)可由 $E=h\nu=hc/\lambda$ 式导出。式中 E 为原子的激发能,等于 E_2-E_1(E_1 为原子在低能级时的能量,E_2 为原子在较高能级时的能量);c 为光速。而 ν 是频率,λ 是波长。所以式中 E 为低能态和较高能态间的能量差。

在原子吸收作用过程中,紫外辐射的能量不足以激发主量子数为1和2的内层电子。例如,对钠原子来说(其电子构型为 $1s^22s^22p^63s^1$,内层电子全满,而外层仅有1个电子),仅能激发价电子。在原子吸收作用过程中,对所有元素都是一样,只有光学电子(optical electron,一般说来与价电子相同)能被激发。换言之,原子光谱是由光学电子状态跃迁所产生的。

元素原子的能级可由原子外层电子能级图表明。钠原子的部分能级图如图5-4所示。图中纵坐标表示原子的能量水平 E,用电子伏(eV)表示,把基态原子的能量定为 $E=0$。能级之间的连线表示光学电子在相应能级之间跃迁所发射的原子光谱线。横坐标表示原子实际所处的能级,用实际存在的光谱的光谱项(n^ML_j)表示,在符号 n^ML_j 中,n 是指光学电子的主量子数,L 是该原子的总角量子数,$L=0、1、2、3、4、5、\cdots$,通常分别用符号 $S、P、D、F、G、\cdots$ 代表,$M=2S+1$ 是表示光谱多重性的符号,S 是核外光学电子的总自旋量子数。例如,钠原子基态的光谱项为 3^2S。通常把 j 值注在光谱项的右下角,这样的符号称为光谱支项。例如,钠原子基态的光谱支项写为 $3^2S_{1/2}$。每1个光谱项包含有($2S+1$)个光谱支项。由于 L 和 S 的电磁相互作用,各光谱支项的能级微有不同,在光谱中形成($2S+1$)条距离很近的线,这样的线叫做多重性线。例如 $2S+1=2$ 称为双重线,$2S+1=3$ 称为三重线,等等。这就是把 $M=2S+1$ 称为多重性的原因。以上讨论只适用 $L>S$ 的情况。当 $L<S$ 时,每1个光谱项只有 $2L+1$ 个光谱支

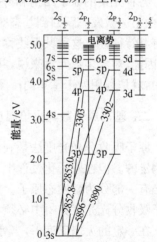

图5-4 钠原子部分电子能级图

项。所以,多重性并不一定代表光谱支项的数目。每1个光谱支项包含着$(2J+1)$个状态,量$(2J+1)$称为状态的统计权重,它决定了多重性线中的谱线强度比。

钠原子从基态($3^2S_{1/2}$态)向第一激发态($3^2P_{1/2}$及$3^2P_{3/2}$态)跃迁的过程中,电子从3s轨道移到3p空轨道。电子自旋分裂为两个能级$P_{1/2}$及$P_{3/2}$,故有两种跃迁。其能量差是

$$[E(3^2S_{\frac{1}{2}}) - E(3^2P_{\frac{1}{2}})] = h\nu_1 = \frac{hc}{\lambda_1} \tag{5-1}$$

和

$$[E(3^2S_{\frac{1}{2}}) - E(3^2P_{\frac{3}{2}})] = h\nu_2 = \frac{hc}{\lambda_2}$$

这两种跃迁的波长是 589.5 nm 和 589.6 nm,通常称为钠的 D 线。

在正常情况下,原子是以它的最低能态——基态形式存在的,只有极少数的原子是以较高能态存在。例如,可以由 Boltzmann 分配定律计算出锌蒸气在加热到 3 000K 时,在每 1 010 个基态锌原子中只有 1 个原子被激发成为第一激发态。钠原子比其他元素容易被激发,然而在 3 000K 时,每 1 000 个基态钠原子中也仅有 1 个原子被激发。所以,可以看作所有的吸收作用都是在基态进行的。这就大大限制了可以用于原子吸收的吸收线的数目。通常在紫外光谱区,每种元素仅有 3~4 个有用的光谱线。这些吸收线的波长可以由原子能级图推断出来。

原子外层电子能级图有助于说明原子吸收辐射能的过程,并给各种类型的原子光谱法提供理论依据(理论要求被吸收的电磁辐射其波长应与待测原子从基态跃迁到最低激发态所需的电磁辐射的波长相等)。这种伴随基态原子对电磁辐射的吸收而得到的光谱线,称为共振吸收线,简称共振线。例如,钙原子吸收波长为 422.7 nm 的光能,可使外层电子从 4s 基态跃迁到最低激发态,其共振线即为 422.7 nm。这时要求光源产生电磁辐射的波长也应该是 422.7 nm。这就是说,来源于光源的发射共振线与基态原子所需要的吸收共振线要相一致。在此条件下,才能进行原子吸收法测定。电子从基态跃迁到第一激发态时吸收一定频率的光,它再回到基态时,则辐射出一定频率的谱线,该谱线称为共振发射线,简称共振线(resonance line)。

各种元素的原子结构和外层电子排布不同。不同元素的原子从基态激发到第一激发态(或由第一激发态跃回到基态时),吸收(或辐射)的能量不同,因此,各种元素的共振线不同而各有其特征性。这种共振线称为元素的特征谱线。这种从基态到第一激发态的跃迁又容易发生,因此,对大多数元素来说,共振线是元素所有谱线中最灵敏的谱线。在原子吸收分光光度法中,就是利用处于基态的待测原子蒸气对从光源辐射的共振线的吸收来进行分析的。

二、基态原子数与火焰温度

原子吸收分光光度法是利用待测元素原子蒸气中基态原子对该元素的共振线的吸收来进行测定的。但在原子化过程中,待测元素是由分子离解成的原子,不可能全部是基态原子,其中必有一部分为激发态原子。所以,原子蒸气中基态原子与待测元素原子总数之间的关系是原子吸收分光光度分析中必须考虑的问题。

在一定的火焰温度下,当处于热力学平衡时,火焰中激发态原子数与基态原子数之比服从Boltzmann 分布定律:

$$\frac{N_j}{N_0} = \frac{g_j}{g_0}\exp(-\frac{E_j - E_0}{KT}) \tag{5-2}$$

式中,N_j、N_0 分别代表激发态原子数和基态原子数,g_j、g_0 分别代表激发态和基态原子的统计权重,它表示能级的简并度(就是相同能量能级的状态数),$g = 2J+1$,J 为光谱支项,K 为

Boltzmann 常数(1.38×10^{-23} J/K),T 为热力学温度,E_j、E_0 分别为激发态和基态的能量。

对共振线来说,电子从基态跃迁到第一激发态,因此可得到激发态原子数和基态原子数之比:

$$\frac{N_j}{N_0}=\frac{g_j}{g_0}\exp(-\frac{\Delta E}{KT})=\frac{g_j}{g_0}\exp(-\frac{h\nu}{KT}) \tag{5-3}$$

由此可见,N_j/N_0 的大小主要与波长(激发能或激发电位)及温度有关。

(1)当温度保持不变时:激发能($h\nu$)小或波长大,N_j/N_0 则大,即波长长的原子处于激发态的数目多;但在 AAS 中,波长不超过 600 nm,换句话说,激发能对 N_j/N_0 的影响有限。

(2)温度增加,则 N_j/N_0 大,即处于激发态的原子数增加;且 N_j/N_0 随温度 T 增加而呈指数增加。

将 2 500 K 情况下的数据代入得:$N_j/N_0=1.14\times10^{-4}$。

上例说明,激发态钠原子占的分数小于 0.02%,而火焰温度仅只改变 10 K,激发态钠原子数就增加了 4%,所以,特别是在原子发射分光光度分析时温度要很好地控制。

表 5-1 列出几种元素的共振线的 N_j/N_0 值。

表 5-1 几种元素共振线的 N_j/N_0 值

元素	共振线/nm	g_j/g_0	激发能 ΔE/eV	N_j/N_0 2 000 K	2 500 K	3 000 K
Cs	8 521	2	1.45	4.44×10^{-4}		7.24×10^{-3}
Na	5 890	2	2.10	9.86×10^{-6}	1.14×10^{-4}	5.88×10^{-4}
Ca	4 227	3	2.93	1.22×10^{-7}	3.67×10^{-6}	3.55×10^{-5}
Fe	3 720		3.33	2.29×10^{-9}	1.04×10^{-7}	1.31×10^{-6}
Cu	3 248	2	3.82	4.82×10^{-10}	4.04×10^{-5}	6.65×10^{-7}
Mg	2 852	3	4.35	3.35×10^{-11}	5.20×10^{-9}	1.50×10^{-7}
Pb	2 833	3	4.38	2.83×10^{-11}	4.55×10^{-9}	1.34×10^{-7}
Zn	2 139	3	5.80	7.45×10^{-15}	6.22×10^{-12}	5.50×10^{-10}

从表 5-1 可看出,N_j/N_0 都很小,只有在高温下和波长较长的共振线跃迁时才变得稍大,但也未超过 1%。实际工作中,T 应小于 3 000 K,且波长小于 600 nm,故对大多数元素来说 N_j/N_0 均小于 1%,N_j 可忽略不计。N_0 可视为基态原子数。

总之,AAS 对 T 的变化迟钝,或者说温度对 AAS 分析的影响不大。

三、原子吸收光谱的轮廓

(一) 原子吸收定量原理

前已述及,在原子吸收分光光度法中将试样转化为原子蒸气后,只要火焰温度选择合适,待测元素的原子绝大部分处于基态状态。这就提供了利用基态原子对共振线辐射的吸收来进行分析的基本条件。

若将光源发射的不同频率的光通过原子蒸气,其入射光强度为 I_0,如图 5-5 所示,有一部分光被吸收,其透过光的强度为 I(原子吸收光后的强度)与原子蒸气的厚度(火焰的厚度)L 的关系服从朗伯定律,即:

$$I = I_0 e^{-K_0 L} \quad (5-4)$$

式中,K_0 为原子蒸气对频率为 ν 的光吸收系数。

$$A = \lg \frac{I_0}{I}$$

所以

$$A = \lg e^{K_0 L} = 0.4343 K_0 L$$

式中,A 为吸收度,K_0 与浓度 c 成正比。

图 5-5 原子吸收示意图

可以看出,吸收度与原子蒸气的厚度(火焰的宽度)成正比。因此,适当增加火焰的宽度可以提高测定的灵敏度。

当 L 一定时,上式简化为:

$$A = Kc \quad (5-5)$$

此式为 AAS 的定量分析基本原理。注意:此式只适用于单色光。由于任何谱线并非都是无宽度的几何线,而是有一定宽度的,即谱线是有轮廓的,因此使用此式将带来偏差。

(二) 谱线轮廓

透过光强度 I 和吸收系数 K_0 随光源的辐射频率而变化。图 5-6(1)是强度为 I_0 的不同频率的光通过某一种原子蒸气时,透过光强度 I 与频率 ν 的关系图。若在各频率下测定其吸收系数 K_0,即可绘出如图 5-6(2)所示的 K_0 与 ν 关系图。由此可以看出,原子吸收线不是一条单一频率的线,而是一条较窄的峰形曲线,具有一定的宽度,通常称为吸收线轮廓。图 5-6(2)中,最大吸收系数 K_0 所对应的频率 ν_0 称为中心频率;K_0 称为中心吸收系数;$K_0/2$ 处吸收线轮廓上两点间的频率差 $\Delta\nu$ 称为吸收线的半宽度,用以表示谱线的宽度。由此可见,ν_0、K_0 和 $\Delta\nu$ 是吸收线轮廓的重要特征。

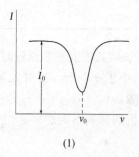
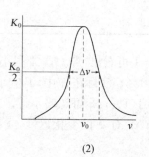

(1)   (2)

图 5-6 吸收线轮廓

1. 透射光的强度 I 与频率 ν 的关系   2. 吸收系数 K_0 与 ν 的关系

实际上,原子吸收光谱峰的半宽度仅为 0.05 nm 左右,比具有几十纳米的分子吸收光谱峰的半宽度要小得多。因此,原子吸收法不能以分子吸收法的光源作光源,否则入射光强与透射光强则相差无几,要把如此小的吸收检测出来是很困难的,并且将带来很大的误差。因此,原子吸收常采用一种锐线光源,此种光源发射的光谱线半宽度比原子吸收光谱的半宽度还要窄,这样就能被基态原子很好地吸收,造成入射光强与透射光强之间的显著差别,这对吸收的检测带来了极大的方便。

四、谱线宽度及其影响因素

吸收线具有一定的宽度,实际上是2条狭窄的带,其半宽度一般约为0.1 nm数量级,形成吸收带及其变宽的因素主要有以下几点。

(一) 自然宽度

受激发原子具有一定的寿命,根据量子力学的海森堡测不准原理(Heisberg uncertainty principle),能级的能量具有不确定量 ΔE,其关系为:

$$\Delta E \cdot \Delta t \approx \frac{h}{2\pi} \tag{5-6}$$

式中,Δt 是测量所需的时间,h 为 Planck 常数,由于测量必须在1个与激发原子的寿命差不多的时间里完成,所以 ΔE 可由下式估算。

$$\Delta E = \frac{h}{2\pi\tau} \tag{5-7}$$

式中,τ 为 K,为激发态寿命或电子在高能级上停留的时间(10^{-8} s)。只有寿命趋于无穷大的粒子,能级的不确定量 ΔE 才趋于零。即该能级能量是唯一确定的数值。反之,若粒子寿命很短,τ 值很小,则能级的能量的不确定量 ΔE 将是一有限值,即这个能级已不是一条线,而成为一个带。τ 值愈小,宽度愈大。这种宽度称为能级的自然宽度(natural bandwidth)。自然宽度即无外界因素影响时谱线具有的宽度。对共振线而言其自然宽度约为 10^{-3} nm 数量级。该宽度比光谱仪本身产生的宽度要小得多,只有极高分辨率的仪器才能测出,故可忽略不计。

由海森堡测不准原理,原子在激发态的有限寿命导致激发态能量具有不确定的量,该不确定量使谱线具有一定的宽度 $\Delta \nu_N$。由于各种因素的影响,吸收线的实际宽度可增加 0.1~1 nm。使吸收线变宽的因素主要有 Doppler 变宽和 Lorentz 变宽。

(二) Doppler 变宽(Doppler broadening)

Doppler 变宽是由于原子无规则的热运动而产生的变宽,又称热变宽。当火焰中吸光的基态原子向光源方向运动时,由于 Doppler 效应而使光源发射的波长变短。因此基态原子将吸收较长的波长。相反,当原子离开光源方向运动时,被吸收的波长较短。这样,由于原子的无规则运动就使吸收线变宽。

当处于热力学平衡时,谱线的 Doppler 变宽可用下式表示:

$$\Delta \lambda_D = 2\lambda_0 \sqrt{\frac{2RT\ln 2}{Ac^2}} \tag{5-8}$$

式中,$\Delta \lambda_D$ 为 Doppler 宽度,它表示 Doppler 变宽程度,R 为气体常数,c 为光速,T 为吸收介质的绝对温度,A 为相对原子质量。代入各常数的数值后得,

$$\Delta \lambda_D = 0.716 \times 10^{-6} \lambda_0 \sqrt{\frac{T}{A}}$$

从上式可以看出,$\Delta \lambda_D$ 正比于绝对温度 T 的平方根,反比于相对原子质量 A 的平方根,而与压力无关。待测元素的相对原子质量 A 越小,温度越高,$\Delta \lambda_D$ 越大。其变宽的程度要比自然宽度来得严重。在 AAS 分析中,使用石墨炉原子化器可能出现热变宽。

(三) 压力变宽(pressure broadening)

吸收原子与外界气体分子之间的相互作用引起的变宽,又称为压变宽。它是由于碰撞使激发态寿命变短所致。外加压力越大,浓度越大,变宽越显著。压力变宽分为 Lorentz 变宽和 Holtzmark 变宽。

1. Lorentz 变宽(Lorentz broadening)　待测原子之间的碰撞,又称共振变宽。

Lorentz 变宽同很多因素有关：

$$\Delta\lambda_L = 3.50 \times 10^{-9} \lambda_0 \sigma^2 p \sqrt{\frac{1}{T}\left(\frac{1}{A} + \frac{1}{M}\right)} \tag{5-9}$$

式中,p 是气体压力,A 为相对原子质量,M 为气体相对分子质量,T 为绝对温度,σ^2 为原子和分子碰撞的有效截面,λ_0 为中心波长。

实验结果表明,对于温度在 1 000～3 000 K,外界气体压力约为 100 kPa 时,吸收的轮廓主要受 Doppler 变宽和 Lorentz 变宽的影响。

在 AAS 分析中,使用火焰原子化器可能出现压变宽。若待测物浓度很低,该变宽可忽略。

2. Holtzmark 变宽　待测原子与其他原子之间的碰撞。

从上面的讨论得出,原子吸收光谱是原子中电子跃迁的外观表现形式,应该是线状光谱,但实际观察到的却是一条很窄的吸收带。造成吸收线变宽的因素很多,其中最主要的是由原子无规则的热运动所引起的变宽,即多普勒(Doppler)变宽。其次,还有由激发原子的有限寿命所决定的自然变宽以及由其他粒子与基态原子相互碰撞所引起的劳伦兹(Lorentz)变宽等。因此,只有选用锐线光源,朗伯—比尔定律才能用于 AAS 分析,才能提高测量的灵敏度和准确性。

五、积分吸收与峰值吸收系数

(一) 积分吸收

原子吸收是由基态原子对共振线的吸收而得到的。对于一条原子吸收线,由于谱线有一定的宽度,所以可以看成是由极为精细的许多频率相差甚小的光波组成的。若按吸收定律,可得各相应的吸收系数 K_{ν_1}、K_{ν_2}、K_{ν_3}、K_{ν_4} 等,并可绘出吸收曲线,整条曲线表示这条吸收谱线的轮廓。将这条曲线进行积分,即 $\int K_\nu \mathrm{d}\nu$,就代表整个原子线的吸收,称为"积分吸收"。

峰值吸收系数与吸收线的半宽度和积分系数的函数关系如下：

$$\int K_\nu \mathrm{d}\nu = \frac{1}{2}\sqrt{\frac{\pi}{\ln 2}} K_0 \Delta\nu \tag{5-10}$$

积分吸收与火焰中基态原子数的关系,由下列方程式表示：

$$\int K_\nu \mathrm{d}\nu = \frac{\pi e^2}{mc} \cdot N_0 \cdot f \tag{5-11}$$

式中,e 为电子电荷;m 为 1 个电子质量;c 为光速;N_0 为单位体积内基态原子数;f 为振子强度(无量纲因子),它表示被入射光激发的每个原子的平均电子数,用以估计谱线的强度,在一定条件下对一定元素,f 可视为一定值。

根据 Boltzmann 分布定律,在原子吸收法中,可以把基态原子数 N_0 看做是被测元素的原子总数 N。所以

$$\int K_\nu \mathrm{d}\nu = \frac{\pi e^2}{mc} \cdot N \cdot f \tag{5-12}$$

由上式可见,谱线的积分吸收与被测元素原子总数成正比。如果能准确测量积分吸收 $\int K_\nu \mathrm{d}\nu$,即求得原子浓度。但是,原子吸收线的半宽度仅为 $10^{-4} \sim 10^{-3}$ nm,要测量这样一条极窄谱线的积分吸收值,需要用高分辨率的分光仪器,这是难以达到的。

(二) 峰值吸收

1955 年澳大利亚物理学家 Walsh 提出,在用锐线光源辐射及采用温度不太高而稳定的火焰条件下,峰值吸收系数 K_0 与火焰中待测元素的基态原子浓度 N_0 之间存在着简单的线性关系:

$$K_0 = \frac{2}{\Delta\nu}\sqrt{\frac{\ln 2}{\pi}} \cdot \frac{\pi e^2}{mc} \cdot f \cdot N_0 \tag{5-13}$$

这样 N_0 值可由测定 K_0 而得到,这种方法称为峰值吸收法。为了测量峰值吸收系数 K_0,必须使通过吸收介质的发射线的中心频率 $\nu_{o,e}$ 与吸收线中心频率 $\nu_{o,a}$ 严格一致,并要求发射线的半宽度 $\Delta\nu_e$ 远远小于吸收线的半宽度 $\Delta\nu_a$,这样便成功地解决了原子吸收的实用测量问题。在实际工作中,用一个与待测元素相同的纯金属或纯化合物制成的空心阴极灯来作锐线光源,这样不仅可得到很窄的锐线发射线,又使发射线与吸收线的中心频率一致。

第三节 原子吸收分光光度计

原子吸收分光光度计主要由 4 个部分组成:
1. 光源——发射待测元素的锐线光谱的装置;
2. 原子化装置——将待分析试样转变为原子蒸气的装置;
3. 分光系统——分出共振线波长光的装置;
4. 检测系统——测量吸收的检测器、放大器和读数装置。

光源(空心阴极灯)由稳压电源供电;光源发出的待测元素的光谱线经过火焰,其中的共振线部分被火焰中待测元素的原子蒸气吸收,透过光进入单色器经分光后,再照射到检测器上,产生直流电讯号,经放大器放大后,就可以从读数器(或记录器)读出吸收值。

一、仪器的主要部件

(一) 光源

它的作用是辐射待测元素的锐线光谱,供给原子吸收所需要的足够尖锐的共振线。

1. 空心阴极灯(hollow cathode lamp, HCL) 在原子吸收分光光度分析中,辐射光源的作用就是发射被测元素的特征共振辐射。对 AAS 辐射光源的基本要求是:

(1) 发射稳定的共振线,且为锐线,发射的共振线宽度要明显小于吸收线的宽度;

(2) 辐射强度足够大,没有或者只有很小的连续背景;

(3) 操作方便,使用寿命长。

在曾经研究和使用过的各种辐射光源中,空心阴极灯是最能满足上述各项要求的锐线光源。因此获得了广泛的应用。空心阴极灯组成为阳极(吸气金属)、空心圆筒(使待测原子集中)形阴极(W+待测元素)、低压稀有气体(谱线简单、背景小)。

空心阴极灯的结构原理如图 5-7 所示。阴极为空心圆柱体,用某元素或含某元素的合金

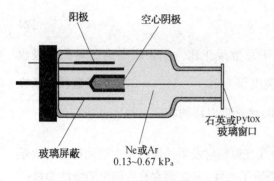

图 5-7 空心阴极灯原理图

材料制成。高纯度的金属做阴极,其发射光强度大。阳极为同心圆环,灯管内充有低压稀有气体(如氖、氩等)。当正负电极间施加适当电压时,电子将从空心阴极内壁流向阳极,在电子通路上与稀有气体原子碰撞而使之电离,带正电荷的稀有气体离子在电场作用下,就向阴极内壁猛烈轰击,使阴极表面的金属原子溅射出来。溅射出来的金属原子再与电子、稀有气体原子及离子发生碰撞而被激发,于是阴极内的辉光中便出现了阴极物质和内充稀有气体的光谱。用不同的待测元素作阴极材料,可制成各相应待测元素的空心阴极灯。为了避免发生干扰,在制灯时,必须用纯度较高的阴极材料和选择适当的内充气体。以使阴极元素的共振线附近没有内充气体或杂质元素的强谱线。

2. 多元素空心阴极灯　实际工作中希望能用1个灯进行多种元素分析,既可避免换灯的麻烦,减少预热消耗的时间,又可降低原子吸收分光光度分析的成本。多元素灯存在的问题是发射强度比单元素灯弱。在使用一些时间后,易挥发的元素的光谱可能在灯中消失等。空心阴极灯存在着制作困难、使用寿命不长、价格较贵等缺点。因此制作其他形式的光源很有必要。例如无极放电灯已被使用,其发射光强度比空心阴极灯高。

(二) 原子化装置

原子化装置(atomizer)的作用是将试样中的待测元素转变成原子蒸气。使试样原子化的方法有火焰原子化法和非火焰原子化法两种。前者具有简单、快速、对大多数元素有较高的灵敏度和低的检测限等优点,使用广泛。非火焰原子化技术发展很快,它具有较高的原子化效率与灵敏度和低的检测限,取样量少。

1. 火焰原子化　火焰原子化装置(flame atomizer)包括:雾化器和燃烧器两部分(包括喷雾器、混合室、燃烧器和火焰)。特点:稳定,重现性好,应用广,原子化效率低,灵敏度低,液体进样。燃烧器有两种类型,即全消耗型和预混合型。全消耗型燃烧器系将试液直接喷入火焰,预混合型燃烧器系用雾化器将试液雾化,在雾化室内使试液的雾滴均匀化,然后再喷入火焰中。一般仪器多采用预混合型。

(1) 雾化器:雾化器的作用是使试液雾化。雾化器的性能对测定的精密度、灵敏度和化学干扰等产生显著影响。因此要求雾化器喷雾稳定、雾滴微细均匀和雾化效率高。目前普遍采用的是同心型雾化器,图5-8为一种雾化器的示意图。在毛细管外壁与喷嘴口构成的环形间隙中,由于高压载气(空气、氧化亚氮等)以高速通过,形成负压区,从而将试液沿毛细管吸入,并被高速气流分散成气溶胶(即成雾滴),喷出的雾滴经节流管碰在撞击球上,进一步分散成细雾。

雾化器多用特种不锈钢或聚四氟乙烯塑料制成,其中的毛细管则多用贵金属(如铂、铱、铑)的合金制成,能耐腐蚀。

雾化器要求稳定、雾粒细而均匀、雾化效率高、适应性高。可用于不同相对密度、不同黏

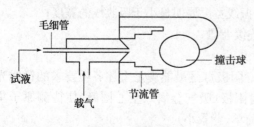

图 5-8 雾化器

度、不同表面张力的溶液。

(2) 燃烧器:主要由狭缝的性质和质量决定(光程、回火、堵塞、耗气量)。图 5-9 为预混合型燃烧器,试液雾化后进入其中的预混合室(也叫雾化室),与燃气(如乙炔、丙烷、氢气等)在室内充分混合。其中较大的雾滴凝结在壁上,经预混合室下方废液管排出,而最细的雾滴则进入火焰中,预混合型燃烧器的主要优点是产生的原子蒸气多,火焰稳定,背景较小而且较安全,目前应用较多。

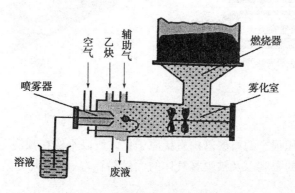

图 5-9 预混合型燃烧器示意图

预混合型燃烧器所用的喷灯为吸收光程较长的长缝型喷灯。

(3) 火焰:火焰的作用是提供一定的能量,促使试样雾粒蒸发、干燥并经过热离解或还原作用,产生大量基态原子。因此,原子吸收分光光度法所使用的火焰,只要其温度能使待测元素离解成游离基态原子就可以了。如超过所需要的温度,从 Boltzmann 方程式中可以看到,激发态原子将增加,电离度增大,基态原子减少。这对原子吸收是很不利的。因此在确保待测元素充分离解为基态原子的前提下,低温火焰比高温火焰具有较高的灵敏度。但对某些元素来说,如果温度过低,则盐类不能离解,反而使灵敏度降低。并且还会发生分子吸收,干扰可能会增大。一般易挥发或电离势较低的元素(如 Pb、Cd、Zn、Sn、碱金属或碱土金属等),应使用低温且燃烧速度较慢的火焰。与氧易生成耐高温氧化物而难离解的元素(Al、V、Mo、Ti 及 W 等)应使用高温火焰。火焰要求其背景吸收和背景发射小。

火焰温度表示火焰蒸发和分解不同化合物的能力。火焰的温度主要决定于火焰的类型,并与燃气和助燃气的流量有关。火焰的类型关系到测定的灵敏度、稳定性和干扰等,因此对不同的元素应选择不同的恰当的火焰。空气—乙炔火焰是应用最广的一种火焰。燃气与助燃气的流量决定火焰的状态。

2. 非火焰原子化法 火焰原子化法的主要缺点是原子化效率低,大量喷雾气体的稀释作用和金属原子与助燃气氧化生成难熔氧化物,使火焰中自由原子浓度很低,火焰温度不稳定、不均匀等。非火焰原子化装置(nonflame atomizer)的原子化效率和灵敏度都比火焰原子化装置高得多。应用较多的非火焰原子化法有石墨炉高温原子化法和低温原子化法。

(1) 石墨炉高温原子化法:图 5-10 是石墨管原子化器,其组成为电源、保护气及冷却水、石墨管。石墨炉高温原子化可分 4 个阶段:

① 干燥脱溶剂,防止试样飞溅或流散。干燥温度视溶剂沸点和含水量而定。

② 灰化或热解,进一步除水,蒸发除有机物或低沸点无机物;另外是使试样转化为稳定的氧化物。

③ 原子化温度 2 500～3 000℃,停止通入氩气。
④ 净化用更高温度——除渣。

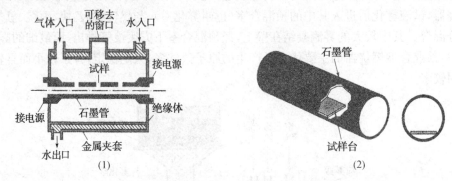

图 5-10 高温石墨炉原子化器

由于试样是在容积很小的石墨管内直接原子化。所以不像在预混合式火焰原子化器中那样试样受到雾化效率的限制以及被喷雾气体的大量稀释,从而大大提高了光路中待测元素的原子浓度。

由于石墨管原子化器使用电加热,所以只要电流稳定,石墨管的温度就是稳定的,并且浓度是分布均匀的。特点:绝对灵敏度高;适于难熔元素(稀有气体氛围);原子化效率高,检出限低(10^{-12}～10^{-14} g),样品用量少;基体效应及化学干扰大,重现性差。

(2) 低温原子化法:亦称为化学原子化法。低温原子化温度是由室温到数百度之间。

汞是蒸气压很高、易于气化的金属,汞也是人们最为熟知的用低温原子化法测定的元素。在测定时,先将试样进行必要的预处理,使汞转变为易于气化的化学形态。将汞完全蒸出来,然后将汞蒸气导入气体流动吸收池内进行测定。

低温原子化法测定汞,常用的有两种方法,即加热气化法和还原气化法。

① 加热气化法:是将样品中的汞最后转化为双硫腙螯合物,后者再被加热分解产生汞蒸气,用泵把汞蒸气导入气体流动吸收池内,测定其吸收值。此法多用来测定生物组织中和空气中的汞。

② 还原气化法:是先将试样中汞转化为 Hg^{2+},再用 $SnCl_2$ 将 Hg^{2+} 还原为汞,产生的汞蒸气用泵抽吸到气体吸收池内进行测定。

$$Hg^{2+} \xrightarrow{SnCl_2} Hg(carrier\ gas) \longrightarrow 吸收池$$

此法多用来测定废水、海水、河水等液体试样中的汞。

非火焰原子化法的优点是灵敏度高,取样量少,甚至可不经前处理直接进行分析(尤其是生物样品)。但基体的影响要比火焰法大,测定的精密度(5%～10%)比火焰法(1%)稍差。

(三) 分光系统

原子吸收分光光度计分光系统的作用和组成元件与其他分光光度法中分光系统基本相同。不过在可见和紫外等分子吸收光谱仪器中,分光系统多在光源辐射光被吸收前,而原子吸收分光光度计的分光系统却在光源辐射光被原子吸收之后,其作用不仅可分掉 HCL 中阴极材料的杂质以及稀有气体发出的谱线,而且还可分掉火焰的杂散光并防止光电管疲劳。分光系统主要由色散元件、凹面镜和狭缝所组成,这样的系统也可称为单色器。各种分光光度计使用单色器的目的不同,要求元件的性能也有所差异。

由于 HCL 的谱线简单,故对单色器的色散率要求不高(10～30A/nm)。

(四) 检测系统

检测系统主要由检测器、放大器、对数变换器、指示仪表所组成。现代一些高级原子吸收分光光度计中还设有自动调零、自动校准、积分读数、曲线校正等装置。

二、原子吸收分光光度计的类型

原子吸收分光光度计按结构原理划分,有单光束和双光束式的仪器,还有单波道、双波道和多波道式的仪器。

(一) 单光束原子吸收分光光度计

典型的多元素分析用单光束仪器包括几个空心阴极灯光源、斩波器、原子化器和具有光电倍增管换能器的单光栅分光光度计。其用法与测定分子吸收的单光束紫外可见分光光度计的用法相同。暗电流可用装在光电倍增管换能器前的光闸调零。当空白溶液引进火焰(或非火焰原子化器中燃烧)时,调节透光度 T 至 100%,然后以样品溶液代替空白测定透光度。

单光束原子分光光度计与单光束紫外可见分光光度计的优缺点相同:结构简单,体积小,价格低,检测限低;易发生零漂移,HCL 要预热。

(二) 双光束原子吸收分光光度计

图 5-11 是典型的双光束仪器。由空心阴极灯源发射的光束被镜面斩波器分为两束光:一束光通过光焰;另一束光作为参比不通过火焰,直接经单色器,投射到光电元件上。此类仪器零漂移小,HCL 不需预热,可以消除光源强度变化及检测器灵敏度变动的影响,在一定程度上改善信噪比,提高检测限,测定的精密度和准确度均较单光束型高。缺点是不能消除火焰不稳定和背景吸收的影响,且结构复杂,价格较贵。

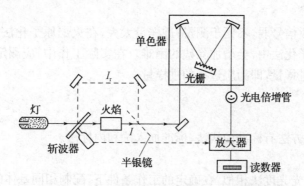

图 5-11 双光束原子吸收分光光度计光路示意图

第四节 原子吸收定量分析方法

一、测定条件的选择

(一) 分析线

为了能得到最高的灵敏度,通常选用共振线作分析线。而测定高含量元素时,为了避免试样浓度过度稀释所引起的误差,可选用灵敏度较低的非共振吸收线为分析线。显然,对于微量组分的测定应该选用最强的吸收线。对于 As、Se、Hg 等元素其共振线位于 200 nm 以下的远紫外区,因火焰组分对其有明显吸收,所以宜选用其他谱线。

（二）狭缝宽度

狭缝宽度影响光谱通带和检测器接受的能量。原子吸收分析中，由于使用了锐线光源，光谱重叠干扰的几率小，可以允许使用较宽的狭缝。这样可以增加光强，使用小的检测器增益以降低噪声。如果待测元素的分析线附近没有干扰谱线存在，且连续背景很小时，可使用较宽的狭缝。当分析线附近有干扰谱线，且火焰的背景发射很强时，就应使用较窄的狭缝。合适的狭缝宽度是通过实验确定的。调节不同的狭缝宽度，测定吸光度随狭缝宽度的变化，当有其他谱线或非吸收光进入光谱通带内，吸光度将立即减少。不引起吸光度减小的最大狭缝宽度，即为应选取的狭缝宽度。

（三）空心阴极灯的工作电流

空心阴极灯一般需要预热 10～30 min 才能达到稳定输出。灯电流过小，放电不稳定。灯电流过大，发射谱线变宽，导致灵敏度下降，校正曲线变弯曲，灯寿命缩短。选用灯电流的一般原则是，在保证有足够强且稳定的光强输出条件下，尽量使用较低的工作电流。通常以空心阴极灯上标明的最大电流值的 1/2～2/3 作为工作电流为宜。

（四）原子化条件的选择

在火焰原子化系统中，火焰类型和特性是影响原子化效率的主要因素。对低、中温元素，使用乙炔—空气火焰；对于高温元素，采用乙炔—氧化亚氮高温火焰，对于分析线位于短波区（200 nm 以下）的元素，使用氢—空气火焰为宜。对于确定类型的火焰，一般说来稍富燃的火焰是有利的。对于氧化物不十分稳定的元素如 Cu、Mg、Fe、Co、Ni 等，也可用化学计量火焰或贫燃火焰。在火焰区内，自由原子的空间分布是不均匀的，且随火焰条件而变，因此，应调节燃烧器的高度，以使来自空心阴极灯的光束从自由原子浓度最大的火焰区通过，以期获得高的灵敏度。

（五）进样量

进样量过小，吸收信号弱，不便于测量；进样量太大，在火焰原子化法中，对火焰会产生冷却效应，在石墨炉原子化法中，会增加除残的困难。在实际工作中，应测定吸光度随进样量的变化，达到最满意的进样量，即为应选择的进样量。

二、定量分析法

定量分析常用的方法有标准曲线法、标准加入法和内标法。

（一）标准曲线法

标准曲线法同分光光度法相似，在确定的工作条件下，配制相同基体的含有不同浓度待测元素的一系列标准溶液，分别测量其吸收度 A。将吸光度 A 对浓度 c 绘制标准曲线。然后，在相同条件下测定欲测溶液的吸光度，从工作曲线上找出对应的溶液浓度值。

用此法测量时，往往在标准溶液浓度比较大的部分工作曲线出现弯曲状态。为提高测定的精度，可多增加几个标准溶液。实验证明，当发射线半宽度 ΔV_e 与吸收线半宽 ΔV_a 之比小于 1/5 时，A 与 c 间线性关系比较好。

值得注意的是，如果标准溶液与待测溶液的组成不同，将会引起较大的测定误差，所以必须保证两者的组成基本一致。

（二）标准加入法

标准加入法又称增量法。当试样基体影响较大，又没有纯净的基体空白，或测定纯物质中极微量的元素时，往往采用标准加入法。待测溶液的浓度可用计算法和作图法求得。

1. 计算法 在两个相同大小的量瓶中,分别注入等量的待测溶液,然后,在其中一个瓶中再加入一定量的标准溶液,将此两溶液都稀释到刻度处,摇匀后,测其各自的吸光度,得:

$$A_x = Kc_x$$
$$A_s = K(c_x + c_s)$$

将此两式相除得:

$$\frac{A_x}{A_s} = \frac{c_x}{c_x + c_s}$$

合并同类项并推导可得:

$$c_x = \frac{A_x}{A_s - A_x} c_s \tag{5-14}$$

2. 作图法 在若干个相同大小的量瓶中,加入等量的待测液,然后,瓶1中加水,瓶2中加一定量标准溶液 c_s,瓶3中加 $2c_s$,瓶4中加 $3c_s$,并全部稀释至刻度处,摇匀,测其各自的吸光度 A_0,A_1,A_2,A_3 等。以吸光度 A 对待测元素的标准量 c 作图(图5-12),并使绘制的直线延长而交于横标轴,此直线的延长线在横轴的交点到原点的距离就是原始试样溶液中待测元素的浓度。

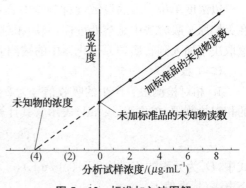

图5-12 标准加入法图解

如果标准溶液与待测溶液的组成不同,将会引起较大的测定误差,所以必须保证两者的组成基本一致。使用此法,应注意:

(1) 待测溶液的浓度,必须保证在测量范围内有良好的直线关系。斜率小时误差大。

(2) 每次测定必须有1个不加标准溶液的试样,并且,最少要用4个点来作外推曲线。

(3) 当 $c_s \ll c_x$ 时,测定结果不准确。

标准加入法主要是为了克服标样与试样基体不一致所引起的基体效应,但对由分子和背景吸收引起的干扰仍不能消除。

(三) 内标法

内标法系在标准溶液和试样溶液中分别加入一定量的试样中不存在的内标元素,同时测定这两种溶液中待测元素和内标元素的吸收度,绘制 A/A_0—c 标准曲线。A 和 A_0 分别为标准溶液中待测元素和内标元素的吸收度,c 为标准溶液中待测元素的浓度。再根据试液中待测元素和内标元素吸收度比值,从标准曲线上求得试样中待测元素的浓度。

内标法在一定程度上可消除燃气及助燃气流量、进样量、火焰湿度、样品雾化率、溶液黏度、基体组成、表面张力、吸收速度等因素变动所造成的误差,适于双波道和多波道的 AAS。

三、分析方法评价

(一) 灵敏度

原子吸收分光光度法的灵敏度,以往用1%吸收灵敏度来表示。其定义为能产生1%吸收或者0.00434吸收度(99%的透光度)所需要的被测元素的浓度($\mu g/mL$)或含量(μg 或 g)。1975年国际纯粹和应用化学联合会把能产生1%吸收的被测元素的浓度和含量分别定义为特征浓度和特征含量。

1. 特征浓度(1%吸收灵敏度)　产生 1%吸收($A=0.004\,34$)信号所对应的元素浓度。

$$c_0=\frac{c_x\times 0.004\,34}{A}(\mu g\cdot cm^{-3}) \tag{5-15}$$

2. 特征质量(对 GFAAS)

$$m_0=\frac{0.004\,34}{S}=\frac{0.004\,34}{A\cdot s}m(pg\ 或\ ng) \tag{5-16}$$

而将灵敏度定义为校正曲线 $A=f(c)$ 的斜率。

$$S=dA/dc \tag{5-17}$$

它表示当被测元素浓度或含量改变 1 个单位的吸收度的变化量。S 越大,表示灵敏度越高。

以浓度单位表示的灵敏度称为相对灵敏度,以重量单位表示的灵敏度称为绝对灵敏度。在火焰原子吸收法中是溶液进样,采用相对灵敏度比较方便,而在石墨炉原子吸收法中,吸收值取决于加入到石墨炉原子化器中的被测元素的绝对量,以采用绝对灵敏度更为适宜。

(二) 检测限

1. 相对检测限　产生的吸收信号为 2 倍噪声电平时所对应的待测元素浓度;称为该元素的相对检测限,单位用 $\mu g/mL$ 表示。其计算式为:

$$D_r=\frac{c\times 2\sigma}{A}(\mu g/mL) \tag{5-18}$$

式中,D_r 为元素的相对检出限($\mu g/mL$),c 为被测元素的浓度,A 为试液的平均吸收度,σ 为噪声电平(标准偏差)。

噪声电平是用空白溶液进行 10 次以上的吸收度测定以 95% 的置信水准计算其标准偏差 σ 来求得的。

检测限决定于仪器的稳定性,并随试样基体的类型和溶剂种类不同而变化,检测限是仪器性能好坏的重要指标。

2. 绝对检测限　绝对检测限是指产生的吸收信号为 2 倍噪声电平时所对应的待测元素的量,单位常用 g 来表示。

$$D_a=\frac{c\times V\times 2\sigma}{A}(g) \tag{5-19}$$

式中,D_a 为绝对检出限,A 为吸收度,σ 为噪声电平,c 为待测元素的浓度,V 为待测溶液用量(mL)。

火焰法常使用相对检测限,非火焰法常使用绝对检测限。从以上所述可以看到检测限依赖于噪声电平。

第五节　干扰及其抑制

虽说原子吸收分光光度法的干扰较小,但在某种情况下干扰的问题还是不容忽视的。因此应当了解可能产生测量误差的各种干扰来源及其抑制方法。

原子吸收分光光度法中的干扰主要有光谱干扰、背景吸收干扰、物理干扰、电离干扰和化学干扰几种类型。

一、光谱干扰

共振吸收线以外的其他谱线对原子吸收造成的干扰叫光谱干扰。光谱干扰包括光谱通常内存在着非吸收线、待测元素的分析线与共存元素的吸收线相重叠以及原子池内的直流发射等。常见的光谱干扰有以下 4 种。

（1）在测定波长（共振线）附近有单色器不能分离的待测元素的邻近线，它可导致灵敏度下降。可以用减小狭缝的方法来抑制这种干扰或更换高质量的光源。

（2）灯内有单色器不能分离的非待测元素的辐射，主要是由于空心阴极灯内杂质元素较多而造成的，使用纯度较高的单元素灯可避免这类干扰。

（3）灯内杂质气体或阴极上的氧化物产生背景发射，干扰待测元素的吸收线，使灵敏度降低。这是由于灯的制作不良或长期存放产生老化所致。如果更换新灯或更换灯内稀有气体即可抑制。

（4）待测元素的分析线与可能混入的另一元素的吸收线十分接近，光源的发射线轮廓与火焰中杂质吸收线轮廓显著重叠而造成干扰。它使吸光度增加，引起正误差。遇此干扰时，可另选择波长或将干扰元素分离。

二、背景吸收干扰

背景干扰主要来自原子化器，包括蒸气中气态分子对光的吸收（无机酸、气体燃烧等）及高盐度颗粒的散射干扰。背景吸收包括分子吸收和光散射。它使吸收值增加，产生正误差。

（一）分子吸收

分子吸收是指原子化过程中生成的气体分子、氧化物、氢氧化物和盐类分子对辐射的吸收，它是一种宽带吸收。当波长小于 250.0 nm 时，无机酸（如 H_2SO_4 和 H_3PO_4）有很强的分子吸收。此外，在波长小于 250.0 nm 时，火焰气体（如空气—乙炔焰）有明显吸收。

（二）光散射

光散射是指在原子化过程中，产生的固体微粒对光产生散射，使被散射光偏离光路而不为检测器所检测，导致吸光度偏高。一般可用"调零"的方法来消除。非火焰法的背景吸收比火焰法高得多，但通常可采用扣除背景的方法来消除，通用的方法有氘灯法、偏振—塞曼法。

三、物理干扰

由于待测溶液和标准溶液黏度、表面张力、密度及温度等物理性质的差别，使样品进入火焰的速度或喷雾效率改变所引起的干扰叫做物理干扰。例如，盐类或酸的浓度增加时，使得溶液表面张力或黏度等发生变化，以致影响喷雾效率，使吸收率下降。其次，火焰中溶剂蒸发和溶质的挥发也会影响吸收率。使标准与试样的基体组成一致，可以防止这种干扰，也可以使用标准加入法消除这种干扰。

当样品溶液的盐类浓度增加时，无论待测元素或基体元素的性质如何，测定信号都会下降，这叫做固体效应，为了消除此种效应，通常尽量使试样与标样有相同的溶剂体系，并使总酸度或总盐浓度都不超过 0.5%，以减少其干扰。在不知试样组成或无法匹配试样时，可采用标准加入法或稀释法来排除物理干扰。

四、电离干扰

很多元素在高温火焰中都会产生电离，使基态原子数减少，灵敏度降低，这种现象称为电离干扰。电离干扰与火焰温度、待测元素的电离电位和浓度有关。对于电离电位≤6 eV 的元素，在火焰中容易电离。测定此类元素时，火焰温度越高，干扰越严重。一般采取在试液中加入更易电离的元素,有效地抑制待测元素的电离,这种试剂称为消电离剂,通常为碱金属元素。碱金属元素电离电位低,在火焰中强烈地电离而产生大量电子,这将抑制待测元素基态原子的电离作用。例如,测定钙时,加入钾,由于钾比钙更易电离,故抑制了钙的电离。控制火焰温度也是一种抑制办法。

五、化学干扰

待测元素在火焰中与共存元素发生化学反应生成难挥发的化合物或原子发生电离所引起的干扰叫做化学干扰。主要引起原子化效率降低,使待测元素的吸光度下降。在原子吸收光谱法中,化学干扰是最主要的干扰来源。

有些阴离子和阳离子在火焰中与待测元素可形成稳定的或难熔性的化合物,影响待测元素的原子化率,使基态原子数显著减少,干扰待测元素的测定。例如,测钙时溶液中的 PO_4^{3-} 会与 Ca^{2+} 在酸性介质中形成焦磷酸钙($Ca_2P_2O_7$)而影响钙的测定;测镁时,铝使镁的吸光度下降等。

为抑制这类化学干扰,除选择最佳的测定条件外尚有:

1. 加入抑制剂,具体类型有以下几种:

(1) 释放剂是指加入一种过量的金属(La、Sr、Mg、Ca、Ba 等)盐类,能与干扰元素形成更稳定或更难熔的化合物,而将待测元素释放出来的试剂。

例如,测锶时,PO_4^{3-} 有干扰,加入镧,则镧与 PO_4^{3-} 结合,把锶从原来的配合物中释放出来。故镧盐就是锶的释放剂[SO_4^{2-}、PO_4^{3-} 对 Ca^{2+} 的干扰——加入 La^{3+}、Sr^{2+}——释放 Ca^{2+}]。

(2) 保护剂是指能与待测元素生成配合物而被保护起来的试剂。这些试剂如氯化铵、三氯乙酸等的加入,能使待测元素不与干扰元素生成难挥发化合物。

例如,PO_4^{3-} 能与 Ca^{2+} 反应,干扰 Ca^{2+} 的测定,加入 EDTA 使 Ca^{2+} 结合成配合物,免除 PO_4^{3-} 的干扰。故 EDTA 就起保护剂的作用。

(3) 缓冲剂是指加于试样和标样中的过量干扰元素。这里常把能使干扰不再变化的最低限量叫缓冲量。

例如,在 N_2O—C_2H_2 火焰中测定钛,少量铝有干扰。当铝量大于 200 μg 时,干扰便趋于稳定。这样在试样与标样中都加入 200 μg 的铝,干扰就恒定了。再增加铝量干扰也不再变化。干扰元素铝就是钛的缓冲剂,200 μg 就是缓冲剂的缓冲量。这时,用比较法进行定量,则 c_x/c_s 比值中的干扰即可消除。

2. 用化学分离的方法,从试样中除去干扰离子,或把待测元素分离出来。

3. 采用标准加入法,消除干扰。

实际工作中,欲得良好结果,除做好上述工作外,严格选择测定条件是很重要的。如灯电流、火焰、燃烧器高度、燃料气和助燃气流的流量比、谱线波长、狭缝宽度等都必须进行选择,以保证光源、电的稳定性和喷雾系统的稳定性。还必须注意试样溶解方法和稀释倍数以保证分析方法的灵敏度和准确度。

第六节 应用与示例

原子吸收分光光度法的测定灵敏度高,检测限小,干扰少,操作简单快速,应用的范围日益广泛,可测定的元素有 60~70 种。

一、各族元素

1. 碱金属　是用原子吸收分光光度法测定的灵敏度很高的一类元素。用原子发射分光光度法测定碱金属,灵敏度也很高。方法也简便。因此,现在人们常用原子发射分光光度法而不是用原子吸收分光光度法来测定碱金属。

2. 碱土金属　镁是原子吸收分光光度法测定的最灵敏的元素之一。

所有碱土金属在火焰中易生成氧化物和小量的 MOH 型化合物。原子化效率强烈地依赖于火焰组成和火焰高度。因此,必须仔细地控制燃气与助燃气的比例,恰当地调节燃烧器的高度。为了完全分解和防止氧化物的形成,应使用富燃火焰。在空气—乙炔火焰中,碱土金属有一定程度的电离,加入碱金属可抑制电离干扰。

3. 有色金属　这一组元素包括 Fe、Co、Ni、Cr、Mo、Mn 等。这组元素的一个明显的特点是它们的光谱都很复杂。因此,应用高强度空心阴极灯光源和窄的光谱通带进行测定是有利的。Fe、Co、Ni、Mn 一般用贫燃乙炔—空气火焰进行测定。Cr、Mo 一般用富燃乙炔—空气火焰进行测定。

4. 贵金属　Ag、Au、Pd 的化合物容易实现原子化,用原子吸收分光光度法测定有很高灵敏度,宜用贫燃乙炔—空气火焰,Ag、Pd 要选用较窄的光谱通带。

二、有机药物

先使有机药物与金属离子生成金属配合物,然后用间接法测定有机物。如 8-羟基喹啉可制成 8-羟基喹啉铜,溴丁东莨菪碱可制成溴丁东莨菪碱硫氰酸钴,分别测定铜和钴的含量,即可分别求得 8-羟基喹啉和溴丁东莨菪碱的含量。

还有一些药物,分子结构中含有金属原子。例如,维生素 B_{12} 含有钴原子,可测定钴的含量,以求得维生素 B_{12} 的含量。

三、生物样品

人体中含有 30 多种金属元素,例如,K、Na、Mg、Ca、Cr、Mo、Fe、Pb、Co、Ni、Cu、Zn、Cd 等,其中大部分为痕量。这些金属元素常与生理机能或疾病有关。应用原子分光光度法分析体液中金属元素的任务日趋繁重。

四、环境样品

空气、水、土壤等样品中各种微量有害元素的检测也常应用原子吸收分光光度法。

五、应用实例

如前所述,原子吸收分光光度法具有测定灵敏度高、检出限低、干扰少、操作简单、快速等优点,已广泛应用于地质、冶金、化工、环保、卫生检验、食品分析、临床检验及药物分析等领域中。原子吸收光谱法被列为金属元素测定的首选方法和国家标准方法。由于药品多是有机物,含金属元素的较少,所以中国药典 2005 版中应用此法较少,如碳酸锂中检查钾与钠的含量,碳酸锂片的溶出度检查及肝素锂中钾盐的检查等。

原子吸收分光光度计的某些工作条件(如波长、狭缝、光源灯电流、火焰类型、火焰状态的变化)可影响灵敏度、稳定程度和干扰情况,应按各品种项下的规定选用。定量分析的相对平均偏差要求≤2%。

下面介绍一些应用实例。

例 5-1 头发中锌的火焰原子化法测定。

取发样 1 g,用洗涤剂水溶液浸泡 0.5 h 后,先用自来水洗净,后用蒸馏水或去离子水冲洗干净,再用去离子水冲洗,抽滤后烘干,存于洁净的密闭容器中备用。精确称取处理好的发样 20 mg 放入石英消化管中,加入 $HClO_4$—HNO_3(1∶5)的混合液 1 mL,进行湿法消化至白色残渣,然后用 0.5% HNO_3 定容至 10 mL,可直接喷入空气—乙炔火焰中测定吸光度值,绘制工作曲线,从工作曲线上查出样品含量,发锌含量以 $\mu g/g$ 表示。文献报道北京市 8~17 岁儿童发锌正常值下限为 110.7 $\mu g/g$,均值为 152.09 $\mu g/g$。济南市 8~13 岁学龄儿童发锌正常值范围为 110.8~286.6 $\mu g/g$,均值为 178.2 $\mu g/g$。仪器的工作条件见表 5-2。

表 5-2 仪器工作条件和主要参数

灯电流	狭缝	波长	火焰	仪器模式	校正模式	测量模式	背景校正
3 mA	1 nm	213.9 nm	空气—乙炔	吸光度	标准曲线	积分	氘灯

例 5-2 水中铅、锌和镉的测定。

1. 样品的处理 水样的处理分 3 种情况:① 没有悬浮物的地下水和清洁的地面水,可不经处理,直接进行测定。② 较浑浊的地面水及污染较轻的废水,用浓硝酸硝化,冷却过滤后的硝化液可供测定用。③ 污染严重的废水,先用硝酸硝化,冷却后再用硝酸与高氯酸的混合酸进一步硝化。冷却过滤后的硝化液备用。

2. 测定方法 根据样品中金属含量的不同,分两种情况进行测定:① 高含量的样品,可将已处理好的试液直接用火焰原子化法测定。② 低含量(痕量)样品,先用吡咯烷二硫代氨基甲酸铵(ammonium pyrrolidine dithiocarbamate, APDC)或碘化钾(KI)螯合或配合试样中的金属离子,然后在柠檬酸介质中(pH 2.5~5.0)用甲基异丁基酮(methylisobutylketone, MIBK)萃取,再用火焰原子吸收光谱法测定。NO_2^- 对测定有严重干扰。当 NO_2^- 的浓度低于 2.2 mmol/L 时,可加 1 g 尿素消除干扰。测定条件及灵敏度可参考表 5-3。

表 5-3 铅、锌、镉的测度条件及灵敏度

元素名称	波长/nm	狭缝/nm	火焰类型	灵敏度/(mg·L^{-1})		浓度范围/(mg·L^{-1})	
				直接测定	萃取测定	直接测定	萃取测定
铅	283.3	0.7	空气—乙炔氧化型	0.50	0.013	0.2~20	0.007~0.50
锌	213.8	0.7	空气—乙炔氧化型	0.015		0.05~10	
镉	228.8	0.7	空气—乙炔氧化型	0.03	0.000 9	0.02~1.0	0.001 3~0.03

例 5-3 石墨炉原子化法测定血中铅、镉。

取血样 0.2 mL 注入 1.5 mL 带塞聚乙烯锥形管中,加入 0.8 mol/L HNO_3 0.6 mL,猛烈振摇以免凝块,静置片刻,离心分离,吸出上清液用 0.5% HNO_3 稀释 10 倍,进样 20 μL,按表 5-4 工作条件测定上述清液中铅和镉的含量。

表 5-4　仪器工作条件

元素	波长/nm	狭缝/nm	干燥		灰化		原子化		烧残(净化)	
			温度/℃	时间/s	温度/℃	时间/s	温度/℃	时间/s	温度/℃	时间/s
Cd	228.8	1	100	40	380	12	1 900	2	2 100	2
Pb	283.8	1	100	40	460	16	2 100	2	2 300	2

例 5-4　肝素钠中钾盐含量的测定

取本品 0.108 1 g 置 100 mL 量瓶中,加水溶解并稀释至刻度,摇匀。作为供试品溶液(B);另量取标准氯化钾溶液(精密称取在 150℃干燥 1 h 的分析纯氯化钾 191 mg,置 1 000 mL 量瓶中,加水溶解并稀释至刻度,摇匀)5.0 mL,置 50 mL 量瓶中,加(B)溶液稀释至刻度,摇匀,作为对照溶液(A)。将仪器按规定启动后,在 766.5 nm 波长处,先将去离子水喷入火焰,调读数为零。再将对照溶液喷入火焰,调节仪器使具合适的读数(a),在相同的操作条件下喷入供试品溶液,读数(b),按药典规定,b 值应小于 a—b。

学习指导

一、要求

本章重点要求了解原子吸收法的基本原理和特点。掌握以下基本概念:特征谱线、共振线、吸收线、原子吸收曲线、峰值吸收系数、积分吸收等。能解释以下现象:为什么在一般情况下基态原子数占绝大多数、为什么必须使用锐线光源、吸收线变宽的主要原因等等。

掌握仪器的基本构造和功能,了解各种类型的原子吸收仪的原理和特点。

了解原子吸收法测定中可能出现的各种干扰及其抑制方法。掌握以下基本概念:光谱干扰、化学干扰、物理干扰、背景吸收、分子吸收、释放剂、保护剂、电离干扰等等。

学会定量分析的 3 种基本方法:标准曲线法、标准加入法和内标法。掌握以下基本概念:灵敏度、检出限、基体干扰等。学会根据不同的被测元素选择合适的测定条件。

了解原子吸收分光光度法的应用。

二、小结

1. **原子的量子能级**　原子光谱是一原子价电子受到激发,在高低量子能级之间跃迁而产生的,整体原子的能级用原子光谱项符号 $n^M L_j$ 描述。

2. **原子在各能级的分布**　在热平衡状态时,处于基态和激发态的原子数目 N 取决于该能级的能量 E 和体系的温度 T,遵循玻尔兹曼分布率。

$$\frac{N_j}{N_0} = \frac{g_j}{g_0} \exp\left(-\frac{E_j - E_0}{KT}\right)$$

3. **原子吸收线的线状**　原子辐射线受多种因素的影响,并非是严格的几何线,而呈具有一定宽度的谱线轮廓。

4. **Doppler 变宽**　为运动波源表现出来的频率移位效应。

$$\Delta\nu_D = 7.16 \times 10^{-7} \nu_0 \sqrt{T/M}$$

5. Holtsmark 变宽　为同种原子碰撞引起的发射或吸收光量子频率改变而导致的谱线变宽。

6. Lorentz 变宽　为吸收原子与蒸气中另外原子或分子等相互碰撞而引起的谱线轮廓变宽、谱线频移与不对称性变化。

原子吸收值与原子浓度的关系：

$$A = -\lg \frac{I}{I_0} = 0.4343 K_0 L$$

原子吸收也和分子吸收一样服从 Lmbert 定律。

锐线光源的作用是发射待测元素的共振辐射。常用的元件是空心阴极灯。

原子化器的作用是提供足够的能量，使试液雾化、去溶剂、脱水、离解产生待测元素的基态自由原子。常用的装置有火焰原子化器和非火焰原子化器。

分光系统的作用是分离谱线，把共振线与光源发射的其他谱线分离开并将其聚焦到光电倍增管上。目前使用的仪器大多采用光栅作色散元件。

检测系统的作用是接受欲测量的光信号，并将其转换为电信号，经放大和运算处理后，给出分析结果。检测系统包括检测器、运算放大器和读数系统等。

7. 电离干扰　很多元素在高温火焰中都会产生电离，使基态原子数减少，灵敏度降低。

8. 物理干扰　由于待测溶液和标准溶液黏度、表面张力、密度及温度等物理性质的差别，使样品进入火焰的速度或喷雾效率改变所引起的干扰。

9. 光谱干扰　共振吸收线以外的其他谱线对原子吸收造成的干扰。常见的有非吸收线未能被单色器分离、吸收线重叠。

10. 背景干扰　非原子性吸收而造成的干扰，包括分子吸收干扰和光散射。

11. 化学干扰　待测元素在火焰中与共存元素发生化学反应生成难挥发的化合物或原子发生电离所引起的干扰。主要影响被测元素的化合物解离和原子化。

12. 灵敏度　当被测元素浓度或含量改变1个单位时吸收值的变化量。$S = \mathrm{d}A/\mathrm{d}c$。

13. 检测限　指能以适当的置信度被检出的元素的最小浓度或最小量。火焰法常使用相对检测限，非火焰法常使用绝对检测限。

14. 标准曲线法　配制一组合适的标准溶液，由低浓度到高浓度依次喷入火焰，分别测定吸光度 A，以 A 为纵坐标，被测元素浓度（或含量）c 为横坐标，绘制 A—c 标准曲线。

15. 标准加入法　当试样基体影响较大，又没有纯净的基体空白或测定纯物质中极微量的元素时，可以采用标准加入法。分取 n 份等量的被测试样，其中一份不加入被测元素，其余各份分别加入不同已知量 c_1、c_2、c_3、$\cdots$、c_n 的被测元素，然后分别测定它们的吸光度，绘制吸光度对加入被测元素量的校正曲线。外延校正曲线与横坐标轴相交，与由原点至交点的距离相当的浓度或含量，即为所求的被测元素的含量。

16. 内标法　在标准溶液和试样溶液中分别加入一定量的试样中不存在的内标元素，测定分析线与内标线的强度比，并以吸光度之比值的被测元素的含量绘制校正曲线。

积分吸收与火焰中基态原子数的关系：

$$\int K_\nu \mathrm{d}\nu = \frac{\pi e^2}{mc} f \cdot N_0$$

峰值吸收系数与吸收线的半宽度和积分系数的函数关系：

$$\int K_\nu \mathrm{d}\nu = \frac{1}{2}\sqrt{\frac{\pi}{\ln 2}} K_0 \Delta\nu$$

峰值吸收系数：

$$K_0 = \frac{2}{\Delta\nu}\sqrt{\frac{\ln 2}{\pi}} \cdot \frac{\pi e^2}{mc} \cdot f \cdot N_0$$

思考题

1. 在原子吸收分光光度法中,为什么常常选择共振线作为分析线?
2. 什么叫积分吸收?什么叫峰值吸收系数?为什么原子吸收分光光度法常采用峰值吸收而不应用积分吸收?
3. 为什么可见分光光度计的分光系统放在吸收池的前面,而原子吸收分光光度计的分光系统放在原子化系统(吸收系统)的后面?
4. 什么叫灵敏度、检测限?它们的定义与其他分析方法有哪些不同?
5. 原子吸收光谱法的定量依据是什么?有几种定量方法?
6. Doppler、Lorentz 及 Holtsmark 3 种变宽有何不同?在一般原子吸收分光光度条件下,吸收线变宽,主要受哪些变宽效应的影响?
7. 空心阴极灯与一般分光光度计所用的光源有何不同?
8. 常用的原子化器有几种?有何不同?
9. 火焰原子化法测定某物质中的 Ca 时
   (1) 选择什么火焰?
   (2) 为了防止电离干扰采取什么办法?
   (3) 为了消除 PO_4^{3-} 的干扰采取什么办法?
10. 为何原子吸收分光光度计的石墨炉原子化器较火焰原子化器有更高的灵敏度?

习 题

一、填空题

1. 原子吸收光谱是由_____的跃迁而产生的,通常采用_____跃迁的辐射进行钠的原子吸收。
2. 原子吸收线的宽度主要是由_____引起的,原子线宽度的数量级为_____Å。
3. 原子线的自然宽度是由_____引起的,原子吸收光谱线的多普勒变宽是由_____而产生的。
4. 原子吸收光谱线的劳伦兹变宽是由_____引起的。
5. 空心阴极灯中对发射线半宽度影响最大的因素是_____,火焰原子吸收光谱法中的雾化效率一般可达_____。
6. 在原子吸收光谱中,谱线变宽的基本因素是_____;_____;_____;_____;_____。
7. 在通常的原子吸收条件下,吸收线轮廓变宽主要受_____、_____和_____的影响。
8. 在 AAS 分析中,只有采用发射线半宽度比吸收线半宽度小得多的_____光源,且使它们的中心频率一致,方可采用测量_____来代替测量积分吸收的方法。

二、选择题

1. 原子化器的主要作用是(   )。
   A. 将试样中待测元素转化为基态原子   B. 将试样中待测元素转化为激发态原子
   C. 将试样中待测元素转化为中性分子   D. 将试样中待测元素转化为离子
2. 原子吸收分光光度计中,目前常用的光源是(   )。
   A. 火焰   B. 空心阴极灯   C. 氘灯   D. 交流电弧
3. 原子吸收光谱分析过程中,被测元素的灵敏度、准确度在很大程度上取决于(   )。
   A. 空心阴极灯   B. 火焰   C. 原子化系统   D. 分光系统
4. 原子吸收的定量方法标准加入法,消除了(   )干扰。

A. 分子吸收　　　B. 背景吸收　　　C. 光散射　　　D. 基体效应
5. 在火焰法测定时加入高浓度钾盐的目的是( )。
A. 消除物理干扰　B. 消除化学干扰　C. 消除电离干扰　D. 消除光学干扰
6. 原子吸收光谱线的多普勒变宽是由于( )原因产生的。
A. 原子在激发态时所停留的时间　　　B. 原子的热运动
C. 外部电场对原子的影响　　　　　　D. 原子与其他原子或分子的碰撞
7. 用原子吸收法测定磷酸介质中钙时,加入氯化锶是为了消除( )干扰。
A. 电离干扰　　B. 物理干扰　　C. 光学干扰　　D. 化学干扰
8. 原子吸收光谱是由( )产生。
A. 气态物质中基态原子的外层电子　　B. 固体物质中原子的内层电子
C. 气态物质中激发态原子的外层电子　　D. 液体物质中原子的外层电子
9. 由原子无规则的热运动所产生的谱线变宽称为( )。
A. 斯塔克变宽　　B. 自然变宽　　C. 劳伦兹变宽　　D. 多普勒变宽
10. 在原子吸收光谱分析中,若组分较复杂且被测组分含量较低时,为了简便准确地进行分析,一般最好选用( )方法进行分析。
A. 工作曲线法　　B. 内标法　　C. 标准加入法　　D. 间接加入法

三、计算题

1. 某试样水溶液中的钴测定结果如下:各取 10 mL 未知液体 4 份于 50 mL 容量瓶中,再加入 6.23 $\mu g/mL$ 的钴标准溶液,然后加水稀释至刻度。根据以下数据计算钴的浓度。

试样	未知液/mL	标准液/mL	吸收度
空白	0.0	0.0	0.042
A	10.0	0.0	0.201
B	10.0	10.0	0.292
C	10.0	20.0	0.378
D	10.0	30.0	0.467
E	10.0	40.0	0.554

2. 使用 285.2 nm 共振线,以配制的标准溶液得到下列数据:

Mg 的浓度/$(\mu g \cdot mL^{-1})$	0	0.2	0.4	0.6	0.8	1.0
吸光度	0.000	0.089	0.161	0.236	0.318	0.398

取血清 2 mL,用纯水稀释 50 倍,与测标准溶液同样的条件测定 Mg 的原子吸收,得吸光度为 0.213,求血清中 Mg 的含量。

3. 用原子吸收测定某溶液中 Cd 的含量时,得吸光度为 0.141,在 50 mL 这种溶液中加入 1 mL 浓度为 0.001 mol/L Cd 标准溶液后,测得吸光度为 0.235。而在同样条件下,测得重蒸馏水的吸光度为 0.010,试求未知液中 Cd 的含量和原子吸收光度计的灵敏度(即 1%吸光度时的浓度,即 $A=0.0044$)。

4. 说明原子吸收光谱法的基础及实际测量方法。

5. 原子吸收法测定某试样溶液中的 Pb,用空气-乙炔焰测得 Pb 283.3 nm 和 Pb 281.7 nm 的吸收分别为 72.5% 和 52.0%。试计算(1)其吸光度各为多少? (2)其透光度各为多少?

6. 以 3 $\mu g \cdot mL^{-1}$ 的钙溶液,测得透过率为 48%,计算钙的灵敏度。

7. 已知 Mg 的灵敏度是 0.005 $\mu g \cdot mL^{-1}(1\%)$,球墨铸铁试样中 Mg 的含量约为 0.01%,其最适浓度测量范围为多少?制备试液 25 mL,应称取多少试样?

8. 在 3 000K 时，Zn 的 $4^1S_0-4^1P_1$ 跃迁的共振线波长为 213.9 nm。试计算其激发态和基态原子数之比。(已知普朗克常数 $h=6.63\times10^{-31}$ J·S，玻兹曼常数 $k=1.38\times10^{-23}$ J·K^{-1})

9. 用原子吸收法测锑，用铅作内标。取 10.00 mL 未知锑溶液，加入 4.00 mL 4.13 mg·mL^{-1} 的铅溶液并稀释至 20.0 mL，测得 $A(Sb)/A(Pb)=0.808$。另取相同浓度的锑和铅溶液，测得 $A(Sb)/A(Pb)=1.31$，计算未知液中锑的质量浓度。

(何华)

第六章 核磁共振波谱法

第一节 概 述

一、核磁共振波谱与紫外—可见光谱及红外光谱的区别

核磁共振波谱与紫外—可见光谱及红外光谱的主要不同点是由于照射波长不同而引起的跃迁类型不同,其次是测定方法不同。

物质分子吸收 200~760 nm 的电磁波引起价电子跃迁,而产生紫外—可见吸收光谱。分子吸收 2.5~50 μm 的电磁波,引起分子的振动—转动能级跃迁,而产生(中)红外吸收。

用无线电波(60 cm~ 300 m)照射分子时,只能引起原子核自旋能级的跃迁。原子核在磁场中吸收一定频率的无线电波,而发生核自旋能级跃迁的现象,称为核磁共振(nuclear magnetic resonance,NMR)。核磁共振信号强度对照射频率(或磁场强度)作图,所得图谱称为核磁共振波谱(NMR spectrum)。利用核磁共振波谱进行结构测定、定性及定量分析的方法称为核磁共振波谱法(NMR spectroscopy)或称核磁共振光谱法,缩写为 NMR。称为"波谱"是因为照射电磁波为无线电波,波长超出了光波的范围,习惯上也称为核磁共振光谱,是因为它属于吸收光谱范畴。

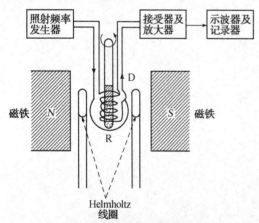

图 6-1 核磁共振光谱仪示意图

共振吸收法是利用原子核在磁场中,能级跃迁时核磁矩方向改变而产生感应电流,来测定核磁共振信号。共振吸收法是一种测定能级跃迁吸收的特殊方法。因为在核处于非共振状态时,接收线圈中无感应电流通过,有信号时才有感应电流通过,相当于在暗背景下测定共振信号,因而比测透过率法灵敏度高。核磁共振光谱仪的示意图如图 6-1 所示。

R 为照射线圈,D 为接收线圈,Helmholtz 线圈是扫场线圈,通直流电后,用来调节磁铁的磁场强度。R、D 与磁场方向三者互相垂直,互不干扰。

照射无线电波(射频波)是由照射频率发生器产生,通过照射线圈 R 作用于样品上。用扫场线圈调节磁场强度,若满足某种化学环境的原子核的共振条件时,则该核发生能级跃迁,核磁矩方向改变,在接收线圈中产生感应电流(不共振时无电流)。感应电流被放大、记录,即得 NMR 信号。若依次改变磁场强度,满足不同化学环境核的共振条件,则获得核磁共振谱。这种固定照射频率获得核磁共振谱的方法称为扫场(swept field),是核磁共振最常用的方法。若固定磁场强度,改变照射频率而获得核磁共振谱的方法称为扫频(swept frequency)。

二、核磁共振波谱法的发展简史

核磁共振现象是哈佛大学的 Purcell 与斯坦福大学的 Bloch 等人在 1945 年发现的。为此,他们于 1952 年获诺贝尔奖金。1951 年 Arnold 等发现乙醇的核磁共振谱由 3 组峰(CH_3、CH_2、OH)组成,发现了化学位移,进而发现了偶合现象,从而 NMR 开始被化学家所重视。1853 年,出现了第一台 30 MHz 连续波核磁共振波谱仪(CW—NMR)商品,1958 年出现了 60 MHz 仪器,而使 ^{1}H—NMR、^{19}F—NMR 及 ^{51}P—NMR 得到迅速发展。

20 世纪 60 年代初期出现了 100 MHz 仪器,相继出现脉冲 Fourier 变换 NMR(PFT—NMR 或简称 FT—NMR)技术。由于计算机的发展及 1965 年 Coaley 等提出的快速 Fourier 变换运算方法,使 PFT—NMR 技术成为现实。这是 NMR 技术的一次革命性飞跃,它的出现,使天然丰度很低的 ^{13}C 及 ^{15}N 等的 NMR 信号的测定成为可能。

20 世纪 70 年代 NMR 在技术与应用上都迅速发展,多种型号的 FT—NMR 仪器商品供应市场。20 世纪 70 年代后期起,NMR 与计算机的理论和技术日趋成熟,NMR 的重大进展方向:① 为提高灵敏度与分辨率,仪器向更高磁场仪器发展。一般磁铁的磁场强度上限约为 2.5 T(100 MHz 仪器),要想提高场强必须采用超导磁体(励磁线圈需放在液氮中冷却),最高可达 14 T(约 600 MHz 仪器)。因此,20 世纪 80 年代以来相继出现 200~500 MHz 仪器,使核间偶合关系简化,波谱易于解析;② 二维核磁共振谱(2D—NMR)的出现,可以了解核间相关与偶合关系,如 C—H 与 H—H 相关谱等;③ 可进行多核研究,原则上具备了测定各种磁性核 NMR 的条件;④ NMR 成像技术实现与完善,使 NMR 可以用于医疗诊断。

三、核磁共振波谱法的应用

核磁共振谱的应用极为广泛。可概括为定性、定量、测定结构、物理化学研究、生物活性测定、药理研究及医疗诊断等方法。

(一) 在有机物质结构研究方面

可测定化学结构及立体结构(构型、构象),研究互变现象等,是有机化合物结构测定最重要的手段之一。

质子核磁共振谱(proton magnetic resonance spectrum,PMR)或称氢核共振谱,简称氢谱(^{1}H—NMR)。主要可给出 3 方面结构信息:① 质子类型(—CH_3 、—CH_2— 、—CH 、=CH 、≡CH 、Ar—H 、—OH 、—CHO)及质子的化学环境;② 氢分布;③ 核间关系。缺点:① 不能给出不含氢基团,如羰基、氰基等的核磁共振信号。② 对于含碳较多的有机物(如甾体等)中化学环境相近的烷氢,用氢谱常常难以鉴别。但氢谱仍然是目前应用最普及的核磁共振谱。

碳—13 核磁共振谱(^{13}C—NMR spectrum;CNMR),简称碳谱。碳谱弥补了氢谱的不足,可给出丰富的碳骨架信息。特别对于含碳较多的有机物,具有很好的鉴定意义。峰面积与碳数一般不成比例关系,这是其缺点。因而氢谱和碳谱可互为补充。

氢谱和碳谱是有机化合物结构测定最重要的两种核磁共振谱。氟与磷核磁共振谱用于鉴定、研究含氟及含磷化合物,用途远不如氢谱及碳谱广泛。氮-15NMR(^{15}N—NMR)用于研究含氮有机物的结构信息,是生命科学研究的有力工具。

(二) 物理化学研究方面

可以研究氢键、分子内旋转及测定反应速度常数等。

(三) 在定量分析方面

可以测定某些药物的含量及纯度检查。例如,英国药典1988年版规定庆大霉素用NMR法鉴定。

(四) 医疗与药理研究

由于核磁共振法具有能深入物体内部而不破坏样品的特点,因而对活体动物、活体组织及生物化学药品也有广泛的应用。如酶活性、生物膜的分子结构、癌组织与正常组织的鉴别、药物与受体间的作用机制等。近年来,国内一些大医院已配备了核磁共振仪,用于诊察人体疾病,成像功能优于X光透视,而且不损伤身体。

第二节 基本理论

一、原子核的自旋

(一) 自旋分类

原子核是带电粒子,通过对原子光谱精细结构研究,人们发现了核的自旋运动。并发现,原子核若有自旋现象则产生磁矩。核自旋的特征用自旋量子数(spin quantum number) I 来描述。自旋量子数可以为零、半整数或整数。自旋量子数不同的核,核电荷分布形状不同,因而核自旋分3种类型(表6-1)。

表6-1 各种核的自旋量子数

质量数	电子数(原子序数)	自旋量子数 I	例
偶	偶	0	^{12}C、^{16}O、^{32}S
奇	奇	1/2	^{1}H、^{19}F、^{31}P、^{15}H
		3/2	^{11}B、^{79}Br
奇	偶	1/2	^{13}C
		3/2	^{33}S
偶	奇	1	^{2}H、^{14}H

1. 质量数与电荷数(原子序数)都是偶数的核,$I=0$,无自旋运动,其核电荷呈球形分布。这类核在磁场中不产生核磁共振信号。如 $^{12}_{6}C$、$^{16}_{8}O$、$^{32}_{16}S$ 等。

2. 质量数为奇数,不论电荷数是奇数还是偶数的核,I 为半整数($\frac{1}{2}$, $\frac{3}{2}$, $\frac{5}{2}$, ...)。如 $^{1}_{1}H$、$^{13}_{6}C$、$^{19}_{9}F$、$^{31}_{15}P$ 等,I 值都是 $\frac{1}{2}$,$^{35}_{16}Cl$ 的 I 值是3/2。

3. 质量数为偶数,电荷数为奇数的核,I 值都是整数。如 $^{2}_{1}D$、$^{14}_{7}N$ 的 I 值是1,$^{36}_{16}Cl$ 的 I 值是2等。

I 值是表征原子核性质的1个重要物理量。它决定原子核的电荷分布、NMR特性以及原子核在外磁场中磁能级分裂的数目等。

自旋量子数 I 为 $\frac{1}{2}$ 的原子核,其核电荷分布呈球形对称分布,磁各向同性,在磁场中能级分裂简单,是目前核磁共振研究与测定的主要对象。$I>1/2$ 的原子核,核电荷分布呈椭球形,这类核磁各向异性,核电荷的性质用电四极矩描述,这类原子核称电四极矩核。它们本身的 NMR 信号目前尚未发现实际用途,但它们对邻近核的核磁共振信号产生较为复杂的影响,在分析图谱时,必须加以考虑。

（二）自旋角动量(P）

核在作自旋运动时,具有一定的自旋角动量(spin angular momentum)。据量子力学理论,自旋核的总自旋角动量可表示为:

$$P=\frac{h}{2\pi}\sqrt{I(I+1)} \tag{6-1}$$

式中,h 为普朗克常数,I 为原子核自旋量子数。

（三）核磁矩(μ）

自旋量子数不为零的核,自旋产生磁矩(微观磁矩),核磁矩的方向服从右手法则(图 6-2)。磁矩的大小与自旋角动量成正比,比例常数为磁旋比。即磁矩大小取决于核的自旋量子数和磁旋比 γ(magnetogyric ratio)。

$$\mu=\sqrt{I(I+1)}\cdot\gamma\cdot\frac{h}{2\pi}=\gamma\cdot P \tag{6-2}$$

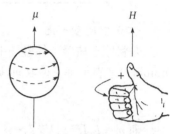

图 6-2 质子自旋
(a) 核自旋方向与核磁矩方向；
(b) 右手螺旋法则

二、原子核的共振

（一）进动

先以陀螺为例说明,将旋转的陀螺斜放在桌面上,若自旋轴与重力轴不重合,重力引起的外力矩将使陀螺倾倒。事实上具有一定转速的陀螺并不倾倒,而是自旋轴围绕 OZ 轴(图 6-3),以一定夹角 θ 旋转。这种摇头旋转(回旋)称为进动(precession)。

原子核在外磁场作用下,自旋轴绕回旋轴(磁场轴)进动。如图 6-4 所示。

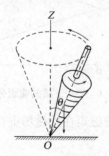

图 6-3 陀螺的进动

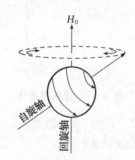

图 6-4 原子核的进动

进动频率(ν)与外加磁场强度(H_0)的关系可用 Larmor 方程说明:

$$\nu=\frac{\gamma}{2\pi}H_0 \tag{6-3}$$

γ 为磁旋比[①]:质子的 $\gamma=2.675\ 19\times 10^8 \mathrm{T}^{-1}\cdot\mathrm{s}^{-1}$；$^{13}C$ 核的 $\gamma=6.726\ 15\times 10^7 \mathrm{T}^{-1}\cdot\mathrm{s}^{-1}$。Larmor 方程说明核一定时,$H_0$ 增大,进动频率增加。在 H_0 一定时,磁旋比小的核,进动频率

---

① $\gamma=\frac{2\pi\mu\beta_N}{hI}$,$\beta_N$ 为核磁子(核磁矩单位)。由此式说明 γ 为核磁矩($\mu\beta_N$)与自旋角动量($\frac{hI}{2\pi}$)之比,故 γ 称为磁旋比。

小。根据式(6-3)可以算出 ^{1}H 及 ^{13}C 在不同外磁场强度中的回旋频率,如表 6-2。

表 6-2 ^{1}H 及 ^{13}C 在不同磁场强度中的回旋频率

H_0/Tasla;T	^{1}H 核/MHz	^{13}C 核/MHz
1.409 2	60.000	15.085
2.348 7	100.000	25.143
5.167 1	200.000	55.314
7.046 1	300.000	75.429

(二) 空间量子化

若将原子核置于外磁场中,则核磁矩有 $2I+1$ 个取向。以磁量子数 m(magnetic quantum number)来表示每一种取向,则不同取向的核磁矩在外磁场方向 Z 的投影(μ_Z)为:

$$\mu_Z = m \cdot \gamma \cdot \frac{h}{2\pi} \tag{6-4}$$

而 $m = I、I-1、I-2、\cdots、-I+1、-I$。即 m 只能有以上 $2I+1$ 个取值,因而核磁矩在外磁场空间的取向是量子化的。这种现象称为空间量子化。

例 6-1 $I = \frac{1}{2}$,核磁矩的空间取向(即 m 取值的数目)为:$2 \times \frac{1}{2} + 1 = 2$ 个。由式(6-4)知,$m = 1/2$ 及 $m = -1/2$。说明 I 为 $1/2$ 的核在外磁场中核磁矩只有两种取向。$m = 1/2$ 时,μ_Z 顺磁场;$m = -1/2,\mu_Z$ 逆磁场。如图 6-5 所示。

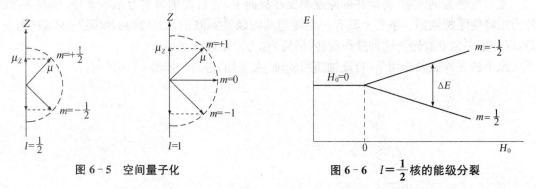

图 6-5 空间量子化　　　　图 6-6 $I = \frac{1}{2}$ 核的能级分裂

例 6-2 $I = 1, m$ 可取 $2 \times 1 + 1 = 3$ 个值,$m = 1, 0, -1$。核磁矩在外磁场中有 3 种取向。

(三) 能级分裂

若无外磁场,由于核的无序排列,不同自旋方向的核不存在能级差别。在外磁场的作用下,核磁矩按一定方向排列,$I = \frac{1}{2}$ 的核的核磁矩有两种取向。即 $m = \frac{1}{2}$ 顺磁场,能量低;$m = -\frac{1}{2}$ 逆磁场,能量高。两者能级差随 H_0 的增大而增大,这种现象称为能级分裂(图6-6)。能级的能量:

$$E = -m \cdot \gamma \cdot \frac{h}{2\pi} H_0 \tag{6-5}$$

$$m = -\frac{1}{2}, E_2 = -(-\frac{1}{2})\frac{\gamma h}{2\pi} H_0$$

$$m = \frac{1}{2}, E_1 = -\frac{1}{2} \frac{\gamma h}{2\pi} H_0$$

则 $\Delta E = E_2 - E_1 = \dfrac{\gamma h}{2\pi} H_0$ (6-6)

上式说明了 $I=\dfrac{1}{2}$ 的核的两能级差与外磁场强度和磁旋比(γ)或核磁矩(μ)的关系。

由能级分裂现象可以说明,用高场强仪器比低场强仪器测得的核磁共振谱清晰。

(四)共振吸收条件

1. $\nu_0 = \nu$ 在发生核磁共振时,照射无线电波的频率(ν_0)必须等于原子核的进动频率(ν),推导如下:

在外磁场中若使核发生自旋能级跃迁,所吸收的能量 $h\nu_0$ 必须等于能级能量差 ΔE。这与其他吸收光谱的能级跃迁条件一致。$h\nu_0 = \Delta E$。对于 $I=\dfrac{1}{2}$ 核,根据式(6-6),于是:

$$\nu_0 = \dfrac{\gamma}{2\pi} H_0 \qquad (6-7)$$

根据 Larmor 公式,核进动频率 $\nu = \dfrac{\gamma}{2\pi} H_0$,两式右侧相同,因而 $\nu_0 = \nu$(即照射频率等于核进动频率)。

例如氢核,在 $H_0 = 1.409\,2\,\text{T}$ 的磁场中,进动频率 ν 为 60 MHz,吸收 ν_0 为 60 MHz 的无线电波,而发生能级跃迁。跃迁结果,核磁矩由顺磁场($m=\dfrac{1}{2}$)跃迁至逆磁场($m=-\dfrac{1}{2}$)(图 6-7)。

由于在能级跃迁时 $\nu_0 = \nu$,因频率相等而称为共振动吸收。

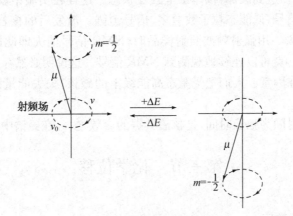

图 6-7 共振吸收与弛豫

2. $\Delta m = \pm 1$,说明跃迁只能发生在两个相邻能级间。对于 $I=\dfrac{1}{2}$ 的核,只有两个能级跃迁。

(基态)　　　　　(激发态)

$$m = \dfrac{1}{2} \underset{\Delta m = 1}{\overset{\Delta m = -1}{\rightleftarrows}} m = -\dfrac{1}{2}$$

对于 $I=1$ 的核有 3 个能级:$m=1,0,-1$,跃迁只能发生在 1 与 0 或 0 与 -1 之间,不能发生在 1 与 -1 之间。

三、弛豫历程

(一)原子核磁能级上的粒子分布

把样品放入外磁场(H_0)中,原子核的磁能级分裂为($2I+1$)个。对于 ^{1}H、^{13}C 等自旋量子数等于 1/2 的原子核,分裂为两个能级。由于 H_0 与磁核的相互作用,核磁矩(μ)与 H_0 的方向趋于平行,促使磁核优先分布在低能级上,但由于高低能级间能量差小,磁核在热运动影响下,仍有机会从低能级向高能级跃迁,整个体系处在高、低能级的动态平衡中。平衡状态各能级上粒子分布的总数遵从玻耳兹曼(Boltman)规律,即:

$$\frac{N_+}{N_-} = e^{\Delta E/KT} = e^{\gamma \hbar H_0/KT} \tag{6-8}$$

式中,K 为 Boltzman 常数,N_+ 为低能级(基态)磁核数,N_- 为高能级(激发态)磁核数,ΔE 为高低两能级的能级差。

对于 $I=1/2$ 的氢核,在 27℃,$H_0=1.409\ 2$T 时,$N_+/N_-=1.000\ 009\ 9$。在此条件下,核磁共振信号靠所多出的百万分之一的基态核的净吸收而产生。

(二)弛豫过程

磁核在各能级上的玻耳兹曼分布是热动平衡。因低能级上的粒子略居多数,当选用射频场去照射样品时,在单位时间内从低能级向高能级跃迁的粒子数,将多于从高能级回到低能级的粒子数,玻耳兹曼平衡遭到破坏,核体系呈激发状态。这样在实验中就有净能量吸收,表现为可测得的核磁共振信号,低能态粒子数愈多,信号愈强。激发后的核若不恢复至基态,则吸收饱和,NMR 信号消失。用强射频波照射样品时,NMR 信号消失即此原因。但实际上只要合理选择照射强度 H_1,就可以连续地观测到 NMR 信号。这说明必然存在着使低能级上的磁核保持微弱多数的内在因素。人们把受激态高能级上的磁核,失去能量回到低能级的非辐射过程称为"弛豫"。

弛豫历程所需的时间为弛豫时间,是核磁共振的参数之一,在磁谱中很重要。

第三节 化学位移

一、局部抗磁屏蔽效应

根据 Larmor 公式的计算及共振条件 $\nu_0=\nu$,氢核在 1.409 2 T 的磁场中,吸收 60 MHz 的电磁波,发生自旋能级跃迁,产生核磁共振信号。实验发现,化合物中各种不同化学环境的氢核,所吸收的频率稍有不同,差异约为百万分之十。例如苯丙酮($C_6H_5CH_2COCH_3$),甲基氢与亚甲基氢共振频率相差 1.5/1000 000,亚甲基氢与芳氢相差 3.7/1000 000,如图 6-8。

共振频率之所以有微小差别,是因为氢核并非裸核。绕核电子在外加磁场的诱导下,产生与外加磁场方向相反的感应磁场(或称次级磁场)。由于感应磁场的存在,使原子核实受磁场强度稍有降低,这种现象称为局部抗磁屏蔽(local diamagnetic shielding),是屏蔽效应之一(图 6-9)。

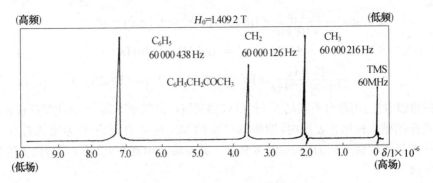

图 6-8 苯丙酮的核磁共振谱

核实受磁场强度 (H)：

$$H=(1-\sigma)H_0 \quad (6-9)$$

σ 称为屏蔽常数。由于屏蔽效应的存在，Larmor 公式需要修正。

$$\nu=\frac{\gamma}{2\pi}\cdot(1-\sigma)H_0 \quad (6-10)$$

由上式可说明：① 在 H_0 一定时，屏蔽常数 σ 大的氢核，进动频率 ν 小，共振峰（共振吸收峰）出现在核磁共振谱的低频端（右端）；反之，出现在高频端（左端）。② 若使 ν_0 一定，则 σ 大的核，需在较大的 H_0 下共振，共振峰出现在高场（右端）；反之出现在低场（左端）。

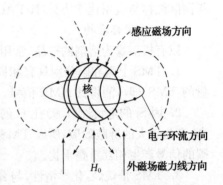

图 6-9 核外电子的抗磁屏蔽

二、化学位移及其表示

由于屏蔽效应的存在，不同化学环境的氢核的共振频率不同，这种现象称为化学位移（chemical shift）。但由于屏蔽常数很小，不同化学环境的氢核的共振频率相差很少。习惯上以相对差值来表示化学位移，符号用 δ，单位为 1×10^{-6}。

（一）δ 值定义式（H_0 固定）

$$\delta(1\times10^{-6})=\frac{\nu_{样品}-\nu_{标准}}{\nu_{标准}}\times10^6(1\times10^{-6}) \quad (6-11)$$

式中，$\nu_{样品}$ 和 $\nu_{标准}$ 分别表示样品和标准品的进动频率。

若固定照射频率 ν_0，扫场，则 (6-11) 式可改写为：

$$\delta(1\times10^{-6})=\frac{H_{标准}-H_{样品}}{H_{标准}}\times10^6(1\times10^{-6}) \quad (6-12)$$

式中，$H_{标准}$ 和 $H_{样品}$ 分别为标准品和样品共振时的场强。

采用 δ 值表示进动频率的原因：① 氢核进动频率很大，而差值很小，测定绝对值不如测定相对值准确、方便。② 核的进动频率与仪器的 H_0 有关。由 Larmor 公式可知，同一个核，在 H_0 不同时，将测得不同的进动频率。因此若用频率标示共振峰，将不便于比较。而用相对值则与 H_0 无关，因而用 δ 值表示核的进动频率。

以 CH_3Br 为例说明。标准物为四甲基硅烷（TMS）。

当 $H_0=1.4092T$，$\nu_{TMS}=60\ MHz$，$\nu_{CH_3}=60\ MHz+162Hz$

$$\delta = \frac{162\text{Hz}}{60\times10^6\text{Hz}}\times10^6(1\times10^{-6}) = 2.70\ (1\times10^{-6})$$

当 $H_0 = 2.3487\text{T}$, $\nu_{\text{TMS}} = 100\text{MHz}$, $\nu_{\text{CH}_3} = 100\text{MHz} + 270\text{Hz}$

$$\delta = \frac{270\text{Hz}}{100\times10^6\text{Hz}}\times10^6(1\times10^{-6}) = 2.70\ (1\times10^{-6})$$

从上例可以看出,用两台不同场强 H_0 的仪器所测得的频率不同,但其化学位移 δ 值一致。

核磁共振的横坐标用 δ 表示时,四甲基硅烷(TMS)的 δ 值定为 0(为图的右端)。向左,δ 值增大。一般氢谱的横坐标为 $(0\sim10)\times10^{-6}$。共振峰若出现在 TMS 右边,则 δ 值为负。

(二) τ 值

$\tau = 10 - \delta$,用 τ 表示时,TMS 的 τ 值定为 10×10^{-6},在图谱右端。$\tau = 0$ 处,$\delta = 10$。1970 年国际纯粹与应用化学协会(IUPAC)建议化学位移采用 δ 值。

(三) 常用标准物

以有机溶媒为溶剂的样品,常用四甲基硅烷(TMS)为标准物。TMS 具备以下优点:

1. TMS 上氢和碳分别具有相同的化学环境,它们的 NMR 信号均为单峰。样品中含少量的 TMS,即可测得其 NMR 信号。

2. 因 Si 的电负性(1.9)比 C 的电负性(2.5)更小,TMS 上的氢和碳核外电子云相对较高,产生较大的屏蔽效应,所以 TMS 上的氢和碳信号均在高场区,一般不与样品分子中氢和碳的信号产生相互重叠干扰。

3. TMS 是烷烃,化学惰性,与分子间不发生化学反应和分子间缔合。

4. TMS 易溶于有机溶剂,沸点低(27℃),因此使用方便,回收样品较容易。

标准物质与样品同时放于溶剂中,称为内标物。TMS 不溶于重水,因此若用重水作为溶剂时,要把 TMS 放在毛细管中,加封后把毛细管放在样品的重水溶液中进行测定,称之为外标法。用重水作溶剂时,也可用 DSS(2,2-二甲基-2-硅戊烷-5-磺酸钠)作内标物。

氢谱用溶剂常为氘代溶剂,以防止溶剂的氢干扰样品。常用的溶剂有 D_2O、$CDCl_3$、CD_3OD(甲醇-D_4)、CD_3CD_2OD(乙醇-D_6)、CD_3COCD_3(丙酮-D_6)、C_6D_6(苯-D_6)及 CD_3SOCD_3(二甲亚砜-D_6)等。具体选择哪个溶剂,由化合物的溶解度而定。

三、化学位移的影响因素

分子中质子的化学位移是利用 NMR 推断分子结构的重要参数,影响化学位移的因素很多,如电负性、磁各向异性、杂化效应及溶剂效应等,选其中几种主要因素介绍如下。

(一) 取代基的诱导和共轭效应

取代基的电负性直接影响与它相连的碳原子上氢核的化学位移,并通过诱导方式传递给邻近碳上的氢核。这主要表现在电负性较高的基团或原子,使氢核的电子云密度降低(去屏蔽),导致该氢核的共振信号向低场移动(δ 值增大)。取代基的电负性越大,氢质子的 δ 值越大(见表 6-3)。

表 6-3 CH_3X 型化合物的化学位移

CH_3X	CH_3F	CH_3OH	CH_3Cl	CH_3Br	CH_3I	CH_4	$(CH_3)_4Si$
X	F	O	Cl	Br	I	H	Si
电负性	4.0	3.5	3.1	2.8	2.5	2.1	1.8
$\delta/\times10^{-6}$	4.26	3.40	3.05	2.65	2.16	0.23	0

在共轭效应中,推电子基团使氢核的 δ 减小,吸电子基团使 δ 增大。由以下 3 个化合物比较可清楚地看出这个规律:

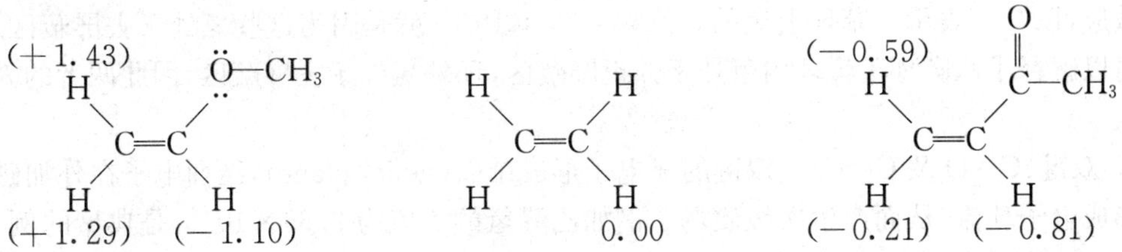

$$
\begin{array}{ccc}
\underset{(+1.29)}{\overset{(+1.43)}{\text{H}}}\!\!\!\diagdown\!\!\!\text{C}\!\!=\!\!\text{C}\!\!\!\diagup\!\!\!\underset{\text{H}}{\overset{\ddot{\text{O}}\text{CH}_3\,(-1.10)}{}} & \underset{\text{H}}{\overset{\text{H}}{}}\!\!\diagdown\!\!\text{C}\!\!=\!\!\text{C}\!\!\diagup\!\!\underset{\text{H}}{\overset{\text{H}}{}}\quad 0.00 & \underset{(-0.21)}{\overset{(-0.59)}{\text{H}}}\!\!\!\diagdown\!\!\!\text{C}\!\!=\!\!\text{C}\!\!\!\diagup\!\!\!\underset{\text{H}\,(-0.81)}{\overset{\overset{\text{O}}{\parallel}}{\text{C}\!\!-\!\!\text{CH}_3}} \\
(1) & (2) & (3)
\end{array}
$$

化合物(1)中的 —ÖCH₃ 与烯键形成 p—π 共轭体系,非键轨道上的 n 电子流向 π 键,使末端的亚甲基上的氢核的电子密度增加,与乙烯相比,其 δ 值分别向高场移动了 1.43×10^{-6} 和 1.29×10^{-6}。在化合物(3)中,由于羰基的引入,在 π—π 共轭体系中,氧端电子密度高,而亚甲基端低,所以亚甲基上氢移的化学位移比乙烯氢核的化学位移大。因此可以得出各末端亚甲基上氢核的 δ 值顺序为(3)>(2)>(1)。

(二)磁各向异性(magnetic anisotropy)

或称远程屏蔽效应(long range shielding effect),质子在分子中所处的空间位置不同,屏蔽作用不同的现象称为磁各向异性。

例 6-3 十八碳壬烯 $C_{18}H_{18}$,环内 6 个氢的 δ 值为 -2.99×10^{-6},而环外 12 个氢的 δ 值为 9.28×10^{-6},两者 δ 值相差 12.27×10^{-6}。产生磁各向异性的原因分述如下(图 6-10)。

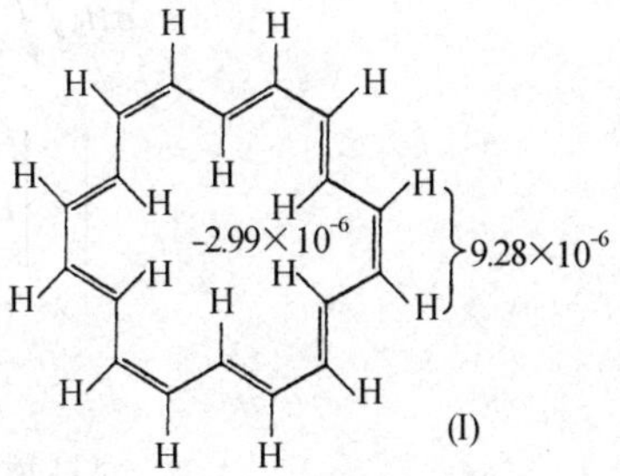

图 6-10 十八碳壬烯(轮烯)

1. 芳环 以苯为例,苯环有 3 个双键、6 个 π 电子,形成大 π 键,在外加磁场的诱导下,很容易形成电子环流,产生次级磁场[图 6-11(1)]。在苯环中心,次级磁场与外磁场的磁力线方向相反,使处于芳环中心的质子实受磁场强度降低,屏蔽效应增大,具有这种作用的空间称为正屏蔽区,以"+"表示。处于正屏蔽区的质子的 δ 值减小(峰向右移)。苯环的正屏蔽区见图 6-11(2)。

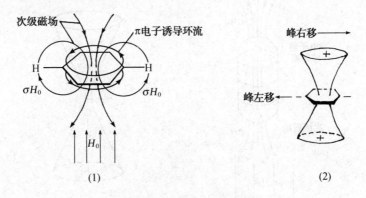

图 6-11 苯环的磁各向异性
(1) 苯环的次级磁场(π 电子诱导环流中的箭头指电子运动方向,下同)
(2) 苯环的正屏蔽区和负屏蔽区

在平行于苯环平面四周的空间,次级磁场的磁力线与外磁场一致使得处于此空间的质子实受场强增加,相当于屏蔽效应降低,这种作用称为顺磁屏蔽(paramagnetic shielding)或称去屏蔽效应,以"—"表示。苯环上氢的 δ 值为 7.27×10^{-6},就是因为这些氢处于去屏蔽区之故。同理可以解释十八碳环壬烯环内氢处于强正屏蔽区,环外氢处于去屏蔽区,因此两者的 δ 值相差很大。

2. 双键(C=O 及 C=C) 双键的 π 电子形成结面(nodal plane),结面电子在外加磁场诱导下形成电子环流,从而产生次级磁场。例如乙醛氢的 δ 值为 9.69×10^{-6},是典型的例子(图 6-12);烯的磁各向异性与醛相似,但去屏蔽作用没有醛羰基强,如乙烯氢的 δ 值为 5.25×10^{-6}。

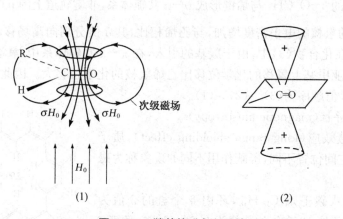

图 6-12 羰基的磁各向异性
(1) 羰基的次级磁场 (2) 羰基的正屏蔽区与负屏蔽区

3. 叁键 C≡C 的 π 电子以键轴为中心呈对称分布(共 4 块电子元),在外磁场诱导下,π 电子可以形成绕键轴的电子环流,产生次级磁场(图 6-13)。在键轴上下为正屏蔽区;与键轴垂直方向为负屏蔽区,与双链的磁各向异性的方向相差 90°,即双键"躺"在磁场中,而叁键"竖立"在磁场中[图 6-13(2)]。由于烯氢处于负屏蔽区,而炔氢处于正屏蔽区,因而使炔烃的化学位移 δ 值小于烯氢。例如,乙炔氢的 δ 值为 2.88×10^{-6}。

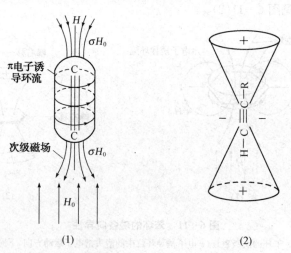

图 6-13 炔键的磁各向异性
(1) 炔键的次级磁场 (2) 炔键的正屏蔽区与负屏蔽区

(三)氢键和溶剂效应

1. 氢键 当分子中含—OH、—NH$_2$、—SH 等官能团时,可能在分子间或分子内生成氢键,引起化学键上的电荷再分配,使形成氢键质子周围电子密度下降,氢键越强,活泼氢的 δ 值越大。氢键的强度常受溶剂极性、溶液浓度和测试温度等因素的影响。一般溶剂的极性愈大,溶液浓度愈大,测试温度愈低,形成氢键的能力愈强,活泼氢的共振信号愈向低场移动。常见活泼氢化学位移根据其形成氢键的难易,可出现在一个很宽的范围。

2. 溶剂效应 不同溶剂对化合物的相互作用不同,因而同一化合物采用不同溶剂时,其化学位移可能也不完全相同,有时相差很大。这种由于溶剂不同而使化学位移发生改变的现象称为溶剂效应。

各种质子在核磁共振谱上出现的大体范围如图 6-14 所示。

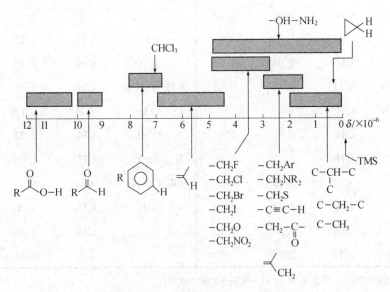

图 6-14 各种质子的化学位移简图

由图 6-14 可归纳如下一般规律(以 δ 值为序):

(1) 芳氢>烯氢>炔氢>烷氢

(2) $\underset{\overset{|}{C}}{C-CH-C}$ > $C-CH_2-C$ > $C-CH_3$

(3) —COOH > —CHO > ArOH > R—OH ≈ RNH$_2$

四、质子化学位移的计算

质子化学位移的计算可用于光谱解析时确定归属的参考。

(一)甲基氢、亚甲基氢与次甲基氢的化学位移计算

$$\delta = B + \sum S_i \tag{6-13}$$

B 为基础值(基准值)。甲基、亚甲基、次甲基氢的 B 值分别为 0.87、1.20 及 1.55。S_i 为

取代基的贡献值,与取代基的种类和位置有关,同一取代基在 α 位比 β 位影响大。见表 6-4。

表 6-4 取代基对质子化学位移的影响[①] $\begin{bmatrix} C-C-H \\ | \quad | \\ \beta \quad \alpha \end{bmatrix}$

取代基	质子类型	α位移 $S_\alpha/\times 10^{-6}$	β位移 $S_\beta/\times 10^{-6}$	取代基	质子类型	α位移 $S_\alpha/\times 10^{-6}$	β位移 $S_\beta/\times 10^{-6}$
—R		0	0	—Cl	CH_3	2.43	0.63
—HC=CH—	CH_3	0.78	—		CH_2	2.30	0.53
	CH_2	0.75	0.10		CH	2.55	0.03
	CH	—	—	—Br	CH_3	1.80	0.83
—Ar	CH_3	1.40	0.35		CH_2	2.18	0.60
	CH_2	1.45	0.53		CH	2.68	0.25
	CH	1.33		—I	CH_3	1.28	1.23
	CH_2	1.95	0.58	—OCOR	CH_3	2.88	0.38
	CH	2.75	0.00	R 或为—OR	CH_2	2.98	0.43
—CH=CH—R*	CH_3	1.08		—OAr	CH	3.43(酯)	—
—OH	CH_3	2.50	0.33	—COR	CH	1.23	0.18
	CH_2	2.30	0.13	R 或为 Ar、	CH_2	1.05	0.31
	CH	2.20		OR、OH、H	CH	1.05	
—OR	CH_3	2.43	0.33	—NRR'	CH_3	1.30	0.13
	CH_2	2.35	0.15		CH_2	1.33	0.13
	CH	2.00			CH	1.33	—

注:R,饱和脂肪酸基;Ar,芳香基;R*,—C=CH—R 或—COR。

[①] Silverstein R. M. et al. Spectrometric Identification of Organic Compounds. 1981. 225

例 6-4

$$CH_3-CH_2-\overset{O}{\underset{\|}{C}}-O\overset{CH_3(c)}{\underset{|}{C}H}-CH_2-CH_3$$
(b)　(e)　　　　(f)　(d)　(a)

1. CH_3　$\delta_a=0.87+0(R)=0.87(\times 10^{-6})$　$[0.90(\times 10^{-6})]$
　　　　$\delta_b=0.87+0.18(\beta-COOR)=1.05(\times 10^{-6})$　$[1.16(\times 10^{-6})]$
　　　　$\delta_c=0.87+0.38(\beta-OCOR)=1.25(\times 10^{-6})$　$[1.21(\times 10^{-6})]$
2. CH_2　$\delta_d=1.20+0.43(\beta-OCOR)=1.63(\times 10^{-6})$　$[1.55(\times 10^{-6})]$
　　　　$\delta_e=1.20+1.05(\alpha-COOR)=2.25(\times 10^{-6})$　$[2.30(\times 10^{-6})]$
3. CH　$\delta_f=1.55+3.43(\alpha-OCOR)=4.98(\times 10^{-6})$　$[4.85(\times 10^{-6})]$

括号内为实测值(Sadtler Handbook 1978. 2698)。

(二)烯氢的化学位移计算

$$\delta_{C=C-H}=5.28+Z_同+Z_顺+Z_反 \tag{6-14}$$

Z 为取代常数,下标依次为同碳、顺式及反式取代基。取代基对烯氢化学位移的影响见表 6-5。

表 6-5 取代基对烯氢的影响[①]

$$\underset{R_{同}}{H}C = C\underset{R_{反}}{R_{顺}} \quad (\delta/\times10^{-6})$$

取代基	$Z_{同}$	$Z_{顺}$	$Z_{反}$	取代基	$Z_{同}$	$Z_{顺}$	$Z_{反}$
—H	0	0	0	—CH$_2$S—	0.53	−0.15	−0.15
—R	0.44	−0.26	−0.29	—CH$_2$Cl、—CH$_2$Br	0.72	0.12	0.07
—R(环)	0.71	−0.33	−0.30	—CH$_2$N	0.66	−0.05	−0.23
—CH$_2$O—、—CH$_2$I	0.67	−0.02	−0.07	—C≡C—	0.50	0.35	0.10
—C=C—	0.98	−0.04	−0.21	—OCOR	2.09	−0.40	−0.67
—C=C(共轭)*	1.26	0.08	−0.01	—Ar	1.35	0.37	−0.10
—C=O	1.10	1.13	0.81	—Br	1.04	0.40	0.55
—C=O(共轭)*	1.06	1.01	0.95	—Cl	1.00	0.19	0.03
—COOH	1.00	1.35	0.74	—F	1.03	−0.89	−1.19
—COOH(共轭)*	0.69	0.97	0.39	—N(R 饱和) R R	0.69	−1.19	−1.31
—COOR	0.84	1.15	0.56				
—COOR(共轭)*	0.68	1.02	0.33				
—CHO	1.03	0.97	1.21	—N(R 共轭)* R R	2.30	−0.73	−0.81
—CON	1.37	0.93	0.35				
—COCl	1.10	1.41	0.99	—SR	1.00	−0.24	−0.04
—OR(R 饱和)	1.18	−1.06	−1.28	—SO$_2$—	1.58	1.15	0.95

① 赵天增. 核磁共振氢谱. 第一版. 北京:北京大学出版社,1983;35~36。
* 共轭:取代基与其他基团共轭。

例 6-5 在巴豆醛(CH$_3$CH^a=CH^{b}CHO)的氢谱中,烯碳质子的 δ 值分别为 6.90×10^{-6} 和 6.03×10^{-6}。试确定该分子的几何构型。

解 顺式异构体时
$$\delta_a = 5.28+0.44+0+1.21 = 6.93(\times10^{-6})$$
$$\delta_b = 5.28+1.03+0-0.29 = 6.02(\times10^{-6})$$

反式异构体时
$$\delta_a = 5.28+0.44+0.97+0 = 6.69(\times10^{-6})$$
$$\delta_b = 5.28+1.03-0.26+0 = 6.05(\times10^{-6})$$

验值比较,该分子为顺式巴豆醛。

在核磁共振专著中,还有类似的经验公式可用于芳氢的化学位移计算,这里不再介绍。

第四节 自旋偶合和自旋系统

一、自旋偶合与自旋分裂

在上一节中主要讨论了屏蔽效应对化学位移的影响,即对核磁共振峰(简称共振峰)的峰位的影响。关于分子中各核的核磁矩间的相互作用及对峰形的影响,将在本节中讨论。核磁共振谱上的多重峰就是由核磁矩的相互干扰分裂而成。

如乙苯的甲基峰为三重峰,亚甲基(CH_2)为四重峰,是甲基与亚甲基相互干扰的结果(图 6-15)。

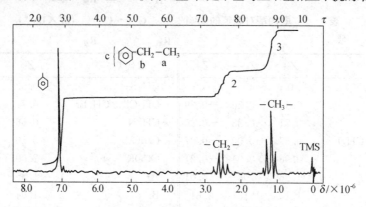

图 6-15 乙苯的核磁共振谱

(一)定义

核自旋产生的核磁矩间的相互干扰称为自旋—自旋偶合(spin—spin coupling),简称自旋偶合。

由自旋偶合引起共振峰分裂的现象称为自旋—自旋分裂(spin—spin splitting),简称自旋分裂。偶合是分裂的原因,分裂是偶合的结果。

(二)分裂原因

在氢—氢偶合中,峰分裂是由于邻近碳原子上的氢核的核磁矩的存在,轻微地改变了被偶合氢核的屏蔽效应而发生的。核与核间的偶合作用是通过成键电子传递的。

以 $\underset{X-C-C-Y}{\overset{H_A\ H_B}{}}$ (X≠Y)为例,说明核间偶合。

1. 先以 H_A 为被偶合核,受 H_B 干扰,H_A 峰分裂来讨论。H_A 核由 $m=+\frac{1}{2}$ 跃迁至 $m=-\frac{1}{2}$ 产生 H_A 峰。因此,只需考虑 H_A 的低能态核受 H_B 核核磁矩两种取向的影响,而不需考虑 H_A 的高能态核。$H_A(\frac{1}{2})$ 与 $H_B(\frac{1}{2})$ 自旋同向,称为 X 型分子。$H_A(\frac{1}{2})$ 与 $H_B(-\frac{1}{2})$ 自旋逆向,称为 Y 型分子。如图 6-16 所示。

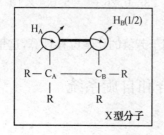 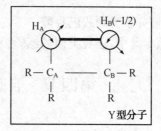

图 6-16 自旋同向与自旋异向分子

在 X 型分子中，H_B 的核磁矩与外磁场同向，使 H_A 实受磁场强度微有增加（相当于去屏蔽效应），而使 H_A 的进动频率微有增加，δ 值稍有增大，峰微左移。

在 Y 型分子中，H_B 的核磁矩与外磁场逆向，使 H_A 的实受磁场强度稍微降低（相当于屏蔽效应增加），进动频率有所降低，δ 值微有减小，峰微右移。

X 型分子与 Y 型分子在溶液中几乎相等（已介绍，仅差百万分之几）。因此，H_A 峰被分裂为两个等高度峰。δ_A 为无 H_B 干扰时 H_A 的化学位移，δ_X 与 δ_Y 分别为 X 与 Y 型分子中 H_A 的化学位移[图 6-17(1)]。

2. 同理，H_B 也将受 H_A 的干扰，而使 H_B 峰分裂为两个等高度峰。最终核磁共振谱上将有两组二重峰，一组属于 H_A，另一组属于 H_B[图 6-17(2)]。

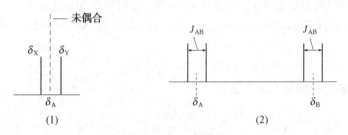

图 6-17 自旋分裂

(1) X 与 Y 型分子的化学位移 　(2) 质子 A 与 B 相互干扰，形成的两组二重峰

例 6-6 解释乙苯核磁共振谱的甲基与亚甲基峰的分裂机制。甲基为三重峰 $\delta 1.19 \times 10^{-6}$，亚甲基四重峰 $\delta 2.53 \times 10^{-6}$，苯环单峰 $\delta 7.07 \times 10^{-6}$（图 6-18）。

1. 甲基受亚甲基两个氢的干扰分裂为三重峰。分裂机制如图 6-19 所示。

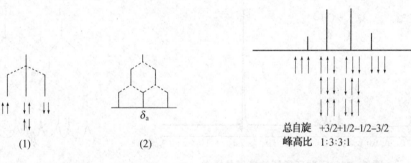

图 6-18 乙苯甲基的自旋分裂

(1) 分裂图　(2) 简图

**图 6-19 乙苯的亚甲基自旋
分裂简图**

简单偶合，峰间距称为偶合常数 (J)。J_{ab} 表示 a 与 b 核偶合的偶合常数。由于 $J_{ab1}=J_{ab2}$，使总自旋为零的子峰重叠，而得三重峰。

2. 亚甲基受 3 个甲基氢的干扰，分裂 3 次，形成峰高比为 1∶3∶3∶1 的四重峰。分裂图解可按图 6-18 如法绘制，从略。分裂结果及总自旋如图 6-19。

（三）$n+1$ 律

由乙苯核磁共振谱可看出，甲基氢受两个相邻的亚甲基氢干扰，分裂为三重峰。亚甲基氢受 3 个相邻的甲基氢干扰，分裂为四重峰。因此可得出如下结论：

某基团的氢与 n 个相邻氢偶合时，将被分裂为 $n+1$ 重峰，而与该基团本身的氢数无关。

此规律称为 $n+1$ 律。

服从 $n+1$ 律的多重峰(子峰)峰高比为 2 项式展开式的系数比。

因此,乙苯中甲基三重峰与亚甲基四重峰的峰高比分别为 1:2:1 与 1:3:3:1。

$n+1$ 律是 $2nI+1$ 规律的特殊形式。因为氢核的 $I=\frac{1}{2}$,则 $2n \times \frac{1}{2}+1=n+1$。对于 $I \neq \frac{1}{2}$ 的核,峰分裂服从 $2nI+1$ 律。以氘核为例,其 $I=1$,如在一氘碘甲烷中(H_2DCl),氢受 1 个氘的干扰,分裂为三重峰,服从 $2nI+1$ 律。氘受 2 个氢的干扰,也分裂为三重峰,但服从 $n+1$ 律。

$n+1$ 律,只有在 $I=1/2$、简单偶合及偶合常数相等时适用。若某基团与 n、n'…个氢核相邻,发生简单偶合($\Delta\nu/J>10$),有下述两种情况:

1. 偶合常数相等(裂矩相等) 仍服从 $n+1$ 律,分裂峰数为 $(n+n'+\cdots)+1$。

例 6-7 $CH_3CH_c(Br)CH_2COOH$,$J_{ac}=J_{bc}$,H_c 分裂为 $(3+2)+1=6$ 重峰(1:5:10:10:5:1)。

2. 偶合常数不等 则呈现 $(n+1)(n'+1)\cdots$ 个子峰。

例 6-8 乙酸乙烯酯结构如下式。

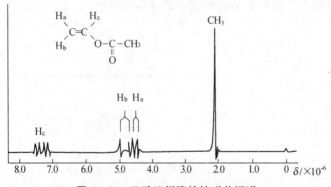

H_a、H_b 及 H_c 3 个烯氢偶合,但 $J_{ab} \neq J_{bc} \neq J_{ac}$。每个氢都先被 1 个相邻的氢分裂为二重峰,再被另一个氢一分为二,得双二重峰(见图 6-20),峰高比为 1:1:1:1(图 6-21)。双二重峰不是一般的四重峰(1:3:3:1),不要误认。这种情况可以认为是 $n+1$ 律的广义形式。

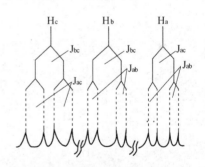

图 6-20 乙酸乙烯酯的核磁共振谱

图 6-21 乙酸乙烯酯 3 个烯氢自旋分裂图

(四)偶合常数

对简单偶合而言,峰裂距即偶合常数。高级偶合需通过计算才能求出偶合常数。按偶合间隔的键数,可分为偕偶、邻偶及远程偶合。按核的种类可分为 H—H 偶合及 ^{13}C—H 偶合等,相应的偶合常数用 J_{HH} 及 $J_{^{13}C-H}$ 等表示。偶合常数的影响因素可主要从 3 个方面考虑:偶合核间距离、角度及电子云密度等。由于峰分裂距离决定于偶合核的局部磁场强度,因此,偶合常数与外磁场强度 H_0 无关,而用 Hz 为单位。偶合常数的符号为 $^nJ_c^s$,n 表示相隔键数,s 表示结构关系,c 表示相互偶合核。

1. 间隔的键数 相互偶合核间隔键数增多,偶合常数的绝对值减小。

(1) 偕偶(geminal coupling):也称同碳偶合。

H—C—H 偶合常数用 ^2J 或 J_{gem} 表示。

$|^2J|=10\sim 15$ Hz

偕偶的偶合常数很大,在饱和烷基中经常不能从核磁共振谱上看到。如 CH_3I 的甲基峰为单峰,但 ^2J 的绝对值为 9.2 Hz,需要用氘取代间接求出。烯氢的 $^2J=0\sim 5$ Hz,数值较小,但在 NMR 上可以看到。

(2) 邻偶:相隔 3 个键的偶合为邻偶(vicinal coupling),用 ^3J 或 J_{vic} 表示。

H—C—C—H $^3J=6\sim 8$ Hz,邻偶在 NMR 中遇到的最多。

规律:$J_{烯}^{trans}>J_{烯}^{cis}\approx J_{炔}>J_{链烷}$(自由旋转)。

(3) 远程偶合:相隔 4 个或 4 个以上键的偶合称远程偶合(long range coupling)。除了具有大 π 键或 π 键的系统外,远程偶合常数一般都很小,可以忽略。例如,苯环(II_6^6),$J^m=1\sim 4$ Hz,$J^p=0\sim 2$ Hz。

2. 角度　角度对偶合常数的影响很敏感,因而利用偶合常数可以研究立体结构。以饱和烃邻偶为例。偶合常数与双面夹角 α 有关,$\alpha=90°$ 时,J 最小。在 $\alpha<90°$ 时,随 α 的减小,J 增大。在 $\alpha>90°$ 时,随 α 的增大,J 增大。这是因为偶合核的核磁矩在相互垂直时,干扰最小。

例 6-9　$J_{aa}>J_{ae}$(a 竖键、e 横键)

3. 电负性　因为偶合靠价电子传递,因而取代基 X 的电负性越大,X—CH—CH— 的 $^3J_{HH}$ 越小。

偶合常数是核磁共振谱的重要参数之一,可用它研究核间关系、构型、构象及取代位置等。

（五）磁等价(magnetic equivalence)或称磁全同

CH_3I 的甲基为单峰[图 6-22(2)],但甲基中每个氢都有两种自旋状态,因而互相偶合必然存在。这就得出一个结论:偶合普遍存在,分裂不一定发生。什么情况不发生分裂,需由等价概念说明。

分子中一组化学等价核(化学位移相同)与分子中的其他任何核,以相同的强弱偶合,则这组核称为磁等价核。

磁等价核可概括为几个特点:① 组内核的化学位移相等。② 与组外核偶合时的偶合常数相等。③ 在无组外核干扰时,组内虽偶合,但不分裂。

例 6-10　碘乙烷结构式如下。

$$H_{a_1}\quad H_{b_1}$$
$$H_{a_2}—C—C—I$$
$$H_{a_3}\quad H_{b_1}$$

a 组内核化学位移相等,$\delta_{a_1}=\delta_{a_2}=\delta_{a_3}=6.8$。a 组核对组外核 b 的偶合常数:$\alpha_{a_1b_1}=J_{a_1b_2}$;$J_{a_2b_1}=J_{a_2b_2}$;$J_{a_3b_1}=J_{a_3b_2}$,皆为 7.45 Hz。

a 组核在无组外核偶合时,即无 b 组核存在时,则 CH_3 为单峰[图 6-22(2)]。如 CH_3I 的 CH_3 为单峰。因此,a 组中的 3 个氢为磁等价核。同理,CH_2 中的 2 个氢也是磁等价核。

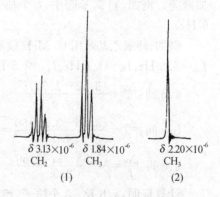

图 6-22　碘乙烷与碘甲烷的核磁共振谱(部分)
(1) CH_3CH_2I　(2) CH_3I

必须注意,磁等价核必定化学等价,但化学等价核并不一定磁等价,而化学不等价核必定磁不等价。磁等价与化学等价两个概念不要混淆。

例如:

$$\delta_a = \delta_{a'} = 6.60 \times 10^{-6}$$
$$\delta_b = \delta_{b'} = 7.02 \times 10^{-6}$$

质子 a 与 a'、b 与 b' 为化学等价核。由于 $J^o > J^p$,因此 $J_{ab} \neq J_{ab'}$,$J_{a'b'} \neq J_{a'b}$,所以 a 与 a'、b 与 b' 为化学等价而磁不等价核。

二、自旋系统

自旋系统是研究核间偶合关系的规律。按照偶合强弱分为一级偶合与高级偶合。$\Delta \nu \gg J$ 为弱偶合,$\Delta \nu \approx J$ 为强偶合,但无绝对界限。多以 $\Delta \nu / J = 10$ 为界。$\Delta \nu / J > 10$ 为一级偶合(弱偶合);$\Delta \nu / J < 10$ 为高级偶合或二级偶合。

按偶合核的数目,可分为二旋、三旋及四旋系统等。

(一)自旋系统命名原则

1. 分子中化学等价核构成核组,相互干扰的一些核或几个核组,构成 1 个自旋系统。自旋系统是独立的,一般不与其他自旋系统偶合。

例 6-11 乙基异丁基醚含两个自旋系统,CH_3CH_2— 及 —$CH_2CH(CH_3)_2$。

2. 自旋系统内,若一些化学位移相近($\Delta \nu / J < 10$),则这些核组分别用 A、B、C···表示。若核组中包含 n 个核(磁等价),则在其字母右下角加附标 n。例如,1,2,4-三氯苯为 ABC 系统($\delta_A 7.12 \times 10^{-6}$,$\delta_B 7.35 \times 10^{-6}$,$\delta_C 7.43 \times 10^{-6}$);$CH_3I$ 为 A_3 系统。

3. 在 1 个自旋系统内,若包含几种核组,每种之内的核组化学位移相近($\Delta \nu / J < 10$),但种与种之间核组的化学位移 $\Delta \nu$ 远远大于它们之间的偶合常数($\Delta \nu / J > 10$),则其中一组用 A、B、C···表示之,另一种核组用 M、N···表示之,第三种核组用 X、Y、Z···表示。例如,CH_3CH_2I 中的乙基为 A_2X_3 系统;乙基异丁醚中的乙基也是 A_2X_3 系统。

4. 在 1 组核中如果这些核化学等价但磁不等价,用同一字母表示,但分别在字母右上角加撇等。例如,对氯苯胺中,4 个质子构成 $AA'BB'$ 系统($\delta_A 6.60 \times 10^{-6}$,$\delta_B 7.02 \times 10^{-6}$,$J \approx 6$ Hz)

例如,环氧乙基苯用 60 MHz 仪器测得:$\delta_A = 2.77 \times 10^{-6}$,$\delta_B = 3.12 \times 10^{-6}$,$\delta_C = 3.83 \times 10^{-6}$、$J_{ab} = 5.8$ Hz,$J_{bc} = 4.1$ Hz,$J_{ac} = 2.5$ Hz。计算 $\Delta \nu / J$ 如下。

a、b 间:$\dfrac{\Delta \nu}{J} = \dfrac{(3.12 - 2.77)60}{5.8} = 3.6$(高级偶合)

b、c 间:$\dfrac{\Delta \nu}{J} = \dfrac{(3.83 - 3.12)60}{4.1} = 10.4$(一级偶合)

a、c 间:$\dfrac{\Delta \nu}{J} = \dfrac{(3.83 - 2.77)60}{2.5} = 25.4$(一级偶合)

计算证明,a、b 及 c 3 个质子,组成两个大组,ab 与 c,ab 间强偶合,a 与 c、b 与 c 间弱偶合,构成 ABX 自旋系统(混合型)。

(二)一级图谱

由一级偶合产生的谱为一级图谱或称一级光谱,即服从 $n+1$ 律的图谱为一级图谱。

其特征为:① 多重峰的峰高比为 2 项式的各项系数比。② 核间干扰弱,$\Delta\nu/J>10$。③ 多重峰的中间位置是该组质子的化学位移。④ 多重峰的裂距是偶合常数。

常见的一级偶合系统有:二旋系统如 AX;三旋系统如 AX_2、AMX;回旋系统如 AX_3、A_2X_2;五旋系统如 A_2X_3 等。

(三) 二级图谱简介

由高级偶合形成的谱称为二级图谱或高级图谱。

特征:① 不服从 $n+1$ 律。② 核间干扰强,$\Delta\nu/J<10$,光谱复杂。③ 多重峰峰高比不服从 2 项式各项系数比。④ 化学位移一般不是多重峰的中间位置,常需计算求得。⑤ 除一些较为简单的光谱可由多重峰裂距求偶合常数外(如 AB 系统),多数需计算求得。

高级偶合系统涉及许多内容,此处仅举两例说明。

例 6-12 双取代苯,若对双取代苯的两个取代基 $X\neq Y$,苯环上四个氢可能形成 $AA'BB'$ 系统,见图 6-23。若 $X=Y$,则可能形成 A_4 系统,如对苯二甲酸(芳氢 $\delta=8\times10^{-6}$、11×10^{-6} 单峰)等。而邻双取代 $X=Y$,而不是烷基时,可能形成 $AA'BB'$ 系统。如邻苯二甲酸 $\delta_A=7.71\times10^{-6}$,$\delta_B=7.51\times10^{-6}$ 等。

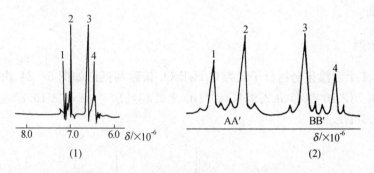

图 6-23 对氯苯胺苯环部分的核磁共振谱
(1) 正常谱 (2) 横坐标扩展

例 6-13 单取代苯,取代基为饱和烷基时,构成 A_5 系统,呈现单峰(图 6-16);取代基不是饱和烷基时,可能构成 $ABB'CC'$ 系统,如苯酚等。

有关高级偶合系统的内容,需要时可参考核磁共振的有关书籍。

第五节 核磁共振氢谱的解析方法与示例

核磁共振谱由化学位移、偶合常数和积分曲线分别提供了含氢官能团、核间关系及氢分布等三方面的信息。图谱解析是利用这些信息进行定性分析及结构分析。其解析步骤如下:

一、送样要求

1. 样品纯度应大于 98%。
2. 选用良溶剂。
3. 推测未知物是否含有酚羟基、烯醇基、羧基及醛基等,以确定图谱是否需要扫描至 δ 10×10^{-6} 以上。
4. 推测未知物是否含有活泼氢(OH、NH_2、SH 及 COOH 等),以决定是否需进行重水交换。这些要求最好在委托分析时提出。

二、解析顺序

1. 已知分子式,算出不饱和度 U。
2. 根据各峰的积分线高度,参考分子式或孤立甲基峰等,算出氢分布。
3. 先解析孤立甲基峰,如 CH_3-O-、CH_3-Ar 等。
4. 解析低场共振峰:醛基氢 $\delta \sim 10 \times 10^{-6}$、酚羟基氢 $\delta\ 9.5 \sim 15 \times 10^{-6}$、羧基氢 $\delta\ 11 \sim 12 \times 10^{-6}$ 及烯醇氢 $\delta\ 14 \sim 16 \times 10^{-6}$。
5. 先分析图谱中一级偶合部分,由共振峰的化学位移值及峰分裂,确定归属及偶合系统。
6. 分析图谱中高级偶合部分,如,$\delta\ 7 \times 10^{-6}$ 附近有无芳氢共振峰,若有难以解析的高级偶合峰,可采用 NMR 新技术将图谱简化。
7. 含活泼氢的未知物,可对比重水交换前后的图谱,以确定活泼氢的峰位及类型(OH、NH_2、SH、COOH 等)。

此外可参考 IR、UV 及 MS 等图谱进行综合解析。还可计算各基团化学位移进行核对或查标准光谱核对。

三、解析示例

例 6-14 1 个含溴化合物分子式为 $C_4H_7BrO_2$ 核磁共振谱如图 6-24,由光谱解析确定结构。已知 $\delta_a\ 1.78 \times 10^{-6}$(d)、$\delta_b\ 2.95 \times 10^{-6}$(d)、$\delta_c\ 4.43 \times 10^{-6}$(sex)、$\delta_e\ 10.70 \times 10^{-6}$(s);$J_{ac}=6.8$ Hz,$J_{bc}=6.7$ Hz。

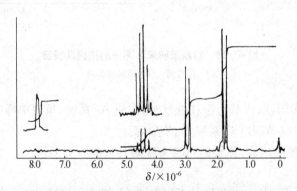

图 6-24 未知物 $C_4H_7BrO_2$ 的核磁共振谱

解:

(1) 不饱和度 $U=\dfrac{2+2\times 4-8}{2}=1$。只含 1 个双键,为脂肪族化合物。

(2)

$\delta(\times 10^{-6})$	峰数	氢数	结构单元
1.78	d	3	$\diagdown$CH—C$\underline{H_3}$
2.95	d	2	$\diagdown$CH—C$\underline{H_2}$—

| 4.43 | s | 1 | —CH₂—CH—CH₃ (underlined CH) |
| 10.70 | s | 1 | —COOH (underlined H) |

(3) 可能结构　　CH₃—CH—CH₂—Br　或　CH₃—CH—CH₂—COOH
　　　　　　　　　　　|　　　　　　　　　　　　|
　　　　　　　　　　COOH　　　　　　　　　　　Br
　　　　　　　　　　(A)　　　　　　　　　　　　(B)

(4) 验算 δ　(A)　$\delta_{CH}=1.55+1.05+0.25=2.85(\times10^{-6})$
　　　　　　(B)　$\delta_{CH}=1.55+2.68+0=4.23(\times10^{-6})$

4.23×10^{-6} 与 CH 的 $\delta 4.43\times10^{-6}$ 接近,因此,未知物的结构是 B,不是 A。

注:各 δ 处氢数的计算可由每组峰积分值在总积分值中所占的比例求出或以已知含氢数目峰的积分值为基准求出 1 个氢相当的积分值,而后求出氢分布。

例 6-15　某未知物分子式为 $C_8H_{12}O_4$。$\delta_a 1.31\times10^{-6}$(t)、$\delta_b 4.19\times10^{-6}$(qua)、$\delta_c 6.71\times10^{-6}$(s);$J_{ab}\approx 7$ Hz。其核磁共振谱(60 MHz)如图 6-25 所示,试确定其结构式。

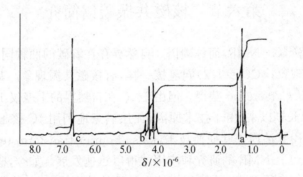

图 6-25　未知物 $C_8H_{12}O_4$ 的核磁共振谱

解:

(1) $U=\dfrac{2+2\times8-12}{2}=3$,脂肪族化合物。

(2) 氢分布　以 c 峰的积分高度为公约数,得氢分布比为 a:b:c=3:2:1。分子式含氢数为 12 H,则氢分布为 6 H:4 H:2 H。说明未知物是具有对称结构的化合物。

(3) 偶合系统　a、b 间 $\dfrac{\Delta\nu}{J}=\dfrac{(4.19-1.31)\times60}{7}=24.7$,为一级偶合 A_2X_3 系统。根据氢分布,可知未知物含有两个化学环境完全一致的乙基(a:CH₃、b:CH₂)。

(4) $\delta 6.71\times10^{-6}$ 的质子是烯氢,由于是单峰,说明两个烯氢的化学环境完全一致。烯氢的基准值为 5.28×10^{-6},说明烯氢与电负性较强的基团相邻。

(5) 联接方式　由分子式 $C_8H_{12}O_4$ 中减去 2 个乙基及 1 个乙烯基,余 C_2O_4,说明有 2 个 —COO— 基团。连接方式有两种可能:

　　　　　　　　　　　　O　　　　　　　　　　　　　　　O
　　　　　　　　　　　　‖　　　　　　　　　　　　　　　‖
① —CH=CH—OC—CH₂CH₃　　② —CH=CHC—OCH₂CH₃

① 中 CH_2 与 —COOR 相连,计算:$\delta_{CH_2}=1.20+1.05=2.25(\times 10^{-6})$。

② 中 CH_2 与 —O—COR 相连,计算:$\delta_{CH_2}=1.20+2.98=4.12(\times 10^{-6})$。

计算说明 $\delta 4.12\times 10^{-6}$ 接近未知物的 δ_b。因此未知物是按②的方式联结。

(6) 综上所述,有两种可能结构:

顺式丁烯二酸二乙酯   反式丁烯二酸二乙酯

(7) 查对标准光谱 反式丁烯二酸二乙酯烯氢的化学位移为 $\delta 6.71\times 10^{-6}$(Sadtler 10269M),顺式的烯氢为 $\delta 6.11\times 10^{-6}$(Sadtler 10349M)。进一步证明未知物是反式丁烯二酸二乙酯。

第六节 核磁共振碳谱简介

^{13}C—核磁共振谱(^{13}C—NMR)简称碳谱。自然界存在着碳的两种同位素 ^{12}C 和 ^{13}C。^{12}C($I=0$)没有核磁共振现象;^{13}C($I=1/2$)同氢核一样,有核磁共振现象。其第一张 ^{13}C—NMR 谱早在 1957 年就由 P. C. tautertar 获得。但由于 ^{13}C 在自然界的丰度仅 1.1%,相对于氢谱灵敏度还不到 2%,所以长期以来,由于技术原因,无法满意地利用 ^{13}C 核磁共振现象。直到 20 世纪 60 年代后期,采用脉冲傅立叶变换技术(palse Fourier fransform techniques,PFT)测定 ^{13}C 的核磁共振信号,^{13}C—NMR 的研究和应用才得以迅速发展。如今,碳谱已成为有机化合物结构分析中最常见的工具之一。它可以直接提供碳的骨架信息,尤其是检测无氢官能团,如羰基碳、氰基碳和季碳等方面,碳谱更显示其优势。

一、碳谱测定技术

(一)脉冲傅立叶变换技术简介

早期的核磁共振光谱仪是连续波扫描核磁共振光谱仪(CW—NMR)。由于 ^{13}C 的丰度仅 1.1%,一次 CW—NMR 信号常被噪音淹没,需利用信号累加平均技术(CAT)进行长时间累加。N 次累加后,信号增强 N 倍,而噪音是随机变化的,N 次累加所得噪音仅增加 $\sqrt{N}$ 倍,从而使信噪比提高 $\sqrt{N}$ 倍。CW—NMR 测定 ^{13}C—NMR 谱时,需累加数千次才能得到一张满意的图谱,测定时间达几十个小时。

20 世纪 70 年代后,由于 PFT 技术的应用提高了测定的灵敏度并缩短了 ^{13}C 谱测定时间,即用多频发射和接收(用单脉冲激发,使所有碳核同时共振,并测定它们累加干涉信号的 FID)的 PFT—NMR 测定与用单频发射和接收的 CW—NMR 相比,^{13}C—NMR 测定时间大大缩短。使得 ^{13}C—NMR 谱法成了有机化合物分子结构测定的常用方法。

(二)双照技术

1. 质子噪音去偶(proton noise decoupling) 质子噪音去偶亦称宽带去偶。在测定 ^{13}C

的同时,另加1个照封锁,使其中心频率在质子共振区的中心,并调制频率宽度有1 000 Hz的宽带射频。在此射频的照射下,样品中全部质子达到共振饱和,从而消除了全部的 $^{13}C-^{1}H$ 偶合分裂,而达到质子噪音去偶(图6-26)。在质子噪音去偶谱中,每个信号峰代表一种化学环境不同的碳。此谱可直接测得各碳核的化学位移,但不能区别伯、仲、叔碳。

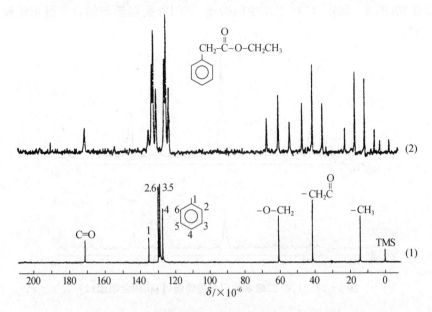

图6-26 苯乙酸乙酯的$^{13}C-NMR$谱(22.5 MHz)
(1)质子噪音去偶碳谱;(2)不去偶碳谱

2. 偏共振去偶谱(off—resonance decoupling)　偏共振去偶谱也是在测样品 ^{13}C 的同时,另加1个照射频。但此照射频的中心频率不设在质子共振区的中心,而移到比TMS质子共振频率高500~1 000 Hz(质子共振区以外)的位置。这种条件下测得的图谱,既克服了不去偶谱过分复杂的缺点,又克服了质子噪音去偶谱失去所有与偶合有关的结构信息的不足。它保留了偶合最强的信息,裂距也削减到30~50 Hz。这种谱上伯碳呈现四重峰,仲、叔和季碳依次呈现三、二重峰和单峰。将此谱与质子噪音去偶谱对照,很容易鉴别样品中各信息碳的类型(图6-27)。

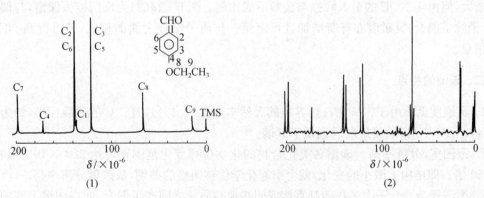

图6-27 对乙氧基苯甲醛的碳谱(22.5 Hz)
(1)质子噪音去偶谱;(2)偏共振去偶谱

（三）门控去偶谱（gated decoupling）和反门控去偶谱（inverse gateal decoupling）

在进行碳谱的测定中，利用适当的脉冲去偶技术，就可得到门控去偶谱和反门控去偶谱。

1. 门控去偶谱　即保留 NOE 增益的不去偶碳谱。即 FID 信号接收时，接收的是没有去偶，且保留 NOE 增益的 ^{13}C 信息。在计算机的控制下，累积几千次首尾衔接的测定周期，就得到门控去偶碳谱（图 6-28）。1,4-二噁烷的碳谱，其门控去偶谱与偶合碳谱相比较测定灵敏度显然高得多。

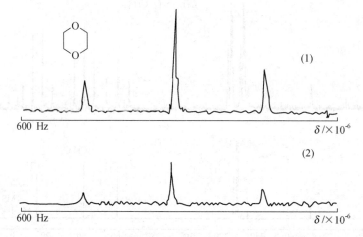

图 6-28　1,4-二噁烷的门控去偶谱（1）和偶合碳谱（2）

2. 反门控去偶谱　消除质子偶合和 NOE 的碳谱，此碳谱可用于定量。

仅在 FID 信号采集的同时，加上质子去偶脉冲。在整个 ^{13}C 的 FID 信号采集的时间内，样品始终受到质子噪音去偶照射。所以输出的信号是完全去偶的。又因为去偶脉冲前 ^{13}C 未经扰动，信号接收时间又不长，所以测定过程中没有 NOE 增益。待 NOE 随后出现，^{13}C 的测定过程已经过去，所以接收信号无 NOE 影响。由脉冲序列可以看到，通过 ^{13}C 激发脉冲间长时间间隔，碳核的弛豫速率对信号强度的影响也得到了抑制。因而这种质子去偶谱的峰强与对应的碳核数目成正比，可用于定量分析。

例 6-16　氯仿的碳谱（图 6-29），图 6-29(1)为偶合谱，由于 ^{13}C 信号偶合分裂峰变弱，灵敏度减小。图 6-29(3)为质子噪音去偶谱，消除了质子与 ^{13}C 的偶合，引入了 NOE 增益，灵敏度增大，但由于 NOE 的引入峰强与碳数不成比例。图 6-29(2)为反门控去偶谱，与偶合谱相比，消除了偶合，灵敏度亦有所增加且可定量。与质子噪音去偶谱相比，又可得到 NOE 增益的信息。

二、碳谱的特点

1. 灵敏度低　由于 ^{13}C 在自然界中的天然丰度低（1.1%），且 ^{13}C 的磁旋比小（约为质子的 1/4），所以 ^{13}C 谱的灵敏度远远低于氢谱。

2. 范围宽，分辨率高　碳谱各类化合物的化学位移变化范围宽可达 220×10^{-6}，约是氢谱的 20 倍。即结构上微小的变化，就会引起化学位移明显的差别，故碳谱分辨率高。

3. 图谱复杂　分子中多数碳都直接或间接地与质子之间产生偶合，使得图谱上碳的信号产生严重分裂。造成灵敏度降低，信号重叠，图谱复杂难解。需采用去偶技术使图谱简化，消除偶合，且有质子去偶而造成的核 Overhause 效应，使信号增强。

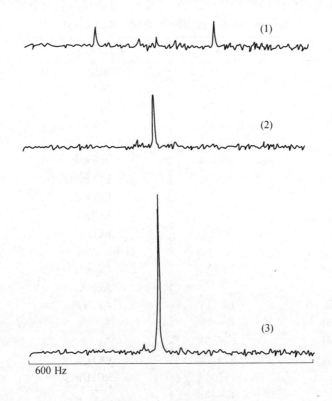

图 6-29 氯仿的 3 种碳谱
(1) 偶合谱；(2) 反门控去偶谱；(3) 质子噪音去偶谱

4. 信号强度和碳原子数不成比例 在测定 ^{13}C 谱时，^{13}C 的灵敏度与各碳的弛豫时间有关。而 ^{13}C 共振峰通常在非平衡条件下进行观测，且各种不同基团上的碳原子弛豫时间相差较大，加之采用质子去偶技术时，对不同基团上的碳原子引起的 NOE 增益亦不同，所以碳谱的谱峰强度与碳原子的数目不成比例。

三、^{13}C 的化学位移

前边一节中所讨论的影响质子化学位移的各种因素，基本上对碳谱中 ^{13}C 化学位移都有影响，但由于 ^{13}C 核外的 p 电子云是非球形对称的，使得 ^{13}C 化学位移主要受顺磁屏蔽的影响。而顺磁屏蔽的强弱取决于碳的电子基态与最低电子激发态的能量差，差值愈小，顺磁屏蔽项愈大，^{13}C 化学位移愈大。此外由取代基对 ^{13}C 化学位移的影响，要延伸好几个碳原子，并且取代基的影响具有加和性。若将氢谱与碳谱对照不难看出，各种类型的 ^{1}H 和 ^{13}C 的化学位移从高场向低场依次平行（少数例外）。

例如，烷烃质子、烯烃质子和炔烃质子化学位移的顺序是 $\delta_H(\times 10^{-6})$：烷质子＜炔质子＜烯质子。而碳谱中，sp^3 杂化的碳信号出现在高场，δ_C 值为 $(-20 \sim 100) \times 10^{-6}$，sp 杂化的碳信号在 $\delta_C(70 \sim 100) \times 10^{-6}$，而 sp^2 杂化的碳的信号出现在低场，一般为 $(120 \sim 240) \times 10^{-6}$。两谱信号依次平行。

^{13}C 的化学位称是解析碳谱的重要参数之一。表 6-6 列出各类官能团 ^{13}C 信号的大致范围。

表 6-6 各类官能团的 ^{13}C 化学位移 ($\delta_C / \times 10^{-6}$)

类型/化合物	δ_C	类型/化合物	δ_C
烷烃		不饱和烃	
环丙烷	0~8	炔	75~95
环烷烃	5~25	烯	100~143
RCH$_3$	5~25	芳环	110~133
R$_2$CH$_2$	22~45	羰基	
R$_3$CH	30~58	RCOOR	160~177
R$_4$C	28~50	RCONHR	158~180
卤代烷		RCOOH	160~185
CH$_3$X	5~25	RCHO	185~205
RCH$_2$X	5~38	RCOR	190~220
R$_2$CHX	30~62	其他	
R$_3$CX	35~75	RC≡N	110~130
胺		Ar—X	120~160
CH$_3$NH$_2$	10~45	Ar—O	130~160
RCH$_2$NH$_2$	45~55	Ar—N	130~150
R$_2$CHNH$_2$	50~70	Ar—P	120~130
R$_3$CNH$_2$	60~75	RCH$_2$S	22~42
醚		RCH$_2$P	10~25
CH$_3$OR	45~60		
RCH$_2$OR	42~70		
R$_2$CHOR	65~77		
R$_3$COR	70~83		

各类有机化合物含碳官能团 ^{13}C 的化学位移均有其规律及经验公式,限于篇幅,此处不再列出。

四、^{13}C 谱解析的一般程序

1. 由分子式计算不饱和度。

2. 分析 ^{13}C 的质子噪音去偶谱,进行分子对称性分析。

如果样品中不含磷、氟等磁核时,每一条谱线对应一种化学环境的碳。若谱线数等于分子中含碳数目,说明分子无对称性;若谱线数小于分子中碳原子数目,说明分子有对称性基团。

3. 由各峰的 δ 值分析 sp^3、sp^2、sp 杂化碳各有几种,此判断应与不饱和度计算相符。

碳谱大致分 3 个区:① 脂肪链碳原子区: $\delta < 100 \times 10^{-6}$,饱和碳若不直接连电负性大的原子,一般 $\delta < 55 \times 10^{-6}$。炔碳原子 $\delta = (70 \sim 100) \times 10^{-6}$,这是不饱和碳原子的特例。② 不饱和碳原子区(炔除外): $\delta = (90 \sim 160) \times 10^{-6}$。③ 羰基或叠烯区: $\delta > 150 \times 10^{-6}$,一般 $\delta > 165 \times 10^{-6}$。若 $\delta > 200 \times 10^{-6}$,只能属于醛、酮类化合物,靠近 $(160 \sim 170) \times 10^{-6}$,则属于连杂原子的羰基。

4. 碳原子级数的确定:由偏振去偶谱分析每个不同环境碳与氢相连的数目,识别伯、仲、叔、季碳,结合 δ 值,推导可能基团及与之相连的可能基团。若与碳相连的氢原子数与分子不吻合,则应考虑有活泼氢存在。

5. 结合以上分析,推出可能结构,并可进行必要的经验计算验证。

例 6-17 测得某化合物 $C_5H_{11}Cl$ 的质子噪音去偶谱(图 6-30),试推测其分子结构式。

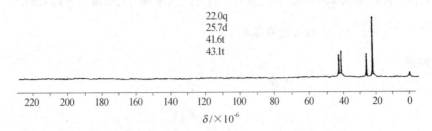

图 6-30 某氯代烃($C_5H_{11}Cl$)的 $^{13}C\{^1H\}$-NMR 谱

解: 1. $U = \dfrac{2+2\times5-12}{2} = 0$,为饱和氯代烃。

2. 分子式中含碳数多于谱图中峰数,分子应有对称因素。

3. $\delta\,22.0\times10^{-6}$ (q) 为 CH_3 峰,且强度大,可能有两个对称的 CH_3。$\delta\,25.7\times10^{-6}$ (d) 为 CH 峰,$\delta\,41.6\times10^{-6}$ (t) 为 CH_2 峰,$\delta\,43.1\times10^{-6}$ (t) 为 CH_2 峰。综上,可能结构为:

$$\begin{array}{cc} H_3C\!\!\diagdown \\ CH-CH_2CH_2Cl \\ H_3C\!\!\diagup \end{array} \qquad \text{或} \qquad \begin{array}{c} Cl \\ | \\ CH_3CH_2-C-CH_2CH_3 \end{array}$$

A   B

虽然 B 中 CH_3、CH_2、CH 的个数与所推测一致,但此结构仅有 3 种类型碳,与图谱不符,故应为 A。

例 6-18 某化合物的分子式为 C_7H_8O,它的碳谱和氢谱如图 6-31 所示。试推断出结构式。在氢谱中,各峰所代表的质子数,标在每个峰的上方。

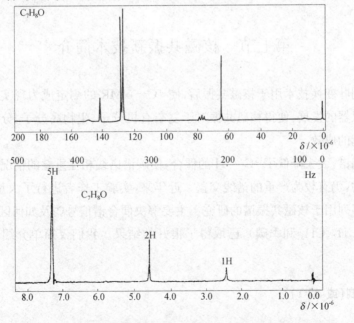

图 6-31 未知物 C_7H_8O 的碳谱(25.2 MHz,质子噪音去偶)
(上)和氢谱(60 MHz)(下)

$\delta_C^{TMS}/\times 10^{-6}$:140.8(单峰),128.2(二重峰),127.2(二重峰),126.8(二重峰),64.5(三重峰)。

解:1. $U = \dfrac{2+2\times 7-8}{2}=4$,可能有苯环

2. 由碳谱

$\delta(\times 10^{-6})$	峰数	单元
64.5	t	—CH$_2$—
140.8	s	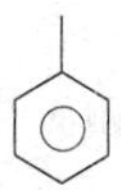
128.2	d	苯环
127.2	d	
126.8	d	

由氢谱:

$\delta(\times 10^{-6})$	峰数	氢数	单元
2.45	s	1	—OH
4.60	s	2	—CH$_2$—
7.35	s	5	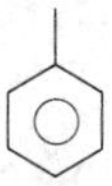 苯基

3. 可能结构为:

C$_6$H$_5$—CH$_2$OH

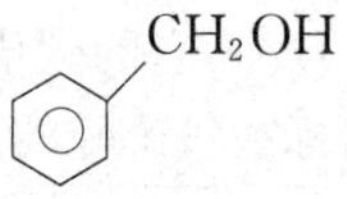

第七节 核磁共振新技术简介

脉冲—傅利叶变换技术用于核磁共振后,使^{13}C—NMR的测定成为现实。而各种脉冲系列的应用及其仪器的发展,使得核磁共振对于复杂有机分子、生物高分子、分子动态等方面的研究取得了卓越的成效。

偏共振去偶谱,大大降低了^{13}C—^{1}H的偶合,使碳谱谱线相互重叠的情况得以改善。但对于复杂的化合物,仍有较为严重的谱线交盖。近年来,实验工作者进行了大量的探讨,设计了数种不同脉冲序列用于核磁共振谱的研究。主要解决偶合谱信号弱及如何区别去偶谱中各种碳的级数(CH、CH$_2$、CH$_3$和季碳),已取得了很好的结果。我们仅简单介绍几种较为常用的方法。

一、J—调制(或 APT)

在分析多脉冲实验时,将实验分为准备期、发展期和检测期3个时期。准备期用于使核自旋系统弛豫恢复至平衡状态。发展期通过脉冲的调整控制磁核磁化矢量的运动,以便能得到

所需要的信息。检测期则用于 FID 信号的采集。

J 调制的脉冲序列为在对 ^{13}C 施以如图所示的脉冲的同时,通过 ^1H 的去偶序列来调制,以观测 C—H 偶合对 ^{13}C 的影响。图中显示,在对 ^{13}C 施以 180°脉冲作用前,打开 ^1H 去偶开关,^1H 与 ^{13}C 完全去偶;当施以 180°脉冲时,关闭质子去偶器,即在第二个 τ 时间内,^{13}C 受质子偶合,偶合常数为 J;在接收 FID 信号时,再打开去偶开关,^1H 和 ^{13}C 处于去偶状态。

在 J 调制脉冲序列测 ^{13}C 谱时,可通过控制 τ 的大小来控制 FID 信号的大小与相位。例如,用 J 调制脉冲实验测与碳相连的质子数(APT),通过对延迟时间 τ 设置不同的值,可达到区分碳类型的目的。其 τ 的设置及图谱信息如下:

$\tau=1/J$ 时,^{13}C 谱中 CH_3 和 CH 碳为负信号,CH_2 和季碳为正信号;

$\tau=3/(4J)$ 时,CH_3 和 CH 碳为负信号,且 CH_3 碳信号为 CH 碳信号强度的 1/2;

$\tau=1/(2J)$ 时,只有季碳信号,且为正信号(注:$J=125\ Hz$)。

由上可知,只要以不同的 τ 值做 3 个 APT 谱,即可区分不同类型的碳。此方法的优点是:脉冲序列简单,季碳也出峰,且由于 NOE 效应,可使峰强增加。但该法也有缺点,即 CH 和 CH_3 由于信号理论上强度为 1/2,但实际上不完全成比例,所以有时 CH 和 CH_3 不能很清楚分辨。

二、不灵敏核的极化转移增益法(INEPT)

INEPT 法是通过为 ^1H 和 ^{13}C 分别施以一定的脉冲,通过调制延迟时间来得到所需 ^{13}C 谱的信息的方法。为了使信号有足够的增益,常利用的脉冲系列为重聚焦去偶 INEPT 序列(图 6-32)。在此脉冲序列中,延迟时间 τ_2 可根据所需信息来调制,$\tau_1=1/(4J_{AX})$,$J_{AX}\approx 125\ Hz$。

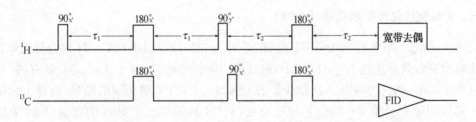

图 6-32 重聚焦去偶 INEPT 脉序列,$\tau_1=1/(4J_{AX})$;τ_2 可根据要求而改变

当 $\tau_2=1/(8J_{AX})$ 时,CH、CH_2、CH_3 均为正信号;

$\tau_2=1/(4J_{AX})$ 时,CH 为正信号,CH_2 和 CH_3 信号为 0;

$\tau_2=3/(8J_{AX})$ 时,CH 和 CH_3 为正信号,CH_2 为负信号。

季碳在 INEPT 谱中信号强度为零(即无季碳信号)。

只要取 $\tau_2=1/(4J_{AX})$ 和 $\tau_2=3/(8J_{AX})$，分别作 INEPT 去偶谱，再对照质子宽带去偶谱，即可对分子结构中的碳原子分类。图 6-33 是薄荷醇的重聚焦质子去偶 INEPT ^{13}C 谱。

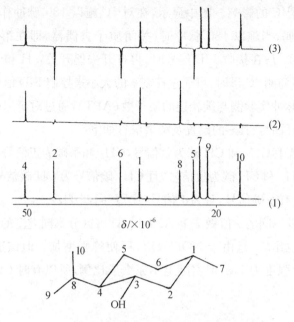

图 6-33 薄荷醇的重聚焦质子去偶 INEPT ^{13}C 谱

$(50.3\ \text{MHz},\text{CDCl}_3)$ 设 $^1J_{\text{CH}}=130\ \text{Hz}$

(1) $\tau_2=\dfrac{1}{8\ ^1J_{\text{CH}}}$；(2) $\tau=\dfrac{1}{4\ ^1J_{\text{CH}}}$；(3) $\tau_2=\dfrac{3}{8\ ^1J_{\text{CH}}}$

由上可知，INEPT 谱的优点是 CH、CH_2、CH_3 均能分辨清楚，但其脉冲序列较为复杂，且季碳无峰。

三、无畸变极化转移增益法（DEPT）

前边所讨论的 APT 谱和 INEPT 谱，在选用 J_{CH} 时，均是以饱和 C—H 偶合且无电负性基团干扰时的平均偶合常数 $J_{\text{CH}}=125\ \text{Hz}$，而具体不同的结构时，由于 J_{CH} 不同，使有些 ^{13}C 谱某些信息产生大小、相位的畸变。而 DEPT 谱可得到与 INEPT 谱相同的结果，而对 J 值的依赖较少。其脉冲序列见图 6-34。它通过改变，对 ^{1}H 核的第三个脉冲的宽度（θ_y°）来达到与 INEPT 脉冲序列改变 τ_2 相同的目的。

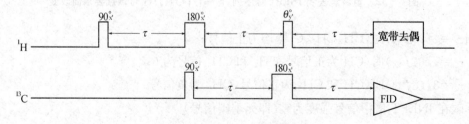

图 6-34 DEPT 脉冲序列

$\tau=\dfrac{1}{2J_{AX}}$；θ_y° 为可变的脉冲宽度

在 DEPT 实验中，调节脉冲宽度，所得信息如下：

$\theta_{y'}^{\circ}=45°$时，CH、CH_2、CH_3 均为正信号；

$\theta_{y'}^{\circ}=90°$时，CH 为正信号，CH_2 和 CH_3 信号为零；

$\theta_{y'}^{\circ}=135°$时，CH 与 CH_3 为正信号，CH_2 为负信号；

在 DEPT 谱中，季碳不出现信号。

在实际测定中，只要测出 90°和 135°的 ^{13}C—DEPT 谱以及质子噪音去偶谱进行对照，即可确定分子中各碳的类型。

DEPT 谱脉冲序列简单，化合物中 J 有变化时，测定结果仍较好，是目前确定复杂有机分子结构较为常用的方法之一。

学习指导

一、要求

本章重点要求掌握核磁共振的基本理论，进动的概念，核磁共振产生的条件，化学位移及其影响因素，自旋偶合及自旋分裂，偶合常数，化学等价和磁等价，$n+1$ 律等基本概念。掌握鉴别活泼氢是否存在的方法。

了解弛豫历程和各能级上粒子的分布，会计算质子的化学位移，能区分一级图谱和高级图谱，并能为自旋系统命名。

能较为熟练地解析一级图谱，并能识别简单的高级图谱（AA′BB′系统）等。

一般了解脉冲傅立叶变换技术，^{13}C 谱的特点，并核偶合的概念，^{13}C 测定技术（质子去偶谱、偏振去偶谱、门控去偶谱、反门控去偶谱等）。

了解核磁共振新进展，熟悉 INEPT 谱和 DEPT 谱确定碳级数的方法，二维谱的特点，实验技术及其分析偶合关系确定分子结构的方法。

二、小结

（一）核磁共振

在强磁场的诱导下，原子核产生自旋能级分裂，当用一定频率的无线电波照射分子时，能引起原子核自旋能级的跃迁。这种现象称为核磁共振。

若原子核自旋量子数 $I=0$，无自旋现象，核磁矩为零，则无核磁共振现象。

共振吸收的条件：

① 光照频率等于原子核在磁场作用下的进动频率（$\nu_0=\nu$），即电磁波的能量必须等于能级跃迁的能级能量差。

② $\Delta m=\pm 1$，跃迁只能发生在相邻能级。

对于 $I=\dfrac{1}{2}$ 的核，其进动频率 $\nu_0=\dfrac{\gamma}{2\pi}H_0$，能级跃迁发生在 $m=\dfrac{1}{2}$ 与 $m=-\dfrac{1}{2}$ 之间。

^{1}H 核磁共振的重要参数：化学位移 δ，偶合常数 J 和积分高度。

^{1}H—NMR 谱提供的信息：含氢官能团、核间关系和氢分布。

（二）化学位移

化学位移是核磁共振图谱的重要参数之一。影响化学位移的因素很多，如电负性、磁各向异性、杂化效应、氢键及溶剂效应等。

计算化学位移的经验公式：

① $\delta = B + \sum S_i$,B 为基础值。甲基、亚甲基、次甲基氢的 B 值分别为 0.87×10^{-6}、1.20×10^{-6} 及 1.55×10^{-6}。S_i 为取代基对化学位移的贡献值。

② $\delta_{C=C-H} = 5.28 \times 10^{-6} + Z_{同} + Z_{顺} + Z_{反}$,$Z$ 为取代常数,下标为同碳、顺式和反式取代基。

(三)自旋偶合与自旋系统

1. **自旋偶合** 核自旋产生的核磁矩间的相互干扰。
2. **自旋分裂** 由自旋偶合引起的共振峰分裂的现象。
3. **$n+1$ 律** 某基团的氢与 n 个相邻氢偶合时,将被分裂为 $n+1$ 重峰,而与该基团本身的氢数无关。
4. **一级图谱** $\Delta\nu/J > 10$ 的 ^{1}H—NMR 谱。

一级图谱特征:峰裂分符合 $n+1$ 律;裂分峰张度比为 2 项式展开的系数比;δ 在多重峰的中间;J 为多重峰的峰裂距。

5. **化学等价核** 具有相同化学位移的一组核。
6. **磁等价核** 分子中一组化学等价核与分子中其他任何核以相同强弱偶合,这组核为磁等价核。

磁等价核必须是化学等价核,但化学等价核不一定是磁等价核。

(四)一级核磁共振谱的解析

送样要求,解析顺序。

(五)碳谱

1. **碳-13 谱测定技术** 质子去偶谱、偏振去偶谱、门控去偶谱、反门控去偶谱。
2. **碳-13 谱的特点** 灵敏度低;范围宽、分辨率高;图谱复杂;信号强度和碳原子数不成比例。
3. **核磁共振进展**

① INEPT 提供碳的级数(调节脉冲序列的延迟时间 τ_2)

$\tau_2 = 1/8J_{AX}$ 时,CH、CH$_2$、CH$_3$ 均为正信号;

$\tau_2 = 1/4J_{AX}$ 时,CH 为正信号,CH$_2$ 和 CH$_3$ 信号为 0;

$\tau_2 = 3/8J_{AX}$ 时,CH 和 CH$_3$ 为正信号,CH$_2$ 为负信号。

季碳在 INEPT 谱中信号张度为 0(即无季碳信号)。

② DEPT 谱提供碳的级数(调节脉冲宽度 $\theta°_{y'}$)

$\theta°_{y'} = 45°$ 时,CH、CH$_2$、CH$_3$ 均为正信号;

$\theta°_{y'} = 90°$ 时,CH 为正信号,CH$_2$ 和 CH$_3$ 信号为 0;

$\theta°_{y'} = 135°$ 时,CH 和 CH$_3$ 为正信号,CH$_2$ 为负信号;

在 DEPT 谱中,季碳无信号。

思考题

1. 哪些类型的核具有核磁共振现象?
2. 为什么强射频波照射样品,会使 NMR 信号消失,而 UV 与 IR 吸收光谱法则不消失?
3. 为什么用 δ 值标示峰位,而不用共振频率的绝对值标示?为什么核的共振频率与仪器的磁场强度有关,而偶合常数与磁场强度无关?
4. 为什么 NMR 谱左端高场相当于低频,右端低场相当于高频?而 Larmor 公式说明核进动频率 $\nu \propto H_0$,两者是否矛盾,如何统一?

5. 为什么炔氢的化学位移位于烷烃与烯烃之间?
6. 在 1,5-亚甲基环戊烯(I)中的 α 与 β 氢的化学位移分别为 -0.17×10^{-6} 与 0.83×10^{-6},试绘出烯键的正负屏蔽区,说明其原因。
7. 什么是自旋偶合与自旋分裂?单取代苯的取代基为烷基时,苯环上的芳氢(5 个)为单峰,为什么?两取代基为极性基团(如卤素、—NH$_2$、—OH 等),苯环的芳氢变为多重峰,试说明原因,并推测是什么自旋系统。

8. 峰裂距是否是偶合常数? 偶合常数能提供什么结构信息?
9. 什么是狭义与广义的 $n+1$ 律?
10. 磁等价与化学等价有什么区别? 说明下述化合物哪些氢是磁等价、化学等价,峰形(单峰、二重峰…)。并可以佐以化学位移的计算。

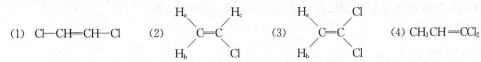

(1) Cl—CH=CH—Cl   (2)   (3)   (4) $CH_3CH=CCl_2$

(5) 对二氯苯　(6) 邻二氯苯　(7) 间二氯苯　(8) 1,3,5-三氯苯

(9) $\delta_a = \delta_b = 6.36 \times 10^{-6}$(s),磁等价　(10) $\delta_a 5.31 \times 10^{-6}$、$\delta_b 5.47 \times 10^{-6}$、$\delta_c 6.28 \times 10^{-6}$　(11) $\delta_a = \delta_b = 5.50 \times 10^{-6}$(s),磁等价　(12) $\delta_{CH_3} 1.73 \times 10^{-6}$(d)、$\delta_{CH} 5.86 \times 10^{-6}$(qua)

(13) 7.27×10^{-6}(s)　(14) $AA'BB'$ 系统 $\delta(6.90 \sim 7.55) \times 10^{-6}$

(15) AB_2C 系统 $\delta_b = 7.39 \times 10^{-6}$;$\delta_2 = \delta_4 \approx \delta_3 = 7.22 \times 10^{-6}$

(16) $\delta 7.30 \times 10^{-6}$(s),磁等价

11. ABC 与 AMX 系统有什么区别?
12. 为什么 ^{13}C—NMR 谱直到 20 世纪 60 年代后期才开始得以发展和应用?
13. ^{13}C—NMR 谱能以各 ^{13}C 峰强比来确定各 δ 处的含碳数吗?
14. 门控去偶谱与反门控去偶谱的区别是什么?
15. INEPT 谱、DEPT 谱和 APT 谱能提供什么结构信息?

习 题

一、填空题

1. 在磁场中,若核的自旋量子数 $I=1/2$,其在外磁场中核磁矩有_____种取向。
2. 在外磁场中,质子产生核磁共振的条件是_____和_____。
3. 在核磁共振氢谱中,具有相同化学环境的核_____,_____相同_____;将这种核称为_____。
4. 自旋系统按偶合强弱分为_____和_____偶合,以_____区分偶合的强弱。
5. 核自旋产生的核磁矩间的相互干扰称为_____;_____称为自旋分裂;简单偶合产生的峰裂矩称为_____。
6. 核磁共振一级谱中最有价值的基本信息为_____、_____和_____。

二、选择题

1. 分子式为 $C_5H_{10}O$ 的化合物,其NMR谱上只出现两个单峰,最可能的结构是(　　)。
   A. $(CH_3)_3CCHO$　　　　　　B. $(CH_3)_2CHCOCH_3$
   C. $CH_3CH_2CH_2COCH_3$　　　D. $CH_3CH_2COCH_2CH_3$
2. 某化合物的 ^1H—NMR 谱中,由低场向高场三组峰的积分高度比依次为 1:3:1,请判断下列结构中的(　　)。
   A. CH_3COCH_2CH—　　　　B. CH_3CHOCH—
   C. CH_3OCHCH—　　　　　　D. $CH_3COCH_2CH_2$—
3. 关于磁等价和化学等价下列说法正确的是(　　)。
   A. 化学等价核必为磁等价核　　B. 磁等价核必为化学等价核
   C. 磁等价核不一定是化学等价核　D. 二者关系很难说清
4. 各类质子的化学位移在核磁共振谱上出现的一般规律为(　　)。

A. 芳氢>炔氢>烯氢>烷氢 B. 芳氢>烯氢>烷氢>炔氢
C. 芳氢>烯氢>炔氢>烷氢 D. 炔氢>芳氢>烯氢>烷氢

5. 下列化合物分子中,质子化学位移最小的是( )。
A. CH_3Br B. CH_3Cl
C. CH_3I D. CH_4

6. 下列化合物中,所有质子磁等价,在 NMR 谱中只有一个吸收峰的是( )。
A. $CH_3CH_2CH_2Br$ B. CH_3OH
C. $CH_2=CHCl$ D. ⬡

三、解谱题

1. 计算顺式与反应桂皮酸 H_a 与 H_b 的化学位移。

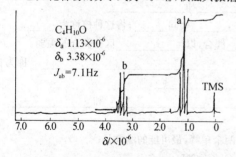

2. 已知用 60 MHz 仪器测得:$\delta_5=6.72\times10^{-6}$,$\delta_4=7.26\times10^{-6}$,$J_{45}=8.5$ Hz。
计算① 苯环上 2 个质子是什么自旋系统;
② 当仪器的频率增加至多少时变为一级偶合 AX 系统。

3. 根据下列 NMR 数据,绘出 NMR 图谱,并给出化合物的结构式。
(1) $C_{14}H_{14}$:$\delta 2.89\times10^{-6}$(s,4H)及 $\delta 7.19\times10^{-6}$(s,10H)
(2) C_7H_9N:$\delta 1.52\times10^{-6}$(s,2H)$\delta 3.85\times10^{-6}$(s,2H)及 $\delta 7.29\times10^{-6}$(s,5H)
(3) C_3H_7Cl:$\delta 1.51\times10^{-6}$(d,6H)及 $\delta 4.11\times10^{-6}$(sept.,1H)
(4) $C_4H_8O_2$:$\delta 1.2\times10^{-6}$(t,3H),$\delta 2.3\times10^{-6}$(qua.,2H)及 $\delta 3.6\times10^{-6}$(s,3H)

4. 由下述 NMR 图谱,进行波谱解析,给出未知物的分子结构及自旋系统。
(1) 已知化合物的分子式为 $C_4H_{10}O$,核磁共振谱如图 6-35 所示。
(2) 已知化合物的分子式为 C_9H_{12},核磁共振谱如图 6-36 所示。

图 6-35 $C_4H_{10}O$ 的核磁共振谱   图 6-36 C_9H_{12} 的核磁共振谱

(3) 已知化合物的分子式为 $C_{10}H_{10}Br_2O$,核磁共振谱如图 6-37 所示。
(4) 指出图(6-38)是哪个结构式,说明理由。

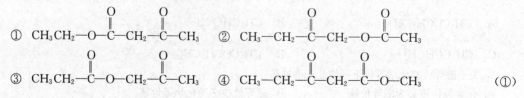

(①)

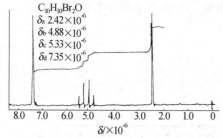

图 6-37　$C_{10}H_{10}Br_2O$ 的核磁共振谱　　　　图 6-38　$C_6H_{10}O_3$ 的核磁共振谱

5. α,α'-二甲氧基对二甲苯的氢谱如图 6-39 所示。请指出信号的归属。

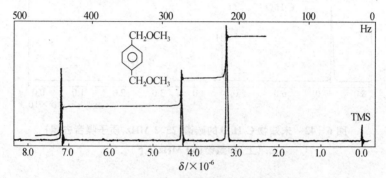

图 6-39　α,α'-二甲氧基对二甲苯的氢谱

6. 化合物 $C_{12}H_{14}O_4$ 的质子噪音去偶 ^{13}C 谱如图 6-40。$\delta 14.2\times10^{-6}(q),61.5\times10^{-6}(t),129.0\times10^{-6}(d),131.1\times10^{-6}(d),132.7\times10^{-6}(s),167.5\times10^{-6}(s)$。试推测其结构。

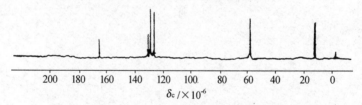

图 6-40　$C_{12}H_{14}O$ 质子噪音去偶 ^{13}C—NMR 谱

7. 化合物 $C_5H_8O_2$ 的质子宽带去偶如图 6-41，$\delta 14.4\times10^{-6}(q),60.4\times10^{-6}(t),129.3\times10^{-6}(t),130.0\times10^{-6}(d),166.0\times10^{-6}(s)$。试推测其结构。

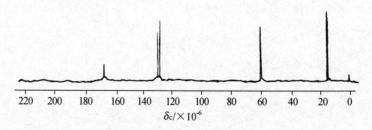

图 6-41　$C_5H_8O_2$ 质子噪音去偶 ^{13}C 谱

8. 某化合物的分子式为 C_7H_8O，它的碳谱和氢谱如图 6-42 所示，试推断出结构式，在氢谱中，各峰所代表的质子数标在每个峰的上方。

$\delta_C^{TMS}/\times 10^{-6}$：140.8(单峰)，128.2(二重峰)，127.2(二重峰)，126.8(二重峰)，64.5(三重峰)。

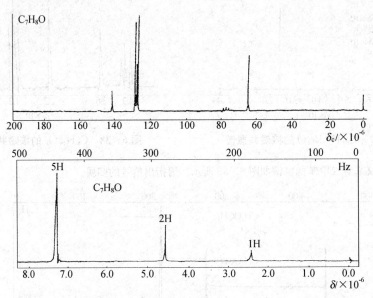

图 6-42　未知物 C_7H_8O 的碳谱(25.2 MHz，质子噪音去偶)
(上)和氢谱(60 MHz)(下)

(严拯宇)

第七章 质谱法

第一节 概 述

质谱法(mass spectrometry, MS)是在真空系统中将样品分子离解成带电的离子,并通过对生成离子的质量和强度测定,而进行样品成分和结构分析的方法。

质谱的形成过程如图7-1所示。样品通过导入系统进入离子源,被电离成离子和碎片离子,由质量分析器分离并按质荷比(m/z)大小依次抵达检测器,信号经放大、记录得到质谱(mass spectrum)。

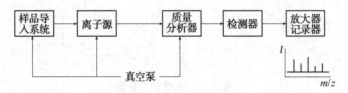

图7-1 质谱仪方框图

从图7-1可以看出,质谱与光谱形成过程有点类似。质谱仪中的离子源、质量分析器和检测器分别类似于光谱仪中的光源、单色器和检测器,但它们的原理完全不同。质谱既不属于光谱,也不属于波谱,但它常与UV、IR和NMR联合使用,是有机化合物结构分析的重要工具之一。

质谱分析法有如下特点:

(1) 应用范围广:质谱仪种类很多,应用范围很广。它既可进行同位素分析,又可进行化合物分析。在化合物分析中,既可以做无机成分分析,又可做有机结构分析。被分析的样品既可以是气体和液体,又可以是固体。本章只介绍用于有机结构分析的质谱法。

(2) 灵敏度高,样品用量少:目前有机质谱仪的绝对灵敏度可以达10^{-11}g,用微克量级的样品即可得分析结果。

(3) 分析速度快:扫描1~100 amu(原子质量单位)一般仅需几秒,最快可达1/1 000 s,因此,可实现色谱/质谱的在线(on—line)联用。

质谱分析法在有机、石油、地球、药物、生物、食品、农业和环保等化学领域已经得到了广泛的应用,其用途可概括如下:

(1) 测定相对分子质量:由高分辨质谱获得分子离子峰的质量数,可测出精确的相对分子质量。

(2) 鉴定化合物:如果事先可估计出样品的结构,用同一装置,同样操作条件测定标准样品及未知样品,比较它们的谱图即可进行定性鉴定。

(3) 推测未知物的结构:从分子离子和碎片离子获得的信息可推测分子结构。

(4) 测定分子中Cl、Br等的原子数:同位素含量比较多的元素(Cl、Br等),可通过同位素强度比及其分布特征推算出这些原子的数目。

(5) 质谱和色谱联用后，可用于多组分的定性和定量：采用选择离子检测(selected ion monitoring, SIM)技术可获得非常高的灵敏度和选择性，是目前痕量有机分析最有效的手段之一。

第二节 质谱仪及其工作原理

就功能而言，质谱仪由离子化、质量分离和离子检测等3部分组成。图7-2是单聚焦磁质谱仪的示意图。虽然目前商品质谱仪已不再有这类仪器，但应可帮助我们理解质谱仪的工作原理。

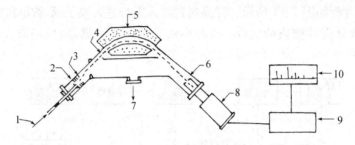

图 7-2　质谱仪示意图
1. 样品导入　2. 电离区　3. 离子加速区　4. 质量分析管　5. 磁铁
6. 检测器　7. 接真空系统　8. 前置放大器　9. 放大器　10. 记录器

一、样品的导入与离子源

(一) 样品导入系统

由于质谱仪是高真空的装置，为适合于不同样品进入离子源，目前有机质谱仪的样品导入系统大致可分为两类：直接进样和色谱联用导入样品。

1. 直接进样(direct probe inlet, DPI)　适用于单组分、挥发性较低的固体或液体样品。用直接进样杆的尖端装上少许样品(几个纳克)，减压后直接送入离子源，快速加热使之挥发，被离子源离子化。这种方法可测量相对分子质量范围达2 000左右。

2. 色谱联用导入样品　适用于多组分分析。色谱法将多组分分离成单体，通过"接口"(interface)导入离子源进行质谱分析，这种方法称为质谱/色谱联用。"接口"的作用是除去色谱流出的大量流动相，将被测组分导入高真空($1.33 \times 10^{-3} \sim 1.33 \times 10^{-5}$ Pa)的质谱仪中。目前常见的有气相色谱/质谱联用(gas chromatography/mass spectrometry, GC/MS)和高效液相色谱/质谱联用(high performance liquid chromatography/mass spectrometry, HPLC/MS)。它们的接口种类较多，其中毛细管气相色谱与质谱联用的接口最为简单，细径毛细管柱(≤0.2 mm i.d.)在保温条件下，直接插入质谱离子源即可。

(二) 离子源

其作用是使被分析物质电离为正离子或负离子。近年来，质谱法的迅速发展与仪器的进步和新的离子化方法的出现密切相关。20世纪70年代初期，质谱法只能测定在质谱仪离子源中能气化的样品。后来，一些"软离子化方法"(soft ionization method)相继出现，可以由固相直接产生气相离子，大大扩展了质谱法的应用范围。目前，质谱仪的离子源种类很多，其原理和用途各不相同,其中最常见的是电子轰击离子源(electron impact source,EI)和化学离子源(chemical ionization source,CI)。

1. 电子轰击离子源 结构示意图见图 7-3。

气化的样品分子(或原子)受到灯丝发射的电子束的轰击,如果轰击电子的能量大于分子的电离能,分子将失去电子而发生电离,通常失去 1 个电子:

$$M+e^-(高速) \rightarrow M^+ + 2e^-(低速)$$

式中 M 表示分子,M^+ 表示自由基阳离子(常称为分子离子)。如果再提高电子的能量,将引起分子中某些化学键的断裂,如果电子的能量大大超过分子的电离能,则足以打断分子中各种化学键,而产生各种各样的碎片,如阳离子、离子—分子复合物、阴离子和中性碎片等。在推斥极作用下阳离子进入加速区,被加速和聚集成离子束,并引入质量分析器,而阴离子和中性碎片则被真空抽走。

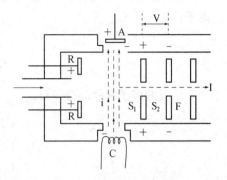

图 7-3 电子轰击离子源
A. 阳极   C. 阴极(灯丝)   i. 电子流
R. 推斥极 S_1,S_2. 加速极
F. 聚集极   I. 离子流

电子轰击离子源的轰击电子能量常为 70 eV,得到的离子流较稳定,碎片离子较丰富,因而应用最广泛,质谱仪谱库中的质谱图都是用 70 eV 轰击电子得到的。EI 的缺点是,对于相对分子质量较大或稳定性差的样品,常常得不到分子离子峰,因而也不能测定其相对分子质量。

2. 其他离子源 为获得分子离子峰,目前还有一些离子源供研究者选择使用。它们采用所谓"软离子化方法"使样品分子电离,得到相对丰度较大的分子离子峰(M^+)或拟分子离子峰(quasi—molecular ions),亦称准分子离子峰。常见的这类离子源工作原理各不相同,简单说明如下:

(1) 化学离子源:这是 1966 年开始发展的一种离子源,目前,化学离子源已经广泛地应用于有机质谱中。

图 7-4 是化学离子源简图。样品放在样品探头顶端的玻璃毛细管中,通过隔离阀进入离子源。反应气经过压强控制与测量后导入反应室,反应气压强约为 66.7~266.6 Pa,毛细管中样品经加热蒸发进入反应室。反应室中,反应气首先被电离成离子,然后反应气的离子和样品分子通过离子—分子反应,产生样品离子。

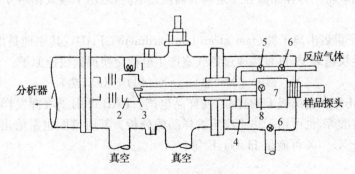

图 7-4 化学电离源
1. 灯丝 2. 反应室 3. 样品 4. 真空测量规 5. 气流控制阀
6. 切换阀 7. 前级真空室 8. 隔离阀

化学离子源在离子化过程中没有给予新生的离子过多的能量,因此常常生成强度较大的加成离子,通常为质子化的分子,即准分子离子。

在该过程中,生成的碎片离子主要是 CH_4^+ 和 CH_3^+,它们又与反应气作用生成两种新离子:

$$CH_4^+ + CH_4 \longrightarrow CH_5^+ + CH_3$$
$$CH_3^+ + CH_4 \longrightarrow C_2H_5^+ + H_2$$

生成的离子和样品分子反应:

$$CH_5^+ + XH \longrightarrow XH_2^+ + CH_4$$
$$C_2H_5^+ + XH \longrightarrow XH_2^+ + C_2H_4$$
$$C_2H_5^+ + XH \longrightarrow X^+ + C_2H_6$$

反应生成的离子也可能再发生分解:

$$XH_2^+ \longrightarrow X^+ + H_2$$
$$XH_2^+ \longrightarrow A^+ + C$$
$$X^+ \longrightarrow B^+ + D$$

样品(如 XH)经过离子—分子反应,可产生 XH_2^+、X^+、A^+ 碎片离子和 B^+ 碎片离子 4 种离子,检测这些离子,就可得到样品的质谱。

可见,化学离子源和电子轰击离子源不同,样品分子不是与电子碰撞,而是与试剂离子碰撞而离子化的。化学离子源通常产生质子化的样品分子,质子化的部位通常是具有较大的质子亲合力的杂原子。质子化的分子也可能裂解,丢失包括杂原子的碎片。由于 C—C 键断裂的可能性在化学离子源中较少,故化学离子源中碎片离子较少。利用化学离子源,即便是分析不稳定的有机化合物,也能得到明显的分子离子峰(严格地讲是准分子离子峰),并且可使谱图大大简化。化学离子源虽然提供了相对分子质量的信息,但缺少样品的结构信息,因此,它与电子轰击离子源是相互补充的。化学离子源常用的反应气有 CH_4、N_2、He、NH_3 等。

(2) 场致离子源:是采用强电场把冷阳极附近的样品分子的电子拉出去,形成离子。电场的两电极距离很近($d<1$ mm),施加几千伏甚至上万伏的稳定直流电压。场致电离有两种技术:场电离(field ionization,FI 也称场致电离)和场解析(field desorption,FD)。前者将气体通过电场电离,后者将固体样品涂在发射体表面使之电离,适用于较大相对分子质量和热不稳定化合物电离。

(3) 快速原子束轰击离子源(fast atom bombardment,FAB):其原理是由电场使氙原子电离并加速,产生快速离子,再直接通过氙气室产生电荷交换得到快速原子:

$$Xe^+(快) + Xe(热) \longrightarrow Xe(快) + Xe^+(热)$$

快速原子轰击涂在金属板上的样品,使样品电离。FAB 可用于难挥发样品的分析,例如糖类、多肽和核苷酸等,也可用于热不稳定的样品的分析。其质谱图也常给出准分子离子峰,$(M+X)^+$ 或 $(M-X)^+$,X 可能是 H、Na、K 等。

用3种离子源测得甲糖宁的质谱图如图7-5所示。为获得分子离子峰的信息,除采用上述不同离子源外,还可用降低EI的轰击电子能量或用化学衍生化提高样品分子挥发度和稳定性等方法来解决。

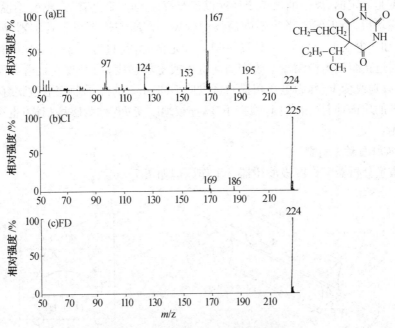

图7-5 3种离子源质谱图的比较

二、质量分析器

质量分析器(mass analyzer)是指质谱仪中将不同质荷比的离子分离的装置。质量分析器种类较多,分离原理也不相同,通常根据质量分析器的不同来对质谱仪进行分类、命名。目前用于有机质谱仪的质量分析器主要是磁偏转式和四极杆式。属于前者的仪器称为磁质谱仪(magnetic—sector mass spectrometer),后者称为四极杆质谱仪或四极质谱仪(quadrupole mass spectrometer)。

(一)磁偏转式质量分析器

这种分析器实际上是1个处于磁场中的真空容器(图7-2)。离子在离子源中被加速后,具有一定的动能,进入质量分析器。

$$\frac{1}{2}mv^2 = zV \tag{7-1}$$

在分析器中,离子受到磁场力(即Lorentz力)的作用,离子将在与磁场垂直的平面内,作匀速圆周运动。圆周运动的向心力等于磁场力:

$$m \cdot \frac{v^2}{R} = HzV \tag{7-2}$$

式中,H为磁场强度,R为离子偏转半径,V为加速电压,v为离子的速度,z为离子所带电荷数目,m为离子的质量,单位为原子质量单位(amu)。比较式(7-1)和(7-2),整理得磁偏转式质量分析器的质谱方程式:

$$m/z = \frac{H^2 R^2}{2V} \tag{7-3}$$

或
$$R=\sqrt{\frac{2V}{H^2}\cdot\frac{m}{z}} \tag{7-4}$$

可见,离子在磁场中运动的半径 R 是由 V、H、m/z 三者决定的。假如仪器所用的加速电压和磁场强度是固定的,离子的轨道半径就仅仅与离子的质荷比有关,也就是说,不同质荷比的离子通过磁场后,由于偏转半径不同而彼此分离。在质谱仪中离子检测器是固定的,即 R 是固定的,当加速电压 V 和磁场强度 H 为某一固定值时,就只有一定质荷比的离子可以满足式(7-4)而通过狭缝到达检测器。改变加速电压或磁场强度,均可改变轨道半径。如果使 H 保持不变,连续地改变 V(称为电压扫描),可以使不同 m/z 的离子顺序通过狭缝到达检测器,得到某个范围的质谱;同样,若使 V 保持不变,连续地改变 H(称为磁场扫描)也可使不同 m/z 的离子被检测。

(二) 四极杆质量分析器

四极杆质量分析器又称四极滤质器。工作原理如图 7-6 所示。

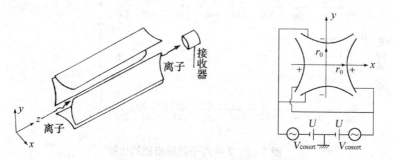

图 7-6 四极杆质量分析器原理图

这是目前低分辨质谱仪中最为广泛采用的质量分析器。它由两组平行的双曲面状电极组成。在 x 方向的电极上施加 $U+V\cos\omega t$ 的高频电压,在 y 方向的电极上施加 $-(U+V\cos\omega t)$ 的高频电压,U 是电压的直流分量,V 是电压的交流幅值,ω 为圆频率,t 是时间。一束离子沿 z 方向进入四极电场中,将在极性相反的相邻两极间产生振荡。当工作参数固定时,只有一种 m/z 的离子到达接收器被检出,其他 m/z 的离子因振幅过大,碰到四极杆上。质量扫描是通过保持其他参数不变,维持 U/V 为一定比值,改变直流电压 U 和交流电压幅值 V 来实现,也可改变其他参数实行。

四极杆质谱仪的主要优点是:① 结构简单、体积小,重量轻,价格便宜。② 扫描速度快,满质量范围扫描一般只需几毫秒,有利于与色谱仪及其他分离仪器联用。③ 自动化程度较高。主要缺点是:① 分辨率不如双聚焦质谱仪。② 质量范围较窄,一般为 10～1 200 amu,但也基本上满足普通药品分析的需要。③ 不能提供亚稳离子信息(见本章第三节)。

第三节 质 谱

一、质谱的表示方法

质谱的表示方法很多,除用紫外记录器记录的原始质谱图外,常见的是经过计算机处理后的棒图及质谱表。其他尚有八峰值及元素表(高分辨质谱)等表示方式。现以多巴胺为例说明。

（一）棒图

多巴胺的原始质谱经计算机处理后，获得的棒图如图7-7。

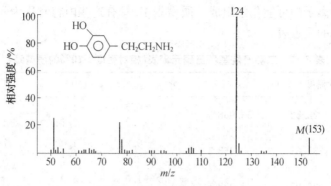

图7-7　多巴胺的质谱

棒图中，横坐标表示质荷比(m/z)，其数值一般由定标器或内参比物定出。纵坐标表示离子丰度(ion abundance)，即离子数目的多少。表示离子丰度的方法有两种，即相对丰度和绝对丰度。

相对丰度(relative abundance)，又称相对强度，是以质谱中最强峰的高度定为100%，并将此峰称为基峰(base peak)。然后，以此最强峰去除其他各峰的高度，所得的分数即为其他离子的相对丰度。

绝对丰度(absolute abundance)，是以m/z 40以上的离子的峰高度之和作为100%，然后去除各峰的高度，得到各峰的百分数，绝对丰度以"Σ"符号表示，如某峰为20%，则记为20%Σ_{40}。

（二）质谱表

把原始质谱图数据加以归纳，列成以质荷比为序的表格形式。表7-1显示了多巴胺的部分质谱表。

表7-1　多巴胺质谱表($m/z>50$，相对强度>1%的质谱峰)

m/z	相对强度/%	m/z	相对强度/%	m/z	相对强度/%	m/z	相对强度/%
50	4.00	64	1.57	79	2.71	123	41.43
51	25.71	65	3.57	81	1.05	124	100.00
52	3.00	66	3.14	89	1.57		(基峰)
53	5.43	67	2.86	94	1.76	125	7.62
54	1.00	75	1.00	95	1.43	136	1.48
55	4.00	76	1.48	105	4.29	151	1.00
62	1.57	77	24.29	106	4.29	153	13.33(M)
63	3.29	78	10.48	107	3.29	154	1.48($M+1$)

（三）八峰值

由化合物质谱表中选出8个相对强峰，以相对强峰为序编成八峰值，作为该化合物的质谱特征，用于定性鉴别。多巴胺的八峰值为124(100)、123(41.43)、51(25.71)、77(24.29)、153(13.33)、78(10.48)、125(7.62)、53(5.43)。未知物可利用八峰值查找八峰值索引(eight peak index of mass spectra)定性。

（四）元素表(element list)

高分辨质谱仪可测得分子离子及其他各种离子的精密质量,经计算机运算、对比,可给出分子式及其他各种离子的可能化学组成。质谱表中,具有这些内容时称为元素表。表7-2是二环己烷基环己酮的元素表。

表7-2 二环己烷基环己酮元素表(相对强度＞10%的质谱峰)

峰号	相对强度/(%)	m/z	误差/(mu[①])	C/C*	H	O
37	22.52	53.038 5	−0.6	4/0	5	0
			3.9	3/1	4	0
40	31.61	55.058 3	−0.9	4/0	7	0
			3.5	3/1	6	0
52	26.97	65.038 1	−1.0	5/0	5	0
			3.4	4/1	4	0
70	100.00	79.054 0	−0.7	6/0	7	0
			3.7	5/1	6	0
326	38.97	258.198 5	0.5	18/0	26	1

注:mu为毫原子质量单位。C*代表^{13}C。表7-2中的误差是离子的实测值与计算值之差值。计算值:^{12}C为12.000 000、^{13}C为13.003 355、^{1}H为1.007 825及^{16}O为15.994 915原子质量单位。

二、离子类型

在一张质谱图上可以看到许多质谱峰及其相对强度的信息,峰的位置和强度与分子的结构有关。质谱峰由各种相应的离子产生,质谱图中出现的离子类型有6种:分子离子、碎片离子、同位素离子、亚稳离子、复合离子及多电荷离子(后两种离子较少出现)。所谓质谱解析,就是对各化合物质谱图中的各种峰加以识别和分析,用来测定元素组成、相对分子质量、分子式和分子结构。由于质谱的详细特征不仅取决于分子的性质,而且还和电子轰击能、样品压力以及质谱仪的设计有关。因此,对一张质谱图中的每一个峰都解释清楚几乎是不可能的。现将各种类型的离子简述如下:

（一）分子离子

分子在离子源中失去1个电子所形成的离子为分子离子(molecular ion)。

$$M - e^- \longrightarrow M^+$$

分子离子含奇数个电子,一般出现在质谱的最右侧。分子离子峰的质荷比是确定相对分子质量和分子式的重要依据。有关分子离子峰的确认和分子式的计算等内容,将在本章第四节中介绍。

（二）碎片离子

分子在离子源中获得的能量,超过分子离子化所需要的能量时,过剩的能量切断分子离子中的某些化学键而产生碎片离子(fragment ion)。碎片离子再获得能量(例如被电子轰击)又会进一步裂解产生更小的碎片离子。

图 7-8 是 4-正辛酮的质谱图。质谱图上 m/z 29、43、57、71 及 85 等质谱峰为碎片离子峰，m/z 128 是分子离子峰。

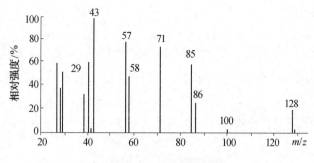

图 7-8 4-正辛酮的质谱

（三）同位素离子

大多数元素都是由具有一定自由丰度的同位素组成的，在质谱图中，会出现含有这些同位素的离子峰。这些含有同位素的离子称为同位素离子(isotopic ion)。

有机化合物一般由 C、H、O、N、S、Cl 及 Br 等元素组成，它们的同位素丰度比如表 7-3 所示。表中丰度比(%)是以丰度最大的轻质同位素为 100% 计算而得。

表 7-3 同位素的丰度比

同位素	$^{13}C/^{12}C$	$^{2}H/^{1}H$	$^{17}O/^{16}O$	$^{18}O/^{16}O$	$^{15}N/^{14}N$	$^{33}S/^{32}S$	$^{34}S/^{32}S$	$^{37}Cl/^{35}Cl$	$^{81}Br/^{79}Br$
丰度比/%	1.12	0.015	0.040	0.20	0.36	0.80	4.44	31.98	97.28

重质同位素峰与丰度最大的轻质同位素峰的峰强比，用 $\frac{M+1}{M}$、$\frac{M+2}{M}$、……表示，其数值由同位素丰度比及原子数目决定。^{13}C 的丰度比为 1.12%，但有机化合物一般含碳原子数较多，故质谱中碳的同位素峰也常见到。例如多巴胺的质谱 m/z 154 峰(表 7-1)，它的质量数比分子离子峰(M)大 1 个质量单位，可用 $M+1$ 表示，这是由于所含的所有 C 中有 1 个为 ^{13}C 所致。

^{2}H 及 ^{17}O 的丰度比太小，可忽略不计。^{34}S、^{37}Cl 及 ^{81}Br 的丰度比很大，它们的同位素峰非常特征，因而可以利用同位素峰强比推断分子中是否含有 S、Cl、Br 及原子的数目。关于同位素峰强比的计算，举例说明如下：

1. 分子中含 Cl 及 Br 原子

(1) 含 1 个 Cl 原子，$M:M+2=100:32.0≈3:1$。

(2) 含 1 个 Br 原子，$M:M+2=100:97.3≈1:1$。如图 7-9 所示。

(3) 分子中若含有 3 个 Cl，如 $CHCl_3$，会出现 $M+2$、$M+4$ 及 $M+6$ 峰。如图 7-10 所示。

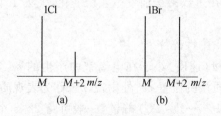

图 7-9 氯化物(a)与溴化物(b)的同位素峰强比

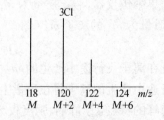

图 7-10 氯仿的同位素峰强比

H—C—^{35}Cl (with ^{35}Cl, ^{35}Cl)	H—C—^{35}Cl (with ^{35}Cl, ^{37}Cl)	H—C—^{35}Cl (with ^{37}Cl, ^{37}Cl)	H—C—^{37}Cl (with ^{37}Cl, ^{37}Cl)

m/z:　　　　118　　　　　　120　　　　　　122　　　　　　124
峰强比：　　　27　　　　　　27　　　　　　　9　　　　　　　1

同位素峰强比可用 2 项式 $(a+b)^n$ 求出。a 与 b 为轻质和重质同位素的丰度比，n 为原子数目。

例如含 3 个 Cl：$n=3$、$a=3$、$b=1$

$$(a+b)^3 = a^3 + 3a^2b + 3ab^2 + b^3$$
$$= 27 + 27 + 9 + 1$$
$$(M)(M+2)(M+4)(M+6)$$

2. 分子中只含 C、H 及 O 原子

$$(M+1)\% = \frac{M+1}{M} \times 100\% = 1.12\, n_C \approx 1.1\, n_C \tag{7-5}$$

因 $M+2$ 峰由分子中含 2 个 ^{13}C 或 1 个 ^{18}O 产生，而峰强比具有加和性，故：

$$(M+2)\% = 0.006\, n_C^2 + 0.20\, n_O \tag{7-6}$$

式 7-5 和 7-6 中，n_C 和 n_O 为分子中 C 和 O 原子的数目。

例 7-1　计算庚酮-4($C_7H_{14}O$)的$(M+1)\%$和$(M+2)\%$。

解：$(M+1)\% = 1.1 \times 7 = 7.7$（实测为 7.7）

$(M+2)\% = 0.006 \times 7^2 + 0.20 \times 1 = 0.29 + 0.20 = 0.49$（实测为 0.46）

3. 分子中含 C、H、O、N、S、F、I、P，而不含 Cl、Br 及 Si 时

$$(M+1)\% = 1.12\, n_C + 0.36\, n_N + 0.80\, n_S \tag{7-7}$$

$$(M+2)\% = 0.006\, n_C^2 + 0.20\, n_O + 4.44\, n_S \tag{7-8}$$

F、I、P 无同位素，H 的丰度很小，可忽略不计。

（四）亚稳离子

离子由电离区抵达检测器需要一定时间（约为 10^{-5} s），因而根据离子的寿命可将离子分为 3 种：① 寿命（约≥10^{-4} s）足以抵达检测器的离子为稳定离子（正常离子）。这种离子由电离区生成，经加速区进入分析器，而后抵达检测器，被放大、记录，获得质谱峰。② 在电离区形成，而立即裂解的离子为不稳定离子。寿命约＜1×10^{-6} s，仪器记录不到这种离子的质谱峰。③ 寿命约在 $(1\sim10) \times 10^{-6}$ s 的离子，在进入分析器前的飞行途中，由于部分离子的内能高或相互碰撞等原因而发生裂解，得到的离子称为亚稳离子(metastable ion)，其过程称为亚稳跃迁（或变化）。裂解后形成的质谱峰为亚稳峰(metastable peak, m^*)，见图 7-11。

对于单聚焦仪器，假定质量为 m_1 的母离子在进入磁场前发生亚稳变化，失去 1 个中性碎片，产生质量为 m_2 的离子 m_2^+（图 7-12）。

$$m_1^+ \longrightarrow m_2^+ + 中性碎片$$

由于在离子飞行途中产生的 m_2^+ 离子的能量（速度）小于在电离室中产生的 m_2^+，因此这种在飞行途中产生的离子将在质谱上小于它的质量的位置 m^* 处出现，m^* 称为表观质量。

亚稳峰的特点：① 峰弱，强度仅为 m_1 峰的 1%～3%。② 峰钝，一般可跨 2～5 个质量单位。③ 质荷比一般不是整数。

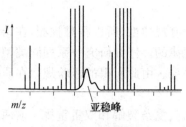

图 7-11 亚稳峰

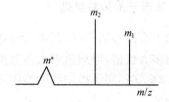

图 7-12 亚稳峰(m^*)、子离子峰(m_2)及母离子峰(m_1)的峰位示意图

表观质量 m^* 与母离子(parent ion)质量 m_1 及子离子(daughter ion, m_2^+)质量 m_2 有以下关系：

$$m^* = \frac{m_2^2}{m_1} \tag{7-9}$$

用(7-9)式可以确定离子的亲缘关系，对于了解裂解规律，解析复杂质谱很有用。举例如下。

例 7-2 对氨基茴香醚在 m/z 94.8 及 59.2 处，出现 2 个亚稳峰(见图 7-13)，可证明某些离子间的裂解关系。

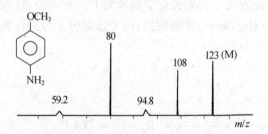

图 7-13 对氨基茴香醚的质谱(部分)

根据(7-9)式计算：

$$\frac{108^2}{123} = 94.8, \quad \frac{80^2}{108} = 59.2$$

证明裂解过程为：

$$m/z \quad 123 \xrightarrow{m^*94.8} 108 \xrightarrow{m^*59.2} 80$$

上述计算说明，由于 m/z 94.8 和 59.2 亚稳峰的存在，证明 m/z 80 离子是由分子离子经两步裂解生成，而不是一步裂解，因为不存在 m/z 52.0 的亚稳峰。

由母离子和表观质量用公式 7-9 计算，寻找质谱图上子离子的方法称为"母找子"，反之，则称为"子找母"。在质谱分析时，可有意识地寻找亚稳峰，以证明某些裂解过程。

三、阳离子的裂解类型

质谱上有许多离子峰，其中有些离子峰的产生并没有规律性，所以很难预测，在结构研究中也没有多大价值，但质谱中大多数离子的产生是有规律的。仔细研究一系列同类型化合物的质谱，就会知道裂解类型和功能团之间有着密切的关系。由此所得的经验规律在质谱解析时很有价值。

裂解类型大体上可以分为四种：单纯裂解、重排裂解、复杂裂解和双重重排。前两种在质谱上最为常见，后两种较复杂，本书不再介绍。

表示裂解过程和结果的符号是：鱼钩"⌒"表示单个电子的转移，箭头"↓"表示两个电子的转移，含奇数个电子的离子(odd electron, OE)用"$\dot{+}$"表示，含偶数个电子的离子(even electron, EE)用"+"表示，阳电荷符号一般标在杂原子或 π 键上，电荷位置不清楚时，可用"⌐$\dot{+}$"及"⌐$^+$"表示。

例 7 - 3 $CH_3-\overset{+}{\underset{\cdot\cdot}{O}}-H$ 也可用 $CH_3OH^{\dot{+}}$ 表示，⊕ 可用 ⌬$^{\dot{+}}$ 或 ⌬$^+$ 表示。

(一) 单纯裂解

1 个键发生裂解称为单纯裂解。

1. 化学键断裂的几种方式   常见的化学键断裂方式有均裂、异裂和半均裂 3 种。

(1) 均裂(homolytic cleavage)：键断裂后，两个成键电子分别保留在各自的碎片上的裂解过程，称为均裂。

通式：$\quad\quad\quad\quad\quad\quad X\overset{\frown}{-}Y \longrightarrow X^{\cdot} + Y^{\cdot}$

例 7 - 4   脂肪酮

若 $R_1 > R_2$ $\underset{R_2}{\overset{R_1}{>}}C=\overset{+\cdot}{\underset{\cdot\cdot}{O}} \longrightarrow R_2-C\equiv\overset{+}{O} + R_1^{\cdot}$
$\quad\quad\quad\quad\quad\quad\quad\quad (OE) \quad\quad\quad\quad\quad (EE)$

(2) 异裂或称非均裂(heterolytic cleavage)：键断裂后，两个成键电子全部转移到 1 个碎片离子上的裂解过程，称为异裂。

通式：$\quad\quad\quad\quad X\overset{\frown}{-}Y \longrightarrow X^- + Y^+$ 或 $X\overset{\frown}{-}Y \longrightarrow X^+ + Y^-$

例 7 - 5   若 $R_1 > R_2$ $\underset{R_2}{\overset{R_1}{>}}C=\overset{+\cdot}{\underset{\cdot\cdot}{O}} \longrightarrow R_1^+ + R_2-\dot{C}=O$

(3) 半均裂(hemi - homolysis cleavage)：离子化键的断裂过程，称为半均裂。

通式：$\quad\quad\quad\quad\quad\quad X^+ \vdots \cdot Y \longrightarrow X^+ + Y^{\cdot}$

例 7 - 6   饱和烷烃失去 1 个电子后，先形成离子化键，然后发生半均裂。

$CH_3CH_2CH_2CH_3 \longrightarrow CH_3CH_2 + \cdot CH_2CH_3 \longrightarrow CH_3\overset{+}{C}H_2 + CH_3\dot{C}H_2$

分子上最易失去的电子是杂原子上的 n 电子，然后依次为 π 电子和 σ 电子。同是 σ 电子，C—C 上的又较 C—H 上的容易失去。

2. 化学键容易发生断裂的几种情况

(1) α 裂解(α cleavage)：化合物若具有含杂原子 C—X 或 C=X 的基团，与这个基团的 C 原子相连的键称为 α 键。该键由于受杂原子的影响，容易发生断裂，这种裂解称为 α 裂解，多属于均裂。

例 7-7

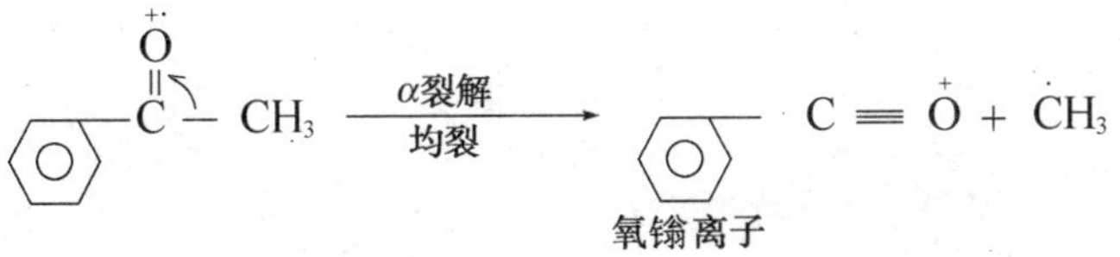

$$\underset{\text{苯甲酰基正离子}}{\text{Ph-CO}^+\text{-CH}_3} \xrightarrow[\text{均裂}]{\alpha\text{裂解}} \text{Ph-C}\equiv\overset{+}{\text{O}} + \overset{\cdot}{\text{CH}}_3$$

（生成物左侧标注：氧鎓离子）

(2) β裂解（β cleavage）：β键断裂称为 β裂解。在双键、芳环或芳杂环的 β键上，容易发生 β裂解，生成的正离子与双键、芳环或芳杂环共轭而稳定。

例如在含双键的化合物中，β裂解产生稳定的烯丙式正离子。

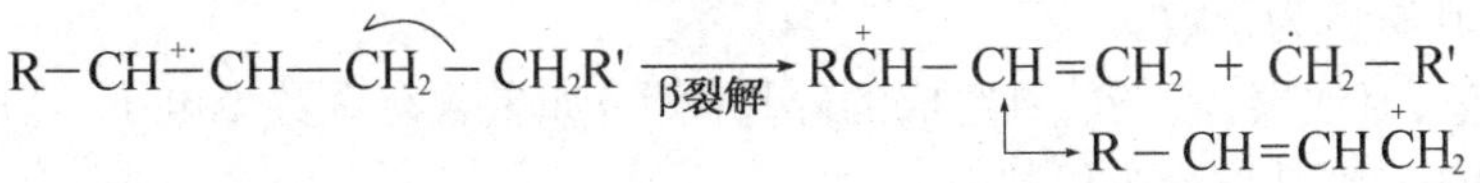

$$\text{R-CH}\overset{\cdot+}{=}\text{CH-CH}_2\text{-CH}_2\text{R}' \xrightarrow{\beta\text{裂解}} \text{R}\overset{+}{\text{C}}\text{H-CH=CH}_2 + \overset{\cdot}{\text{C}}\text{H}_2\text{-R}'$$
$$\longleftrightarrow \text{R-CH=CH}\overset{+}{\text{C}}\text{H}_2$$

在烷基取代苯中，β裂解产生稳定的䓬鎓离子（tropylium ion）：

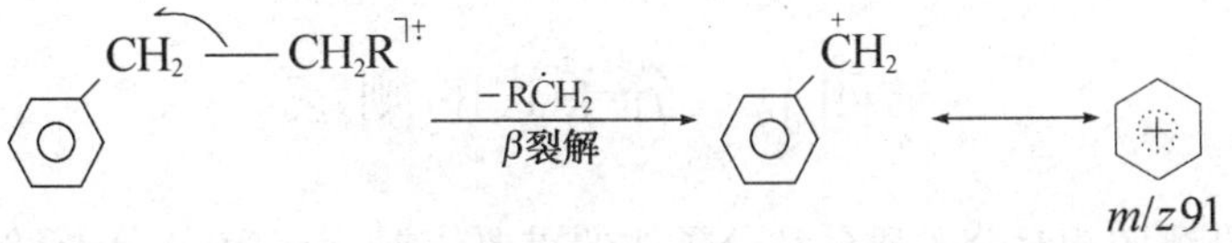

$$\text{Ph-CH}_2\text{-CH}_2\text{R}\; \overset{\cdot+}{\longrightarrow}\; \xrightarrow[\beta\text{裂解}]{-\text{R}\overset{\cdot}{\text{C}}\text{H}_2} \text{Ph-}\overset{+}{\text{C}}\text{H}_2 \longleftrightarrow \text{[C}_7\text{H}_7\text{]}^+\; m/z\, 91$$

（二）重排

有些离子不是由单纯裂解产生，而是通过断裂两个或者两个以上的键，结构重新排列而形成的，这种裂解称为重排（rearrangement）。重排裂解得到的离子也称重排离子。重排方式很多，其中最常见、最重要的有 McLafferty 重排，也称麦氏重排和反 Diels—Alder 裂解。

1. McLafferty 重排 当化合物中含有不饱和中心 C=X（X 为 O，N，S，C）基团，而且与这个基团相连的键上具有 γ 氢原子时，此氢原子可以转移到 X 原子上，同时 β 键发生断裂，脱掉 1 个中性分子。该断裂过程是 McLafferty 在 1959 年首先发现的，因此称为麦氏重排。

通式：

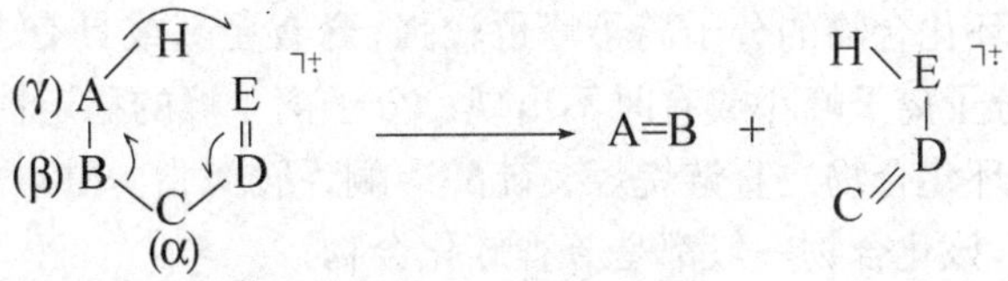

$$\begin{matrix}(\gamma)\text{A}\!\!-\!\!\text{H} \\ (\beta)\text{B}\text{E} \\ \text{C}\!=\!\text{D} \\ (\alpha)\end{matrix}^{\cdot+} \longrightarrow \text{A=B} + \begin{matrix}\text{H}\diagdown\text{E} \\ \phantom{\text{H}}\text{C}\!=\!\text{D}\end{matrix}^{\cdot+}$$

这种重排的规律性强，所以在质谱解析时很有意义。

例 7-8 2-戊酮

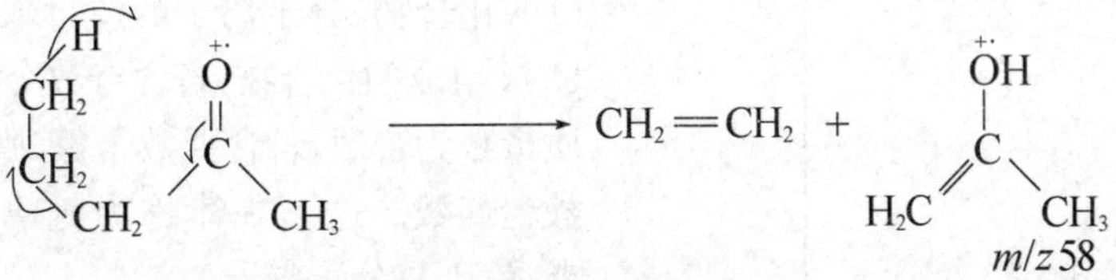

$$\begin{matrix}\text{CH}_2\!\!-\!\!\text{H} \\ \text{CH}_2\overset{\cdot+}{\text{O}} \\ \text{CH}_2\text{C} \\ \phantom{\text{CH}_2-}\text{CH}_3\end{matrix} \longrightarrow \text{CH}_2\!=\!\text{CH}_2 + \underset{m/z\,58}{\text{H}_2\text{C}\!=\!\underset{\text{CH}_3}{\overset{\text{OH}}{\text{C}}}}$$

麦氏重排的重要条件是：与 C=X 基团相连的键上需要有 3 个以上的碳原子，而且 γ 碳上要有氢。

2. 反 Diels—Alder 裂解 这是以双键为起点的重排。在脂环化合物、生物碱、萜类、甾体和黄酮等化合物的质谱上，经常可以看到由这种重排产生的碎片离子峰，这种裂解一般都会产生共轭二烯离子。

例 7-9 萜二烯-[1,8](柠檬烯)

$$\text{(m/z 136)} \longrightarrow \text{(m/z 68)} + \text{(碎片)}$$

离子的电子数目和离子质量有一定的关系,据此也可以判断碎片离子的类型。在上述各类裂解反应中,离子所带的电子数和其质量间有如下关系:

(1) 由碳、氢或碳、氢、氧组成的碎片离子,如果含有奇数个电子,其质量为偶数;如果含有偶数个电子,则其质量为奇数。

(2) 由碳、氢、氮或碳、氢、氧、氮组成的碎片离子,如果含有奇数个电子,其质量为奇数;如果含有偶数个电子,则其质量为偶数。

注意上述重排离子的电子数目和质量与单纯裂解得到的碎片离子的差异。

第四节 分子式的测定

分子离子峰是测定相对分子质量和分子式的重要依据,因而确认分子离子峰是首要问题。

一、分子离子峰的确认

一般来说,质谱图上最右侧出现的质谱峰为分子离子峰,同位素峰虽然比分子离子峰的质荷比大,但由于同位素峰与分子离子峰的峰强比有一定的关系,因而不难辨认。但有些化合物的分子离子极不稳定,在质谱上将无分子离子峰。在这种情况下,质谱上最右侧的质谱峰就不是分子离子峰。因此,在识别分子离子峰时,需掌握下列几点:

1. **分子离子稳定性的一般规律** 具有 π 键的芳香族化合物和共轭链烯,分子离子很稳定,分子离子峰强;脂环化合物的分子离子峰也较强;含有羟基或具有多分支的脂肪族化合物的分子离子不稳定,分子离子峰小或有时不出现。分子离子峰的稳定性有如下顺序:芳香族化合物>共轭链烯>脂环化合物>直链烷烃>硫醇>酮>胺>脂>醚>酸>分支烷烃>醇。当分子离子峰为基峰时,该化合物一般都是芳香族化合物。

2. 分子离子含奇数个电子,含偶数个电子的离子不是分子离子。

3. 分子离子的质量数服从氮律。只含 C、H、O 的化合物,分子离子的质量数是偶数;由 C、H、O、N 组成的化合物,若含奇数个氮,则分子离子的质量数为奇数,若含偶数个氮,则分子离子的质量数为偶数。这一规律称为氮律。凡不符合氮律者,就不是分子离子。

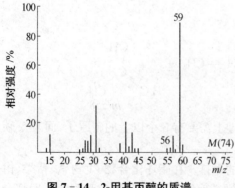

图 7-14 2-甲基丙醇的质谱

例 7-10 某未知物元素分析只含 C、H、O,质谱(图 7-14)上最右侧质谱峰的 m/z 为 59,不服从氮律,可以肯定此峰不是分子离子峰。该图是 2-甲基丙醇的质谱。m/z 59 为脱甲基峰(M—15),$(CH_3)_2\overset{+}{C}=OH$。

4. 所假定的分子离子峰与相邻的质谱峰间的质量数差是否有意义。如果在该峰小 3~14 个质量数间出现峰,则该峰不是分子离子峰。因为 1 个分子离子直接失去 1 个亚甲基(CH_2, m/z 14)一般是不可能的。同时失去 3~5 个氢,需要很高的能量,也不可能。质谱中常见中性碎片和碎片离子见附录 3。

5. $M-1$ 峰。有些化合物的质谱图上质荷比最大的峰是 $M-1$ 峰,而无分子离子峰。

例 7-11 正庚腈的相对分子质量为 111,而在它的质谱上只能看到 m/z 110 的质谱峰 ($M-1$),而无分子离子峰。这是因为分子离子不稳定,而 $M-H$ 离子 $[CH_3(CH_2)_4CH=C=\overset{+}{N}]$ 比较稳定的缘故。$M-1$ 峰不符合氮律,容易区别。腈类化合物易出现这种情况,但有时也有分子离子峰,强度小于 $M-1$ 峰。

二、相对分子质量的测定

一般来说,单电荷分子离子峰的质荷比与相对分子质量(M_w)严格地说是有差别的。例如,4-辛酮($C_8H_{16}O$)精密质荷比为 128.120 2,相对分子质量为 128.216 1。这是因为质荷比是由丰度最大同位素的质量计算而得,但相对分子质量则是由相对原子质量计算而得的,而相对原子质量是同位素质量的加权平均值。当相对分子质量很大时,二者可差一个质量单位。例如三油酸甘油酯,低分辨仪器测得的 m/z 为 884,而相对分子质量实际为 885.44。这些例子只是说明 m/z 与相对分子质量概念不同而已,绝大多数情况下,m/z 与相对分子质量的整数部分相等。若需将精密质荷比换算成精密相对分子质量,可参考表 7-4。

表 7-4 相对原子质量与同位素质量对比[1],[2]

元 素	相对原子质量	同位素*	质 量	丰度/%
氢	1.007 97	^1H	1.007 825	99.985
		^2H	2.014 10	0.015
碳	12.011 15	^{12}C	12.000 00	98.89
		^{13}C	13.003 36	1.11
氮	14.006 7	^{14}N	14.003 07	99.64
		^{15}N	15.000 11	0.36
氧	15.999 4	^{16}O	15.994 91	99.76
		^{17}O	16.999 1	0.04
		^{18}O	17.999 2	0.20
氟	18.998 4	^{19}F	18.998 40	100
硅	28.086	^{28}Si	27.976 93	92.23
		^{29}Si	28.976 49	4.67
		^{30}Si	29.973 76	3.10
磷	30.974	^{31}P	30.973 76	100
硫	32.064	^{32}S	31.972 07	95.02
		^{33}S	32.971 46	0.76
		^{34}S	33.967 86	4.22
氯	35.453	^{35}Cl	34.968 85	75.77
		^{37}Cl	36.965 9	24.23
溴	79.909	^{79}Br	78.918 3	50.69
		^{81}Br	80.916 3	49.31
碘	126.904	^{127}I	126.904 4	100

* 或称核素(nuclide)。

[1] CRC Handbook of Chemistry and Physics 63th ed. 1982~1983,B256~289

[2] Parikh VM:Absorption Spectroscopy of Organic Molecules. 1974,152

三、分子式的确定

质谱的一个很大用途是确定化合物的相对分子质量,并且由此得到分子式。对于低分辨质谱,常用同位素峰强比法。

(一) 同位素峰强比法

此法分为计算法和查表法,鉴于篇幅所限,这里只介绍 Beynon 表法。

Beynon 根据同位素峰强比与离子的元素组成间的关系,编制了按离子质量数为序,含 C、H、O、N 的分子离子和碎片离子的 $(M+1)\%$ 和 $(M+2)\%$ 数据表,称为 Beynon 表。质量数一般为 12~250。

使用时,根据质谱所得 M 峰的质量数、$(M+1)\%$ 和 $(M+2)\%$ 数据,查 Beynon 表即可得出分子式或碎片离子的元素组成。

例 7-12 某有机未知物,同位素相对峰强如下,求分子式。

m/z	相对强度(%)
151(M)	100
152(M+1)	10.4
153(M+2)	32.1

解 1. $(M+2)\%$ 为 32.1,参考表 7-3,可知分子式中含 1 个氯。

2. 扣除氯的贡献

$$(M+2)\% = 32.1 - 32.0 = 0.1$$

$(M+1)\%$ 仍然为 10.4,因无 ^{36}Cl 同位素,所以 Cl 对 $M+1$ 峰无贡献。剩余 $M = 151 - 35 = 116$。

3. 查 Beynon 表中质量数为 116 的大组,包含 29 个离子。$(M+1)\%$ 与 10.4 接近的有 3 个。

元素组成	$M+1(\%)$	$M+2(\%)$
C_8H_4O	8.75	0.54
C_8H_6N	9.12	0.37
C_9H_8	9.85	0.43

虽然 C_9H_8 的 $(M+1)\%$ 为 9.85,与 10.4 最接近,但不合理。因为 $M=151$ 为奇数,只能含奇数个氮,因此分子式只能是 C_8H_6NCl。也可以通过不饱和度验证分子式是否合理。C_8H_6NCl,$U=6$,合理;C_9H_8Cl,$U=5.5$ 及 C_8H_4OCl,$U=6.5$,都不合理,可以否定。

上例说明在查表时,不能只注意数值是否接近,还必须注意分子式是否合理,尤其是含 Cl、Br、S 及 Si 的化合物。

(二) 精密质量法

精密质量法是利用低分辨质谱测定同位素强度的方法来确定化合物的分子式,必要条件是化合物的分子离子较稳定。因为这样分子离子峰才有足够的强度,同位素峰也相应较强,同位素峰的相对强度才能精确测定。因此,对于分子离子不稳定(分子离子峰小或不呈现分子离子峰)的那些化合物,用此法测定分子式就受到了限制。

精密质量法测定分子式是基于高分辨质谱可以测定离子的精密质量,即使是很弱的分子离子峰,也可精密地测定分子离子质量。各种同位素都有其精密质量(表 7-4),因而不同分子式的分子离子都有相异的精密质量,故可根据分子离子的精密质量确定分子式。

用高分辨质谱仪测定,可以得到误差为±0.006的精密质量,据此可通过查 Beynon 精密质量表确定未知物的分子式。

例 7-13　用高分辨质谱仪测定某有机物分子离子的质量为 150.104 5,该化合物在红外光谱上有明显的羰基吸收,试确定其分子式。

解　由于测定误差为±0.006,该化合物分子离子质量的小数部分应该在 0.098 5~0.110 5。查 Beynon 精密质量表,从质量为 150 的元素组成式中找出小数在这个范围的有 4 个。

元素组成	精密质量
$C_3H_{12}N_5O_2$	150.099 093
$C_5H_{14}N_2O_3$	150.100 435
$C_8H_{12}N_3$	150.103 117
$C_{10}H_{14}O$	150.104 459

其中 $C_3H_{12}N_5O_2$ 和 $C_8H_{12}N_3$ 都含有奇数个氮,相对分子质量应为奇数,但测得的相对分子质量为偶数,故可以排除。$C_5H_{14}N_2O_3$ 为饱和化合物,$U=0$,与含有羰基矛盾,也应否定。据此,分子式应为 $C_{10}H_{14}O$。

第五节　各类有机化合物的质谱

一、烃类

(一) 饱和烷烃(见图 7-15)

1. 分子离子峰较弱,随碳链增长,强度降低以至消失。
2. 直链烃具有一系列 m/z 相差 14 的 C_nH_{2n+1} 碎片离子峰(m/z=29、43、57、71、…)。基峰为 $C_3H_7^+$ (m/z 43)或 $C_4H_9^+$ (m/z 57)离子。
3. 在 $C_nH_{2n+1}^+$ 峰的两侧,伴随着质量数大 1 个质量单位的同位素峰及质量小一或两个单位的 $C_nH_{2n}^+$ 或 $C_nH_{2n-1}^+$ 等小峰,组成各峰群。$M-15$ 峰一般不出现。
4. 支链烷烃在分支处优先裂解,形成稳定的仲碳或叔碳阳离子,分子离子峰比相同碳数的直链烷烃小,其他特征与直链烷烃类似。

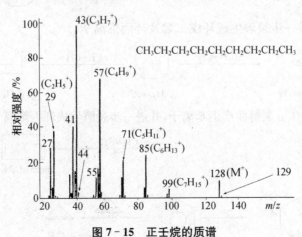

图 7-15　正壬烷的质谱

(二) 链烯

1. 分子离子较稳定，丰度较大。

2. 有一系列 C_nH_{2n-1} 碎片离子，通常为 $41+14n, n=0、1、2、\cdots$。m/z 41 峰一般都较强，是链烯的特征峰之一。

$$CH_2=CH-CH_2-R \xrightarrow{-e^-} CH_2\dot{-}CH-CH_2-R \rightarrow \overset{+}{C}H_2-CH=CH_2+R·$$
$$CH_2=CH-\overset{+}{C}H_2 \ (m/z\,41)$$

3. 具有重排离子峰

(三) 芳烃（见图 7-16）

1. 分子离子稳定，峰较强。

2. 烷基取代苯易发生 β 裂解（苄基位置，benzylic position），产生 m/z 91 的䓬鎓离子，该离子峰是烷基取代苯的重要特征。䓬鎓离子非常稳定，成为许多取代苯如甲苯、二甲苯、乙苯、正丙苯等的基峰。

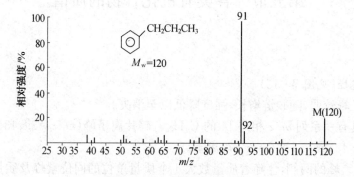

图 7-16 正丙苯的质谱

3. 䓬鎓离子可进一步裂解生成环戊二烯及环丙烯离子。

4. 取代苯也能发生 α 裂解而产生苯离子，并进一步裂解生成环丙烯离子及环丁二烯离子。

5. 具有 γ 氢的烷基取代苯,能发生麦氏重排裂解,产生 m/z 92($C_7H_8^+$)的重排离子。

综上所述,烷基取代苯的特征离子为䓬鎓离子 $C_7H_7^+$ (m/z 91)。$C_6H_5^+$(77)、$C_4H_3^+$(51) 及 $C_3H_3^+$(39)为苯环特征离子。

二、醇类

本部分只介绍饱和脂肪醇。

1. 分子离子峰很小,且随碳链的增长而减弱,以至消失(约大于 5 个碳时)。以正构醇的分子离子峰的相对强度为例说明,正丙醇为 6%,正丁醇为 1%,而正戊醇为 0% 或 0.08%。
2. 易发生 α 裂解。

$$m/z = 31 + 14n, n = 0, 1, 2, 3 \cdots$$

3. 易发生脱水的重排反应,产生 $M-18$ 离子。
4. 直链伯醇会出现含羟基的碎片离子(31、45、59、…)、烷基离子(29、43、57、…)及链烯离子(27、41、55、…)3 种系统的碎片离子,因此质谱峰较多(图 7-17)。

裂解时发生重排在醇类质谱中较常见,脂肪醇如此,其他类型的醇也如此,限于篇幅这里不再介绍。

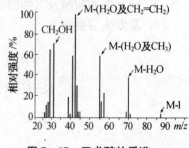

图 7-17 正戊醇的质谱

三、醛与酮类

(一) 醛

1. 分子离子峰明显,芳醛比脂肪醛强度大。
2. α 裂解产生 R^+(Ar^+)及 $M-1$ 峰。$M-1$ 峰很明显,在芳醛中更强,是醛的特征峰。如甲醛的 $M-1$ 峰的相对强度为基峰的 90%。

3. 具有 γ 氢的醛,能发生麦氏重排,产生 m/z 44 的 $CH_2=CH-\overset{+}{O}H$ 离子。如果 α 位有取代基,就会出现 m/z ($44+14\times n$)离子。

例 7-14 丁醛

$$\begin{array}{c} H_2C \overset{H}{\underset{CH_2}{\underset{|}{\overset{|}{\diagup}}}} \overset{+}{\underset{CH}{\overset{O}{\diagdown}}} \longrightarrow CH_2=CH_2 + \underset{H_2C}{\overset{OH}{\underset{H}{\diagdown}}}\overset{\cdot+}{C} \\ m/z\ 44 \end{array}$$

4. 醛也可发生 β 裂解。

$$R-CH_2-\overset{+}{CHO} \longrightarrow R^+ + \dot{C}H_2CHO$$

(二) 酮

1. 分子离子峰明显。
2. 易发生 α 裂解。

$$\underset{(Ar)R'}{\overset{R}{\diagdown}}\overset{\cdot+}{\underset{}{C}}=O \begin{array}{l} \overset{均裂}{\longrightarrow} R-\overset{+}{C}=O + \dot{R}'(R'>R) \\ \overset{异裂}{\longrightarrow} R-\dot{C}=O + R'^+ \end{array}$$

3. 含 γ 氢的酮，可发生麦氏重排，重排过程与醛类似。

四、酸与酯类

1. 一元饱和羧酸及其酯的分子离子峰一般都较弱，芳酸与其酯的分子离子峰较强。
2. 易发生 α 裂解。

$$R-\overset{\overset{O^+}{\|}}{C}-OR_1 \begin{array}{l} \overset{-R\cdot}{\longrightarrow} \overset{+}{O}=C-OR_1 \overset{-CO}{\longrightarrow} OR_1^+ \\ \overset{-\cdot OR_1}{\longrightarrow} R-\overset{+}{C}=O \overset{-CO}{\longrightarrow} R^+ \end{array}$$

$\overset{+}{O}=C-OR_1$、OR_1^+、$R-\overset{+}{C}=O$ 及 R^+ 在质谱上都存在(酸的 R_1 为 H)。

3. 含 γ 氢的羧酸与酯易发生麦氏重排。

(1) 酯：由于高级脂肪酸都制成甲酯衍生物再进行质谱分析，故以甲酯为例。

$$\underset{H_3CO}{\overset{\overset{\cdot+}{O}}{\diagdown}}\overset{}{\underset{CH_2}{\overset{\|}{C}}}\overset{H}{\underset{CH_2}{\overset{|}{C}H}}\overset{R'}{\underset{}{}} \overset{麦氏重排}{\longrightarrow} \underset{H_3CO}{\overset{\overset{\cdot+}{OH}}{\diagdown}}\overset{}{\underset{CH_2}{\overset{\|}{C}}} + \underset{CH_2}{\overset{R'}{\underset{}{\overset{\|}{C}H}}}$$
$$ m/z\ 74$$

m/z 74 离子是直链一元饱和脂肪酸的特征离子，峰强很大，在碳链为 $C_6 \sim C_{26}$ 的这种甲酯中，为基峰。

(2) 酸：麦氏重排裂解与酯相同，产生 m/z 60 的 $HO-\overset{\overset{+}{OH}}{\underset{}{C}}=CH_2$ 离子。

此外，烷氧基较大的酯，有时会发生复杂的双重重排，这里不再讨论。

第六节 质谱的解析

质谱主要用于定性及测定分子结构,当与色谱或其他分离技术联用时,也可用于混合物的含量测定。由于质谱的复杂性,重复性不如 NMR 及 IR 等光谱,以及人们对于质谱规律的掌握还有一些不足之处,因而在结构解析中,质谱主要用于测定相对分子质量、分子式和作为光谱解析结论的佐证。对于一些较简单的化合物,单靠质谱也可确定分子结构。目前的商品质谱仪提供了大量的已知化合物质谱数据库,并能自动检索,给使用者带来了极大的方便。尽管如此,对分析工作者来说,了解和掌握质谱解析的基本原理和方法仍然是必要的。

一、质谱峰的相对重要性

一张质谱图包含许多质谱峰,不可能也不需要对每一个峰都解析清楚,通常只解析对分子结构测定特别有意义的质谱峰。一般来说,碎片离子随其质量增加和丰度增加,其对结构分析的重要性亦相应增加。质谱解析时尤其需要注意以下重要峰的分析。

1. 分子离子峰的质量和丰度 质量代表分子的大小,奇偶数反映含氮情况,丰度则与分子离子的稳定性有关。与分子离子峰相关的 $M+1$ 和 $M+2$ 峰亦很重要,它可提供分子中碳原子数以及含硫、氯、溴等元素的信息。

2. 重排离子峰 重排离子是由特定的分子结构经重排反应而生成的,它们主要分布在高质量区,丰度较大,可根据分子离子形成重排离子时丢失的中性分子质量,推知分子的特征结构。所以质谱中如存在重排离子峰,最好将它们标志出来并解析之。

3. 由分子离子丢失小的碎片而形成的高质量离子峰 例如 $M-1$、$M-15$、$M-18$ 等重要离子峰,表明分子离子可失去 H、CH_3、H_2O 等碎片。由于这种高质量离子很少由随机重排而产生,即使其丰度小于 1%,对结构测定仍有重要意义。

4. 特征离子峰 某些结构的化合物,可产生丰度大的特征离子,有时为基峰。例如,芳烃裂解生成 m/z 91 离子峰,苯甲酰化合物裂解形成 m/z 105 的离子峰。

5. 低质量区系列峰 低质量区系列峰可提供化合物类型的信息。

(1) 间隔 CH_2 的同系物系列峰:烷烃有 $C_nH_{2n+1}^+$ 离子系列峰(m/z 15、29、43、57、…),它们不仅可提供直链烷烃碳原子数信息,亦可提供支链的情况,而无论 IR、NMR 都难于确定高相对分子质量烷烃的碳数。醇类有 $C_nH_{2n+1}O^+$ 离子系列峰(m/z 31、45、59、73、…)。脂肪醛和酮有 $C_nH_{2n+1}CO^+$ 离子系列峰(m/z 29、43、57、…),它们与脂肪烃 $C_nH_{2n+1}^+$ 系列峰恰好重叠(因为 CO 和 C_2H_4 质量相等)。这两组系列峰可通过 m/z 44 和 m/z 43 峰强度比区分。若上述两峰强度比只有 2.2%,则 m/z 43 离子峰不可能属于 $C_nH_{2n+1}^+$ 系列峰。

(2) 间隔 CH 和 C 的离子系列:化合物中 H 和 C 元素组成比小于 2 时常具有芳香结构,不可能存在 CH_2 间隔的离子系列峰,而在质谱的低质量区将呈现芳香化合物特征系列峰,即 m/z 38~39,50~52,63~65 和 75~78 等所谓"低"芳香系列离子峰。

二、解析步骤

质谱解析一般可分为以下几个步骤:

1. 研究最高质量数末端的一组峰

(1) 是否具有分子离子峰的特征。

(2) 分子离子峰的强度怎样(大体上可了解是否为芳香族化合物或脂肪族化合物)。
(3) 分子离子的质量数是奇数还是偶数(可以获悉此化合物是否含有奇数个 N)。
(4) 同位素峰是否明显(由此可知是否含有 S、Br、Cl 等元素)。
(5) 推算出化合物的分子式并计算不饱和度。

2. 研究碎片离子的情况
(1) 根据表 7-5 和附录 3 所列数据,考虑一下在裂解时是否有特征的脱落部分。

表 7-5 离子的特征丢失与化合物的类型

离子	失去的碎片	化合物的类型、结构特点或裂解模式
$M-1$	H	醛类(一些醚类和胺类)
$M-15$	CH_3	甲基取代
$M-18$	H_2O	醇类
$M-28$	C_2H_4, CO, N_2	C_2H_4(McLafferty 重排),CO(从脂环酮等脱掉)
$M-29$	CHO, C_2H_5	醛类,乙基取代物
$M-34$	H_2S	硫醇
$M-35$ $M-36$	Cl,HCl	氯化物
$M-43$	CH_3CO, C_3H_7	甲基酮,丙基取代物
$M-45$	COOH	羧酸
$M-60$	CH_3COOH	醋酸酯,羧酸

(2) 从表 7-6 及附录 3 所列数据,根据质谱中碎片离子的质量,推测碎片离子的元素组成。

表 7-6 特征离子与化合物类型

离子质量	元素组成	结构类型
29	CHO	醛
30	CH_2NH_2	伯胺
43	CH_3CO, C_3H_7	CH_3CO,丙基取代物
29、43、57、71 等	C_2H_5, C_3H_7 等	正烷烃
39,50,51,52,65,77	芳香族裂解产物	结构中含有芳环
60	CH_3COOH	羧酸,乙酸酯,甲酯
91	$C_6H_5CH_2$	苄基
105	C_6H_5CO	苯甲酰基

3. 列出部分的结构单元
(1) 有哪些可能的结构单元。
(2) 这些结构单元和主要离子(包括亚稳离子)之间有无关系。
(3) 比较已有结构单元质量及不饱和度与分子离子质量及不饱和度的差异,排列出剩余碎片的各种可能组成。

4. 推测结构式

(1) 用各种可能的方式将各结构单元和剩余碎片的可能结构拼凑起来。

(2) 用质谱或其他数据否定（排除）拼凑出的可能结构中的一些不合理的结构，剩余的比较合理的结构即为未知物的可能结构。

5. 验证

查对标准光谱或参考其他光谱及物理常数对推测出的可能结构进行验证。

三、解析实例

例 7-15 1 个不含氮的化合物，它的质谱如图 7-18 所示，亚稳离子峰为 m/z 125.5 和 88.7。试推测化合物的结构。

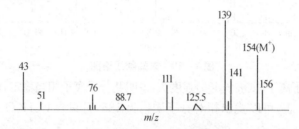

图 7-18 未知物质谱图

解：(1) 分子离子峰为 m/z 154，它首先失去 15 amu 形成 $M-15$ 离子（m/z 139）。

(2) 在分子离子峰附近，有 $M+2$ 峰，即 m/z 156，且 $M:M+2$ 近似于 $3:1$。因此同位素峰表示未知物中有 1 个氯原子，同时氯原子还存在于碎片离子 m/z 139、111 中。

(3) 碎片离子 m/z 77、76、51 都是芳烃的特征离子峰。

(4) 特征的低质量碎片离子 m/z 43 可能是 $C_3H_7^+$ 或 CH_3CO^+。

(5) m/z 139 为带偶数电子的离子，表示 m/z 154→m/z 139，消去 1 个游离基。m/z 111 也是带偶数电子的离子，表示 m/z 139→m/z 111，消去了 1 个质量为 28 amu 的中性分子。

(6) 综上所述，未知物的可能结构式为：

$$\underset{A}{CH_3-\underset{\parallel}{\underset{O}{C}}-C_6H_4-Cl} \qquad \underset{B}{CH_3CH_2CH_2-C_6H_4-Cl} \qquad \underset{C}{(CH_3)_2CH-C_6H_4-Cl}$$

若为 B 式，则在 $M-29$（苄基式裂解）和 $M-28$（麦氏重排）有强峰。但谱图中未出现。

若为 C 式，虽然在图谱上出现强的 $M-15$ 峰（苄基式裂解），但无法解释 m/z 139→m/z 111 的裂解方式。

若为 A 式，其裂解过程如下：

$$\underset{m/z\ 154}{ClC_6H_4COCH_3}\xrightarrow{-\cdot CH_3}\underset{m/z\ 139}{ClC_6H_4CO^+}\xrightarrow{-CO}\underset{m/z\ 111}{ClC_6H_4^+}\xrightarrow{-\dot{Cl}}\underset{m/z\ 76}{C_6H_4^{+\cdot}}$$

亚稳峰表观质量为：

$$\frac{139^2}{154}=125.5, \quad \frac{111^2}{139}=88.6$$

上述裂解与图谱相符，故未知物应为 A 式。

例 7-16 图 7-19 是一个由 C、H、O 三元素组成的有机化合物的质谱图,亚稳离子峰在 m/z 56.5 和 33.8 处,其 IR 谱在 3 100~3 700 cm^{-1} 间无吸收,试推测其结构式。

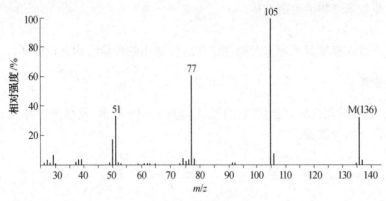

图 7-19 未知物质谱图

解:(1) 质谱中分子离子峰(m/z 136)强度大,说明此分子离子相当稳定,可能是芳香族化合物。

(2) 根据 Beynon 表,可以找出相对分子质量为 136,且只含 C、H、O 三元素的化合物的分子式为:

① $C_7H_4O_3$ ② $C_8H_8O_2$ ③ $C_9H_{12}O$ ④ $C_5H_{12}O_4$

(3) 计算不饱和度。

根据 $U=\dfrac{2+2n_4+n_3-n_1}{2}$,上述 4 个分子式的不饱和度分别为 6、5、4、0。

(4) 质谱中 m/z 105 离子可能是苯甲酰基($C_6H_5CO^+$)离子碎片,若这种想法正确,则谱图中还应有 m/z 77 和 m/z 51 峰存在。

$$\text{C}_6\text{H}_5\text{—C}\equiv\text{O}^+ \xrightarrow{-CO} \text{C}_6\text{H}_5^+ \xrightarrow{-CH\equiv CH} \text{C}_4\text{H}_3^+$$
$$m/z\,105 \qquad\qquad m/z\,77 \qquad\qquad m/z\,51$$

正好质谱图上确有这 3 种碎片离子的峰。同时,m/z 56.5 和 33.8 两个亚稳峰的出现,也证实了上述想法是正确的。

$$m/z\,105\rightarrow m/z\,77 \qquad \dfrac{m_2^2}{m_1}=\dfrac{77^2}{105}=56.5$$

$$m/z\,77\rightarrow m/z\,51 \qquad \dfrac{m_2^2}{m_1}=\dfrac{51^2}{77}=33.8$$

(5) 删去上述 4 式中不合理的分子式。已证明化合物含有苯甲酰基 C_6H_5CO,则其不饱和度 U 应在 5 或 5 以上(苯环 $U=4$,羰基 $U=1$),显然上述 4 个化合物中,③、④由于不饱和度小于 5,可以排除。此外,分子式中碳、氢、氧原子组成数应符合 $\dfrac{n_C}{2}<n_H<2n_C+n_N+4$ 关系,所以①式的 H 数目太少也可以排除。因此,可以确定分子式为②,即 $C_8H_8O_2$。

(6) 根据分子式和部分结构单元(C_6H_5CO),找出剩下的碎片。剩下的碎片组成式为 $-CH_3O$,其可能的结构式是 $-OCH_3$ 或 $-CH_2OH$,由此可知该化合物的结构式为:

(A) $C_6H_5COOCH_3$ 或 (B) $C_6H_5COCH_2OH$

(7) 根据其他光谱数据来确定结构式。若是化合物 B,在红外光谱上应有 ν_{OH} 吸收峰,但

IR 光谱数据说明在 3 100～3 700 cm^{-1} 间此化合物没有吸收峰。因此可以肯定此化合物的结构式为(A)，即 $C_6H_5COOCH_3$。

(8) 最后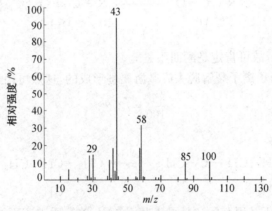

也说明了质谱中 m/z 39 峰的来历。m/z 105 峰可从以下裂解反应式得到解释：

例 7-17 图 7-20 是化合物 $C_6H_{12}O$ 的质谱图，分子离子为 m/z 100，亚稳离子峰 m/z 72.2，试推测其结构式。

图 7-20 未知物质谱图

解 (1) 此化合物的不饱和度为：

$$U=\frac{2+2\times 6-12}{2}=1$$

说明此化合物含有一环或 1 个双键。

(2) m/z 43 的峰是基峰，说明形成此峰的离子比较稳定，而质量数为 43 的离子照表 7-6 应为 CH_3CO^+ 或 $C_3H_7^+$。通常 $CH_3—C≡O^+$ 离子由于共振关系，其正电荷离域化：

$$CH_3—C≡O^+ \leftrightarrow CH_3—\overset{+}{C}=\overset{..}{O}$$

这样的离子比较稳定，而且此化合物含有 1 个氧原子，故 m/z 43 可能是 $CH_3—C≡O^+$。

(3) m/z 58 为带奇数电子的离子，很可能是由分子离子经重排裂解失去 1 个中性分子碎片而来，这个重排可能是 α-甲基醛或甲基酮按下列方式进行的：

199

$$\begin{array}{c}\overset{+}{O}\\\|\\C\\/\ \ \backslash\\H\ \ \ CH\\\ \ \ \ \ \ \ |\\\ \ \ \ \ \ \ CH_3\end{array}\begin{array}{c}H\\|\\CH_2\\|\\CH-CH_3\end{array}\xrightarrow{\text{麦氏重排}}\begin{array}{c}\overset{+}{O}H\\\|\\C\\/\ \ \backslash\\H\ \ \ CH-CH_3\\\ \ \ \ \ \ \ m/z\ 58\end{array}+CH_3CH=CH_2$$

(4) 由于生成的 $m/z\ 43$ 离子是基峰，故推知应是甲基酮：

$$CH_3-\underset{\underset{CH_3}{|}}{CH}-CH_2\overset{O^+}{\underset{\|}{-C}}-CH_3\longrightarrow\underset{m/z\ 43}{\overset{+}{O}=C-CH_3}+CH_3-\underset{\underset{CH_3}{|}}{\dot{C}H}-CH_2$$

若是醛，就应该有 $M-1$ 峰($m/z\ 99$)：

$$\underset{M}{R-\underset{\underset{H}{|}}{\overset{\overset{H}{|}}{C}}=O^+}\xrightarrow{-H\cdot}\underset{M-1}{R-C\equiv O^+}$$

但质谱图中无此峰，故可肯定是酮而不是醛。

(5) $m/z\ 85$ 是由分子离子裂解脱去甲基游离基形成的，这点可由 $m^*=72.2$ 得到证实：

$$\frac{85^2}{100}=72.2$$

$$CH_3-\underset{\underset{CH_3}{|}}{CH}-CH_2-\overset{\overset{O^+}{\|}}{C}-CH_3\xrightarrow{-\dot{C}H_3}CH_3-\underset{\underset{CH_3}{|}}{CH}-CH_2-C\equiv O^+$$

(6) 此化合物是正丁基甲基酮还是异丁基甲基酮，单靠质谱还不能确定。

学习指导

一、要求

本章主要介绍了质谱仪的一般工作原理、有机质谱的基本概念、常见的离子类型和裂解方式以及分子式的测定方法。通过几类有机化合物质谱的学习，介绍质谱解析，推测有机化合物结构的一般步骤。通过本章学习，要求：

① 了解质谱法的特点和质谱仪的一般工作原理，包括样品导入方式、常见离子源的工作原理和特点、磁偏转式质量分析器的原理和四极杆质量分析器的特点。了解质谱仪的主要性能指标及其意义。

② 掌握质谱的表示方法，重点掌握不同类型离子在结构分析中的作用。

③ 掌握常见的几种阳离子裂解类型及其有关规律。

④ 掌握分子离子峰的判断依据，重点掌握分子式的测定方法。

⑤ 根据几类有机化合物质谱裂解的规律，掌握简单有机化合物的质谱解析和结构推测方法。

二、小结

（一）质谱仪的结构和一般工作原理

质谱仪由离子化、质量分离和离子检测等三部分组成,离子源的作用是使被分析物质电离为正离子或负离子,常见的离子源有电子轰击离子源、化学离子源、场致离子源和快速原子轰击离子源。质量分析器是质谱仪中将不同质荷比的离子分离的装置,目前常用的有磁偏转式和四极杆式两种。

（二）质谱的表示方法

质谱的表示方法有棒图、质谱表、八峰值和元素表等多种方式,常见的是棒图和质谱表。

（三）质谱中常见的离子类型

质谱中出现的离子类型有 6 种：分子离子、碎片离子、同位素离子、亚稳离子、复合离子及多电荷离子,其中后两种离子较少出现。分子离子峰的质荷比是确定相对分子质量和分子式的重要依据。利用同位素峰强比可以推断分子中是否含有 S、Cl、Br 及原子的数目,具体方法见本章第三节。亚稳离子的表观质量 m^* 与母离子质量 m_1 及子离子质量 m_2 之间有以下关系：

$$m^* = \frac{m_2^2}{m_1}$$

由此可以确定离子的亲缘关系,这对于了解裂解规律、解析复杂质谱很有意义。

（四）阳离子裂解类型及其有关规律

阳离子的裂解类型分为 4 种：单纯裂解、重排裂解、复杂裂解和双重重排,其中前两种最为常见。只有 1 个键发生裂解时,称为单纯裂解。重排裂解是断裂 2 个或者 2 个以上的键,以致发生结构的重新排列而进行的裂解。其中最常见、最重要的重排裂解有麦氏重排和反 Diels—Alder 裂解,发生这些重排裂解的条件及其裂解规律见本章第三节。

α 裂解和 β 裂解是化学键容易发生断裂的两种方式。化合物若具有含杂原子 C—X 或 C=X 的基团,则容易发生 α 裂解。而在双键、芳环或芳杂环的 β 键上,容易发生 β 裂解。

离子所带的电子数和其质量间有如下关系：

① 由碳、氢或碳、氢、氧组成的碎片离子,如果含有奇数个电子,其质量为偶数；如果含有偶数个电子,则其质量为奇数。

② 由碳、氢、氮或碳、氢、氧、氮组成的碎片离子,如果含有奇数个电子,其质量为奇数；如果含有偶数个电子,则其质量为偶数。

据此可以判断碎片离子的类型。

（五）分子式的测定

分子离子峰是测定相对分子质量和分子式的重要依据,因此确认分子离子峰是首要问题。一些规律可以帮助确认分子离子峰,参见本章第四节。

分子式的测定方法有同位素峰强比法和精密质量法,详见本章第四节。

（六）各类有机化合物的质谱

要求掌握教材中介绍的各类有机化合物的裂解规律和一些典型的碎片离子。

（七）简单有机化合物的质谱解析

有机化合物质谱解析的方法和步骤详见本章第六节。

思考题

1. 只含 C、H、O 的化合物其分子离子峰的 m/z 值是奇数还是偶数?
2. 某化合物分子离子峰的 m/z 值为 201,由此可得出什么结论?
3. 当混合物的卤原子(例如氯和溴)共存时,应用 2 项展开式 $(a+b)^m(c+d)^n$,第一个括弧涉及氯同位素,$(a=3,b=1)$,第二个括弧涉及溴同位素,$(c=1,d=1)$;m 和 n 是指每种存在的卤原子的数目,当 $m=n=1$ 时展开 2 项式,得到的 4 项中,每一项是哪个同位素的贡献? 代入 a,b,c,d 的近似值并计算在一溴和一氯化合物中

由卤素提供的 M、$M+2$、$M+4$ 峰的相对强度。

4. 在质谱中离子的稳定性和相对丰度的关系怎样？
5. 质谱中一般正离子只带 1 个电荷，若带 2 个正电荷，即所谓双电荷离子，它在质谱中的位置与同质量单位的单电荷离子相差多少？
6. 质谱仪为什么需高真空条件？
7. 化合物在离子源中是否只会产生正离子？若有负离子产生能否用于结构测定？
8. 什么叫拟分子离子峰？哪些离子源易得到拟分子离子？

习 题

一、填空题

1. 有机化合物质谱中最主要的四种离子峰是_____、_____、_____和_____。
2. 质谱仪由_____、_____和_____等三部分组成。
3. 离子源的作用是_____，最常见的离子源是_____；质谱的表示方法很多，最常见的是_____。
4. 分子离子峰的质荷比是测定_____和_____的重要依据。
5. 分子式的测定方法有_____和_____。
6. 发生麦氏重排的条件是_____，而且_____。
7. 氮律是指只含 C、H、O 的化合物，分子离子的质量数是_____；由 C、H、O、N 组成的化合物，若含奇数个氮，则分子离子的质量数为_____，若含偶数个氮，则分子离子的质量数为_____。

二、选择题

1. 某化合物分子离子峰区峰强比为 $M:(M+2):(M+4)=9:6:1$，则该化合物分子中含( )。
   A. 1 个 Cl   B. 2 个 Cl   C. 1 个 Br   D. 2 个 Br
2. 某化合物的质谱中出现 m/z 为 108 的强离子峰，下列( )化合物的可能性最大。
   A.   B.   C.   D.
3. 质谱图上下列( )化合物的分子离子峰的质荷比为奇数。
   A. C_6H_6 B. $C_8H_5NO_2$
   C. $C_6H_{10}O_2S$ D. C_2H_5OH
4. 在一质谱上出现非整数质荷比值的峰，它可能是( )。
   A. 碎片离子峰   B. 同位素峰
   C. 亚稳离子峰   D. 亚稳离子峰或碎片离子峰
5. 在溴乙烷质谱图中，观察到两个强度相等的离子峰，其最大可能性是( )。
   A. m/z 108 和 15   B. m/z 110 和 29
   C. m/z 110 和 108   D. m/z 108 和 29
6. 下列化合物中，不能发生麦氏重排的是( )。
   A.   B.
   C.   D.

三、解谱题

1. 由低分辨质谱测得生物碱 Vobtusine 的分子离子峰 $m/z=718$，相符合的分子式为 $C_{43}H_{50}N_4O_6$ 或

$C_{42}H_{46}N_4O_7$。高分辨质谱测得 $m/z=718.3743$,该生物碱的正确分子式是哪一个?

2. 1,2,3,4-四氢代萘 $C_6H_4CH_2(CH_2)_2CH_2$ ($M_r=132$)的质谱中有 $m/z\ 104$ 的强峰,写出它的裂解过程。

3. 已知化合物的结构式 （苯乙酮结构） 及质谱图(图 7-21),试解释各峰的归属。

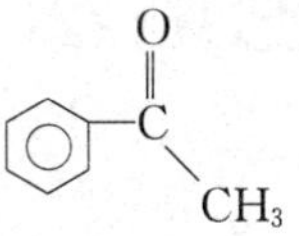

4. 某化合物的质谱如图 7-22 所示,试给出其分子结构及峰归属。

5. 某未知物的质谱如图 7-23 所示,试给出其分子结构及峰归属。

6. 某未知物的分子式为 $C_8H_{16}O$,质谱如图 7-24 所示,试给出其分子结构及峰归属。

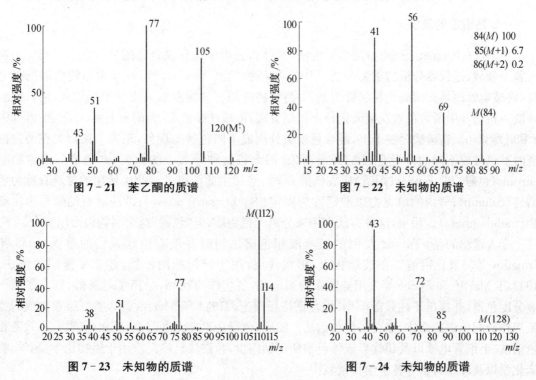

图 7-21　苯乙酮的质谱

图 7-22　未知物的质谱

图 7-23　未知物的质谱

图 7-24　未知物的质谱

(杜迎翔)

第八章 平面色谱法

第一节 概 述

一、色谱法的发展

色谱法(chromatography)或称层析法,是分离分析多组分混合物的分析方法。其应用遍布各个领域,是仪器分析的重要分支。1906年植物学家Tswett,M.在从事植物色素的研究时,将玻璃管内填充碳酸钙粉状吸附剂,并将植物叶的石油醚浸取液由管顶端加入,用石油醚冲洗。植物叶中所含色素在碳酸钙柱上得到分离,形成连续色带,为胡萝卜素、叶黄素、叶绿素a和叶绿素b。在碳酸钙柱子上,混合色素被分离成不同色带的现象,正像一束白光在通过棱镜时被色散成不同的7色色带的光谱现象,因而将这种分离方法命名为"色谱",由希腊字chroma(色彩)和graphos(图谱)构成色谱一词。色谱由此而得名。此法所用的玻璃管称为色谱柱(column);管内的填充物碳酸钙称为固定相(stationary phase);冲洗液石油醚称为流动相(mobile phase)。后来,这种方法也用来分离无色物质,但"色谱"这个名词仍沿用至今。

令人遗憾的是,Tswett发明的经典液相色谱法当时并没有引起人们的重视,1938年Izmailov等将氧化铝铺展在玻璃板上,形成薄层,用于分析药用植物,建立了薄层色谱法。1941年Martin和Synge等人用硅胶作为固定相,氯仿作流动相,分离了氨基酸,创立了液—液分配色谱,并提出了柱效能模型,即色谱塔板理论。1944年Martin等人将纤维素做成的滤纸当作分配色谱的载体,建立了纸色谱法。随后,色谱法迅速发展起来,气相色谱法、高效液相色谱法、毛细管电泳以及超临界流体色谱法不断问世,色谱法已广泛应用于生物化学、药学、临床化学以及环境科学等各个学科领域中。

以色谱法作为分离手段,以光谱法作为检测工具,形成当今最重要的色谱—光谱联用技术。色谱法分离效能高,但定性专属性差;而光谱法定性专属性强,但分析混合物困难,两者联用,就可兼取两者之长。一些新的色谱仪器大都带有微处理机,不但实现了自动化,而且正在向智能化发展。

二、色谱法分类

色谱法有许多类型,从不同角度可以有各种分类方法。

(一)按两相分子聚集状态分类

1. 气相色谱法(gas chromatography,GC) 气相色谱法是用气体作流动相的色谱法。根据固定相是液体(附着在惰性载体上)还是固体,又可分为气—液色谱法(gas-liquid chromatography,GLC)和气—固色谱法(gas-solid chromatography,GSC)。

2. 液相色谱法(liquid chromatography,LC) 液相色谱法是用液体作流动相的色谱法。也可分为液—液色谱法(LLC)和液—固色谱法(LSC)。

3. 超临界流体色谱法(supercritical fluid chromatography,SFC) 超临界流体色谱法是

用超临界流体作流动相的色谱法。超临界流体是在临界压力和临界温度以上的压缩气体,其性质与液体和气体均不同,有其独特的优点,常用 CO_2 作流动相,是一种环保型的分析方法。

(二) 按分离原理分类

1. 吸附色谱法(adsorption chromatography)　根据吸附剂表面对不同组分吸附能力的强弱差异进行分离,如气—固色谱法,液—固色谱法。

2. 分配色谱法(partition chromatography)　根据不同组分在固定相和流动相的溶解能力的差异而分离。如气—液色谱法,液—液色谱法。

3. 离子交换色谱法(ion exchange chromatography)　根据不同组分离子对离子交换树脂的亲和力的差异进行分离的方法。

4. 分子排阻色谱法(size exclusion chromatography)　又称凝胶色谱法(gel chromatography),是根据不同组分的分子体积大小的差异进行分离的。其中以水溶液作流动相的称为凝胶过滤色谱法(gel filtration chromatography),以有机溶剂作流动相的称为凝胶渗透色谱法(gel permeation chromatography)。

(三) 按操作形式分类

1. 柱色谱法(column chromatography)　固定相装在柱中,试样沿着一个方向移动而进行分离的色谱法。

2. 平面色谱法(planar chromatography)　固定相呈平面状的色谱法。包括纸色谱法和薄层色谱法。

第二节　平面色谱法的分类与原理

平面色谱法是色谱法的一种,主要包括薄层色谱法和纸色谱法。这两种色谱法称为平面色谱法,主要是由于其色谱分离是在薄层板和纸平面上进行,与各种柱形式的色谱法相区别。

纸色谱法出现于20世纪的40年代,在之后20年,该法在微量分析,特别在生化医药学方面的应用十分广泛。20世纪60年代后,薄层色谱法的发展和普及,使得纸色谱法的应用逐渐减少,20世纪80年代出现了仪器化薄层色谱法(Instrumental thin layer chromatography),薄层色谱的每一步骤均用一整套仪器来代替以往的手工操作,再配以薄层扫描仪,这样就使在较长时期内被认为只能用来定性和半定量的经典的薄层色谱法定量结果的重现性和准确度大大提高,成为一种极有价值的分离分析方法。

一、平面色谱法的分类

平面色谱法与柱色谱法的原理是完全相同的,只是平面色谱法是开放型色谱,离线操作,而柱色谱是封闭型色谱,在线操作。平面色谱法的分类如下:

(一) 薄层色谱法

薄层色谱法是把固定相均匀地铺在玻璃板、铝箔或塑料板上形成薄层,在此薄层上进行色谱分离,称为薄层色谱法。分离的原理随所用的固定相不同而异,基本上与柱色谱法相同,也可分为吸附薄层法、分配薄层法、离子交换薄层法以及分子排阻薄层法。

(二) 纸色谱法

纸色谱法是以纸作为载体的色谱法,分离原理属于分配色谱的范畴。固定相一般为纸纤维上吸附的水分,流动相一般为不与水相混溶的有机溶剂。但在以后的应用中,也常用和水相混溶的溶剂作为流动相,因为滤纸纤维素所吸附的水有一部分和纤维素结合成复合物,所以,这一部分水和与水相溶的溶剂,仍能形成类似不相混合的两相。除水以外,纸也可以吸留其他物质,如甲酰胺缓冲液等作为固定相。

(三) 薄层电泳法

电泳法是指带电荷的被分离物质(蛋白质、核苷酸、多肽、糖类等)在纸、醋酸纤维素、琼脂糖凝胶及聚丙烯酰胺凝胶等惰性支持介质上,向与其相反的电极方向,以不同速度泳动(或迁移)而得到分离,然后对组分进行定性和定量。上述纸电泳和聚丙烯酰胺凝胶平板电泳等均属于平面色谱范围,但由于电泳与色谱的驱动力来源、仪器设备及测定对象与薄层色谱法及纸色谱法有较大差别,故本章不予介绍。

二、平面色谱法参数

平面色谱与柱色谱的基本原理相同,但两法的操作方法不同,故各种参数也不完全相同,平面色谱法参数主要介绍定性参数、相平衡参数、分离参数、板效参数等。

(一) 保留值

保留值是组分在色谱体系中的保留行为,反映组分与固定相作用力的大小,是色谱过程热力学特性的参数,也称为定性参数,下面介绍比移值与相对比移值两种。

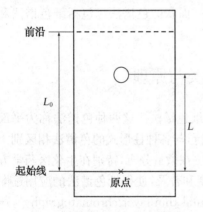

图 8-1 平面色谱示意图

1. 比移值(R_f)　比移值(retardation factor,R_f)是溶质移动距离与流动相移动距离之比,是平面色谱的基本定性参数。

$$R_f = L/L_0 \tag{8-1}$$

式中,L 为起始线(origin line)至斑点中心的距离,L_0 为原点至溶剂前沿(solvent front)的距离,见图 8-1。当 R_f 为 0 时,表示组分留在原点未被展开,即组分在固定相上保留很牢固,组分完全不溶于流动相,组分不随流动相移动;当 R_f 值为 1 时,表示该组分随展开剂至前沿,完全不被固定相保留,所以 R_f 值只能在 0~1。在实际操作中,R_f 值在 0.2~0.8 为佳。

2. 相对比移值(R_r)　由于影响 R_f 值的因素很多,要想得到重复的 R_f 值,就必须严格控制色谱条件的一致性。要在不同实验室、不同实验者间进行 R_f 值的比较是很困难的。采用相对比移值(relative R_f),R_r 值的重现性和可比性均比 R_f 值好。计算公式如下:

$$R_r = R_f(i)/R_f(s) \tag{8-2}$$

$R_f(i)$和 $R_f(s)$分别为组分 i 和参考物质 s 在同一平面上、同一展开条件下所测得的 R_f 值。

由于参考物质与组分在完全相同的条件下展开,能消除系统误差,因此 R_r 值的重现性和可比性均比 R_f 值好。参考物质可以是加入样品中的纯物质,也可以是样品中的某一已知组分。由于相对比移值表示的是组分与参考物质的移行距离之比,显然其值的大小不仅与组分及色谱条件有关,而且与所选的参考物质有关。与 R_f 值不同,R_r 值可以大于 1,也可以小于 1。

(二) 相平衡参数

1. 分配系数和容量因子　平面色谱法中主要涉及分配系数和容量因子两个相平衡常数,分配系数(partition coefficient)用 K 表示,K 表示在色谱中,在两相达到平衡后,某组分在固定相中的浓度(c_s)与在流动相中的浓度(c_m)之比。

$$K = C_s/C_m \quad (8-3)$$

一般来说,在低浓度时,K 为常数,与体积无关,与温度有关,温度升高 30℃,分配系数约下降 1/2。对于不同的色谱机理,分配系数的含义不同,有不同的名称,在吸附色谱中,K 又称为吸附系数,离子交换色谱中,称交换系数。

容量因子用 k 表示,k 是衡量固定相对待测组分的保留能力的重要参数。即在两相达到平衡后,某组分在固定相中的质量 W_s 与在流动相中的质量 W_m 之比,故可称质量分配系数、分配比等。k 也与平面上固定相体积 V_s 与流动相体积 V_m 的比值有关。

$$k = KV_s/V_m = C_sV_s/C_mV_m = W_s/W_m \quad (8-4)$$

当 k 较大时,表示被固定相保留的程度大,在平面上移动慢,反之则移动快。

2. K、k 与 R_f 值的关系 设 R' 为在单位时间内 1 个分子在流动相中出现的几率(即在流动相中停留的时间分数),若 $R'=1/3$,则表示这个分子有 1/3 的时间在流动相,而有 2/3 的时间在固定相。对于待测组分的大量分子而言,则表示有 $1/3(R')$ 的分子在流动相,有 $2/3(1-R')$ 的分子在固定相。组分在固定相与流动相中的量可分别用 c_sV_s 和 c_mV_m 表示,c_s 为组分在固定相中的浓度,c_m 为组分在流动相中的浓度,V_s 为平面中固定相所占的体积,V_m 为平面中流动相所占的体积。因此,

$$(1-R')/R' = C_sV_s/C_mV_m = KV_s/V_m$$

整理上式:

$$R' = \frac{1}{1+k}$$

同理,R' 也可表示组分分子在平面上移动的速度,若 $R'=1/3$,则表示组分分子的速度(u)为流动相分子速度(u_0)的 1/3,即该组分分子移行至前沿的时间为流动相的 3 倍。由此可得,$R_f = L/L_0 = ut/u_0t$,在平面色谱中,组分分子与流动相分子的移行时间是相同的,所以 $R_f = R'$,所以可得以下公式:

$$R_f = \frac{1}{1+KV_s/V_m} \quad (8-5)$$

$$R_f = \frac{1}{1+k} \quad (8-6)$$

或

$$k = \frac{1-R_f}{R_f} \quad (8-7)$$

因此,R_f 为 1 的组分,K 与 k 为 0,表示该组分不被固定相保留;R_f 为 0 的组分,K 与 k 为 ∞,表示该组分停留在原点,完全被固定相所保留。

(三)板效参数

1. 理论塔板数(number of theoretical plate,n) 理论塔板数是反映组分在固定相和流动相中动力学特性的色谱技术参数,是代表色谱分离效能的指标,在平面色谱法中的理论塔板数主要取决于色谱系统的物理特性,如固定相的粒度、均匀度、活度以及展开剂的流速及展开方式等,n 以下式表示:

$$n = 16(L/W)^2 \quad (8-8)$$

式中,L 为原点到斑点中心的距离,W 为组分斑点的宽度,因此在斑点移动距离相等的情况下,斑点越集中,即 W 越小,n 越大。

2. 塔板高度(height of theoretical plate,H) 塔板高度是由理论塔板数及原点到展开剂前沿的距离(L_0)算出的单位理论板的长度,以下式表示:

$$H = L_0/n \qquad (8-9)$$

因此，H 与 n 成反比，n 值越大，H 值越小。

（四）分离参数

1. 分离度（resolution，R）　分离度是平面色谱法的重要分离参数，是两相邻斑点中心距离与两斑点平均宽度的比值。如下式所示：

$$R = 2(L_2 - L_1)/(W_1 + W_2) \qquad (8-10)$$

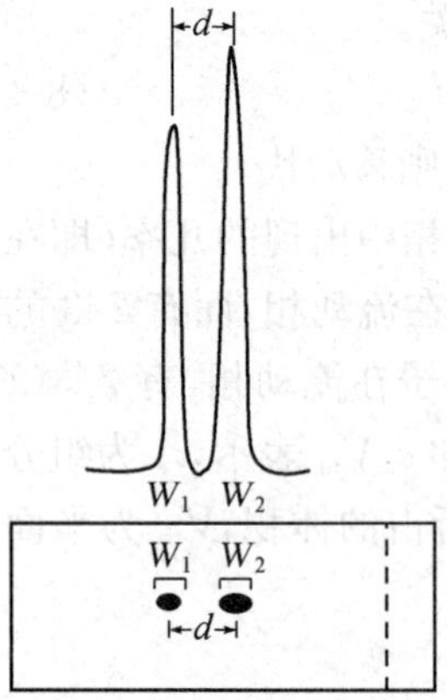

式中，L_2、L_1 分别为原点至两斑点中心的距离（d），W_1、W_2 分别为两斑点的宽度；在薄层扫描图上，d 为两色谱峰顶间距离，W_1、W_2 分别为两色谱峰宽（图 8-2）。在平面色谱法中，$R \geqslant 1$ 较适宜。

2. 分离数（separation number，SN）　分离数是衡量平面色谱分离容量的主要参数，也是面效的评价参数。分离数的定义是在相邻斑点分离度为 1.177 时，在 $R_f = 0$ 和 $R_f = 1$ 两种组分斑点之间能容纳的色谱斑点数。SN 越大，平面的容量越大，一般薄层板的 SN 在 10 左右，高效薄层板可达 20。

$$SN = L_0/(b_0 + b_1) - 1 \qquad (8-11)$$

图 8-2　平面色谱分离度示意图

式中，b_0 和 b_1 分别为薄层扫描所得的 $R_f = 0$ 和 $R_f = 1$ 组分的半峰宽。实际上，b_0 和 b_1 均不能直接由薄层扫描图上测得。而是通过测量其他组分的 R_f 值和半峰宽，二者在一定点样范围内成直线关系，由回归方程用外推法求得 b_0 和 b_1。经典薄层板的分离数为 7~10，高效薄层板的分离数在 10~20 范围内。

第三节　薄层色谱法

薄层色谱法（thin layer chromatography，TLC）是将细粉状的吸附剂或载体涂布于玻璃板、塑料或铝箔上，成一均匀薄层，经点样，展开与显色后，再与适宜的对照物质，在同一薄层板上所得的色谱斑点作比较，用于进行药品的鉴别、杂质检查或含量测定的方法。铺好薄层的板，称为薄板或薄层板（thin layer plate）。薄层色谱法是色谱法中应用最广泛的方法之一，它具有以下特点：

1. 分离能力强，斑点集中。
2. 灵敏度高，几微克，甚至几十纳克的物质也能检出。
3. 展开时间短，一般只需十至几十分钟。一次可以同时展开多个样品。
4. 样品预处理简单，对被分离物质性质没有限制。
5. 上样量比较大，可点成点，也可点成条状。
6. 所用仪器简单，操作方便。

虽然薄层色谱法从仪器自动化程度、分辨率、重现性方面不如后来发展起来的气相色谱法和高效液相色谱法，但由于薄层色谱法具有上述特点，特别是仪器简单、操作方便、用途广泛，因此在实际工作中仍是一种极有用的分析技术，已广泛应用于医药学各研究领域中，也适用于工厂、药房等基层实验室。

一、流速

在各种色谱分析中,薄层色谱发展较慢,对薄层色谱理论问题的探讨,目前还很不完备。从分析设备角度来看,薄层色谱是比较简单的,但是从作用原理来探讨,薄层色谱较各种柱色谱要复杂得多,薄层色谱是一种开放型色谱。

在薄层色谱中,展开剂的流速是一变数。展开剂在薄层中的流速与展开剂的表面张力,黏度及吸附剂种类、粒度、均匀度等因素有关,也和展开距离有关。

展开剂在薄层中的上升情况可用毛细管模型(图 8-3)表示。薄层由各种粗细不同的毛细管构成,各毛细管之间又由毛细管连接沟通。开始时薄层是干燥的,当薄层一端浸入展开剂中时,由于表面张力,展开剂从薄层一端有力地吸入细毛细管中,使细毛细管首先充满,展开剂前沿就开始上升。接着展开剂也进入较粗的毛细管,由于毛细管之间是相通的,因而展开剂又从粗毛细管流入细毛细管。其结果是细毛细管中溶剂前沿流动较快,粗毛细管中流动较慢,毛细管的粗细愈不均匀,流动也愈不均匀。

在色谱过程中,展开剂前沿移动的速度是个变数。设展开剂前沿移动的距离为 L,根据实际测定,它与时间 t 的平方根成正比(图 8-4),即

$$L = (kt)^{1/2} \text{ 或 } L^2 = kt \tag{8-12}$$

式中,k 是比例常数,展开剂前沿移动的速度 u_f 应为

$$u_f = \frac{dL}{dt} = 1/2 k^{1/2} t^{-1/2} = \frac{k}{2L} \tag{8-13}$$

从式(8-13)中可看出,u_f 随 L 变长而变慢,并与 k 值有关,k 与实验条件的关系式如下:

$$k = 2k_0 d_p \frac{\gamma}{\eta} \cos\theta \tag{8-14}$$

k_0 是渗透常数,d_p 是平均颗粒直径,γ 是展开剂表面张力,η 是展开剂黏度,θ 为展开剂与固定相两相间的接触角,从式(8-14)可以看出,由粗颗粒制成的薄层板(普通板),展开剂迁移速度较快;而颗粒均匀、细密的薄层板(高效板),展开剂移动速度较慢,这是因为尽管高效薄层板的 k_0 值较大,但这只能部分地补偿颗粒细小而造成的影响。绝大多数有机溶剂都能完全湿润硅胶板,所以两相间的接触角有利于快速展开($\cos\theta=1$)。键合相吸附剂一般难以被含水的展开剂所湿润,这时就必须考虑接触角的问题。所以键合相薄层色谱需要有选择地使用某些展开剂系统,但是,如果使用泵展开的方法,则可以不受限制。

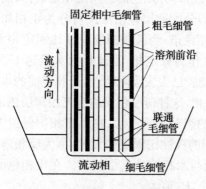

图 8-3 薄层色谱毛细管模型图

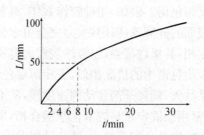

图 8-4 展开距离与时间的关系

上面讨论的只是最简单的理想状态,实际情况要比这个复杂得多。因为在色谱进行过程中,薄层的一面是暴露在气相中的,这个气相有时为展开剂蒸气所饱和,有时却并未饱和,因此在薄层中,不但存在着平行于薄层方向的展开剂流动过程,也存在着从薄层内部流向薄层表面,即垂直于薄层的溶剂流动过程,这两种流动过程的速度都是无法控制的。另一方面,尚未被展开剂所湿润的吸附剂,已与展开剂蒸气接触,在吸附剂上逐渐发生了吸附展开剂蒸气的过程。即在展开剂前沿到达以前,薄层早已部分地为溶剂所"粘湿"。随着色谱时间的延长,这种"粘湿"情况越来越显著,吸附剂表面的孔穴也越来越少。随着吸附剂表面的特性的改变,展开剂的流速也就发生了改变。因此在实际情况中,薄层色谱过程中展开剂的流速是空间、时间的复杂函数。

二、薄层色谱法分类

薄层色谱法按所使用的固定相性质及其分离机制,可分为吸附色谱法、分配色谱法、离子交换色谱法和分子排阻色谱法,其中吸附色谱法应用最广泛,分配色谱法次之。此外,还有胶束薄层色谱法,本节主要讨论吸附薄层色谱法。按分离效能,薄层色谱法又可分为经典薄层色谱法和高效薄层色谱法。

(一) 吸附薄层色谱法

固定相为吸附剂的薄层色谱法称为吸附薄层色谱法。在吸附薄层色谱中,将 A、B 两组分的混合溶液点在薄层板的一端,在密闭的容器中用适当的溶剂(展开剂,developing solvent,developer)展开。此时 A、B 两组分首先被吸附剂所吸附,然后又被展开剂所溶解而解吸附,且随展开剂向前移动,遇到新的吸附剂,A、B 两组分又被吸附、然后又被展开剂解吸,A、B 两组分在薄层板上吸附、解吸附、再吸附、再解吸,这过程在薄层板上反复无数次。又由于吸附剂对 A、B 两组分有不同的吸附能力,展开剂也对两组分有不同的溶解能力,即两者的分配系数不同,这样,如果固定相为硅胶,若 A 组分极性大,则分配系数大,它被硅胶吸附的能力强,在板上移动速度慢,R_f 值小,反之,B 组分的极性小,在板上的移动速度快,R_f 值大。在吸附色谱中,一般极性大的组分移动速度慢,极性小的组分移动速度快。吸附色谱对影响吸附能力的构型差别很敏感,因此吸附色谱适合异构体的分离。

(二) 分配薄层色谱法

利用样品中各组分在固定相与流动相之间的分配系数的不同,各组分在板上迁移速度不同而获分离的薄层色谱法称为分配薄层色谱法。一般说来,分配色谱的固定相是液体,固定相吸留在载体上。根据固定相和流动相极性的相对强弱,分配薄层色谱法又可分为正相和反相两种类型。流动相的极性比固定相极性小时,称为正相色谱;当流动相的极性比固定相大时,称为反相色谱。假如,用硅胶作载体,硅胶上吸留的水作为固定相,当硅胶含水量达17%时,硅胶表面的硅醇基(吸附中心)完全由水分子所占据,硅胶已失去吸附活性,硅胶表面的水层成为固定相,其极性很强,以极性较弱的有机溶剂为流动相,这种薄层色谱称为正相薄层色谱法。与在吸附色谱中的情况相似,正相薄层色谱中极性大的组分易溶于水,在固定相中保留大些,分配系数大,随展开剂移动的速度慢,R_f 值小。展开剂的极性比固定相大时,称为反相薄层色谱法,常用的固定相是烷基化学键合相,展开剂是水及与水相溶的有机溶剂。在反相色谱中,极性大的组分分配系数小,随流动相向前移动的速度快,R_f 值大。

三、吸附薄层色谱的吸附剂与展开剂

（一）吸附剂的选择和吸附活度

吸附薄层色谱法的固定相为吸附剂，常用吸附剂有硅胶、氧化铝和聚酰胺等。

1. **硅胶** 硅胶是薄层色谱固定相中用得最多的一种，有90%以上的薄层分离都应用硅胶。硅胶为多孔性无定形粉末，硅胶表面带有硅醇基（Silanol，—Si—OH），呈弱酸性，通过硅醇基（吸附中心）与极性基团形成氢键而表现其吸附性能，由于各组分的极性基团与硅醇基形成氢键的能力不同，而各组分被分离。硅胶吸附水分形成水合硅醇基而失去吸附能力，但将硅胶加热至100℃左右，该水能可逆被除去，而提高活度。经过150℃活化后的硅胶，此时每平方纳米上约有4~6个硅醇基。

硅胶的分离效率的高低与其粒度、孔径及表面积等几何结构有关。硅胶粒度越小，粒度越均匀，即粒度分布越窄，其分离效率越高。经典薄层色谱用硅胶的粒度为10~40 μm。比表面积大意味着样品与固定相之间有更强的相互作用，即有较大的吸附力或较强的保留，商品硅胶一般为400~600 m^2/g，孔体积约为0.4 mL/g，平均孔径约为100 nm。

硅胶表面的pH约为5，一般适合酸性和中性物质的分离，如酚类、醛类等，因碱性物质能与硅胶作用，展开时被吸附、拖尾，甚至于停留在原点不动。

薄层色谱常用硅胶有硅胶H、硅胶G和硅胶GF_{254}等。硅胶H为不含黏合剂的硅胶，铺成硬板时需另加黏合剂。硅胶G是硅胶和煅石膏混合而成，硅胶GF_{254}含煅石膏，另含有一种无机荧光剂，即锰激活的硅酸锌（Zn_2SiO_4：Mn），在254 nm紫外光下呈强烈黄绿色荧光背景。此外，还有硅胶HF_{254}、硅胶$HF_{254+366}$等。

2. **氧化铝** 因制备和处理方法不同，氧化铝可分为中性（pH为7.5）、碱性（pH为9.0）和酸性（pH为4.0）3种。一般碱性氧化铝用来分离中性或碱性化合物，如生物碱、脂溶性维生素等；中性氧化铝适用于酸性及对碱不稳定的化合物的分离；酸性氧化铝可用于酸性化合物的分离。

硅胶和氧化铝的活性可分5级，活性级数越大，含水量越多，吸附性能越弱，其活度越小。吸附剂活度大小与含水量的关系见表8-1。在一定温度下，加热除去水分，可使吸附剂活度提高，吸附力加强，称之为活化（activation）。反之，加入一定量的水可使活度降低，称为脱活性。

表 8-1　硅胶和氧化铝的含水量与活性关系

硅胶含水量/%	活性级	氧化铝含水量/%
0	Ⅰ	0
5	Ⅱ	3
15	Ⅲ	6
25	Ⅳ	10
38	Ⅴ	15

吸附剂中所含的水分会占据吸附剂表面的吸附中心，所以吸附剂含水量越多，吸附能力越弱，活度越小。

（二）展开剂的选择

吸附薄层色谱过程是组分分子与展开剂分子争夺吸附剂表面活性中心的过程，展开剂选

择是薄层分离成功的重要条件之一。在吸附薄层色谱法中,选择展开剂的一般原则和吸附柱色谱法中选择流动相的规则相似,主要应根据被分离物质的极性、展开剂的极性来决定。根据上述3因素,Stahl设计了一个简单的选择吸附薄层色谱条件的简图(图8-5),从图可见,如将图中的三角形A角指向极性物质,则B角就指向活性小的吸附剂,C角就指向极性展开剂,如此类推。

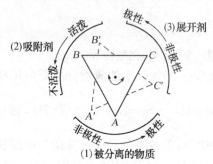

图8-5 化合物的极性、吸附剂活度和展开剂极性间的关系

1. 被测物质的结构与性质　极性大的物质易被吸附剂较强地吸附,需要极性较大的流动相才能推动。被测物质的极性取决于它的结构。饱和碳氢化合物一般不被吸附或吸附得不牢。当其结构中被取代一个官能团后,则吸附性增强。常见的基团按其极性由小到大的次序是:烷烃(—CH_3,—CH_2—)<烯烃(—CH=CH—)<醚类(—OCH_3,—OCH_2—)<硝基化合物(—NO_2)<酯类<酮类(—C=O)<醛类(—CHO)<胺类(—NH_2)<醇类(—OH)<酚类(Ar—OH)<羧酸类(—COOH)。

在判断物质极性大小时,有如下规律可循:

(1) 分子基本母核相同,则分子中基团的极性越大,整个分子的极性也越大,极性基团增多,则整个分子极性加大。极性加大吸附力增强。

(2) 分子中双键多,吸附力强;共轭双键多,吸附力增大。

(3) 化合物取代基的空间排列,对吸附性也有影响,如同一母核中羟基处于能形成分子内氢键位置时,其吸附力弱于羟基处于不能形成氢键的化合物。

2. 吸附剂的性能　分离极性小的物质,一般选用活度大些的吸附剂,以免保留时间太短,不易分离。分离极性大的物质,应选用活度小些的吸附剂,以免吸附太牢,不易洗脱下来。

3. 流动相的极性　一般根据相似相溶原则,极性物质易溶于极性溶剂中,非极性物质易溶于非极性溶剂中。因此分离极性大的物质,一般选极性较大的流动相,分离极性小的物质,选择极性较小的流动相。一般情况下,物质的极性、吸附剂的活度均已固定,可选择的只是不同极性的流动相。

薄层色谱法中常用的溶剂,按极性由强到弱的顺序是:水>酸>吡啶>甲醇>乙醇>正丙醇>丙酮>乙酸乙酯>乙醚>氯仿>二氯甲烷>甲苯>苯>三氯乙烷>四氯化碳>环己烷>石油醚。

在薄层色谱中,通常先用单一溶剂展开,根据被分离物质在薄层上的分离效果,进一步考虑改变展开剂的极性。例如,某物质用氯仿展开时,R_f值太小,甚至停留在原点,则可加入一定量极性大的溶剂,如乙醇、丙酮等,根据分离效果适当改变加入的比例,如氯仿—乙醇(9:1,8:2,7:3,6:4等)。一般希望R_f值在0.2~0.8,如果R_f值较大,斑点在前沿附近,则应加入适量极性小的溶剂(如环己烷、石油醚等),以降低展开剂的极性。为了寻找合适的展开剂,往往需要经过多次实验,有时还需要两种以上溶剂的混合展开剂。分离酸性组分,可考虑在展开剂中加入一定比例的酸性物质,如甲酸、醋酸、磷酸和草酸等,可防止拖尾现象;在分离碱性物质时,可考虑在展开剂中加入一定量碱性物质,如二乙胺、乙二胺、氨水等。

四、薄层色谱操作方法

薄层色谱法一般操作程序可分为制板、点样、展开和显色4个步骤。

(一) 薄层板的制备

一块好的薄层板要求吸附剂涂铺均匀,表面光滑,厚度一致。薄层厚度及均匀性,对样品分离效果和 R_f 值的重复性影响很大,一般厚度以 250 μm 为宜,若要分离制备少量纯物质,薄层厚度应稍大些。制备薄层所用的玻璃板必须表面光滑、清洁,不然吸附剂不易涂布,同时可能影响分离和检测。薄层大小可根据实际需要自由选择,小至载玻片,大的用 20 cm×20 cm 玻片。

薄板可分为加黏合剂的硬板和不加黏合剂的软板两种。软板制备很简便,但很易吹散,已不常用。硬板即黏合薄层,即在铺板过程中加了黏合剂,常用的黏合剂有羧甲基纤维素钠(CMC—Na)和煅石膏($CaSO_4 \cdot 1/2H_2O$)两种。用 CMC—Na 为黏合剂制成的薄层称为硅胶—CMC 板。这种板机械强度好,可用铅笔在薄层上做记号,在使用强腐蚀性试剂时,要掌握好显色温度和时间,以免 CMC—Na 碳化而影响检测。用煅石膏为黏合剂制成的薄层称为硅胶—G 板。这种板机械强度较差,易脱落。

1. 硅胶—CMC 板制备　取羧甲基纤维素钠 5~7 g,加 1 000 mL 水,加热使溶解,放置澄清。取上清液 100 mL,分次加入硅胶约 33 g,调成糊状。去除气泡后,将糊状的吸附剂倒在清洁的玻璃板上,使均匀涂布于整块玻璃板上,平放自然晾干,105℃活化 1 h,置干燥器中保存备用。

2. 硅胶—G 板制备　商品硅胶—G 本身含有 13% 的煅石膏,制备时只需取一定量的硅胶—G 在研钵中,加 2~3 倍量的水,朝同一方向研磨成糊状,当稠度适宜时,立即同上法铺板。

以上为实验室手工铺板方法,也可借助涂铺器铺板。市场上也有各种不同类型的预制板供选择,市售预制板的黏合剂一般采用聚乙烯醇或聚丙烯酰胺等高聚物。

在分离酸性或碱性化合物时,除了可以使用酸性或碱性流动相外,也可制备酸性或碱性薄层来改善分离。在硅胶中加入碱或碱性缓冲液制成碱性薄层,分离生物碱等碱性化合物。

调节被测组分的 R_f 值,也可以通过改变板的活度来达到。一般薄层板的活化温度为 105℃,活化 1 h,若要降低板的活度,可通过降低板的活化温度和活化时间来达到目的,如活化温度可由 105℃ 下降到 80℃、60℃ 等,活化时间由 1 h 下降至 30 min、20 min 等。降低板的活度,一般极性组分的 R_f 值可以变大。

(二) 点样

将样品溶于适当的溶剂中,尽量避免用水,因为水溶液斑点易扩散,且不易挥发除去,一般用乙醇、甲醇等有机溶剂,配制样品液浓度约为 0.01%~0.1%。若为液体样品,可直接点样(spotting)。原点直径以 2~4 mm 为宜,溶液宜分次点样,每次点样后,使其自然干燥,或用电吹风促其迅速干燥,只有干后,才能点第二次。点样工具一般采用点样毛细管或微量注射器。点样时,必须注意勿损伤薄层表面,进行薄层定量,点样器不宜与薄层直接接触。点样量一般以几微升为宜,若进行薄层定量或薄层制备时,可多至几百微升,点样方式也可由点状点样改用带状点样。

在进行薄层定量时,原点直径的一致,点样间距的精确,是保证定量精确度的关键,瑞士 Camag 公司生产了系列薄层定量设备。Camag Linomat Ⅳ 型自动点样仪采用喷雾带状点样方式,点样范围为 1~99 μL,利用微处理编序操作,可以自动点上不同体积的样品液。使用时样品溶液吸在微量注射器中,点样器不接触薄层,而是用氮气将注射器针尖的溶液吹落在薄层上,薄层板在针头下定速移动,点成 0~199 mm 的窄带。

(三) 展开

展开器皿(development chamber)一般为长方形密闭玻璃缸,黏合薄层常用上行法展开,将薄层板直立于盛有展开剂的色谱缸中,展开剂浸没薄板下端的高度不超过 0.5 cm,薄板上的原点不得浸入展开剂中。待展开剂前沿达一定距离，如 10～20 cm 时，将薄层板取出，在前沿处作出标记。使展开剂挥散后，显色。

在展开之前，薄层板置于盛有展开剂的色谱缸内饱和 15～30 min，此时薄板不与展开剂直接接触。待色谱缸内展开剂蒸气、薄层与缸内大气达到动态平衡时，也称为饱和时，再将薄层板浸入展开剂中。这样操作可以防止边缘效应。边缘效应是同一化合物在同一块板上，因其点样位置不同，而 R_f 值不同。处于边缘的点样点，其 R_f 值大于中心点。其原因是由于展开剂在未达饱和的色谱缸内不断地蒸发，蒸发速度从薄层中央到薄层两边缘逐渐增加，使边缘上升的溶剂较中央多，致使近边缘溶质的迁移距离比中心大，导致边缘的 R_f 值大。

薄层展开方式除上行法外，还有径向展开法（薄板为圆形），多次展开法（同一展开剂，重复多次展开），双向展开法（展开一次后，换 90°用另一展开剂展开，适用于非常复杂的样品）。对软板的展开，则多用倾斜上行法。

Camag 公司目前也提供 Camag 自动多次展开仪，可进行程序多次展开（programmed multiple development，PMD 或 AMD），主要由一台微处理机的控制单元和一套真空泵系统组成，主机主要是一个可容纳 20 cm×10 cm 薄层板的展开室。在同一方向上对薄层进行重复多次展开，每次展开后，采用加热或不加热空气流或氮气流吹风，使薄层板挥干，然后开始下一个程序展开。微机内存 10 个预编程序。

（四）显色

显色（detection）方法有：① 首先在日光下观察，画出有色物质的斑点位置。② 在紫外灯（254 nm 或 365 nm）下观察，有无暗斑或荧光斑点，并记录其颜色、位置及强弱。能发荧光的物质或少数有紫外吸收的物质可用此法检出。③ 荧光薄层板检测，适用于有紫外吸收的物质。荧光薄层板是在制板时，在硅胶中掺入了少量荧光物质制成的板。在 254 nm 紫外灯下，整个薄层板呈黄绿色荧光，被测物质由于吸收了部分照射在此斑点位置的紫外线，而呈现各种颜色的暗斑。④ 既无色又无紫外吸收的物质，可采用显色剂显色。

薄层色谱常用的通用型显色剂有碘、硫酸溶液和荧光黄溶液等。碘蒸气对许多有机化合物都可显色，其最大特点是显色反应往往是可逆的，在空气中放置时，碘可升华挥去，组分恢复原来状态。10%硫酸乙醇液对大多数有机化合物呈有色斑点，如红色、棕色、紫色等，在碳化以前，不同的化合物将出现一系列颜色的改变，被碳化的化合物常出现荧光。0.05%荧光黄甲醇溶液是芳香族与杂环化合物的通用显色剂。

五、定性和定量分析

（一）定性分析

通过显色对斑点定位后，测出斑点的 R_f 值，对斑点的定性鉴别主要依靠 R_f 值的测定。R_f 值的测定受很多因素的影响。如吸附剂的种类和活度、展开剂的极性、薄层厚度、展开距离、色谱容器内溶剂蒸气的饱和程度等。因此要与文献记载的 R_f 值比较，来鉴别各物质，控制操作条件完全一致比较困难。常采用的方法是用已知标准物质作对照。将样品与标准品在同一块薄层板上展开，显色后，根据样品的 R_f 值及显色过程中的现象，与标准品对照比较进行定性鉴别。与紫外光谱用于定性时的情况类似，仅根据一种展开剂展开后的 R_f 值作为定性依据是不够的，需要经过多种展开系统得到的 R_f 值与标准品一致时，才可基本认定该斑点与标准品是同一化合物。也可采用上述的相对比移值参考文献数据定性。

薄层色谱—光谱联用法是以薄层色谱为分离手段，以光谱进行定性鉴别的现代方法，有在线联用和非在线联用。非在线联用法是用分离洗脱所得到的组分纯品进行 UV、IR、NMR、MS 等光谱鉴定；而在线联用则是直接在薄层色谱斑点上进行光谱扫描，以斑点的光谱进行定性。已有 TLC—UV、TLC—IR、TLC—MS 等联用仪。

（二）定量分析

薄层定量方法可分为两大类，即洗脱法和直接定量法。

1. 洗脱法　样品经薄层色谱分离后，用溶剂将斑点中的组分洗脱下来，再用适当的方法进行定量测定。斑点需预先定位，采用显色剂定位时，可在样品两边同时点上待测组分的对照品作为定位标记，展开后只对两边对照品喷洒显色，由对照品斑点位置来确定未显色的样品待测斑点的位置。

2. 直接定量法　样品经薄层色谱分离后，可在薄层板上对斑点进行直接测定。直接定量法有目视比较法和薄层扫描法两种。最简易的方法是目视比较法，将一系列已知浓度的对照品溶液与样品溶液点在同一薄层板上，展开并显色后，以目视法直接比较样品斑点与对照品斑点的颜色深度或面积大小，求出被测组分的近似含量，作为半定量方法，精密度为±10%。测定实例可参看本章第五节"应用与示例"中例 8-5。该法常用于各国药典中，作为药物中杂质限度检查方法。薄层扫描法用仪器在薄层板上扫描定量，精密度约为±5%。

六、高效薄层色谱法

薄层色谱法按所使用的薄层板的分离效能可分为经典薄层色谱法（TLC）和高效薄层色谱法（HPTLC）两类，其区别列于表 8-2。

表 8-2　TLC 与 HPTLC 的比较

参　　数	TLC	HPTLC
板尺寸/cm	20×20	10×10
颗粒直径/μm	10～40	5, 10
颗粒分布	宽	窄
点样量/μL	1～5	0.1～0.2
原点直径/mm	3～6	1～1.5
展开后斑点直径/mm	6～15	2～5
有效塔板数	>600	>5 000
有效板高/μm	~30	~12
点样数	10	18 或 36
展开距离/cm	10～15	3～6
展开时间/min	30～200	3～20
最小检测量：吸收/ng	1～5	0.1～0.5
荧光/pg	50～100	5～10

（一）吸附剂粒度与分离效能

高效薄层色谱所用的吸附剂粒度比经典薄层色谱要小得多，从表 8-2 可见，经典薄层色谱用硅胶的颗粒直径为 10～40 μm，而制备高效薄层板所用的硅胶为 5 μm 或 10 μm，粒径分布也窄。薄层色谱与高效液相色谱一样，板高在很大程度上受吸附剂颗粒大小、颗粒均匀程度以及薄层质量的影响。吸附剂颗粒直径小，流动相流速慢，容易达平衡，展开过程中传质阻力较小，斑点较为圆而整齐。用 100 μm 左右硅胶颗粒制成的板的有效塔板数为 200 左右,从表 8-2 中看到的用 20 μm 制成的 TLC 板和 5 μm 制成的 HPTLC 板,有效塔板数可达 600 和 5 000 以上。

(二) 高效薄层板

高效薄层板是由颗粒直径小至 5 μm、10 μm 的固定相,用喷雾法制成的板,称为高效薄层板。一般为商品预制板,常用的有硅胶、氧化铝、纤维素和化学键合相薄层板。预制板厚度均匀,使用方便,适用于定量测定。国外商品有 HPTLC Silica gel 60F,HPTLC Cellulose F_{254} (Merck),Sil—20 UV_{254},KC_{18}L(Whatman) 等。国内上海化学试剂总厂、北京西直门化工厂等均有 10 cm×10 cm 的高效薄层预制板出售。

在 HPTLC 板上用自动多次展开方式分离氨基酸,用 3-苯基-2-乙内酰硫脲(PTH)作衍生试剂,生成 PTH 氨基酸衍生物在板上分离,用 Whatman silica gel Hp—Kplates(Clifton,NJ,USA),使用 Linomat Ⅵ 点样器,样品点成 8 mm 带状,用自动多次展开仪,自动展开 6 次,可分离 20 种氨基酸。

七、薄层扫描法

薄层扫描法是用一定波长、一定强度的光束照薄层上的色点,用仪器测量照前后光束强度的变化,从而求得物质含量的方法。薄层扫描仪的种类不少,双波长薄层扫描仪是较常用的一种仪器,它是适应薄层色谱的要求可以对斑点进行扫描的专用仪器。它的特点是双波长测定,可对斑点进行曲折扫描。可进行反射法、透射法测定,常选用反射法。

图 8-6 为双波长薄层扫描仪的方框图。从光源(氘灯、钨灯或氙灯)发射的光,通过两个单色器 MR 和 MS 后成为两束不同波长的光 λ_R、λ_S。斩光器交替地遮断,最后合在同一光路上,通过狭缝,再通过反光镜照在薄板上。如为反射法测定,则斑点表面的反射光由光电倍增管 PMR 接收;如为透射光测定,则由 PMT 光电倍增管接收。用 λ_R 和 λ_S 两种不同波长光交替照射斑点,测定两波长的吸收值的差值。除用分光光度法测定外,还可用荧光分析法测定。

(一) 测定波长 λ_S 与参比波长 λ_R 的选择

λ_S 选用被测组分的最大吸收波长,λ_R 选用不被被测组分吸收的波长,一般选择被测组分吸收曲线的吸收峰邻近基线处的波长,故所测值为薄板的空白吸收。双波长法由于从测量值中减去了薄层本身的空白吸收,所以在一定程度上消除了薄层不均匀的影响,使测定结果准确度提高。

(二) 反射法测定

透射光比反射光强度约大 2.5 倍,但这种方法受外界条件的影响较大,如薄层厚度、均匀度等都有影响。此外,玻璃板透不过紫外光,因此在应用上受一定的限制。反射法测量,光强较弱,但是重现性较好,基线稳定,受基板及吸附剂层厚度的影响较小,因此常用反射法。

(三) 扫描方法

现有扫描仪都是光源不动,只移动薄层板,扫描方式可分线性扫描及曲折形扫描(图8-7)两种。

线性扫描在斑点形状不规则和浓度不均匀时,测量误差较大,优点为快速,荧光测定时一定要用线性扫描。曲折扫描将光束缩得很小,如1.2 mm×1.2 mm,小到使光束内斑点浓度变化可以忽略的程度,进行一个方向的移动扫描及另一垂直方向的往复扫描,适用于形状不规则及浓度分布不均匀的斑点。

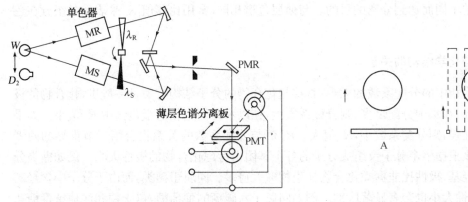

图 8-6　双波长型薄层扫描仪示意图

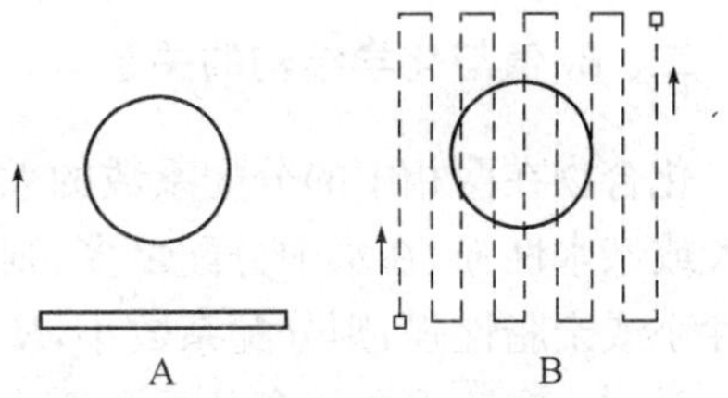

图 8-7　扫描方式示意图
A. 线性扫描　B. 曲折形扫描

（四）散射参数的选择——非线性关系的校正

在反射测量中，因颗粒状吸附剂有强烈散射，使吸收值与样品量不成线性关系，不遵守比尔定律。曲线校正是将修正参数和处理方法存入计算机。实验前根据薄层板的类型，选择合适的散射参数，由计算机根据适当的修正程序，自动进行校正，给出准确的定量结果。岛津薄层扫描仪一般设有 1～10 个散射参数（SX），硅胶薄层板 SX 一般选用 3，氧化铝薄层板选用 7，一般可使工作曲线原为曲线而校正为直线。

（五）外标两点法

薄层扫描定量分析主要采用外标法，内标法应用不多见。先用对照品作标准曲线，求得线性范围，可采用外标一点法（比较法）或外标两点法进行样品定量。由于薄层扫描定量方法往往存在较大的系统误差，所得的标准曲线截距较大，此时只可采用外标两点法定量。

薄层扫描实例可参看本章第五节"应用与示例"中例 8-6。

第四节　纸色谱法

一、原理

纸色谱法（paper chromatography，PC）是以纸为载体的色谱法，分离原理属于分配色谱的范畴。固定相一般为纸纤维上吸附的水分，流动相为不与水相混溶的有机溶剂。但在以后的应用中，也常用和水相混溶的溶剂作为流动相，因为滤纸纤维所吸附的水分中，有一部分水通过氢键与纤维素上的羟基结合成复合物。所以，这一部分水和与水相溶的溶剂，仍能形成类似的不相混合的两相。除水以外，滤纸也可以吸留其他物质，如甲酰胺缓冲液等作为固定相。

纸色谱法的一般操作为，取滤纸一条，与薄层色谱类似，先画上起始线，原点作好标记，在原点处点上欲分离的试液，干后悬挂在一密闭的色谱缸中，流动相通过毛细管作用，从试液斑点的一端，慢慢沿着纸条向下扩展（下行法），或向上扩展（上行法）。此时，点在纸条上的样液中各组分随着溶剂向前流动，即在两相间进行分配。经过一定时间后，取出纸条，划出溶剂前沿线，使干。如果欲分离的物质是有色的，在纸上可以看出各组分的色斑；如为无色物质，可用其他物理或化学方法使它们显出斑点来。

因此，纸色谱法可以看成是溶质在固定相和流动相之间连续萃取的过程。依据溶质在两相间分配系数的不同而达到分离的目的。与薄层色谱相同,常用比移值 R_f 来表示各组分在色谱中位置。

二、R_f 值与化学结构的关系

化合物在两相中的分配系数的大小,直接与化合物的分子结构有关。一般讲,化合物的极性大或亲水性强,在水中分配量多,则分配系数大,在以水为固定相的纸色谱中 R_f 值小。如果极性小或亲脂性强,则分配系数小,R_f 值大。R_f 值与分配系数的关系符合第二节推导的两者的关系式。应该根据整个分子及组成分子的各个基团来考虑化合物的极性大小。例如糖类分子中含有多个羟基,极性比非糖类化合物如生物碱大得多。同属于糖类,而由于分子中含羟基数目不同,其极性大小也会有显著区别。例如同属于六碳糖的葡萄糖,鼠李糖和洋地黄毒糖在同一条件下,R_f 值是不相同的。一些数据列于表 8-3。可以看出,葡萄糖的 R_f 值最小,洋地黄毒糖分子的极性最小,R_f 值最大。

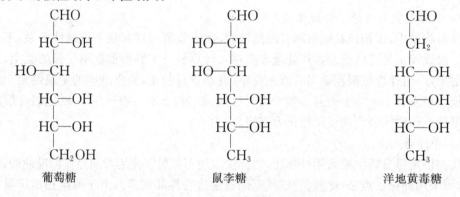

葡萄糖　　　　　　　鼠李糖　　　　　　　洋地黄毒糖

表 8-3　3 种六碳糖的 R_f 值

糖	溶剂系统		
	1	2	3
葡萄糖	0.03	0.17	0.10
鼠李糖	0.27	0.42	0.44
洋地黄毒糖	0.58	0.66	0.88

注　溶剂系统:1. 正丁醇—水;2. 正丁醇—乙酸—水(4:1:5);3. 乙酸乙酯—吡啶—水(25:10:35)。

三、操作方法

(一)色谱纸的选择

1. 要求滤纸质地均匀,平整无折痕,边缘整齐,以保证展开剂展开速度均匀;应有一定的机械强度,当滤纸被溶剂润湿后,仍保持原状而不致折倒。

2. 纸纤维的松紧适宜,过于疏松易使斑点扩散,过于紧密则流速太慢。同时也要结合展开剂来考虑,丁醇为主的溶剂系统,黏度太大,展开速度慢;相反,石油醚、氯仿等为主的溶剂系统,则展开速度较快。

3. 纸质要纯,杂质量要小,并无明显的荧光斑点,以免与谱图斑点相混淆,影响鉴别。在选用滤纸型号时,应结合分离对象加以考虑,对 R_f 值相差很小的化合物,宜采用慢速滤纸。R_f 值相差较大的化合物,则可用快速滤纸。在选用薄型或厚型滤纸时,应根据分离分析目的决

定。厚纸载量大,供制备或定量用,薄纸一般供定性用。常用的国产滤纸有新华滤纸,进口滤纸有 Whatman 滤纸等,并有各种型号供选择。

(二) 固定相

滤纸纤维有较强的吸湿性,通常可含 20%～25%的水分,而其中有 6%～7%的水是以氢键缔合的形式与纤维素上的羟基结合在一起,在一般条件下较难脱去。所以纸色谱法实际上是以吸着在纤维素上的水作固定相,而纸纤维则是起到一个惰性载体的作用。在分离一些极性较小的物质时,为了增加其在固定相中的溶解度,常用甲酰胺或二甲基甲酰胺、丙二醇等作为固定相。

(三) 展开剂的选择

展开剂的选择要从欲分离物质在两相中的溶解度和展开剂的极性来考虑。在流动相中的溶解度较大的物质将会移动得快,因而具有较大的比移值。对极性物质,增加展开剂中极性溶剂的比例量,可以增大比移值;增加展开剂中非极性溶剂的比例量,可以减小比移值。

纸色谱法最常用的展开剂是水饱和的正丁醇、正戊醇、酚等,即含水的有机溶剂。此外,为了防止弱酸、弱碱的离解,加入少量的酸或碱。如甲酸、乙酸、吡啶等。如采用正丁醇—醋酸—水(4:1:5)为展开剂,先在分液漏斗中振摇,分层后,取有机层(上层)为展开剂。

纸色谱的操作步骤与薄层色谱相似,有点样、展开、显色、定性定量分析几个步骤。具体方法可参照薄层色谱。纸色谱的展开方式,通常采用上行法展开,但展开速度较慢,纸色谱还可采用下行法等。常用显色法来确定斑点的位置。显色剂的选择主要决定于分离物质的性质,需注意不能使用带有腐蚀性的显色剂如浓硫酸等,以免腐蚀层析纸。用于纸色谱的定量分析方法有两种:剪洗法和仪器测量法。剪洗法相当于薄层色谱的洗脱法,即将滤纸上的待测斑点部分剪下,并剪成细条,以适合的溶剂浸泡、洗脱、定量。

第五节 应用与示例

薄层色谱法广泛应用于各种天然和合成有机物的分离和鉴定,有时也用于少量物质的精制。在药品质量控制中,可用于测定药物的纯度和检查降解产物,并可对杂质和降解产物进行限度试验。在生产上可用于判断反应的终点,监视反应历程。薄层色谱广泛应用于中药和中成药的鉴别,并可进一步进行含量测定。

一、判断合成反应的程度

例 8-1 判断普鲁卡因合成反应进行的程度

普鲁卡因合成,最后一步从硝基卡因还原为普鲁卡因,判断反应的终点,只需在薄层板上分别在两个原点点上硝基卡因(原料)及普鲁卡因,选择一种展开剂,能将原料及产物分开,即具有不同的 R_f 值。反应不同的时间后,分别取样展开,当原料点全部消失,变成 1 个产物点,即反应已达终点。如硝基卡因还原为普鲁卡因这一步反应,经薄层试验只需 2 h,原料点已完全消失,以前生产上还原时间定为 4 h,现可大大缩短反应时间。色谱条件为,硅胶—CMC 板,环己烷—苯—二乙胺(8:2:0.4)为展开剂,碘化铋钾为显色剂。色谱图见图 8-8。

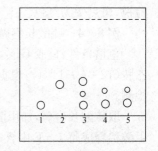

图 8-8 硝基卡因和普鲁卡因的薄层色谱
1. 普鲁卡因 2. 硝基卡因 3. 还原 1 h 取样 4. 还原 2 h 取样
5. 还原 3 h 取样

二、药品的鉴别和纯度检查

薄层色谱法具有先分离、后分析的功能,并有简便、快捷、灵敏度高等优点,在含有多种化学成分的天然药物研究中有着广阔的前景。各国药典所载的天然药物及制剂采用薄层色谱法鉴别的很多,与收载品种之比超过50%的,即有德国、法国、英国、瑞士及欧洲药典等。在中国药典2000年版一部中,收载采用TLC鉴别法的中药材有228个品种、中药制剂有374个品种,占总收载品种的61%。所以,薄层色谱法是目前中药材、中药制剂鉴别中最常用的方法之一,该方法将中药样品与化学对照品或对照药材在相同的条件下分离分析,在同一薄层板上点样、展开、显色后,比较供试品与对照品在相同的 R_f 值位置有无同一颜色的斑点,或与对照药材比较,在薄层板上相应的位置斑点数、颜色是否一致。

薄层色谱也可用于化学药品的鉴别,特别适用于化学药品制剂中主药的鉴别。

为了确保药品的安全性和有效性,人们对药品纯度的检查越来越关注,薄层色谱法也是药品纯度检查的有效方法,可对药品中存在的已知或未知杂质进行控制,进行限度试验。在中国药典2000年版(二部)中,有283个品种检查项目采用TLC,有196个品种采用TLC作为鉴别方法。

例8-2 洋参丸中的西洋参

西洋参与人参所含人参皂苷不一样,人参中含有人参皂苷 R_f、R_{g_2}、R_{b_2}、R_{b_3},西洋参中不含这些成分,在洋参丸中检出人参皂苷 R_f、R_{g_2}、R_{b_2}、R_{b_3} 这些斑点,说明西洋参丸中掺有人参。

例8-3 大黄的鉴别(中国药典2000年版一部)

取本品粉末0.1 g,加甲醇20 mL,浸渍1 h,滤过,取滤液5 mL,蒸干,加水10 mL,使溶解,再加盐酸1 mL,置水浴中加热30 min,立即冷却,用乙醚分2次提取,每次20 mL,合并乙醚液,蒸干,残渣加氯仿1 mL使溶解,作为供试品溶液。另取大黄对照药材0.1 g,同法制成对照药材溶液。再取大黄酸对照品,加甲醇制成每1 mL含1 mg的溶液,作为对照品溶液。吸取上述3种溶液各4 μL,分别点于同一以羧甲基纤维素钠为黏合剂的硅胶H薄层板上,以石油醚—甲酸乙酯—甲酸(15:5:1)的上层溶液为展开剂,展开,取出,晾干,置紫外光灯(365 nm)下检视。供试品色谱中,在与对照药材色谱相应的位置上,显相同的5个橙黄色荧光主斑点;在与对照品色谱相应的位置上,显相同的橙黄色荧光斑点,置氨蒸气中熏后,日光下检视,斑点变为红色。

例8-4 硫酸长春碱的杂质检查(中国药典2000年版二部)

色谱条件:硅胶 GF_{254} 制成的薄层板,展开剂为石油醚(沸程30~60℃)—氯仿—丙酮—二乙胺(12:6:1:1),根据硫酸长春碱结构,有紫外吸收,采用荧光板,在紫外灯(254 mm)下检测。

取硫酸长春碱,加甲醇制成每1 mL含10 mg的溶液,作为供试品溶液;精密量取适量,加甲醇稀释成每1 mL含0.20 mg的溶液,作为对照溶液。吸取上述两种溶液各5 μL,分别点在同一薄层板上,以上述展开剂展开,展开后,晾干,置紫外灯(254 nm)下检视。供试品溶液如显杂质斑点,不得超过2个,其颜色与对照溶液的主斑点比较,不得更深。经试验符合上述要求,则为合格品。此试验为杂质限度试验,用目视法比较,每个杂质限度为硫酸长春碱的2%,超过2%则不合格,同时杂质点也不能超过2个。色谱图见图8-9。

三、中药中有效成分的定量分析

例 8-5 六应丸中有效成分的定性和定量

六应丸由牛黄、蟾蜍、珍珠、冰片等多味药组成,用薄层法可对该丸中几味主药进行定性鉴别,如牛黄中胆酸、去氧胆酸、鹅去氧胆酸、猪去氧胆酸和胆红素;蟾蜍中酯蟾毒配基;丁香中丁香酚以及冰片均被检出,色谱图见图 8-10。同时用双波长薄层扫描法测定了六应丸中牛黄的两种有效成分胆酸和猪去氧胆酸的含量。

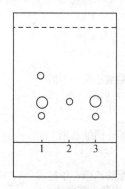

图 8-9 硫酸长春碱中杂质的限度检查
1、3. 硫酸长春碱样品
2. 对照品

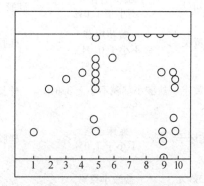

图 8-10 六应丸薄层色谱图
1. 胆酸　2. 猪去氧胆酸　3. 鹅去氧胆酸
4. 去氧胆酸　5. 六应丸　6. 酯蟾毒配基
7. 丁香酚　8. 冰片　9. 天然牛黄
10. 人工牛黄

（一）色谱条件

硅胶—CMC 板,展开剂为氯仿—乙酸乙酯—冰醋酸(5:5:1),5%硫酸乙醇液为显色剂。

（二）扫描参数

$\lambda_s = 385$ nm,$\lambda_R = 700$ nm,$SX = 3$。灵敏度:胆酸×1,猪去氧胆酸×3,反射法测定。

（三）操作方法

1. **标准溶液的配制** 精密称取胆酸和猪去氧胆酸各 10 mg 于 10 mL 量瓶中,乙醇定容。

2. **标准曲线的绘制** 精密吸取 2,4,6,8,10,12 μL 标准液点于硅胶—CMC 板上,用上述展开剂展开,展距 15 cm,在 5%硫酸乙醇液中迅速均匀浸渍后,用热风迅速吹干,110℃烘 5~10 min,1 h 后进行薄层扫描。其回归方程为:

胆酸:$A = 87.4 + 124C$,$r = 0.998$;猪去氧胆酸,$A = 9.89 + 16.4C$,$r = 0.998$。两直线均未通过原点,A 为峰面积,C 为点样量(μg)。

3. **样品测定** 精密称取六应丸粉末 0.2 g,加甲醇 5 mL,置超声波中振荡 0.5 h 后,上清液即为样品液。将样品液及标准液按随行标准法点于同一薄板上,按上述色谱条件展开,显色,扫描测定后,用外标两点法计算样品中胆酸和猪去氧胆酸的含量。

在中国药典 2000 年版一部中,有 60 余个品种用薄层扫描和薄层洗脱的方法,对中药中某些成分进行定量,现举例列表如下(表 8-4):

表 8-4 TLC(薄层扫描)含量测定方法

中药	被测成分（限度）	薄层板	展开剂	λ_s/nm	λ_R/nm
山茱萸	熊果酸 不小于 0.20%	硅胶 G 板	环己烷—氯仿—乙酸乙酯 (20:5:8)	520	700
两面针	两面针碱 不小于 0.25%	硅胶 CMC 板	苯—醋酸乙酯—甲醇—异丙醇—浓氨水 (20:3:3:1:0.12)	300	210
知母	菝葜皂苷元 不小于 1.0%	硅胶 CMC 板	苯—丙酮 (9:1)	443	
黄芪	黄芪甲苷 不小于 0.04%	硅胶 G 板	氯仿—甲醇—水 (13:6:2)	530	700
黄连	盐酸小檗碱不小于 3.6%	硅胶 G 板	苯—醋酸乙酯—甲醇—异丙醇—水 (6:3:1.5:1.5:0.3)	366(荧光)	
蛇床子	蛇床子素 不小于 1.0%	硅胶 G 板	苯—醋酸乙酯 (30:1)	365(荧光)	
二妙丸 三妙丸	盐酸小檗碱 不小于 0.30%	硅胶 G 板	苯—醋酸乙酯—甲醇—异丙醇—浓氨水 (12:6:3:3:1)	365(荧光)	
九分散	士的宁 4.5~5.5 mg/包	硅胶 GF$_{254}$ 板	甲苯—丙醇—乙醇—浓氨水 (8:6:0.5:2)	254	325
六味地黄丸	熊果酸 不小于 0.02%	硅胶 G 板	环己烷—氯仿—醋酸乙酯	520	700
积实导滞丸	橙皮苷 不小于 2.0%	聚酰胺薄膜	甲醇	300(荧光)	
穿心莲片	穿心莲内酯 不小于 4.0 mg/片	硅胶 CMC 板	氯仿—丙酮 (2:1)	263	370
脑得生丸	人参皂苷 R$_{g1}$ 不小于 6.0 mg/丸	高效硅胶 G 板	氯仿—醋酸乙酯—甲醇—水 (15:40:22:10)	525	700

四、伪劣药品快速检验

1992 年 4 月世界卫生组织(WHO)和国际制药协会的国际研讨会上,针对市场上的伪劣药品泛滥问题制定了一系列相应的对策,开发研究快速检验方法是其中之一,日本国际厚生事业集团专门设立研究项目,其目的就是开发简单快速的检验方法,并利用最简单的仪器设备,可在现场快速操作。建立了一套比较完整并行之有效的薄层色谱鉴别方法。具体方法简述如下:

1. 薄层板 一般采用硅胶 GF$_{254}$ 预制薄层板(10 cm×20 cm,铝基)密封保存,可不活化直接使用。

2. 配制 3 种专用展开剂 ① 醋酸乙酯-无水乙醇-氨水(50:5:1);② 醋酸乙酯-无水乙醇-冰醋酸(50:5:1);③ 水饱和的醋酸乙酯。

3. 供试品溶液的配制 取一片(粒),如标示量在 25 mg 以下,可取 2 片(粒),置乳钵中

(或倒出胶囊内容物)研细,加溶剂 5 mL,继续研磨,使主成分溶解,静置,取上清液 2 μL 作为供试品溶液。

4. 对照品溶液的制备　一般可采用经检验合格的药品作对照,在相同的条件下进行薄层色谱比较。

5. 检测　荧光检测(254 nm 紫外灯)和碘蒸气显色。

表 8-5　使用 3 种不同展开系统(20~30℃)所获得药物的 R_f 值

名　称	展开剂(R_f 值)			名　称	展开剂(R_f 值)		
	1	2	3		1	2	3
扑热息痛	0.36	0.45	0.37	红霉素	0.12	0	0
阿苯哒唑	0.62	0.58	0.60	雌三醇	0.26	0.38	0.23
别嘌醇	0.10	0.25	0.13	炔雌醇	0.56	0.68	0.59
抗坏血酸	0	0.11	0.04	灰黄霉素	0.43	0.44	0.37
阿司匹林	0	0.60	0.40	醋酸氢化可的松	0.66	0.71	0.49
青霉素钾	0	0.26	0.02	布洛芬	0	0.70	0.63
倍他米松	0.60	0.70	0.51	吲哚美辛	0	0.60	0.27
咖啡因	0.40	0.29	0.21	甲硝唑	0.31	0.16	0.23
维生素 D_2	0.62	0.60	0.56	枸橼酸喷托维林	0.47	0.01	0.03
氯霉素琥珀酸钠	0	0.46	0.11	吡喹酮	0.62	0.46	0.53
扑尔敏	0.15	0	0.01	氢化泼尼松	0.40	0.55	0.31
克林霉素	0.14	0.03	0.06	维生素 B_6	0.07	0.01	0.04
氯唑西林钠	0	0.35	0.03	乙胺嘧啶	0.17	0.07	0.10
磷酸可待因	0.09	0	0.01	硫酸奎宁	0.07	0.03	0.01
秋水仙碱	0.10	0.05	0.02	维生素 A	0.66	0.67	0.60
维生素 B_{12}	0	0	0	维生素 B_2	0	0	0
地塞米松	0.50	0.67	0.41	利福平	0.02	0.03	0.02
氢溴酸右美沙芬	0.15	0.02	0.03	磺胺多辛	0.08	0.47	0.43
安定	0.53	0.47	0.43	睾酮	0.48	0.55	0.42
磷酸双氢可待因	0.05	0	0	DL-2-维生素 E	0.59	0.61	0.63

学习指导

一、要求

本章重点掌握色谱法分类、薄层色谱法和纸色谱法原理,薄层色谱法常用的固定相和流动相以及选择方法,分配系数与保留体积的关系,平面色谱中比移值与分子结构关系,薄层色谱中薄板种类、显色方法。

理解各色谱类型中组分流出顺序,影响薄层流速的因素,薄层色谱操作、定性、定量方法。正相色谱与反相色谱的区别。

二、小结

(1) 平面色谱法包括薄层色谱法和纸色谱法,由于其色谱分离是在薄层板和纸平面上进行,所以称为平面色谱法。

(2) 基本术语和公式

分配系数　　$K=C_s/C_m$　　　　　　　　　　容量因子　$k=KV_s/V_m$

比移值　　　R_f　　　　　　　　　　　　　分离度　　$R=2(L_2-L_1)/(W_1+W_2)$

比移值与 K、k 之间的关系　$R_f=\dfrac{1}{1+KV_s/V_m}$　　　$R_f=\dfrac{1}{1+k}$ 或 $k=\dfrac{1-R_f}{R_f}$

(3) 主要色谱类型

色谱类型	分离原理	载体	固定相	流动相	流出顺序
吸附薄层色谱	吸附		硅胶	有机溶剂	极性小的 R_f 值大
正相薄层色谱	分配	硅胶	水	有机溶剂	极性小的 R_f 值大
反相薄层色谱	分配	硅胶	硅胶键合相	水—有机溶剂	极性小的 R_f 值小
纸色谱	分配	滤纸	水	水—有机溶剂	极性小的 R_f 值大

(4) 薄层色谱是一种开放型色谱　在薄层色谱中，展开剂的流速是一变数。展开剂在薄层中的流速与展开剂的表面张力，黏度及吸附剂种类、粒度、均匀度等因素有关，也和展开距离有关。展开剂黏度越大，展开速度越慢；吸附剂颗粒越细、越均匀，展开速度越慢；展开距离越长，展开速度越慢；温度低使展开剂黏度变大，而使展开速度变慢。

(5) 薄板种类　根据所用的黏合剂不同，有硅胶—CMC 板和硅胶—G 板，它们分别采用羧甲基纤维素钠和煅石膏为黏合剂。荧光薄层板是在制板过程中掺入少量荧光剂制成的。

(6) 吸附剂的活度与吸附力的关系　吸附剂含水量少，吸附剂活度级数小，而活度大，吸附力强，反之，吸附剂含水量多，活度级数大，活度小，吸附力弱。

(7) 吸附薄层色谱中展开剂的选择原则　根据被测物质的极性，极性大，选择吸附剂的活度要小，而流动相极性要大。反之则相反。分离极性物质，加大展开剂的极性，会使极性物质的比移值变大。

(8) 薄层色谱操作步骤主要有铺板、点样、展开、显色、定性、定量等。

显色方法主要有日光下有色、紫外灯下(254 nm 或 365 nm)观察暗斑或荧光斑点、荧光薄层板上检测和显色剂显色 4 种。

定量方法有目视比较法、洗脱法和薄层扫描法 3 种。

思考题

1. 名词解释

平面色谱法　比移值　相对比移值　分离度　分离数　荧光薄层板　高效薄层色谱　边缘效应

2. 在吸附薄层色谱中如何选择展开剂？若欲使某极性物质在薄层板上移动速度快些，展开剂的极性应如何改变？

3. 薄板有哪些类型？硅胶—CMC 板和硅胶—G 板有什么区别？

4. 薄层色谱的显色方法有哪些？

5. 在薄层色谱中，以硅胶为固定相，氯仿为流动相时，样品中某些组分 R_f 值太大，若改为氯仿—甲醇(2∶1)时，则样品中各组分的 R_f 值会变大，还是变小？为什么？

6. 在硅胶薄层板 A 上，以苯—甲醇(1∶3)为展开剂，某物质的 R_f 值为 0.50，在硅胶板 B 上，用相同的展开剂，此物质的 R_f 值降为 0.40，问 A、B 两种板，哪一种板的活度大？

7. 已知 A，B 两物质在某色谱系统中的分配系数分别为 100 和 120。在薄层色谱中，哪一个的 R_f 值小些？

8. 薄层色谱的流速与哪些因素有关系?

习 题

一、填空题

1. 分配系数 K 是指固定相和流动相中溶质的浓度之比。待分离组分的 K 越大,则保留值_____。各组分的 K 相差越大,则它们_____分离。
2. 在经典液相色谱中,如使用硅胶或氧化铝为固定相,其含水量越高,则活性越_____。
3. 薄层色谱法的操作步骤主要有铺板、活化、_____、_____、_____和定性定量分析等。
4. 纸色谱的原理,按机理来分是属于_____色谱,极性大的组分 R_f 值_____。

二、选择题

1. 指出在下列色谱术语中,数值在 0~1 之间的是(   )。
    A. $α$ B. R_f C. k D. R_s
2. 在色谱过程中,组分在固定相中停留的时间为(   )。
    A. t_M B. t_R C. $t_{R'}$ D. k
3. 在柱分析色谱中,有一分配系数 K 为零的物质,则可用它来测定(   )。
    A. 色谱柱中流动相的体积   B. 柱中填料所占的体积
    C. 色谱柱的总体积   D. 色谱仪的总体积
4. 液相色谱中,如使用硅胶或氧化铝为固定相,其活性越高,则活性级数(   )。
    A. 越小   B. 越大   C. 不变   D. 不确定
5. 三种糖类化合物,其结构如下,若用纸色谱分离,正丁醇为流动相,(   ) R_f 最大。

A. CHO-H-C-OH-HO-C-H-H-C-OH-H-C-OH-CH₂OH
B. CHO-HO-C-H-HO-C-H-H-C-OH-H-C-OH-CH₃
C. CHO-CH₂-H-C-OH-H-C-OH-H-C-OH-CH₃

三、计算题

1. 化合物 A 在薄层板上从原点迁移 7.6 cm,溶剂前沿距原点 16.2 cm。(1) 计算化合物 A 的 R_f 值;(2) 在相同的薄层系统中,溶剂前沿距原点 14.3 cm,化合物 A 的斑点应在此薄层板上何处?
2. 在某分配薄层色谱中,流动相、固定相和载体的体积比为 $V_m:V_s:V_g=0.33:0.10:0.57$,若溶质在固定相和流动相中的分配系数为 0.50,计算它的 R_f 值和 k。
3. 已知 A 与 B 两物质的相对比移值为 1.5。当 B 物质在某薄层板上展开后,色斑距原点 9 cm,溶剂前沿到原点的距离为 18 cm,问若 A 在此板上同时展开,则 A 物质的展距为多少,A 物质的 R_f 值为多少?
4. 在薄层板上分离 A、B 两组分的混合物,当原点至溶剂前沿距离为 16.0 cm 时,A、B 两斑点质量重心至原点的距离分别为 6.9 cm 和 5.6 cm,斑点直径分别为 0.83 cm 和 0.57 cm,求两组分的分离度及 R_f 值。
5. 今有两种性质相似的组分 A 和 B,共存于同一溶液中。用纸色谱分离时,它们的比移值分别为 0.45、0.63。欲使分离后两斑点中心间的距离为 2 cm,问滤纸条应为多长?
6. 用薄层扫描法在高效薄层板上测得如下数据:$L_0=127$ mm,R_f 为零的物质半峰宽为 1.9 mm,R_f 为 1 的物质半峰宽为 4.2 mm,求该薄层板的分离数。
7. 硅胶薄层板可用下列 6 种染料来测定板的活度,根据它们的结构,请推测一下,当以 6 种染料混合物点在薄板上,以石油醚—苯(4:1)为流动相,6 种染料的 R_f 值次序是什么?为什么?

偶氮苯	C₆H₅—N=N—C₆H₅
对甲氧基偶氮苯	C₆H₅—N=N—C₆H₄—OCH₃
苏丹黄	C₆H₅—N=N—(2-hydroxynaphthyl)
苏丹红	C₆H₅—N=N—C₆H₄—N=N—(2-hydroxynaphthyl)
对氨基偶氮苯	C₆H₅—N=N—C₆H₄—NH₂
对羟基偶氮苯	C₆H₅—N=N—C₆H₄—OH

8. 根据公式 $R=\dfrac{\sqrt{n}}{4}\dfrac{\alpha-1}{\alpha}\dfrac{k_2}{1+k_2}$，证明下式成立（$R_{f1}>R_{f2}$）：

$$R=\dfrac{\sqrt{n}}{4}\dfrac{\alpha-1}{\alpha}(1-R_{f2})$$

（沈卫阳）

第九章 气相色谱法

气相色谱法(gas chromatography,GC)是以气体为流动相的色谱方法。气相色谱法是由英国生物化学家 Martin 等人创建起来的,他们在 1941 年首次提出了用气体作流动相,1952 年 Martin 等人第一次用气相色谱法分离测定复杂混合物,1955 年第一台商品气相色谱仪由美国 Perkin Elmer 公司生产问世,用热导池作检测器。1956 年指导色谱实践的速率理论出现,为气相色谱的发展提供了理论依据。由于 Martin 等人在色谱学发展中作出的杰出贡献,在 1952 年他们荣获了诺贝尔奖。气相色谱法目前已成为分析化学中极为重要的分离分析方法之一,它具有分离效能高、灵敏度高、选择性好、分析速度快等特点。在石油化工、医药化工、环境监测、生物化学等领域得到了广泛的应用。在药物分析中,气相色谱法已成为药物杂质检查和含量测定、中药挥发油分析、药物的纯化、制备等的一种重要手段。随着色谱理论的逐渐完善和色谱技术的发展,特别是近年来电子计算机技术的应用,为气相色谱法开辟了更加广阔的应用前景。

第一节 气相色谱法的分类和一般流程

一、气相色谱法的分类

气相色谱法按固定相的聚集状态不同,分为气固色谱法(GSC)及气液色谱法(GLC)。按分离原理,气固色谱多属于吸附色谱,气液色谱多属于分配色谱,后者是药物分析中最常用的方法。

按色谱操作形式来分,气相色谱属于柱色谱,按柱的粗细不同,可分为填充柱色谱法及毛细管柱色谱法两种。填充柱是将固定相填充在金属或玻璃管中(内径 4~6 mm)。毛细管柱(内径 0.1~0.5 mm)可分为开口毛细管柱、填充毛细管柱等。

二、气相色谱法的特点

气相色谱法是一种高效能、高选择性、高灵敏度、操作简单、应用广泛的分析、分离方法。

一般填充柱有几千块理论塔板数,毛细管柱可达一百多万块理论塔板数,这样可以使一些分配系数很接近的以及极为复杂、难以分离的物质,获得满意的分离。例如用空心毛细管柱,一次可从汽油中检测 168 个碳氢化合物的色谱峰。

在气相色谱分析中,由于使用了高灵敏度的检测器,可以检测 10^{-11}~10^{-13} g 物质。因此在痕量分析中,它可以检测药品中残留有机溶剂及农副产品、食品、水质中的农药残留量等。

气相色谱法分析操作简单,分析快速,通常一个试样的分析可在几分钟到几十分钟内完成。目前的色谱仪器都带有微处理机,使色谱操作及数据处理实现了自动化。

气相色谱法可以分析气体试样,也可分析易挥发或可衍生转化为易挥发的液体和固体。一般地说,只要沸点在 500℃以下,热稳定性好,相对分子质量在 400 以下的物质,原则上都可采用气相色谱法。目前气相色谱法所能分析的有机物,约占全部有机物(约 300 万种)的

20%。受样品蒸气压限制是气相色谱法的一大弱点。

三、气相色谱法的一般流程

气相色谱法的简单流程如图 9-1 所示。载气由高压钢瓶供给,经减压阀减压后,进入载气净化干燥管以除去载气中的水分。由针型阀控制载气的压力和流量。流量计和压力表用以指示载气的柱前流量和压力。再经过进样器(包括气化室),试样就在进样器注入(如为液体试样,经气化室瞬间气化为气体)。由载气携带进入色谱柱,试样中各组分按分配系数大小顺序,依次被载气带出色谱柱,又被载气带入检测器,检测器将物质的浓度或质量的变化转变为电信号,由记录仪记录,得流出曲线,或称色谱图。

由图 9-1 可见,气相色谱仪一般由 5 部分组成:

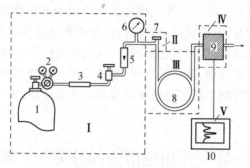

图 9-1 气相色谱流程图
1. 高压钢瓶 2. 减压阀 3. 载气净化干燥管 4. 针形阀 5. 流量计
6. 压力表 7. 进样器 8. 色谱柱 9. 检测器 10. 记录仪

Ⅰ 载气系统(carrier gases system)包括气源、气体净化、气体流速控制和测量;气体从载气瓶经减压阀、流量控制器和压力调节阀,然后通过色谱柱,由检测器排出,形成气路系统。整个系统应保持密封,不能有气体泄漏。

Ⅱ 进样系统(sample injection system)包括进样器、气化室;另有加热系统,以保证样品气化。

Ⅲ 色谱柱和柱箱(column system)包括恒温控制装置,是色谱仪的心脏部分。

Ⅳ 检测系统(detection system)包括检测器、控温装置;若作制备,则在检测器后接上分步收集器。

Ⅴ 记录系统(data system)包括放大器、记录仪、数据处理装置。

第二节 气相色谱理论

气相色谱分析的首要问题是试样中各组分的彼此分离,要使两组分完全分离,首先要使它的色谱峰距离足够远,同时使色谱峰足够狭窄。色谱峰间距离由分配系数决定,即与色谱的热力学过程有关,可用塔板理论(plate theory)描述。色谱峰的宽窄由组分在色谱柱内的传质和扩散行为决定,即与色谱的动力学过程有关,可由速率理论(velocity theory)来描述。

一、色谱流出曲线及有关术语

(一) 色谱流出曲线和色谱峰

1. **色谱峰**(chromatographic peak) 由电信号强度对时间作图所绘制的曲线称为色谱流出曲线。流出曲线上突起部分称为色谱峰(图 9-2)。正常的色谱峰为对称正态分布曲线,称为对称峰,不正常峰有两种:拖尾峰和前延峰。前沿陡峭,后沿拖尾的不对称色谱峰称为拖尾峰(tailing peak);前沿平缓,后沿陡峭的不对称峰称为前延峰(leading peak)。

2. **对称因子** f_s(symmetry factor) 对称因子又称为拖尾因子,正常色谱峰与不正常色谱峰可用对称因子(图 9-3)来衡量,$W_{0.05h}$ 是表示峰高 1/20 时的峰宽。对称因子在 0.95~1.05 为对称峰;小于 0.95 为前沿峰;大于 1.05 为拖尾峰。

$$f_s = W_{0.05h}/2A = (A+B)/2A \tag{9-1}$$

根据色谱峰的位置(保留值表示)可以定性,根据峰高或峰面积可以定量,峰宽可用于衡量色谱柱效能。

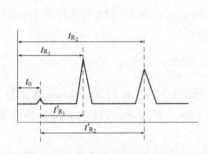

图 9-2 流出曲线(色谱图)

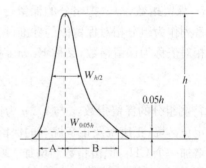

图 9-3 对称因子的求算

3. **基线** 在操作条件下,没有组分流出时的流出曲线称为基线。稳定的基线应是一条平行于横轴的直线。基线反映仪器(主要是检测器)的噪音随时间的变化。

(二) 保留值

保留值是色谱定性参数。

1. **保留时间**(t_R) 从进样开始到某个组分的色谱峰顶点的时间间隔称为该组分的保留时间(retention time),即从进样到柱后某组分出现浓度极大时的时间间隔。图 9-2 中 t_{R_1} 及 t_{R_2} 分别为组分 1 及组分 2 的保留时间。

2. **死时间**(t_0 或 t_M) 分配系数为零的组分的保留时间称为死时间(dead time)。通常把空气或甲烷视为此种组分,用来测定死时间。

3. **调整保留时间**(t'_R) 某组分由于溶解(或被吸附)于固定相,比不溶解(或不被吸附)的组分在柱中多停留的时间称为调整保留时间(adjusted retention time),又称为校正保留时间。调整保留时间与保留时间和死时间有如下关系:

$$t'_R = t_R - t_0 \tag{9-2}$$

在实验条件(温度、固定相等)一定时,调整保留时间仅决定于组分的性质,因此调整保留时间是定性的基本参数。

4. **保留体积**(V_R) 从进样开始到某个组分在柱后出现浓度极大时,所需通过色谱柱的载气体积称为该组分的保留体积(retention volume)。对于正常峰,该组分的 1/2 量被带出色谱柱时所消耗的载气体积为保留体积。保留体积与保留时间和载气流速(F_c,mL/min)有如下关系：

$$V_R = t_R \cdot F_c \tag{9-3}$$

载气流速大,保留时间短,但两者的乘积不变,因此V_R与载气流速无关。

5. **死体积(V_0 或 V_M)** 由进样器至检测器的流路中未被固定相占有的空间称为死体积(dead volume)。死体积是气化室以及至色谱柱间导管的容积、色谱柱中固定相颗粒间间隙、柱出口导管及检测器内腔容积的总和。死体积与死时间和载气流速有如下关系：

$$V_0 = t_0 \cdot F_c \tag{9-4}$$

死体积大,色谱峰扩张(展宽),柱效降低。死时间相当于载气充满死体积所需的时间。

6. **调整保留体积(V'_R)** 由保留体积扣除死体积后的体积称为调整保留体积(adjusted retention volume)。

$$V'_R = V_R - V_0 = t'_R \cdot F_c \tag{9-5}$$

V'_R与载气流速无关,是常用的色谱定性参数之一。

7. **保留指数(I)** 把组分的保留行为换算成相当于正构烷烃的保留行为,也就是以正构烷烃系列作为组分相对保留值的标准,用两个保留时间紧邻待测组分的基准物质来标定组分,这个相对值称为保留指数,又称Kovats指数,定义式如下：

$$I_x = 100\left[Z + n\frac{\lg t'_{R(x)} - \lg t'_{R(z)}}{\lg t'_{R(z+n)} - \lg t'_{R(z)}}\right] \tag{9-6}$$

I_x为待测组分的保留指数,z与$z+n$为正构烷烃对的碳原子数。n可为1、2…,通常为1。人为规定正己烷、正庚烷及正辛烷等的保留指数分别为600、700及800,其他类推。且多数同系物每增加一个CH_2,保留指数约增加100,较少例外。

例9-1 在Apiezon L柱上,柱温100℃,用正庚烷及正辛烷为参考物质对,测定乙酸正丁酯的保留指数。测定结果：t_0=30.0 s,正庚烷的t_R=204.0 s,乙酸正丁酯的t_R=340.0 s,正辛烷的t_R=403.4 s,代入上式：

$$I_{100}^A = 100\left[7 + 1 \times \frac{\lg 310.0 - \lg 174.0}{\lg 373.4 - \lg 174.0}\right] = 775.6$$

说明乙酸正丁酯在Apiezon L柱上的保留行为相当于7.756个碳原子的正构烷烃的保留行为。

保留指数与分子结构有关,因此是常用的定性参数。

(三) 色谱峰区域宽度

色谱峰区域宽度表示峰的宽度,是色谱柱柱效参数。

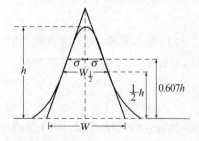

图9-4 色谱峰区域宽度

1. **标准差(σ)** 标准差(standard deviation)为正态分布曲线上两拐点间距离之半。在气相色谱中,σ的大小表示组分被带出色谱柱的分散程度。σ越大,流出的组分越分散；反之越集中,在$t_R+\sigma$及$t_R-\sigma$间的面积为峰面积的68.3%,即流出组分量为该组分总量的68.3%。σ越小,柱效越高。对于正常峰,σ为0.607倍峰高处的峰宽之半。由于$0.607h$不好测量,故区域宽度还常用半峰宽描述(图9-4)。

2. **半峰宽(peak width at half height,$W_{1/2}$或$Y_{1/2}$)** 峰高1/2处的峰宽称为半峰宽,又称为半宽度等。

$$W_{1/2} = 2.355\sigma \tag{9-7}$$

3. 峰宽(peak width,W) 通过色谱峰两侧的拐点作切线,在基线上的截距称为峰宽,或称基线宽度,也可用 Y 表示。

$$W = 4\sigma \quad \text{或} \quad W = 1.699W_{1/2} \tag{9-8}$$

$W_{1/2}$ 与 W 都是由 σ 派生而来的,除用它们衡量柱效外,还用它们计算峰面积。

(四)相平衡参数

色谱是相平衡过程,常用的相平衡参数有分配系数(K)及容量因子(k),两者已在第 8 章中介绍。

1. 分配系数、容量因子与保留时间的关系式 容量因子是组分在固定相和流动相两者间的质量比,因此容量因子也可以用组分在两相之间的停留时间之比来表示,组分在固定相中的停留时间即为 t'_R,组分在流动相中的停留时间为 t_M,容量因子可表示为:

$$k = W_s/W_m = t'_R/t_M \tag{9-9}$$

式(9-9)也说明 k 表示组分与固定相的作用,k 大,保留时间长。容量因子是衡量色谱柱对被分离组分保留能力的重要参数。

$$t_R = t_M(1+k) = t_M(1 + K\frac{V_s}{V_m}) \tag{9-10}$$

V_s、V_m 分别为色谱柱中固定相与流动相所占的体积。式(9-10)为保留时间与 K 和 k 的关系式,在一定的色谱条件下,t_R 与 K 和 k 成线性关系。

2. 分配系数比(α)

$$\alpha = K_2/K_1 = k_2/k_1 = t'_{R_2}/t'_{R_1} \tag{9-11}$$

K_1、K_2 是两组分的分配系数,组分 1 先流出色谱柱。2 个组分通过色谱柱后能被分离,它们的保留时间必须不等,所以 $t'_{R_2} \neq t'_{R_1}$ 或 $k_1 \neq k_2$,即分配系数比大于 1 是分离的先决条件。

二、等温线

在一定温度下,某组分在固定相和流动相间分配达到平衡时,该组分在两相中浓度的关系曲线称为等温线(isotherm)。等温线有线性和非线性两种,如图 9-5 所示。

线性等温线是一理想等温线,它表示固定相的活性中心未被溶质所饱和,分配系数 K 是一个定值,与溶液中溶质浓度无关。当流动相保持恒速向前移动时,溶质区带向前移行速度亦恒定,此时得到的流出曲线为一对称的正态分布曲线,如图 9-5 中 a。

非线性等温线主要可分为两种,一种是凸形等温线,如图 9-5 中的 b;另一种是凹形等温线,如图 9-5 中的 c。前一种情况产生拖尾峰,后一种情况产生前延峰。

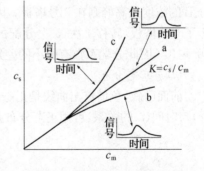

图 9-5 等温线与色谱峰形

当固定相表面具有活性不同的活性中心时,溶质分子将首先占据活性强的中心。强活性中心被饱和后,一部分溶质分子将与弱活性中心作用。结果使分配系数 K 随着溶质浓度的增加而减小,形成凸形等温线。在洗脱过程中,保留在强吸附中心上的低浓度区的溶质分子较难被洗脱,因此常产生拖尾峰。

有时固定相具有多种保留机制的活性中心,当溶质浓度增加时,保留机制也可能发生变化,从而产生不对称色谱峰。如果高浓度时的保留机制的分配系数 K 比低浓度时大,就形成凹形等温线,而产生前延峰。

从图 9-5 还可以看到,无论凸形或凹形等温线在低浓度范围内都趋于一条直线。当溶质浓度降低至等温线线性范围内,流出曲线就近似于正常峰。因此在色谱分析中,应注意控制溶质的量(进样量),以获得正常色谱峰,防止拖尾峰等不对称峰的产生。

三、塔板理论

分配色谱原理类似于逆流分配法,把一根色谱柱假想成由无数个分液漏斗组成,样品在色谱柱中则要经过无数次分配,这样分配系数小的组分和分配系数大的组分可分开。塔板理论把一根色谱柱比作一个蒸馏塔。色谱柱可由许多假想的塔板组成,在每一小段(塔板)内,一部分空间为涂在载体上的液相占据,另一部分空间充满着载气(气相)。当欲分离组分随载气进入色谱柱后,就在两相间进行分配。由于流动相在不断地移动,组分就在这些塔板间隔的气液两相不断地达到分配平衡。经过多次的分配平衡后,分配系数小的组分先流出色谱柱。

(一) 分配色谱过程

组分被载气带入色谱柱后在两相中分配,由于流动相移动较快,组分不能在柱内各点瞬间达到分配平衡。但塔板理论假定:

1. 在柱内一小段高度 H 内,组分可以很快在两相中达到分配平衡。H 称为理论塔板高度(height equivalent to a theoretical plate),用 HETP 或 H 表示。
2. 载气通过色谱柱不是连续前进,而是间歇式的,每次进气为 1 个塔板体积。
3. 样品和新鲜载气都加在第 0 号塔板上,且样品的纵向扩散可以忽略。
4. 分配系数在各塔板上是常数。

塔板理论的假设实际上是把组分在两相间的连续转移过程,分解为间歇的在单个塔板中的分配平衡过程。也就是用分离过程的分解动作来说明色谱过程。

假设样品中有 A、B 两组分,$K_A=2$,$K_B=0.5$,经 4 次转移,5 次分配后,在 5 个塔板中的分配,可以计算如表 9-1 所示。分配系数大的 A 浓度最高峰在 1 号塔板,而分配系数小的组分 B 的浓度最高峰则在 3 号塔板。因此,可以看到分配系数小的组分迁移速度快。上述仅分析了 5 块塔板,转移 4 次,5 次分配的分离情况。事实上,一根色谱柱的塔板数相当多,可达 $10^3 \sim 10^6$,因此分配系数有微小的差别,即可获得很好的分离效果。

(二) 正态分布

前面已叙,色谱流出曲线是正态分布曲线,因此正常的色谱峰上每一点所对应的组分浓度(c)与时间(t)的关系,可用正态分布方程式来讨论:

$$c = \frac{c_0}{\sigma\sqrt{2\pi}} e^{-\frac{(t-t_R)^2}{2\sigma^2}} \tag{9-12}$$

式(9-13)称为流出曲线方程式,也称高斯方程式。式中 σ 为标准差,t_R 为保留时间,c 为任意时间 t 时的浓度,c_0 为峰面积 A,即组分的总量。当 $t=t_R$ 时,式(9-13)中 e 的指数为零,此时浓度最大,用 c_{max} 表示。

表 9–1 分配色谱过程模型

$K_A=2 \qquad K_B=0.5$

塔板号	0		1		2		3		4		
组分	A	B	A	B	A	B	A	B	A	B	
进气次数											
$N=0$ 进样→	1.000 ↓	1.000 ↓									载 气 固定液
分配	0.333	0.667									载 气
平衡	0.667	0.333									固定液
$N=1$ 进气→	↑ 0.667	↑ 0.333	0.333 ↓	0.667 ↓							载 气 固定液
分配	0.222	0.222	0.111	0.445							载 气
平衡	0.445	0.111	0.222	0.222							固定液
$N=2$ 进气→	↑ 0.445	↑ 0.111	0.222 ↕ 0.222	0.222 ↕ 0.222	0.111 ↓	0.445 ↓					载 气 固定液
分配	0.148	0.074	0.148	0.296	0.037	0.297					载 气
平衡	0.297	0.037	0.296	0.148	0.074	0.148					固定液
$N=3$ 进气→	↑ 0.297	↑ 0.037	0.148 ↕ 0.96	0.074 ↕ 0.148	0.148 ↕ 0.074	0.296 ↕ 0.148	0.037 ↓	0.297 ↓			载 气 固定液
分配	0.099	0.025	0.148	0.148	0.074	0.296	0.012	0.198			载 气
平衡	0.198	0.012	0.296	0.074	0.148	0.148	0.025	0.099			固定液
$N=4$ 进气→	↑ 0.198	↑ 0.012	0.099 ↕ 0.296	0.025 ↕ 0.074	0.148 ↕ 0.148	0.148 ↕ 0.148	0.074 ↕ 0.025	0.296 ↕ 0.099	0.012 ↓	0.198 ↓	载 气 固定液
分配	0.066	0.008	0.132	0.066	0.099	0.197	0.033	0.263	0.004	0.132	载 气
平衡	0.132	0.004	0.263	0.033	0.197	0.099	0.066	0.132	0.008	0.066	固定液

$$c_{\max} = \frac{c_0}{\sigma\sqrt{2\pi}} \tag{9-13}$$

$c_{\max}$即流出曲线的峰高,也可用 h 表示。将 h 及 $W_{1/2}=2.355\sigma$ 代入式(9-13)得:

$$A = 1.065 \times W_{1/2} \times h \tag{9-14}$$

将式(9-13)代入式(9-12)得:

$$c = c_{max} e^{-\frac{(t-t_R)^2}{2\sigma^2}} \tag{9-15}$$

式（9-15）为流出曲线方程式的常用形式。由此式可知：不论 $t > t_R$ 或 $t < t_R$ 时，浓度 c 恒小于 c_{max}。c 随时间 t 向峰两侧对称下降，下降速率取决于 σ，σ 越小，峰越锐。

（三）理论塔板高度和理论塔板数

理论塔板高度（H）和理论塔板数（n）都是柱效指标。由于 σ 的大小是柱效高低的反应，因此将理论塔板高度定义为每单位柱长（L）的方差。即：

$$H = \sigma^2/L \tag{9-16}$$

理论塔板数为：

$$n = L/H \tag{9-17}$$

在实验中，理论塔板数由峰宽和保留时间计算：

$$n = 16(t_R/W)^2 \tag{9-18}$$

$$\text{或} \quad n = (t_R/\sigma)^2 \tag{9-19}$$

$$\text{或} \quad n = 5.54(t_R/W_{1/2})^2 \tag{9-20}$$

由上式可以说明，σ 或 $W_{1/2}$ 越小，色谱柱的塔板高度越小，柱效越高。若用 t'_R 代替 t_R 计算塔板数，称为有效理论塔板数（n_{ef}），求得塔板高度为有效理论塔板高度（H_{ef}）。

例 9-2　在柱长 2 m、5% 阿皮松柱、柱温 100℃、记录纸速为 2.0 cm/min 的实验条件下，测定苯的保留时间为 1.5 min，半峰宽为 0.20 cm。求理论塔板高度。

$$n = 5.54(\frac{1.50}{0.20/2.0})^2 = 1.2 \times 10^3$$

$$H = \frac{2\,000}{1.2 \times 10^3} = 1.7 (\text{mm})$$

值得注意的是，同一色谱柱的柱效理论上应是个常数，但实际情况是，同一色谱柱，同一色谱系统对不同物质的柱效测定结果会有差异，因此在标明色谱柱柱效时必须说明测定物质。

四、Van Deemter 方程式

Van Deemter 方程式主要说明使色谱峰扩张而降低柱效的因素。虽然塔板理论在解释流出曲线的形状、浓度极大点的位置及评价柱效等方面是成功的，但由于它的某些假设与实际色谱过程不符，如组分在塔板内达到分配平衡及纵向扩散可以忽略等。事实上，载气携带组分通过色谱柱时，由于载气的线速度较快，组分在固定相与载气间不可能达到分配平衡。其次是，组分在色谱柱中以"塞子"的形式移动，"塞子"前后存在着浓度梯度，纵向扩散不能忽略。因此，塔板理论无法解释柱效与载气流速的关系，不能说明影响柱效有哪些主要因素。通过实验发现：在载气流速很低时，增加流速，峰变锐（柱效增加）；超过某一速度后，流速增加，峰变钝（柱效降低）。用塔板高度 H 对载气流速 u 作图为 2 次曲线。曲线最低点所对应的塔板高度最小（$H_{最小}$），柱效最高，此时的流速称为最佳流速（$u_{最佳}$）。$H-u$ 曲线如图 9-6 所示。

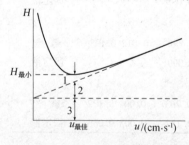

图 9-6　塔片高度—流速曲线
1. B/u　2. Cu　3. A

Van Deemter 从动力学理论研究了使色谱峰扩张而影响塔板高度的因素，提出了 Van Deemter 方程式：

$$H = A + B/u + Cu \quad (9-21)$$

式中，A、B、C 为 3 个常数，单位分别为 cm、cm^2/s 及 s。u 为载气的线速度（linear velocity，单位为 cm/s）。在 u 一定时，A、B 及 C 3 个常数越小，峰越锐，柱效越高。反之，则峰扩张，柱效低。

范氏方程将影响板高的因素归纳成 3 项，即涡流扩散项 A、分子扩散项 B/u 和传质阻力项 Cu。各项在气相色谱中的物理意义如下。

（一）涡流扩散项 A（eddy diffusion）

在填充色谱柱中，试样分子随载气进入色谱柱遇到填充物颗粒时，不断改变流动方向，使组分分子形成紊乱的类似涡流的流动。由于填充物颗粒大小及填充的不均匀性，组分分子所经过的路径长短不一，或前或后流出色谱柱，造成色谱峰扩张（图 9-7），同一组分分子经过不同长度的途径流出色谱柱，因此也称为多径项。空心毛细管柱只有 1 个流路，无多径项，$A=0$。

$$A = 2\lambda d_p \quad (9-22)$$

由上式表明，涡流扩散项 A 与填充物的平均直径 d_p（diameter of the packing materia）和填充物的填充不规则因子 λ 有关。采用粒度较细、颗粒均匀的载体，尽量填充均匀可以降低涡流扩散项，降低板高 H，提高柱效。在气相色谱中，一般用的填充柱较长，不适宜用 d_p 太小的填料，太小不易填均匀，而且柱阻也大。多采用粒度 60～80 目或 80～100 目的填料。

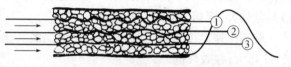

图 9-7 多径扩散对峰展宽的影响

（二）分子扩散项 B/u（molecular diffusion）

常数 B 称为纵向扩散系数或分子扩散系数。当试样分子以"塞子"的形式进入色谱柱后，随载气在柱中前进时，由于存在浓度梯度，使组分分子产生纵向扩散，即沿着色谱柱轴向扩散，结果使色谱峰扩张，板高增大。

分子扩散项与组分在载气中的分子扩散系数 D_g（diffusion in the carrier gas，单位为 cm^2/s）和组分分子扩散路径的弯曲程度有关的因子 γ（弯曲因子）成正比，与载气的平均线速度 u 成反比：

$$B = 2\gamma D_g \quad (9-23)$$

对填充柱而言，由于填料的存在，使扩散遇障碍而打折扣，$\gamma<1$，硅藻土载体的 γ 为 0.5～0.7。空心毛细管柱因扩散无障碍，$\gamma=1$。组分在载气中的分子扩散系数 D_g 除了与组分的性质有关外，还与载气性质、柱温、柱压等因素有关。D_g 与载气的相对分子质量的平方根成反比，随柱温（T）升高而增大，随柱压（p）增大而减小。

因此，采用相对分子质量较大的载气（如 N_2）、控制较低的柱温、采用较高的载气流速，可以减小分子扩散，有利于分离。但相对分子质量大时，黏度大，柱压下降。因此，载气线速度较低时用氮气，较高时宜用氦气或氢气。

由于组分在气相中的分子扩散系数比其在液相中大 10^4～10^5 倍，因而在气—液色谱中，组分在液相中的分子扩散可以忽略不计。

（三）传质阻力项 Cu（resistance to mass transfer）

C 为传质阻抗系数。试样组分的分子在气—液两相中进行溶解、扩散、分配时的质量交换过程，称为传质过程，影响传质速度的阻力叫传质阻抗。它包括气相传质阻抗和液相传质阻抗，即：

$$Cu = (C_g + C_l)u$$

式中 C_g 是指试样组分在气相和气液界面之间进行质量交换时的气相传质阻抗系数，C_l 为组分在气液界面和液相之间进行质量交换时的液相传质阻抗系数。因在填充柱气相色谱中，C_g 很小，可以忽略不计，故 $Cu \approx C_l u$

$$C_l u = \frac{2k}{3(1+k)^2} \frac{d_f^2}{D_l} u \tag{9-24}$$

d_f 为固定相的液膜厚度(thickness of the liquid coating on the stationary phase)，D_l 为组分在液相中的扩散系数。

液相传质过程是指组分从气液界面扩散进入固定液，并扩散至固定液深部，进而达到分配平衡，当纯净载气经过时，固定液中该组分分子将回到气液界面，而被载气带走，这个过程需要一定时间，在此时间内，气相中组分的其他分子仍随载气不断向柱口运动，这就也造成了峰形的扩张。若载体表面有深孔，而使固定液也涂入深孔，必然会造成较严重的峰扩张，所以希望载体表面没有深孔。同时从式(9-24)也能看出，固定相的液膜涂渍得越薄，组分在液相的扩散系数越大，液相传质阻力就愈小。

载气流速对传质阻抗项的影响很大，当载气流速增大时，传质阻抗项就增大，造成塔板高度 H 增大，柱效较低。

速率理论概括了涡流扩散、分子扩散和传质阻力对塔板高度的影响，指出了影响柱效能的因素，对色谱分离条件的选择具有指导意义。由以上的讨论可以看出，色谱柱填充的均匀程度、载体的粒度、载气的流速和种类、固定液的液膜厚度和柱温等因素都对柱效能产生直接的影响。其中许多因素是互相矛盾、互相制约的，如增加载气流速，分子扩散项的影响减小，但是传质阻力项的影响却增加了；柱温升高有利于减少传质阻力项，但是又加剧了分子扩散。因此应全面考虑这些因素的影响，选择适宜的色谱操作条件，才能达到预期的分离效果。

第三节 气相色谱固定相和流动相

在气相色谱中，固定相是装在色谱柱中，用来装填色谱柱的，固定相的选择是气相色谱的关键问题。按色谱柱的粗细，可分为一般填充柱及毛细管柱两类。

1. 填充色谱柱(packed column) 多用内径 4～6 mm 的不锈钢管制成螺旋形管柱，充填固定相构成色谱柱。常用柱长为 2～4 mm。

2. 毛细管色谱柱(capillary column) 常用内径 0.1～0.5 mm 的石英或玻璃毛细管，柱长几十米。按填充方式又可分为开口毛细管柱、填充毛细管柱及微填充柱。

按分离机制色谱柱可分为分配柱及吸附柱等，它们的区别主要在于固定相。分配柱一般是将固定液涂渍在载体上，构成液体固定相，利用组分的分配系数差别而实现分离。将固定液的官能团通过化学键结合在载体表面，称为化学键合相，其优点是不流失。吸附柱是由吸附剂装入柱管而构成的，利用吸附剂对不同组分吸附能力不同而分离。除吸附剂外，固体固定相还包括高分子多孔小球与分子筛等。

一、气液色谱用固定相

气液色谱的固定相是由固定液(stationary liquid)和载体(carrier material)组成。载体是一种惰性固体微粒，用作支持物。固定液是涂渍在载体上的高沸点物质，在色谱操作温度下为液体。分离机制属于分配色谱。

（一）固定液

1. 要求

（1）在操作温度下蒸气压要低,否则固定液会流失,增大噪音,影响柱寿命和保留值的重现性。每一固定液有"最高使用温度"。

（2）稳定性好,在高柱温下不分解,不与载体发生反应。

（3）对被分离组分的选择性要高,即分配系数有较大的差别。

（4）对样品中各组分有足够的溶解能力。

2. 组分与固定液分子间的相互作用　在气相色谱中待测组分之所以能溶解在固定液中是由于组分与固定液分子间相互作用的结果。这种作用力是一种较弱的吸引力,通常包括静电力、诱导力、色散力和氢键作用力,它们在色谱分离过程中起着特殊的作用。

在气液色谱中,只有当组分与固定液分子间的作用力大于分子间的作用力,组分才能在固定液中进行分配。选择适宜的固定液使待测各组分与固定液之间的作用力有差异,才能达到彼此分离的目的。

3. 固定液的分类　据统计,固定液已有700多种。表9-2列出了部分常用固定液的极性、最高使用温度和主要用途。

表9-2　常用固定液

名称	相对极性	分子式或结构式	最高使用温度/℃	参考用途
角鲨烷	0	异卅烷 $C_{30}H_{62}$	140	标准非极性固定液
液体石蜡	+1	$CH_3(CH_2)_nCH_3$	100	分析非极性化合物
甲基硅橡胶 SE-30	+1	$(CH_3)_3—Si—O—(Si(CH_3)—O—)_n—Si—(CH_3)_3$　$n>400$	300	分析高沸点非极性化合物
邻苯二甲酸二壬酯 DNP	+2	苯环-COOC$_9$H$_{19}$, COOC$_9$H$_{19}$	100	分析中等极性化合物
中苯基甲基聚硅氧烷 OV-17	+2	在SE-30中引入苯基(50%)	350	分析中等极性化合物
三氟丙基甲基聚硅氧烷 OF-1	+2	在SE-30中引入三氟丙基(50%)	300	分析中等极性化合物
氰基硅橡胶 XE-60	+3	在SE-30中引入氰基(25%)	275	分析中等极性化合物
聚乙二醇 PEG-20M	+4	聚环氧乙烷 $(CH_2CH_2—O)_n$	250	分析氢键型化合物
丁二酸二乙二醇聚酯 DEGS	+4	丁二酸与乙二醇生成的线型聚合物	200	分析极性化合物,如酯类
β,β'-氧二丙腈	+5	$O((CH_2)_2CN)_2$	100	标准极性固定液

(1) 化学分类法 按固定液的化学结构类型分类的方法。

① 烃类：包括烷烃与芳烃。常用的有沙鱼烷(角鲨烷)，是标准非极性固定液。

② 硅氧烷类：是目前应用最广的通用型固定液。其优点是温度黏度系数小、蒸气压低、流失少、有较高的使用温度、对大多数有机物都有很好的溶解能力等。包括从弱极性到极性多种固定液。这类固定的基本化学结构为：

$$(H_3C)_3Si-\left[-O-\underset{R}{\overset{CH_3}{\underset{|}{Si}}}-\right]_x-\left[-O-\underset{R}{\overset{CH_3}{\underset{|}{Si}}}-\right]_y-O-Si(CH_3)_3$$

键节数 $n=x+y$

硅氧烷类固定液按化学结构分类如下：

a. 甲基硅氧烷：R 为甲基。按相对分子质量不同可分为甲基硅油($n<400$)及甲基硅橡胶($n>400$)。甲基硅油有甲基硅油Ⅰ等，甲基硅橡胶有 SE—30 及 OV—1 等。是一类应用很多的耐高温、弱极性固定液。

b. 苯基硅氧烷：R 为苯基。$n<400$ 为甲基苯基硅油；$n>400$ 为甲基苯基硅橡胶。根据含苯基与甲基的比例不同分为：低苯基硅氧烷，如 SE—52(5%)；中苯基硅氧烷，如 OV—17(50%)；高苯基硅氧烷，如 OV—25(75%)。苯基含量高时，结构中的甲基也相应变为苯基。这类固定液因引入苯基而极性比甲基硅氧烷强，且随着苯基含量增高，极性增强。

c. 氟烷基硅氧烷：R 为三氟丙基($-CH_2CH_2CF_3$)，是一类中等极性固定液。这类固定液在强碱作用下易解聚，故只能与酸洗载体配伍。

d. 氰基硅氧烷：R 为氰乙基($-CH_2CH_2CN$)，是一类强极性固定液，氰乙基含量越高，极性越强。

③ 醇类：是一类氢键型固定液。可分为非聚合醇与聚合醇两类。聚乙二醇如 PEG—20M(平均相对分子质量为 20 000)是药物分析中最常用的固定液之一。

④ 酯类：是中强极性固定液，分为非聚合酯与聚酯两类。聚酯类多是二元酸及二元醇所生成的线型聚合物，如丁二酸二乙二醇聚酯(PDEGS 或 DEGS)。在酸性或碱性条件下或 200℃ 以上的水蒸气均能使聚酯水解。

(2) 固定液的极性可采用相对极性来表示。规定 β,β′-氧二丙腈的相对极性为 100，沙鱼烷为 0，其他固定液的相对极性在 0~100。测定方法为：用苯与环己烷为样品，分别在对照柱：β,β′-氧二丙腈及角鲨烷(沙鱼烷)柱上测定它们的相对保留值对数 q_1 及 q_2。然后在待测固定液柱上测定 q_x。代入下式计算待测固定液的相对极性 P_x：

$$P_x = 100(1-\frac{q_1-q_x}{q_1-q_2})$$

相对极性 0~100 可分成 5 级，每 20 为 1 级，0 或 +1 为非极性固定液，+2、+3 为中等极性固定液，+4、+5 为极性固定液。

(3) 固定液极性也可用特征常数分类，特征常数包括罗氏(Rohrschneider)特征常数和麦氏(McReynolds)特征常数。目前常用麦氏常数评价固定液。

常用固定液的麦氏常数列在本书附表中，表中 $x′$、$y′$、$z′$、$u′$、$s′$ 值为苯、丁醇、2-戊酮、硝基丙烷、吡啶 5 种物质在被测固定液与角鲨烷固定液柱上保留指数的差值，即(用苯测定)：

$$\Delta I = I_{极性} - I_{角鲨烷} = x′$$

这5种物质代表各种类型的相互作用力,测定它们在各种固定液上的保留指数差值 ΔI 以及平均值,可以作为固定液极性的标度。

4. 固定液的选择　从以上讨论可见,固定液的极性直接影响组分与固定液分子间的作用力的类型和大小,因此对于给定的待测组分,固定液的极性是选择固定液的重要依据。一般可以根据"相似性原则"选择。按被分离组分的极性或官能团与固定液相似的原则来选择,由于分离组分和固定液的极性或官能团等性质相似,它们分子之间的相互作用力较强,组分在固定液中的溶解度大,分配系数也大,保留值长,待测组分分开的可能性也大。

(1) 分离非极性物质,一般选用非极性固定液,组分与固定液分子间的作用力是色散力。这时样品中各组分按沸点顺序流出色谱柱,沸点低的组分先出峰。若样品中有极性组分,相同沸点的极性组分先流出色谱柱。

(2) 分离中等极性物质,选用中等极性固定液,分子间作用力为诱导力和色散力。基本上仍按上述沸点顺序流出色谱柱。但对沸点相同的极性与非极性组分,极性组分后出柱。

(3) 分离极性物质,选用极性固定液,分子间作用力主要为静电力。组分按极性顺序流出色谱柱,非极性组分先流出色谱柱。

(4) 对于能形成氢键的样品,如醇、酚、胺和水等的分离,可选择氢键型固定液,它们之间的作用力是氢键力。这时样品中各组分按与固定液分子形成氢键的能力大小先后流出,不易形成氢键的化合物先流出色谱柱。

利用"极性相似"原则选择固定液时,还要注意混合物中组分性质差别情况,若分离非极性和极性混合物,一般选用极性固定液。分离沸点差别较大的混合物,一般选用非极性固定液。

例 9-3　分离苯与环己烷混合物。

苯与环己烷沸点相差 0.6℃(苯为 80.1℃、环己烷为 80.7℃)。而苯为弱极性化合物,环己烷为非极性化合物,两者极性差别虽然不大,但相对而言比沸点大,极性差别是主要矛盾。用非极性固定液很难将苯与环己烷分开。若改为中等极性固定液,如用邻苯二甲酸二壬酯,则苯的保留时间是环己烷的 1.5 倍。再改用聚乙二醇-400,则苯的保留时间是环己烷的 3.9 倍。

对难分离的组分,也可采用两种或两种以上的固定液混合后使用,有可能达到预期的目的。对手性化合物的分离,还需采用手性固定相。

(二) 载体

载体又称为担体,一般是化学惰性的多孔性微粒。

1. 要求　① 表面积大,孔径分布均匀;② 表面没有吸附性能(或很弱);③ 热稳定性好,化学稳定性好;④ 粒度均匀,有一定的机械强度。

2. 硅藻土型载体　常用载体为硅藻土载体,是将天然硅藻土压成砖形,在 900℃ 煅烧,然后粉碎,过筛而成。因处理方法稍有不同,又可分为红色载体及白色载体两种。

(1) 红色载体:因煅烧后,天然硅藻土中所含的铁形成氧化铁,而使载体呈淡红色,故称红色载体。红色载体表面孔穴密集,孔径较小,比表面积约为 $4.0\ m^2/g$,平均孔径为 $1\ \mu m$,机械强度比白色载体大。常与非极性固定液配伍。如国产 201 载体及 6201 载体等。

(2) 白色载体:煅烧前在原料中加入少量助熔剂,如 Na_2CO_3。煅烧后使氧化铁生成了无色的铁硅酸钠配合物,而使硅藻土呈白色。白色载体由于助熔剂的存在形成疏松颗粒,表面孔径较粗,约 $8\sim 9\ \mu m$。比表面积只有 $1.0\ m^2/g$,常与极性固定液配伍。如国产 101 载体及 405 载体等。

3. 载体的钝化 硅藻土载体表面存在着硅醇基及少量金属氧化物,分别会与易形成氢键的化合物及酸碱作用,产生拖尾,故需除去这些活性中心。

(1) 酸洗法:用 6 mol/L HCl 浸泡 20～30 min,除去载体表面的铁等金属氧化物。酸洗载体用于分析酸性化合物。

(2) 碱洗法:用 5% KOH—甲醇液浸泡或回流,除去载体表面的 Al_2O_3 等酸性作用点。用于分析胺类等碱性化合物。

(3) 硅烷化法:将载体与硅烷化试剂反应,除去载体表面的硅醇基。主要用于分析具有形成氢键能力较强的化合物,如醇、酸及胺类等。

二、气固色谱用固定相

气固色谱用固定相有吸附剂、分子筛、高分子多孔微球及化学键合相等。吸附剂常用石墨化炭黑、硅胶及氧化铝等。分子筛常用 4A、5A 及 13X。4、5 及 13 表示平均孔径(0.1 nm),A 及 X 表示类型。分子筛是一种特殊吸附剂,具有吸附及分子筛两种作用。若不考虑吸附作用,分子筛是一种"反筛子",分离机制与凝胶色谱类似。吸附剂与分子筛多用于永久性气体及低相对分子质量化合物的分离分析,在药物分析上远不如高分子多孔微球用途广。因此以下主要介绍高分子多孔微球。

高分子多孔微球(GDX)是一种人工合成的新型固定相,是由苯乙烯或乙基乙烯苯与二乙烯苯交联共聚而成。既可作吸附剂,又可作为载体。上海试剂一厂的有机担体系列及天津试剂二厂的 GDX 系列均为高分子多孔微球。高分子多孔微球的分离机理一般可认为具有吸附、分配及分子筛 3 种作用。它耐高温,最高使用温度为 200～300℃;峰形好,一般不拖尾;无柱流失现象,柱寿命长;一般按相对分子质量顺序分离,是一种比较优良的固定相。在药物分析中应用较广,可用于有机物中微量水的分析等。

例 9 - 4 分析纯无水乙醇中微量水的测定。

实验条件:上试 401 有机担体或 GDX-203 固定相,柱长 2 m。柱温 120℃,气化室温度 160℃,检测器 TCD,载气 N_2,40 mL/min,内标物甲醇。色谱图见图 9 - 8。

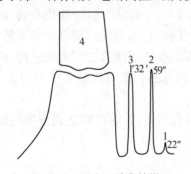

图 9 - 8 无水乙醇中的微量水分测定
1. 空气 2. 水 3. 甲醇 4. 乙醇

三、流动相

气相色谱中用的流动相是气体,称为载气(carrier gases)。在气相色谱中作为载气的气体种类较多,如氦气(helium)、氢气(hydrogen)、氮气(nitrogen)、氩气(argon)和二氧化碳等,目前国内实际应用最多的气体是氢气和氮气。氦气虽然有其独特的特点,但价格偏高,一般应用较少。在气相色谱中应如何选用载气,如何纯化,主要取决于选用的检测器、色谱柱以及分析要求。

(一) 氢气

在气相色谱中作为载气,要求其纯度在 99.99% 以上。由于它具有相对分子质量小、热导系数大、黏度小等特点,因此在使用热导检测器时,常采用它作载气。在氢焰离子化检测器中它是必用的燃气。为了提高载气的线速,也有采用氢气作载气,用氮气尾吹,空气助燃的办法。氢气的来源目前除氢气高压瓶外,还可以采用由电解水的原理得到氢气的氢气发生器。氢气易燃、易爆,操作时应特别注意安全。

(二) 氮气

在气相色谱中作为载气,氮气的纯度也要求在 99.99% 以上。由于它扩散系数小,柱效比较高,致使除热导检测器以外,在其他几种检测器中,如氢焰离子化检测器、电子捕获检测器、硫磷检测器和氮磷检测器中,多采用氮气作载气。它在热导检测器中用得少,主要考虑氮气热导系数小,灵敏度低。

不同的检测器、各种色谱柱和不同的分析场合,对载气以及辅助气体纯度要求不同,净化方法亦有差异。例如,使用电子捕获检测器,特别是使用脉冲式电子捕获检测器作农药残留分析时,氮气纯度需用 99.99% 以上外,还一定要把载气中电负性较强的氧含量控制在 10×10^{-6} 以下,也要把水的含量控制在 10×10^{-6} 以下。氢火焰离子化检测器不论载气还是燃气和助燃气,一定要除去干扰最大的烃和油污,而其中的一些永久性气体影响就不大。另从分析角度看,水分影响气固色谱柱的活性、寿命以及气液色谱柱的分离效率。因此,载气流路以及辅助气路,必须有"去水"、"去氧"和"去总烃"的措施。

"去水",可以在载气管路中加上净化管,内装硅胶和 5A 分子筛。净化剂事前应先活化。"去氧",氮气和氩气通过装有活性铜胶催化剂的柱管后,氧含量可降至 10×10^{-6},氢气中的氧可通过装有 105 型钯催化剂的柱管。"去总烃",采用 5A 分子筛净化器是消除微量烃的最好办法。

第四节 检测器

检测器(detector)是气相色谱仪的重要组成部分,用于测定样品的组分和各组分的含量。待测组分经色谱柱分离后,通过检测器将各组分的浓度或质量转变成相应的电信号,经放大器放大后,由记录仪或微处理机得到色谱图,根据色谱图对待测组分进行定性和定量分析。近年来,由于痕量分析的需要,高灵敏度的检测器不断出现,大大促进了气相色谱的发展和应用。目前已有几十种检测器,其中最常用的是氢焰离子化检测器、热导检测器、电子捕获检测器、火焰光度检测器(flame photometric detector,FPD)和热离子化(thermionic ionization detector,TID)检测器等。

根据检测器的输出信号与组分含量间的关系不同,可分为浓度型检测器和质量型检测器两大类。

浓度型检测器:测量载气中组分浓度的瞬间变化,检测器的响应值与组分在载气中的浓度成正比,与单位时间内组分进入检测器的质量无关。例如,热导检测器、电子捕获检测器等。

质量型检测器:测量载气中某组分进入检测器的质量流速变化,即检测器的响应值与单位时间内进入检测器某组分的质量成正比。例如,氢焰离子化检测器、火焰光度检测器等。

一、检测器的性能指标

在气相色谱分析中,对检测器的要求主要有 4 方面:灵敏度高;稳定性好,噪音低;线性范围宽;死体积小,响应快。

(一) 灵敏度

灵敏度(sensitivity)又称响应值或应答值。灵敏度的指标常用两种表示方法:S_g 及 S_t。浓度型检测器常用 S_g,质量型检测器常用 S_t。

1. S_g(以重量浓度表示的灵敏度) 1 mL 载气中携带 1 mg 的某组分通过检测器时产生的电压。S_g 的单位为 mV·mL/mg。

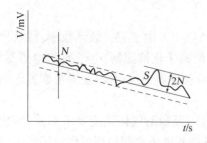

图 9-9 检测器的噪音和检测限

2. S_t（以质量表示的灵敏度）　每秒中有 1 g 的某组分被载气携带通过检测器所产生的电压或电流值。S_t 的单位为 mV·s/g 或 A·s/g。

（二）噪音和漂移

无样品通过检测器时，由仪器本身和工作条件等的偶然因素引起的基线起伏称为噪音（noise, N）。噪音通常分为两种，即短时噪音和长时噪音。短时噪音是指记录笔的快速小振幅抖动；长时噪音一般指在以分钟计的周期内的基线波动。短时噪音也可以重叠在长时噪音上。噪音的大小用测量基线波动的峰对峰的最大宽度来衡量（图 9-9），单位一般用 mV 或 A 数表示。漂移（drift, d）通常指基线在单位时间内单方向缓慢变化的幅值，单位为 mV/h。

（三）检测限

灵敏度不能全面地表明一个检测器的优劣，因为它没有反映检测器的噪声水平。信号可以被放大器任意放大，使灵敏度增高。但噪音也同时放大，弱信号仍然难以辨认。因此评价检测器不能只看灵敏度，还要考虑噪音的大小。检测限或称为敏感度，能从这两方面来说明检测器性能。

某组分的峰高恰为噪音的两倍（$2N$）时，单位时间内载气引入检测器中该组分的质量（g/s）或单位体积载气中所含该组分的量（mg/mL）称为检测限（detectability, D）。由于低于此限组分峰将被噪音所淹没而检测不出来（图 9-9）。计算公式如下：

$$D = 2N/S \tag{9-25}$$

检测限越小，检测器的性能越好，在实际工作中常用最小检测量或最小检测浓度表示色谱分析的灵敏程度，最小检测量或最小检测浓度常用恰能产生 2 倍噪音或 3 倍噪音信号时的进样量或进样液浓度表示。必须注意，检测器的检测限与色谱分析的最小检测量和最小检测浓度的概念是不同的，前者是衡量检测器的性能指标，而后两种不仅与检测器的性能有关，还与色谱峰的半宽度和进样量等因素有关（表 9-3）。

表 9-3　常用检测器的性能

检测器	检测对象	噪音	检测限	线性	适用载气
TCD	通用	0.01 mV	10^{-5} mg/mL	10^4	H_2、He
FID	含 C, H 化合物	10^{-4} A	10^{-10} mg/s	10^7	N_2
ECD	含电负性基团	8×10^{-12} A	5×10^{-11} mg/mL	5×10^4	N_2
TID	含 P, N 化合物		10^{-12} mg/s	10^5	N_2、Ar
FPD	含 S, P 化合物		3×10^{-10} mg/s	10^5	N_2、He

二、热导检测器

热导检测器（thermal conductivity detector, TCD）是利用被检测组分与载气的热导率的差别来检测组分的浓度变化。具有结构简单、测定范围广（无机物、有机物皆产生信号）、样品不被破坏等优点。灵敏度低、噪音大是其缺点。

（一）测定原理

将两个材质、电阻相同的热敏元件（钨丝或铼钨丝），装入一个双腔池体中（图 9-10），构成双臂热导池。一臂连接在色谱柱前只通载气，成为参考臂；另一臂连接在柱后，成为测量臂。两臂的电阻分别为 R_2 与 R_1，将 R_1 与 R_2 与两个阻值相等的固定电阻 R_3、R_4 组成惠斯敦电桥。

给热导池通电,钨丝因通电升温,所产生的热量被载气带走,并通过载气传给池体。当热量的产生与散热建立动态平衡时,钨丝的温度恒定。若测量臂也只是通载气,无样品气通过,两个热导池钨丝温度相等,则 $R_1=R_2$,$\frac{R_1}{R_2}=\frac{R_3}{R_4}$,电桥处于平衡状态,无电流通过。

当样品气进入测量臂,若组分与载气的热导率不等,钨丝温度即变化,R_1 变化,$R_1 \neq R_2$,$\frac{R_1}{R_2} \neq \frac{R_3}{R_4}$,检流器指针偏转,记录仪上则有信号产生。

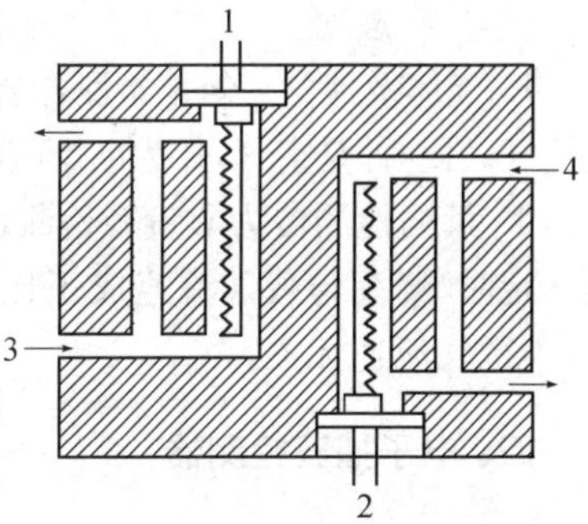

图 9-10 双臂热导池
1. 测量臂 2. 参考臂
3. 载气+样气 4. 载气

(二)注意点

1. 载气的选择　常用的载气有氢气、氮气、氦气。一般有机化合物与氮气的热导率之差较小,所以用氮气作载气,灵敏度较低。而氢气和氦气的热导率与有机化合物的热导率差值大,因此灵敏度高。

2. 不通载气不能加桥电流　否则热导池中的热敏元件易烧坏。

3. 增加桥电流可提高灵敏度　但桥电流增加,金属易氧化,噪音也会变大,所以在灵敏度够用的情况下,应尽量采取低桥电流以保护热敏元件。

4. 热导检测器为浓度型检测器　在进样量一定时,峰面积与载气流速成反比,因此用峰面积定量时,需保持流速恒定。

三、氢焰离子化检测器

氢焰离子化检测器(hydrogen flame ionization detector,FID)利用有机物在氢焰的作用下,化学电离而形成离子流,借测定离子流强度进行检测。它具有灵敏度高、噪音小、死体积小等优点,是目前最常用的检测器。缺点是检测时样品被破坏,一般只能测定含碳化合物。

(一)测定原理

被测组分被载气携带,从色谱柱流出,与氢气混合一起进入离子室,由毛细管喷嘴喷出。氢气在空气的助燃下,经引燃后进行燃烧,燃烧所产生的高温(约 2 100℃)火焰为能源,使被测有机物组分电离成正负离子。在氢火焰附近设有收集极(正极)和极化极(负极),在此两极之间加有 150~300 V 的极化电压,形成一直流电场。产生的离子在收集极和极化极的外电场作用下定向运动而形成电流。电离的程度与被测组分的性质有关,一般在氢火焰中电离效率很低,大约每 50 万个碳原子中有 1 个碳原子被电离,因此产生的电流很微弱,需要放大器放大后,才能在记录仪上得到色谱峰。产生的微电流大小与进入离子室的被测组分含量有关,含量愈大,产生的微电流就愈大(图 9-11)。

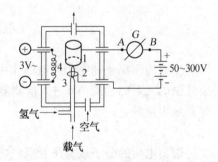

图 9-11 氢焰离子化检测器示意图
1. 收集极 2. 极化极 3. 氢火焰 4. 点火线圈

氢火焰离子化检测器对大多数有机化合物有很高的灵敏度,故对痕量有机物的分析很适宜。但对在氢火焰中不电离的无机化合物,例如 H_2O、NH_3、CO_2、SO_2 等不能检测。

（二）注意点

1. **气体及流量** 氢焰检测器要使用3种气体。一是载气，载气一般用氮气；二是燃气，燃气用氢气；另一种是空气，作为助燃气。三者流量关系一般为 $N_2：H_2：Air$ 为 $1：(1\sim1.5)：10$。

2. 氢焰检测器为质量型检测器，峰高取决于单位时间引入检测器中组分的质量，在进样量一定时，峰高与载气流速成正比。在用峰高定量时，需保持载气流速恒定。而用峰面积定量，与载气流速无关。

四、电子捕获检测器

电子捕获检测器（electron capture detector，ECD）是一种高选择性、高灵敏度的检测器。高选择性是指只对含有电负性强的元素的物质，如含有卤素、硫、氮等的化合物有响应，元素的电负性越强，检测器的灵敏度越高。其高灵敏度表现为能测出 10^{-14} g/mL 电负性的物质。电子捕获检测器已广泛用于有机氯和有机磷农药残留量、金属配合物、金属有机多卤或多硫化合物、甾族化合物等的分析测定。

（一）电子捕获检测器的结构

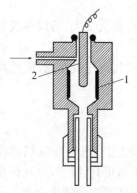

图9-12 电子捕获检测器示意图
1. 放射源 2. 阳极

在检测器的池体内（图9-12），装有1个圆筒状的β射线放射源作为负极，以1个不锈钢棒作为正极，在两极施加直流电或脉冲电压。通常用氚（^{3}H）或镍的同位素 ^{63}Ni 作为放射源。前者灵敏度高，安全易制备，但使用温度较低（<190℃），寿命较短，半衰期为12.5年。后者可在较高的温度（350℃）下使用，半衰期为85年，但制备困难，价格昂贵。

对该检测器结构的要求是气密性好，保证安全；绝缘性好，两极之间和电极对地的绝缘电阻要大于 500 MΩ；池体积小，响应时间快。

（二）电子捕获检测器的工作原理

当载气（通常用高纯氮）进入检测室，在β射线的作用下发生电离，产生正离子和低能量的电子：

$$N_2 \longrightarrow N_2^+ + e^-$$

生成的正离子和电子在电场作用下分别向两极运动，形成恒定的电流，称为基流。当含电负性强的元素的物质 AB 进入检测器时，就会捕获这些低能电子，产生带负电荷的分子或离子并释放出能量：

$$AB + e^- \longrightarrow AB^- + E$$

带负电荷的分子或离子和载气电离生成的正离子结合生成中性化合物，被载气带出检测室外，从而使基流降低，产生负信号，形成倒峰。组分浓度越高，倒峰越大。因此，电子捕获检测器是浓度型的检测器。

（三）操作条件的选择

1. **载气的影响** 电子捕获检测器可用氮气或氩气作为载气，最常用的是高纯度的氮气（纯度≥99.999%）。载气中若含有少量的 O_2 和 H_2O 等电负性组分，对检测器的基流和响应值会有很大的影响，如果载气纯度达不到要求，可采用脱氧管等净化装置除去杂质。

2. **载气流速的影响** 载气流速对基流和响应信号也有影响，可根据条件试验选择最佳载气流速，通常为 40～100 mL/min。

第五节 分离条件的选择

一、分离度

分离度又称分辨率,用 R 表示。其定义为,相邻两组分色谱峰的保留时间之差与两组分色谱峰的基线宽度总和之半的比值,即:

$$R = \frac{t_{R_2} - t_{R_1}}{(W_1 + W_2)/2} = \frac{2(t_{R_2} - t_{R_1})}{W_1 + W_2} \quad (9-26)$$

式中,t_{R_1}、t_{R_2} 分别为组分 1、2 的保留时间,W_1、W_2 为基线宽度。从式(9-26)可看出,两个组分分离得好,首先是它们的保留时间有足够的差别,第二是它们的峰必须很窄。只要满足这两个条件,两组分必定会完全分离。当 $R=1.0$ 时,峰基稍有重叠,此时为基本分离,两峰尖距离为 4σ,此种分离状态称为 4σ 分离。只当 $R \geqslant 1.5$ 时,两色谱峰才完全分离(图 9-13),两峰尖距为 6σ,称为 6σ 分离。

式(9-26)可推导成式(9-27)(假设 $W_1 \approx W_2$),使分离度这一重要的色谱参数与另 3 个主要色谱参数(理论塔板数 n、分配系数比 α 及容量因子 k)联系了起来:

$$R = \underbrace{\frac{\sqrt{n}}{4}}_{a} \cdot \underbrace{\frac{\alpha - 1}{\alpha}}_{b} \cdot \underbrace{\frac{k_2}{1 + k_2}}_{c} \quad (9-27)$$

a 为柱效项,b 为柱选择性项,c 为容量因子项。

式(9-27)中 a、b、c 三项对分离结果的影响,可由图 9-14 说明。

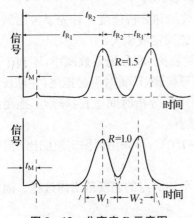

图 9-13 分离度 R 示意图

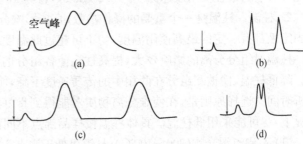

图 9-14 a、b 及 c 三项对 R 的影响

(a) 分离度很低。因为柱效低(n 小),即 a 项小所致。
(b) 分离度好。因为柱效高、选择性好,即 a 项大,b 项也大。
(c) 分离度好。因为选择性好,a 大,b 项大。但柱效不高。
(d) 分离度低。因为柱容量低,c 项小,k_2 小。

二、实验条件的选择

综上所述,在气相色谱中,固定液、柱温及载气的选择是分离条件选择的 3 个主要方面,用于提高柱效,降低板高,提高相邻组分的分离度。当分离度 $R \geqslant 1.5$ 时,两组分分离完全。在进行定量分析时,要求组分能分离完全,才能获得较好的精密度和准确度。

从式(9-27)可看出,要获得满意的分离度,要从提高 a、b、c 项着手,即提高 n、α 以及 k。

（一）提高 α 和 k

α 和 k 决定于样品中各组分本身的性质，以及选择好固定相和流动相。在气相色谱中，载气种类不多，选择余地不大，载气本身对分离起的作用也不大。所以在气相色谱中，主要要选择好固定液，以获得合适的分配系数比及容量因子。

分配系数比增大，可使分离度增大。α 是由相邻两色谱峰的相对位置决定的，它反映了固定液的选择性，α 越大，表明固定液的选择性越好。当 $\alpha=1$ 时，无论柱效有多高，R 为零，两组分不可能分离。

容量因子增大也可以增大分离度，k 是由组分色谱峰和空气峰的相对位置决定的，它与固定液的用量和分配系数 K 有关，并受柱温的影响。增加固定液的用量虽可增大分离度，但会延长分析时间，引起色谱峰展宽。

（二）提高 n

提高 n，降低 H，以 Van Deemter 方程式作指导。

1. 载气流速和种类　载气流速严重地影响着分离效率和决定分析时间。

$$H = A + B/u + Cu$$

用在不同流速下测得的 H 对 u 作图，得 $H-u$ 曲线，又称范氏曲线（图 9-6）。u 越小，B/u 项越大，而 Cu 项越小。因此在低速时（$0 \sim u_{最佳}$），B/u 项起主导作用，因此选用相对分子质量较大的载气，如 N_2、Ar，可使组分的扩散系数较小，从而减小分子扩散的影响，提高柱效。在高速时（$u > u_{最佳}$），u 越大，Cu 项越大，B/u 项越小，此时 Cu 项起主导作用，因此选用相对分子质量较小的气体，如 H_2、He 作载气，可以减小气相传质阻力，提高柱效。

在曲线的最低点，塔板高度 H 最小，此时柱效最高，该点所对应的线速即为最佳线速 $u_{最佳}$。在实际工作中，为了缩短分析时间，往往使线速稍高于最佳流速，所以 $u_{最佳实用} > u_{最佳}$。填充柱，N_2 的最佳实用线速为 $10 \sim 12$ cm/s，H_2 为 $15 \sim 20$ cm/s。

2. 柱温　柱温是一个重要的操作参数，直接影响分离效能和分析速度。首先要考虑到每种固定液都有一定的最高使用温度，切不可超过此温度，以免固定液流失。

柱温对组分分离的影响较大，提高柱温使各组分的挥发靠拢，即分配系数减小，不利于分离。降低柱温，使被测组分在两相中的传质速度下降，使峰形扩张，严重时引起拖尾，并延长了分析时间。选择原则是，在使难分离物质对能得到良好的分离，分析时间适宜，峰形不拖尾的前提下，尽可能采用低柱温。具体柱温按样品沸点不同而选择：

（1）高沸点混合物（$300 \sim 400$℃）：柱温可低于沸点 $100 \sim 150$℃，可采用低固定液配比 $1\% \sim 3\%$，高灵敏度检测器。

（2）沸点 <300℃ 的样品：柱温可比平均沸点低 50℃ 至平均沸点的温度范围内选择。固定液配比为 $5\% \sim 25\%$。

（3）宽沸程样品：宽沸程组分，选择 1 个恒定柱温常不能兼顾两头，需采取程序升温方法。程序升温可以是线性的，也可以是非线性的，按需要选择。

先举例说明程序升温与恒定柱温分离沸程为 225℃ 的烷烃与卤代烃 9 个组分的混合物的差别。

图 9-15(a) 为恒定柱温 $T_c = 45$℃，记录 30 min 只有 5 个组分流出色谱柱，但低沸点组分分离较好。

图 9-15(b) 仍为恒定柱温，但 $T_c = 120$℃，因柱温升高，保留时间缩短，低沸点成分峰密集，分离度降低。

图 9-15(c) 为程序升温。由 30℃ 起始，升温速度为 5℃/min。使低沸点及高沸点组分都能在各自适宜的温度下分离。因此峰形、分离度都好。

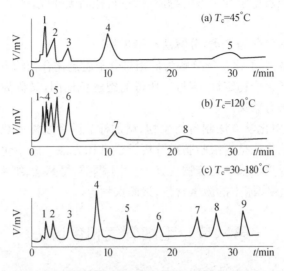

**图 9-15 宽沸程混合物在恒定柱温与程序升温时，
分离效果的比较**

1. 丙烷(-42℃) 2. 丁烷(-0.5℃) 3. 戊烷(36℃) 4. 己烷(68℃) 5. 庚烷(98℃)
6. 辛烷(126℃) 7. 溴仿(150.5℃) 8. 间氯甲苯(161.6℃) 9. 间溴甲苯(183℃)

需要说明，程序升温重复性较差，常用保留温度(T_R)代替保留时间(t_R)定性。

恒温色谱与程序升温色谱图的主要差别是前者色谱峰的半峰宽随 t_R 的增大而增大，后者的半峰宽与 t_R 无关。程序升温色谱图的特征是色谱峰具有等峰宽。

3. 柱和内径的选择　从式 9-27 可看到，分离度随理论塔板数平方根的增加而增加，假设其他条件不变，H 不变，即增加柱长，也就是增加理论塔板数：

$$\frac{R_1^2}{R_2^2}=\frac{L_1}{L_2} \tag{9-28}$$

增加柱长对分离有利。但增加柱长使各组分的保留时间增加，延长了分析时间。因此在达到一定分离度的条件下应使用尽可能短的柱。一般填充柱柱长 2~4 m。色谱柱内径增加会使柱效能下降。柱内径常用 4~6 mm。

（三）其他条件的选择

1. 气化室温度　选择气化温度取决于样品的沸点、稳定性和进样量。一般可等于样品的沸点或稍高于沸点，以保证迅速完全气化。但一般不要超过沸点 50℃ 以上，以防分解。气化室温度应高于柱温 30~50℃。

2. 检测室温度　为了使色谱柱的流出物不在检测器中冷凝，污染检测器，检测室温度需高于柱温，至少等于柱温。

3. 进样时间和进样量　进样速度必须很快，在 1 s 以内。若进样时间过长，试样起始宽度变大，半峰宽变宽，甚至使峰变形。

进样量是很少的，液体试样一般进样 0.1~2 μL。进样量太多，使柱超载时峰宽增大，峰形不正常。

三、样品的预处理

对于一些挥发性或热稳定性很差的物质,需进行样品预处理,才可能用气相色谱来进行分离分析。

预处理的方法通常可分为 2 类:分解法与衍生物法。

1. 分解法　即将高分子化合物分解为低相对分子质量化合物的方法,借分析低相对分子质量化合物来对高分子化合物定性、定量。所得的裂解色谱图,又称为指纹图,对高分子药物及中药材的定性鉴别很有意义。

2. 衍生物法　利用化学方法制备衍生物,增加样品的挥发性或热稳定性,常用的方法有酯化法及硅烷化法。酯化法是高级脂肪酸分析的最常用方法。硅烷化法用于含有羟基、羧基及氨基的有机高沸点或热不稳定化合物,已广泛用于糖类、氨基酸、维生素、抗生素以及甾体药物,还可应用于临床上测定尿中的激素含量、诊断疾病等。

第六节　毛细管气相色谱法

色谱动力学理论认为,可以把气液填充柱看成一束涂了固定液的毛细管,由于这束毛细管是弯曲与多径的,因此涡流扩散严重,柱效低。其次,填充柱的传质阻抗大,也使柱效降低。1957 年 Golay 根据以上观点,提出了把固定液直接涂在毛细管壁上,而发明了空心毛细管柱(capillary column),又称为开管柱(open tubular column)。20 世纪 60 年代主要用不锈钢毛细管涂渍固定液,到 70 年代就完全用玻璃材料做毛细管柱,特别是 1979 年石英毛细管柱的问世,开创了毛细管色谱的新纪元。

一、毛细管气相色谱法的特点和分类

(一)毛细管气相色谱法的特点

毛细管柱与填充柱相比,有以下一些特点:

1. 分离效能高　毛细管柱可用比填充柱长得多的柱子,可长至几十米到上百米,每米塔板数一般在 2 000～5 000,总柱效可达 10^4～10^6 塔板数。有不少样品在填充柱上分离不好,而用毛细管柱能获得满意的分离。图 9-16 是分离菖蒲油的例子。由于柱效高,所以毛细管色谱对固定液的选择性的要求就不那么苛刻了。另外毛细管柱的液膜薄,质量交换快,空心柱没有涡流扩散的影响,也使柱效提高。

2. 柱渗透性好　毛细管柱一般为空心柱,阻力小,可在较高的载气流速下分析,分析速度较快。

3. 柱容量小　由于毛细管柱柱体积小,只有几毫升,固定液液膜涂得又薄,涂渍的固定液只有几十毫克,因此柱容量小,最大允许的进样量很少,所以进样时要采取特殊的进样技术,一般采用分流进样。

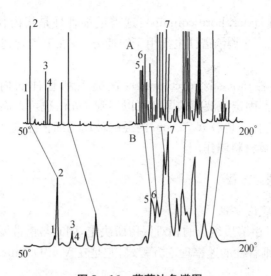

图 9-16 菖蒲油色谱图

A. 50 m×0.3 mm OV-1 开管柱

B. 4 m×3 mm 5% OV-1 的 60/80mesh gaschrom Q 填充柱

4. 易实现气相色谱—质谱联用 由于毛细管柱的载气流速小,较易于维持质谱仪离子源的高真空度。

5. 应用范围广 毛细管色谱具有高效、快速等特点,其应用遍及诸多学科和领域。毛细管气相色谱法的优越性还表现在对痕量物质的分析应用上,其检测限已达到皮克以下的水平。在医药卫生领域中的应用如体液分析、病因调查、药代动力学研究、药品中有机溶剂残留量以及兴奋剂检测等。给赛马服食兴奋剂在世界各地同样也引起了关注,可用毛细管柱 0.2 mm×18 m,氦气为载气,用 GC/MS(SID,选择离子检测)鉴别马尿中的尤普仁诺啡(Buprenorphine)。

(二)毛细管柱的分类

毛细管柱的内径一般小于 1 mm,又可分为开管型和填充型。

1. 填充型毛细管柱 可分为填充毛细管柱和微型填充柱。填充毛细管柱是先在玻璃管内松散地装入载体,拉成毛细管后再涂固定液。微型填充柱与一般填充柱相似,只是柱径细,载体颗粒也细到几十到几百微米。

2. 开管型毛细管柱 按内壁的状态可分 3 类:

(1)涂壁毛细管柱(wall coated open tubular column,WCOT):这种毛细管柱把固定液涂在毛细管内壁上。现在绝大部分毛细管柱是这种类型。

(2)多孔层毛细管柱(porous layer open tubular column,PLOT):这是先在毛细管内壁上附着一层多孔固体,如熔融二氧化硅或长结晶沉积在毛细管玻璃内表面而制成的。

(3)涂载体开管柱(support coated open tubular column,SCOT):先在毛细管内壁上粘附一层载体,如硅藻土载体,在此载体上再涂以固定液。

按内径也可分 3 类:

(1)常规毛细管柱:这类毛细管柱的内径为 0.1~0.3 mm,一般为 0.25 mm 左右,可以是玻璃毛细管柱,也可以是弹性石英毛细管柱(fused silica open tubular column,FSOT 柱),又称熔融氧化硅开管柱。

(2) 小内径毛细管柱(microbore column)：这类毛细管柱是指内径小于 100 μm，一般为 50 μm 的弹性石英毛细管。这类色谱柱主要用于快速分析，在毛细管超临界流体色谱、毛细管电泳中多用这类色谱柱。

(3) 大内径毛细管柱(megabore column)：这类毛细管柱的内径一般为 0.32 mm、0.53 mm。常用石英柱，其固定液液膜的厚度可以不到 1 μm，也可以高达 5 μm。大内径厚液膜毛细管柱用以代替填充柱。也有 0.75 mm 内径的玻璃毛细管柱，这样粗直径的毛细管柱只能用玻璃材料，不能用石英材料制作。

二、毛细管柱速率理论方程

(一) 毛细管柱速率理论方程

由于分离的效果不仅由溶质组分的相对保留所决定，同时与谱带展宽的控制关系很密切。1958 年 Golay 提出了毛细管柱的速率理论方程式，它是在 Van Deemter 方程式基础上改进而来的，称为 Golay 方程式：

$$H = B/u + C_g u + C_l u \tag{9-29}$$

式中，B 为纵向扩散项，C_g、C_l 为气相和液相传质阻力项。各项的物理意义及影响因素与填充柱的速率方程式相同。但由于毛细管柱是空心的，故其速率理论方程中的涡流扩散项为零；纵向扩散项中的弯曲因子 γ 为 1，$B = 2D$；传质阻力项中 C_l 与填充柱的速率方程相同；气相传质项在填充柱讨论时是忽略不计的，在毛细管柱速率理论方程式中，气相传质项是较为重要的，Golay 方程详细式表示如下：

$$H = \frac{2D_g}{u} + \frac{r^2(1+6k+11k^2)}{24D_g(1+k)^2}u + \frac{2kd_f^2}{3(1+k)^2 D_l}u \tag{9-30}$$

从 Golay 方程可看出，纵向扩散项随载气线速增加而很快下降，这是因为线速大，溶质扩散的时间短。随载气线速增加，传质阻力项增加，对于高效薄液膜毛细管柱，液相传质项的斜率是很小的，主要由气相传质项引起板高，为了降低气相传质项的斜率，增加 D_g，常采用高扩散系数和低黏度的氢气作载气。

(二) 毛细管色谱操作条件的选择

1. **毛细管柱的直径** 从式 9-30 可知板高与柱内径平方成正比，即内径越细，柱效越高。表 9-4 是不同柱径的石英毛细管柱的柱效和达到 10 万块理论塔板数所需的柱长。同时从式 9-30 也可看出，u_{opt} 与柱内径成反比，即 r 越小则 u_{opt} 越大。故目前多采用细内径、短毛细管柱进行快速分析。但内径变细在实际应用时要受仪器、操作等下述许多条件限制。

表 9-4 柱径与理论塔板数的关系

柱内径/mm	n/m	达 10 万块理论板所需柱长/m
0.53	2 100	48
0.32	3 400	29
0.25	4 500	22
0.10	11 000	9

(1) 一般内径 250 μm，柱样品容量约 100 ng，而 30 μm 柱的柱容量低于 1 ng，样品容量低对仪器要求很苛刻，检测器的敏感度要小于 10^{-11} g/s。

(2) 整个系统的流失、污染和鬼峰等要尽量排除。

(3) 检测器的死体积要很小，要加尾吹气。

(4) 样品容量低，需特殊的进样装置。

鉴于以上困难,目前仍以内径 100～300 μm 为主。

2. 载气的选择　在毛细管气相色谱中,应根据以下 3 个因素来选择载气:

(1) 分离效能和分析速度。

(2) 检测器的适应性和灵敏度。

(3) 载气的物理、化学性质,如柱压降、安全性、纯度和价格等。

在毛细管色谱中常用的载气有 N_2、H_2 和 He,不同的载气对 Golay 曲线测定是在一支涂渍 OV－101 固定液的 25 m×0.25 mm 石英柱上测得。从图 9-17 曲线极小值和它的平坦程度可以看出:H_2 做载气时,它的最佳柱效和 N_2 差不多,可是它的最佳载气线速度却比 N_2 大 4 倍。所以近年来在毛细管气相色谱操作中多用氢气作载气。

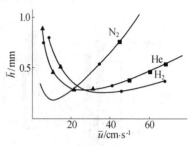

图 9-17　载气效应的 Golay 曲线

3. 液膜厚度　液膜厚度增加会使塔板高度增加,柱效下降。但液膜厚度需按分析要求决定,分离挥发性低、热稳定性差的物质时需用薄液膜柱,这样可以降低柱温和减少柱流失。对快速分析液膜厚度可低至 0.05 μm。当分析高挥发性、保留值小的物质时要求液膜厚度大于 1 mm。

柱直径和液膜厚度需要与柱容量和柱效一起综合考虑,为了快速分析,往往会用小柱内径和薄液膜柱。为了增大柱容量,采用大口径和厚液膜柱。

三、毛细管柱气相色谱系统

毛细管柱气相色谱的流路系统与填充柱气相色谱系统没有本质的差别,它们的主要不同在于毛细管柱色谱的进样部分有用载气分流放空的控制流路和为检测器提供柱后尾吹气的流路系统。见图 9-18。

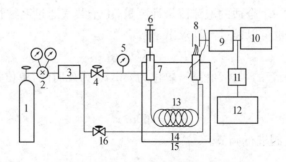

图 9-18　毛细管气相色谱仪流程示意图

1. 载气钢瓶　2. 减压阀　3. 净化器　4. 稳压阀　5. 压力表　6. 注射器
7. 气化室(进样系统)　8. 检测器　9. 静电计　10. 记录仪　11. 数模转换
12. 数据处理系统　13. 毛细管色谱柱　14. 补充气(尾吹气)　15. 柱恒温箱　16. 针形阀

毛细管柱与填充柱由于它们内径相差很大,若线速度相同情况下,它们的流速相差也很大。如填充柱一般流速在 30 mL/min,而毛细管柱可能低至 1 mL/min,对填充柱来说,柱外死体积对峰展宽的影响可以忽略不计,而对毛细管柱来说,柱外死体积要尽可能小,所以为了减少柱后死体积,柱后要有尾吹流路系统;在进样部分要有分流装置,采用分流进样方式。

(一) 分流进样作用

1. 快速进样,起始谱带窄:采用分流进样方式,即进样后,气化室中载气流量较大,气化后,将混合物分流成两个流量悬殊的部分。只将其中较小的部分送进柱子,大部分放空,这称为分流进样。若气化室总流速为 100 mL/min,柱流速仍为 1 mL/min,则进样时间只需 1/100 min,就能达到快速进样、起始谱带窄这样的目的。

2. 控制样品进入色谱柱的量,防止柱子超载。

（二）分流进样器

现在一般市售色谱仪上的分流进样器,均属于多用性的毛细管进样器。通过更换进样器中的内插玻璃套管,可将进样器用作一般分流进样器和其他方式进样器。图 9-19 为毛细管分流进样器。使用玻璃内插套管作为进样器的气化室,玻璃化学惰性好,温度分布均匀,防止局部过热,容易拆卸,当气化室由于进样被污染时,它很容易取出清洗。分流进样时使用内径 2~4 mm 的玻璃套管,同时打开分流进样阀。

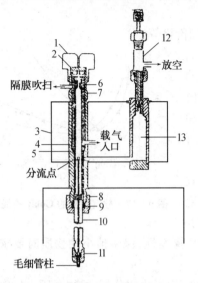

图 9-19 分流进样器
1. 进样口散热螺帽 2. 隔膜 3. 进样器加热块
4. 气体清洗 5,9,11. 石墨垫圈 6. 玻璃内套管
7. Teflon 密封圈 8. 弹簧 10. 分流器
12. 分流阀 13. 气体缓冲器

（三）分流比的测定

分流比为进柱的样品组分的物质的量与放空的样品组分物质的量之间的相对值。假定所进样品完全气化,并与载气充分混合,则为样品通过分流进样器进入柱子的流量 F_c 与通过分流器放空的流量 F_v 之比。

$$分流比 = F_c/F_v \tag{9-31}$$

上例中柱出口流速为 1 mL/min,分流器放空的流速为 99 mL/min,则分流比为 1∶99,也有表示为 99∶1。

F_c 和 F_v 可以通过一个合适的泡沫流量计测量,由于载气通过毛细管柱的流量很小,用泡沫流量计不易测量,F_c 也可以通过计算求出：

$$F_c = \pi r^2 L / t_M \tag{9-32}$$

式中,r 和 L 分别为毛细管的半径和柱长,单位为 cm,t_M 为死时间,单位为 min,上式也可表示为：

$$F_c = 60 u \pi r^2 \tag{9-33}$$

分流比大小靠分流阀进行调节。

（四）线性分流

所谓线性分流,是将样品组分经过分流器分出的一小部分的量进入柱子时,它能够代表样品中组分的含量,对一个设计合理的分流器,样品中的每一组分都能准确地分流成相同的比例,而与组分的化学性质、沸点差异以及浓度大小等因素无关。线性不好的分流进样器,往往使被分流进入柱子的组分含量与原始样品中组分的含量不同,即产生样品的失真。

分流进样法是使用最多的一种进样方法。它在分析高浓度含量的组分以及各组分的浓度分布均匀的样品可以得到很好的定量结果。

第七节 定性与定量分析

一、定性分析方法

气相色谱定性分析目的是确定待测试样的组成,判断各色谱峰代表什么组分。气相色谱分析的优点是能对多种组分的混合物进行分离分析,这是光谱法所不能解决的问题。但气相色谱法也有其固有的缺点,就是难以对未知物定性,需要已知纯物质或有关的色谱定性参考数据,才能进行定性鉴别。近年来,随着气相色谱与质谱、红外光谱联用技术的发展,为未知试样的定性分析提供了新的手段。

(一) 已知物对照法

这是实际工作中最常用的简便可靠的定性方法,只是当没有纯物质时才用其他方法。

测定时只要在相同的操作条件下,分别测出已知物和未知样品的保留值,在未知样品色谱图中对应于已知物保留值的位置上若有峰出现,则判定样品可能含有此已知物组分,否则就不存在这种组分。

如果样品较复杂,流出峰间的距离太近,或操作条件不易控制稳定,要准确确定保留值有一定困难,这时候最好用增加峰高的办法定性。将已知物加到未知样品中混合进样,若待定性组分峰比不加已知物时的峰高相对增大了,则表示原样品中可能含有该已知物的成分。有时几种物质在同一色谱柱上恰有相同的保留值,无法定性,则可用性质差别较大的双柱定性。若在这两个柱子上,该色谱峰峰高都增大了,一般可认定是同一物质。

已知物对照法定性,对于已知组分的复方药物分析、工厂的定性生产,尤为实用。

(二) 利用相对保留值

对于一些组分比较简单的已知范围的混合物、无已知物的情况下,可用此法定性。将所得各组分的相对保留时间与色谱手册数据对比定性。t'_{R_1} 为未知物,t'_{R_2} 为标准物。

$$r_{1,2} = \frac{t'_{R_1}}{t'_{R_2}} \tag{9-34}$$

由上式可看出 $r_{1,2}$ 的数值只决定于组分的性质、柱温与固定液的性质,与固定液的用量、柱长、流速及填充情况等无关。

利用此法时,先查手册,根据手册的实验条件及所用的标准物进行实验。取所规定的标准物加入被测样品中,混匀,进样,求出 $r_{1,2}$,再与手册数据对比定性。

(三) 利用保留指数 (retention indices) 定性

许多手册上都刊载各种化合物的保留指数,只要固定液及柱温相同,就可以利用手册数据对物质进行定性。保留指数的重复性及准确性均较好(相对误差<1%),是定性的重要方法。

(四) 官能团分类测定法

官能团分类测定法是利用化学反应定性的方法之一。把色谱柱的流出物(欲鉴定的组分),通进官能团分类试剂中,观察试剂是否反应(颜色变化或产生沉淀),来判断该组分含什么官能团或属于哪类化合物。再参考保留值,便可粗略定性。

(五) 两谱联用定性

气相色谱对于多组分复杂混合物的分离效率很高,定性却很困难。红外光谱、质谱及核磁共振谱等是鉴别未知物结构的有力工具,却要求所分析的样品成分尽可能单一。因此,把气相色谱仪作为分离手段,把质谱仪、红外分光光度计作为鉴定工具,两者取长补短,这种方法称为两谱联用。

二、定量分析方法

气相色谱法对于多组分混合物既能分离,又能提供定量数据,迅速方便,定量精密度为 1%～2%。在实验条件恒定时,峰面积与组分的含量成正比,因此可利用峰面积定量,正常峰也可用峰高定量。现在的色谱数据处理系统可存储并打印各种参数及处理后的结果。

一般正常峰可按下式计算峰面积:

$$A = 1.065 \times h \times W_{\frac{1}{2}} \tag{9-35}$$

式中,A 为峰面积,h 为峰高,$W_{\frac{1}{2}}$ 为半峰宽。

(一)校正因子

色谱的定量分析是基于被测物质的量与其峰面积的正比关系。但是,由于同一检测器对不同物质具有不同的响应值,这就使我们不能够用峰面积来直接计算物质的含量,要引入校正因子来计算。

$$f'_i = \frac{m_i}{A_i} \tag{9-36}$$

式中,f'_i 称绝对校正因子,也就是单位峰面积所代表的物质的量。

测定绝对校正因子 f'_i 需要准确知道进样量,这是比较困难的。在实际工作中,往往使用相对校正因子 f_i,即为物质 i 和标准物质 s 的绝对校正因子之比:

$$f_i = \frac{f'_i}{f'_s} \tag{9-37}$$

使用氢焰检测器时,常用正庚烷作标准物质,使用热导检测器时,用苯作标准物质。

我们平常所指的校正因子都是相对校正因子,f_g 是最常用的相对重量校正因子。

$$f_g = \frac{f'_i(W)}{f'_s(W)} = \frac{A_s m_i}{A_i m_s} \tag{9-38}$$

式中,A_i、A_s、m_i、m_s 分别代表物质 i 和标准物质 s 的峰面积和重量。测定相对重量校正因子时,m_i 和 m_s 是用分析天平称量而得。因此,测定时进样量不需准确,操作条件也不需严格控制。

(二)定量方法

色谱定量方法分为归一化法、外标法、内标法、内标标准曲线法和内标对比法等。

1. 归一化法

$$C_i\% = \frac{A_i f_i}{A_1 f_1 + A_2 f_2 + A_3 f_3 + \cdots + A_n f_n} \times 100\% \tag{9-39}$$

归一化法的优点是简便,定量结果与进样量无关,操作条件变化时对结果影响较小。缺点是必须所有组分在一个分析周期内都能流出色谱柱,而且检测器对它们都产生信号,否则,算出的分析结果不准确,也不能用于微量杂质的含量测定。

2. 外标法 在一定操作条件下,用标准品配成不同浓度的标准液,定量进样,用峰面积或峰高对标准品的重量作标准曲线,求出斜率、截距,而后计算样品的含量。通常截距近似为零,若截距较大,说明存在一定的系统误差。若标准曲线线性好,截距近似为零,可用外标一点法(比较法)定量。

外标一点法是用一种浓度的 i 组分的标准溶液,进样一次,或同样体积进样多次,取峰面

积平均值,与样品溶液在相同条件下进样,所得峰面积用下式计算含量:

$$m_i = \frac{A_i}{(A_i)_s}(m_i)_s \tag{9-40}$$

式中,m_i 与 A_i 分别代表在样品溶液进样体积中,所含 i 组分的重量及相应峰面积,$(m_i)_s$ 及 $(A_i)_s$ 分别代表 i 组分标准液在进样体积中所含 i 组分的重量及相应峰面积。

外标法的优点是操作计算简便,不必用校正因子,不必加内标物,常用于日常控制分析。分析结果的准确度主要取决于进样量的重复性和操作条件的稳定程度。

3. **内标法** 内标法是指一定量的纯物质作为内标物,加入准确称取的样品中,根据样品和内标物的重量及其在色谱图上相应的峰面积比,求出某组分的含量。例如要测定样品中的组分 i(重量 W_i)的百分含量 $C_i\%$,于样品中加入重量为 W_s 的内标物,样品重 W,则:

$$W_i = f_i A_i \qquad\qquad W_s = f_s A_s$$

$$\frac{W_i}{W_s} = \frac{f_i A_i}{f_s A_s} \qquad\qquad W_i = \frac{A_i f_i}{A_s f_s} W_s$$

$$C_i\% = \frac{A_i f_i}{A_s f_s} \frac{W_s}{W} \times 100\% \tag{9-41}$$

由上式可看到,本法是通过测量内标物及被测组分的峰面积的相对值来进行计算的,因而由于操作条件变化而引起的误差,都将同时反映在内标物及被测组分上而得到抵消,所以可得到较准确的结果。这是内标法的主要优点,在很多仪器分析方法上得到应用。

内标物的选择是重要的:① 内标物应是样品中不存在的纯物质;② 加入的量应该接近于被测组分;③ 内标物色谱峰位于被测组分色谱峰附近,或几个被测组分色谱峰中间,并与这些组分完全分离。

例 9-5 无水乙醇中的微量水的测定。

样品配制 准确量取被测无水乙醇 100 mL,称重为 79.37 g。用减重法加入无水甲醇约 0.25 g,精密称定为 0.257 2 g,混匀待用。

实验条件 柱:上试 401 有机担体(或 GDX-203),柱长 2 m。柱温:120℃,气化室温:160℃。检测器:热导池。载气:H_2,流速 40~50 mL/min。

测得数据 水:$h=4.60$ cm,$W_{1/2}=0.130$ cm;甲醇:$h=4.30$ cm,$W_{1/2}=0.187$ cm。

计算 (1) 重量百分含量(W/W)

① 用以峰面积表示的相对重量校正因子 $f_{H_2O}=0.55$,$f_{甲醇}=0.58$ 计算:

$$H_2O\% = \frac{1.065 \times 4.60 \times 0.130 \times 0.55}{1.065 \times 4.30 \times 0.187 \times 0.58} \times \frac{0.257\,2}{79.37} \times 100\% = 0.23\%(W/W)$$

② 用以峰高表示的重量校正因子 $f_{H_2O}=0.224$,$f_{甲醇}=0.340$ 计算:

$$H_2O\% = \frac{4.60 \times 0.224 \times 0.257\,2}{4.30 \times 0.340 \times 79.37} \times 100\% = 0.230\%(W/W)$$

(2) 体积百分含量(W/V)

$$H_2O\% = \frac{4.60 \times 0.224}{4.30 \times 0.340} \times \frac{0.257\,2}{100} \times 100\% = 0.180\%(W/V)$$

4. **内标标准曲线法** 配制一系列不同浓度的标准液,并加入相同量的内标,进样分析,测 A_i 和 A_s,以 A_i/A_s 对标准溶液浓度作图。求出斜率、截距后,计算样品的含量。样品液配制时也需加入与标准液相同量的内标。通常测定结果截距近似为零,因此可用内标对比法(已知浓度样品对照法)定量。

$$\frac{(A_i/A_s)_{样}}{(A_i/A_s)_{标}} = \frac{C_i\%_{样}}{C_i\%_{标}} \qquad C_i\%_{样} = \frac{(A_i/A_s)_{样}}{(A_i/A_s)_{标}} \times C_i\%_{标} \qquad (9-42)$$

根据上式即可求得样品的含量。

此法不必测出校正因子,消除了某些操作条件的影响,也不需严格准确体积进样,是一种简化的内标法。配制标准液相当于测定相对校正因子。

气相色谱法由于进样量小,通常至多几 μL,所以不易准确体积进样,在药物分析中,多用内标法定量。

三、二维气相色谱分析

多维气相色谱(multidimensional gas chromatography, MDGC)是用两根或更多的柱连接起来,以得到单柱不可能得到的分离分析结果。在实际应用时,多采用二维气相色谱,如填充柱—填充柱,填充柱—毛细管柱以及毛细管柱—毛细管柱等组合方式,来改善其分离效率和选择性。二维色谱是一种有效的分离复杂样品、痕量物质的定量定性的分析技术,也可以用来使用预处理柱来净化样品或者以在线或离线的形式将高效液相色谱仪放在前面,与毛细管气相色谱仪联用。二维气相色谱操作方法有以下几种:

(一) 反洗(backflushing)

反洗是在适当时间改变预柱的流向,这样可以除去样品中不需要的高沸点组分,并防止这些组分进入分析柱,污染分析柱和检测器。

(二) 溶剂排出(solvent flush)

从预柱中流出的溶剂排入废液中,而不进入分析柱和检测器,因这些溶剂如水、显色剂、极性溶剂或衍生试剂等可能不适宜进入分析柱和检测器,这方法特别适合用于分析柱是毛细管柱,以及如 ECD 那样的检测器。

(三) 中心切割(heart cutting)

中心切割是使预柱流出液的需定量那部分进入分析柱,中心切割的基本应用是:

1. **提高色谱的分离度** 预柱中未分离好的那段洗脱液进入具有更高柱效和更好选择性的第二根柱。

2. **痕量组分与主成分未完全分离** 使含有痕量组分的那段很窄的洗脱液进入第二根色谱柱。

3. **痕量组分的富集** 多次通过预柱分离,中心切割后的流出液进入冷阱,富集后再分析。

二维气相色谱设备包括 2 根柱,用切换阀使载气换向、停止或转移。图 9-20 是一种在线旋转阀切换二柱系统,按图上方式,样品进柱后,通过柱 A 和柱 B 两柱分析。当切换阀 5 与 6 连接改为 4 与 5 连接,此时从柱 A 中流出物可以不经过柱 B,若同时由 4 反吹载气,可以反洗 A 柱。

产生香味的挥发性样品是非常复杂的混合物,图 9-21 是葡萄香味萃取物二维气相色谱法示意图,第一根柱为 20 m 长的 OV-101 石英毛细管柱,用 FID 检测,经第一根柱分离,仍有一段分离不好的部分,即切换进入第二根柱分离,获得了非常好的分离效果。

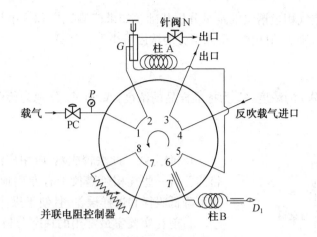

图 9-20 用在线旋转阀切换两串联柱

四、顶空分析法

顶空气相色谱法是一种间接分析液体、固体样品中挥发性组分的方法,此方法是将具有挥发性的样品置于密闭系统中保持恒定温度,使其上部(顶空)的气体与样品中的组分达到平衡,取上部的气体进行色谱分析,由测定的结果得知组分的定性结果,间接得到样品中挥发性组分的含量。顶空分析法实际上是将液体、固体样品进行预处理,避免样品基体对色谱柱的污染,还能提高检测灵敏度。顶空分析法不仅可用于分离分析液体(包括水样)、半固体(血、黏液、乳浊液等),还可用于固体样品中痕量易挥发组分,在药物分析、卫生检验和临床检验中具有广阔的应用前景。

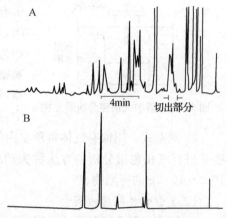

图 9-21 多维色谱中心切割示意图

A. 20mOV-101 石英毛细管柱,程序升温 70℃到 220℃,升温速率 8℃/min

B. 20mOV-101 和聚乙二醇-20M 石英毛细管柱,程序升温条件同 A,B 为从 A 图切出部分进入第二根极性柱

(一) 原理

顶空分析法的原理是基于 Raoult 定律。

将样品置于有一定顶端空间的密闭容器中,在一定温度和压力下,待测挥发性组分将在气—液(或气—固)两相中达到动态平衡,当待测组分在气相中的浓度相对恒定时,其蒸气压可由拉乌尔定律表示:

$$p_i = \gamma_i X_i p_i^0$$

式中,p_i 为组分 i 在气相中的蒸气压,p_i^0 为纯组分 i 的饱和蒸气压,X_i 为组分 i 在该溶液中的物质的量,γ_i 为组分 i 的活度系数。

在顶空色谱中是用与样品呈热力学平衡的气相进行色谱分析,测得气相中 i 组分的峰面积 A_i 与该组分的蒸气压成正比:

$$A_i = k_i p_i = k_i \gamma_i X_i p_i^0 = K X_i$$

式中,k_i 为组分 i 对检测器特性的校正系数,在测定条件稳定时,通常为常数。当温度和其他实验参数固定,试液中待测组分浓度很低时,γ_i、p_i^0 均为常数,可与 k_i 合并为常数 K,当用组分 i 的浓度 C_i 代替式中物质的量 X_i 时,则有:

$$A_i = K C_i \tag{9-43}$$

式(9-43)即为顶空气相色谱法的定量分析基础。如果待测试样和标准样品在相同的操作条件下进行顶空分析,则 K 值相同,待测组分的浓度可由下式计算:

$$C_i = \frac{A_i}{A_s} \cdot C_s \tag{9-44}$$

式中,C_i 为待测组分 i 的浓度,C_s 为标准样品的浓度,A_i 和 A_s 分别为待测组分和标准样品的峰面积。

(二)装置

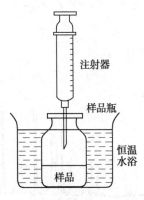

图 9-22 静态式顶空分析装置图

1. **静态式** 此法较成熟,应用广泛,但是灵敏度较低。目前已有一些气相色谱仪带有专用顶空分析装置,专用装置可降低吸样和进样误差,且便于操作自动化。

目前在实验室最常用的顶空分析简易装置如图 9-22 所示。恒温系统可用水浴、甘油浴或金属块加热。常通用带有硅橡胶垫片塞子的玻璃瓶作为样品瓶,瓶塞要求密闭,瓶内气密性好,不与待测组分的蒸气发生反应,瓶体积为十至数十毫升。将样品(液体或固体)置于瓶中,加塞密闭,放在恒温水浴内,达平衡后,用气密性好的注射器,从样品瓶中取出一定量的顶空蒸气,迅速注入色谱仪中,进行色谱分析。

2. **动态式** 用稀有气体将顶空内的组分吹到富集系统(如冷阱或吸附管),然后将组分解吸并进行气相色谱分析的方法称为动态顶空色谱法。该法操作较复杂,但灵敏度高,可检出 $10^{-9} \sim 10^{-6}$ g 的待测物。

(三)影响灵敏度的因素

1. **温度** 是主要的影响因素,提高温度将使待测组分的蒸气压 p_i 增高,有利于提高灵敏度。但是温度过高,待测组分与相邻色谱峰的分离度可能变差,而且密封垫中的杂质可能逸出,容器的气密性也会相对降低。升温达到一定值后,气相中痕量组分的浓度不会再增大。

2. **溶剂** 在试样能充分溶解的前提下,宜采用沸点较高、蒸气压较低的溶剂,使组分在溶液中相对挥发度增大,顶空气体中溶剂的浓度较小,则有利于痕量组分的测定。

3. **加入电解质及非电解质** 在水溶液中加入电解质如盐类可降低被测组分的溶解度(盐效应),增加它在气相中的浓度。

第八节　应用与示例

气相色谱法在药物分析中的应用很广泛,包括药物的含量测定、杂质检查及有机溶剂的残留量、中药成分研究、制剂分析、治疗药物监测和药物代谢研究等,下面列举数例。

一、药物制剂中含醇量测定(中国药典 2005 年版二部)

1. **色谱条件** 用直径为 0.25~0.18mm 的高分子多孔微球作为固定相,柱温 120~150℃,正丙醇内标。

2. **系统适用性试验** 精密量取无水乙醇 4、5、6 mL,分别精密加入正丙醇 5 mL,加水稀释成 100 mL,混匀(必要时可进一步稀释),进样测定,应符合下列要求:

（1）用正丙醇计算的理论塔板数应大于 700。

（2）乙醇和正丙醇两峰的分离度应大于 2。

（3）上述 3 份溶液各进样 5 次，所得 15 个校正因子的相对标准偏差不得大于 2.0%。

系统适用性试验即用规定的对照品对仪器进行试验和调整，应达到规定的要求，此时说明仪器及操作条件及技能符合要求，方可进行测定。否则需进一步调整，如色谱柱长度、装填情况、载气流速、进样量、检测器的灵敏度等，均可适当改变，以适应具体条件和达到系统适用性试验的要求。

3. 标准溶液的制备　精密量取恒温至 20℃的无水乙醇和正丙醇各 5 mL，加水稀释成 100 mL，混匀，即得。

4. 供试溶液的制备　精密量取恒温至 20℃的供试品适量（相当于乙醇约 5 mL）和正丙醇 5 mL，加水稀释成 100 mL，混匀，即得。

上述两溶液必要时可进一步稀释，进样后按内标法依峰面积计算供试品的乙醇含量。

二、化学药品的含量测定

例 9-6　维生素 E 含量测定（中国药典 2005 年版二部）

色谱条件与系统适用性试验：以硅酮（OV-17）为固定液，涂布浓度为 2%，柱温为 265℃。理论塔板数按维生素 E 峰计算应不低于 500（填充柱）或 5 000（毛细管柱），维生素 E 峰与内标物质峰的分离度应符合要求。

（1）校正因子测定：取正三十二烷适量，加正己烷溶解并稀释成每 1 mL 中含 1.0 mg 的溶液，摇匀，作为内标溶液。另取维生素 E 对照品约 20 mg，精密称定，置棕色具塞锥形瓶中，精密加入内标溶液 10 mL，密塞，振摇使溶解，取 1~3 μL 注入气相色谱仪，测定，计算，即得。

（2）测定法：取本品约 20 mg，精密称定，置棕色具塞瓶中，精密加内标溶液 10 mL，密塞，振摇使溶解；取 1~3 μL 注入气相色谱仪。

（3）维生素 E 片、注射液、胶丸及粉剂均用上述气相色谱法定量。

中国药典 2005 年版二部中气相色谱法除了用于药品含量测定外，还可用于有关物质测定，如克罗米通顺式异构体的测定，采用 PEG-20M 为固定液，涂布厚度为 0.25 μm，30 m 长，柱温 180℃，含顺式异构体不得超过顺、反式异构体之和的 15%。

三、中药中挥发性成分的含量测定

中国药典 2005 年版一部中，气相色谱也用于中药材中有效成分的含量测定，如桉油中桉油精、麝香中麝香酮、丁香中丁香酚、肉桂油中桂皮醛等测定。详见表 9-5。

表 9-5　气相色谱法测定中药材中有效成分含量

中药材	被测成分（限度）/%	固定液/%	柱温/℃
桉油	桉油精不小于 70.0	PEG-20M 10 和 OV-17 2	110±5
斑蝥	斑蝥不小于 0.35	SE-30　3.5	175±10
麝香	麝香酮不小于 2.0	OV-17　2	200±10
丁香	丁香酚不小于 11.0	PEG-20M 10	190
肉桂油	桂皮醛不小于 75.0	PEG-20M 10	190

四、药品中有机溶剂残留量测定

药物中有机溶剂残留量测定在药典中可用不同的方法表述：一为有机溶剂残留量限度列

在质量标准品种项下,如秋水仙碱中的氯仿和醋酸乙酯;二为药典中列出一个应限制残留溶剂的总表。表9-6列出了中国药典(2005年版)、美国药典(30版)、欧洲药典的有机溶剂残留量限度范围。

表9-6 常见的残留溶剂及限度(1×10^{-6})

有机溶剂	苯	氯仿	二氧六环	二氯甲烷	吡啶	甲苯	环氧乙烷	三氯乙烯	乙腈
中国药典	2	60	380	600	200	890	10		410
美国药典	2	60	380	600	200	890		80	410
欧洲药典	100	50	100	500	100			100	50

残留溶剂测定法(中国药典2005年版二部)

本法用以检查药物在生产过程中引入的有害有机溶剂残留量,包括苯、氯仿、1,4-二氧六环、二氯甲烷、吡啶、甲苯及环氧乙烷。如生产过程中涉及其他需要检查的有害有机溶剂,则应在各品种项下另作规定。

色谱条件与系统适用性试验

以直径为0.25~0.18 mm的二乙烯苯—乙基乙烯苯型高分子多孔小球作固定相,柱温为80~170℃;并符合下列要求:

1. 用待测物的色谱峰计算的理论板数应大于1 000(填充柱)或5 000(毛细管柱)。
2. 以内标法测定时,内标物与待测物的两个色谱峰的分离度应大于1.5。
3. 以内标法测定时,每个标准溶液进样5次,所得待测物与内标物峰面积之比的相对标准偏差不大于5%;若以外标法测定,所得待测物峰面积的相对标准偏差不大于10%。

五、中药、蔬菜、瓜果、食品中的农药残留量

农药在中药、蔬菜、瓜果、食品等中的残留,对人体的危害越来越受到人们的重视,图9-23是黄瓜中13种农药残留量的测定。

六、临床检验

临床检验主要是检查尿中的甾族、有机酸、氨基酸、甘油三酯、维生素以及糖类等,此外还有血中有机酸和胆汁酸等。图9-24是尿中有机酸的气相色谱图分析结果,样品经硅烷化反应后,生成三甲基硅烷衍生物,用程序升温分析了尿中几十种有机酸。从正常尿和病理尿的有机酸的区别,有助于疾病的诊断,如尿中的尿酸超过一定量,沉积在关节中,会患痛风病;尿中草酸浓度的测定有助于临床诊断肾结石,用草酸脱羧酶使尿中草酸盐脱羧产生CO_2,然后用顶空色谱分析,可以测定尿中50 μmol/L草酸盐。此外顶空色谱法还可用于血液中三氯甲烷、乙醇等浓度的测定。

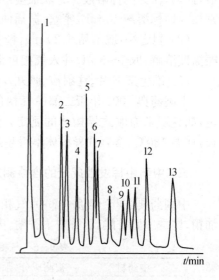

图9-23 黄瓜中农药

色谱柱:1.5% DCQF-1,Chromosorb W AW DMCS(60~80目),2.6 m×3.2 mm;

柱 温:190℃(8 min)→215℃(13 min),30℃/min;

色谱峰:1. 敌敌畏;2. 3911;3. 二嗪农;4. 乙嘧硫磷;5. 巴胺磷;6. 甲嘧硫磷;7. 异稻瘟净;8. 乐果;9. 喹硫磷;10. 甲基对硫磷;11. 杀螟松;12. 对硫磷;13. 乙硫磷

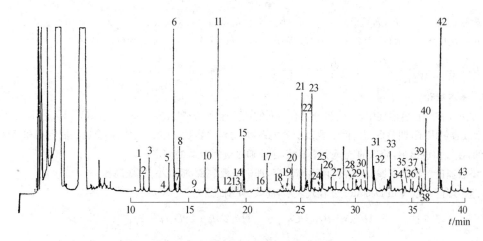

图 9-24 尿中有机酸(TMS 衍生物)

色谱柱:苯基(5%)甲基硅氧烷,25 m×0.31 mm;柱 温:50℃→300℃,5℃/min;
色谱峰:1. 酚;2. 乳酸;3. 乙醇酸;4. 二羟基乙酸;5. 草酸;6. 对甲苯酚;7. 丙酮酸;8. 硫酸;9. 3-羟基异戊酸;10. 苯甲酸;11. 磷酸;12. 丁二酸;13. 甘油酸;14. 4-脱氧季酮(赤型)酸;15. 4-脱氧季酮(苏型)酸;16. 3-脱氧季酮酸;17. 11-脱氧季酮酸;18. 哌可酸;19. 己二酸;20. 焦谷氨酸;21. 赤酮酸;22. 苏氨酸;23. 托品酸(内标物);24. 4-羟基苯甲酸;25. 11-氧代戊二酸;26. 4-羟基苯乙酸;27. 11-脱氧核糖核酸;28. 乌头酸;29. 4-羟基-3-甲氧基苯甲酸;30. 阿拉伯酸;31. 马尿酸;32. 柠檬酸;33. 葡糖酸-1,5-内酯;34. 4-吡哆酸;35. 吲哚-3-乙酸;36. 葡糖酸;37. 半乳糖酸;38. 十六烷酸;39. 葡糖醛酸;40. 葡糖二酸;41. 半乳糖二酸;42. 尿酸;43. 4-羟基马尿酸

学习指导

一、要求

本章重点掌握色谱法的基本术语和基本公式,熟练掌握理论塔板数、塔板高度及分离度的求算。定量方法掌握归一化法及内标法的计算。

理解色谱法基本理论,范氏方程及范氏曲线,影响板高的因素,最佳线速度和最佳实用线速度。分离条件的选择,影响分离度的因素。固定液的选择及其组分流出顺序。检测器的性能指标,氢焰和热导检测器的优缺点和原理。定性、定量分析方法。

了解气相色谱仪的一般构造,填充柱气相色谱仪与毛细管柱气相色谱仪的区别,二维气相色谱与顶空分析法,样品预处理方法。

二、小结

(一) 基本术语和公式

本章通过气相色谱法的学习,加深了对色谱法的基本术语和基本公式的理解,并能熟练掌握与灵活运用。

基本术语和计算公式:

保留值 $t_R, t'_R, t_M, V_R, V'_R, V_M$

1. 色谱峰区域宽度 $W, W_{1/2}, \sigma, W=4\sigma, W_{1/2}=2.355\sigma$

2. h, A, k, α, R, n, H

3. $t_R = t'_R + t_M, t_R = t_M(1+KV_s/V_m), V_R = t_R F_c$

4. $k=t'_R/t_M$ $\quad k=KV_s/V_m$ $\quad \alpha=K_2/K_1=k_2/k_1=t'_{R_2}/t'_{R_1}$ $(t_{R_2}>t_{R_1})$

5. $n=(t_R/\sigma)^2=5.54(t_R/W_{1/2})^2=16(t_R/W)^2$ $\quad H=L/n$ $\quad n_{有效}=(t_R'/\sigma)^2$

6. $R=\dfrac{t_{R_2}-t_{R_1}}{(W_1+W_2)/2}$ $\quad R=\dfrac{\sqrt{n}}{4}\dfrac{\alpha-1}{\alpha}\dfrac{k_2}{1+k_2}$ $\quad R_1^2/R_2^2=L_1/L_2$

(二) 基本理论

1. 差速迁移 在色谱柱中,不同组分要有不同的迁移速度[根据公式 $t_R=t_M(1+KV_s/V_m)$],应有不同的分配系数或容量因子,调整保留时间。要改变分配系数,分配系数比,主要通过选择合适的固定相和流动相来达到目的,在气相色谱中,载气的选择余地不大,主要通过选择合适的固定相。

2. 塔板理论 重点掌握 n、H 的计算,峰形窄,理论塔板数高,板高小,柱效高。

3. 速率理论 以 Van Deemter 方程式表示,简式、详细式为

填充柱 $\quad H=A+B/u+Cu \quad\quad H=2\lambda d_p+2\gamma D_g/u+\dfrac{2k}{3(1+k)^2}\dfrac{d_f^2}{D_l}u$

开管柱 $\quad H=B/u+C_g u+C_l u \quad H=\dfrac{2D_g}{u}+\dfrac{r^2(1+6k+11k^2)}{24D_g(1+k)^2}u+\dfrac{2kd_f^2}{3(1+k)^2 D_l}u$

重点了解简式各项和各符号的含义,熟悉填充柱详细式的各符号的含义,从而理解分离条件的选择,即填充均匀度、填料的平均颗粒直径、液膜厚度、载气的性质及流速、柱温等对柱效及分离的影响。

从范氏曲线理解最小板高和最佳线速度的含义,为了减少分析时间,常用最佳实用线速度,其数值大于最佳线速度。

(三) 气相色谱仪

仪器主要部件有载气钢瓶、气化室、色谱柱、检测器及记录仪。

色谱柱分填充柱及毛细管柱两类,填充柱又分气—固色谱柱及气—液色谱柱。本章主要讨论气—液色谱柱。气—液色谱柱由固定液和载体组成,固定液按极性分类可分成非极性、中等极性、极性以及氢键型固定液。固定液的选择按相似性原则,具体归纳如下表。

分离对象	固定液	作用力	组分流出顺序
非极性物质	非极性固定液 如 SE-30 沙鱼烷	色散力	沸点低的组分先流出色谱柱 沸点相同,极性大的组分先流出柱
中等极性物质	中等极性固定液 如 OV-17 DNP	诱导力	沸点低的组分先流出色谱柱 沸点相同,极性小的组分先流出色谱柱
极性物质	极性固定液 如 β,β'-氧二丙腈	静电力	极性小的组分先流出柱
能形成氢键的物质	氢键型固定液 如 PEG-20M	氢键	难形成氢键的组分先流出柱

载体可有红色载体和白色载体之分,白色载体比表面积小,为红色载体的 1/4,红色载体常用于涂渍非极性固定液,白色载体用于涂渍极性固定液。载体钝化的方法有 3 种:酸洗、碱洗及硅烷化。高分子多孔微球是常用的气固色谱用固定相,它的特点是按相对分子质量顺序出峰。

检测器分浓度型及质量型两类:浓度型检测器它的响应信号与载气中组分的浓度成正比。质量型检测器的响应信号与单位时间内进入检测器的质量成正比。氢焰检测器是质量型检测器,具有灵敏度高、检测限小、死体积小等优点,是一种性能非常优良的检测器,常用于检测含碳的有机化合物。操作时,需使用 3 种气体:载气常选用氮气,氢气为燃气,空气为助燃气。热导检测器是浓度型检测器,组分与载气的热导率有差别即能检测。载气选用 H_2、He,灵敏度高。电子捕获检测器也是一种浓度型检测器,检测含有电负性强的元素的物质,具有高选择性和高灵敏度。为保护检测器和色谱柱,开气相色谱仪时,必须先开载气,后开电源,加热。关机时,最后关载气。一个好的检测器,应灵敏度 S 大,检测限($D=2N/S$)小,线性范围宽,死体积小,响应快。

柱温的选择原则为:在使最难分离的组分有尽可能好的分离度的前提下,要尽可能采用较低的柱温,但以保留时间适宜及不拖尾为度。对宽沸程样品,采用程序升温方式,用保留温度来定性。

(四) 定性与定量

定性方法基本上与液相色谱相似，有已知物对照法，相对保留值，保留指数，利用化学方法配合，两谱联用定性。

对称因子用于衡量色谱峰的峰形，也可用于评价色谱柱性能。

定量方法常用归一化法和内标法，在没有校正因子情况下，使用外标一点法和内标对比法。

相对重量校正因子：
$$f_g = \frac{f'_i(W)}{f'_s(W)} = \frac{A_s m_i}{A_i m_s}$$

归一化法：
$$C_i\% = \frac{A_i f_i}{A_1 f_1 + A_2 f_2 + A_3 f_3 + \cdots + A_n f_n} \times 100\%$$

外标一点法：
$$m_i = \frac{A_i}{(A_i)_s}(m_i)_s$$

内标法：
$$c_i\% = \frac{A_i f_i W_s}{A_s f_s W} \times 100\%$$

内标对比法：
$$c_i\%_{样} = \frac{(A_i/A_s)_{样}}{(A_i/A_s)_{标}} \times c_i\%_{标}$$

(五) 毛细管气相色谱法

毛细管柱比填充柱具有更高的分离效能，应用范围广。目前多使用开管型毛细管柱，内径常用 $0.2 \sim 0.3$ mm，长可达几十米。按内壁状态可分 WCOT 柱、PLOT 柱、SCOT 柱等类型，质材常用石英毛细管柱 (FSOT 柱)。

毛细管柱气相色谱系统与填充柱相比，为了减少死体积，主要不同在于有分流进样和柱后尾吹装置。

思考题

1. 名词解释

    噪音　检测限　死体积　分离度　程序升温　保留温度　分流进样　相对重量校正因子

2. 说出下列缩写的中文名称

    TCD　FID　ECD　FPD　WCOT 柱　PLOT 柱　SCOT 柱　FSOT 柱

3. 简述速率理论，并说明范氏方程中的 3 项的名称和含义。
4. 某色谱柱理论塔板数很大，能否说明任何两种难分离的组分一定能在该柱上分离，为什么？
5. 气相色谱仪主要包括哪几部分？简述各部分的作用。
6. 在气相色谱中，如何选择固定液？
7. 说明氢焰、热导以及电子捕获检测器各属于哪种类型的检测器，它们的优缺点以及应用范围有哪些？
8. 在气相色谱分析中，载气流速与柱温应如何选择？
9. 气相色谱定量分析的依据是什么？为什么要引入定量校正因子？常用的定量方法有哪几种？各在何种情况下应用？
10. 毛细管柱气相色谱有什么特点？毛细管柱为什么比填充柱有更高的柱效？

习　题

一、填空题

1. 在色谱法中 GC 的 Van Deemter 表达式是_____，式中第一项称为_____项，第二项称为_____项，第三项称为_____项。

2. 气相色谱中，_____的选择是实验条件选择的关键，其选择原则是_____。

3. 用 GC 分离组分 A 和 B，A 的保留时间为 6.4 min，B 的保留时间为 14.4 min，空气的保留时间为 4.2 min，A 的容量因子为_____，B 的容量因子为_____。

4. 气相色谱检测器分_____型和_____型两大类,对于 TCD 检测器,如用峰面积定量时,必须保持_____。

5. 氢焰离子化检测器是气相色谱中最常用的_____型检测器,常用_____作为载气,_____为燃气,_____为助燃气。

6. 气相色谱法中采用归一化法定量,在一个分析周期内,样品中各组分必须_____,而且_____。样品若不符合上述条件,则可采用内标法,内标法的计算公式为_____。

二、选择题

1. 保持其他色谱条件不变,只将色谱柱长度增加一倍,则下列色谱参数保持不变的是( )。
   A. 被分离组分的 t_R B. 色谱柱的理论塔板数 n
   C. 色谱柱的理论塔板高度 H D. 死时间 t_0

2. 在气-液色谱中,下列( )对两个组分的分离度无影响。
   A. 增加柱长   B. 改变柱温
   C. 改变固定液化学性质   D. 增加检测器灵敏度

3. 用 GC 分离沸点相近的苯、环己烯、环己烷的混合物,用邻苯二甲酸二壬酯为固定液,则( )组分先流出。
   A. 环己烯   B. 苯   C. 环己烷   D. 难以确定

4. 在气相色谱中,描述组分在固定相中停留时间长短的保留参数是( )。
   A. 保留时间   B. 调整保留时间
   C. 死时间   D. 相对保留值

5. 根据 Van Deemter 方程式,在高流速情况下,影响柱效的因素主要是( )。
   A. 传质阻抗   B. 纵向扩散   C. 涡流扩散   D. 弯曲因子

6. 根据 Van Deermter 方程式:$H=A+B/u+Cu$,下列说法正确的是( )。
   A. H 越大,则柱效越高,色谱峰越窄,对分离有利
   B. 固定相颗粒填充越均匀,柱效越高
   C. 载气线速越高,柱效越高
   D. 溶质在载气中的扩散系数越大,柱效越高

7. 分析宽沸程多组分混合物,多采用( )。
   A. 气相色谱   B. 气固色谱
   C. 毛细管气相色谱 D. 程序升温气相色谱

8. 在气相色谱分析中,若气化室温度过低,样品不能迅速气化,则造成峰形( )。
   A. 变窄   B. 变宽   C. 无影响   D. 不能确定

9. 若在一根 2 m 长的色谱柱上测得两组分的分离度为 1.0,要使它们达到基线分离,柱长至少应为( )m。
   A. 6   B. 8   C. 4.5   D. 2.5

10. 气相色谱定量分析方法中,( )与进样量有关。
    A. 内标法   B. 内标对比法   C. 归一化法   D. 外标标准曲线法

三、计算题

1. 当色谱峰的半峰宽为 2 mm,保留时间为 4.5 min,死时间为 1 min,色谱柱长为 2 m,记录仪纸速为 2 cm/min,计算色谱柱的理论塔板数、塔板高度以及有效理论塔板数、有效塔板高度。

2. 在某色谱分析中得到如下数据:保留时间 $t_R=5.0$ min,死时间 $t_M=1.0$ min,固定液体积 $V_s=2.0$ mL,柱出口载气流速 $F=50$ mL/min。计算:(1) 容量因子;(2) 死体积;(3) 分配系数;(4) 保留体积。

3. 用一根 2 m 长色谱柱将两种药物 A 和 B 分离,实验结果如下:空气保留时间 30 s,A 与 B 的保留时间分别为 230 s 和 250 s,B 峰峰宽为 25 s。求该色谱柱的理论塔板数和两峰的分离度。若将两峰完全分离,柱长至少为多少?

4. 用一色谱柱分离 A、B 两组分,此柱的理论塔板数为 4 200,测得 A、B 的保留时间分别为 15.05 min 及 14.82 min。(1) 求分离度;(2) 若分离度为 1.0 时,理论塔板数为多少?

5. 在一根 2 m 色谱柱上,用 He 为载气,在 3 种流速下测得结果如下:

甲烷 t_R/s	正十八烷 t_R/s	正十八烷 W/s
18.2	2020	223
8.0	888	99.0
5.0	558	68.0

求:(1) 3 种流速下的线速度 u_1,u_2 及 u_3;(2) 3 种不同线速度下的 n 及 H;(3) 计算 Van Deemter 方程中 A、B、C 3 个常数。

6. 当出现下列 3 种情况时,Van Deemter 曲线是什么形状:
(1) $B/u=Cu=0$;(2) $A=Cu=0$;(3) $A=B/u=0$。

7. 在一气相色谱柱的 Van Deemter 方程中 A、B、C 值各为 0.15 cm,0.36 cm$^2 \cdot $s^{-1},$4.3 \times 10^{-2}$ s。试计算最小塔板高度及最佳流速。

8. 在 2 m 长的某色谱柱上,分析苯与甲苯的混合物,测得死时间为 0.20 min,甲苯的保留时间为 2.10 min 及半峰宽为 0.285 cm,记录纸速为 2 cm/min。已知苯比甲苯先流出色谱柱,且苯与甲苯的分离度为 1.0。求(1) 甲苯与苯的分配系数比;(2) 苯的容量因子与保留时间;(3) 达到分离度为 6σ 时,柱长至少为多长?

9. 有一含有 4 种组分的样品,用气相色谱法 FID 检测器归一化法测定含量,实验步骤如下:(1) 测相对重量校正因子,准确配制苯(内标)与组分 A,B,C 及 D 的纯品混合溶液,它们的重量分别为 0.435、0.653、0.864、0.864 及 1.760 g。吸取混合溶液 0.2 μL,进样 3 次,测得平均峰面积分别为 4.00、6.50、7.60、8.10 及 15.0。(2) 取样 0.5 μL,进样 3 次,测得平均峰面积分别为 3.50、4.50、4.00 及 2.00。求各种组分的相对重量校正因子,以及各组分的重量百分数。

10. 用气相色谱法测定正丙醇中的微量水分,精密称取正丙醇 50.00 g 及无水甲醇(内标物)0.400 0 g,混合均匀,进样 5 μL,在 401 有机担体柱上进行测量,测得水:$h=5.00$ cm,$W_{0.5}=0.15$ cm,甲醇 $h=4.00$ cm,$W_{0.5}=0.10$ cm,求正丙醇中微量水的重量百分含量。

11. 有下列两组样品,请分别选择气液色谱所需的固定液,并说明组分的流出顺序。
(1) 3 种胺类混合物:一甲胺、二甲胺和三甲胺。
(2) 苯(沸点为 80.1℃)与环己烷的混合物。

12. 根据分离度及有效理论塔板数等基本公式(假设 $W_1=W_2$),请推导下式:

(1) $R = \dfrac{\sqrt{n}}{4} \dfrac{\alpha-1}{\alpha} \dfrac{k_2}{1+k_2}$

(2) $R = \dfrac{\sqrt{n_{\text{有效}}}}{4} \dfrac{\alpha-1}{\alpha}$

(3) $n_{\text{eff}} = n[k/(1+k)]^2$

13. 用气相色谱法分离某二元混合物时,当分别改变下列操作条件之一时,推测一下对 t_R、H、R 的影响(忽略检测器、气化室、连接管道等柱外死体积)。(a) 流速加倍;(b) 柱长加倍;(c) 固定液液膜厚度加倍;(d) 色谱柱柱温增加。

(倪坤仪　肖　莹)

第十章 高效液相色谱法

第一节 概 述

高效液相色谱法(high performance liquid chromatography,HPLC)是20世纪60年代末期在经典液相色谱法的基础上发展起来的一种新型分离分析技术。经典液相色谱法由于使用粗颗粒的固定相,填充不均匀,依靠重力使流动相流动,因此分析速度慢,分离效率低。除了用于某些制备及分离外,已远不能适应现代分离分析的需要。20世纪60年代,Giddings等人将气相色谱实践中发展起来的色谱理论用于液相色谱领域,为经典液相色谱的现代化奠定了理论基础。1967年,Horvath等人试制了第一台高效液相色谱仪。随后,在技术上采用了新型填料、高压泵和高灵敏度的检测器,实现了分析速度快、分离效率高和操作自动化,高效液相色谱法迅速发展起来。高效液相色谱法与一般液相色谱相似,包括液-固吸附色谱法、液-液分配色谱法、离子交换色谱法以及分子排阻色谱法。液-液色谱法在高效液相色谱中,又发展成为化学键合相色谱,在化学键合相色谱中,特别反相色谱,已成为在药物分析或其他分析领域中应用最广泛的一种色谱分析方法。

气相色谱法虽然也具有分析速度快、分离效率高、用样量少等优点,但它要求样品能够气化,从而常受到样品的挥发性限制。在约300万个有机化合物中,可以直接用气相色谱法分析的仅占20%。对于挥发性差或热不稳定的化合物,虽然可以采取裂解、酯化、硅烷化等预处理方法,但毕竟增加了操作上的麻烦,且常改变了样品原来的面目,还不易复原。

高效液相色谱法分析对象广,它只要求样品能制成溶液,而不需要气化,因此不受样品挥发性的约束。对于挥发性低、热稳定性差、相对分子质量大的高分子化合物以及离子型化合物尤为有利。如氨基酸、蛋白质、生物碱、核酸、甾体、类脂、维生素、抗生素等。相对分子质量较大、沸点较高的有机物以及无机盐类,都可用高效液相色谱法进行分析。

高效液相色谱仪装置示意图如图10-1所示。

高效液相色谱法具有以下几个突出的优点:

(1) 高效:在高效液相色谱中,由于采用直径小至3 μm、5 μm的高效填料,理论塔板数可达几万/m,甚至更高。

(2) 高速:由于采用高压泵输液,流动相的流速可控制在1~10 mL/min,比经典液相色谱法快得多。

(3) 高灵敏度:高效液相色谱已广泛采用高灵敏度检测器,如紫外检测器的最小检测量可达纳克数量级(10^{-9} g)。

(4) 适用范围广:只要求样品能制成溶液,不需气化。

(5) 流动相选择范围宽:气相色谱中载气选择余地小,选择性取决于固定相,在液相色谱中,液体可变范围很大,可以是有机溶剂,也可以是水溶液,在极性、pH、浓

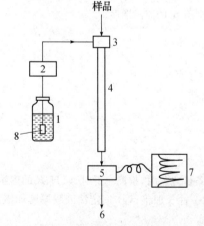

图10-1 高效液相色谱仪示意图
1.流动相贮瓶 2.输液泵 3.进样器
4.色谱柱 5.检测器
6.废液出口或至分级收集器
7.记录装置 8.过滤器

度等方面都可变化。

高效液相色谱法由于具有上述优点，近年来发展特别迅速，美国药典第 19 版(1975 年)首次收载高效液相色谱法，到第 22 版(1990 年)，高效液相色谱法作为含量测定方法已达 871 个品种，已超过容量法及其他仪器分析方法，成为美国药典中使用频率最高的一种分析方法，至 23 版(1995 年)，HPLC 应用频率仍在上升，除含量测定已达近 1 200 个品种以外，鉴别达 519 种，杂质检查达 206 种。24 版(2000 年)美国药典，含量测定品种已达 1 386 个品种。27 版(2004 年)HPLC 法在美国药典 USP 中的应用品种数已达 1 756 种。中国药典是 1985 年第 1 次收载 HPLC，至 2005 年版，已从第 1 次收载 8 个品种上升至含量测定的药品有 1 180 个品种。高效液相色谱法不仅可用于药品分析、药物制剂分析，还可用于药代动力学、药物体内代谢分析、生化分析、中草药有效成分分析以及临床检验等各种研究领域中。

第二节 基本原理

高效液相色谱法的分离原理与经典液相色谱法一致，流程、柱效又与气相色谱法类似，气相色谱法已介绍过的基本概念、保留值与分配系数的关系、塔板理论与速率理论等都可用于高效液相色谱法，所不同的是流动相。GC 的流动相是气体，HPLC 的流动相是液体，气体和液体在黏度、扩散系数、密度等方面存在明显差别。因此，高效液相色谱法与气相色谱法在某些公式和参数上有一定的差别，下面根据高效液相色谱法的特点进行色谱理论讨论。

一、色谱峰展宽

色谱峰展宽是指由于柱内外各种因素引起的色谱峰变宽或变形，从而造成柱效降低。由于液相色谱流动相是液体，扩散系数小，黏度大，传质速度慢。同时高效液相色谱柱尺寸比起气相色谱柱尺寸要小得多，柱外死体积影响变得特别重要，因此在高效液相色谱法中要特别重视谱峰展宽问题。

影响色谱峰展宽的一些独立因素可用方差 σ^2 按下列关系式相加：

$$\sigma_{总}^2 = \sigma_{柱}^2 + \sigma_{检}^2 + \sigma_{管}^2 + \sigma_{进}^2 + \sigma_{其他}^2 \tag{10-1}$$

式中，$\sigma_{总}^2$ 是所观察到的方差，$\sigma_{柱}^2$ 是柱方差，而 $\sigma_{检}^2$、$\sigma_{管}^2$、$\sigma_{进}^2$ 和 $\sigma_{其他}^2$ 则分别是在检测器、连接管道和进样等产生的方差。当系统内的柱外效应不大时，则：

$$\sigma_{总}^2 = \sigma_{柱}^2$$

柱外效应使 $\sigma_{总}^2$ 大于 $\sigma_{柱}^2$，它使色谱分离度不能达到柱子固有的能力，所以应当尽量减少柱外效应。由于 σ 的大小是柱效高低的反应，因此理论塔板高度可定义为每单位柱长(L)的方差。

$$H = \sigma^2/L \tag{10-2}$$

$$\sigma = \sqrt{HL} \qquad W = 4\sqrt{HL} \tag{10-3}$$

峰宽为 4σ，所以峰宽为 $4\sqrt{HL}$，因而短柱和高柱效的柱子使色谱峰展宽变小。

(一) 柱内谱峰展宽

谱带通过色谱柱时，由于扩散作用，会展宽或扩展。由于液相色谱和气相色谱所用的流动相在性质上有很大的差别。假如，在液体里的扩散系数比在气体里的约小 10^4 倍。液体流动相的黏度要比气体的黏度大 100 倍左右(表 10-1)。另外，在气相色谱法里流动相和样品分子之间的相互作用可以忽略不计，而在液相色谱法里它们却起着很重要的作用。液相色谱法在理论上的分析要比气相色谱法简单,这是因为液体流动相在使用的压力范围内是不可压缩的。柱内谱带展宽仍通过上章已叙述的 Van Deemter 方程式来讨论。

表 10-1 气体和液体的重要参数

	气 体	液 体
扩散系数 $D/(cm^2 \cdot s^{-1})$	10^{-1}	10^{-5}
密 度 $\rho/(g \cdot cm^{-3})$	10^{-3}	1
黏 度 $\eta/(Pa \cdot s)$	10^{-4}	10^{-2}

$$H = H_E + H_L + H_R \tag{10-4}$$

1. 涡流扩散项 H_E

$$H_E = 2\lambda d_p \tag{10-5}$$

式中,H_E 为涡流扩散引起的板高,λ 为填充不规则因子,其值在 1~2 之间,是常数。

2. 纵向扩散项 H_L

$$H_L = 2\gamma D_m/u \tag{10-6}$$

H_L 是由在流动相中分子扩散而引起的板高,其值与扩散系数和样品在柱内消耗的时间成正比。弯曲因子 γ 是一无量纲的常数,它并非完全与流动相线速度无关。在低线速度时,弯曲因子是由柱中填充紧的部分和松的部分平均作用所决定的,而在高线速度时,它主要是由填充松的部分所决定。在填充柱中,弯曲因子的典型值在 0.6~0.8 之间,在开管柱中,为 1.0。

在气体里的扩散系数比在液体里的扩散系数要大 10^4 倍,因此在液相色谱里,流速大于 0.5 cm/s 时,它对谱带展宽的影响常可以忽略不计。

3. 传质阻力项 H_R 在流动相和固定相中质量转移不是瞬间能达到的,其传质阻力包括固定相传质阻力(H_s),流动流动相传质阻力(H_m)和滞留流动相传质阻力(H_{sm})3 项。

$$H_R = H_s + H_m + H_{sm} \tag{10-7}$$

(1) 固定相传质阻力 H_s:主要发生在分配色谱中,与气液色谱法中液相传质项类似。

$$H_s = \frac{C_s d_f^2}{D_s} u$$

式中,d_f 为固定液涂层厚度;D_s 为组分在固定液中的扩散系数;C_s 为与容量因子 k 有关的常数。由上式可见,较薄的固定液涂层时 H_s 较小。对化学键合固定相,"固定液"只是在载体表面的一层单分子层,因此 H_s 极小。在用有机聚合物填料时这一项影响很大。

(2) 流动流动相传质阻力 H_m:它是由同一流路中靠近固定相表面处流速较慢而流路中心流速较快而造成的,见图 10-2(1)。

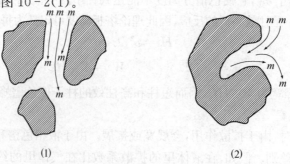

图 10-2 流动相的传质阻力示意图
(1) 流动流动相传质阻力;(2) 滞留流动相传质阻力

$$H_m = \frac{C_m d_p^2}{D_m} u$$

式中,d_p为填料颗粒平均直径;D_m为组分在流动相中的扩散系数;C_m为与容量因子有关的常数。显然,填料颗粒越小,即流路越窄,H_m就越小。

(3) 滞留流动相传质阻力H_{sm}:当流动相通过填充柱时,在空隙中的液体相对于在颗粒间通道的中心区域的液体是停滞的。停滞区有两种情况:一是停滞在空隙中的液体占有的空间,二是液体停留在颗粒内部的空间。停滞的流动相的扩散相对是低的,必然会降低传质速率,固定相的微孔越深,传质速率就越慢,峰展宽越大。见图10-2(2)。

$$H_{sm} = \frac{C_{sm} d_p^2}{D_m} u$$

式中,C_{sm}是与颗粒微孔和容量因子有关的常数。

气相色谱法主要考虑固定相的传质阻力;液相色谱则主要考虑流动相的传质阻力,特别是滞留流动相的传质阻力在整个传质过程中起主要作用。因此,改进固定相结构,减小滞留流动相传质阻力是提高液相色谱柱效的关键。

综上所述,由柱内展宽所引起的板高变化可归纳为:

$$H = 2\lambda d_p + \left(\frac{C_s d_f^2}{D_s} + \frac{C_m d_p^2}{D_m} + \frac{C_{sm} d_p^2}{D_m}\right) u \tag{10-8}$$

若将上式简化,可写作:

$$H = A + Cu \tag{10-9}$$

从式(10-8)可看出,塔板高度与固定相直径关系最密切,图10-3说明了它们的关系,固定相颗粒直径越小,板高越小,理论塔板数越大,此曲线的斜率大大降低,这样可在较高的流动相线速度下,保持较高的柱效,达高效高速。

降低流动相黏度,可提高样品分子在流动相中的扩散系数而降低板高。另外,提高装柱技术而降低填充不规则因子,降低流速等也可降低板高,提高柱效。

(二)柱外展宽

柱外展宽在液相色谱中需比在气相色谱中更为引起重视,由于样品分子在液体流动相中扩散系数低,致使进样器的死体积、色谱柱和检测器之间连接管道的

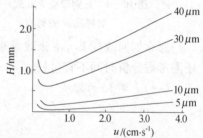

图10-3 不同直径的硅胶的板高对线速度的曲线

死体积以及检测器本身的体积,对谱带展宽有相当大的影响。连接管道和检测器的体积相对于样品的保留体积越大,谱带展宽越严重,会使柱效明显下降。

二、分离度及其影响因素

$$R = \frac{t_{R_2} - t_{R_1}}{(W_1 + W_2)/2} \tag{10-10}$$

分离度又可用k、α及n 3个参数表示:

$$R = \frac{\sqrt{n}}{4} \frac{\alpha-1}{\alpha} \frac{k_2}{1+k_2} \tag{10-11}$$

这样就可看到分离度是3个因子的函数:柱效n,分配系数比α,容量因子k。此方程式在液相色谱中是一个极重要的关系式,它可以把3个重要参数和它们对分离度的影响联系起来。

作为初步近似,这 3 个参数可以独立地变化。如图 10-4 所说明的,首先分配系数比 α 的增加使一个谱带中心位移,k 迅速增加,而分离时间和谱带的高度变化不大。n 的增加使两个谱带变窄,峰高变大,不影响分离时间,k 的变化对分离影响很明显。最初分离 k 落在 $0.5<k<2$,R 很差,增加 k_2 可使 R 明显提高,但同时谱带高度迅速减少,分离时间增加。

图 10-5 表示了 3 种分离不好的例子,如何分别提高它们的分离度呢?(a) 图容量因子 k_2 很小,首先应当增加容量因子,使之在合适范围 ($1<k<10$)。(b) 图容量因子 k 已在合适范围,分离度仍差,最好的解决办法是增加 n。(c) 图两个组分的分配系数比 α 几乎为 1,因此只有改变 α 才能有效。

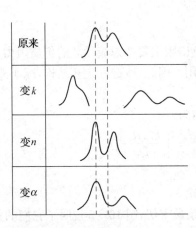

图 10-4 分别改变 k,n 或 α 时,对样品 R 的影响

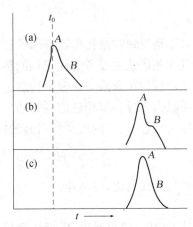

图 10-5 不同的分离问题,需要不同的方法

那么如何改变 k,n,α 来改善难分离物质的分离度呢?我们不仅要有合适的分离度,而且还需考虑分析时间不宜过长。

(一) k 对 R 的影响

$$k = \frac{n_s}{n_m}$$

$$\frac{k}{1+k} = \frac{n_s}{n_s + n_m}$$

式中,n_s 为样品分子在固定相上的分子数,n_m 为样品分子在流动相上的分子数,$\frac{k}{1+k}$ 为样品分子在固定相上的样品分子分数。$\frac{k}{1+k}$ 是由于样品分子在固定相上有一定的保留。R 正比于 $\frac{k}{1+k}$,$\frac{k}{1+k}$ 随 k 变化。

当 $k<1$ 时,R 随 k 增加迅速增加;$k>5$ 时,进一步增加 k 值,R 增加很小;$k>10$ 时,分离时间太长以及谱峰展宽使检测变得困难。从分离度、分析时间及谱带检测三方面考虑,$1<k<10$ 是合适范围。在填充柱气相色谱中,由于容量因子 k 一般都相当大(>20),因此 k 对 R 的影响可以忽略不计。但在高效液相色谱中,由于固定相相对于流动相而言体积很小,溶质在固定相中的量就小,所以 k 也很小,当 k 值增加时 R 也随之迅速增大,因此 k 值大小对分离的影响就必须考虑。

k 可以通过控制溶剂极性(即溶剂强度)大小来调节:在吸附和正相色谱中,一般要增大 k

时,改用极性小些的流动相;要减小 k 时,要用极性大些的流动相。在反相色谱中恰好相反,用图 10-6 来说明,图 a 中甲醇—水(70∶30)作溶剂洗脱能力太强,k 太小,分离不好,在图 e 中,甲醇—水(30∶70)作溶剂洗脱能力太弱,分离时间太长,5 号谱带扩展到几乎不可检测的程度。甲醇—水(50∶50)作流动相是最适宜的(图 c)。5 个组分的分离度都合乎要求,分离时间小于 10 min。

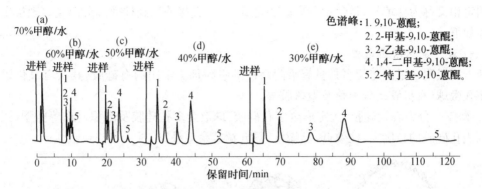

图 10-6 反相色谱溶剂的强度对分离的影响

柱,Permaphase ODS;流动相,甲醇/水;流速,1 mL/min;检测,UV 吸收

(二) n 对 R 的影响

在式(10-11)中,分离度和理论塔板数的平方根成正比,所以理论塔板数对色谱柱分离影响很大,要提高 n,则要降低 H,从上述式(10-8)的讨论可以清楚这一点。

1. **固定相** 要选择粒度小、筛分窄、球形的固定相,以减少涡流扩散和流动相传质阻力,尽可能采用大孔径和浅孔道的表面多孔型载体或全多孔微粒型载体,减少滞留流动相传质阻力。

2. **流动相** 选用黏度小的,有利于增大组分在溶剂中的扩散系数 D_m,减少传质阻力。适当增加柱温,目的是降低流动相的黏度,减小柱压,但升高柱温会使分离度下降,柱寿命缩短,且易产生气泡,故 70% 以上的分离仍在室温进行。

3. **降低流速** 可以降低板高,提高柱效,但在实践中,为加快分析速度,常采用比最佳流速高数倍的流速。

4. **提高装柱技术** 可以降低 λ,并降低传质阻力。

5. **增加柱长** 可以提高理论塔板数,但会增加柱压和分析时间,因此增加柱长有一定的限度,一般分析柱不会超过 30 cm。

(三) α 对 R 的影响

α 是色谱柱选择性的量度,α 越大,柱选择性越好。α 很小的变化可以使 R 有较大的变化。当 α 趋近于 1 时,更为显著。α 值从 1.10 增加至 1.20 时,当其他参数保持不变时,R 增加接近 1 倍,因此改变 α 最有效。通过改变固定相和流动相来改变选择性,在液相色谱中,主要通过改变流动相来改变选择性,改变流动相的组成、pH、盐类等来改变选择性。

第三节 固定相与流动相

一、固定相

固定相又称为柱填料,是色谱分离的关键部分,它直接关系到柱效和分离度。现按主要类型分述如下。

(一) 液—固色谱固定相

液—固吸附色谱固定相多是具有吸附活性的吸附剂。常用的有硅胶,其次有氧化铝及高分子多孔微球(有机胶)、分子筛及聚酰胺等。

1. **硅胶** 分为表孔硅胶、无定形全多孔硅胶、球形全多孔硅胶及堆积硅珠等类型(图 10-7)。因表孔硅胶的粒度大、柱效低,已淘汰,只介绍其余 3 种。

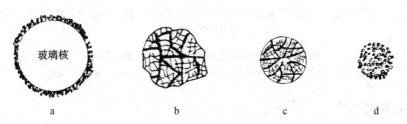

图 10-7 各种类型硅胶示意图
a. 表孔硅胶 b. 无定形全多孔硅胶 c. 球形全多孔硅胶 d. 堆积硅珠

2. **无定形全多孔硅胶** 国内代号 YWG(Y:液、W:无、G:硅),虽为无定形,但近似于球形(图 10-7b),粒径一般为 5~10 μm,理论塔板数可达 2 万~5 万/m。YWG 载样量大,可作为分析型柱与制备型柱的固定相,还可作为载体使用。价格便宜、柱效高及载样量大是其优点,涡流扩散项大及柱渗透性差是其缺点。

3. **球形全多孔硅胶** 国内代号 YQG(Q:球),常用粒径 3~10 μm。YQG 除具有 YWG 的优点外,还具有涡流扩散项小及渗透性好等优点。采用 3 μm 填料,柱效可达 8 万/m。

4. **堆积硅珠** 是二氧化硅溶胶加凝结剂聚结而成。堆积硅珠亦属全多孔型,与球形全多孔硅胶类似,粒径 3~5 μm,理论塔板数可达 8 万/m,传质阻抗小,样品容量大,也是一种较好的高效填料。因堆积硅珠属球形硅胶,代号也用 YQG。

硅胶是应用较广的固定相,主要用于分离溶于有机溶剂的极性至弱极性的分子型化合物。也可用于分离某些几何异构体,但不如氧化铝。

(二) 化学键合相

用化学反应的方法将固定液的官能团键合在载体表面上,所形成的填料称为化学键合相(chemical bonded phase),简称键合相。键合相的优点:① 使用过程官能团不流失;② 化学性能稳定,在 pH 2~8 的溶液中不变质;③ 热稳定性好,一般在 70℃以下稳定;④ 载样量大,比硅胶约高一个数量级;⑤ 适于作梯度洗脱。

化学键合相在高效液相色谱法中占有极重要的地位。按官能团与载体(硅胶)相结合的化学键类型,分为 Si—O—C 与 Si—O—Si—C(硅氧烷)型。Si—O—C 型键合相,因易发生水解而损坏,已淘汰。目前多用硅氧烷型键合相,按极性可分为非极性、中等极性与极性 3 类。

1. **非极性键合相** 这类键合相表面基团为非极性烃基,如十八烷基、辛烷基、甲基与苯基(可诱导极化)等。十八烷基(octadecylsilyl,ODS 或 C_{18})键合相是最常用的非极性键合相。将十八烷基氯硅烷试剂与硅胶表面的硅醇基,经多步反应生成 ODS 键合相。键合反应简化如下:

$$\equiv Si\text{—}OH + Cl\text{—}Si(R_2)\text{—}C_{18}H_{37} \xrightarrow{-HCl} \equiv Si\text{—}O\text{—}Si(R_2)\text{—}C_{18}H_{37}$$

反相键合相的性能主要表现在它的碳含量、复盖度和碳键的长度。

碳含量是指键合在硅胶表面上的"毛刷"烷基所含碳的百分含量(W/W),随着键长增长,碳含量从 3% 增至 22%。一般单层键合相的碳含量为 5%~10%,聚合层的为 20%~30%。

复盖度是硅胶被键合后,在硅胶中的有效羟基与硅烷试剂反应的程度,在键合后有时还用短碳键的硅烷试剂与剩余和新产生的羟基反应,使羟基全部被"复盖"而不起作用。Partisil-ODS 有几种不同类型,如表 10-2 所列:

表 10-2 Partisil—ODS 固定相性能比较

粒	Partisil—5 ODS	Partisil—10 ODS	Partisil—10 ODS—2
粒度/μm	5	10	10
表面积/($m^2 \cdot A^{-1}$)	400	400	400
孔径/nm	5~6	5.5~6.0	5.5~6.0
碳含量/($W \cdot W^{-1}$)	10	5	16
复盖度/%	98	50	75

Partisil-10 ODS 的复盖度为 50%,表示有 50% 的羟基留在表面。在分离过程中既有反相的分配过程又有吸附过程,是个双机理的柱,大多数情况用反相比吸附法优越。Partisil-5 ODS 复盖度高达 98%,复盖近于完全,是一种最优良的反相固定相。

碳链的长度,有 C_1~C_{18},还有苯基和环己烷等。碳链的长度与溶质的保留值大小有关。表 10-3 列出反相色谱中常用的固定相。

表 10-3 反相 HPLC 常用的化学键合相

类型	牌号名称	官能团	粒度/μm	形状	说 明
长链	YWG—$C_{18}H_{37}$	C_{18}硅烷	10	非球形	
	YQG—C_{16}	C_{16}硅烷	5	球形	15%C
	Micropak CH	C_{18}硅烷	10	非球形	22%C,聚合层
	Partisil ODS	C_{18}硅烷	5,10	非球形	5%C
	Partisil ODS$_2$	C_{18}硅烷	5,10	非球形	16%C,单分子层
	Zorbax ODS	C_{18}硅烷	6	球形	15%C
	μ—Bondapak C_{18}	C_{18}硅烷	10	非球形	10%C
	LiChrosorb RP—18	C_{18}硅烷	5,10	非球形	22%C,部分聚合
	Supelcosil LC—18	C_{18}硅烷	5	球形	11%C
	Nuclcosil C_{18}	C_{18}硅烷	5,10	球形	15%C

续表 10-3

类型	牌号名称	官能团	粒度/μm	形状	说　明
短链	Li Chrosorb RP-8	C_8 硅烷	5,10	非球形	13%～14%C
	Nuclcosil C_8	C_8 硅烷	5,10	球形	15%C
	Zorbax C_8	C_8 硅烷	6	球形	15%C
	YWG C_6H_6	苯基硅烷	10	非球形	7%C
	μ-Bondapak Phenyl	苯基硅烷	10	非球形	16%C
	Li Chrosorb RP-2	二甲基硅烷	5,10	非球形	5%C

2. **中等极性键合相**　常见的有醚基键合相(如 YWG-ROR′)。这种键合相可作正相或反相色谱的固定相，视流动相的极性而定。

3. **极性键合相**　常用氨基、氰基键合相。分别将氨丙硅烷基[$-Si(CH_2)_3NH_2$]及氰乙硅烷基[$-Si(CH_2)_2CN$]键合在硅胶上而制成。它们可用作正相色谱的固定相。氨基键合相是分析糖类最常用的固定相，常用乙腈-水为流动相，而不用烷烃，因为糖不溶解于烷烃。

国产品：YWG-CN 及 YWG-NH_2(5、10 μm)；YQG-CN 及 YQG-NH_2(5、10 μm)。

进口品：Lichrosorb CN(无定形，10 μm)、Zorbax-CN(球形，4～6 μm)等。

(三) 离子交换固定相

离子交换固定相分为离子交换树脂和键合型离子交换剂两类。

1. **离子交换树脂**　是以高分子聚合物，如苯乙烯-二乙烯苯为基体，经化学反应在其骨架上引入离子交换基团而生成。离子交换树脂在经典 LC 中广泛应用，但在高效液相离子交换色谱法中，因这种固定相具有膨胀性、不耐压及传质阻抗比较大等原因，基本上已被键合型离子交换剂所替代。

2. **键合型离子交换剂**　是以全多孔球形或无定形硅胶为基体，其表面经化学键合上所需的离子交换基团。强酸性磺酸型($-SO_3H$)阳离子键合相和强碱性季铵盐型($-NR_3Cl$)阴离子键合相，分别是阳离子和阴离子交换色谱法常用的固定相。又根据所引入基团能解离出阴、阳离子的程度，可分为强碱、弱碱或强酸、弱酸性离子交换剂。如含羧酸基或酚羟基的弱酸性阳离子交换剂等。

以全多孔硅胶为基体的键合型离子交换剂的柱效高，载样量大。这类固定相具有较高的耐压性，化学和热稳定性好，可以用高压匀浆法装柱。但它在 pH＞9 的流动相中，硅胶容易溶解，未键合的残留硅羟基容易生成硅酸盐。因此，其适用范围只能在 pH1～8 范围内。在色谱过程中，流动相的 pH，离子强度对被测组分的容量因子和分配系数有很大影响。因此，都用一定 pH 和一定浓度的缓冲液，并严格控制其离子强度。

交换容量(exchange capacity)是指每克树脂能参加交换反应的活性基团数。通常以每克干品溶胀后能交换离子的物质的量(mmol)来表示。全多孔微粒型键合相的交换容量一般在 mmol/g 水平，薄壳型键合相因表面较小，一般只有 μmol/g 水平。当其他条件固定时，柱交换容量大，保留时间长。

国产键合型离子交换剂有 YWG(YQG)-SO_3H、YWG(或 YQG)-NR_3Cl 等。

(四) 分子排阻色谱用固定相

分子排阻色谱用的固定相是具有一定孔径范围的多孔性凝胶。根据耐压程度，凝胶可分为软质、半硬质及硬质3种。软质凝胶(如葡聚糖等)在压强0.1 MPa左右即被压坏,因此这类凝胶只能用于常压下的凝胶色谱法。

1. 半硬质凝胶　半硬质凝胶是由苯乙烯和二乙烯苯交联的聚合物,能耐较高的压力,可用作以有机溶剂为流动相的高效凝胶渗透色谱法的填料。这种凝胶的优点是具有可压缩性,能填得紧密,柱效高。缺点是在有机溶剂中具有膨胀性,当流动相流经时,随时改变着柱的填充状态。常用的有各种型号的苯乙烯和二乙烯苯交联共聚物凝胶,国产产品如NGS-01~08系列。

2. 硬质凝胶　硬质凝胶可分为多孔硅胶及多孔玻璃珠等种类,它们属于无机凝胶。其优点是在溶剂中不变形,孔径尺寸固定,溶剂互换性好。其缺点是装柱时较易碎,不易装紧,因此柱效较差,一般为有机凝胶柱效的1/3~1/4。它的吸附性较强,有时易拖尾。常用的国产硬质凝胶如多孔硅珠(别名为凝胶渗透色谱多孔硅珠)NDG-1~6等。

凝胶的分离作用类似于分子筛。在选用凝胶时,必须注意凝胶的相对分子质量排斥极限(相对分子质量范围上限)及平均孔径等参数,使样品的相对分子质量小于凝胶的相对分子质量排斥极限并大于全渗透点的相对分子质量,即落入凝胶的"相对分子质量范围"。否则,t_R(或V_R)将不随相对分子质量而变化。由于凝胶性能的相对分子质量排斥极限与相对分子质量范围等参数是用一定的标准样品测得,如NDG-1相对分子质量排斥极限为4×10^4是用聚乙烯标样测得。因此,不能将此参数直接套用于其他高分子样品。在测其他样品时,可参考凝胶的平均孔径,使样品分子线团的平均尺寸略小于凝胶的平均孔径。对于无法估计样品的分子尺寸与平均相对分子质量时,可采用尝试法,用一系列凝胶柱测定,选出适宜的凝胶柱。

(五) 亲和色谱固定相

亲和色谱是一种基于分离物与配体间特异的生物亲合作用来分离生物大分子的技术。它在生物大分子的纯化中应用非常广泛。生物体中许多大分子化合物具有能与结构对应的某种专一分子可逆地结合的特性。例如酶与底物,抗原与抗体,激素与受体,RNA与和它互补的DNA等。生物分子间的这种结合力称为亲和力。图10-8为亲和色谱法示意图。其固定相由载体、空间臂和配体3部分组成,可根据分离物不同进行选择。

配体通过空间臂以共价键结合到载体上。当含有亲和物的复杂混合试样随流动相流经固定相时,亲和物就与配体结合而与其他组分分离。在其他组分洗脱之后,改变条件降低亲和物与配体的结合力,或使空间臂

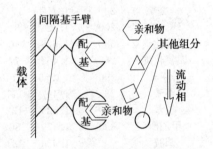

图10-8　亲和色谱法示意图

断裂,就能使被分离物质洗脱下来。亲和色谱广泛用于生物化学各种酶、辅酶、激素、糖类、核酸和免疫球蛋白等生物大分子的分离和纯化。现市场上已有预激活的填料基质和能连在配体上的半成品填料出售。

二、流动相

流动相是色谱分离的重要参数,在气相色谱法中,可供选择的载气只有三四种,它们的性质相差也不大。因而以选择固定相为主。在液相色谱法中,流动相的选择余地很大,常用的有水、有机溶剂、缓冲液以及它们的按不同比例混合的二元或三元体系。在固定相一定时,流动相的种类、配比能大大改变分离效果。

(一) 一般要求

1. 与固定相不互溶,不发生化学反应。如用硅胶或硅胶为基质的键合相作为固定相时,必须注意流动相的pH,一般应保持pH在2~8范围内,以免硅胶本身变质以及化学键断裂,色谱柱性能变坏。

2. 对样品要有适宜的溶解度。溶解度太大,k值太小;溶解度太小,k值太大,甚至于样品在流动相中产生沉淀。要求k值在1~10。

3. 必须与检测器相适应。例如用紫外检测器,流动相本身在检测波长处应无吸收。具体选择时参阅表10-4。

表10-4 高效液相色谱中常用溶剂的性质

溶剂	UV波长极限/nm	折光率	沸点/℃	黏度/mPa·s	溶剂极性参数(P')	溶剂强度参数(ε°)	x_e	x_d	x_n	选择性组别
异辛烷	197	1.389	99	0.47	0.1	0.01				
n-己烷	190	1.372	69	0.30	0.1	0.01				
苯	278	1.501	81	0.65	2.7	0.32	0.23	0.32	0.45	Ⅶ
二氯甲烷	233	1.421	40	0.41	3.1	0.42	0.29	0.18	0.53	Ⅴ
四氢呋喃	212	1.405	66	0.46	4.0	0.82	0.38	0.20	0.42	Ⅲ
乙酸乙酯	256	1.370	77	0.43	4.4	0.58	0.34	0.23	0.43	Ⅵ
氯仿	245	1.443	61	0.53	4.1	0.40	0.25	0.41	0.33	Ⅷ
二氧六环	215	1.420	101	1.2	4.8	0.56	0.36	0.24	0.40	Ⅵ
丙酮	330	1.356	56	0.3	5.1	0.56	0.35	0.23	0.42	Ⅵ
乙醇	210	1.359	78	1.08	4.3	0.88	0.52	0.19	0.29	Ⅱ
醋酸		1.370	118	1.1	6.0	大	0.39	0.31	0.30	Ⅳ
乙腈	190	1.341	82	0.34	5.8	0.65	0.31	0.27	0.42	Ⅵ
甲醇	205	1.326	65	0.54	5.1	0.95	0.48	0.22	0.31	Ⅱ
水	<190	1.333	100	0.89	10.2	很大	0.37	0.37	0.25	Ⅷ
n-癸烷	200	1.412	174	0.92	0.4	0.04				
环己烷	200	1.426	81	1.0	0.2	0.04				
二硫化碳	380	1.628	46	0.37	0.3	0.15				
四氯化碳	265	1.465	77	0.97	1.6	0.18				
二甲苯	290	−1.50	−140	0.62~0.81	2.5	0.26	0.27	0.28	0.45	Ⅶ
甲苯	285	1.497	111	0.59	2.4	0.29	0.25	0.28	0.47	Ⅶ
氯苯	290	1.525	132	0.80	2.7	0.30	0.23	0.33	0.44	Ⅶ
甲乙酮	330	1.379	80	0.4	4.7	0.51	0.35	0.22	0.43	Ⅵ
苯胺		1.586	184	4.4	6.3	0.62	0.32	0.32	0.36	Ⅵ
吡啶	305	1.510	115	0.94	5.3	0.71	0.41	0.22	0.36	Ⅲ
异丙醇	210	1.377	82	2.3	3.9	0.82	0.55	0.19	0.27	Ⅱ
正丙醇	210	1.386	97	2.3	4.0	0.82	0.56	0.20	0.24	Ⅱ

4. 流动相的黏度要小,可以降低色谱柱的阻力而提高柱效。例如乙醇的黏度比甲醇大1倍,故常用甲醇为流动相,也不常使用毒性小的乙醇作流动相。

5. 纯度高,不含机械杂质。使用前需经0.5 μm或0.45 μm滤膜过滤,并脱气,需用新鲜重蒸馏水。

(二) 溶剂的选择性三角形

Sngder叙述了一种根据溶剂的溶剂极性参数(P')以及它们形成氢键或偶极间作用的选择性或相对能力而分类的方法,各种普通溶剂可以分成具有不同选择性的8组。表10-4中列出了常用溶剂的P'值和组别。

溶剂极性参数(P')和选择性参数(x_e, x_d, x_n)根据实验中得到的试验溶质的分配系数来计算,采用乙醇、二氧六环和硝基甲烷作试验溶质,分别被用于测量溶剂质子接受能力,质子给予能力和强偶极作用。溶剂极性参数P'代表在正相色谱与硅胶吸附色谱法中溶剂的极性,P'大,洗脱能力强。x_e、x_d与x_n为3种作用力的相对值,三者之和为1。其数值大小表示作用力强弱。具体计算如下:

$$P' = \log K_{乙醇} + \log K_{二氧六环} + \log K_{硝基甲烷} \qquad (10-12)$$

$$x_e = \frac{\log K_{乙醇}}{P'} \qquad x_d = \frac{\log K_{二氧六环}}{P'} \qquad x_n = \frac{\log K_{硝基甲烷}}{P'} \qquad (10-13)$$

类似选择性的溶剂通过比较它们的x_e、x_d和x_n值而可以在同一组,根据实验数据,图10-9以图表形式,把许多有用的溶剂,分成具有不同选择性的8组。选择选择性相同组中的第二种溶剂不可能对色谱分离有明显的改变。然而,选择溶剂强度相同而选择性不同的组的另一种溶剂可能改变色谱分离情况。表10-5给出了选择性溶剂的一些典型的例子,表中画线的溶剂一般是HPLC中常用溶剂。

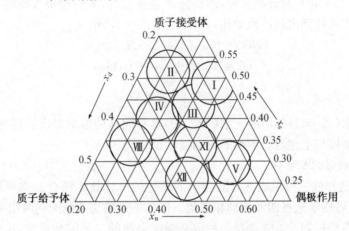

图 10-9 溶剂的选择性三角形

表 10-5 溶剂选择性的分类

组别	溶 剂
I	脂肪醚类,<u>甲基叔丁基醚</u>,四甲基胍,三乙胺,六甲基磷酰胺(三烃基胺)
II	脂肪醇类,<u>甲醇</u>
III	吡啶衍生物,<u>四氢呋喃</u>,酰胺类(甲酰胺除外),乙二醇醚类,亚砜类
IV	乙二醇类,苄醇,<u>醋酸</u>,甲酰胺
V	<u>二氯甲烷</u>,二氯乙烷
VI	a) 磷酸三甲苯酯,脂肪酮类,脂肪酯类,聚酯类,<u>二氧六环</u>,苯乙酮,苯胺 b) 砜类,腈类,<u>乙腈</u>,碳酸丙烯酯
VII	芳香碳氢化合物,<u>甲苯</u>,卤代芳香碳氢化合物,硝基化合物,芳香醚
VIII	氟醇类,间二甲酚,水,<u>氯仿</u>

在许多情况下,使用溶剂混合物作为流动相比单一溶剂更好。在二元溶剂的情况下,混合不同体积比例的强溶剂以调整合适的溶剂强度,满足极性需要,使样品中各组分的k在1~10。调节溶剂强度的溶剂通常是一种非选择溶剂,在反相色谱中用水,在正相色谱中用己烷。二元溶剂混合物的溶剂强度是溶剂强度重量因子的算术平均值,并根据每一种溶剂的体积分

数来调节。在正相色谱中,溶剂强度重量因子(S_i)是与极性参数 P' 相同的。在反相色谱中,使用了不同的一套经实验测定的溶剂重量因子,甲醇、乙腈、四氢呋喃与水分别为 2.6、3.2、4.5 与 0。用下述方程式可计算任何溶剂混合物的溶剂强度。

$$S_T = \sum S_i \theta_i \qquad S_T = 混合物的溶剂强度$$

式中,S_i 为溶剂强度重量因子,θ_i 为混合物中溶剂体积分数。

如在反相色谱中,使用二元溶剂混合物作流动相,具体为甲醇—水(60∶40),其流动相的溶剂强度计算如下:

$$S_T = S_{CH_3OH}\theta_{CH_3OH} + S_{H_2O}\theta_{H_2O} \tag{10-14}$$
$$= 2.6 \times 0.6 + 0.4 \times 0$$
$$= 1.56$$

欲要使溶剂选择性差异增加到最大限度,可选择靠近三角形顶处不同选择性的组中的溶剂(图10-10)。在反相色谱中,可以用甲醇、乙腈和四氢呋喃与水混合来控制溶剂强度。如用上述甲醇—水(60∶40),对分离来说,溶剂强度是合适的,人们希望改变溶剂选择性来调节分离度。根据上式可计算出新的流动相,如用乙腈,$S_T = 1.56$。

$$1.56 = S_{CH_3CN}\theta_{CH_3CN} + S_{H_2O}\theta_{H_2O}$$
$$1.56 = (3.2)\theta_{CH_3CN} + (0)\theta_{H_2O}$$
$$\theta_{CH_3CN} = \frac{1.56}{3.20} = 0.49$$

这样乙腈—水(49∶51)与甲醇—水(60∶40)具有同样的溶剂强度。同样,四氢呋喃—水(35∶65)的溶剂强度与上述混合溶剂的溶剂强度也相同。

(三)流动相的最优化方法

Snyder 溶剂选择性三角形概念与混合溶剂设计的统计技术结合起来可用来寻求最佳流动相组成,此技术可用于选择四元流动相系统。假如溶剂输送系统能同时用泵输送 4 种溶剂,选择流动相可用微机控制。首先选择一种溶剂强度合适的二元溶剂系统,这就是选择三角形的 1 个顶点。根据所选用的溶剂强度,来选择另 2 个顶点的混合溶剂及计算它们的组成,这 3 种二元溶剂均含有一种相同的主要用来调节溶剂强度的溶剂,另 3 种溶剂是用于调节选择性的,并处于不同选择性的组中,选择性三角形所包括的面积即为发现最佳流动相的选择性空间。进一步优化可用混合 2 种二元溶剂而形成新的三元流动相系统,通常可比较这 6 种色谱图而得一种最佳流动相。图10-11为设计示意图,一般进行 7 次即获得预期的效果。

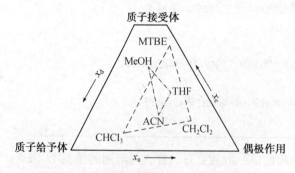

图10-10 在反相色谱(-·-·-)和在正相色谱(---)中常用的溶剂的选择性三角形

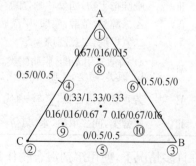

图10-11 三种溶剂(A、B 和 C)和混合物的单纯化设计

每点数值是 A/B/C 的三线坐标

（四）应用实例

例 10-1 取代萘混合物分离的优化试验

选择带有不同功能团的 9 种取代萘混合物作为优化技术的最初试验。不同的取代基团具有不同的选择性。优化流动相组成的第一步是改变水的比例，使所有溶质的容量因子在 1～10 范围内，第一种二元混合溶剂需通过实验测定，另一些溶剂组成通过上述公式可计算得到。

表 10-6 数据说明了二元溶剂混合物计算值和实验值的差异，采用 Zorbax－C_8 的 15 cm×0.46 cm 的柱。

表 10-6　Zorbax－C_8 柱的溶剂组成

溶剂	有机溶剂(在水中)/%		近似 k 范围
	计算值*	实验值	
ACN	52	52	0.7～8
MeOH	69	63	0.6～8
THF	37	39	0.6～7

* 以乙腈－水(52∶48)为基础。

根据前述的混合溶剂设计的统计技术（statistical mixture－design approach）还需进行另 4 种混合溶剂系统的实验。计算这 7 种色谱图的色谱优化函数（chromatographic optimization function，COF）。

$$\mathrm{COF} = \sum_{i=1}^{k} \ln \frac{R_i}{R_d} \quad (10-15)$$

k 为感兴趣的峰对数目，在这里为 8。R_d 分别以 1.2，1.8 和 2.4 计算，结果见表 10-7。最佳流动相组成是 ACN－THF－水（32∶15∶53）。色谱图见图 10-12，$R_d=1.8$，COF＝－0.07。

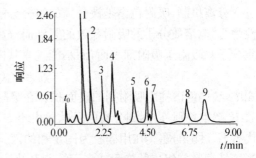

图 10-12　使用最优流动相组成的取代萘色谱图

流动相，ACN－THF－水(32∶15∶53)
1. 1-乙酰胺基萘　2. 11-萘甲磺酸　3. β-萘酚
4. 1-乙酰基萘　5. 1-硝基萘　6. 11-甲氧基萘
7. 萘　8. 1-甲硫萘　9. 1-氯萘

表 10-7　Zorbax C_8 柱上取代萘的 COF 值

溶剂混合物	COF 值		
	$R_d=1.2$	$R_d=1.8$	$R_d=2.4$
$\overline{\mathrm{MeOH}}$	－2.48	－3.21	－3.79
$\overline{\mathrm{MeOH}}$－$\overline{\mathrm{ACN}}$(50∶50)	－2.48	－2.89	－3.18
$\overline{\mathrm{ACN}}$	－0.99	－1.80	－2.38
$\overline{\mathrm{ACN}}$－$\overline{\mathrm{THF}}$(50∶50)	0.00	－0.12	－0.38
$\overline{\mathrm{THF}}$	－4.97	－5.78	－6.53
$\overline{\mathrm{THF}}$－$\overline{\mathrm{MeOH}}$(50∶50)	－2.48	－3.41	－4.27
$\overline{\mathrm{MeOH}}$－$\overline{\mathrm{ACN}}$－$\overline{\mathrm{THF}}$(33∶33∶33)	0.00	－0.38	－0.67
最佳组成(61%$\overline{\mathrm{ACN}}$－39%$\overline{\mathrm{THF}}$)	0.00	－0.07	－0.36

注：$\overline{\mathrm{MeOH}}$＝甲醇－水(63∶37)，$\overline{\mathrm{ACN}}$＝乙腈－水(52∶48)，$\overline{\mathrm{THF}}$＝四氢呋喃－水(39∶61)。

第四节 各类高效液相色谱法

高效液相色谱法主要用于有机混合物的分离、鉴定及定量。许多低沸点的、高沸点的、各种极性的、对热稳定与不稳定的、相对分子质量大小不限的有机化合物都可用高效液相色谱法测定,操作又较简便,因此它的适用范围较气相色谱法为广。对纳克水平以上的绝大多数有机物都能达到分离检测目的。因此,它已被广泛用于微量有机药物包括中草药中有效成分的分离、鉴定及含量测定。近年来,对人体液中原形药物及其代谢产物的分离分析无论在灵敏性、专属性及快速性等方面都有独特的优点,堪称为一个高效的分离、分析的微量方法。

高效液相色谱法可分为许多类别,根据药学专业的实际需要,本节主要介绍药物分析中最常用的吸附色谱法及化学键合相色谱法等。

一、液—固吸附色谱法

流动相是液体,固定相是固体吸附剂的色谱法,称为液—固吸附色谱法(liquid—solid adsorption chromatography,LSC),简称液—固色谱法。

分离机制:吸附色谱是被分离的组分分子(溶质分子)与流动相分子争夺吸附剂表面的活性中心,靠溶质分子的吸附系数的差别而分离。吸附系数可用广义分配系数 K 代替。因为溶质分子只吸附于吸附剂表面,而不能进入其内部,于是:

$$t_R = t_o(1 + KS/V_m)$$

式中,S 是色谱柱中吸附剂的表面积。在吸附色谱法中,选择实验条件务必使组分间的分配系数 K 产生差别,以达到分离的目的。由于 S 不易测,容量因子 $k = K \cdot S/V_m$,所以一般都用 k 代替 K 讨论问题。在用硅胶为固定相的液—固色谱法中,常用流动相是以烷烃为底剂加入适当极性调整剂组成的二元或多元溶剂系统。溶剂系统的极性越大,洗脱力越强,容量因子 k 越小,t_R 越小。调整溶剂的极性,可以控制组分的保留时间。

需要说明一点,硅胶遇水容易失去吸附活性,但微量水可改善某些拖尾状况(减尾剂)。若硅胶含水量超过某限度(17%),则完全失活,而变成分配色谱,此时水为固定液。因此,在用硅胶柱进行吸附色谱分析时,必须使用不含水的流动相。

硅胶除作为吸附剂应用外,更主要的是作为键合相的载体(或称基体)。

二、化学键合相色谱法

将固定液的官能团键合在载体的表面,而构成化学键合相。以化学键合相为固定相的色谱法称为化学键合相色谱法(chemical bonded phase chromatography,BPC),简称键合相色谱法。由于常用化学键合相既有分配作用,又有吸附性能(封尾键合相除外),因此单独列项介绍。键合相色谱法是应用最广的色谱法,化学键合相已广泛用于正相与反相色谱法、离子对色谱法、离子抑制色谱法、离子交换色谱法及毛细管电色谱法等诸多色谱法中。现简要介绍在药物分析中常用的键合相色谱法。

(一) 反相键合相色谱法

典型的反相键合相色谱法(RBPC 或 RHPLC,简称反相色谱法,下同)是用非极性固定相和极性流动相组成的色谱体系。固定相常用十八烷基(octadecylsilane,ODS 或 C_{18})键合相;流动相常用甲醇—水或乙腈—水。

非典型反相色谱系统,用弱极性或中等极性的键合相和极性大于固定相的流动相组成。

1. **分离机制** 反相键合相表面具有非极性烷基官能团及未被取代的硅醇基。硅醇基具有吸附性能,剩余硅醇基的多寡,视覆盖率而定。因此,分离机制比较复杂,其说法有:疏溶剂理论、双保留机制、顶替吸附—液相相互作用模型等。此处只简要介绍疏溶剂理论。

疏溶剂理论(solvophobic theory):要研究反相高效液相色谱的选择性,常常要涉及疏溶剂作用,按照这一理论,完全或部分疏水性溶质分子受到极性溶剂的排斥而被烃类固定相吸引。这一疏溶剂理论为处理反相高效液相色谱中的一些现象提供了一个理论构架,有助于考虑流动相的性质和固定相的表面性能,它对理解反相高效液相色谱的机理有很大的作用。当一个非极性溶质或溶质分子中的非极性部分与极性溶剂相接触时,相互产生斥力,溶解作用就会伴随有吉布斯自由能(G)增加,熵减小,不稳定性增加。根据热力学第二定律,系统由不稳定到稳定是自发的,即熵增加是自发的。因此,为了弥补熵的损失,溶质分子中非极性部分结构的取向,将导致在极性溶剂中形成一个"空腔",这种效应称为疏溶剂或疏水效应。这一效应虽然不只是在水溶液中有,但是在水中更明显。Horvath把疏水热力学(或更通俗地叫做疏溶剂作用热力学)用于反相高效液相色谱。该理论认为,在键合相反相色谱法中溶质的保留主要不是由于溶质分子与键合相间的色散力,而是溶质分子与极性溶剂分子间的排斥力,促使溶质分子与键合相的烃基发生疏水缔合,且缔合反应是可逆的。容量因子 k 与吉布斯自由能变化 ΔG 的关系如下式:

$$\ln k = \ln V_s/V_m - \Delta G/RT$$

上式中的 R 为理想气体常数,T 为热力学温度,V_s 是色谱柱中键合相表面所键合的官能团的体积,V_m 是色谱柱中流动相的体积。该式说明 ΔG 越大,被分离组分的 k 越小,保留时间越短。

2. **流动相的极性与容量因子的关系** 流动相的极性增大,洗脱能力降低,溶质的 k 增大,t_R 增大;反之 k 与 t_R 减小。分离结构相近的组分时,极性大的组分先出柱。因此,混合物中一些极性大的杂质大都和极性流动相一起流出,合并在溶剂峰中,只要等原形药物出峰完毕即可进第二个样品,分析周期大大缩短。流动相大都用甲醇和水组成,不干扰紫外或荧光法检测。为了得到更好的分离度,常在流动相中加入少量有机溶剂,或加入缓冲液,调节流动相的 pH,有时还可调节流动相的离子强度,这些措施都可改变组分的保留时间。对碱性药物,常将流动相调节到 pH 7~8,对酸性药物常将流动相调节到 pH 3~4。硅胶键合相在偏酸偏碱溶液中容易被破坏或变性,因此,流动相的 pH 上限不得超过 8,下限不低于 2。常用的是 pH 2.1~8.0 的枸橼酸盐、醋酸盐及磷酸盐缓冲溶液。反相硅胶键合相在合成过程中,硅胶表面的残留极性点位常使药物拖尾。为此,在流动相中常加入极少量的盐,如硝酸铵、醋酸铵等,或有机碱,如三乙胺、异丁胺等,它们首先占据残留点位而使药物峰形减少拖尾,增加对称性。这种溶剂常称为改性溶剂。

反相高效液相色谱的应用十分广泛,是 HPLC 中应用最为普遍的一种模式。虽然主要用于分离非极性至中等极性的各类分子型化合物,但因为键合相表面的官能团不流失,溶剂的极性可以在很大范围内调整,因此应用范围很宽。从一般小分子有机物到药物、农药、氨基酸、低聚核苷酸和相对分子质量不大的蛋白质均可应用。由它派生的反相离子对色谱法与离子抑制色谱法,可以分离有机酸、碱、盐等离子型化合物。用反相液相色谱法可以解决 80% 的液相色谱课题之说并不过分。对于构型异构体的分离,则应选用吸附色谱法。

例 10-2 HPLC分析麦迪霉素

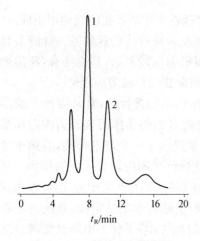

图 10-13 HPLC 定量分析麦迪霉素
1. SF-837A$_1$；2. 柱晶白霉素 A$_6$

麦迪霉素是链霉菌发酵的次级代谢产物,在发酵过程中往往产生一系列结构相似、性质相仿的同系物,而当菌种或生产工艺不同时,都会使产品中各组分间的比例有明显不同,从而带来一些质量问题。为了考察国产麦迪霉素的质量,作者较系统地研究了反相高效液相色谱分离和测定麦迪霉素的条件,选用了日立胶 3050 柱,以甲醇—0.01 mol/L 磷酸盐缓冲液(pH5.8)(45∶55)作流动相,紫外检测波长为 231 nm,柱温 50℃,流动相流速为 1.5 mL/min,进样量 20 μL,较满意地分离、测定了麦迪霉素两个主要成分(图 10-13)。

（二）正相键合相色谱法

氰基与氨基化学键合相是正相键合色谱法（NBPC,NHPLC）较常用的固定相。流动相与以硅胶为固定相的吸附色谱法的流动相相似,也是用烷烃(常用正己烷等)加适量极性调整剂而构成。氰基键合相的分离选择性与硅胶相似,但极性小于硅胶,即用相同的流动相及其他条件相同时,同一组分的保留时间将小于硅胶。许多需用硅胶柱分离的课题,可用氰基键合相柱完成。氨基键合相与硅胶的性质有较大差异,前者为碱性,后者为酸性。在作正相洗脱时,表现出不同的选择性。氨基键合相色谱柱是分析糖类最重要的色谱柱,也称为碳水化合物柱。

1. 分离机制　分离化合物主要靠分子间的定向力、诱导力或氢键。例如,用氨基键合相分离极性化合物,主要靠被分离组分的分子间力与键合相的氢键的强弱差别而分离,如对糖类的分离等。若分离含有芳环等可诱导极化的非极性样品,则键合相与组分分子间力主要是诱导力。

2. 流动相的极性与容量因子的关系　在作正相洗脱时,流动相的极性增大,洗脱能力增加,t_R 减小;反之 t_R 增大。分离结构相近的组分时,极性大的组分后出柱。正相色谱法过程是待测的溶质分子及流动相分子竞争固定相表面活性点位的过程,因此保留时间随着流动相组成改变而变化。为了减少拖尾,在疏水性流动相中常加入少量醋酸或氨水甚至少量盐类如硝酸铵等,目的是缓冲固定相表面的活性点位对药物的强烈吸附作用,改善分离度。正相色谱法对超微量的混合物分析有一定缺点:① 常用的流动相在低波长紫外区有强烈的吸收,② 混合物中如有极性较药物强的杂质,例如血样提取液中的代谢产物或内源性杂质,保留时间常较药物为长,必须等这些杂质出峰完全后才能进第二个样品。分析周期长,也容易造成柱的严重污染。因此,在药物的复杂混合物分析中不如反相键合相色谱法应用广。

（三）离子对色谱法(paired ion chromatography,PIC 或 ion pair chromatography,IPC)

离子对色谱是从 20 世纪 70 年代初期发展起来的。它主要分为两类:正相离子对色谱和反相离子对色谱。目前最常用的是反相离子对色谱,它使用反相色谱中常用的固定相,如 ODS。反相离子对色谱兼有反相色谱和离子色谱的特点,它保持了反相色谱的操作简便、柱效高的优点,而且能同时分离离子型化合物和中性化合物。一些强酸、强碱药物以及容易成盐的胺类药物用吸附色谱法分离往往需用很强极性的洗脱液,即使能洗脱下来,由于药物在固定相上吸附力大而使峰形严重拖尾,分离效果差。所以除可选用离子交换色谱法外,更方便的是选用离子对色谱法。

1. **反相离子对色谱**　反相离子对色谱法是把离子对试剂加入极性流动相中,被分析的试样离子在流动相中与离子对试剂的反离子生成不带电荷的中性离子对,从而增加了试样离子在非极性固定相中的溶解度,使分配系数增加,改善了分离效果。

反相离子对色谱常以非极性疏水固定相如 ODS(或 C_2,C_8)做填料,流动相是含有反离子(如 B^-)的极性溶液,当样品(含有被分离的离子 A^+)进入色谱柱之后,A^+ 和 B^- 相互作用生成中性化合物 AB,AB 就会被疏水性固定相分配或吸附,按照它和固定相及流动相之间的作用力大小被流动相洗脱下来。

2. **反相离子对色谱的流动相**　反相离子对色谱常用的流动相是甲醇—水和乙腈—水,增加甲醇或乙腈,k 值减小。在流动相中增加有机溶剂的比例,应考虑离子对试剂的溶解度,流动相的酸度对保留值有影响,一般 pH 2~7.4 比较合适,表 10-8 为分离不同样品时酸度的选择。

表 10-8　反相离子对色谱流动相酸度的选择

样品类型	pH 范围	说明
强酸型($pK_a<2$),如磺酸类化合物	2~7.4	在整个 pH 范围样品都可以离子化
弱酸型($pK_a>2$),如氨基酸	6~7.4	样品可以离子化,其保留值决定于离子对性质
弱酸型($pK_a>2$)	2~5	样品离子化被抑制,不生成离子对
强碱型($pK_a>8$),如季铵盐	2~8	在整个 pH 范围样品都可以离子化
弱碱型($pK_a<8$),如儿茶酚胺	6~7.4	样品离子化被抑制,不生成离子对
弱碱型($pK_a<8$)	2~5	样品可以离子化,其保留值决定于离子对性质

3. **反相离子对色谱的离子对试剂**　离子对试剂的种类、大小及浓度都对分离有很大的影响,选择离子对试剂的种类决定于被分离样品的性质。分析碱类用烷基磺酸盐为离子对试剂。常用正戊(PIC—B5)、正己(PIC—B6)、正庚(PIC—B7)及正辛磺酸钠(PIC—B8)。分析酸类常用四丁基季铵盐(PIC—A),如四丁基胺磷酸盐(TBA)等。表 10-9 中列出反相离子对色谱的离子对试剂。

表 10-9　反相离子对色谱的离子对试剂

序号	反离子种类	主要应用对象
1	季铵类(如四甲铵、四丁铵、十六烷基三甲铵等)	强酸,弱酸,磺酸染料,羟酸,氢化可的松及其盐
2	叔胺(如三辛胺)	磺酸盐,羧酸
3	烷基磺酸盐(如甲基、戊基、己基、庚基、樟脑磺酸盐)	强碱、弱碱、儿茶酚胺、鸦片碱等
4	高氯酸	胺
5	烷基磺酸盐(如辛基、癸基、十二烷基磺酸盐)	与 2 类似,选择性有不同

4. **分离机制**　今以 RPIC 分离碱性药物为例,使用非极性键合固定相,如 YWG—$C_{18}H_{37}$,或 μ—BondapakC$_{18}$ 或 ODS 等,说明分离机制。将流动相调节到一定 pH,使碱性药物成盐,然后加入带负电荷的抗衡离子试剂或称相反离子试剂,如烷基磺酸盐等,它在流动相中以 RSO_3^- 形式存在,与碱性药物的铵盐 RNH_3^+ 形成离子对化合物,增加了药物在固定相中的保留值,使与其他极性物质更好地分离。离子对化合物的形成与在两相中的分配过程简单表示如下:

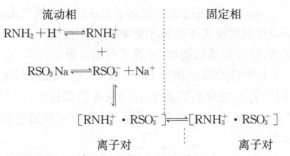

反相离子对色谱近年来有了很大的发展,分离效果好,应用广泛,可省去离子性化学键合相的使用而能达到离子交换色谱法的效果。尤其在测定人体内碱性药物的血药浓度时,对某些极性强的碱性药物,更有利于与其代谢产物和内源性酸性杂质的分离。

例 10-3 反相离子对色谱法分离复合维生素

图 10-14 是反相离子对色谱法分离维生素的图谱。

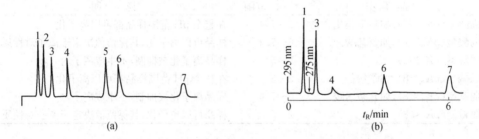

图 10-14 用反相离子对色谱分离复合维生素的色谱图

色谱柱:Pecosphere—3CR C_8 柱
流动相:甲醇/水(15/85)内含 5mmol/L 己磺酸和 0.1%TEA 以及 1%的乙酸
检测:紫外检测器 Vc 在 295 nm 处检测,其他组分在 275 nm 处检测
色谱峰:1—Vc;2—Vb_1;3—Vb_2;4—Vb_6;5—$V_{b_{12}}$;6—V_H;7—泛酸
(a)维生素标样;(b)复合维生素

(四)离子抑制色谱法

在反相色谱法中,通过调节流动相的 pH,抑制样品组分的解离,增加它在固定相中的溶解度,以达到分离有机弱酸、弱碱的目的,这种技术称为离子抑制色谱法(ion suppression chromatography,ISC)。

1. **适用范围** 适用于 $3.0 \leqslant pK_a \leqslant 7.0$ 的弱酸及 $7.0 \leqslant pK_a \leqslant 8.0$ 的弱碱。对于 $pK_a < 3.0$ 的酸及 $pK_a > 8.0$ 的碱,应采用离子对色谱法或离子交换色谱法。

2. **抑制剂** 通过向流动相中加入少量弱酸(常用醋酸)、弱碱(常用氨水)或缓冲盐(常用磷酸盐及醋酸盐)为抑制剂,调节 pH,抑制样品组分的解离,增加中性分子在流动相中存在的几率。

3. **容量因子及其影响因素** 除与反相色谱法有相同的影响因素外,主要还受流动相的 pH 的影响。对于弱酸,当流动相的 $pH < pK_a$ 时,组分以分子形式为主,k 值增大,t_R 增大;反之,$pH > pK_a$,组分以离子形式为主,k 值变小,t_R 减小。对于弱碱,情况相反。

4. **用途** 可用于有机弱酸、弱碱与两性化合物的分离,以及它们与分子型化合物共存时的分离。不适用于 $pK_a < 3.0$ 的酸及 $pK_a > 8.0$ 的碱。

(五) 离子交换色谱

1. 离子交换色谱(ion exchange chromatography, IEC)的分离机理 用离子交换色谱进行分离是靠在一定酸度下被分离的离子和固定相上的离子交换剂基团的相互作用,被分离的离子的电荷密度和等电点(pI)值与色谱柱上的离子交换剂的离子容量大小决定保留能力的强弱。例如,样品离子 X 和流动相离子 Y 与固定相上的等电基团 R 之间的简单离子交换:

$$X^- + R^+Y^- \rightleftharpoons Y^- + R^+X^-$$
$$X^+ + R^-Y^+ \rightleftharpoons Y^+ + R^-X^+$$

上式为阴离子交换色谱,样品离子 X^- 与流动相离子 Y^- 争夺离子交换剂上的交换中心 R^+;下式为阳离子交换色谱,样品离子 X^+ 与流动相离子 Y^+ 争夺离子交换剂上的交换中心 R^-。与离子交换剂上的交换中心作用力强的样品离子保留时间长,反之就短。

2. 应用 在生物医学领域里广泛地应用离子交换色谱,如氨基酸分析,肽和蛋白质的分离。也可作为有机和无机混合物的分离。

例 10-4 生物碱混合物的分离(图 10-15)。

固定相:阳离子性化学键合相 YWG—$R_4N^+Cl^-$,或 Partisil—10SCX,粒度 10 μm,柱为 250 mm × 4.6 mm;

流动相:0.1 mol/L $NH_4H_2PO_4$ — 60% 甲酸水溶液,流速 1 mL/min;

检测器:UV — 254 nm。

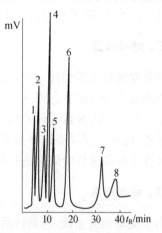

图 10-15 含生物碱混合物的分离
1. 水杨酸 2. 硝基安定 3. 苯丙胺
4. 甲基苯丙胺 5. 吗啡 6. 可卡因
7. 奎宁 8. 箭毒决莖碱

第五节 微柱液相色谱法

近十几年来,有关微柱液相色谱(micro-column liquid chromatography)的研究十分活跃。与普通液相色谱相比,微柱液相色谱由于用微柱(ID 为几个 μm 至 1.0 mm)代替了常规色谱柱(ID 4.6 mm),分析所需样品量以及流动相消耗大大下降。可在几 μL/min 的流速下进行微量样品的分离分析。同时,随着柱内径的大幅度减小,样品柱内扩散成几何级数降低,从而提高了检测器灵敏度,使检测效果更为理想。正是由于以上几个突出优点,微柱液相色谱表现出了很好的适用性,被广泛用于药物、生化、环境及食品各个领域。

一、分类

对于微柱液相色谱一般可分为微内径柱和毛细管柱两类,微内径柱内径在 0.5~1.0 mm 范围内,称为微柱液相色谱(micro LC),柱长为 25~100 cm,内填 1~5 μm 的填料,流速在 10~100 μL/min 范围内。毛细管柱又分填充柱和开管柱,填充柱内径在 50~200 μm,长度 0.25~10 m;开管柱液相色谱(open tubular LC, OTLC)是在内径 2~50 μm、长度 1~3 m 的毛细管内进行,固定相吸附或键合在毛细管管壁上,从理论上推导,在合适的操作条件下,最佳分离应在 2~5 μm 直径的毛细管内进行。

二、高压泵

微型液相色谱仪与普通液相色谱仪的最主要差别是泵。普通泵的流速为 0.1～10 mL/min，配合小径柱的泵流速范围为 5～500 μL/min。因此小径柱要求输液泵达到高精度、高准确度和无脉冲。对于内径小于 500 μm，流速要求在纳升至微升之间的微柱，则不能用直接泵压式输液，需采用分流技术。

三、进样装置

与常规液相色谱相比，微柱液相色谱的载样量要小得多，只是几纳升至 1 μL。这样小的进样体积要求微柱液相色谱在进样装置及技术上做相应改进。进样 1 μL～20 nL 均可采用带有可更换内膜的微量进样阀完成。而在 20 nL 以下，则需在进样器与色谱柱之间有 1 个分流放空装置，也可采用动态进样技术、静态分流技术以及压力脉冲驱动停流技术。这些技术的共同之处在于控制进样时间和进样体积，从而达到控制样品入柱量、防止柱超载的目的。

四、检测技术

由于流动相流速低，色谱柱后洗脱溶剂易于除去，微柱液相色谱可采用多种检测方法，体现出良好的兼容性。

（一）紫外检测器

在微柱液相色谱中紫外检测器同样应用最为广泛。为了尽可能减少柱外死体积，可采用柱上检测技术，但由于柱内径的限制，限制了光程长度而导致敏感度有限。现有人建议利用光学纤维来对入射光进行校正和收集透射光，以弥补其不足。纵向流通池的应用也能进一步提高紫外检测器的灵敏度。其光程长度为 3～8 mm，其检测灵敏度可达柱上检测的 50～100 倍。

（二）荧光检测器

荧光检测器的应用仅次于紫外检测器，其选择性和灵敏度均优于紫外检测器。荧光检测器有柱上检测、柱内检测及激光诱导荧光检测等。柱内荧光检测的灵敏度要比柱上检测好得多。曾报道柱上检测药物，其检测限为 3 pg，而柱内检测的检测限则可达 20～100 fg。柱内检测采用纵向流通池，其流通池的光程长度有限，激发区太小，灵敏度仍不理想。激光诱导荧光检测器有很高的灵敏度，常用的激光器为氦—镉激光器或氩离子激光器，激光诱导荧光检测器结合衍生化反应可达到很高的专一性和灵敏度，用 OTLC 和激光诱导荧光检测器，通过柱前衍生，成功地测定了单个神经细胞中的 16 种氨基酸。

（三）电化学检测器

在液相色谱中，对那些没有紫外吸收或不能发出荧光但具有电活性的物质可采用电化学检测器。在微柱液相色谱中，以安培检测较为广泛。安培检测的检测指标为物质的电流反应，电极电位设定为某一值，只有那些在设定电位下能发生氧化还原反应的物质才能被检测，有一定的局限性。若在微电极上进行电位扫描，则在电极处能被活化、检测到的物质就会大大增加，这称为伏安分析。如果被分析物的反应电压各不相同，则它们会在伏安分析中被分别检测。在 OTLC 中通常用微电极和伏安法进行测定。一般所用的碳纤维微电极的直径在 2～10 μm，将微电极直接插入毛细管末端进行测定。电化学检测器可测 3nmol 级的儿茶酚胺等，最低检测限可达 0.5nmol。

微柱液相色谱还可应用气相色谱检测器(热离子化检测器、火焰光度检测器、电子捕获检测器等)、傅立叶变换红外光谱、化学发光技术、蒸发光散射检测器等检测,其中微柱液相色谱核磁共振联用有较好的应用前景,由于微柱消耗流动很少,可采用全氘化处理的流动相,这时溶剂信号的干扰就不复存在。

五、应用

(一)快速药物分析

在药物分析中,复方制剂分析和治疗药物监测非常适合用微柱进行快速分析。分析 APC 片中的 3 种主药,用 100 mm×1 mm 微柱,填充 3 μm 的 ODS,用乙腈－5 mmol/L 辛基磺酸钠溶液(18∶20)为流动相,20 s 内即分离完毕,50 个样品 15 min 内即完成。流动相只需 14 mL,为常规柱的 1/21。

实验结果也证明,内径 1 mm 的微柱可使检测灵敏度比内径 3.2 mm 的相同长度和填料的分析柱高 10 倍,见图 10-16。

(二)分析药物和代谢产物

微柱液相色谱法在体内药物和其代谢产物的分析中也应用日广。尤其是与可在动物体内不同部位、组织器官或体液中取样的微透析/过滤取样法结合,易于实现分析自动化,更具广泛的应用前景。

在扑热息痛和茶碱的动物体内药代动力学的研究中,用微透析法和超滤法取样,经自动进样阀切换进样至微柱色谱系统,再由直接连接其后的电化学检测器检测。分离的样品被直接喷至工作电极表面,提高了反应检测率。该实验系统还成功地进行了乙酰水杨酸、扑热息痛等药物以及它们的代谢产物的体内浓度的测定。

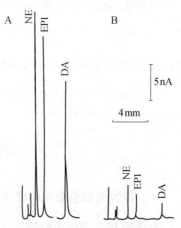

图 10-16 微柱和常用分析柱分析同量去甲肾上腺素(NE)、肾上腺素(EPI)和多巴胺(DA)

A. 微柱 Sepstik ODS 100 mm×1 mm,3 μm;流动相,0.5 mmol/L EDTA 和 1 mmol/L 辛基磺酸钠(pH3.1)－乙腈(100∶16);流速,70 μL/min;LC-4C 电化学检测器

B. 色谱柱,Biophase-Ⅰ ODS 100 mm×3.2 mm,3 μm;流动相和检测器同 A,流速,0.7 mL/min

(三)中药分析

中药的成分非常复杂,利用色谱法分离分析中药的有效成分时,色谱柱的寿命会大大缩短。微柱价廉又只需少量的填料即可获得较高的柱效。用微柱成功地分离了紫花洋地黄叶中的洋地黄 A、B 和葡萄糖吉托洛苷等成分,色谱条件详见表 10-10。

表 10-10 微柱液相色谱应用实例

药物	色谱柱/mm	流动相	检测器
可的松、地塞米松	70×0.5	乙腈－水(40∶60)	MS
APC	100×1.0	乙腈－5 mmol/L 辛基磺酸钠溶液(18∶82)	UV
安定及其代谢产物	250×1.0 Partisil-10	甲酸－乙酸乙酯－正己烷(8∶10∶82)	UV
麦角二乙胺及其代谢产物(尿中)	100×1.0 C_{18} 5 μm	乙腈－甲醇－乙酸－5 mmol/L 醋酸铵溶液,梯度洗脱	MS
双氯酚(血浆中)	150×1.0 C_{18} 5 μm	乙腈－甲酸铵溶液(55∶45)	MS SIM

续表 10-10

药物	色谱柱/mm	流动相	检测器
5-羟色胺和5-羟吲哚乙酸	250×1.0 C_{18} 5 μm	乙腈—醋酸钠溶液等	电化学
7种氨基酸	150×0.32 C_{18} 5 μm	甲醇—水(50:50)	化学发光
9种胆酸	660×0.25 C_{18} 5 μm	水—乙腈,梯度洗脱(21:20:45)	衍生化后,荧光检测
洋地黄叶中的洋地黄苷	100×0.50 C_{18} 5 μm	乙腈—甲醇—水(21:20:45)	UV
秋水仙碱	250×1.0 C_{18} 5 μm	乙腈—2 mmol/L 醋酸铵缓冲液 pH3.0(75:25)	MS SIM

第六节 高效液相色谱仪

一、高效液相色谱仪的流程

高效液相色谱仪由输液泵、进样器、色谱柱、检测器及数据处理装置等组成(图 10-17)。

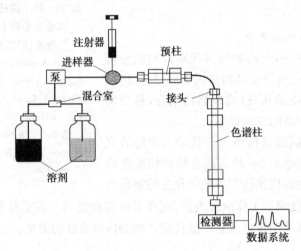

图 10-17 带有预柱的 HPLC 仪器结构图

二、高效液相色谱仪的主要部件

（一）流动相贮罐

分析用高效液相色谱仪的流动相贮罐,在连接到泵入口处的管线上时要加 1 个过滤(例如 2 μm 的过滤芯),以防止溶剂中的固体颗粒进入泵内。

（二）泵

1. **现代液相色谱对泵的要求** 由于现代高效液相色谱都使用小颗粒的填料(7 μm,5 μm,3 μm 等),有很大的阻力,因此需要高压泵。现代液相色谱对泵的要求:① 泵的结构材料要能抗化学腐蚀;② 输出压力要能达到 40~50 MPa;③ 无脉冲或加一个脉冲抑制器;④ 流量可变,流量稳定,重现性大大优于 1%;⑤ 为了可以快速更换溶剂,泵腔的体积要小。

2. **泵的结构材料** 一般使用不锈钢和聚四氟乙烯做泵的材料,泵的密封材料一般由加了填料的聚四氟乙烯(例如,加石墨填料的聚四氟乙烯)制造,这些材料可以适应液相色谱中的绝大多数流动相。有些往复泵的活塞和单向阀球是蓝宝石做成。当不能使用不锈钢时,可完全用聚四氟乙烯和玻璃代替,但是这样泵的压力限制在 3.5 kPa 之内。现代最新的高效液相色谱仪也有用精密陶瓷做泵的。

高压输液泵是液相色谱仪的关键部件之一。在气相色谱法中是利用高压气瓶提供一定压力和流速的载气。在高效液相色谱法中则利用高压输液泵来完成流动相的输送。输液泵的种类很多,按输出液体的情况,可分为恒压泵及恒流泵两大类。按恒流泵结构的不同,可分为螺旋泵及往复泵两种。往复泵又分为柱塞往复泵及隔膜往复泵。恒压泵流量受柱阻影响,流量不恒定。螺旋泵的缸体太大,这两种泵已经淘汰。目前,多用柱塞往复泵。

3. 柱塞往复泵(图 10-18)　泵的柱塞向前运动,液体输出,流向色谱柱,向后运动,将贮液瓶中的液体吸入缸体。如此前后往复运动,将流动相源源不断地输送到色谱柱中。分析型的柱塞往复泵的容积一般只有 0.1~1 mL,容易清洗和更换流动相。柱塞往复泵属于恒流泵,流量不受柱阻影响。泵压一般最高为 40 MPa。这类泵的优点很多,但输液的脉动性较大是其缺点。目前多采用双泵补偿法克服脉动性。按泵连接方式分为并联式与串联式,后者较多,因为串联式可节约一对单向阀,便宜。

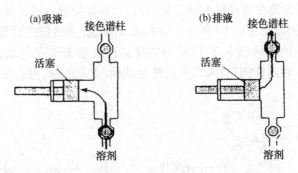

图 10-18　带双球阀的氧化铝(蓝宝石)泵头

串联补偿法是将两个柱塞往复泵串联(图 10-19 右)。泵 1 的缸体容量比泵 2 大一倍,两者的柱塞运动方向相反。当泵 1 吸液时,泵 2 排液;当泵 1 排液时,泵 2 吸取泵 1 输液的 1/2 量,另 1/2 量输出。如此,往复运动,泵 2 弥补了在泵 1 吸液时的压力下降,减小了输液脉冲。Waters 公司等生产的 HPLC 串联输液泵,2 个泵头分别用 2 个由微机控制的马达驱动活塞运动,可达到无脉动溶剂输出。

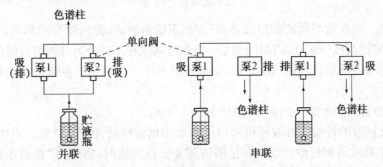

图 10-19　柱塞往复泵的两种连接方式
(串联式中的泵 2 无单向阀)

(三) 高效液相色谱仪的梯度洗脱

在分离极性相差较大的混合物时,用同一浓度的流动相(等度)进行洗脱难以实现分离,但是如用梯度洗脱就可以很容易地解决这一问题。液相色谱的梯度洗脱与气相色谱的程序升温类似。

进行梯度洗脱的装置可以分为两类,高压梯度形成器和低压梯度形成器。无论用哪种装置,在梯度洗脱中流动相组成的变化均可以是分段的或连续的,完全根据控制方式而定。溶剂组成的变化程序可以是线性的。但为了获得最佳的操作,常常使用某些指数方式(如凸形或凹形)变化程序。目前用微处理机来控制这些程序。高压二元梯度洗脱是由两个输液泵分别各吸一种溶剂,加压后再混合,混合比由2个泵的速度决定。低压梯度洗脱是用比例阀将多种溶剂按比例混合后,再加压输至色谱柱。低压梯度便宜,且易实施多元梯度洗脱,但重复性不如高压梯度洗脱装置。

采用梯度洗脱的优点有:① 缩短总的层析周期;② 提高分离效能;③ 峰形得到改善,很少拖尾;④ 灵敏度增加,但有时引起基线漂移。

(四) 色谱柱与进样器

色谱柱是色谱仪最重要的部件。完整的色谱柱系统包括进样器、色谱柱、柱的进出口接头及至检测器的导管等。现选主要部分叙述如下:

1. **进样器** 进样器装在色谱柱的进口处,目前产品都配置六通进样阀。

六通进样阀示意图如图10-20所示。在状态a位置,用微量注射器将样品注入贮样管。进样后,转动六通阀手柄至状态b,贮样管内的样品被流动相带入色谱柱。贮样管的体积固定,可按需更换。用六通进样阀进样,具有进样量准确、重复性好、可带压进样等优点。

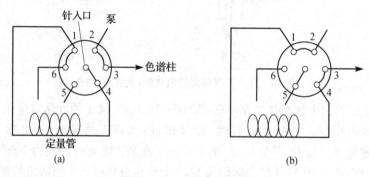

图 10-20 HPLC 进样阀
(a) 充满定量管;(b) 进样

2. **色谱柱** 由柱管与固定相组成,柱管多用不锈钢制成,管内壁要求具有很高的光洁度。固定相采用匀浆法高压(80~100 MPa)装柱。色谱柱按规格不同分为分析型与制备型两类。

(1) 分析型柱:常量柱内径(ID)2~4.6 mm,柱长10~25 cm。半微量柱内径1.5 mm,柱长10~20 cm。

(2) 制备型柱:内径20~40 mm,柱长10~30 cm。

3. **色谱柱柱效的评价** 柱效评价可以了解所用色谱柱是否合乎要求。中国药典2005版附录中规定,用高效液相色谱法或气相色谱法建立分析方法时,需进行"色谱条件与系统适用性试验",给出分析状态下色谱柱(应达到的)最小理论塔板数、分离度和拖尾因子。分析样品时,需检验柱性能是否合乎要求,可见柱效评价的重要意义。常用色谱柱柱效评价条件如下:

(1) 硅胶柱 样品:苯、萘、联苯及菲(用己烷配制);流动相:无水己烷。

(2) 反相色谱柱(ODS柱等) 样品:尿嘧啶(测死时间用)、硝基苯、萘及芴(或甲醇配制的硅胶柱样品);流动相:甲醇—水(85:15,V/V)或乙腈—水(60:40,V/V)。

(3) 正相色谱柱（氰基与氨基柱等）　样品：四氯乙烯（测死时间用）、邻苯二甲酸二甲酯、邻苯二甲酸二正丁酯及肉桂醇。也可用偶氮苯、氧化偶氮苯及硝基苯为样品，以正庚烷为流动相。

按上述条件，测得各组分的 $W_{1/2}$ 及 t_R，求出理论塔板数 n 及相邻组分的分离度 $R(\geqslant 1.5)$。

色谱柱柱效指标　填料粒径为 3 μm、4 μm、5 μm、7 μm 或 10 μm 时，柱效应分别大于 8 万、6 万、5 万、4 万及 2.5 万（理论塔板数/m）。

4. **色谱柱的再生**　色谱柱的价格较贵，再生可以延长使用柱寿命。

(1) 反相色谱柱：以甲醇—水（95∶5, V/V）、纯甲醇及一氯甲烷等为流动相，依次冲洗，顺序不得颠倒。每种流动相的冲洗体积应 20 倍于柱体积。然后，再以相反顺序依次冲洗。

(2) 正相色谱柱（含硅胶柱）：以严格脱水的正己烷、异丙醇、一氯甲烷及甲醇为流动相，依次冲洗，顺序不得颠倒。每种流动相的冲洗体积应 20 倍于柱体积。然后，再以相反顺序依次冲洗。

(3) 离子交换树脂柱：用稀酸缓冲溶液冲洗可使阳离子交换树脂柱再生。反之，用稀碱缓冲溶液冲洗可使阴离子交换树脂柱再生。

（五）高效液相色谱检测器

高效液相色谱的检测与气相色谱仪上所用的检测器一样，它是反映色谱过程中组分中浓度或质量变化。同样要求灵敏度高、噪音低、线性范围宽、重复性好、适用化合物的种类广等条件。目前，应用较多的有紫外检测器（UVD）、荧光检测器（FD）、电化学检测器（ECD）、蒸发光散射检测器（ELSD）及示差折光检测器（RID）等，种类虽多但都有不足之处。

1. **紫外检测器**　紫外检测器（ultraviolet detector, UVD 或 UV）是 HPLC 应用最普遍的检测器。紫外检测器的检测灵敏度高，但主要用于检测具有共轭结构的化合物。如芳烃与稠环芳烃、芳香基取代物、芳香氨基酸、核酸、甾体激素、羧基与羰基化合物等。

紫外吸收检测器的类型分为两种：可变波长型及二极管阵列检测器。

(1) 可变波长型检测器：是 1 台紫外—可见分光光度计或紫外分光光度计，波长可按需要选择。可选择被测组分的最大吸收波长为检测波长，以增加检测灵敏度。但由于光源是通过单色器分光后再照射到样品上，照射光强度相应减弱。因此，这类检测器对检测元件（光电转换元件）及放大器都有较高的要求。UVD 是当前高效液相色谱仪配置最多的检测器。其光学结构与一般的紫外分光光度计一致，主要区别是用流通池替代了比色池。

(2) 光电二极管阵列检测器（photodiode array detector, DAD）：这种检测器，一般是 1 个光电二极管对应接受光谱上 1 个纳米（nm）谱带宽度的单色光。例如，Waters 生产的 996 型光电二极管阵列检测器，波长范围为 190~800 nm，对应 512 个光电二极管，平均 1.2 nm 谱带宽度由 1 个光电二极管接收。二极管阵列检测器除了光源、单色仪和阵列元件之外，数据接收和处理也是重要的组成部分（图 10-21）。没有计算机的发展，数据的采集、贮存和处理以及测量结果的输出都是不可能的。二极管阵列检测器都配有专用的数据收集、存贮和处理系统。目前已经开发了许多计算机软件，如 HP8450A、HP9000 以及 LKB2140 等都带有功能齐全的数据处理系统，这些系统有多种控制操作后计算、输出、打印的功能，并且能够获得全息光谱图、多通道成像、多通道色谱图以及三维色谱图等。

工作原理：二极管阵列检测器的光路与紫外可见分光检测器不同，光源发出的光聚焦后先通过检测池，通过检测池的透射光由全息光栅色散成多色光，不同波长的色散光按波长顺序聚焦在阵列元件上，每个元件对应一定的谱带宽度（nm）。阵列元件由蚀刻在硅片上的一系列光敏二极管组成。当光照射到光电二极管时，光敏二极管产生光电流，正比于透射光的强度。因信号弱需经多次累加，而后给出组分的吸收光谱。这种记录方式不需扫描，因此最短能在几个毫秒瞬间内获得流通池中色谱组分的吸收光谱。图 10-21 是光电二极管阵列检测器的示意图。

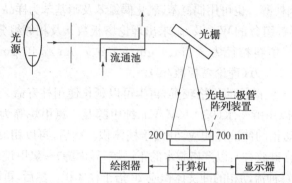

图 10-21 光电二极管阵列检测器示意图

二极管阵列检测器特点及应用：二极管阵列检测器的操作比较简单，在 190～800 nm 的范围内，都有二极管"各司其职"，因而，各种波长的单色光的强度都有相对应的二极管同步记录，一次进样用二极管阵列装置可以在百分之几秒甚至更短的时间给出每个色谱组分从 200～800 nm 的全部吸收光谱图（$A-\lambda$ 曲线），同时获得样品的色谱图（$C-t$ 曲线），是一种"全息"的检测方法。色谱图用于定量，光谱图用于定性。也可以用计算机将这两种图谱绘在一张三维坐标图上（$X-t$、$Y-A$、$Z-\lambda$），而获得三维光谱—色谱图（3D—spectrochromatogram）。三维谱示意图与分析实例如图 10-22。在图 10-22 上可看出每个组分的立体吸收峰。该图是 3 种对羧基苯甲酸的三维光谱—色谱图。上图是用 Waters 产 996 的 PDAD 获得的结果。惠普产 HP 1090 Win HPLC（具有 PDAD）等也有类似的功能。计算机化的数据处理，可进行色谱峰光谱相似性比较（similarity）、峰纯度检测（peak purily）及利用图谱库对测定样品进行检索等，为定性定量分析提供更丰富的信息。

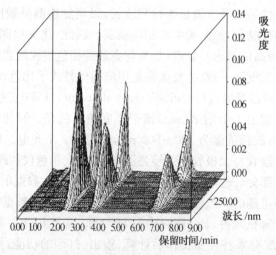

图 10-22 3 组分混合物的三维色谱图

2. 荧光检测器（fluorophotometric detector，FD） 早期的荧光检测器是具有滤光片的荧光光度计，已基本淘汰。目前使用的荧光检测器多是具有流通池的荧光分光光度计。检测器中的样品池是与色谱柱中流出液接管相连通的直通形样品池，池体积一般亦为 8 μL，用石英玻璃制成，内壁光滑，不易产生气泡。用低压汞灯的 254 nm 波长或通过滤光片的某一波长或从氙灯的连续光谱中选某一波长，将样品溶液激发后产生的荧光，从样品池四面发射，由与它成直角方向装置的光电倍增管接收,转变为电讯号,经放大后记录。荧光检测器是一种灵敏度高、选择性好的检测器,其检测限可达 10^{-10} g/mL,比紫外检测器灵敏,但只适用于能产生荧光或其衍生物能发荧光的物质。主要用于氨基酸、多环芳烃、维生素、甾体化合物及酶类等的检测。由于荧光检测器的灵敏度高,是体内药物分析常用的检测器之一。如用激光做激发光源还可提高其灵敏度。在用于氨基酸检测时,由于多数氨基酸无荧光,需用柱衍生法制备衍生物。衍生法分为柱前与柱后衍生两种方法。常用邻苯二甲醛(OPA)或异氰硫基苯(PICO—TAG 法)为衍生化试剂,是分析氨基酸应用最广的方法之一。

3. 蒸发光散射检测器(evaporative light scattering detector,ELSD)　蒸发光散射检测器是 20 世纪 90 年代出现的最新型的通用型高效液相色谱检测器。理论上这种检测器可用于挥发性低于流动相的任何样品组分的检测,但对于有紫外吸收的组分的检测灵敏度较低,因而主要用于糖类、高分子化合物、不进行衍生化的高级脂肪酸和氨基酸、表面活化剂、甾体类及结构不明又无标准样品的未知物等几十类化合物。该检测器用于检测糖类时,最小检测量为 5 ng 葡萄糖。ELSD 还可用于凝胶色谱及超临界流体色谱(SFC)和逆流色谱的检测。在分子排阻色谱中,可用 ELSD 检测聚合物。

检测原理:将流出色谱柱的流动相及组分先引入通载气(常用高纯氮)的蒸发室,加热,使流动相蒸发而除去。样品组分在蒸发室内形成气溶胶,被载气带入检测室,用激光或强光照射气溶胶而产生散射光(丁铎尔光效应),测定散射光强而获得组分的浓度信号。散射光强 I 与进入检测器的气溶胶中组分的质点的"质量"和 m 的关系为:

$$I = km^b$$

k、b 是两个与实验条件有关的常数(是取对数后的截距与斜率)。

ELSD 运行有 3 个过程:一是用稀有气体把色谱流出物雾化,二是在一个加热管(漂移管)中把流动相蒸发,三是测定留下来样品颗粒的光散射。所有商品 ELSD 都用一种或两种模式完成这 3 个过程。类型 A 的操作是使全部柱流出物(气溶胶)都进入直的漂移管,让流动相在其中蒸发。类型 B 的 ELSD 的操作是使气溶胶通过一个弯管,在此管中大的颗粒沉积下来流入废气管,其余的小颗粒进入螺旋状的蒸发管。在这两种情况下,样品颗粒都进入光管,进行光散射的测定。

ELSD 的主要缺点,除了已经介绍的对有紫外吸收组分的检测灵敏度比 UVD 低(约低一个数量级)外,其次是只适用于流动相能挥发的色谱洗脱。如在 RHPLC 中常用乙腈—水、甲醇—水等,而不能用含缓冲盐的流动相,因为盐不挥发,形成高本底,影响检测。若需进行离子抑制色谱,则只能选择能挥发的抑制剂,如氨水及醋酸等。

例 10-5　糖类分析(图 10-23)
色谱柱:Asahipak NH$_2$,250 mm×4.6 mm
流动相:乙腈(A)—水(B),1.0 mL/min
载气:空气;压强:0.2 MPa;温度:50℃

ELSD 作为通用型检测器克服了 HPLC 常碰到的一些麻烦,它不像紫外光和荧光检测器要依赖于被测化合物的光学性质,所以任何化合物只要其挥发性低于流动相都可以用 ELSD 测定,不管它的功能团是什么。而且 ELSD 的响应值和被测样品的质量有关,因而它可以用于测定物质的纯度和测定未知物。示差折光

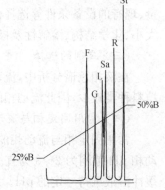

图 10-23　糖的分析
F. 果糖　G. 葡萄糖　L. 乳糖
Sa. 蔗糖　R. 蜜三糖　St. 水苏糖

检测器(RI)是一种通用检测器,但是它不能用于梯度洗脱,对温度的变化特别敏感,会产生很大的溶剂峰而影响早流出峰的检测。ELSD消除了这些弊端,可以用于梯度洗脱,当实验室和柱温变化时可保持基线稳定,最早流出的溶剂峰不会干扰早流出的峰。质谱也是一种通用检测器,但是它操作复杂且费用昂贵,限制了它的应用。

第七节 高效液相色谱方法的选择与定性、定量方法

一、HPLC方法的建立

应用HPLC对样品进行分离、分析,主要根据样品的性质选择合适的分离类型及所用的色谱柱和流动相、检测器等。

(一)样品的性质

样品中待测组分的相对分子质量大小、化学结构、溶解性等化学、物理性质决定着色谱分离类型的选择。

如果样品是复杂的混合物,需要柱效高的色谱柱,也可考虑梯度洗脱。若只需测定混合物中1个或2个组分或测定反应原料与产物的情况时,可选用较简单的方法,只要待测组分能分开即可,不必将所有组分都分开。

原料药常需要很纯,需将所有组分分开,即主药物、中间体、杂质和降解产物的峰都应分开。纯度范围窄的,方法的精密度必须足够好,通常重复测定的相对标准偏差应低于2%。如果分析复方制剂,应考虑赋形剂和降解产物的干扰。

如果测定的药品中有微量杂质存在,而且此杂质有毒性或副作用,则必须提高方法的灵敏度,以区分少量杂质与噪音,此时色谱柱和溶剂条件必须允许大量样品的进样。

样品检测通常是测定从柱中洗脱出来的组分的光学性质,常用的是紫外检测。因此组分的紫外和可见光谱对最佳检测波长的选择非常重要。

在选择色谱条件时,还应考虑样品的稳定性,如果某些条件能使待测组分分解,须避免使用此条件。

(二)色谱分离类型的选择

HPLC的各种方法有其各自的特点和应用范围,应根据分离分析的目的、样品的性质和含量、现有的设备条件等选择合适的方法。通常分离类型应根据样品的性质(如相对分子质量的大小、化学结构、溶解性及极性等)来选择,并据此选择色谱柱和流动相。

(三)溶剂的选择

在液相色谱分析中,流动相的种类、配比对色谱分离效果影响很大,而可供选择的固定相填料种类较少,因此流动相的选择非常重要。

(四)常用固定相与流动相的选择

常用固定相与流动相的选择列于图10-24加以说明。若使用缓冲系统,色谱柱使用的流动相pH范围为2~8为宜。酸性太强会使键合的烷基脱落,碱性太强会使硅胶溶解,通常用缓冲溶液维持一定的pH。缓冲溶液浓度范围为0.005~0.5 mol/L,尽量用稀溶液为好。在用水和有机溶剂的系统中,应注意盐的存在会改变溶剂的可混合性。在色谱分离过程中,绝不能发生相的分离和盐的沉淀。

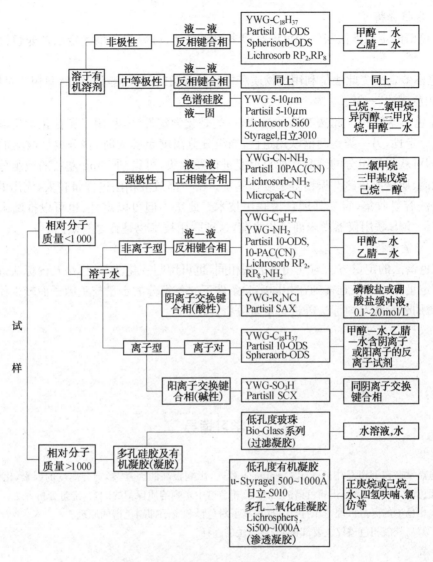

图 10-24 常用固定相(S)及流动相选择表

在 HPLC 中最常用的缓冲溶液是醋酸盐和磷酸盐缓冲液。

（五）检测器的选择

HPLC 检测中,当样品有紫外吸收时,常选用紫外检测器。在药物分析文献中,用紫外检测器的占 95% 以上。使用时要注意溶剂的使用波长,即溶剂的极限波长必须低于检测波长,若使用荧光检测器或电化学检测器,可使灵敏度提高 2~3 个数量级,但不是所有化合物都有荧光,无荧光的物质可经衍生化作用形成有荧光的化合物。电化学检测适用于有氧化还原性的药物。

二、定性、定量分析方法

高效液相色谱法主要用于复杂成分混合物的分离、定性与定量。由于 HPLC 分析样品的范围不受沸点、热稳定性、相对分子质量大小及有机物与无机物的限制,一般说来只要能制成溶液就可分析,因此 HPLC 的分析范围远较 GC 广泛。

（一）定性分析

液相色谱的定性方法与气相色谱有很多相似之处,可分为色谱鉴定法及非色谱鉴定法两类。

1. 色谱鉴定法　此法是利用纯物质和样品的保留时间或相对保留时间相互对照进行,可参见"气相色谱法"一章。

2. 非色谱鉴定法　此法有两种类型,一类是化学定性法,利用专属性化学反应对分离后收集的组分定性,另一类是两谱联用定性,当组分分离度足够大时,将分离后收集的溶液除去流动相,即可获得该组分的纯品。如果反复进样及收集,可得到 1 mg 左右的纯组分。于是利用红外光谱、质谱或核磁共振谱等手续作鉴定。由于高效液相法进样量较大,流出的纯组分比气相色谱法容易收集,容易开展色谱联用技术。此法不但可以定性,也可以推断未知物的结构。在 LC-MS 联用仪器尚未商品化之前,这种联用技术也是行之有效的。

（二）定量分析

液相色谱法的定量方法与气相色谱法相同,也可用归一化法、外标法及内标法进行。液相色谱法的定量方法因很难查到在相同实验条件下的各组分的定量校正因子而较少使用校正归一化法,常用外标法及内标法等进行定量分析。

学习指导

一、要求

本章重点掌握在 HPLC 中的 Van Deemter 方程式,影响板高的因素,影响分离度的因素,化学键合相与化学键合相色谱,反相色谱与正相色谱的区别,反相色谱中影响溶质保留的因素,定量分析方法。

理解反相色谱的保留机理,吸附色谱、反相离子对色谱和离子抑制色谱的原理。

一般了解高效液相色谱仪主要部件、分离方法的选择。

二、小结

1. 从经典液相色谱发展至 HPLC,技术上有 3 方面突破,采用高压泵输液、采用高效填料以及高灵敏度检测器,从而使 HPLC 具有高效、高速、高灵敏度等特点。

2. HPLC 中范氏方程简式为 $H = A + Cu$

详细式为 $H = 2\lambda d_p + \left(\dfrac{C_s d_f^2}{D_s} + \dfrac{C_m d_p^2}{D_m} + \dfrac{C_{sm} d_p^2}{D_m} \right) u$

根据上式可知,降低板高的途径有：① 降低颗粒直径,可达高效高速,最有效；② 降低流动相的黏度,可提高 D_m,而降低 H；③ 提高装柱技术而降低 λ；④ 降低流速。

3. 提高分离度的方法,根据公式

$$R = \dfrac{\sqrt{n}}{4} \dfrac{\alpha - 1}{\alpha} \dfrac{k_2}{1 + k_2}$$

要提高 R,可分别提高 k、α 及 n,使分离度提高,在正相、吸附色谱中,要增加容量因子,流动相的极性要降低,在反相色谱中,正好相反。要改变分配系数比,主要通过改变流动相和固定相的选择性来达到目的。

4. 主要色谱类型

类型	固定相	流动相	组分流出顺序
反相色谱	YWG—C_{18}(ODS)	甲醇—水 乙腈—水	极性大的组分先流出
正相色谱	YWG—CN(NH_2)	有机溶剂	极性小的组分先流出
吸附色谱	YWG	有机溶剂	极性小的组分先流出
反相离子对色谱	ODS	含有反离子的甲醇—水	不易形成离子对的离子先流出
离子抑制色谱法	ODS	一定pH的甲醇—水	易解离的酸碱先流出

5. 反相色谱中影响溶质保留的因素：① 反相键合相的烃基键长；② 有机溶剂的比例；③ 流动相的pH；④ 流动相的盐浓度。

6. HPLC仪的主要部件为高压泵、进样阀、色谱柱、检测器。对高压泵要求是恒流，脉动小，常用的是往复泵。色谱柱常用的尺寸是(2~6) mm×(10~25) cm，填料粒度为 5 μm、10 μm，检测器常用的有紫外、荧光、电化学以及蒸发光散射检测器。

思考题

1. 名词解释

键合相填料与键合相色谱　正相色谱与反相色谱　反相离子对色谱与离子抑制色谱　YWG　ODS　梯度洗脱　光电二极管阵列紫外检测器　保留时间

2. 与气相色谱法相比，高效液相色谱有哪些优点和不足？
3. 在HPLC中，提高柱效可考虑哪些途径？
4. 在HPLC中，提高分离度的方法有哪些？
5. 什么是梯度洗脱？与程序升温有什么不同？
6. 在HPLC中，对流动相有何要求？如何选择各种色谱类型流动相？
7. 请预测在正相色谱与反相色谱体系中，组分的出峰次序。
8. 在高效液相色谱中，组分和溶剂分子之间存在哪几种作用力？
9. 简要说明HPLC仪的组成及主要部件。
10. 为了测定邻氨基苯酚中微量杂质苯胺，现有下列固定相：硅胶、ODS键合相，下列流动相：水—甲醇、异丙醚—己烷，应选用哪种固定相、流动相，为什么？

习　题

一、填空题

1. 在高效液相色谱中，溶剂的种类主要影响_____，溶剂的配比主要影响_____，对于极性相差很大的混合组分常采用_____技术，以实现各组分的良好分离。

2. 在HPLC中，反相色谱常用_____为固定相，_____为流动相，极性_____的组分先流出。

3. 色谱法中范氏方程一般简式为_____，在HPLC中范氏方程简式为_____。

4. 填写下表。

色谱类型	机 理	固定相	流动相
纸色谱			
薄层色谱			
反相高效液相色谱			

5. 液相色谱中较常用的检测器有_____、_____两种。
6. 某色谱峰峰底宽为 50 s，它的保留时间为 50 min，在此情况下，该柱子理论板数有_____块。
7. 组分 A 从色谱柱流出需 15.0 min，组分 B 需 25.0 min，而不被色谱柱保留的组分 P 流出柱需 2.0 min。
(1) B 组分对 A 组分的相对保留时间是_____。
(2) A 组分在柱中的容量因子是_____。
(3) B 组分在柱中的容量因子是_____。
8. 与 GC 相比，HPLC 的流动相黏度大，因此 Van—Decmter 方程中的_____项可以忽略。
9. 设两相邻色谱峰的半峰宽 $W_{1/2}$ 相等，为使两峰分离度达到 1.5，两峰的保留时间为_____。
10. 色谱分离条件的选择，根据分离方程_____，需改变_____、_____和_____，找出最佳分离条件。
11. 在 HPLC 中，为了改善组分性质差异较大样品的分离，常采用_____的方法。
12. 色谱法中，用归一化法进行定量计算，其计算关系式为_____。用归一化法定量时，要求_____。

二、选择题

1. 色谱分析中，要求两组分达到基线分离，分离度应是（   ）。
A. $R \geq 0.1$ B. $R \geq 0.7$ C. $R \geq 1$ D. $R \geq 1.5$
2. 若用反相 HPLC 分离弱极性组分，硅胶键合十八烷基为固定相，甲醇—水为流动相，若增加甲醇的比例，组分的保留时间（   ）。
A. 增加 B. 减少 C. 基本不变 D. 等于 1.5
3. 下列（   ）参数能代表柱效。
A. t_R B. A（峰面积） C. W（峰宽） D. K（分配系数）
4. 在 HPLC 中关于疏溶剂理论，正确的是（   ）。
A. 为分配色谱原理
B. 为吸附色谱原理
C. 分子筛原理
D. 因溶剂分子的排斥作用导致溶质的非极性部分与非极性固定相缔合
5. 在 HPLC 中，关于 ODS 正确的是（   ）。
A. 为正相键合相色谱的固定相 B. 是非极性固定相
C. 是硅胶键合辛烷基得到的固定相 D. 是高分子多孔微球
6. 在液相色谱法中，提高柱效最有效的途径是（   ）。
A. 提高柱温 B. 降低板高
C. 降低流动相流速 D. 减小填料粒度
7. 在液相色谱中，Van Deemter 方程中的（   ）对柱效的影响可以忽略。
A. 涡流扩散项 B. 分子扩散项
C. 流动区域的流动相传质阻力 D. 停滞区域的流动相传质阻力
8. 在 HPLC 中，当用硅胶为基质的键合相做固定相时，流动相的 pH 应控制在（   ）。
A. 9～12 B. 2～8 C. 3～7 D. 5～8
9. 在液相色谱分析中，某物质的分配系数为零，则可用它来测定（   ）。
A. 色谱柱中流动相的体积 B. 柱中填料所占的体积

C. 色谱柱的总体积 D. 色谱仪的总体积
10. HPLC法中,为改变色谱柱选择性,可进行( )操作。
A. 改变流动相的种类和配比 B. 改变检测器
C. 改变填料粒度 D. 改变色谱柱的长度
11. 色谱分析中其特征与被测物浓度成正比的是( )。
A. 保留时间 B. 相对保留值
C. 峰面积 D. 半峰宽
12. 在色谱法中,衡量柱效常用的物理量是( )。
A. 色谱峰的高度 B. 理论塔板数
C. 保留体积 D. 保留时间
13. 对某一组分来说,在一定的柱长下,色谱峰的宽窄主要决定于组分在色谱柱中的( )。
A. 保留值 B. 扩散速度
C. 分配比 D. 理论塔板数
14. 关于容量因子,下列表示式中正确的是( )。
A. $k=\dfrac{t_R}{t_M}$ B. $k=\dfrac{t'_R}{t_M}$ C. $k=\dfrac{c_S}{c_M}$ D. $k=\beta$

三、计算题

1. 用一根柱长为10 cm 的色谱柱分离含有 A、B、C、D 4个组分的混合物,它们的保留时间分别为 6.4 min,14.4 min,15.4 min,20.7 min,其峰宽 W 分别为 0.45 min,1.07 min,1.16 min,1.45 min。试计算:
(1) 用各峰计算的理论塔板数;
(2) 平均塔板数;
(3) 平均塔板高度。

2. 上题中不被保留组分的保留时间为 4.2 min,峰底宽几乎为零,固定相的体积为 0.148 mL,流动相的体积为 1.26 mL,试算:
(1) 各组分的容量因子;
(2) 各组分的分配系数。

3. 由题1的数据试计算 B、C 两组分的:
(1) 分离度。
(2) 分配系数比。
(3) 达到 B、C 完全分离所需的最短柱长。
(4) 使 B、C 两组分完全分离时所需的最短时间。

4. 在某一柱上分离一样品,得以下数据。组分 A、B 及非滞留组分 C 的保留时间分别为 2 min、5 min 和 1 min。求:
(1) B 停留在固定相中的时间是 A 的几倍?
(2) B 的分配系数是 A 的几倍?
(3) 当柱长增加一倍时,峰宽增加多少倍?

5. 计算当两组分的分配系数比为 1.25,柱的有效塔板高度为 0.1 mm 时,需多长的色谱柱才能使两组分完全分离。

6. 色谱法分析某样品包括以下组分,其校正因子与峰面积数据如下:

组 分	乙 苯	对二甲苯	间二甲苯	邻二甲苯
峰面积	150	92	170	110
校正因子	0.97	1.00	0.96	0.98

计算各组分的百分含量。

7. 有一液相色谱柱长 25 cm,流动相速度为 0.5 mL/min,流动相体积为 0.45 mL,固定相体积为 1.25 mL,现测得萘、蒽、菲、芘四个组分（以 A、B、C、D 表示）的保留值及峰宽见表 1。根据已知条件,试计算出：

(1) 各组分容量因子。
(2) 各组分 n, n_{eff} 值。
(3) 各组分的 H 值及 H_{eff} 值。

表 1　在 HPLC 柱上测得的 A、B、C、D 的 t_R、W 值

组　分	t_R(min)	W(min)
非滞留组分	4.0	
A	6.5	0.41
B	13.5	0.97
C	14.6	1.10
D	20.1	1.38

8. 分析乙二醇中丙二醇含量时,采用内标法定量,已知样品量为 1.025 0 g,内标的量为 0.350 0 g,测量数据见表 2,计算丙二醇含量。

表 2　组分峰面积及校正因子

组　分	峰面积 A(cm^2)	校正因子 f
丙二醇	2.5	1.0
内　标	20.0	0.83

9. 某色谱峰的半峰宽为 2 mm,保留时间为 4.5 min,色谱柱长 10 cm,记录仪纸速为 2 cm/min,计算色谱柱的理论塔板数和塔板高度。

10. 以 HPLC 法测定某生物碱样品中黄连碱和小檗碱的含量。称取内标物、黄连碱和小檗碱对照品各 0.200 0 g,配成混合溶液,重复测定 5 次,测得各色谱峰面积平均值分别为 3.60 m^2、3.43 m^2 和 4.04 m^2,再称取内标物 0.240 0 g 和样品 0.856 0 g,配成溶液,在相同条件下测得色谱峰面积分别为 4.16 cm^2、3.71 cm^2 和 4.54 cm^2。计算样品中黄连碱和小檗碱的含量。

	内标物	黄连碱	小檗碱
A/cm^2	4.16	3.71	4.54
$f_{i,m}$	0.055 56	0.058 31	0.049 50
W 样品(g)		0.856 0	
W 内(g)	0.240 0		

11. 用 15 cm 长的 ODS 柱分离两个组分。柱效 $n = 2.84 \times 10^4$ m^{-1},测得 $t_0 = 1.31$ min,组分的 $t_{R_1} = 4.10$ min, $t_{R_2} = 4.45$ min。(1)求 k_1、k_2、α、R 值。(2)若增加柱长至 30 cm,分离度 R 可否达 1.5？

（何　华）

第十一章 高效毛细管电泳法

第一节 概 述

高效毛细管电泳法(high performance capillary electrophoresis, HPCE),亦称毛细管电泳法,是20世纪80年代初在全世界范围内迅速发展起来的一种分离分析技术,并被认为是20世纪90年代和新世纪初这一领域中最有影响的分支学科之一。高效毛细管电泳法在生命科学、生物技术、医药卫生和环境保护等领域中显示了极其重要的应用前景,也被认为是人类进入纳米技术时代的一种富有重要潜在价值的手段。

电泳即在电场作用下,电解质中的带电粒子向带相反电荷的电极迁移的现象。电泳作为一种技术或分离工具已有近百年的历史,但经典电泳技术的缺点是效率较低、操作繁琐、重现性差。特别是为了提高分离效率要加大电场强度,使因电流作用产生的内热(称为焦耳热,joule heating)也随之增大,导致谱带加宽,柱效明显降低。高效毛细管电泳技术的发明解决了焦耳热的散热问题,改变了这种局面。和传统电泳相比,后者设法使电泳过程在散热效率极高的毛细管内进行,从而确保引入高的电场强度,全面改善了分离质量。

高效毛细管电泳法是经典电泳技术和现代微柱分离相结合的产物,与传统的电泳相比,高效毛细管电泳法主要的特点有4个,即高效、快速、微量和自动化。在毛细管区带电泳中,柱效一般为每米几十万理论塔板数,高的可达每米几百万以上,而在凝胶电泳中这一指标竟能达到几百万甚至上千万,通常的分析时间不超过30 min,在采用电流检测器时,CE的最低检测限可达10^{-19} mol,即使是一般的紫外检测器,大体也在$10^{-13} \sim 10^{-15}$ mol,因此样品用量仅为纳升而已,商品仪器的操作已可全部自动化。

高效毛细管电泳法和高效液相色谱法相比,同是液相分离技术,它们遵循不同的分离机理,都有很多分离模式,所以在很大程度上两者可以互为补充,但是无论从效率、速度、样品用量和成本来说,高效毛细管电泳法都显示了一定的优势。高效毛细管电泳法柱效更高一些,速度更快一些,同时它几乎不消耗溶剂,而样品用量仅为高效液相色谱法的几百分之一。高效毛细管电泳法没有泵输液系统,因此成本相对较低,通过改变操作模式和缓冲液的成分,高效毛细管电泳法有很大的选择性,可以根据不同的分子性质(诸如大小、电荷数、手征性、疏水性等)对极广泛的对象进行有效的分离。相比之下,为达到同样的目的,高效液相色谱法要消耗价格昂贵的柱子和大量的溶剂。

第二节 高效毛细管电泳法的理论

高效毛细管电泳法可以看作是电泳的一种仪器化方式。通过利用毛细管代替平板凝胶所获得的分离效率方面的提高,在许多方面类似于使用柱代替板床方式进行色谱分离所产生的效果。高效毛细管电泳法技术和一般色谱技术的主要区别在于其分离原理不是基于组分在流动相和固定相间的分配系数不同,而是在电场作用下离子迁移的速度不同。

一、电泳

物理学中通常用淌度(mobility)量度电场中离子的迁移速度。一种离子在电场中发生电泳,其电泳速度可用下式表示:

$$u_{ep} = \mu_{ep} E \tag{11-1}$$

式中,u_{ep} 为离子的电泳速度,下标 ep 表示电泳(electrophoresis),μ_{ep} 为电泳淌度,E 为电场强度。电场强度是外加电压和毛细管长度的简单函数(单位为 V/cm)。对于给定的离子和介质,淌度是该离子的特征常数。淌度由分子所受的电场力与其通过介质时所受的摩擦力的平衡所决定。即:

$$\mu_{ep} \propto \frac{电场力(F_E)}{摩擦力(F_F)} \tag{11-2}$$

电场力可写成:

$$F_E = qE \tag{11-3}$$

而摩擦力(对于球形离子)为:

$$F_F = -6\pi\eta r u_{ep} \tag{11-4}$$

这里,q、η、r 分别为离子电量、溶液黏度和离子半径。在电泳过程中,可以达到由上两力的平衡所决定的稳态。此时,两种力大小相等而方向相反:

$$qE = 6\pi\eta r u_{ep} \tag{11-5}$$

对速度求解并将公式(11-5)代入(11-1),可以得到一个以物理参数表示淌度的公式:

$$\mu_{ep} = \frac{q}{6\pi\eta r} \tag{11-6}$$

上式表明,电泳淌度与离子电荷成正比,与离子大小成反比。带电量大的物质具有的淌度高,而体积越大的物质,其电泳淌度就越小。

二、电渗

高效毛细管电泳操作中一个基本的组成部分是电渗流(electroosmosis,EOF)。电渗流是毛细管内壁表面电荷所引起的管内液体的整体流动,来源于外加电场对管壁溶液双电层的作用(图 11-1a)。在熔融石英毛细管内壁覆盖着一层硅氧基(Si—O—)阴离子,由于吸引了溶液中的阳离子,由此在毛细管内壁形成了一个双电层。双电层到离壁很近的地方之间产生的电位差称为 Zeta 电位。向毛细管两端施加一个电压,组成扩散层的阳离子将被吸引到负极。由于这些离子是溶剂化的,它们将拖着毛细管中体相溶液向负极运动而形成电渗流(图 11-1b)。电渗流通过对溶质淌度叠加一个体相流速来控制溶质在毛细管内停留的时间。这可能影响必需的毛细管长度,但不影响选择性。

在水溶液中,多数固体表面带有过剩的负电荷。它们的来源可以是表面的离子化(即酸碱平衡)和表面对离子物种的吸附。对于石英,尽管电渗流强烈地受可能以阴离子方式存在的硅羟基(SiOH)的控制,但上述两种过程都有可能存在。虽然石英的确切 pI 难以测定,但电渗流在 pH4 以上确实变得非常显著。非离子材料如聚四氟乙烯也可以产生电渗流,可能是由于它们对阴离子的吸附。

电渗流的大小可以用速度或淌度来表示:

$$u_{eo} = (\varepsilon\xi/\eta)E \quad (11-7)$$

或
$$\mu_{eo} = \varepsilon\xi/\eta \quad (11-8)$$

其中，u_{eo}、μ_{eo}、ε、ξ 分别为电渗速度、电渗淌度、介电常数和 Zeta 电位。Zeta 电位主要是由毛细管表面电荷所决定的。由于电荷量受 pH 控制，电渗流的大小也随 pH 变化。在高 pH 下，硅羟基大量解离，电渗流将比低 pH 下硅羟基质子化时高得多。在特定的场合，pH 从 2 到 12 电渗流的大小变化可能会超过 1 个数量级。图 11-2 表示了 pH 对石英和其他材料毛细管中电渗流的影响。

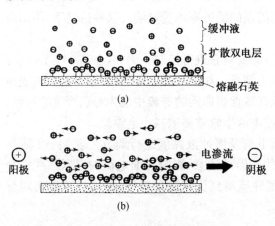

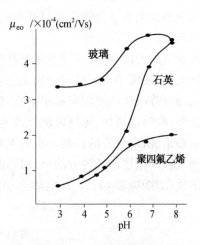

图 11-1 HPCE 电渗流的产生机制
(a) 毛细管内壁的硅氧基和被吸附的阳离子构成的双电层结构
(b) 扩散层阳离子形成的电渗流

图 11-2 pH 对不同材料毛细管内电渗淌度的影响

Zeta 电位还取决于缓冲溶液的离子强度。双电层理论表明，增加离子强度可使双电层压缩，Zeta 电位降低，从而减小电渗流。

在带电毛细管内形成双电层产生均匀的电渗流是毛细管电泳具有高分辨率的重要原因。图 11-3 比较了毛细管电泳中电渗流和高效液相色谱中动力学流的作用，前者形成呈均匀塞子状的扁平流型，组分不易扩散，而后者呈抛物面动力学流型，必然使组分产生较多的扩散，从而降低了柱效。故电渗流的产生，实际上减少了组分在柱内的径向扩散，有利于提高柱效。

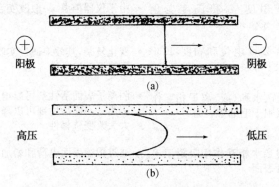

图 11-3 HPCE 和 HPLC 柱中溶液流型的比较
(a) HPCE 中的扁平型电渗流流型
(b) HPLC 中的抛物面动力学流型

电渗流的另一个优点是它可以使几乎所有物种,不论其电荷性质如何,向同一方向运动。在一般情况下(带负电的毛细管表面),电渗流的方向是由正极到负极。由于电渗流可以比阴离子的淌度大 1 个数量级,它可以将阴离子推向阴极。所以,阴离子、中性物质以及阳离子可以向同一方向"迁移"而在一次分析中得到电泳分离。其中,阳离子迁移最快是因为其迁移与电渗流同向,中性物质也可以随电渗流迁移但彼此不能分离,而阴离子则因为其迁移与电渗流反向而速度最慢。

对于小离子的分析(如 K^+、Na^+、Cl^-),电渗流的大小往往不比溶质的淌度大,另外,对毛细管内壁表面电荷进行修饰可以减小电渗流,而溶质的淌度则不受影响。这些情况下,阴阳离子可以向不同的方向迁移。

电渗流的控制:电渗流通常是有利的因素,有必要对它进行控制。例如,在高 pH 下,电渗流可能太快,使溶质在未得到分离之前就被推出毛细管。相反,在低 pH 或中等 pH,负电表面可能会通过静电作用吸附阳离子溶质,后一现象在碱性蛋白质的分离中成为特别严重的问题。除此之外,在等电聚焦、等速电泳以及毛细管凝胶电泳中常常要求减小电渗流。

一般来说,电渗流的控制要求对毛细管表面电荷及缓冲液黏度进行调节。表 11-1 所列和下面几段中论述的几种方法可以达到这一目的。但请注意,影响表面电荷的因素往往也会影响溶质(如缓冲液 pH)。在电渗流和溶质淌度性质得到优化的条件下,可以成功地实现分离。

表 11-1 控制电渗流的方法

变量	结果	说明
电场强度	电渗流呈比例变化	• 场强降低可能引起分离效率和分离度下降 • 场强增加可能引起焦耳热
缓冲溶液 pH	低 pH,EOF 降低;高 pH,EOF 增加	• 改变 EOF 最方便有用的方法 • 可能改变溶质的电荷或结构
离子强度或缓冲溶液浓度	增加离子强度,Zeta 电位下降,EOF 下降	• 高离子强度产生大电流和引起焦耳热 • 低离子强度样品吸附成问题 • 如果与样品电导不同将引起峰畸变 • 降低离子强度将限制样品堆积的效果
温度	改变温度,每摄氏度变化 2%~3%	• 由于仪器控温,一般改变温度是有用的方法
有机改性剂	改变 Zeta 电位和黏度,EOF 一般下降	• 变化复杂,其效果通过实验确定 • 可能调节选择性
表面活性剂	通过疏水和(或)离子相互作用吸附于毛细管表面	• 阴离子表面活性剂可以增加 EOF • 阳离子表面活性剂可以降低 EOF 或使之反向 • 大大改变选择性
中性亲水高聚物	通过亲水相互作用吸附于毛细管表面	• 通过覆盖表面电荷和增加黏度降低 EOF
共价键合	化学键合于毛细管壁	• 多种可能的改性(亲水的或带电的) • 稳定性常常有问题

公式(11-7)表明,可以简单地降低电场强度来减小电渗流速度。但是这一方法存在着分

析时间、分离效率和分离度方面的缺陷。从实用的观点来看,通过调节缓冲液的 pH 可以引起 EOF 的急剧变化(图 11-2)。然而,改变 pH 可能会影响到溶质的电荷和淌度。低 pH 缓冲液会使毛细管表面和溶质质子化,而高 pH 则促使它们解离。对于溶质 pI 的了解将有助于选择合适的操作缓冲溶液的 pH 范围。

通过调节缓冲液的浓度和离子强度也可以改变电渗流。高离子强度缓冲溶液可以通过减少管壁上的有效电荷来限制溶质和管壁的静电相互作用。但高离子强度缓冲溶液的使用将受到毛细管内焦耳热效应的约束。此时,因高电流作用产生的焦耳热,能使得柱中心的温度高于边缘的温度,形成抛物线形的温度梯度,管壁附近温度低,中心温度高,结果使电渗速度不均匀而造成区带变宽,柱效降低。尽管可以使用 100~500 mmol/L,甚至更高的浓度,但一般缓冲溶液的浓度为 10~50 mmol/L。

最后,还可以通过对毛细管壁以动态的涂渍(缓冲溶液添加剂)或共价键合的方式进行改性处理来控制电渗流。这些涂层,可以增加、减小或反转表面电荷,从而改变电渗流。

三、表观淌度和迁移时间

一种溶质迁移至检测点所用的时间称为迁移时间(t),它等于迁移距离除以速度。在电渗流存在的情况下,HPCE 中离子被观察到的淌度是离子的电泳淌度和溶液的电渗淌度的加和,定义为表观淌度(μ_{app}):

$$\mu_{app} = \mu_{ep} + \mu_{eo} \tag{11-9}$$

迁移时间和其他参数可用于计算溶质的表观淌度:

$$\mu_{app} = \frac{u_{app}}{E} = \frac{l}{tE} = \frac{lL}{tV} \tag{11-10}$$

式中,V、l、L 分别为外加电压、毛细管有效长度(从进样点到检测点之间的距离)和毛细管总长度。离子的有效淌度可以通过用一种中性标记物单独测定电渗流的方式,自表观淌度中扣除电渗淌度而求得。可以使用的中性标记物有二甲基亚砜(DMSO)、异亚丙基丙酮(mesityloxide)和丙酮等。

例 用高效毛细管电泳法分离 3 种维生素(阳离子、中性化合物和阴离子),测得的迁移时间分别为 38.4 s、50.7 s 和 93.1 s,已知毛细管总长度为 58.5 cm,毛细管有效长度为 50 cm,外加电压 25 kV,试计算电渗淌度和 3 种维生素的有效淌度。

解: $\mu_{ep}^{中性} = \mu_{eo} = \frac{u_{eo}}{E} = \frac{lL}{t_{中性}V} = \frac{50 \times 58.5}{25\,000 \times 50.7} = 2.31 \times 10^{-3} \,(\mathrm{cm}^2/\mathrm{Vs})$

$\mu_{app}^{阳} = \frac{lL}{t_{阳}V} = \frac{50 \times 58.5}{25\,000 \times 38.4} = 3.05 \times 10^{-3} \,(\mathrm{cm}^2/\mathrm{Vs})$

$\mu_{ep}^{阳} = \mu_{app}^{阳} - \mu_{eo} = 3.05 \times 10^{-3} - 2.31 \times 10^{-3} = 7.40 \times 10^{-4} \,(\mathrm{cm}^2/\mathrm{Vs})$

$\mu_{app}^{阴} = \frac{lL}{t_{阴}V} = \frac{50 \times 58.5}{25\,000 \times 93.1} = 1.26 \times 10^{-3} \,(\mathrm{cm}^2/\mathrm{Vs})$

$\mu_{ep}^{阴} = \mu_{app}^{阴} - \mu_{eo} = 1.26 \times 10^{-3} - 2.31 \times 10^{-3} = -1.05 \times 10^{-3} \,(\mathrm{cm}^2/\mathrm{Vs})$

对于柱上(on-column)光度检测来说,毛细管有效长度一般比其总长度短 5~10 cm,而在柱后检测方式下(如质谱),两个长度相等。由于迁移时间和淌度是由有效长度确定的,而电场强度是由总长度确定的,对两个不同长度的了解是非常重要的。

四、分离效率和分离度

(一) 分离效率

第九章中我们介绍了毛细管气相色谱柱。开口毛细管柱由于无涡流扩散项和较小的传质阻抗,从而提高了柱效。高效毛细管电泳法使用的是空心毛细管柱,内壁不涂渍固定液,消除了流动相平衡所需要的时间,不仅无涡流扩散项,而且进一步使传质阻抗趋于零,则 Van Deemter 方程式的形式为:

$$H = B/u \tag{11-11}$$

高效毛细管电泳法的柱效比高效液相色谱法高得多,理论塔板数可高达每米几十万甚至上千万,能提供良好的分离度。

电泳分离以溶质淌度的差异为基础。分离两个区带所必需的淌度差异取决于区带的长度。而区带长度则同作用于区带上的分散过程密切相关。由于分散过程增加区带的长度和实现分离所必需的淌度差异,有必要对分散过程进行控制。

分散,即溶质区带的展宽,来源于该区带中溶质的速度差异,可定义为峰宽(W)。对于1个高斯峰,$W=4\sigma$,这里 σ 为峰的标准偏差,以时间、长度或体积表示。这样,用理论塔板数表示的分离效率 N,可从下式求得:

$$N = \left(\frac{l}{\sigma}\right)^2 \tag{11-12}$$

式中,l 为毛细管有效长度。分离效率与理论塔板高度 H 之间的关系如下:

$$H = \frac{l}{N} \tag{11-13}$$

在理想条件下(进样塞较小,没有溶质—管壁相互作用等),可将纵向(沿毛细管)扩散视为 HPCE 中对样品区带展宽有贡献的唯一因素。由于流型呈塞状,径向扩散(横穿毛细管)不太重要。同样,由于毛细管的抗对流性质,对流引起的区带展宽也不明显。所以,分离效率可以同色谱中的纵向扩散项联系起来,即:

$$\sigma^2 = 2Dt = \frac{2DlL}{\mu_{app}V} \tag{11-14}$$

式中,D 为扩散系数。将公式(11-14)代入公式(11-12),得到电泳理论塔板数的基本表达式:

$$N = \frac{\mu_{app}Vl}{2DL} = \frac{\mu_{app}El}{2D} \tag{11-15}$$

式(11-15)明确了使用高电场的理由。在高电场下,溶质在毛细管中停留的时间较短,用于扩散的时间也就较少。另外,式(11-15)还表明,具有低扩散系数的大分子,如蛋白质和DNA 将比小分子的区带分散小。

理论塔板数也可以直接通过电泳谱图上利用下式求得:

$$N = 5.54 \left(\frac{t}{W_{1/2}}\right)^2 \tag{11-16}$$

式中,$W_{1/2}$ 为时间半峰宽,当然,式(11-16)给出的分离效率测定值通常低于式(11-15)的计算值。这是由于理论计算只考虑了纵向扩散对区带展宽的贡献。下面将谈到,其他分散过程常常也存在。

(二) 影响分离效率的因素

在 HPCE 中,除了纵向扩散外,其他因素也会引起区带扩散。这些因素中,最重要的是由焦耳热引起的温度梯度、进样塞长度以及溶质与毛细管壁的相互作用。值得庆幸的是,这几种因素都是可以控制的,限于篇幅,这里不再讨论。它们与其他因素引起区带扩散的机制列于表 11-2。

表 11-2 区带扩散的来源

来源	说明
纵向扩散	• 决定分离的理论极限效率 • 低扩散系数的溶质形成窄区带
焦耳热	• 导致温度梯度和层流
进样长度	• 进样长度必须小于扩散控制的区带宽度 • 检测困难往往需要进样长度大于理想长度
样品吸附	• 溶质—管壁的互相作用常常造成拖尾峰
样品与缓冲溶液电导不匹配(电分散)	• 溶质电导高于缓冲液,产生前伸峰 • 溶质电导低于缓冲液,产生拖尾峰
缓冲液池不等高	• 产生层流
检测池尺寸	• 必须小于峰宽

表达分散的公式(11-14),是在假定分子扩散是惟一因素的情况下导出的。而系统的总方差则可以更好地描述分散过程,即所有有贡献的方差之和 σ_T^2 为:

$$\sigma_T^2 = \sigma_{DIF}^2 + \sigma_{INJ}^2 + \sigma_{TEMP}^2 + \sigma_{ADS}^2 + \sigma_{DET}^2 + \sigma_{Electrodispersion}^2 + \cdots \quad (11-17)$$

其中,脚注分别代表扩散、进样、温度梯度、吸附、检测以及电分散。如果式(11-17)中的任何分散过程超过了扩散项,就不可能得到理论效率,而且式(11-15)也不再成立。在这种情况下,增加电压所能获得的分离效率和分离度的改进甚微。

(三) 分离度

样品组分的分离度是分离科学追求的最终目标。分离度(R)定义为:

$$R = \frac{2(t_2 - t_1)}{W_1 + W_2} = \frac{t_2 - t_1}{4\sigma} \quad (11-18)$$

上式中的分子是用差速迁移描述分离过程,而分母则表示的是作用于分离过程中的分散过程。

高效毛细管电泳法中主要以其效率而不是选择性促进分离,这同主要靠选择性促进分离的色谱形成对比。由于样品区带非常尖锐,溶质微小的淌度差异(有时<0.05%)往往足以实现完全分离。当然,如能够得到足够大的淌度差异,其分散的程度就无关紧要了。

两种组分的分离度还可以用分离效率来表达:

$$R = \frac{1}{4} N^{1/2} \left(\frac{\Delta \mu}{\bar{\mu}} \right) \quad (11-19)$$

式中,$\Delta \mu = \mu_{app}^2 - \mu_{app}^1$,$\bar{\mu} = \frac{\mu_{app}^2 + \mu_{app}^1}{2}$。将式(11-15)代入式(11-19)得到一个常见的分离度的理论表达式,不再需要直接计算分离效率。另外,它也表示了电渗流对分离度的影响:

$$R = \left(\frac{1}{4\sqrt{2}} \right) (\Delta u) \left[\frac{V}{D(\bar{\mu} + \mu_{eo})} \right]^{1/2} \quad (11-20)$$

同可随外加电压线性增加的分离效率相比,分离度因与电压为平方根关系而不能得到同样的收获。为了使分离度加倍,电压必须为原来的 4 倍。这种做法所获得的收益总会受到焦耳热的限制。

式(11-20)表明,当 $\bar{\mu}$ 与 μ_{eo} 大小相等但方向相反时,可以得到无穷大的分离度。即离子以与电渗流相同的速率,但向不同的方向运动。此时,分析时间将趋于无穷大。很明显,有必要对操作参数进行控制,以兼顾分离度和分析时间。

第三节 高效毛细管电泳法的仪器和操作

高效毛细管电泳仪主要由高压电源、毛细管、检测器、电解质贮液槽、冷却系统、计算机管理与数据处理等部分组成,其基本结构如图11-4所示。

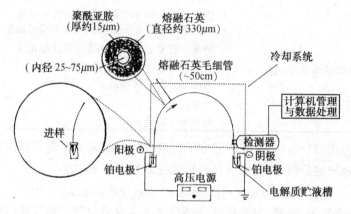

图11-4 HPCE仪器示意图

石英毛细管的两端分别浸在含有操作缓冲液的电解质贮液槽中,毛细管内也充满同样的缓冲液。在毛细管的一端安装了在线的检测器,如果是光学检测方式,毛细管本身就作为流动池,若是电化学检测器,可将电极直接插进毛细管中检测。

由上述整机化的各部分所完成的典型的 HPCE 实验,一般包括以下几个步骤:
1. 移开进样端的电解质贮液槽,换上样品管;
2. 使用低压或电迁移方式进样;
3. 再换上电解质贮液槽;
4. 加上分离电压。

过了一段时间之后,被分离的样品区带就会到达透光的窗口区域,用检测器进行检测。

下面将介绍仪器的几个单独的部分:进样、分离、检测和液体的处理。我们还将就以下问题进行讨论:不同的进样方式、进样的定量控制、毛细管的恒温、高压电源、紫外可见光和二极管阵列检测器。液体处理包括缓冲溶液的更新、缓冲溶液的持平和自动进样。另外,也涉及为简化方法和自动分析而设计的基本仪器特征。

一、进样

为了获得高效的测量,高效毛细管电泳法只需要将很少量的样品载入毛细管。这样少的量当然和毛细管的容积很小有关。对于样品的超载来说,进样区带的长度则是比进样体积更重要的参数。按照一般的经验,样品区带的长度应该小于毛细管总长度的1‰~2%。这相当于进样长度为几个毫米(或者1~50 nL,根据长度与内径求出)。在样品的量很有限时这是一个长处,因为即使5 μL的样品也能够完成很多次的进样。同时,这么小的进样体积对稀释的样品来说则严重地增加了灵敏度的困难。

样品超载有两个显著的影响,都对分离度不利。首先,进样长度超过了扩散引起的区带宽度,会相应地使峰变宽。其次,它会加重场强的不均一性,由于缓冲溶液和样品区带之间电导的差异,会使峰型畸变。

有几种方式可以做到定量进样。最常用的两种是流体力学方式和电动方式(图 11-5)。

无论哪种方式,进样的体积总是不知道的,但也可以计算。所以一般定量的参数不用体积来表示,对于流体力学进样方式,用压力和时间,对于电动进样方式,用电压和时间来表示。

(一) 流体力学进样

流体力学方式进样是应用最广泛的进样方式。它通过以下几种方法实现:① 在进样端加气压;② 在毛细管的出口端抽真空;③ 利用虹吸现象,将进样端小瓶的水平位置抬高超过出口端

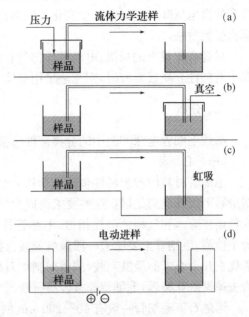

图 11-5 进样方式

(图 11-5a、b、c)。采用流体力学的方式,进样量基本不受样品基质的影响。进样的体积是毛细管的尺寸、缓冲溶液的黏度、所加气压及时间的函数。进样体积 V 可以通过 Hagen-Poiseuille 方程求出:

$$V = \frac{\Delta p d^4 \pi t}{128 \eta L} \tag{11-21}$$

其中,Δp 是毛细管两端的压力差,d 是毛细管的内径,t 是进样时间,η 是缓冲溶液的黏度,L 是毛细管的总长度。一般进样压力和时间分别在 2.5~10 kPa 和 0.5~5 s 的范围内。

从仪器的角度,进样的重现性可以优于 1‰~2‰RSD。但是峰面积的重现性则会因为其他现象而降低。这些现象包括毛细管管壁和温度对样品与毛细管内壁的作用的影响、在低信噪比下的峰积分等。

毛细管温度的精确控制(±0.1℃)对于恒定的进样体积来说是必要的。毛细管中缓冲溶液的黏度以及由此引起的进样量每摄氏度变化 2%~3%。这里要注意的是,样品本身的黏度对于进样量没有什么显著的影响,因为样品的长度相对于整个毛细管的长度来说只是很小的一段。

(二) 电动进样

电动进样或称电迁移进样是用样品管换去缓冲溶液池并施加电压来完成的(图 11-5d)。通常进样时的场强只有分离场强的 1/5~1/3。在电动进样时,组分同时受到电迁移和电渗流推动的作用。电动进样的一个突出特点是进样量决定于每一个组分的电泳淌度。对于离子型的组分会有进样歧视,因为迁移速度快的离子比迁移速度慢的离子进去得更多一些。

一定时间 t 进样的量 Q(g 或 mol)可以由下式求出:

$$Q = \frac{(\mu_{ep} + \mu_{eo}) V \pi r^2 c t}{L} \tag{11-22}$$

式中,μ_{ep} 为组分的电泳淌度,μ_{eo} 为电渗淌度,V 为外加电压,r 为毛细管的内径,c 为组分的浓度,t 为进样时间,L 为毛细管的总长度。由上式可以看出,进样量决定于电渗流、样品的浓度

和样品的湍度。由于样品中含有大量的检测不到的离子如 Na^+ 或 Cl^- 而使其电导发生变化，这会使得电压降和进样量发生变化。因为这个现象的缘故，电动进样总是不如流体力学进样那么受到重视。

尽管有定量上的局限，电动进样仍然有很多优点。此法简便，不需要附加的装置。当毛细管中有黏性介质或凝胶时，则无法采用流体力学进样，电动进样就更显其优势了。

二、分离

高效毛细管电泳实验中的分离部件包括以下几个部分：毛细管、毛细管恒温系统和电源。

（一）毛细管

毛细管材料的理想特性包括化学和电学惰性、紫外可见光透光性、柔韧性、强度高和便宜。熔融石英因其能满足以上这些要求而成为当今首选的材料。熔融石英已经用于光学电池和气相色谱柱等。和气相色谱柱相似，毛细管外壁涂一层聚酰亚胺保护层使它强度大而易使用。为了检测，毛细管上要除去一段聚酰亚胺保护层以形成一个小窗口。这可以用电弧或电热丝来烧去几个毫米的聚酰亚胺，或者用剃须刀片刮去也可以。在毛细管上开口时一定要小心，因为去掉聚酰亚胺后，毛细管非常容易折断。

熔融石英毛细管一般有 10~200 μm 的内径和一定范围的外径，最常用的为 20~75 μm 内径和 350~400 μm 外径。从分析时间考虑，毛细管应尽可能的短。有效长度在凝胶填充的毛细管上可以短到 10 cm，而在复杂样品的毛细管区带电泳分离时可以长到 80 cm。而最常用到的有效长度为 50~75 cm。理想的有效长度应该在总长度中占尽可能大的百分比，这样可以采用很高的场强并能减少毛细管的老化和馏分收集等工作的时间。总长度一般根据仪器的尺寸比有效长度多 5~15 cm（即检测器到出口端的长度）。

毛细管的老化：获得好的重现性的一个重要因素是毛细管老化。保持一个重现的毛细管内表面是 HPCE 中最重要的问题之一。如果除了用缓冲溶液外不采用其他溶剂冲洗毛细管的话，就可以有高重现的实验条件。但是，样品在表面的吸附及电渗流的变化却使人难以如愿。

最常用的办法是用碱液洗去表面的吸附物，使表面的硅羟基去质子后而变得新鲜。一个典型的冲洗方法包括用 1 mol/L 的 NaOH 溶液冲洗新的毛细管，接着再依次用 0.1 mol/L 的 NaOH 溶液和缓冲液冲洗。在每一次分析之前则只需要后两步即可。另外，也可以选用强酸、有机溶剂如甲醇或二甲亚砜（DMSO）或者清洗剂。

毛细管批与批之间的重现性很大程度上依赖于熔融石英自身的性质。不同批号的毛细管之间，表面电荷和电渗流可以有 5% 的相对标准偏差（RSD）。不同毛细管之间的数据比较常常要做电渗流的校正。

（二）毛细管的恒温

毛细管温度的有效控制对于操作的重现性来说是很重要的。温度稳定在 ±0.1℃ 是比较好的，因为进样和迁移时间决定于溶液的黏度。另外，系统应使毛细管避免受环境温度变化的影响。常用的两种方法是用高速气流和液体恒温。用液体恒温比较有效，但流速为 10 m/s 的强气流恒温对于 HPCE 系统产生的热来说已经足够了。虽然液体恒温在大功率时更为有效，但高效毛细管电泳仪一般不用这种条件。用空气恒温的优点是仪器装置简单而且使用方便。

（三）高压电源

高效毛细管电泳仪所用的高压电源要能提供 30 kV 的直流电压和 200~300 μA 的电流。

要获得迁移时间的高重现性,则要使电压稳定在±0.1%。

电源应该能够切换极性。正常条件下,电渗流方向是从正极到负极。这时,在正极端进样。但是,当电渗流被减弱、反转或者用了凝胶柱时,就需要把电极的极性转换。也就是说,要在负极端进样。由于毛细管的进口端和出口端受到检测器结构的限定,所以极性切换就要由电源来实现,这最好使用双极性的电源。使用这种电源要注意到高压电极和接地电极是固定的。也就是说,相对于接地电极来说,高压电极既可以作正极也可以作负极。如果能用软件控制电极的切换则更好,尤其是切换需要在分析过程中完成时。

三、检测

在 HPCE 中,因为毛细管尺寸很小,所以检测是一个突出的问题。尽管高效毛细管电泳法只需要纳升量级的样品,但它并不是一个痕量的分析技术。这是因为它仍然需要相对较浓的分析物或是预浓缩方法。高效毛细管电泳法已采用了一系列的检测方法来解决这个问题。这些方法大都与液相柱色谱中的方法类似。正如 HPLC 一样,紫外可见光检测在 HPCE 中应用最为广泛。

(一) 紫外可见光检测

紫外可见光检测是应用最为广泛的检测方式。这主要因为它是接近通用型的检测方式。使用熔融石英毛细管可以在 200 nm 以上到可见光谱这一范围内进行检测。HPCE 高效的部分原因就是柱上检测。因为透光窗口直接开在毛细管上,所以就不存在因死体积和组分混合而产生的谱带展宽。分离在检测窗口处还一直进行着。对于光学检测器来说,为了获得高效,就必须使检测区宽度小于溶质的区带宽度。这要用一个专为毛细管的尺寸而设计的狭缝。高效毛细管电泳法电泳峰一般为 2~5 mm 宽,所以狭缝的长度最大只能是这个宽度的 1/3。

因为光程短,所以检测器的设计很严格。光束应直射到毛细管上以获得最大的光通量和最小的光散射。这些方面对于灵敏度和线性检测范围来说都是非常重要的。

检测器的响应时间和数据采集速率:HPCE 的高效往往使溶质的区带很窄、峰很尖锐。5 s 甚至更小的峰宽很常见,尤其是做等速电泳时。数据采集的速度必须足够快才能描述 1 个峰,一般至少需要 20 个数据点。数据采集的速度应该是 5~10 Hz。

检测器的响应时间也应该能够反应峰斜率的情况。响应时间太慢会使峰变宽和峰形畸变。0.1~0.5 s 一般就可以了。因为数据采集速度快和检测器的响应时间短会增大噪音,所以它们要根据具体的分析条件下的峰宽进行调整。

(二) 二极管阵列检测

二极管阵列检测(DAD)是单波长或多波长检测的替代方法。DAD 仪器由 1 个消色差透镜把光聚焦在毛细管上,接着光束被 1 个衍射光栅色散到光电二极管阵列上。1 个阵列包含一定数量的二极管(比如 211 个),每个二极管都是用来测量某个窄带的光谱。在 1 个二极管上的波长范围称为带宽。

当所有的峰都被检测之后,二极管阵列可以用来给出每个组分的最大吸收波长。相应的软件可以自动地计算出吸收最大值。数据也可以用三维的形式给出。三维图可以给出分析时间—波长—吸光值的图,也可以给出在某个等吸光值处的分析时间—波长—吸收光强图。这个等吸光值点对于确定复杂混合物的最佳波长是很有用的。

四、液体的处理

高效毛细管电泳法中的液体处理对于获得高效、自动化和总的实验的灵活性都是很重要的。液体处理系统可以认为有以下几个部分：自动进样装置、缓冲液更换系统和缓冲溶液的水平系统等。

（一）缓冲溶液的更新

缓冲溶液的更新也是获得高重现性的一个环节。溶液的电解会改变缓冲溶液的pH，电渗流也会随之改变。水溶液中，电解会在正极产生H^+，在负极产生OH^-。因为伴随有离子迁移，这种现象被称为缓冲损耗。电解的程度取决于电流的大小和分析时间的长短。pH变化的程度取决于缓冲溶液的缓冲容量、两端槽体积以及毛细管的冲洗液是否流到了出口端的小槽中（最好不要这样）。由于这些原因，需要定期地更换缓冲溶液。

更新系统的操作包括将电解质贮液槽中的溶液倒入废液瓶和再注入新的缓冲溶液。有了缓冲溶液的更新系统，自动进样装置中留给缓冲溶液的位置就可以尽量地少，而可以把更多的位置留给样品。另外，大的电解质贮液槽可以有较大的能力完成长时间的自动分析（例如在周末时）。

（二）缓冲溶液的液面高度控制

电解质贮液槽两端液面保持水平对于分离效率和迁移时间重现性都是很重要的。从一个槽到另一个槽的虹吸会使系统附加一个层流，这不仅不利于重现性而且不利于分离效率。没有持平的两个槽的影响取决于毛细管的内径和长度以及缓冲溶液的黏度。显然，大孔的、短的毛细管在温度升高时最为不利。已经有结果表明，50 μm 内径的毛细管有 2 mm 的高度差可以带来迁移时间 2‰～3‰ 的误差，而当毛细管内径为 100 μm 时则增加到 10‰。

自动的缓冲溶液水平控制系统会在更新缓冲溶液时准确地将溶液加到用户设定的位置。在缓冲溶液因电渗流而使液面水平变化时，该系统可以不用倒空溶液即可重新使其持平。

第四节　分离类型及应用

高效毛细管电泳法的多样化部分是因为它具有多种操作方式。各种方式的分离机理是不同的，它们能够提供互不相关而又相互补充的信息。HPCE 的基本操作方式包括毛细管区带电泳（CZE）、胶束电动色谱（MEKC）、毛细管凝胶电泳（CGE）、毛细管等电聚焦（CIEF）和毛细管等速电泳（CITP）等，各种方式的分离机理示于表 11-3 中。在大多数情况下，可以通过改变缓冲溶液的组成来实现不同的操作方式。本章重点讨论毛细管区带电泳，并将对胶束电动色谱和毛细管凝胶电泳作简要介绍。

表 11-3　HPCE 的各种分离类型

方式	分离依据
毛细管区带电泳	自由溶液的淌度
胶束电动色谱	与胶束间的疏水性、离子性相互作用
毛细管凝胶电泳	大小和电荷
毛细管等电聚焦	等电点
毛细管等速电泳	移动界面

一、毛细管区带电泳

本章第二节介绍的方法是最常用的毛细管区带电泳。CZE 的分离是基于自由溶液中组分淌度的区别，溶质以不同的速率在分立的区带内进行迁移而被分离。由于操作简单、多样化，毛细管区带电泳是目前应用最广的一种方式，CZE 的应用范围很宽，包括氨基酸分析、多肽分析、离子分析、广泛的对映体分析和很多其他离子态物质的分析。例如，在蛋白质分析领域,CZE 被用来进行蛋白质的纯度鉴定、变体筛选和构象研究。

CZE 是高效毛细管电泳法中最简单的一种方式,主要原因是在 CZE 中毛细管内只充入缓冲溶液。由于电渗流的存在,正、负离子都可以用 CZE 来分离,中性溶质本身在电场中不移动,随电渗流一起流出毛细管。

有关 CZE 的理论已经在本章第二节中作了详细讨论,下面将重点介绍如何改变选择性,如何使用添加剂和如何改变毛细管内壁的电荷和疏水性。

(一) 选择性和添加剂的使用

选择性,即溶质迁移的先后顺序,是由产生分离的机理所决定的,控制选择性能够提高分离度并获得确证分离的辅助性信息。从本质上来说,由于不同方式的 HPCE 的分离机理不同,因而其选择性也不同,这里主要集中讨论 CZE 的选择性。但加入添加剂后 CZE 的分离机理与 MEKC 有部分相同之处。

在 CZE 中,可以通过改变操作缓冲溶液的 pH 或使用缓冲溶液添加剂,如表面活性剂或手性选择剂来改变选择性。值得注意的是,上述方法的使用也会改变电渗流,但电渗流本身只会使迁移时间和分离度发生变化而不会造成选择性的改变。

1. 缓冲溶液的选择　缓冲溶液的选择对于任何形式的 HPCE 的成功分离都是非常重要的。电渗流对于 pH 的改变很敏感,所以要求使用缓冲溶液以维持恒定的 pH。缓冲溶液的有效缓冲范围是 pH 在 $PK_a \pm 1$ 的区间内,多元缓冲溶液,例如磷酸盐和柠檬酸盐有多个 PK_a,所以有多个 pH 缓冲范围可以使用。在 HPCE 中应该根据以下性质来选择缓冲溶液:① 在所选的 pH 范围内有较强的缓冲能力;② 在检测波长处有低的紫外吸收;③ 小的淌度(即大体积、低电荷离子)以降低所产生的电流。那些被称为生物"优良缓冲液"的(如 Tris、硼酸盐等)特别有用,因为这些缓冲液中的离子一般较大,能够在较高浓度下实验而不会产生大的电流,但一个潜在的缺点是这些大的缓冲离子有强的紫外吸收。

值得注意的是,缓冲离子的淌度与溶质的淌度相接近对于减小峰形变是很重要的。此外,缓冲离子也可以用来与溶质形成配合物以改变选择性,四硼酸盐就是一个很好的例子,它被用来改善儿茶酚类和糖类的分离。

2. 缓冲溶液的 pH　在毛细管区带电泳中,缓冲溶液的 pH 是影响分离选择性的主要因素。对弱酸或弱碱溶质组分,改变 pH 会引起溶质的电荷和电泳淌度的变化,由于不同溶质的 PK_a 值不同,因此改变 pH 对不同溶质的影响不同,从而影响分离的选择性。当溶质的 PI 相接近时,如多肽和蛋白质,调节 pH 对分离特别有用。当 pH 低于 PI 时,溶质带净的正电荷而向阴极移动,在电渗流之前流出;在 pH 高于 PI 时则相反。由于熔融石英毛细管化学稳定性较好,pH 应用范围可以从 2 到 12,但是在实际应用时,通常要受到溶质的 pH 稳定性所限。

除了影响溶质所带电荷外,缓冲溶液 pH 的改变还伴随着电渗流的变化,因此需要重新对分离进行优化。例如,在某一较低 pH 下,溶质间有足够的分离度,但 pH 提高后改变了溶质所带电荷,电渗流也可能增大以至于溶质还未被分离就随之流出毛细管。在这种情况下,可以增加毛细管的有效长度,或者减小电渗流。

3. 表面活性剂　表面活性剂是 HPCE 中使用最多的一种缓冲溶液添加剂,各种类型的表面活性剂,如阴离子型、阳离子型、两性离子型和非离子型表面活性剂,在毛细管区带电泳中都可以使用。在低于临界胶束浓度(CMC)时,单个表面活性剂分子可作为疏水溶质的增溶剂、离子对试剂和管壁改性剂。单分子表面活性剂与溶质的相互作用有两种方式:一是通过端基离子与溶质离子相互作用,二是烷基链与溶质的疏水部分相互作用。

除了与溶质的相互作用,表面活性剂还与毛细管壁相互作用,是很好的电渗流改性剂和管壁修饰剂。根据表面活性剂所带电荷不同,电渗流可能增大、减小或者反向。例如,在缓冲溶液中加入阳离子表面活性剂(如CTAB)使电渗流反向。CTAB单体分子通过离子性相互作用结合到毛细管内壁,它们与自由CTAB分子间由于存在疏水性相互作用而使后者的带正电端远离管壁。浓度大于CMC的表面活性剂改变HPCE的分离机理,形成另一种分离方式,将在本章第四节中讨论。

(二) 毛细管内壁改性

毛细管区带电泳既可用于大分子溶质的分离,也可用于小分子溶质的分离,从其基本原理可知,大分子如蛋白质由于分子扩散系数小,可以得到很高的柱效($N > 10^6$)。可是,对大分子尤其是蛋白质,由于与毛细管表面的相互作用而使柱效明显降低。这类相互作用主要是离子的相互作用或中性疏水基的相互作用。这种现象对具有不同电荷、疏水性、体积和动力学性质的蛋白质经常出现。

溶质与毛细管管壁相互作用的影响是不可忽视的,它可能引起峰拖尾甚至全部保留在毛细管中。虽然,在蛋白质分析中采用极端pH对减少离子相互作用是非常有效的,但在非生物pH范围内,蛋白质结构可能发生变化。高离子强度的缓冲溶液能限制离子相互作用,但最终要受到焦耳热的限制。小内径毛细管对热扩散是有利的,但表面积与体积比增加,使蛋白质与管壁的吸附增加。

毛细管壁改性是限制溶质吸附的一种有效手段。主要有两种方法:一种是通过共价键或物理附着相永久改性;另一种是使用缓冲溶液添加剂动力学修饰。两种方法各有特点,以下分别进行讨论。

1. 键合相和涂覆相 一些常用的永久壁改性方法列于表11-4中。

表11-4 键合相和涂覆相

类 型	说 明
硅烷化(Si—O—Si—R)	• 大量使用的官能团
R＝聚丙烯酰胺	• 制备简单
五氟芳基	• 硅氧键在pH 4~7之间稳定
蛋白质或氨基酸	• 长期稳定性受限制
表面活性剂	
麦芽糖	
聚乙二醇(PEG)	
聚乙烯吡咯烷酮	
直接Si—C	• Si—C键消除了硅烷化的要求
通过Grignard试剂反应	• 在pH 2~10之间稳定
	• 难以制备
吸附线性聚合物	• 长期稳定性差
纤维素	• 低pH范围(pH 2~4)
PEG,PVA	• 相对疏水性
吸附交链聚合物	• 电渗流反向
聚乙烯亚胺	• 对碱性蛋白质的分离有用
	• 在生理pH范围内稳定

硅烷化键合相修饰是最常用的方法,可以用不同的物质如聚丙烯酰胺、五氟芳烃基类或多

糖等。图 11-6 是用五氟芳基键合毛细管对蛋白质分离的改进。但是，硅氧键(Si—O—Si)只在 pH 4～7 之间是稳定的，水解通常限制了其稳定性。Cobb 等人通过更稳定的 Si—C 键将聚丙烯酰胺键合到毛细管上，所得的键合柱可在 pH 2～10 之间使用。

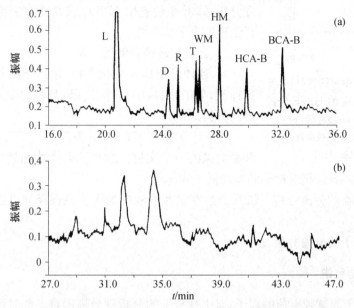

图 11-6　五氟芳基键合毛细管分离蛋白质和二甲亚砜

(a) 五氟芳基键合柱；(b) 未键合柱

峰号：L，溶菌酶；D，二甲亚砜；R，核糖核酸酶；T，胰蛋白酶原；WM，鲸肌红蛋白；HM，马肌红蛋白；HCA-B，人碳酸酐酶 B；BCA-B，牛碳酸酐酶 B。CE 条件：电场强度，250 V/cm；缓冲溶液，200 mmol/L 磷酸盐－100 mmol/L KCl，pH 7；毛细管，100 cm(有效长度)，20 μm 内径；219 nm 检测

根据修饰方法不同，电渗流可能被消除或反向。中性的修饰剂如聚丙烯酰胺或聚乙二醇能消除电渗流，主要是由于减少了管壁有效电荷，增加了缓冲溶液的黏度。用阳离子型修饰剂使电渗流反向。而两性物质修饰剂如蛋白质、氨基酸根据其 PI 和缓冲溶液的 pH，产生可变的电渗流。

2. 动态修饰　毛细管壁修饰的另一种常用的方法是将改性剂加入到缓冲溶液中，进行动力学涂覆，其优点是稳定性好，由于改性剂加在缓冲溶液中，涂覆不断再生，无需永久的稳定性。

与共价键合一样，添加剂与壁的相互作用改变了电荷和疏水性。因为这类改性剂只简单地溶解在缓冲溶液中即可，故易于实现和优化。

(三) 应用

毛细管区带电泳是 HPCE 中应用最广泛的一种分离模式，能用于各种具有不同电泳淌度的组分的分离，相对分子质量范围可从几十的小分子到几十万的生物大分子，主要包括以下一些方面：

1. 蛋白质和肽的分离　不同的蛋白质和肽，由于分子体积和电荷不同，在自由溶液中具有不同的电泳淌度，可采用 CZE 进行高效、快速分离。

2. 肽谱和肽纯度分析　肽谱分析对蛋白质分子的鉴定、水解过程研究等有着非常重要的

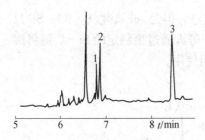

图 11-7 罂粟壳中可待因(1)、吗啡(2)和罂粟碱(3)的 HPCE 分析

毛细管：50 μm×55 cm；缓冲液：pH7.0 磷酸盐液；电压：25 kV；检测波长：254 nm；温度：25℃

意义。CZE 是蛋白质水解液快速肽谱分析最有效的手段，一般在十几分钟内就可完成一次肽谱分析。无论是蛋白质测序中的肽段还是生物制品的质量控制，都离不开肽的纯度分析，CZE 是检查用 HPLC 或其他方法提纯肽的纯度分析快速而有效的方法。

3. 合成短链核苷酸的分析。

4. 各种可解离有机化合物，包括药物、药物中间体、临床样品、化工原料、中间体、产品、环境样品、食品及添加剂等的分析。

图 11-7 是应用 CZE 分离测定罂粟壳中可待因、吗啡和罂粟碱的一个实例。加样回收率为可待因 96.6%，吗啡 95.9%，罂粟碱 95.4%，相对标准偏差均低于 3%。

5. 手性化合物的分离分析　CZE 通过在缓冲溶液中加入手性选择剂可进行手性物质的分离。

6. 小分子离子的分离分析。

二、胶束电动色谱

CZE 主要用于测试带电荷的离子，对中性分子的分析则分离困难。此时可应用胶束电动色谱进行分离分析。MEKC 是电泳技术和色谱技术的交叉，它由 Terabe 于 1984 年提出，既能分离中性溶质，又能分离带电组分。

胶束电动色谱分离中性组分需要在操作缓冲溶液中加入表面活性剂，在临界胶束浓度（例如对 SDS 为 8～9 mmol/L）以上，单个的表面活性剂分子之间聚集而形成胶束。胶束是一个团状结构，表面活性剂分子疏水性的一端聚在一起朝向里，从而避开了亲水性的缓冲溶液，带电荷的一端则朝向缓冲溶液（图 11-8）。分离机理是基于胶束与中性分子间的相互作用。

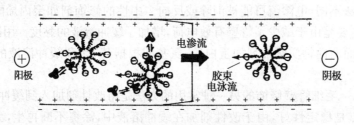

图 11-8　胶束电动色谱的分离机制

表面活性剂分子和胶束通常是带电的，它们沿与电渗流相同或相反的方向迁移（取决于其所带的电荷）。阴离子表面活性剂如 SDS 向阳极迁移，与电渗流的方向相反。由于在中性和碱性 pH 下，电渗流的移动通常比胶束的迁移速率快，胶束的实际移动方向是与电渗流一致的。胶束在移动过程中，与色谱行为相似，能够与溶质发生疏水性和静电相互作用。

对于中性分子来说，分离仅受溶质进入和离开胶束这一行为的影响。由于胶束迁移方向与电渗流相反，溶质与胶束间作用力越强，迁移时间就越长，当溶质不与胶束作用时，仅随电渗流一起移动。溶质的疏水性越强，与胶束间的作用力越强，"保留时间"也就越长。MEKC 分离的全过程示于图 11-8 中。

在 MEKC 中，Van Deemter 方程式中的 Cu 不再为零，但由于胶束的作用，该项发生的带宽仍然可以忽略。

中性溶质在 MEKC 中的分离机理与色谱分离类似,可以用修改后的色谱关系式来描述。溶质在胶束(假固定相)中的物质的量与在流动相中的物质的量之比,即容量因子 k 由下式给出:

$$k=\frac{(t_R-t_0)}{t_0\left(1-\frac{t_R}{t_m}\right)}=K\left(\frac{V_s}{V_m}\right) \qquad (11-23)$$

式中,t_R 为溶质保留时间,t_0 为无保留溶质以电渗流速率移动的保留时间(或"死时间"),t_m 为胶束的保留时间,K 为分配系数,V_s 为胶束相体积,V_m 为流动相体积。MEKC 中由于假固定相在移动,这个等式对色谱中 k 的一般表示式进行了修正。当 t_m 达到无限大时(即胶束真的静止不动),上式就简化为常见的 k 形式了。

MEKC 中两组分的分离度由下式来描述:

$$R=\left(\frac{N^{1/2}}{4}\right)\left(\frac{\alpha-1}{\alpha}\right)\left(\frac{k_2}{k_2+1}\right)\left[\frac{1-(t_0/t_m)}{1-(t_0/t_m)k_1}\right] \qquad (11-24)$$

式中,$\alpha=k_2/k_1$。由上式可看出,可以通过优化分率效率、选择性和容量因子来提高分离度。容量因子最容易通过改变表面活性剂浓度而加以调整,一般而言,容量因子随浓度增加而线性增加。

扩大洗脱范围或时间窗口($t_0\sim t_m$)可以提高分离度。在分离中性组分时,所有溶质都在 $t_0\sim t_m$ 之间流出。亲水性溶质不与胶束作用,随电渗流一起流出;被胶束完全保留的溶质随胶束一起流出。当时间窗口较小时,MEKC 的高效仍可保持峰的高容量,但最好是控制条件以扩大时间窗口,即采用中等程度的电渗流和高迁移率的胶束。

在 MEKC 中很容易控制选择性,使用不同的表面活性剂以形成具有不同物理性质(如大小、电荷、几何形状)的胶束就能使选择性发生显著变化,就像在 LC 中改变固定相一样。而且任何情况下都可以通过改变缓冲液浓度、pH、温度及使用添加剂,如尿素、金属离子或手性选择剂等方法来改变其选择性。

与色谱分离一样,在 MEKC 中也可以加入有机修饰剂来控制溶质—胶束之间的相互作用。已经成功应用的有甲醇、乙腈、异丙醇等。有机溶剂的加入将削弱溶质与胶束间的疏水性相互作用,同时也将削弱维持胶束结构的表面活性剂分子间的疏水相互作用,加快色谱动力学。

目前 MEKC 已经成功地用于生物、药物、环境、化工食品等领域,如氨基酸、小肽、维生素、各种药物及中间体、有机化合物及环境污染物等的分离分析。特别是 MEKC 采用手性分配相,可用于手性化合物的分离,这一方法比 GC 和 HPLC 采用手性固定相更为方便、实用,具有很好的应用前景。图 11-9 中 16 种酚类化合物得到完全的分离即为 MEKC 应用的一个典型例子。

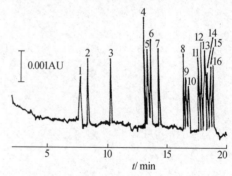

图 11-9 混合酚的 MEKC 分离

缓冲液:0.02 mmol/L SOD+磷酸盐;UV 检测器。
(1) 水;(2) 乙酰丙酮;(3) 苯酚;(4) 邻甲基苯酚;
(5) 间甲基苯酚;(6) 对甲基苯酚;(7) 邻氯苯酚;
(8) 间氯苯酚;(9) 对氯苯酚;(10) 2,6-二甲苯酚;
(11) 2,3-二甲苯酚;(12) 2,5-二甲苯酚;(13) 3,4-二甲苯酚;(14) 3,5-二甲苯酚;(15) 2,4-二甲苯酚;(16) 对乙基苯酚

三、毛细管凝胶电泳

毛细管凝胶电泳是基于经典凝胶色谱的筛分分离机制,但由于经典凝胶色谱使用的共价交链的化学凝胶不易在毛细管中使用,CGE 一般多采用线性缠结聚合物结构的物理凝胶,能够比较方便地制备毛细管凝胶色谱柱。

毛细管凝胶电泳在蛋白质、多肽、DNA 序列分析中得到了成功的应用,成为近年来在生命科学基础和应用研究中极为得力的分析工具。

(杜迎翔)

第十二章 质谱联用技术

第一节 概 述

色谱法以及新近发展起来的高效毛细管电泳法,对于混合物分离是非常有效的手段,但由于通常所用检测器的限制,它们对于分离出来的化合物却很难进行明确鉴定。质谱法与之相反,通常对被测物的纯度要求较高,不适用于混合物的分析,但却可以给出纯化合物的分子结构信息。采用色谱法和质谱技术的联用,不仅能充分发挥各自的优点,而且可以弥补相互的不足。

质谱联用技术包括气相色谱/质谱联用法(gas chromatography/mass spectrometry, GC/MS)、高效液相色谱/质谱联用法(high performance liquid chromatography/mass spectrometry, HPLC/MS)、气相色谱/傅里叶变换红外光谱/质谱联用法(gas chromatography/Fourier transform infrared spectrometry/mass spectrometry, GC/FTIR/MS)、高效毛细管电泳/质谱联用法(high performance capillary electrophoresis/mass spectrometry, HPCE/MS)和质谱/质谱联用法(mass spectrometry/mass spectrometry, MS/MS)等。其中质谱/质谱联用技术中,第一级质谱起分离的作用,第二级质谱起质量分析的作用。目前,质谱联用技术的应用范围不断扩大,已广泛用于生命科学、环境保护、石油、化工和医药卫生等许多领域,尤其在药学研究中,该技术几乎应用于药学研究的各领域。

本章主要介绍气相色谱/质谱联用、高效液相色谱/质谱联用和质谱/质谱联用技术的原理和有关实验技术问题。

第二节 气相色谱/质谱联用法

GC/MS 始于 20 世纪 50 年代后期,1965 年出现商品仪器,1968 年实现与计算机联用。近 50 年来,随着计算机软件和电子技术的发展,GC/MS 已基本成熟,功能日趋完善,基本实现了从特殊分析仪器到常规分析技术的转化,在各种联用技术中率先成为一般实验室桌面上的仪器。

一、GC/MS 的基本问题

GC/MS 的基本问题包括色谱柱、接口(interface)及质谱仪的选择。

(一) 色谱柱

色谱柱可分为填充柱和空心柱两类。空心柱(OTC)的发展,尤其是熔融二氧化硅空心柱(FSOT)及键合或横向交联 FSOT 柱的出现,使色谱/质谱联用技术进入了一个新时代。FSOT 柱易于与质谱仪离子源连接,而且键合或横向交联的固定相在使用时流失较小,所以现代 GC/MS 大多采用这种色谱柱。在 GC 中,固定相的流失造成基线的升高,这可用基始电流补偿器补偿。而在 GC/MS 中,色谱柱固定相和进样口隔膜的蒸气进入离子源将不断离子化并产生碎片。在每次质谱扫描中,这些特征离子均将存在。这将影响样品中低含量成分的检测,降低 GC/MS 的灵敏度。虽然,现代质谱仪的数据处理系统可进行背景校正,但还是增加了困难。鉴于键合或横向交联的 FSOT 柱具有众多的优点,是现代 GC/MS 首选的色谱柱,下面对此作重点讨论。

1. FSOT 柱固定相的选择　虽然"相似性原则"是选择固定相的一条总的经验规则,但多数情况下选用的是非极性固定相,因为这类固定相具有良好的性能,如不易氧化、高效、高的使用温度及柱寿命较长。常用的非极性固定相为甲基聚硅氧烷(SE－30)或相当的键合相(商品名为 DB－1、BP－1、HP－1 等)。

对于中等极性和强极性样品,有时需要使用有一定极性的固定相,以增加被分离组分与固定相的相互作用。通常可选用的固定相为苯基甲基聚硅氧烷(如 SE－52 或 DB－5、BP－5、HP－5,弱极性)、氰丙基苯基甲基聚硅氧烷(如 OV－225 或 DB－225、BP－225、HP－225,中等极性)、聚乙二醇(如 Carbowax 20 M 或 Durawax、BP－20、HP－20 M,极性)。

光学异构体的分离,则需要使用手性固定相(chiral phase),如 Chirasil－VAL Ⅲ。

2. FSOT 柱的规格　常规分析时,GC/MS 一般选用内径为 0.20～0.35 mm 的毛细管,固定相涂层厚度为 0.2～0.5 μm,柱长为 25～50 m。采用小内径薄涂层的毛细管柱,可以获得很高的柱效,但柱容量也随之减小。

为增加毛细管柱的样品容量,Grob 建议使用厚涂层的毛细管柱,液膜厚度可达 8 μm,适用于分析低沸点的物质。用大内径、厚涂层的毛细管柱在载气流速较高时,可取代填充柱,载气流速较低时,可提高分离度。这样,对仪器及操作者的要求均较低,可提高定量分析的重现性。

(二) 接口

如何把色谱柱流出物送入质谱仪的离子源,这是实现 GC/MS 联用的首要技术问题。因为色谱柱流出物处于常压状态(101.3 kPa),其中绝大部分是载气,而质谱仪必须在高真空($<1.3\times10^{-3}$ Pa)的条件下工作。解决这个问题有 3 种方法:一是直接耦合法,二是浓缩减压法,三是分流法。其中分流法只利用了样品的一小部分,不利于高灵敏度分析,有时甚至还会混入空气,增大本底,因此,这种方法主要在早期的 GC/MS 中使用。现代 GC/MS 主要采用前两种方法,现介绍如下:

1. 直接耦合法　这是 GC/MS 中最简单有效的接口,可采用两种方法实现。一种是通过真空技术实现直接连接,具体措施有:

(1) 在离子源和分析器之间实行差压抽气,使后者的真空度比前者高 1 个数量级,而且前者压强的提高不至于严重影响后者的真空度。这一措施早已为不少高性能质谱仪所采用。

(2) 在采用敞开式电离室,增大其流量的同时,使用大抽速真空系统,在保证电离室工作压强的前提下,尽可能提高允许进入电离室的最大流量值。

(3) 采用氢、氦等轻质量气体作为色谱载气,发挥扩散泵(其抽气速率与被抽气体相对分子质量的平方根成反比)对轻气体抽速较大、钛离子泵对氢气抽速较大等特点,使载气便于抽除。

这种连接方式不仅满足了毛细管柱色谱与质谱的直接连接,而且也适于流量不大的填充柱实现色谱/质谱的直接联用,其优点不仅在于结构简单,而且还避免了采用分流器和分子分离器可能引起的各种不良反应。

第二种方法是基于提高离子化室中的工作压强。采用化学离子化(CI)和大气压离子化(API)方式的离子源提供了 GC/MS 直接连接的可能性。CI 离子化室中工作压强较高,色谱载气可作为反应气体,便于实现 GC/MS 联用;在 API 方式下,样品与载气在离子源中受到放射性物质的辐射（或电晕放电作用）而电离，离子通过小孔进入分析器，离子源的工作压强高达1×10^5Pa，分析器中仍然保持高真空。

现代 GC/MS 中，大多采用 FSOT 柱与 MS 直接连接，即将 FSOT 柱穿过传送套管（为了控制温度，防止 GC 流分的冷凝而设计的）直接插入 MS 离子源。

2. 浓缩减压法　该法采用适当的分子分离器作为接口，在不同程度上排除载气，使样品相对得到富集，同时达到降低色谱流出物压强的目的。填充柱与 MS 连接时，为避免填充柱末端处于真空下导致柱效损失，多采用分子分离器作为接口。分子分离器有多种类型，这里仅介绍最常用的一种，即喷射式分子分离器。

喷射式分子分离器是最常用的一种分子分离器。GC 流分通过狭窄的喷嘴进入真空室时迅速扩散，由于载气相对分子质量远远小于组分相对分子质量，所以大量载气轴向扩散，被真空泵除去，而组分分子由于相对分子质量较大，多数经接收孔进入 MS 的离子源，从而达到既排除载气又浓缩样品的目的。喷射式分子分离器有单级式（图 12-1）、双级式和三级式。单级式便于毛细管柱色谱与 MS 联用，双级式具有较高的浓缩系数，便于填充柱色谱与质谱联用。

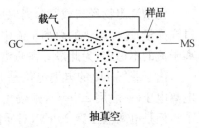

图 12-1　喷射式分子分离器

喷射式分子分离器的死体积较小，气流速度很大，因而引起的色谱滞后时间很短，但加工工艺要求较高。

（三）质谱仪

GC/MS 联用时，要求质谱仪：① 真空系统具有高的抽速；② 具有高的扫描速度或检测速度。因为 MS 的基本要求是在记录质谱时组分的分压（浓度）保持恒定，否则将引起相对峰强度失真。而 GC 流分中的组分浓度随时间而变化，如果 MS 的扫描速度较慢（一般认为扫描速度大于该色谱峰流出时间的 1/10），则所得的质谱相对峰强度也可能失真。此外，由于常常需要从连续记录的质谱中获得重建色谱图，质谱采集速度越快，用以确定色谱峰形的数据点越多，因而，MS 具有高扫描速率或高的质谱采集速率显得十分重要。

大多数常规质谱仪的扫描速度对填充柱来说是足够的，但对于毛细管柱有时却存在问题，因为此种色谱的出峰时间极快，以秒计算。随着现代质谱仪的不断改进，尤其是 FTMS 的问世，因其具有很高的质谱采集速度，满足了空心毛细管柱气相色谱与质谱联用的需要。根据质量分析器工作原理的不同，质谱仪被分为 4 大类型：扇形磁场质谱仪、四极质谱仪、飞行时间质谱仪和傅里叶变换质谱仪。4 种质谱仪在 GC/MS 上都有应用，其性能比较见表 12-1。

表 12-1　4 种质谱仪的性能比较

质谱仪类型	扇形磁场质谱仪		四极质谱仪	飞行时间质谱仪	FTMS
	单聚焦	双聚焦			
真空度要求	较高	较高	较低	较高	很高（1.3×10^{-6}Pa 以下）
扫描速度或检测速度	较慢	较慢	较快	极快	极快（ms 级）
分辨率	低	中等	低	低	高
灵敏度	较低	低	较低	低	高
质量范围（m/z）	<2 000	<2 500	<4 000	10 000 以上	很宽

商品化质谱仪种类繁多,其中双聚焦扇型磁场质谱仪和四极质谱仪在 GC/MS 联用中使用比较普遍。

二、分析方法

(一)总离子流检测法

在 GC/MS 联用仪中,一般用质谱的总离子流(TIC)作为色谱的检测信号。总离子流检测信号与质谱同步,便于质谱测定,而且它能检测任何有机化合物分子,其灵敏度很高,一般和氢火焰离子化检测器(FID)相当。

色谱流出物经与载气分离以后,虽然样品得到浓缩,但就其绝对量来说,载气量仍大大超过样品量,这样质谱的总离子流中就有大量的载气离子,而且,载气流的不稳定会引起质谱总离子流的不稳定,为此最好在质谱的总离子流中没有载气存在。

由于载气 He 的电离电位是 24.58 eV,所以如果质谱电子轰击源的电离电压低于 He 的电离电压(一般用 20 eV),则载气 He 不能电离,这样总离子流中就没有载气 He 的离子存在了。但是电离电压为 20 eV,对质谱分析来说,灵敏度会降低,一般质谱用电离电压都在 50~80 eV。解决这一矛盾一般用双离子源或用电离电压自动切换的方法。

GC/MS 分析方法一般是根据总离子流色谱图,在各色谱峰的峰顶或峰的上半部,用快速扫描记录它们的质谱图。为了扣除本底,要在一无峰区也记录一张质谱图(必要时,在各色谱峰的峰前或峰后也要记录它们的质谱图),之后,根据扣除本底后的各色谱峰的质谱图来进行定性。

例如,某种混合脂肪酸甲酯,经 GC/MS 分析,鉴别出了它的各个成分的结构如图 12-2。

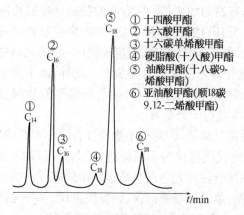

图 12-2a 混合脂肪酸甲酯的
总离子流色谱图

① 十四酸甲酯
② 十六酸甲酯
③ 十六碳单烯酸甲酯
④ 硬脂酸(十八酸)甲酯
⑤ 油酸甲酯(十八碳9-烯酸甲酯)
⑥ 亚油酸甲酯(顺18碳9,12-二烯酸甲酯)

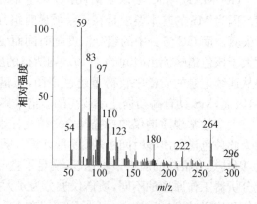

图 12-2b 油酸甲酯的质谱图
(扣除的本底图是在它的峰前记下的)

在 GC/MS 分析中,如果某些组分分离不完全,这时在这些色谱峰的峰顶记录的质谱图仍是一混合物的质谱图,这样就给利用质谱定性带来了很大的困难。但有时在色谱的不同位置多记录几张质谱图,将它们进行比较,仍可很好地进行定性。下面讲到的"质量碎片谱"就是识别某些分离不完全的组分的非常有效的手段。

GC/MS 分析时,如果样品中存在大量溶剂或主成分含量极大而仅需对微量成分定性时,为了避免污染质谱仪的离子源,一般要将溶剂或主成分放空。如用可调狭缝分离时,放空方法是将狭缝调到最宽的位置。

(二) 质量碎片谱法(mass fragmentography, MF)

GC/MS 分析时,对感兴趣的 1 个或几个特征离子进行连续检测,记录的这些离子强度随时间变化的曲线称为质量碎片谱,简称 MF 谱。质量碎片谱和一般的气相色谱形状相似,它可以给出被研究物质的保留时间,而它的峰面积则和样品的含量成正比。另一方面,谱峰的相对高度是和这一离子在质谱图中的相对强度一致的。

质量碎片谱法最初是由于需要研究一些气相色谱所不能分离的物质而提出的。同时由于它的灵敏度很高,比一般色谱灵敏度高 2~3 个数量级,因此它还特别适合于含量极微的多组分混合物的定性定量工作。

质量碎片谱可以用单离子检测方法和多离子检测方法来获得,现分述如下:

1. 单离子检测(single detector) GC/MS 分析时,将励磁电流固定在预先选定的某一个特征离子所对应的值上,对该特征离子连续进行检测,用电位差计记录仪记录它的强度随时间变化的曲线,即为单离子检测(简称 SID)的质量碎片谱。

单离子检测的优点主要是灵敏度高,在常规的色谱中不出现峰的物质,常常能够用 SID 方法记录下来。

例如图 12-3 是 2,5-二甲氧基-4-甲基苯异丙胺(STP)的质谱图。高质量区的特征离子是 m/z 166。

图 12-4 是 GC/MS 分析时记录的总离子流色谱图。在 3%OV—17 玻璃柱,140℃恒温条件下,2,5-二甲氧基-4-甲基苯异丙胺的保留时间是 5 min。当样品含量为 1 ng 数量时,在总离子流色谱图上没有观察到样品峰的出现。

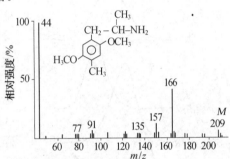

图 12-3 2,5-二甲氧基-4-甲基苯异丙胺的质谱

但是在同样条件下,用单离子检测方法记录含量为 1 ng 的 STP 的特征离子(m/z166)的质量碎片谱,则得到了很满意的结果(图 12-5)。这种方法的灵敏度,对 STP 来说,能检测到低于 100 pg 的物质。

单离子检测还能方便地用于同系物的测定,在色谱上它们具有不同的保留时间,但它们往往具有相同的特征碎片离子。例如,在具有环烷烃和芳烃的混合物中,用 SID 方法可以把它们区分开。因为 m/z 91 是芳香族化合物的 β 裂解所形成的离子,强度很大,记录 m/z 91 的质量碎片谱,就可以知道哪些是有烷基取代的芳香族化合物(图 12-6)。

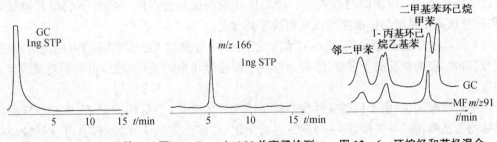

图 12-4 STP(1 ng)的总离子流色谱图　　图 12-5 m/z 166 单离子检测 STP 的质量碎片谱　　图 12-6 环烷烃和芳烃混合物的色谱和质量碎片谱

2. 多离子检测(multiple ion detector)　在 GC/MS 分析时,保持励磁电流不变,利用加速电压快速切换的方法,使加速电压按顺序反复地停在预先选定的某几个特征离子所对应的值上,以实现对这几个特征离子的连续检测。用多笔记录仪记录它们的强度随时间变化的曲线,即为多离子检测(简称 MID)的质量碎片图。多离子检测装置一般可以同时检测 2~8 个特征离子。

加速电压变化幅度大了以后会使质谱的分辨本领和灵敏度有明显的下降。因此在用加速电压快速切换进行多离子检测时,加速电压切换范围不得超过 30%。为了克服这一缺点,有的仪器也有保持加速电压不变,而用磁场强度跳变的方法进行多离子检测。磁场强度跳变方法的优点是跳变范围不受限制,而且操作方便。缺点是由于磁场稳定时间比电场稳定时间长得多,所以跳变所需的时间比较长。例如 MAT-112 色谱/质谱联用仪,磁场跳变时间为 200 ms,加速电压切换时间为 20 ms。

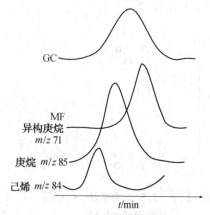

图 12-7　石油气中己烯和庚烷的色谱和多离子检测质量碎片谱

由于多离子检测方法的选择性强,因此对色谱中不能很好分离的成分能比较好地实现分离。例如用填充柱分离石油气时,有的组分在色谱图上分不开。图 12-7 表示在色谱图上分离不好的 1 个色谱峰,用多离子检测方法就可以得到鉴别:它包含有 3 种组分,一种成分是己烯(C_6H_{12}),相对分子质量为 84;第二种成分是庚烷(C_7H_{16}),相对分子质量为 100,m/z 85 是它的一个特征碎片离子;还有一种成分是异构庚烷,它有 m/z 71 的特征碎片离子。

当某一物质仅能获得极微量的样品,以致不能记录到一张完整而有价值的质谱图时,可以根据化合物的裂解机理,选定几个该化合物的特征离子,用多离子检测的方法进行定性,其灵敏度和单离子检测方法差不多,但可靠性要好得多。而且,如能选择不同的特征离子多做几次多离子检测,还可以拼凑成一幅非常理想的质谱全图。

多离子检测方法还可以用于混合物中超微量成分的定量分析。事先根据待测成分的纯样品或其衍生物的质谱图,选定特征离子,然后配成该成分的不同浓度的溶液,用绝对校准法和相对校准法制定标准曲线。

(1) 绝对校准法:所配制的不同浓度的溶液,分别进行 GC/MS 测定,由特征离子的质量碎片谱得到峰强度与浓度的曲线关系。待测样品中的成分也在同一条件下测得其质量碎片谱,根据特征离子强度与标准曲线比较而确定其含量。

(2) 相对校准法:在所配制的不同浓度的溶液中,分别加入已知含量的内标物质,根据待测成分和内标物的特征离子强度比,得出浓度与峰强度比值的关系曲线,再利用此曲线确定试样的含量。

在绝对校准法中,由于仪器条件和进样量经常发生变化,测量精度较差,相对校准法则是把内标物与试样在同一条件、同一时间下进行测定,许多误差因素互相抵消,可获得较高的精密度。

第三节 高效液相色谱/质谱联用法

虽然 GC/MS 法在药物研究中得到了广泛应用,加之,键合相 FSOT 柱、毛细管柱上进样技术、化学衍生化方法及 MS 新技术的发展,进一步扩大了 GC/MS 的应用范围,但是许多化合物由于挥发性和稳定性等问题,不能用这种方法分离分析。而 HPLC 可分离分析的化合物范围远较 GC 大,包括热不稳定、极性及大分子化合物。另一方面,现代 GC 具有很高的柱效及分离效能,至今 HPLC 仍相形见绌。因此,HPLC 色谱峰更可能包含未分离组分,这就需要更灵敏、更专属的检测器,所以 HPLC/MS 技术得到了广泛的重视。HPLC/MS 经过 20 余年的发展,已取得了显著进步,但仍不如 GC/MS 那样成熟。HPLC 与 MS 联机连接的主要问题在于,HPLC 的流动相为液体,与质谱仪器要求在真空条件下工作不相匹配;另一方面,用 HPLC 分离的样品常常是 GC 不能分析的样品,这同样是常规 MS 用 EI 和 CI 所不能测定的。

HPLC/MS 对 HPLC 的要求的主要方面是:溶剂流速应恒定,其脉动性应减低至最低限度;色谱分离系统的选择取决于所分析的样品,也与采用的 HPLC/MS 接口有关。对于药学研究,大多使用反相色谱柱(如 C_{18} 柱)和以甲醇或乙腈与水的混合液作流动相,这样的溶剂系统恰好也是热喷雾接口最适用的。在 HPLC/MS 系统中,用得较广泛的质谱仪是四极质谱仪。

由于 HPLC/MS 最关键的部分是接口,本节将着重讨论几乎可以常规使用的热喷雾接口(thermospray,TSP),同时也将对其他一些接口作简要的比较。

一、热喷雾接口

TSP 是由 Vestal 等发明的。他们最初用聚焦的二氧化碳激光器去蒸发 HPLC 流分,后改为氢氧焰,后来又用电加热的方法。当时采用几厘米长的 0.015 mm ID×1.5 mm OD 的不锈钢管。现在的商品接口如图 12-8 所示。

反相色谱流动相,必要时加挥发性电解质,如醋酸铵,以约 1 mL/min 的流速通过电热的不锈钢毛细管,一机械真空泵处于毛细管的对位,结果含有细雾的蒸气以超音速喷射。在此气溶胶中,部分雾滴是带电的。当雾滴通过加热的接口和离子源时不断蒸发。随着带电雾滴粒度的减小,液体表面的电场强度增加,直至离子从液滴中排出,离子经锥形取样孔进入 MS 分析器。TSP 离子化过程除了直接离子蒸发外,还存在类似 CI 的过程,电解质离子如 NH_4^+ 可与样品分子 M 在气相中反应,产生样品离子 MH^+。为使中性分子离子化,醋酸铵是最常用的电解质,也可用其他挥发性酸、碱、盐。离子化的样品,不必加醋酸铵。上述过程可用图 12-9 说明。

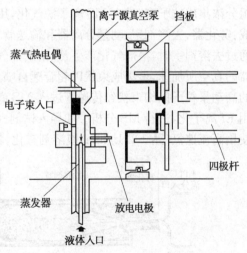

图 12-8 TSP 接口

由上述"灯丝关闭"过程可见,TSP 接口兼有将 HPLC 流分送入 MS 并除去溶剂及使样品离子化两种功能,即 TSP 本身是一种软离子化方法。如此过程不足以产生离子,可用"灯丝打

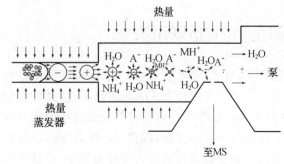

图 12-9 TSP 过程中离子形成机制的图解

开"方式。此时,如一般的 CI 方式,灯丝发射的电子使试剂气(此处为溶剂蒸气)离子化,试剂离子与样品分子进行分子—离子反应,产生 MH^+。还可用"放电离子化"方式,产生试剂离子并使样品分子离子化。这 3 种方式的选择,取决于样品性质、溶剂性质及分析要求等。"灯丝关闭"方式适合于极性及离子化样品,流动相为含水量高的溶剂。

以上 3 种方式均为软离子化方式,得到的是 CIMS,主要提供相对分子质量信息,缺乏结构信息。一般来说,"放电离子化"可产生较多的碎片离子,从而可增加结构信息。

TSP HPLC/MS 过程中,温度控制是重要的,尤其是不锈钢毛细管出口、蒸气及离子源。尽管现在提供的 TSP 商品可自动控制有关温度,但是,由于蒸发器温度与流动相组成、流速、样品组成及仪器条件等均有关,故应仔细设定温度控制器。此外,当 HPLC 用梯度洗脱时,TSP 需采用温度程序。一般来说,工作条件更需要经实验探索。

TSP HPLC/MS 虽然得到了广泛应用,但其响应值随化合物而异,尤其是对极性低的化合物,响应很低或没有响应。因此,TSP HPLC/MS 不仅检测限较 GC/MS 高,而且通用性也不如 GC/MS。

二、粒子束接口

根据单分散气溶胶发生器(monodisperse aerosol generator,MAGIC),Hewlett-Packard 公司推出了 PB HPLC/MS。这种接口的优点是可以得到 EI MS,即提供结构信息,可进行谱库检索。这对于未知物分析是重要的。如图 12-10 所示,粒子束接口(particle beam,PB)与 GC/MS 的二级喷射式分子分离器有相似之处。在此处溶剂蒸气由真空泵抽去,组分浓集成粒子束,进入 MS 离子源气化,用 EI 或其他方法离子化。PB 接口由 4 个部分所组成:雾化器、去溶剂室、动量分离器和输送管。HPLC 流分与高速氦气流相遇成为气溶胶,雾滴通过去溶剂室时,溶剂气化产生氦、溶剂蒸气与组分粒子的混合物。此混合物由二级动量分离器的真空所加速,聚集成束状以超音速自喷口进入分离器。此处溶剂蒸气及氦被抽去,而较重的高动量粒子以细束状经传送管进入 MS 离子源。组分粒子碰撞离子源加热的器壁而气化,用 EI 离子化,进行 MS 分析。如导入试剂气,则可得到 CI MS。PB 是一种较新的接口,由于使用高流速氦(达 1.2 L/min)使溶剂雾化,耗费太高。

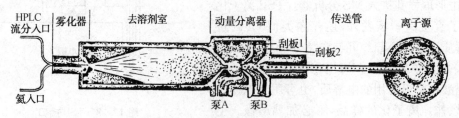

图 12-10 粒子束 HPLC/MS 接口

三、HPLC/FAB MS 接口

快原子轰击（FAB）是用具有 6～10 keV 能量的氙、氩、氦或其他合适的气体的原子去轰击溶于甘油等基质中的样品表面，使之解吸、离子化的方法，已广泛用于极性、热不稳定、大分子化合物的分析。Ito 和 Caprioli 分别用 Micro HPLC 与 FAB MS 直接联结起来，用胆酸、肽类作为试验样品。

Ito 的接口如图 12-11 所示。

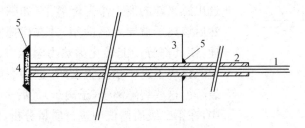

图 12-11 接口结构
1. 熔融石英管（40 μm i.d., 0.19 mm o.d.）；2. 不锈钢管（0.19 mm i.d., 0.41 mm o.d.）；
3. 玻璃管（0.5 mm i.d., 3 mm o.d.）；4. 不锈钢滤板（2 μm 孔度，0.33 mm 厚）；5. 环氧树脂粘合

HPLC 流动相含少量甘油（10%），柱流出物通过 40 μm i.d. 的熔融石英管到达多孔滤板，流动相溶剂在滤板表面迅速挥发，样品组分和甘油（基质）留在表面，用氙束轰击。

四、其他接口

最早商品化的 HPLC/MS 接口为传送带（moving belt）系统。此种接口经过了一些改进仍在使用。HPLC 流出物涂布在传送带上，然后在真空中除去溶剂。最后将样品挥发进入 MS。将样品直接涂布在传送带上，常常因涂膜不规则而导致总离子流（TIC）或重建离子流（RIC）不规则，在加热除去溶剂时，一些热不稳定化合物可能分解。这种接口的优点是样品进入离子源之前溶剂已全部除去，可选用 EI、CI 或 FAB 等离子化技术。

直接液体导入（direct liquid introduction，DLI）是一种常用的 HPLC/MS 接口。由于液体直接进入 MS 将产生大量气体，故一般采用分流的方法，仅取 HPLC 流分的 1%～5% 导入 MS。这必然牺牲了灵敏度。此外，由于样品组分是以溶液状态进入 MS 的，流分的蒸发创造了 CI 条件，故可得到相对分子质量信息而缺乏结构信息；而且样品未与加热的表面接触，故可防止热不稳定样品的分解。随着 Micro HPLC 的发展，此种接口可免除将 HPLC 流分分流，而将 Micro HPLC 流出物全部送入 MS，因此种色谱的流动相流速仅为 10 μL/min 左右。

大气压离子化（atmospheric pressure ionization，API）是最早的联机 HPLC/MS 接口。但由于缺乏商品仪器等原因，未能及时推广。现在与加热雾化器、液体离子蒸发及电喷雾（electrospray）等方法结合，得到了进一步发展。API 主要产生 CIMS。

第四节 质谱/质谱联用法

质谱/质谱联用技术是 20 世纪 70 年代发展起来的一种新的分析技术，它由二级以上质谱仪串联组成，故又称为串联质谱法（tandem mass spectrometry）。MS/MS 联用实现了分离和

鉴定融合为一体的分析方法,特别适用于痕量组分的分离和鉴定。

一、方法原理及其与色谱/质谱联用的比较

图 12-12 是 MS/MS 联用仪的工作原理示意图。

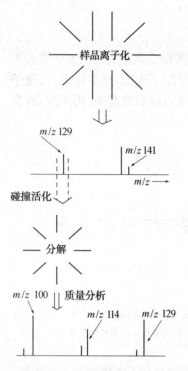

图 12-12 MS/MS 工作原理示意图

仪器由两台质谱仪经碰撞室串联组成。首先第一级质谱仪对由离子源中加速射出的正离子进行质量分析,从中选出感兴趣的离子作为母离子(如图中 m/z 129 的离子)。然后该离子被导入碰撞室,并在碰撞室中与碰撞气发生碰撞,使其部分动能转化为热力学能,提高了其活化能,从而导致该离子进一步发生裂解,这种裂解过程称为碰撞活化裂解。这些裂解离子(子离子)最后全部被导入另一质谱仪中,在第二级质谱仪中进行质量分析,便可得到母离子(m/z 129)的质谱。显然,第一级质谱仪的作用是母离子质量分离器,第二级质谱仪的作用则是子离子的质量分析器。最有效的碰撞气(或称靶气)为氦气,亦有用氢气、氮气和空气作碰撞气的。碰撞气的压力一般为 $1.3 \times (10^{-1} \sim 10^{-2})$ Pa。

MS/MS 联用与 GC/MS 联用有相似之处,第一级质谱仪在 MS/MS 中的作用,相当于在 GC/MS(或 HPLC/MS)中的色谱作用。MS/MS 中的碰撞室与色谱/质谱中离子源的作用相似,只不过进入离子源的是中性分子,而进入碰撞室的是离子。两个过程明显的差别在于 MS/MS 中样品是先电离后分离,而在色谱/质谱中样品则是先分离后电离。

MS/MS 比色谱/质谱具有更多的优点,如在 MS/MS 中,整个分析都在质谱仪中进行,不存在复杂的接口问题,而且 MS/MS 是一个"干净"系统,不受"化学噪音"的干扰。在 MS/MS 中对样品的要求不像 GC/MS 对溶解度、挥发性和热稳定性有严格的要求。特别是 MS/MS 法不需要大量的样品准备工作,因而所需样品量少,并大大缩短了分析时间。

MS/MS 的定量分析尚不如色谱/质谱法完善,然而应用重氢标记的内标或校准曲线,在微克水平上,准确度可达±(20%~30%)。

二、在混合物分析中的应用实例

一般直接分析混合物的 MS/MS 程序如下(图 12-13)所示:

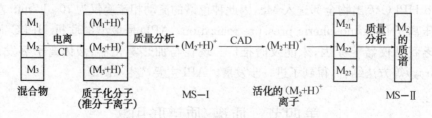

图 12-13 分析混合物的 MS/MS 程序

首先按待测样品的特性,选择适当的离子化方法,使混合物中各成分分子离子化。为保证

样品中各组分分子的检出,常采用 CI 离子化方法,因此生成各种质子化的分子离子和其他碎片离子。这些离子,在第一级质谱仪(MS-Ⅰ)中进行质量分析,被感兴趣的离子,如$(M_2+H)^+$,选择为母离子,对该离子进行碰撞活化(CAD)。活化了的$(M_2+H)^{+*}$离子进一步裂解,生成质量分别为M_{21}^+、M_{22}^+、M_{23}^+…等的$(M_2+H)^+$离子的子离子。子离子在第二级质谱仪(MS-Ⅱ)中被分离、检测和记录,即可得到 M_2 组分的质谱。

例 古柯叶中古柯碱的检测(图 12-14)

将古柯叶样品用适当溶剂提取,提取液用 MS/MS 法进行测定,在第一级质谱仪中首先检测到古柯碱的准分子离子峰(m/z 304),选择该离子作为母离子,经碰撞活化裂解,生成的碎片离子(子离子)在第二级质谱仪中进行测定,得质谱图 12-14(b)。在同样的质谱条件下测定古柯碱标准品的质谱,得质谱图 12-14(a),图 12-14(a)和图 12-14(b)质谱相符,确证古柯叶中存在古柯碱。

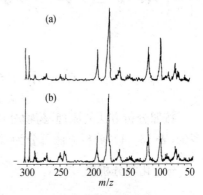

图 12-14 古柯碱及古柯叶的 MS/MS
(a) 古柯碱标准品质谱
(b) MS/MS 检测古柯叶中古柯碱质谱

(杜迎翔)

第十三章 药物分析方法的设计和验证

第一节 药物分析方法的分类和设计

按照分析方法的原理,药物分析方法可分为化学分析法和仪器分析法。根据试样用量的多少(表13-1),分析方法可分为常量分析、半微量分析、微量分析和超微量分析。

一、化学分析法

以物质之间的化学反应为基础的分析方法称为化学分析法(chemical analysis)。例如,某定量化学反应为:

$$mC + nR \rightleftharpoons C_m R_n$$
$$X \quad\quad V \quad\quad W$$

C 为待测组分,R 为试剂,可根据与组分 C 反应所需的试剂 R 的量(V)或生成物 $C_m R_n$ 的量(W),求出组分 C 的量(X)。若用称量方法求得生成物 $C_m R_n$ 的重量,则称这种方法为重量分析法。若从与组分 C 反应的试剂 R 的浓度和体积来求算组分 C 的含量,则为滴定分析或容量分析。

表13-1 各种分析方法的取样量

方法	试样重量/mg	试液体积/mL
常量分析	100～1000	10～100
半微量分析	10～100	1～10
微量分析	0.1～10	0.01～1
超微量分析	<0.1	<0.01

化学分析的应用范围广泛,所用仪器简单,结果准确。但化学分析不够灵敏,对于试样中极微量的杂质的定性、定量分析受到一定的限制。

二、仪器分析法

根据待测物质的物理性质(如相对密度、折射率、旋光度等)与组分的关系,不经化学反应直接进行定性或定量分析的方法,称为物理分析;根据待测物质在化学变化中的某种物理性质与组分之间的关系而进行定性或定量分析的方法,叫做物理化学分析法,如电位滴定法。在进行物理和物理化学分析时,往往需要精密的仪器,故称为仪器分析法(instrumental analysis)。仪器分析法具有灵敏度高、快速、准确等特点,发展很快,应用广泛,主要有下面几种:

1. 电化学分析 根据电化学原理的不同,可分为电导分析、电位分析和电解分析。在药物分析中,应用较为广泛的有电位滴定法与电流滴定法。
2. 光学分析 光学分析主要有吸收光谱分析法(如紫外—可见分光光度法、红外分光光度法、原子吸收分光光度法、核磁共振光谱法等)、发射光谱法(如荧光分光光度法、原子发射光谱等)、质谱法、旋光分析法与折光分析法等。
3. 色谱分析 按流动相的分子聚集状态,色谱分析可分为液相色谱与气相色谱;按分离机制又可分为分配、吸附、离子交换与空间排阻色谱法。主要有经典柱色谱法、薄层色谱法、纸色谱法、高效液相色谱法及气相色谱法等。
4. 热分析 热分析主要包括热重分析法、差示扫描量热法等。

三、常量分析和微量分析

根据试样用量的多少,分析方法可分为常量、半微量和微量分析。在经典的定量化学分析中,一般采用常量分析法;在无机定性分析中,一般采用半微量分析方法;在仪器分析中,常采用微量分析或超微量分析。

需要注意的是,仪器分析常在化学分析的基础上进行,如试样的溶解、干扰物质的分离等,这些都是化学分析的基本操作。同时,仪器分析一般都需要化学纯品作对照,而这些化学纯品的成分与含量往往要用化学分析方法来确定,因此化学分析和仪器分析是相辅相成的,在进行复杂物质的分离与分析时,常常是综合应用几种方法。

四、分析方法选择的指导原则

随着科学技术的发展与生产实际的需求,对分析工作者提出了更多更高的要求,同时也为药物分析提供了更多更好的测定方法。当一个药物分析体系确定后,其分析方法的选择与确定可从如下几个方面来考虑:

(一)应与待测组分的含量相适应

在测定常量组分时,一般采用滴定分析法,滴定分析法准确、简便、迅速,测定结果的相对误差可达到千分之几,原料药的含量测定首选滴定分析法;重量分析法虽很准确,但操作费时,已很少用于药物含量的测定。测定微量组分时,则采用仪器分析法,如紫外—可见分光光度法、荧光分光光度法与原子吸收分光光度法等,这些方法的灵敏度高,相对误差一般是百分之几。对于药物制剂的含量、含量均匀度及溶出度检查等项目,多数选用紫外—可见分光光度法。对于多组分体系,采用色谱法进行分离后,再检测各自的含量较为适宜。

例 13-1 复方氢氧化铝片的含量测定

复方氢氧化铝片主要含有氢氧化铝和三硅酸镁两种组分,含量较高,可利用镁和铝与乙二胺四乙酸的配合能力的差异,采用滴定分析法,选用不同的酸度和指示剂分别滴定铝和镁。在醋酸—醋酸钠缓冲液(pH=6.0)的条件下,加入定量、过量的乙二胺四乙酸二钠滴定液,以二甲酚橙为指示剂,用锌滴定液回滴。氢氧化铝含量按三氧化二铝计算。三硅酸镁按氧化镁计算,测定镁时要除去铝的干扰,在弱碱性条件下,除去大部分的氢氧化铝,再用三乙醇胺掩蔽剩余的铝,在氨试液(pH=9.0~10)条件下,用铬黑 T 为指示剂,以乙二胺四乙酸二钠滴定液滴定。

(二)应考虑待测组分的结构与性质

测定方法的选择一般需考虑到待测组分的性质。对待测组分性质的了解,可帮助我们选择适宜的分析方法。譬如,某试样具有碱性或酸性,其含量、纯度又高,就可尝试用酸碱滴定法测定;若试样具有氧化性或还原性,且含量、纯度都高,便可采用氧化还原滴定法检测。对于复杂体系(如复方制剂),一般用色谱法进行分离分析。对于具有一定挥发性的试样则可用气相色谱法,非挥发性的有机药品可用薄层色谱法或高效液相色谱法予以检测。

例 13-2 抗痛风药苯溴马隆的检测,其结构式如下:

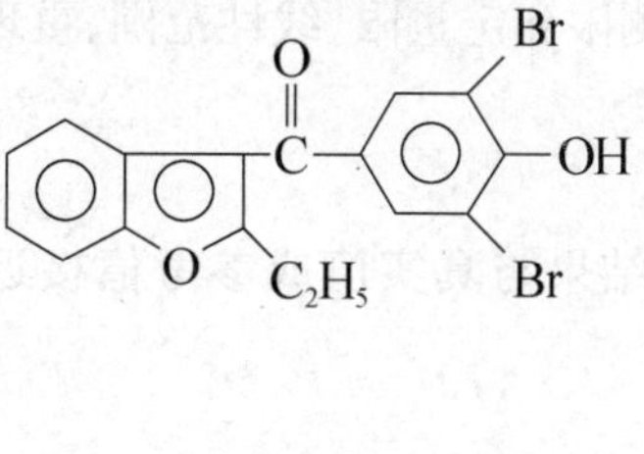

解:(1) 非水酸量法 该药物结构中有酚羟基,且在其邻位有两个吸电子性的溴原子,使酚羟基的酸性增强,可以二甲基甲酰胺为溶剂,用甲醇钠或氢氧化四丁基铵为滴定液,偶氮紫为指示剂予以测定。

(2) 紫外分光光度法 鉴于结构中有较长的共轭体系,K带、B带具有较大的吸光系数,可用紫外分光光度法进行定性与定量分析。

(3) 三氯化铁比色法 利用酚羟基与三氯化铁显色,既可用于该药物的含量测定,又可作为该药的鉴别试验。

(4) 高效液相色谱法 基于该药物的极性不大,可用 RP—HPLC 法进行定性与定量分析,固定相填料为十八烷基键合硅胶,流动相为甲醇—水系统,采用紫外检测器检测。

(5) 薄层色谱法 用硅胶 GF_{254} 为吸附剂,紫外灯下检测。该方法可用于该药物的鉴别检查,也可用于有关物质的检测。

上述测定方法各有其优缺点,可根据测定的对象与目的加以选择。原料药的含量测定首选非水酸量法,准确度高;苯溴马隆制剂的测定,若赋形剂不干扰测定,可用紫外分光光度法测定制剂的含量和溶出度。三氯化铁比色法可用于原料药的鉴别反应,当有赋形剂干扰而不能用紫外分光光度法时,可用来测定制剂中的主药含量。高效液相色谱法主要用于有关物质检查,即检测原料及制剂中难以用其他色谱法分离的性质相似的物质,也可用于因杂质或赋形剂干扰的原料药和制剂的含量测定。

(三) 应与测定的具体要求相适应

药物分析的对象较多,涉及面较广,分析要求各不相同。例如,药物成品分析、仲裁分析对方法的准确度要求高;中间体分析、环境检测则要求快速简便;微量分析与痕量分析(如体内药物分析)则要求方法的灵敏度要高。

(四) 应考虑干扰组分的影响

在选择分析方法时,一定要考虑到干扰组分的影响。应适当改变测定的条件,选择适宜的分离方法或加入掩蔽剂,消除各种干扰后,才能进行准确的测定。如上述的复方氢氧化铝片的测定,要消除铝对测定镁的干扰。

由此可见,我们必须根据待测药物的结构与性质、含量,测定的要求以及可能存在的干扰组分,考虑到方法的准确性、专属性、快速与简便等要求,并结合稳定性的考察结果,来选择合适的分析方法。

第二节 分析方法的验证

药物分析方法的质量控制已引起了广泛的关注与重视,定量分析的任务是准确测量试样中的含量,由于误差的存在,即使用同一种方法,对同一个样品进行多次测量,也不能得到完全一致的结果,因而对分析方法进行方法学验证,对测量数据进行统计处理是不可缺少的。

药物分析方法验证的目的是证明采用的方法适合于相应的检测要求,对于不同的分析类型需考察不同的验证参数,有关规定可参见中国药典 2000 年版二部附录 ⅪⅩ A。这些验证参数有准确度、精密度、专属性、检测限和定量限、线性范围、重现性、稳定性与耐用性等。

一、准确度

准确度(accuracy)系指分析结果与真实值或参考值接近的程度。测量值与真实值越接近,就越准确。准确度的大小,可用绝对误差或相对误差表示。误差越大,准确度越低;反之,准确度越高。

(一) 绝对误差

测量值与真实值之差称为绝对误差(absolute error)。若以 x 代表测量值,以 μ 代表真实值,则绝对误差 δ 为:

$$\delta = x - \mu \tag{13-1}$$

绝对误差是以测量值的单位为单位,可以是正值,也可以是负值,即测量值可能大于或小于真实值。测量值越接近真值,绝对误差越小;反之越大。例如,一个物体的真实重量是 9.000 g,甲称成 9.001 g,乙称成 9.008 g。甲的绝对误差是 0.001 g,乙的绝对误差是 0.008 g。0.001 g 比 0.008 g 的绝对误差小,所以甲比乙称得更准确,或者说前一结果比后一结果的准确度高。

(二) 相对误差

绝对误差与真值的比值称为相对误差(relative error)。相对误差反映测量误差在测量结果中所占的比例,它没有单位,以下式表示:

$$相对误差 = \frac{\delta}{\mu} \times 100\% \tag{13-2}$$

通常相对误差以%、‰表示。如果仅知道测量的绝对误差,而不知道真实值,则相对误差也可以测量值 x 为基础表示:

$$相对误差 = \frac{\delta}{x} \times 100\% \tag{13-3}$$

在分析工作中,用相对误差衡量分析结果比绝对误差更有用。根据相对误差的大小,还能提供正确选择分析仪器的依据。例如,用分析天平称量两个样品,一个是 0.465 2 g,另一个是 0.021 8 g。两个测量值的绝对误差都是 0.000 1 g,但相对误差却大不相同。前者是 (1/4 652)×100%,后者为(1/218)×100%。由此可知两个样品中待测组分含量高低不同,虽然测量的绝对误差相同,但相对误差却相差很大。因此,对于高含量组分测定的相对误差应当要求严些(小些);而对于低含量组分测定的相对误差可以允许大些。换言之,在相对误差要求固定时,若测定高含量组分可选用灵敏度较低的仪器;而对低含量组分的测定,则应选用灵敏度较高的仪器。

(三) 真值与标准参考物质

由于任何测量都存在误差,因此实际测量不可能得到真值,而只能逼近真值。可知的真值,一般有 3 类:理论真值、约定真值及相对真值。

进行多次平行测量时,以它们的算术平均值与真实值接近的程度判断准确度。评价一个分析方法的准确度,常用回收率(%)表示。在规定的范围内,至少用 9 次测定结果进行评估,例如,制备 3 个不同浓度的样品,各测定 3 次。应报告已知加入量的回收率(%),或测定结果平均值与真实值之差及其可信限。

(四) 提高分析准确度的方法

要想得到准确的分析结果,必须设法减免在测量过程中引入的各种误差。下述简要介绍一下减免误差的几种主要方法。

1. 选择恰当的分析方法　首先需了解不同方法的灵敏度和准确度。对于常量组分的测定,重量分析法和容量分析法能获得比较准确的分析结果,相对误差一般不超过千分之几。但它对微量或痕量组分的测定,由于灵敏度不高,常常测不出来,根本谈不上准确度。仪器分析法灵敏度高、绝对误差小,可用于微量或痕量组分的测定,虽然其相对误差较大,但可以符合要求;而对常量组分的测定,却常常无法测准。因此,仪器分析法主要用于微量或痕量组分的测定;而化学分析法,则一般用于常量组分的检测。

2. 减小测量误差　为了保证分析结果的准确度,必须尽量减小各步的测量误差。在称量步骤中要设法减小称量误差。一般分析天平的称量误差为 0.000 1 g,用减重法称量两次的最大误差是±0.000 2 g。为了使称量的相对误差小于 0.1%,取样量就得大于 0.2 g。在含有滴定操作的分析中,要设法减小滴定管读数误差。一般滴定管的读数误差是 0.01 mL,一次滴定需 2 次读数,因此可能产生的最大误差是±0.02 mL。为了使滴定的相对误差小于 0.1%,应消耗的滴定剂的体积就必须大于 20 mL。

又如,对某比色法测定,要求其相对误差小于 2%。若需称取 0.5 g 样品时,称量的绝对误差不大于 0.5×2%＝0.01 g 足矣,不需用万分之一的分析天平称量。一切称量都要求称准到 0.000 1 g 是不正确的。

3. 增加平行测定次数　根据偶然误差的分布规律,增加平行测定次数,可以减少偶然误差对分析结果的影响。

4. 消除测量中的系统误差

(1) 校准仪器:如对砝码、移液管、滴定管分析仪器等进行校准,可以减免系统误差中仪器误差的影响。

(2) 做对照试验:用含量已知的标准试样或纯物质,以同一方法对其进行定量分析,由分析结果与已知含量的差值,求出分析结果的系统误差。用此误差对实际样品的定量结果进行校正,便可减免系统误差。

(3) 做加样回收率试验:在没有标准试样,又不宜用纯物质进行对照实验时,可以向样品中加入一定量的待测纯物质,用同一方法进行定量分析。由分析结果中待测组分含量的增加值与加入量之差,便可估算出分析结果的系统误差,藉此可对测定结果进行校正。

(4) 做空白试验:在不加样品的情况下,用测定样品相同的方法、步骤对空白样品进行定量分析,把所得结果作为空白值,从样品的测量结果中扣除。这样可以消除由于试剂不纯或溶剂干扰等所造成的系统误差。空白试验是建立可见—紫外分光光度法定量分析方法中最常用的步骤之一。

二、精密度

精密度(precision)系指在规定的测试条件下,同一个均匀样品,经多次取样测定所得结果之间的接近程度,即平行测量的各测量值之间互相接近的程度。各测量值间越接近,精密度就越高;反之,精密度则低。

精密度可用偏差、相对平均偏差、标准偏差与相对标准偏差表示,在实际分析工作中多用相对标准偏差来评估。

（一）偏差

测量值与平均值之差称为偏差(deviation)。偏差越大,精密度越低。若令 $\bar{x}$ 代表一组平行测定的平均值,则单个测量值 x_i 的偏差 d_i 为:

$$d_i = x_i - \bar{x} \tag{13-4}$$

d_i 值有正有负。各单个偏差绝对值的平均值称为平均偏差(average deviation),即:

$$\bar{d} = \frac{\sum |x_i - \bar{x}|}{n} \tag{13-5}$$

上式中 n 表示测量次数。应当注意,平均偏差都是正值。

(二) 相对平均偏差(relative average deviation)

相对平均偏差定义如式(13-6)所示:

$$\frac{\bar{d}}{\bar{x}} \times 100\% = \frac{\sum_{i=1}^{n} |x_i - \bar{x}|/n}{\bar{x}} \times 100\% \tag{13-6}$$

(三) 标准偏差(standerd deviation, S),又称标准差

标准偏差定义如下式:

$$S = \sqrt{\frac{\sum_{i=1}^{n}(x_i - \bar{x})^2}{n-1}} \text{ 或 } S = \sqrt{\frac{\sum_{i=1}^{n} x_i^2 - \frac{1}{n}(\sum_{i=1}^{n} x_i)^2}{n-1}} \tag{13-7}$$

使用标准偏差是为了突出较大偏差的影响。

(四) 相对标准偏差(relative standard deviation, RSD)

相对标准偏差又称变异系数(coefficient of deviation),定义如下:

$$RSD = \frac{S}{\bar{x}} \times 100\% = \frac{\sqrt{\frac{\sum_{i=1}^{n}(x_i - \bar{x})^2}{n-1}}}{\bar{x}} \times 100\% \tag{13-8}$$

例 13-3 4 次标定某溶液的浓度,结果为 0.204 1 mol/L、0.204 9 mol/L、0.203 9 mol/L 和 0.204 3 mol/L。计算测定结果的平均值($\bar{x}$),平均偏差($\bar{d}$),相对平均偏差($\bar{d}/\bar{x}$),标准偏差(S)及相对标准偏差(RSD)。

平均值 = (0.204 1 + 0.204 9 + 0.203 9 + 0.204 3)/4 = 0.204 3(mol/L)

平均偏差 = (0.000 2 + 0.000 6 + 0.000 4 + 0.000 0)/4 = 0.000 3 (mol/L)

相对平均偏差 = (0.000 3/0.204 3)×1 000‰ = 1.5‰

标准偏差 $S = \sqrt{\dfrac{(0.000\,2)^2 + (0.000\,6)^2 + (0.000\,4)^2 + (0.000\,0)^2}{4-1}} = 0.000\,4$ (mol/L)

相对标准偏差 RSD = (0.000 4/0.204 3)×100% = 0.2%

(五) 重复性与重现性

重复性与重现性是精密度的常见别名,两者稍有区别。在相同的条件下,由一个分析人员对同一样品的某物理量进行反复测量,所得测量值接近的程度称为重复性或室内精密度测定;在同一个实验室,不同时间由不同分析人员用不同设备测定结果的精密度,称为中间精密度;在不同实验室由不同分析人员测定结果的精密度,称为重现性。

三、准确度与精密度的关系

精密度是保证准确度的前提条件,没有好的精密度就不可能有好的准确度。实际上,准确度是在一定的精密度下,多次测量的平均值与真值相符合的程度。

下面举例说明定量分析中的准确度与精密度的关系。有 4 个人对某同一样品进行测定,每人都测定 6 次。样品的真实含量为 10.00%。他们的测定结果如图 13-1 所示。

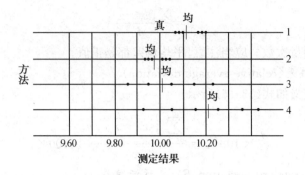

图 13-1 定量分析中的准确度与精密度

显然,从图 13-1 可以看出,第 1 人测量结果的精密度好,准确度不好;第 2 人的精密度、准确度都好;第 3 人的精密度不好,准确度好;第 4 人的精密度与准确度都不好。由此可知:

1. 一组测量数据的精密度高,其平均值的准确度未必就高,因为在每个测量值中可能有一种恒定的系统误差,从而使测定结果偏高或偏低,这也说明了精密度高的测量值,可通过校正的方法来消除系统误差。

2. 精密度与准确度都好的测量值才是可取的,因此精密度是保证准确度的先决条件;并且只有在消除了系统误差的前提下,才能用精密度来标示准确度。

3. 测量值的准确度表示测量结果的正确性;测量值的精密度表示测量结果的重复性或重现性。

四、专属性

专属性是指在其他成分(如杂质、降解产物、辅料等)可能存在的情况下,采用的方法能准确测定出待测物的特性。鉴别反应、杂质检查、含量测定方法均应考察其专属性。如方法不够专属,应采用多个方法予以补充。

五、检测限与定量限

检测限是指试样中被测物能被检测出的最低限。常用非仪器分析目视法与信噪比法进行测定。详细说明参见本书的相关章节。

定量限系指样品中被测物能被定量测定的最低量,其测定结果应有一定准确度和精密度。常用信噪比法确定定量限。一般以信噪比为 10∶1 时相应的浓度或注入仪器的量进行确定。

六、线性与范围

线性是指在设计的范围内,测试结果与试样中被测物浓度直接成正比关系的程度。

范围系指能到达一定精密度、准确度和线性,测试方法适用的高低浓度或量的区间。范围应根据分析方法的具体应用和线性、准确度、精密度结果和要求确定。

七、耐用性

耐用性系指在测定条件有小的变动时,测定结果不受影响的承受程度,为常规检验提供依据。开始研究分析方法时,就应考虑其耐用性。如果测试条件要求苛刻,则应在方法中写明。在气相和液相色谱中,通过一些因素的变动,说明小的变动能否通过设计的系统适用性试验,以确保方法有效。

第三节 药物分析中的有效数字及运算法则

药物分析的一个重要任务就是测定药物的含量。一般来说,定量分析过程包含取样、样品的预处理、测定和计算结果等步骤。那么在分析测试中,记录的数据应保留几位,才符合客观测量准确程度的实际? 在处理数据时,对于多种测量准确度不同的数据,应按照何种计算规则,才能既反映客观测量准确度的实际,又能节约计算时间呢? 这些就是下面所要介绍的内容。

一、有效数字

有效数字(signnificant figure)是指在分析工作中实际上能测量到的数字。记录测量数据的位数(有效数字的位数),必须与所使用的方法及仪器的准确程度相适应,也就是说,有效数字能反映测量准确到什么程度。

保留有效数字位数的原则是:在记录测量数据时,只允许保留一位可疑数即数据的末位数欠准,其误差是末位数的±1 个单位。

例如,用 50 mL 量筒量取 25 mL 溶液,由于该量筒只能准确到 1 mL,因此只能记为两位有效数字 25 mL,即表明末位的 5 有可能存在±1 mL 的误差,记录必须与实际相符。若用 25 mL 移液管量取 25 mL 溶液,则应记成 25.00 mL,因为移液管可准确到 0.01 mL。因此,取 4 位有效数字,即其末位可能有±0.01 mL 的误差。

在确定有效数字时,应注意下面几点:

1. "0"的双重性,"0"既可以是有效数字,也可以是做定位用的无效数字。例如,在数据 0.070 30 g 中,7 后面的两个 0 都是有效数字;而 7 前面的两个 0 则是用于定位的无效数字,它的存在说明有效数字的首位 7 是 7‰ g。末位 0 则表明重量可准确至 0.000 01 g。因此,该数据为 4 位有效数字,可记为 7.030×10^{-2} g。

2. 变换单位时,有效数字的位数必须保持不变。例如,1.00 mL 应写成 0.010 0 L;10.5 L 应写成 1.05×10^4 mL。需要说明的是,数据中的倍数或分数关系,如:

$$\frac{M_{K_2Cr_2O_7}}{5}=\frac{298.18}{5}=59.64$$

分母上的"5"是自然数,并非测量所得,可视为其具有无限多的有效数字。

3. 首位数是 8 或 9 的数字,有效数字可多计一位。例如,8.9,可认为是 3 位有效数字。

4. pH 及 pK_a 等对数值,其有效数字仅取决于小数部分数字的位数。因为其整数部分的数字仅表示原值的幂次。例如,pH=11.08 的有效数字是 2 位。

二、运算法则

在计算分析结果时,每个测量值的误差都要传递到分析结果中去。必须根据误差传递规律,按照有效数字的运算法则合理取舍,才能不影响分析结果准确度的正确表达。加减法与乘除法的误差传递方式不同,分述如下:

(一) 加减法

加减法的和或差的误差是各个数值绝对误差的传递结果。所以计算结果的绝对误差必须与各种数据中绝对误差最大的那个数据相当,即几个数据相加或相减的和或差的有效数字的保留,应以小数点后位数最少(绝对误差最大)的数据为依据。例如,以下 3 式：

```
    0.5364            10.0051            4.3589
    0.0014             1.9724           −4.2585
   +0.25             + 0.0003            0.1004
   ───────          ─────────
    0.79              11.9778
```

在第一式中,3 个数据的绝对误差不同,计算结果的有效数字的位数由绝对误差最大的第三个数据决定,即 2 位。第二、三式各数据的绝对误差都一样,则和或差的有效数字的位数,由加、减结果决定,不需修约。因此,第二、三式的计算结果分别为 6 位与 4 位有效数字。通常为了便于计算,可先按绝对误差最大的数据修约其他各数据,而后计算。如第一式,可先把 3 个数据修约成 0.54、0.00 及 0.25 再相加。

(二) 乘除法

乘除法的积或商的误差是各个数据相对误差的传递结果。即几个数据相乘除时,积或商有效数字应保留的位数,应以参加运算的数据中相对误差最大的那个数据为依据。例如,0.12×9.678 2。可先修约成0.12×9.7,正确结果应是 1.2。

三、数字修约规则

在数据处理过程中,各测量值的有效数字的位数可能不同,在运算时按一定的规则舍去多余的尾数,不但可以节省计算时间,而且可以避免误差累计。按运算法则确定有效数字的位数后,舍去多余的尾数,称为数字修约。其基本原则如下：

1. 4 舍 6 入 5 成双。该规则规定:测量值中被修约数等于或小于 4 时,舍弃;等于或大于 6,进位;等于 5 时,若 5 后没有数据,则看前方,进位后测量值末位数变成偶数,则进位;若进位后,成奇数,则舍弃;换言之,前为奇数则进位,前为偶数则舍去。若 5 后还有数,说明被修约数大于 5,宜进位。

例如,将测量值 4.135、4.125、4.105、4.125 1 及 4.134 9 修约为 3 位数。

4.135 修约为 4.14;4.125 修约为 4.12;4.105 修约为 4.10(0 视为偶数);4.125 1 修约为 4.13;4.134 9 修约为 4.13。

2. 只允许对原测量值一次修约至所需位数,不能分次修约。

例如,4.134 9 修约为 3 位数,不能先修约成 4.135,再修约为 4.14,只能一次修约成 4.13。

3. 在大量数据运算时,为防止误差迅速累积,对参加运算的所有数据可先多保留一位有效数字,运算后,再将结果修约成与最大误差数据相当的位数。

例如,计算 5.352 7、2.3、0.055 及 2.35 的和。按加减法的运算法则,计算结果只应保留一位小数。但在计算过程中可以多保留一位,于是上述数据计算,可写成 5.35+2.3+0.05+3.35=11.05。最终将计算结果修约成 11.0。

4. 修约标准偏差。修约的结果应使准确度变得更差些。例如,某计算结果的标准偏差为 0.215,取 2 位有效数字,宜修约成 0.22;取一位则为 0.3。在描述标准偏差和 RSD 时,在大多数情况下,取一位即可,最多取 2 位有效数字。在作统计检验时,标准偏差可多保留 1~2 位数参加运算,计算结果的统计量可多保留一位数字与临界值比较,以避免造成以真为假或以假为真的错误。

四、药物含量测定结果的表达

在药物分析中,对测定结果有效数字的保留,主要取决于仪器的精确度和样品的取样量。如重量分析与滴定分析,用万分之一的天平,称样量大于 0.1 g,滴定管读数大于 10 mL 时,由于所称重量和所取体积均为 4 位有效数字,故重量分析和滴定分析都取 4 位有效数字。紫外—可见分光光度法,由于光度计的读数只有 3 位有效数字,尽管称样、移液管操作等可有 4 位有效数字,但计算结果也只能取 3 位有效数字。一般来讲,仪器分析法测定的结果都只能有 3 位有效数字,如气相色谱法、液相色谱法等。生物检定法也至多保留 3 位有效数字。

在测定过程中,不仅要准确地测量,而且要正确地记录和计算,测量值的记录必须同测量的准确度相符合。

思考题

1. 指出下列各种误差是系统误差还是偶然误差?如果是系统误差,请区别方法误差、仪器和试剂误差或操作误差,并给出它们的消除办法。
(1) 砝码受腐蚀;(2) 天平的两臂不等长;(3) 容量瓶与移液管不配套;(4) 在重量分析中,样品的非被测组分被共沉淀;(5) 试剂含被测组分;(6) 样品在称量过程中吸湿;(7) 化学计量点不在指示剂的变色范围内;(8) 在分光光度测定中,吸光度读数不准(读数误差);(9) 在分光光度测定中,波长指示器所示波长与实际波长不符;(10) pH 测定中,所用的基准物不纯。

2. 在题 1 中所提的误差,哪些是恒定误差?哪些是比例误差?它们有什么共同点和不同点?如何用标准样品确定一个分析方法的方法误差是恒定误差还是比例误差?

3. 说明误差与偏差,准确度与精密度的区别。

(沈卫阳)

实　　验

实验一　磷酸的电位滴定

【目的要求】

(1) 掌握用酸碱电位滴定法测定磷酸的原理与方法。

(2) 学会绘制电位滴定曲线,并掌握由滴定曲线或二级微商法确定滴定终点所消耗的体积,及计算 pK_a 的原理及方法。

【原理】

电位滴定法是根据滴定过程中电池电动势的突变来确定滴定终点的方法。

磷酸的电位滴定,是以 NaOH 标准溶液为滴定剂,来测定 H_3PO_4 的物质的量浓度和 H_3PO_4 的 pK_{a_1} 与 pK_{a_2} 值。以玻璃电极为指示电极,饱和甘汞电极为参比电极,将此两电极插入磷酸试液中,组成一原电池。在滴定过程中,随着滴定剂的不断加入,待测物与滴定剂发生反应,溶液中的 pH 也随之不断变化。以加入滴定剂的体积为横坐标,溶液相应的 pH 为纵坐标,来绘制 pH−V 滴定曲线,因化学计量点时 pH 的变化率最大,便可由滴定曲线来确定滴定终点。也可采用一级微商法($\Delta pH/\Delta V - V$)或二级微商法($\Delta^2 pH/\Delta V^2 - V$)来确定滴定终点。

根据 NaOH 标准溶液滴定 H_3PO_4 的过程,所绘制的 pH−V 滴定曲线见图 14-1。从曲线上不仅可以确定滴定终点,计算 $c_{H_3PO_4}$ $\left(c_{H_3PO_4} = \dfrac{c_{NaOH} \times V_{eq_1}}{V_{H_3PO_4}}\right)$,而且也能求算 H_3PO_4 的 K_{a_1} 和 K_{a_2} 值。这是因为磷酸是多元酸,在水溶液中是分步解离的,即:

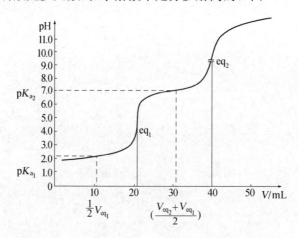

图 14-1　NaOH(0.1 mol/L)滴定 H_3PO_4(0.1 mol/L)
电位滴定曲线

$$H_3PO_4 \xrightleftharpoons{K_{a_1}} H^+ + H_2PO_4^-$$

$$K_{a_1} = \frac{[H^+][H_2PO_4^-]}{[H_3PO_4]}$$

当用 NaOH 标准液滴定至剩余 H_3PO_4 的浓度与生成的 NaH_2PO_4 的浓度相等(即$[H_3PO_4]=[H_2PO_4^-]$)时,从上式可知:$K_{a_1}=[H^+]$,即 $pK_{a_1}=pH$,也就是说,第一半中和点$\left(\frac{1}{2}V_{eq_1}\right)$对应的 pH 即为 pK_{a_1}。同理:

$$H_2PO_4^- \xrightleftharpoons{K_{a_2}} H^+ + HPO_4^{2-}$$

$$K_{a_2} = \frac{[H^+][HPO_4^{2-}]}{[H_2PO_4^-]}$$

当继续用 NaOH 标准溶液滴定至$[H_2PO_4^-]=[HPO_4^{2-}]$时,此时 $pK_{a_2}=pH$,即第二半中和点体积所对应的 pH 就是 pK_{a_2}。

由此可见,电位滴定法可用来测定某些弱酸的离解平衡常数(pK_a)或弱碱的 pK_b,具有一定的实用意义。

【仪器与试剂】

(1) 仪器 25 型酸度计(或 pHS-25 型酸度计),复合电极或 221 型玻璃电极,222 型饱和甘汞电极,电磁搅拌器,铁芯搅拌棒,烧杯(100 mL),移液管(10 mL),洗耳球,碱式滴定管(25 mL)。

(2) 试剂 邻苯二甲酸氢钾标准缓冲溶液:0.05 mol/L;NaOH 的标准溶液:0.1 mol/L;磷酸样品溶液:约 0.1 mol/L。

【实验内容】

(1) 用 0.05 mol/L 的邻苯二甲酸氢钾(pH=4.00,25℃)标准缓冲液校准 pH 计。

(2) 用移液管精密吸取 10.00 mL 磷酸样品溶液,置于 100 mL 烧杯中,加蒸馏水 20 mL,插入玻璃电极和饱和甘汞电极。在电磁搅拌下,用 NaOH 标准液(0.1 mol/L)进行滴定,当 NaOH 标准溶液体积未达 10.00 mL 前,每加 2.00 mL NaOH 溶液都需记录 pH,在接近化学计量点时(即加入 NaOH 溶液引起溶液的 pH 变化逐渐变大),每次加入 NaOH 溶液的体积逐渐减少。在计量点前后每次加入 1 滴(0.05 mL)NaOH,测量并记录一次 pH。最好每次滴加的 NaOH 标准溶液的体积相等,以便于数据的处理。继续滴定至过了第二个计量点为止。

【结果处理】

(1) 按下表记录 NaOH 标准溶液体积及相应的 pH,并按 $\Delta^2 pH/\Delta V^2 - V$ 曲线法(二级微商法)求出第一、第二化学计量点消耗的 NaOH 标准溶液的体积,需要时,可用线性内插法计算,并由此求得第一、第二半中和点所消耗滴定剂的体积。

(2) 绘制 pH-V 曲线,第一、第二半中和点体积所对应的 pH,即分别为 H_3PO_4 的 pK_{a_1} 与 pK_{a_2}。实验数据见表 14-1。

表 14-1 H_3PO_4 电位滴定数据处理表

滴定剂体积 V/mL	酸碱计读数 pH	ΔpH	ΔV	ΔpH/ΔV	平均体积 $\overline{V}$/mL	$\Delta\left(\dfrac{\Delta pH}{\Delta V}\right)$	ΔV	Δ^2pH/ΔV^2

(3) 计算 H_3PO_4 的物质的量浓度:

$$c_{H_3PO_4} = \frac{c_{NaOH} \times V_{eq_1}}{10.00}$$

式中,V_{eq_1} 是第一计量点所消耗的氢氧化钠标准溶液的体积。

【注意事项】

(1) 先将仪器装好,用邻苯二甲酸氢钾标准缓冲液(0.05 mol/L)校正 pH 计后,勿动定位钮。安装玻璃电极时,既要将电极插入待测液中,又要防止在滴定操作搅拌溶液时,烧杯中转动的铁磁性搅拌子触及玻璃电极。

(2) 电位滴定中的测量点分布,应控制在计量点前后密集,远离计量点疏远,在接近计量点前后时,每次加入的溶液量应保持一致(如 0.05 mL),这样便于数据处理和滴定曲线的绘制。

(3) 滴定剂加入后,发生的中和反应是迅速的,但电极响应是有一定的时间的,故要充分搅拌溶液,切忌滴加滴定剂后立即读数,应在搅拌平衡后,停止搅拌,静态读取酸度计的 pH,以求得到稳定的数据。

(4) 用滴定管加入 0.05 mL 滴定剂,可用一细玻棒碰一下滴定管尖端再插入溶液中。不可用洗瓶冲洗滴定管尖端,以免滴定液被稀释过度,滴定突跃不明显。

(5) 搅拌速度略慢些,以免溶液溅失。

【讨论】

(1) 电位滴定法应用较为广泛,在酸碱、沉淀、氧化还原、配位和非水滴定中均可采用电位滴定法来进行,但需满足下列条件:①必须有合适的指示电极;②反应必须按一定的化学计量关系进行,且无副反应发生;③反应需迅速进行。电位滴定法对不同类型的反应,应选用不同的指示电极和参比电极,如表 14-2 所示。

表 14-2 各种电位滴定法选用电极类型

滴定方法	指示电极	参比电极
酸碱滴定	玻璃电极、锑电极	甘汞电极
沉淀滴定	银电极、汞电极、Ag_2S 薄膜电极等选择电极	甘汞电极、玻璃电极
配位滴定	汞电极、银电极、各种离子选择电极	甘汞电极
氧化还原滴定	铂电极	甘汞电极、玻璃电极

非水电位滴定法是电位法中应用最广泛的一种。因为许多化合物的非水滴定尚无适当的指示剂指示终点,因此常用电位滴定法作为选择指示终点方法的依据和标准。非水中和法,电极系统是采用玻璃电极和饱和甘汞电极。玻璃电极用后应立即清洗,并浸在水中保存。饱和甘汞电极套管内装饱和氯化钾无水甲醇溶液。

(2) 电位滴定法指示终点与用指示剂法相比,电位滴定法的仪器装置和操作较为繁琐,但如果待测液浑浊、有颜色或缺少合适的指示剂,则普通滴定法往往无法加以测定,而可用电位滴定法进行测量。另外,电位滴定法可用来校正指示剂终点颜色变化,对寻找适宜的指示剂具有一定的意义。

(3) 若磷酸的电位滴定仅仅测 pH_{eq1} 和 pH_{eq2},可以不要标定 NaOH 滴定剂的浓度。如测 K_a 值则应标定其准确浓度,以便计算各共轭酸碱组分的浓度。

(4) 本实验因 pH_{eq1} 在弱酸性区间,pH_{eq2} 在碱性区间,pH 近似等于 9.5,因此定位时仅使用 1 个适中的磷酸盐标准缓冲溶液 pH=6.86 定位即可,这是从教学实验考虑。严格地讲,测量 pH_{eq1} 值时,应采用 0.05 mol/L 邻苯二甲酸氢钾(pH=4.00,25℃)来定位;测量 pH_{eq2} 宜用 0.01 mol/L 的硼砂液(pH=9.18,25℃)定位。

思考题

(1) H_3PO_4 是三元酸,其 K_{a_3} 可以从滴定曲线上求得吗?

(2) 用 NaOH 滴定 H_3PO_4,第一和第二化学计量点所消耗的 NaOH 体积理应相等,但实际上并不相等,为什么?

(3) 电位滴定中,能否用 E 的变化代替 pH 变化?

(4) 若以电位滴定法进行氧化还原、非水滴定、沉淀滴定和配位滴定,应各选择什么指示电极和参比电极?

实验二 邻二氮菲比色法测定水中含铁量

【目的要求】

(1) 掌握用 721 型分光光度计进行定量测定的方法。

(2) 掌握平行原则的应用。

【原理】

测绘邻二氮菲-Fe(Ⅱ)配位离子的吸收曲线,找出 λ_{max}。并于 λ_{max} 处,进行显色剂用量、有色溶液稳定性及 pH 的影响等条件试验,从而在找出测定铁的最适宜条件的基础上,测定水中总铁量。虽然在 pH 为 2~9 范围内,生成的邻二氮菲-Fe(Ⅱ)配位离子的颜色深度与酸度无关,但为了减少其他离子的影响,通常在微酸性(pH≈5)溶液中显色。

本法选择性高,相当于含铁量 40 倍的 Sn^{2+}、Al^{3+}、Ca^{2+}、Mg^{2+}、Zn^{2+}、SiO_3^{2-},20 倍的 Cr^{3+}、Mn^{2+}、VO_3^-、PO_4^{3-},5 倍的 Co^{2+}、Cu^{2+} 等均不干扰测定,所以本法应用很广。

【仪器与试剂】

(1) 仪器 721 型分光光度计,容量瓶(50 mL,100 mL),吸量管(5 mL,2 mL,1 mL),移

液管(20 mL,10 mL),量筒(100 mL),洗耳球。

(2) 试剂

标准铁溶液(100 μg/mL):准确称取 0.863 4 g $NH_4Fe(SO_4)_2 \cdot 12H_2O$ 置于烧杯中,加入 HCl 溶液(6 mol/L) 20 mL 和少量水,溶解后,转移至 1 L 容量瓶中,以水稀释至刻度,摇匀。

邻二氮菲溶液:0.15%水溶液(新鲜配制);盐酸羟胺溶液:10%水溶液(新鲜配制);NaAc 溶液:1 mol/L;HCl 溶液:6 mol/L。

【实验内容】

(1) 标准曲线的制作　用移液管吸取标准铁溶液(100 μg/mL) 10.00 mL 于 100 mL 容量瓶中,加入 HCl 溶液(6 mol/L) 2 mL,以水稀释至刻度,摇匀。此溶液每毫升含铁 10 μg。

在 6 只 50 mL 容量瓶中,用吸量管分别加入标准溶液(10 μg/mL) 0.00 mL、2.00 mL、4.00 mL、6.00 mL、8.00 mL、10.00 mL,再分别加入 10%盐酸羟胺溶液 1 mL、0.15%邻二氮菲溶液 2 mL 和 NaAc 溶液(1 mol/L) 5 mL,以水稀释至刻度,摇匀。在所选定波长下,用 1 cm 比色皿,以试剂溶液为空白,测定各溶液的吸收度。以铁的浓度为横坐标,吸收度为纵坐标,绘制标准曲线。

(2) 水样测定　以自来水、井水或河水为样品,准确吸取澄清水样 5.00 mL(或适量),置于 50 mL 容量瓶中。按上述制备标准曲线的方法配制溶液并测定吸收度,根据测得的吸收度求出水中总铁量。

【数据处理】

(1) 绘制标准曲线,根据水样测得的吸收度查得水中含铁量。按下式计算铁离子的含量:

$$Fe^{2+} \text{的含量} = \frac{c_{Fe^{2+}}(\mu g/50 \text{ mL})}{V_{样}(\text{mL})} \times 1\ 000\ (\mu g/L)$$

式中,$c_{Fe^{2+}}$ 为标准曲线上查得的水样中 Fe^{2+} 浓度。

(2) 用最小二乘法求出回归直线方程式及相关系数(r)。

$$A = a + bc \quad (c \text{ 的单位为 } \mu g/50 \text{ mL}) \quad r = \underline{\qquad\qquad}$$

根据水样测得的吸收度 $A_{样}$,则可求得 $c_{样}$

$$c_{样} = \frac{A_{样} - a}{b}$$

则

$$Fe^{2+} \text{的含量} = \frac{c_{样}}{V_{样}(\text{mL})} \times 1\ 000\ (\mu g/L)$$

【注意事项】

(1) 操作上,注意吸收池的配对及遵守平行原则。

(2) 盛标准溶液及水样的容量瓶应做标记,以免混淆。

(3) 在测定标准系列各溶液吸收度时,要从稀溶液至浓溶液进行测定。

【讨论】

(1) 许多药品中的杂质检查,如药典中规定的重金属的检查、铁盐的检查等都是采用比色法,其依据是:样品溶液和标准溶液置于相同厚度的纳氏比色管中,在相同条件下显色,当两溶液颜色深度相同(即 A 值相同),则两溶液浓度相等。用这种方法进行比色时,须配制一系列已知浓度的标准溶液(这一系列溶液产生不同深度的颜色称为色阶),将样品溶液与标准溶液在相同条件下显色,然后用眼睛观察比较溶液颜色深浅。若样品溶液与某一标准溶液颜色深度相同,即可知道样品溶液的浓度。本法优点是以自然光为光源,不需特殊仪器,操作方便。被测溶液不一定需要符合朗伯-比尔定律。药物的杂质检查通常仅配制某一限度标准溶液,同时取该药品项下规定量的供试品,在相同条件下显色,若供试品溶液颜色深度比标准溶液浅,即说明该杂质量低于规定限度,该项目符合要求。

(2) 测定铁时水样的采取。可取洁净的带磨口塞的玻璃瓶,用水样荡洗玻璃瓶和塞子3次,然后将水样缓缓注入瓶中。不要注满,留有10~20 mL的空间,以防水温及气温改变时瓶塞被挤掉。然后用蜡封口(若能及时分析可不必封口)。天然水中的铁离子通常以重碳酸盐(2价)的形式存在,它能水解并易被空气中的氧氧化而成沉淀析出。

$$Fe(HCO_3)_2 + 2H_2O \longrightarrow Fe(OH)_2 + 2H_2CO_3$$
$$4Fe(OH)_2 + 2H_2O + O_2 \longrightarrow 4Fe(OH)_3 \downarrow$$

因此,测定水中的铁离子时,必须防止生成沉淀。在采取含有大量铁离子的矾水及酸性水时,为了使铁离子稳定,可以在每1 L水中加入10 mL硫酸溶液(1→2)及1~1.5 g硫酸铵。在采取淡水水样时,每100 mL水样加3~5 mL pH为4的醋酸-醋酸钠缓冲溶液。如果水样浑浊,则将其过滤后,再如上述步骤处理。一般饮用水中的铁的容许量最好不超过300 μg/L。

(3) 在用标准曲线法进行定量测定时,标准系列溶液浓度的中间值应接近被测溶液中待测组分的浓度。

思考题

(1) 显色反应操作中,加入的各标准溶液与样品液的含酸量不同,对显色有无影响?
(2) 在测定标准系列各溶液吸收度时,为什么要按从稀至浓的顺序进行测定?
(3) 根据制备标准曲线测得的数据,判断本次实验所得浓度与吸收度间的线性好不好?分析其原因。

附:721型分光光度计
1. 仪器外形结构见图14-2。

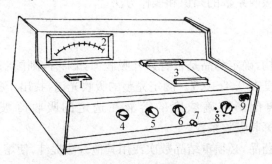

图14-2 721型分光光度计外形结构图

1. 波长读数盘 2. 电表 3. 液槽暗盒盖 4. 波长调节 5. "0"透光率调节
6. "100%"透光率调节 7. 液槽架拉杆 8. 灵敏度选择 9. 电源开关

2. 操作方法

(1) 在仪器未接通电源时,电表指针必须位于"0"刻度线上,若不在零位,则调节电表上零点校正螺丝,使指针指向"0"。

(2) 接通电源开关(接 220 V 交流电),打开比色槽暗箱盖,使电表指针处于"0"位,预热 20 min 后,选择所用单色光波长和相应的灵敏度档,用调"0"电位器校正电表"0"位。

(3) 合上比色槽暗箱盖,比色皿处于空白校正位置。使光电管受光,旋转光量调节器,调节光电管输出的光电信号,使电表指针处于 100%。

(4) 按上述方法连续几次调节"0"位和"100%"位置。

(5) 把待测溶液置于比色皿中,按空白校正方法,把待测溶液置于光路中,测定、记录光电信号(吸收度 A 或百分透光率)。

(6) 测定完毕,切断电源,开关置于"关"位。洗净比色皿。在比色槽暗箱中放好干燥硅胶。

3. 维护及注意事项

(1) 仪器应安放在干燥的房间内,置于坚固平稳的工作台上,室内照明不宜太强。夏天不能用电风扇直接向仪器吹风,防止灯丝发光不稳。仪器灵敏度档的选择是根据不同的单色光波长、光能量不同而分别选用,第一档为 1(为常用档),灵敏度不够时再逐级升高。但改变灵敏度后须重新校正"0"和"100%"旋钮。选择原则是使空白档能良好地用光量调节器调至 100%处。

(2) 使用前,使用者首先应该了解本仪器的工作原理,以及各操作旋钮的功能。在接通电源之前,应对仪器的安全性进行检查,各调节旋钮的起始位置应该正确,然后接通电源。

(3) 仪器中各存放有干燥剂筒处应保持干燥,发现干燥剂变色应立即更换。

(4) 仪器长期工作或搬动后,要检查波长精度等,以确保测定结果的精确。

(5) 在使用过程中应注意的问题:

① 在测定过程中随时关闭遮盖光路的闸门以保护光电管。

② 比色皿要保持清洁,池壁上液滴应用擦镜纸或绸布擦干。不能用手拿透光玻璃面。

③ 仪器连续使用时间不宜过长,更不允许仪器处于工作状态而测定人员离开工作岗位。最好是工作 2 h 左右让仪器间歇 30 min 左右再工作。

④ 关于仪器各项性能指标的检查,可参阅使用说明书。

实验三 原料药品吸收系数的测定

【目的要求】

掌握测定原料药品吸收系数的知识和操作方法。

【原理】

根据药品的分子结构,确定药品是否有紫外吸收。如果有,则配制一种溶液,使其浓度于最大吸收波长处的吸收度在 0.4~0.7。测定完整的吸收光谱,找出干扰小且能较准确测定的最大吸收波长。然后再配制准确浓度的溶液在选定的吸收峰波长处测定吸收度,按 $E^{1\%}_{1\,cm}\lambda_{max}=A/cL$ 式计算其吸收系数。

欲测定吸收系数的药品,必须重结晶数次或用其他方法提纯,使熔点敏锐、熔距短,在纸上或薄层色谱板上色谱分离时,无杂斑。此外,所用分光光度计及天平、砝码、容量瓶、移液管都必须按鉴定标准经过校正,合乎规定标准的才能用于测定药品的吸收系数。

药品应事先干燥至恒重(或测定干燥失重,在计算中扣除)。称重时要求称量误差不超过 0.2%。例如称取 10 mg 应称准至 0.02 mg,测定时应同时称取 2 份样品,准确配制成吸收度在 0.7~0.8 的溶液,分别测定吸收度,换算成吸收系数。2 份间相差应不超过 1%。再将溶液稀释 1 倍,使吸收度在 0.3~0.4,同上测定、换算,2 份间差值亦应在 1%以内。按浓溶液和稀溶液计算的吸收系数之间差值也应在1%以内。药品的吸收系数经5台以上不同型号的紫外分光光度计测定,所得结果再经数理统计方法处理,相对偏差在1%以内,最后确定吸收系数值。

本实验以原料药扑尔敏的吸收系数测定为例,了解药品吸收系数测定的知识和操作方法。

【仪器与试剂】

(1) 仪器　5台以上型号的紫外分光光度计,容量瓶(100 mL,50 mL),移液管(10 mL,5 mL),洗耳球。

(2) 试剂　扑尔敏分析纯,在105℃干燥至恒重;H_2SO_4溶液(0.05 mol/L)。

【实验内容】

(1) 溶液的配制　用于称量的天平、砝码与配制溶液的容量瓶、移液管等仪器都需预先经过校正。所用溶剂须先测定其空白透光率,应符合规定。

取在105℃干燥至恒重的扑尔敏纯品约0.015 00 g,精密称定,同时称取2份。分别用H_2SO_4溶液(0.05 mol/L)溶解,定量转移至100 mL容量瓶中,用H_2SO_4溶液(0.05 mol/L)稀释至刻度,得标准溶液(Ⅰ)及(Ⅱ)。标准溶液(Ⅰ)及(Ⅱ)作为两组,每组各取3只50 mL容量瓶,用移液管分别加入5.00 mL和10.00 mL扑尔敏标准溶液于两只容量瓶中,另1只容量瓶作空白,分别用H_2SO_4溶液(0.05 mol/L)稀释至刻度,摇匀。

(2) 吸收系数的测定

① 寻找吸收峰的波长:以H_2SO_4溶液(0.05 mol/L)为空白,测定扑尔敏标准溶液吸收峰的波长(在扑尔敏λ_{max}264 nm前后测几个波长的吸收度,以吸收度最大的波长作为吸收峰波长)。

② 测定溶液的吸收度:用已经校验过的紫外分光光度计进行测定,以选定的吸收池盛空白溶液,用已测出校正值的另一吸收池盛样品溶液,在选定的吸收峰波长处按常规方法测定吸收度。

用上述选定的吸收峰波长,分别测定2份样品浓、稀溶液共4个测试溶液的吸收度,减去空白校正值为实测吸收度值。

【数据处理】

(1) 药品浓、稀溶液的吸收系数按下式计算:

$$E_{1\,cm}^{1\%}\lambda_{max} = \frac{A}{\dfrac{W_{样}(g)}{100} \times \dfrac{5}{50} \times 100} \quad (稀的)$$

$$E_{1\,cm}^{1\%}\lambda_{max} = \frac{A}{\dfrac{W_{样}(g)}{100} \times \dfrac{10}{50} \times 100} \quad (浓的)$$

(2) 计算同一组浓、稀溶液的吸收系数,其差值应在1%以内。

(3) 计算在5台不同型号紫外分光光度计上测定所得吸收系数,其差值亦应在1%以内。

【注意事项】

(1) 样品若非干燥至恒重,应扣除干燥失重,即样重=称量值×(1-干燥失重%)。

(2) 测定样品前,应先检查所用溶剂在测定样品所用波长附近是否有吸收(要求不得有干扰吸收峰)。用 1 cm 石英吸收池盛溶剂,以空气为空白测定其吸收度。在 220～240 nm 范围内,溶剂和吸收池的吸收度不得超过 0.40,在 241～250 nm 范围内不得超过 0.20,在 251～300 nm 范围内不得超过 0.10,在 300 nm 以上时不得超过 0.05。

(3) 将浓溶液稀释 1 倍时,应用同一批号溶剂稀释。

(4) 如遇易分解破坏的品种,在保存时应考虑密封,充氮熔封。

【讨论】

(1) 通常用分光光度法进行物质的鉴别和定量测定时,仪器波长刻度盘上的标示值往往与最大吸收峰的实际波长不一致,因此规定有允许误差范围。如药典中扑尔敏的吸收系数测定中规定:"在 264 nm±1 nm 的波长处测定吸收度",即只要测得的吸收峰在 263～265 nm 范围内则认为符合规定。又如美国药典中关于维生素 B_{12} 的鉴别和含量测定中写明"在大约 361 nm 的最大吸收波长处测定吸收度",没有明确指出最大吸收波长的允许误差范围,但在该药典附录中规定:"在含量测定或试验方法中提到的最大吸收波长,是指在规定的波长或与其邻近呈最大吸收的波长。"因此应当注意,当提到最大吸收波长处测定而无其他说明时,一般应在规定的最大吸收波长±(1～2) nm(或更多一些)的范围内测定吸收度而取其中最大值。

(2) 测定时,样品溶液的浓度应适当,一般应使测得的吸收度控制在 0.2～0.7 范围内。如果测定方法中没有说明最后测定的溶液中样品浓度,可按下述方法设计样品溶液的浓度。即假定欲使维生素 B_{12} 溶液测得的吸收度大约为 0.5,已知维生素 B_{12} $E_{1\,cm}^{1\%}=207$,按 $A=E_{1\,cm}^{1\%}cL$ 公式,可算出应制备溶液的百分浓度为:

$$样品溶液百分浓度(\%)=\frac{A}{E_{1\,cm}^{1\%}\times 1}(\%)=\frac{0.5}{207}(\%)=0.0024\%(约数)$$

思考题

(1) 测定药品吸收系数时,先配制某一浓度的溶液测其吸收度,然后稀释 1 倍后再测其吸收度。根据浓、稀两溶液吸收度换算所得吸收系数的差值不得大于 1%,为什么?

(2) 吸收系数值在什么条件下才能成为一个普遍运用的物理常数? 要使用吸收系数作为测定的依据,需要哪些实验条件?

(3) 确定 1 个药品的吸收系数为什么要有这么多的要求? 它的测定和使用涉及哪些主要因素?

(4) 比吸收系数与摩尔吸收系数的意义和作用有何区别? 怎样换算? 将测得的比吸收系数换算成摩尔吸收系数。为什么摩尔吸收系数的表示方法常取 3 位有效数字或用其对数值表示?

附:752 型紫外光栅分光光度计

1. 仪器外形(图 14-3)
2. 使用方法

(1) 将灵敏度旋钮调至"1"档。

(2) 按"电源"开关(开关内 2 只指示灯亮),钨灯点亮;按"氢灯"开关(开关内左侧指示灯亮),氢灯电源接通,再按"氢灯触发"按钮(开关内右侧指示灯亮),氢灯点亮。仪器预热 30 min(注:仪器背部有一只"钨灯"开关,如不需要用钨灯时可将它关闭。

(3) 选择开关置于"T"。

(4) 打开试样室盖(光门自动关闭),调节"0%"(T)旋钮,使数字显示"00.0"。

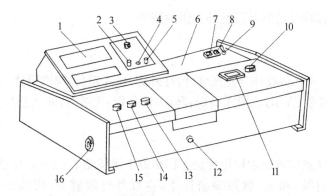

图 14-3 752 型紫外光栅分光光度计
1. 数字显示器　2. 吸光度调零旋钮　3. 选择开关　4. 吸光度斜率电位器
5. 浓度旋钮　6. 光源室　7. 电源开关　8. 氢灯电源开关
9. 氢灯触发按钮　10. 波长手轮　11. 波长刻度窗　12. 试样架拉手
13. 100%T 旋钮　14. 0%T 旋钮　15. 灵敏度旋钮　16. 干燥器

(5) 将波长指示置于所需的波长。

(6) 将装有待测溶液的比色皿放置于比色皿架中(注:波长在 360 nm 以上时,可以用玻璃比色皿;波长在 360 nm 以下时,要用石英比色皿)。

(7) 盖上样品室盖,将参比溶液比色皿置于光路,调节透光率"100"旋钮,使数字显示为 100%(T)(如果显示不到 100%(T),可适当增加灵敏度的档数。同时应重复(4),调整仪器的"00.0"。

(8) 按上述方法连续几次调节"00.0"和"100.0"位置。

(9) 将被测溶液置于光路中,从数字显示器上直接读出被测溶液的透光率(T)值。

(10) 吸收度 A 的测量,参照(4)和(7),调整仪器的"00.0"和"100.0"。将选择开关置于"A"。旋动吸收度调整旋钮,使得数字显示为"00.0"。然后移入被测溶液,显示值即为试样的吸收度 A 值。

(11) 浓度 c 的测量,选择开关由"A"旋至"c",将已标定浓度的溶液移入光路,调节"浓度"旋钮使得数字显示为标定值。将被测溶液移入光路,即可读出相应的浓度值。

(12) 如果大幅度改变测试波长,需要等数分钟后才能正常工作(因波长由长波向短波或由短波向长波移动时,光能量变化急剧,使光电管受光后响应缓慢,需一定的移光响应平衡时间)。

(13) 改变波长时,重复(4)及(7)两项操作。

(14) 每台仪器所配套的比色皿不能与其他仪器上的比色皿单个调换。

(15) 本仪器数字显示后背部带有外接插座,可输出模拟信号。插座 1 脚为正,2 脚为负,接地线。

实验四　红外分光光度法测定药物的化学结构

【目的要求】

(1) 了解红外光谱的测绘方法及红外光谱仪的使用方法。
(2) 熟悉固体样品的制备方法。

【原理】

红外吸收光谱是由分子的振动—转动能级跃迁产生的光谱。化合物中每个官能团都有几种振动形式,在红外区相应产生几个吸收峰,因而特征性强。除了极个别化合物外,每个化合物都有其特征红外光谱,所以,红外光谱是定性鉴别的有力手段。本实验以乙酰水杨酸(或肉桂酸)为例,学习固体样品的制备及红外光谱的测绘。

【仪器与试剂】

(1) 仪器　IR-400 型红外分光光度计,红外灯,压片模具,玛瑙研钵。
(2) 试剂　肉桂酸:A.R;乙酰水杨酸:药用;溴化钾:光谱纯;95％乙醇:A.R。

【实验内容】

固体样品红外光谱的测定常用压片法。即称取干燥样品 1～2 mg 与 200 mg 光谱纯 KBr(事先干燥过,200 目筛)粉末,置玛瑙研钵中,在红外灯照射下,研磨混匀,倒入片剂模具(ϕ13 nm)中,铺匀,装好模具,连接真空系统,置油压机上,先抽气 5 min,以除去混在粉末中的湿气及空气,再边抽气边加压至 18 MPa 维持约 5～10 min。除去真空,取下模具,冲出 KBr 样片,即得一均匀透明的薄片。同时,压一片空白 KBr 片作为补偿,分别置于样品框及参比光路上,测绘光谱图。

【数据处理】

(1) 根据红外光谱图,找出特征吸收峰的振动形式,并从相关峰推测该化合物含有什么基团。
(2) 从红外光谱图中找到主要基团的吸收频率。

【注意事项】

(1) 样品研磨应在红外灯下进行,以防样品吸水。
(2) KBr 压片法制样要均匀,否则制得样片有麻点,使透光率降低。
(3) 制样过程中,加压抽气的时间不宜过长。除真空要缓缓除去,以免样片破裂。
(4) 药典规定,测定红外光谱时,扫描速度为 10～15 min。基线应控制在 90％透光率以上,最强吸收峰在 10％透光率以下。
(5) 若使用不同型号的仪器,应首先用该仪器录制聚苯乙烯薄膜光谱图,以检查其分辨率是否符合要求。分辨率高的仪器在 3 100～2 800 cm^{-1} 区间能分出 7 个碳氢伸缩振动峰。

【讨论】

(1) 由于红外光谱具有高度专属性,中华人民共和国药典自 1977 年版开始,采用红外光谱作为一些药品的鉴别。随着生产的发展,为了适应我国药品质量监督体系的需要,卫生部药典委员会从 1995 年版药典,将《药品红外光谱集》另编出版,使药品的鉴别更趋完善和成熟。
(2) 压片法常采用 KBr 作为片基,其理由如下:
① 光谱纯 KBr 在 4 000～400 cm^{-1} 范围内无明显吸收。
② KBr 易成型。
③ 大部分有机化合物的折射率在 1.3～1.7,而 KBr 的折射率为 1.56,正好与有机化合物的折射率相近。片基与样品折射率差值越小,散射越小。
(3) 固体颗粒受光照射时有散射现象。散射程度与颗粒的粒度、折射率、入射光波长有关。颗粒越大,散射越严重。但也不能太细,否则,可能发生晶型改变。故粒度应适中,一般颗粒度以 2 μm 左右为宜。

(4) 样品中不应混有水分,否则会干扰样品中羟基峰的观察。

(5) 在中红外区,用红外分光光度法能测得所有有机化合物的特征红外光谱。而紫外分光光度法仅适用于研究芳香族或具有共轭结构的不饱和脂肪族化合物,不适用于饱和有机物。由此可见,红外分光光度法适用范围比紫外分光光度法广。

(6) 若药品为盐酸盐,为了避免研磨时发生离子交换反应,应改用 KCl 为片基。KCl 折射率为 1.47。如测定盐酸普鲁卡因(光谱号 397)的红外光谱时,用 KCl 为片基。我国药典所收载的药品,凡是盐酸盐,均以 KCl 为片基。

(7) KBr 易吸水,已有文献报道,用聚四氟乙烯代替卤化物作为片基。因聚四氟乙烯极易干燥,而且样片可以做得很薄,特别适合于研究羟基的伸缩振动。

(8) 为了避免压片时晶型的改变,可采用糊法。如无味氯霉素 A 型、B 型(光谱号 37、38)则采用糊法测定,将研细的粉末分散在折射率相近的液体(如液体石蜡)中可减少样品的散射(克里士丁生效应),得到可靠的光谱。

(9) 我国药典规定,所得的图谱各主要吸收峰的波数和各吸收峰间的强度比均应与对照的图谱一致。然而,供试品在固体状态测定时,可能由于同质多晶的影响,致使测得图谱与对照图谱不相符合。遇此情况,可按该药品光谱中备注的方法进行预处理,然后再绘制比较。例如,氢化可的松(光谱号 283),药典中规定:取供试品适量,加少量丙酮溶解,置水浴上蒸干,减压干燥后,用 KBr 压片法测定。

思考题

(1) 比较红外分光光度计与紫外分光光度计部件上的差异。
(2) 解析乙酰水杨酸(或肉桂酸)的红外光谱图。
(3) 做红外光谱对样品有什么要求?

附:IR—408 型红外分光光度计

1. 外形(图 14-4)

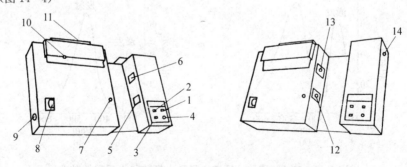

图 14-4 IR—408 型红外分光光度计

1. 电源开关及指示灯 2. 笔开关 3. 扫描开关及指示灯 4. 放大增益开关
5. 样品遮光板 6. 参比遮光板 7. 调透光率为 100% 旋钮 8. 波数盘 9. 调波数旋钮 10. 笔托 11. 记录纸 12. 试样安放处 13. 参比安放处 14. 光强选择开关

2. 操作步骤

(1) 打开稳压电源开关。按下电源开关 1。
(2) 将光强选择开关 14 旋至"1"处,预热 10 min 以上。

(3) 将放大增益开关 4 放于"1"处(若光源强度减弱,或被测物对红外光的吸收较弱时,可适当将此开关旋至高位)。

(4) 先打开参比遮光板 6,然后打开样品遮光板 5。

(5) 托住笔托,安装记录笔。

(6) 转动调波数旋钮 9,使波数盘上的"4 000"刻度对准游标尺的"0"刻度。

(7) 将记录纸两端标有箭号"→"的小孔套在带白点的轮齿上。

(8) 转动旋钮 7,调透光率为 100%。

(9) 将样品架(夹)插入试样安放处 12。

(10) 按下笔开关 2。

(11) 按下扫描开关 3,扫描即开始。当扫描至 650 cm^{-1}处,扫描结束,笔自动抬起。

(12) 继续扫描时,需重新转动波数旋钮 9,使波数盘上的"4 000"刻度对准游标尺的"0"刻度,扫描方能开始。

(13) 扫描结束后,按次序将样品遮光板、参比遮光板、主机电源开关、稳压电源开关复原。托住笔托,将笔取下。最后套好仪器套。

实验五 荧光分光光度法测定阿司匹林片中乙酰水杨酸和水杨酸

【目的要求】

(1) 掌握用荧光法测定药物中乙酰水杨酸和水杨酸的方法。

(2) 了解 LS—50B 型荧光仪的操作方法。

【原理】

通常称为 ASA 的乙酰水杨酸(阿司匹林)水解即生成水杨酸(SA),而在阿司匹林中,都或多或少存在一些水杨酸。用氯仿作为溶剂,用荧光法可以分别测定它们。加少许醋酸可以增加两者的荧光强度。

在 1%醋酸—氯仿中,乙酰水杨酸和水杨酸的激发光谱和荧光光谱如图 14-5。

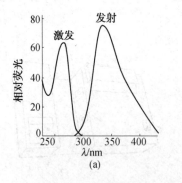
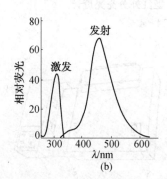

图 14-5 在 1%醋酸—氯仿中乙酰水杨酸和水杨酸的激发
光谱和荧光光谱

(a) 乙酰水杨酸的激发光谱和荧光光谱 (b) 水杨酸的激发光谱和荧光光谱

在低浓度时,荧光强度与荧光物质浓度成正比,故有:

$$F=Kc$$

采用标准曲线法,即以已知量的标准物质,经过和试样同样处理后,配制一系列标准溶液,测定这些溶液荧光后,用荧光强度对标准溶液浓度绘制标准曲线,再根据试样溶液的荧光强度,在标准曲线上求出试样中荧光物质的含量。

【仪器与试剂】

(1) 仪器　LS—50B 型荧光仪;石英皿;容量瓶:1 000 mL 2 只,100 mL 8 只,50 mL 10 只;吸管:10 mL 2 支。

(2) 试剂

乙酰水杨酸贮备液:称取 0.400 0 g 乙酰水杨酸溶于 1%醋酸—氯仿溶液中,用 1%醋酸—氯仿溶液定容于 1 000 mL 容量瓶中。

水杨酸贮备液:称取 0.750 g 水杨酸溶于 1%醋酸—氯仿溶液中,并用其定容于 1 000 mL 容量瓶中。

醋酸,氯仿。

【实验内容】

(1) 绘制 ASA 和 SA 的激发光谱和荧光光谱

将乙酰水杨酸和水杨酸贮备液分别稀释 100 倍(每次稀释 10 倍,分两次完成)。用该溶液,分别绘制 ASA 和 SA 的激发光谱和荧光光谱曲线,并分别找到它们的最大激发波长和最大发射波长。

(2) 标准曲线的绘制

① 乙酰水杨酸标准曲线:在 5 只 50 mL 容量瓶中,用吸量管分别加入 4.00 $\mu g/mL$ ASA 溶液 2 mL、4 mL、6 mL、8 mL、10 mL,用 1%醋酸—氯仿溶液稀释至刻度,摇匀。分别测量它们的荧光强度。

② 水杨酸标准曲线:在 5 只 50 mL 容量瓶中,用吸量管分别加入 7.50 $\mu g/mL$ SA 溶液 2 mL、4 mL、6 mL、8 mL、10 mL,用 1%醋酸—氯仿溶液稀释至刻度,摇匀。分别测量它们的荧光强度。

③ 阿司匹林药片中乙酰水杨酸和水杨酸的测定:将 5 片阿司匹林药片称量后磨成粉末,称取 400.0 mg,用 1%醋酸—氯仿溶液溶解,全部转移至 100 mL 容量瓶中,用 1%醋酸—氯仿溶液稀释至刻度。迅速通过定量滤纸干过滤,用该滤液在与标准溶液同样条件下测量 SA 荧光强度。

将上述滤液稀释 1 000 倍(用 3 次稀释来完成),与标准溶液同样条件测量 ASA 荧光强度。

【结果处理】

(1) 从绘制的 ASA 和 SA 激发光谱和荧光光谱曲线上,确定它们的最大激发波长和最大发射波长。

(2) 分别绘制 ASA 和 SA 标准曲线,并从标准曲线上确定试样溶液中 ASA 和 SA 的浓度,计算每片阿司匹林药片中 ASA 和 SA 的含量(mg),将 ASA 测定值与说明书上的值比较。

【注意事项】

阿司匹林药片溶解后,1 h 内要完成测定,否则 ASA 的量将降低。

思考题

(1) 标准曲线是直线吗？若不是，从何处开始弯曲？并解释原因。
(2) 从 ASA 和 SA 的激发光谱和发射光谱曲线，解释这种分析方法可行的原因。
(3) 在荧光分光光度法中，如何决定待测物的 $\lambda_{激发}$ 和 $\lambda_{发射}$？影响荧光测定的因素有哪些？

附：LS50B 荧光仪

1. 使用方法

(1) 开机顺序：稳压电源→显示屏→仪器主机→打印机→计算机。
(2) 启动计算机后，显示屏上出现下列选择项目：① FLDM；② WINDOWS，按"回车"键，屏幕出现 C:\>。
(3) 当显示屏上出现 C:\>时，插入磁盘，键入 FLDM，按"回车"键，等显示屏上出现"菜单"。
(4) 显示主"菜单"后，将"光标"移向"INSTRUMENT"，出现"子菜单"，将"光标"移向"SCAN"，按鼠标左键，仪器进入扫描状态，此时显示屏上"光标"变为"⊠"，表示仪器正处在工作状态。当"光标"再出现时，即可进行下列操作。
(5) 将"光标"移向所需改变数据的项目，按"鼠标"左键，再按"ESC"键，消除原来内容，输入新内容(最后要改文件号)，改正完毕后，"回车"或将"光标"指向"OK"，按"鼠标"左键，显示屏出现"⊠"，稍后，即开始扫描光谱图(此时不能动任何键或打开样品室盖)。扫描完毕，"光标"出现后，再进行下面操作。
(6) 将"光标"移向"View"，出现"子菜单"，将"光标"指向"Label peak"，按鼠标，则标出峰高及峰所处波长。若谱图有的峰过大或过小，可将"光标"移向"View"的"子菜单"，指向"Avte"，则坐标自动增大或缩小至合适。
(7) 关机前，首先使系统回到 DOS 状态，即将"光标"指向"File"一栏中"quit to DOS"一行，按一下鼠标，"光标"指向"yes"，再按一下鼠标，等回到 DOS，方可关机，否则会破坏软件。
(8) 取出磁盘，关机顺序：计算机→仪器主机→打印机→显示屏→稳压电源→总电源。

2. 注意事项

(1) 荧光测试完毕，如继续使用计算机处理数据，须先退回 DOS 后，方可关荧光仪主机，否则会死机。
(2) 退回 DOS 之前，若需要，应将数据存盘；否则，退回 DOS 后，将引起数据丢失。
(3) 数据请拷入自己磁盘，不得存入 C 盘，否则，会因他人相同的文件名或病毒而消去你的数据。
(4) 使用石英皿时，应手持其棱，不能接触光面，用毕后，将其清洗干净。

实验六 薄层色谱法分离复方新诺明片中 SMZ 及 TMP

【目的要求】

(1) 学习薄层板的铺制方法。
(2) 了解薄层色谱法在复方制剂的分离、鉴定中的应用。
(3) 掌握 R_f 值及分离度的计算方法。

【原理】

薄层色谱法系指将吸附剂或载体均匀地涂布于玻璃板上形成薄层，待点样展开后，与相应的对照品按同法所得的色谱图作对比，用以进行药物的鉴别、杂质检查或含量测定的方法。
复方新诺明为复方制剂，含磺胺甲𫫇唑(SMZ)和甲氧苄氨嘧啶(TMP)成分，可在硅胶

GF$_{254}$荧光薄层板上,用氯仿－甲醇－二甲替甲酰胺(20∶20∶1)为展开剂,利用硅胶对 TMP 和 SMZ 具有不同的吸附能力的性质,流动相(展开剂)对两者具有不同的溶解能力而达到混合组分的分离。利用 TMP 及 SMZ 在荧光板上产生暗斑,与同板上的对照品比较进行定性,并计算在本色谱条件下两者的分离度 R:

$$R = \frac{相邻色斑移行距离之差值}{(W_1 + W_2)/2}$$

式中,W_1、W_2 分别为两色斑的纵向直径(cm)。

【仪器与试剂】

(1) 仪器　色谱缸(适合薄层板大小的玻璃缸,并带有磨砂玻璃盖),玻璃板(10 cm×7 cm),紫外分析仪(253.7 nm),微量注射器(或毛细管),乳钵,牛角匙。

(2) 试剂

SMZ、TMP 对照品:分别取磺胺甲噁唑 0.2 g、甲氧苄氨嘧啶 40 g,各加甲醇 10 mL 溶解,作对照液。

复方新诺明样品:取本品细粉适量(约相当于磺胺甲噁唑 0.2 g),加甲醇 10 mL,振摇,过滤,取滤液作为供试品溶液。

展开剂:氯仿∶甲醇∶二甲替甲酰胺(20∶20∶1);硅胶 GF$_{254}$;羧甲基纤维素钠(CMC-Na)溶液为 0.75%(g/mL)。

【实验内容】

(1) 黏合薄层板的铺制　称取羧甲基纤维素钠 0.75 g,置于 100 mL 水中,加热使其溶解,混匀,放置 7 d 以上,待澄清备用。取上述 CMC-Na 上清液 30 mL(或适量),置乳钵中。取 10 g 硅胶 GF$_{254}$,分次加入乳钵中,待充分研磨均匀后,取糊状的吸附剂适量放在清洁的玻璃板上。由于糊状物有一定的流动性,可晃动或转动玻板,使其均匀地流布于整块玻板上而获得均匀的薄层板。将其平放晾干,再在 110 ℃活化 1 h,贮于干燥器中备用。

(2) 点样展开　在距薄层板底边 1.5 cm 处,用铅笔轻轻划一起始线。用微量注射器分别点 SMZ、TMP 对照液及样品液各 5 μL,斑点直径不超过 2～3 mm。待溶剂挥发后,将薄层板置于盛有 30 mL 展开剂的色谱缸中饱和 15 min,再将点有样品的一端浸入展开剂约 0.3～0.5 cm,展开。待展开剂移动约 10 cm 处,取出薄板,立即用铅笔划出溶剂前沿,待展开剂挥发后,在紫外分析仪(253.7 nm)中观察,标出各斑点的位置、外形,以备计算 R_f 值。

【结果处理】

找出各斑点中心点,用尺量出各斑点移行距离及溶剂移行距离,分别计算 R_f 值。对样品中两组分进行定性,并求出样品中两组分的分离度 R。

【注意事项】

(1) 在乳钵中混合硅胶 GF$_{254}$ 和 CMC-Na 黏合剂时,注意须充分研磨均匀,并朝同一方向研磨,去除表面气泡后再铺板。

(2) 薄层板使用前先检查其均匀度(可通过透射光和反射光检视)。并在紫外分析仪(253.7 nm)中观察薄层荧光是否被掩盖(即由于研磨不均匀使板上出现部分暗斑),若有掩盖现象,将会影响斑点的观察,则制板失败,此板不可使用。

(3) 点样时,微量注射器针头切勿损坏薄层表面。

(4) 色谱缸必须密闭,否则溶剂易挥发,从而改变展开剂比例,影响分离效果。

(5) 展开剂用量不宜过多,否则溶液移行速度快,分离效果受影响,但也不可过少,以免分析时间过长。一般只需满足薄层板浸入 0.3~0.5 cm 的用量即可。

(6) 展开时,切勿将样点浸入展开剂中。

(7) 展开剂不可直接倒入水槽,须回收统一处理。

【讨论】

(1) 薄层色谱法在定性分析中常用 R_f 值来鉴定各种物质。但影响 R_f 的因素较多,其中最重要的因素是吸附剂的性质与展开剂的极性和对物质的溶解能力。当用同一种吸附剂和同一种溶剂系统时,被测物质的 R_f 值受薄层厚度、展开距离、层析容器内溶剂蒸气的饱和度、点样量、薄层含水量及实验温度等因素的影响。为了解决 R_f 值重现性差的问题,可采用相对比移值。

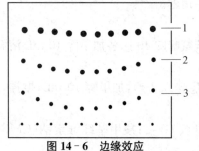

图 14-6 边缘效应
1. 麦角脊亭 2. 麦角胺 3. 麦角新碱
展开剂:氯仿—甲醇(95:5)

(2) 边缘效应。在不饱和的或饱和不完全的容器中,用强极性和弱极性两种溶剂混合的展开剂展开,比如氯仿—甲醇(95:5),往往薄层的两边缘处斑点走得快,而在薄层中间的斑点走得慢,形成 1 个弧,这种现象称为边缘效应。图 14-6 是用氯仿—甲醇(95:5)作展开剂展开麦角生物碱时的现象。

当用单一的展开剂如苯、氯仿(不含杂质乙醇)或丙酮时,上述边缘现象并不发生。这是因为当混合展开剂在薄层上爬行时,极性较弱的展开剂(它也被吸附剂吸附得较弱)和沸点较低的展开剂(例如氯仿—甲醇混合液中的氯仿)在薄层两边缘较易挥发,因此它们在薄层两边的浓度比在中部的浓度小,也就是说,在薄层的两边缘比中部含有更多的极性较大(或沸点较高)的展开剂,因此产生了边缘效应。边缘效应可在层析槽的内壁贴上浸湿了展开剂的滤纸条而消除,这样做还可使展开时间缩短 1/3。边缘效应在薄层较宽的情况下比较显著,狭窄的薄层,一般只点 2~3 个点,边缘效应不明显。

(3) 荧光薄层板的优点是虽然化合物本身不显颜色,也不显荧光,但由于在吸附剂中加入了荧光物质,因此当紫外光照射掺有荧光剂的薄层时,薄层背景显荧光,而样品斑点不显荧光而呈暗斑点,即荧光熄灭,从而可确定斑点的 R_f 值。常用的无机荧光物质有两种,一种在 254 nm 紫外光激发下发生荧光,如锰激活的硫酸锌;另一种则在 365 nm 紫外光下发出荧光,如银激活的硫化锌—硫化镉。常用的有机荧光物质有荧光素钠等。

思考题

(1) 薄层板的主要显色方法有哪些?

(2) R_f 值与 R_s (相对比移值)有何不同?

(3) 为什么薄层荧光被掩盖的板不能使用?

(4) 荧光薄层检测斑点的原理是什么?

(5) 色谱缸(槽)若不预先用展开剂蒸气饱和,对实验有什么影响?

(6) 本实验中若需定量测量 SMZ 和 TMP 的含量,应如何进行?

附 1:铺制黏合薄层板所用各种黏合剂的比例

(1) 用煅石膏为黏合剂　硅胶—煅石膏(硅胶—G)薄层含煅石膏量 5%~15%,常用 10%~13%。先将煅石膏($CaSO_4 \cdot \frac{1}{2} H_2O$ 在 140℃烘干 4 h)和少量硅胶研匀,分次加完硅胶,充分研匀。制板时,每份加水 2~3份,调成糊状,至石膏开始凝固时铺板。氧化铝—煅石膏(氧化铝 G)薄层一般含石膏为 5%。制板时,取氧化铝 G 1 份加水 2 份调成糊状,按上法铺制。

(2) 用 CMC—Na 为黏合剂

硅胶—CMC—Na 薄层,取 CMC—Na 1 g,溶于 100 mL 水中,加热煮沸直到完全溶解(其浓度为 1%)。取 180~200 目硅胶约 50 g,加 1%CMC—Na 100 mL,搅匀,即可铺板。如硅胶为 200~250 目,CMC—Na 配成 0.75%的溶液,静置后,取上清液使用。

氧化铝—CMC—Na 薄层,取过 200 目筛孔的氧化铝 60~80 g,加于 100 mL 1%的 CMC—Na 水溶液中,按同法铺板。

附 2:黏合薄层制备方法

(1) 倾注法　用倾注法铺板时,吸附剂糊中的水分要适当增加。根据所需铺制薄层的厚度及玻璃板的大小,取一定容量的吸附剂糊均匀铺成一薄层。铺成的薄层需在水平台面上晾干,再置烘箱中于 110℃活化 1 h,放置干燥器中备用。

(2) 平铺法　在水平玻璃台面上,放上 2 mm 厚的玻璃板,两边用 3 mm 厚的长条玻璃做边,根据所需薄层的厚度(一般控制在 1~2.5 mm),可在中间的玻璃板下面垫塑料薄膜。将调好的吸附剂糊倒在中间玻璃板上,用有机玻璃尺(或边缘磨光的玻璃片)沿一定方向,均匀地一次将糊刮平,使成一薄层,去掉两边的玻璃,轻轻振动薄层板,即得均匀的薄层。自然晾干,按上法活化。

(3) 涂铺器法　涂铺器的种类较多,有金属的或塑料制成的,适用于制备一定规格(20 cm×20 cm)的定量薄层板。一般构造是有 1 个填装吸附剂的给料槽,由电机带动皮带轮驱动给料槽从玻璃板表面经过时,即将吸附剂糊均匀地涂布于玻板上,成为一均匀的薄层。使用涂铺器铺制的薄层,厚度比较均匀一致,操作也较简便。

实验七　酊剂中乙醇含量的测定(已知浓度样品对照法)

【目的要求】

(1) 掌握用已知浓度样品对照法进行定量及其计算的方法。
(2) 掌握测定酊剂中乙醇含量的方法。
(3) 了解气相色谱仪的操作使用方法。

【原理】

许多有机化合物的校正因子未知,此时可采用已知浓度对照法进行定量。该法是在不知校正因子时内标法的一种应用。先配制已知浓度的标准溶液,将一定量的内标物加入其中,再按相同比例将内标物加入未知浓度的试样中。分别进样,由下式可求出试样中待测组分的含量:

$$(C_i\%)_{试样} = \frac{(A_i/A_s)_{试样}}{(A_i/A_s)_{标准}} \times (C_i\%)_{标准}$$

式中,C_i%为待测组分的含量;A_i、A_s分别为被测组分和内标物的峰面积。

【仪器与试剂】

(1) 仪器　岛津GC—14A型气相色谱仪;色谱工作站;微量注射器(1 μL);移液管(5 μL、10 μL);容量瓶(100 μL);洗耳球。

(2) 试剂　无水乙醇:A.R;无水丙醇:对照品(内标物);酊剂待检试样。

【实验内容】

(1) 溶液配制

① 标准溶液配制:准确吸取无水乙醇5.00 mL及丙醇5.00 mL,置100 mL容量瓶中,加水稀释至刻度,摇匀。

② 试样溶液配制:准确吸取样品10.00 mL及丙醇5.00 mL,置100 mL容量瓶中,加水稀释至刻度,摇匀。

(2) 实验条件　色谱柱:10%PEG20M,上试102白色担体,2 m×3 mm ID;柱温:90℃;气化室温度:180℃;检测器:FID;检测器温度:200℃;N_2(载气):9.8×10^4 Pa(M表头);H_2:5.88×10^4 Pa;Air:4.90×10^4 Pa;Range:2。

(3) 进样　在选定的仪器操作条件下,将标准溶液与试样溶液分别进样约0.5 μL。

【结果处理】

将色谱图上有关数据填入表14-3,并代入公式中求试样的乙醇含量。

表14-3　酊剂中乙醇含量测定的数据处理表

样品	组分名称	沸点/℃	t_R	A	A_i/A_s	
标准溶液	乙醇	78				
	丙醇	97				(C_i%)
试样溶液	乙醇	78				
	丙醇	97				

$$(C_i\%)_{试样} = \frac{(A_i/A_s)_{试样} \times 10}{(A_i/A_s)_{标准}} \times 5.00\%$$

式中,A_i、A_s分别为被测组分和内标物峰面积,10为稀释倍数,5.00%为(C_i%)$_{标准}$的值。

【注意事项】

(1) 正确使用容量仪器,准确配制标准溶液和样品溶液。

(2) 使用1 μL微量注射器,切记不要把针芯拉出针筒外。

(3) 吸取试样(大黄酊)的注射器,用后需用乙醇溶剂反复洗约10多次,以免针孔堵塞。

(4) 仪器操作及注意事项见[附1]。

【讨论】

(1) 内标法只要求被测组分与内标物产生信号即可定量,很适合于中草药及复方药物的某些有效成分的含量测定。内标物的选择应符合下列要求:① 是试样中不含有的组分;② 是稳定的纯品,能与试样互溶,但不发生化学反应;③与试样组分的色谱峰能分开,并尽量靠近;④ 内标物的量应接近被测组分的含量。所以本实验中选用正丙醇作内标。

(2) FID 主要对含碳有机物进行检测,而对非烃类、稀有气体或火焰中难电离或不电离的物质,信号较低或无信号。H_2O 是氢焰检测器不敏感物质,故在本实验中色谱柱流出顺序是乙醇、丙醇,而无水峰。

(3) FID 是质量型检测器,其响应值与组分的 dW/dt 成正比,如以峰高定量,则载气流速要恒定。但在内标法中载气流速的改变对用峰高定量结果影响不大。因对一定的溶液,组分与内标物的峰高比值是一定的,流速对峰高的影响可抵消。

思考题

(1) 热导池和氢焰离子化检测器各属何种类型检测器?它们各有什么特点?
(2) 使用 FID 时,一般 H_2、N_2、Air 三者流量之比是多少?
(3) 在什么情况下可采用已知浓度样品对照法?内标法定量时,进样量是否要十分准确?
(4) 若实验中载气流速稍有变化,对结果有何影响?

附1:岛津 GC-14 A 气相色谱仪

1. 操作前准备
(1) 安装所选择的色谱柱于柱箱内。
(2) 气路系统检查,以确保气路不漏气。
(3) 通载气步骤:开载气源主阀(钢瓶)→调气源出口压力至 5.88×10^5 Pa(减压阀)→根据仪器要求调节载气入口压力即稳压阀(P 阀)3.92×10^5 Pa→根据需要调节柱流量即稳流阀(M 阀)。

2. 进行分析操作
(1) 开主机电源。
(2) 选择检测器的程序:开检测器开关,设定检测器工作条件,包括灵敏度范围 Range、极性 Polarity 和电流 Current。
(3) 设定温度。依次按键:

(4) 打开加热器开关的步骤:|HEATER| 键(加热器打开),|START| 键,各加热区开始升温,待检测器温升至 70℃ 以上,再改设柱温至分析所需温度。
(5) 设定温度检测:按功能键及 |ENT|,即显示设定值。
(6) 加热区温度监测:按|MONI| |DET·T| 或|MONI| |INJ|,即显示当时温度值。
(7) 打开记录仪电源开关,并走基线[操作见(12)]。
(8) 待各加热区温度达到预设值后,开空压机、氢气发生器(将氢气发生器关紧,再开发生器电源,待数字显示在 0.2 以上,缓缓打开旋钮至数字显示在 1.8~2.0 之间)。调节压力调节钮,分别使空气压力为 4.9×

10^4 Pa,氢气压力为 $5.88×10^4$ Pa。

(9) 点火:按点火器,同时按空气降压钮(IGNIT),听到爆鸣"扑"声,同时基线有所变化,说明火已点着。

(10) 调零:通过主机检测器面板上的调零旋钮 COARSE(粗调)和 FINE(细调)进行。使微处理机电平在 $-1\,000 \sim +5\,000\ \mu V$ 内。

(11) 进样分析。

(12) 微处理机操作:下面介绍最简单的分析操作方法:面积归一化法,该法的色谱报告给出各组分峰的保留时间、面积积分值及各组分的相对百分含量。操作如下:

① 开电源开关。

② 按 $\boxed{\text{SHIFT DOWN}}$ 键,依次按 $\boxed{\text{I}}$ $\boxed{\text{N}}$ $\boxed{\text{I}}$ $\boxed{\text{ENTER}}$,使所有参数值均恢复到贮存器的初始值。再设定所需参数(此步操作常被删除)。

③ 按 $\boxed{\text{SHIFT DOWN}}$ $\boxed{\text{PLOT}}$ $\boxed{\text{ENTER}}$ 键,开始绘色谱信号以检查基线,直到基线稳定为止。重复操作一次则停止走基线。

④ 按 $\boxed{\text{PRINT}}$ $\boxed{\text{CTRL}}$ (不松开)$\boxed{\text{LEVEL}}$ 键,先放开 $\boxed{\text{LEVEL}}$,再放开 $\boxed{\text{CTRL}}$,接着按 $\boxed{\text{ENTER}}$,打印出电平值。

⑤ 调节主机面板上的调零旋钮。反复按④、⑤步骤的操作,使电平值在 $-1\,000 \sim +5\,000\ \mu V$。

⑥ 按 $\boxed{\text{ZERO}}$ $\boxed{\text{ENTER}}$ 键,使记录笔回至原点。

⑦ 按 $\boxed{\text{SHIFT DOWN}}$ $\boxed{\text{S·TEST}}$ $\boxed{\text{ENTER}}$ 键,测试斜率,打印值应小于 50。

⑧ 设置 ATTEN(衰减)、SPEED(纸速)、METHOD(方法号)。

⑨ 注入试样,同时按 $\boxed{\text{START}}$ 键。开始绘制色谱图并打印保留时间。

⑩ 分析结束按 $\boxed{\text{STOP}}$ 键。打印出分析报告。

若需再次分析,从⑥开始。

3. 分析结束操作

(1) 关微处理机电源开关。

(2) 关闭检测器开关,如用 TCD,须先使桥电流为零。

(3) 关氢气发生器电源,并闭氢气总阀。关空压机电源及空气总阀。

(4) 关闭加热开关($\boxed{\text{HEATER}}$ 键松开),同时打开柱箱门,关闭主机总电源开关。

(5) 待检测器温度降至150℃以下关闭载气。

附2:微量注射器的使用方法

气相色谱法中常用注射器手动进样。气体试样一般使用 0.25 mL,1 mL,2 mL,5 mL 等规格的医用注射品。液体试样则使用 1 μL,10 μL,50 μL 等规格的微量注射器。

(1) 结构与性能

微量注射器是很精密的器件,容量精度高,误差小于±5%,气密性达 $1.96×10^5$ Pa。它由玻璃和不锈钢材料制成,其结构见图 14-7。其中图 14-7(a)是有死角的固定针尖式注射器,1~100 μL 容量的注射器采用这种结构。它的针头有寄存容量,吸取溶液时,容量会比标定值增加 1.5 μL 左右。图 14-7(b)是无死角的注射器,与针尖连接的针尖螺母可旋下,紧靠针尖部位垫在硅橡胶垫圈上,以保证注射器的气密性。注射器芯子是使用直径为 0.1~0.15 mm 的不锈钢丝,直接通到针尖,不会出现寄存容量,0.5~1 μL 的微量注射器采用这一结构。

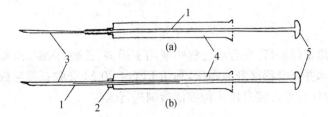

图 14-7 微量注射器结构
(a) 有死角的固定针尖注射器 　(b) 无死角的注射器
1. 不锈钢丝芯子　2. 硅橡胶垫圈　3. 针头　4. 玻璃管　5. 顶盖

(2) 使用注意事项

① 微量注射器是易碎器械,使用时应多加小心。不用时要洗净放入盒内,不要随便玩弄,不要空抽,特别是不要在将干未干的情况下来回拉动,否则会严重磨损,损坏其气密性,降低其准确度。

② 注射器在使用前后都须用丙酮等溶剂清洗。当试样中高沸点物质沾污注射器时,一般可用5%氢氧化钠水溶液、蒸馏水、丙酮、氯仿依次清洗,最后用泵抽干。不宜使用强碱性溶液洗涤。

③ 对图14-7(a)所示的注射器,如遇针尖堵塞,宜用直径为0.1 mm的细钢丝耐心穿通,不能用火烧的办法,防止针尖因退火而失去穿戳能力。

④ 若不慎将注射器芯子全部拉出,则应根据其结构小心装配。

(3) 操作要点

进行操作是用注射器取定量试样,由针刺通过进样器的硅橡胶密封垫圈,注入试样。此法进样的优点是使用灵活,缺点是重复性差,相对误差在2%~5%;硅橡胶密封垫圈在几十次进样后,容易漏气,需及时更换。

用注射器取液体试样,应先用少量试样洗涤几次,或将针尖插入试样反复抽排几次,再慢慢抽入试样,并稍多于需要量。如内有气泡,则将针头朝上,使气泡上升排出,再将过量的试样排出,用无棉纤维纸,如擦镜纸,吸去针头外所沾试样。注意:切勿使针头内的试样流失。

取气体试样也应先洗涤注射器。取样时,应将注射器插入有一定压力的试样气体容器中,使注射器芯子慢慢自动顶出,直至所需体积,以保证取样正确。

取好样后应立即进样。进样时,注射器应与进样口垂直,针头刺穿硅橡胶垫圈,插到底,紧接着迅速注入试样,完成后立即拔出注射器。整个动作应进行得稳当、连贯、迅速。针尖在进样器中的位置、插入速度、停留时间和拔出速度等都会影响进样的重复性,操作中应予注意。

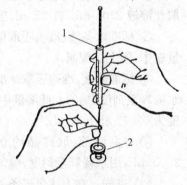

图 14-8　微量注射器进样
1. 微量注射器　2. 进样口

微量注射器进样手势见图14-8。一只手应扶针头,帮助进针,以防弯曲。

实验八　程序升温毛细管气相色谱法测定药物中有机溶剂残留量

【目的要求】

(1) 掌握药物中有机溶剂残留量的测定方法。

(2) 了解毛细管色谱法在较复杂样品分析中的应用。

(3) 了解程序升温色谱法的操作特点。

(4) 进一步熟练内标对比法(已知浓度样品对照法)定量。

【原理】

一类新药氯氧律定(86017)在合成过程中使用了甲醇、乙醇、丙酮、硝基甲烷等有机溶剂，采用毛细管色谱技术并结合程序升温操作，利用PEG-20 M交联石英毛细管柱，用内标对比法定量(正丙醇作内标)，可直接对比4种残留溶剂进行测定。

【仪器与试剂】

(1) 仪器　岛津GC-14型气相色谱仪，色谱工作站，微量注射器(10 μL)，移液管(1 mL，2 mL)，容量瓶(100 mL，25 mL)，洗耳球。

(2) 试剂　甲醇：A.R；无水乙醇：A.R；丙酮；A.R；硝基甲烷：A.R；正丙醇(内标)：A.R，样品。

【实验内容】

(1) 实验条件　色谱柱：PEG-20 M石英毛细管柱，30 m×0.25 mm，I.D×0.25 μm；程序升温：50℃，2.5 min；17℃/min；120℃，2 min；气化室温度：160℃；检测器：FID；温度：200℃；载气：N_2，75 kPa；H_2：60 kPa；空气：50 kPa；纸速：5 mm/min；range：1；ATT：3；分流比：1：50。

(2) 溶液配制

① 内标溶液：准确吸取正丙醇1.00 mL，置100 mL容量瓶中，蒸馏水稀释至刻度，摇匀。取此溶液2.00 mL，置25 mL容量瓶中，蒸馏水稀释至刻度，摇匀。

② 标准贮备液：准确吸取甲醇、无水乙醇、丙酮、硝基甲烷各1.00 mL，置同一100 mL容量瓶中，同上法配制。

③ 标准溶液：准确吸取标准贮备液和内标溶液各2.00 mL，置同一25 mL容量瓶中，蒸馏水稀释至刻度，摇匀。此溶液中丙酮、甲醇、乙醇的浓度均为0.050 56 mg/mL，硝基甲烷的浓度为0.072 88 mg/mL。

④ 样品溶液：取样品约0.09 g，精密称定，置25 mL容量瓶中，准确加入内标溶液2.00 mL，用水稀释至刻度，摇匀。样品的浓度为3.6 mg/mL。

(3) 进样　在上述色谱条件下，标准溶液与试样溶液分别进样2.0 μL。

【结果处理】

根据标准溶液及样品溶液中各待测成分与内标峰面积之比，用下式计算样品中各残留溶剂的含量。

$$(c_i\%)_{样品} = \frac{(A_i/A_s)_{样品}}{(A_i/A_s)_{标准品}} \times (c_i)_{标准}/3.6 \times 100\%$$

式中，A_i为被测组分峰面积，A_s为内标峰面积，c_i为被测组分的浓度，3.6 mg/mL为样品溶液浓度。

【注意事项】

(1) 在一个温度程序执行完成后，需等待色谱仪回到初始状态并稳定后，才能进行下一次进样。

(2) 仪器操作,微量注射器的使用以及溶液配制,毛细管柱的安装等注意事项参见本章实验七。

【讨论】

(1) 药品中的残留有机溶剂是指在合成原料药、辅料或制剂生产过程中使用或产生的挥发性有机化学物质。目前普遍采用气相色谱法测定。若样品中残留溶剂种类较多,沸点相差较大,可采用程序升温的毛细管 GC 法,色谱分辨率明显优于填充柱。

(2) 程序升温技术是指色谱柱的温度按照适宜的程序连续地随时间呈线性或非线性升高。在程序升温中,采用较低的初始温度,使低沸点组分得到良好分离,然后随着温度不断升高,沸点较高的组分就逐一"推出"。由于高沸点组分能较快地流出,因而峰形尖锐,与低沸点组分相似。在初始温度期间,高沸点组分几乎停留在柱入口,处于"初期冻结"状态,随着柱温升高,它的移动速度逐渐加快,当某组分的浓度极大值流出色谱柱时的柱温,称为该组分的保留温度 T_R,程序升温一般需要保留温度代替保留时间定性。

(3) 本实验中各待测有机溶剂甲醇、乙醇、丙醇、硝基甲烷和内标物正丙醇用 PEG-20 M 毛细管柱分离,根据它们的极性、形成氢键的能力、沸点等,出峰顺序依次为丙酮、甲醇、乙醇、正丙醇、硝基甲烷。可配制单一成分的溶液,在实验条件下进样,根据保留温度 T_R 定性确定。

思考题

(1) 什么是程序升温?在什么情况下应用程序升温?
(2) 什么是保留温度?它的作用是什么?

实验九 高效液相色谱柱的性能考察及分离度测试

【目的要求】

(1) 了解考察色谱柱基本特性的方法和指标。
(2) 掌握色谱柱理论塔板数、理论塔板高度和色谱峰拖尾因子的计算方法。
(3) 了解如何应用色谱图计算分离度。

【原理】

评价色谱柱性能的好坏,有不同的方法和考察指标。一般从以下几个基本特征来考察:理论塔板数或理论塔板高度、峰对称性、孔率和渗透性等。这里主要介绍理论塔板数和理论塔板高度、峰对称性、分离度。

(1) 理论塔板数 n 和理论塔板高度 H 在色谱柱性能测试中,理论塔板数是一个最重要的指标,它反映色谱柱本身的特性,一般均用它来衡量柱效能。塔板数愈多,板高愈小,柱效愈高。n 与 H 的计算公式如下:

$$n = 5.54 \left(\frac{t_R}{W_{\frac{1}{2}}}\right) = 16 \left(\frac{t_R}{W}\right)^2$$

$$H = \frac{L}{n}$$

考察各种类型色谱柱性能的操作条件见表14-4。

表14-4 考察色谱性的操作条件

柱类型	测试用样品	流动相
吸附柱	苯、萘、联苯	己烷或庚烷
反相柱	苯、萘、菲、联苯	甲醇：水(80：20)
氰基柱	甲苯、苯乙腈、二苯酮	己烷：异丙醇(98：2)
氨基柱	联苯、菲、硝基苯	庚烷或异辛烷
醚基柱	邻、间、对-硝基苯胺	己烷：二氯甲烷：异丙醇(70：30：5)

(2) 峰对称性　色谱柱的热力学性质和柱填充得均匀与否,将影响色谱峰的对称性。色谱峰的对称性用峰的拖尾因子来衡量。峰拖尾因子T的计算方法见图14-9。

(3) 分离度　分离度是从色谱峰判断相邻两组分在色谱柱中总分离效能的指标,用R表示。其计算公式如下:

$$R = \frac{t_{R_2} - t_{R_1}}{(W_1 + W_2)/2}$$

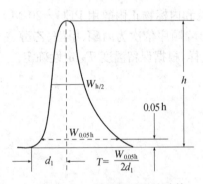

图14-9 峰拖尾因子的计算

【仪器与试剂】

(1) 仪器　高效液相色谱仪(岛津LC-10A),紫外检测器,色谱微处理机或N2000色谱工作站,G_{18}反相键合色谱柱(150 mm×4.6 mm),微量注射器(25 μL),过滤和脱气装置。

(2) 试剂　苯、萘、菲、联苯、甲醇(均为分析纯或色谱纯),新鲜的2次蒸馏水。

【实验内容】

(1) 配制苯、萘、菲、联苯的甲醇溶液作为试验样品。

(2) 配制流动相　甲醇：水(80：20),然后过滤并脱气。

(3) 色谱条件　流动相:甲醇：水(80：20);固定相:C_{18}反相键合色谱柱;检测波长:254 nm;流量:1 mL/min;纸速:10 mm/min。

(4) 启动泵,排出流路中气泡,打开记录仪和紫外检测器,在室温和上述色谱条件下,待基线平稳即可进样,记录色谱图。

【结果处理】

(1) 根据萘色谱峰的t_R、$W_{1/2}$的数值,计算每米理论塔板数。

$$n = 5.54 \left(\frac{t_R}{W_{\frac{1}{2}}}\right)^2 \times \frac{100}{15}$$

(2) 根据色谱峰,计算各组分的拖尾因子T。

(3) 根据色谱峰,计算苯与萘,菲与联苯的分离度。

【注意事项】

(1) 高效液相色谱中所用的溶剂均需纯化处理。水用新鲜的2次蒸馏水或蒸馏水经脱离子处理。甲醇的处理方法：1 kg 甲醇需加 3 g 氢氧化钠、1 g 硝酸银，回流加热 1 h 后蒸出备用。

（2）流动相经脱气后方可使用。常用的脱气方法有水泵减压抽吸脱气法、加热回流脱气法、超声波脱气法和吹氦脱气法。

（3）取样时，先用样品溶液清洗微量注射器几次，然后吸取过量样品，将微量注射器针尖朝上，赶去可能存在的气泡并将所取样品调至所需数值。用毕，微量注射器用甲醇或丙酮洗涤数次。

（4）做完实验后，反相色谱柱需用甲醇冲洗 20～30 min。若流动相中含盐或缓冲溶液，先用水冲洗，再用甲醇冲洗，以保护色谱柱。

（5）在柱外死体积可忽略、溶质选择合适、填充质量良好并进行正确进样操作的情况下，峰不对称的主要原因是柱子填充不均匀。填充良好的色谱柱，峰拖尾因子在 0.95～1.05 范围内。对称性差的非高斯峰，将影响理论塔板数测定的准确度。计算拖尾因子还有其他的方法，不同方法有不同的评价指标。

（6）考察柱效时，应使发生在进样器、检测器和连接管线的柱外效应减至最小，确保实验结果基本上不受仪器影响。并且要在正确的动力学条件下工作，使用的溶剂与色谱柱相匹配。

（7）熟悉仪器操作，参看以下附录。

【讨论】

（1）测定柱效时，选择溶质的条件是极性不能太强，并使容量因子在 2～5 范围内。特别要注意的是，用理论塔板数比较不同粒度填料的柱效时，无法说明柱填充的好坏。因为不同粒度的填料，所得最佳柱效是不同的，此时最好采用与填料粒度无关的折合板高作为评价柱效的标准。所谓折合板高，就是单位颗粒直径 d_p 所贡献的理论塔板高度 h，即 $h_r = h/d_p$。

（2）使用紫外吸收检测器必须注意，所选用的检测波长（也称工作波长）应比选作流动相的溶剂的紫外截止波长（在此波长下，溶剂的透光率降至 10% 以下）更长。若溶剂不纯，将会使紫外截止波长移动几十纳米。当工作波长小于截止波长时，溶剂产生强烈吸收，所以能用作紫外检测器的溶剂数目有限。反相键合相色谱中常用溶剂及其参数见第十二章表 12-4。

（3）在高效液相色谱分析中，反相色谱应用较多，因为它有以下优点：

① 采用甲醇—水或乙腈—水体系作流动相，价廉、易得，而且紫外截止波长较低。

② 对极性很强的物质采用反相色谱体系分析，消除了它们在正相色谱中保留时间过长或不可逆滞留，极性杂质几乎保留在流动相中，很快流出色谱柱，减少或避免了对柱的污染。

③ 以水作流动相，可在其中添加各种电解质，提高了体系的选择性。

④ 反相键合相稳定，可以直接注入水溶液样品。

（4）脱气的目的是除去洗脱液中溶解的气体，以免在洗脱液流出色谱柱进入检测器样品池时，由于洗脱液压力下降生成气泡，影响检测器正常工作。

思考题

(1) 根据反相色谱机理，说明苯、萘、菲、联苯在反相色谱中的洗脱顺序。

(2) 流动相在使用前为什么要脱气？

(3) 反相色谱中，用硅胶为基质的键合相为固定相时，流动相 pH 应控制在什么范围内？

附录：LC-10A 液相色谱仪（日本岛津公司）

LC-10A 液相色谱仪基本配置包括 LC-10AD 双柱塞往复输液泵、CTO-10AC 柱温箱、SPD-10A 分光光度检测器等独立单元。通过 SCL-10A 系统控制器可以统一控制这些单元的操作，也可独立对各个单元进行操作。记录系统一般配置记录仪、色谱处理机或色谱工作站。

LC-10AD 输液泵操作面板见图 14-10。图中各键名称和功能列于表 14-5。

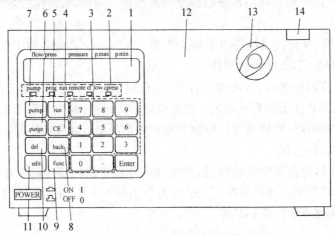

图 14-10　LC-10AD 输液泵面板图

表 14-5　LC-10AD 操作面板各键功能介绍

序号	名称	含义或功能
1	显示窗	显示所设的流量或显示由压力传感器所测得的系统内压力值；显示所设置的允许压力上限和下限。当按 func 键时，显示仪器的其他设置功能
2	信号指示灯	当灯亮时，该灯上方所描述的功能正在起作用
3	数字键	用于参数值输入
4	CE 键	清除键。可使显示窗回到起始显示状态；取消错误输入的数据或清除显示窗显示的错误信息
5	run 键	"启动/停止"时间程序
6	purge 键	清洗管道或排除管道气泡的"启动/停止"键。注意：按下 purge 键，输液泵以 10 mL/min 流量工作，因而色谱柱前的排液阀应旋在排液位置，此时流动相不经色谱柱直接排到废液瓶中。
7	pump 键	"启动/停止"输液泵
8	back 键	退回键，如当编辑时间程序时，按此键，退回至前一步设置
9	func 键	功能键，按此键，仪器顺序进入其他功能设置
10	del 键	删除一行时间顺序
11	edit 键	转入编辑时间程序模式
12	前盖门	掩盖输液泵头及连接管道
13	排液阀旋钮	"开/关"排液阀
14	前盖门按钮开关	按下，打开前盖门

LC-10A 液相色谱仪基本操作步骤如下：

(1) 开机前准备工作：开机前准备工作包括选择、纯化和过滤流动相；检查贮液瓶中是否具有足够的流动相，吸液砂芯过滤器是否已可靠地插入贮液瓶底部；废液瓶是否已倒空，所有排液管道是否已妥善插在废液瓶中。

(2) 开启稳压电源，待"高压"红灯亮后，打开 LC-10AD 输液泵、CTO-10AC 柱温箱、SPD-10 A 分光光度检测器和色谱处理机电源开关。

(3) 输液泵基本参数设置：打开输液泵电源开关后，输液泵的微处理机首先对各部分被控制系统进行自检，并在显示窗内显示操作版本后，显示如下初始信息：

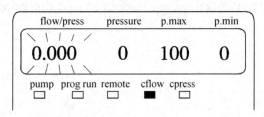

显示窗中 flow/press 下面的数字闪烁，提示可以进行流量设定。按 1 · 0 ENTER 后，flow/press 下面显示 1.000，表示此时已设定流量为 1.000 mL/min。按 func 键后，p.max 下面的数字闪烁，按 3 0 0 ENTER 后，p.max 下面显示 300。按照同样方法，可以设置 p.min 为 10。上述基本设置完成后，为回到起始状态，需按 CE 键。如果这时再按 func 键，则在 pressure 下面显示仪器其他的辅助功能，每按一次，顺序显示一种功能，按 back 键，返回到前一种功能，按 CE 键，则直接回到起始状态。

(4) 排除管道气泡或冲洗管道：将排液阀旋转 180°至"open"位置，按 purge 键，输液泵以 10 mL/min 流量输液，观察输液管道中是否有气泡排出，当确信管道中无气泡后，按 pump 键，使输液泵停止工作，再将排液阀旋钮转至"close"位置。

(5) 色谱柱冲洗：按 pump 键，输液泵以 1.0 mL/min 的流量向色谱柱输液，在显示窗中可以监测到系统内压力的变化情况。在常用的甲醇—水流动相体系中，压力值应为 10 MPa 上下。

(6) SPD-10A 分光光度检测：转动波长旋钮至所需波长，按下 ABS 键，并在响应选择键中按下 STD 键，用"ZERO"键调节输出零点。

(7) C-R6A 数据微处理机：按 SHIFT DOWN FILE/PLOT ，数据处理机开始走基线。如果记录笔不在合适位置，请按 ZERO ENTER 。等基线平直后，再按 SHIFT DOWN FILE/PLOT ，停止走基线。输入下列命令：SHIFT DOWN PRINT LIST WIDTH ENTER ，调出色谱峰分析参数，进行修改或确认。

(8) 进样：将六通进样阀旋转至"LOAD"位置，用平头注射器进样后，转回至"INJECT"，并同时按下 C-R6A 的 START 键，C-R6A 处理机开始对色谱峰记时间、积分。待色谱峰流出后，按 STOP 键，色谱处理机停止积分，并按色谱分析参照表规定的方法对数据进行处理并打印结果。

使用液相色谱仪的注意事项：

① 流动相更换：如果欲更换的流动相与前一种流动相混溶，另取 1 个 500 mL 干净的烧杯，放入 200 mL 新的流动相，把砂芯过滤器从先前的流动相贮液瓶中取出，放入烧杯中，轻轻摇动一下，打开排液阀（转至 "open"位置），按 purge 键，使输液泵以 10 mL/min 流量工作 5～10 min，排出先前的流动相（约 50～100 mL）。

关泵后再把过滤器放入新的流动相中,关闭排液阀,以 1.0 mL/min 流量清洗色谱柱,最后接上柱后检测器,清洗整个流路。如果新的流动相与原来的流动相不相容,则要 1 个与两种流动相都混溶的流动相进行过渡清洗;如果使用缓冲溶液作为流动相,则更换流动相之前,必须有蒸馏水彻底清洗泵。因为缓冲液中溶质的沉淀会磨损液泵活塞及活塞密封圈,清洗方法如下:将注射器吸满水,与液泵清洗管道相连,然后把蒸馏水推入管道,先清洗液泵,再清洗进样器。

② 输液泵应避免长时间在高压下(>30 MPa)工作。如果发现输液泵工作压力过高,可能由以下原因造成:色谱柱、管道、过滤器和柱子上端接头等堵塞或输液量太大,应立即停泵,查清原因后再开泵。

③ 实验开始和实验结束后用纯甲醇冲洗管道和色谱柱若干时间,可以避免许多意想不到的麻烦。当用 pH 缓冲液做流动相时,实验结束后先用石英亚沸蒸馏水冲洗 30 min,再用纯甲醇冲洗 15 min。

(王志群)

附　录

附录1　主要基团的红外特征吸收峰

基团	振动类型	波数/cm^{-1}	波长/μm	强度	备　注
一、烷烃类	CH 伸 CH 弯(面内) C—C 伸(骨架振动)	3 000～2 850 1 490～1 350 1 250～1 140	3.33～3.51 6.70～7.41 8.00～8.77	中、强 中、弱 中	分为反称与对称伸缩 不特征 (CH$_3$)$_3$C 及 (CH$_3$)$_2$C 有
1. —CH$_3$	CH 伸(反称) CH 伸(对称) CH 弯(反称,面内) CH 弯(对称,面内)	2 962±10 2 872±10 1 450±20 1 380～1 370	3.38±0.01 3.48±0.01 6.90±0.1 7.25～7.30	强 强 中 强	分裂为 3 个峰, 此峰最有用 共振时,分裂为 2 个 峰,此为平均值
2. —CH$_2$—	CH 伸(反称) CH 伸(对称) CH 弯(面内)	2 926±10 2 853±10 1 465±20	3.42±0.01 3.51±0.01 6.83±0.1	强 强 中	
3. —CH—	CH 伸 CH 弯(面内)	2 890±10 ～1 340	3.46±0.01 7.46	弱 弱	
4. —C(CH$_3$)$_3$	CH 弯(面内) CH 弯 C—C 伸 可能为 CH 弯(面外)	1 395～1 385 1 370～1 365 1 250～1 200 ～415	7.17～7.22 7.30～7.33 8.00～8.33 24.1	中 强 中 中	骨架振动
二、烯烃类	CH 伸 C=C 伸 *CH 弯(面内) CH 弯(面外)	3 095～3 000 1 695～1 540 1 430～1 290 1 010～667	3.23～3.33 5.90～6.50 7.00～7.75 9.90～15.0	中、弱 变 中 强	C=C=C 则 为 2 000～1 925 cm^{-1} (5.0～5.2 μm) 中间有数段间隔
1. $\underset{H\quad H}{\overset{\diagdown\quad\diagup}{C=C}}$ (顺式)	CH 伸 CH 弯(面内) CH 弯(面外) CH 伸 CH 弯(面外)	3 040～3 010 1 310～1 295 770～665 3 040～3 010 970～960	3.29～3.32 7.63～7.72 12.99～15.04 3.29～3.32 10.31～10.42	中 中 强 中 强	
2. $\underset{H}{\overset{H}{C=C}}$ (反式)					
三、炔烃类	CH 伸 C≡C 伸 CH 弯(面内) CH 弯(面外)	～3 300 2 270～2 100 ～1 250 645～615	～3.03 4.41～4.76 ～8.00 15.50～16.25	中 中 中 强	由于此位置峰多,故 无应用价值
1. R—C≡CH	CH 伸 C≡C 伸	3 310～3 300 2 140～2 100	3.02～3.03 4.67～4.76	中 特弱	有用 可能看不到
2. R—C≡C—R	C≡C 伸 ①与 C=C 共轭 ②与 C=O 共轭	2 260～2 190 2 270～2 220 ～2 250	4.43～4.57 4.41～4.51 ～4.44	弱 中 强	

注：* 数据的可靠性差。

续表

基团	振动类型	波数/cm^{-1}	波长/μm	强度	备注
四、芳烃类 1. 苯环	CH 伸 泛频峰 骨架振动($\nu_{C=C}$)	3 100～3 000 2 000～1 667 1 650～1 430	3.23～3.33 5.00～6.00 6.06～6.99	变弱 弱 中、强	一般 3、4 个峰 苯环高度特征峰 确定苯环存在 最重要峰之一
	CH 弯(面内) CH 弯(面外) 苯环的骨架振动 ($\nu_{C=C}$)	1 250～1 000 910～665 1 600±20 1 500±25 1 580±10 1 450±20	8.00～10.0 10.99～15.03 6.25±0.08 6.67±0.10 6.33±0.04 6.90±0.10	弱 强	确定取代位置最重 要吸收峰 共轭环
(1) 单取代	CH 弯(面外)	770～730 710～690	12.99～13.70 14.08～14.49	极强 强	5 个相邻氢
(2) 邻双取代	CH 弯(面外)	770～735	12.99～13.61	极强	4 个相邻氢
(3) 间双取代	CH 弯(面外)	810～750 725～680 900～860	12.35～13.33 13.79～14.71 11.12～11.63	极强 中、强 中	3 个相邻氢 1 个氢(次要)
(4) 对双取代	CH 弯(面外)	860～790	11.63～12.66	极强	2 个相邻氢
(5) 1、2、3-三取代	CH 弯(面外)	780～760 745～705	12.82～13.16 13.42～14.18	强 强	3 个相邻氢与间双易 混,参考 δ_{CH} 及泛频峰
(6) 1、3、5-三取代	CH 弯(面外)	865～810 730～675	11.56～12.35 13.70～14.81	强 强	1 个氢
(7) 1、2、4-三取代	CH 弯(面外)	900～860 860～800	11.11～11.63 11.63～12.50	中 强	1 个氢 2 个相邻氢
(8) 1、2、3、4-四取代	CH 弯(面外)	860～800	11.63～12.50	强	2 个相邻氢
(9) 1、2、4、5-四取代	CH 弯(面外)	870～855	11.49～11.70	强	1 个氢
(10) 1、2、3、5-四取代	CH 弯(面外)	850～840	11.76～11.90	强	1 个氢
(11) 五取代	CH 弯(面外)	900～860	11.11～11.63	强	1 个氢
2. 萘环	骨架振动($\nu_{C=C}$)	1 650～1 600 1 630～1 575 1 525～1 450	6.06～6.25 6.14～6.35 6.56～6.90		相当于苯环的 1 580cm^{-1} 峰
五、醇类	OH 伸 CH 弯(面内) C—O 伸 O—H 弯(面外)	3 700～3 200 1 410～1 260 1 250～1 000 750～650	2.70～3.13 7.09～7.93 8.00～10.00 13.33～15.38	变弱 弱 强 强	液态有此峰
(1) OH 伸缩频率 游离 OH 分子间氢键 分子间氢键 分子内氢键 分子内氢键	OH 伸 OH 伸(单桥) OH 伸(多聚缔合) OH 伸(单桥) OH 伸(螯形化合物)	3 650～3 590 3 550～3 450 3 400～3 200 3 570～3 450 3 200～2 500	2.74～2.79 2.85～2.90 2.94～3.12 2.80～2.90 3.12～4.00	变 变 强 变 弱	尖峰 尖峰 } 稀释移动 宽峰 尖峰 } 稀释无影响 很宽

续表

基团	振动类型	波数/cm^{-1}	波长/μm	强度	备注
(2) OH 弯或 C—O 伸					
伯醇 (—CH$_2$OH)	OH 弯(面内) C—O 伸	1 350～1 260 ～1 050	7.41～7.93 ～9.52	强 强	
仲醇 (＞CHOH)	OH 弯(面内) C—O 伸	1 350～1 260 ～1 100	7.41～7.93 ～9.09	强 强	
叔醇 (—C—OH)	OH 弯(面内) C—O 伸	1 410～1 310 ～1 150	7.09～7.63 ～8.70	强 强	
六、酚类	OH 伸 OH 弯(面内) Φ—O 伸	3 705～3 125 1 390～1 315 1 335～1 165	2.70～3.20 7.20～7.60 7.50～8.60	强 中 强	Φ—O 伸即芳环上 ν_{C-O}
七、醚类 1. 脂肪醚 (1) RCH$_2$—O—CH$_2$R (2) 不饱和醚 CH$_2$=CH—O—CH$_2$R	C—O 伸 C—O 伸	1 230～1 010 ～1 110 1 225～1 200	8.13～9.90 ～9.00 8.16～8.33	强 强 强	
2. 脂环醚 (1) 四元环 (2) 五元环 (3) 环氧化物	C—O 伸 C—O 伸 C—O 伸 C—O	1 250～909 980～970 1 100～1 075 ～1 250 ～890 ～830	8.00～11.0 10.20～10.31 9.09～9.30 ～8.00 ～11.24 ～12.05	中 中 中 强	反式 顺式
3. 芳醚	C—O—C 伸(反称) C—O—C 伸(对称) CH 伸 Φ—O 伸	1 270～1 230 1 050～1 000 ～2 825 1 175～1 110	7.87～8.13 9.52～10.00 ～3.53 8.50～9.00	强 中 弱 中、强	含 —CH$_3$ 的芳醚 (O—CH$_3$) 在苯环上 3 或 3 以上取代时特别强
八、醛类 (—CHO)	CH 伸 C=O CH 弯(面外)	2 900～2 700 1 755～1 665 975～780	3.45～3.70 5.70～6.00 10.26～12.80	弱 很强 中	一般为两个谱带 ～2 855 cm^{-1}(3.5 μm) 及 ～2 740 cm^{-1}(3.65 μm)
1. 饱和脂肪醛	C=O 伸 其他振动	1 755～1 695 1 440～1 325	5.70～5.90 6.95～7.55	强 中	CH 伸、CH 弯同上
2. α,β-不饱和醛	C=O 伸	1 705～1 680	5.86～5.95	强	CH 伸、CH 弯同上
3. 芳醛	C=O 伸 其他振动 其他振动 其他振动	1 725～1 665 1 415～1 350 1 320～1 260 1 230～1 160	5.80～6.00 7.07～7.41 7.58～7.94 8.13～8.62	强 中 中 中	CH 伸、CH 弯同上 与芳环上的 取代基有关
九、酮类 (＞C=O) 1. 脂酮	C=O 伸 其他振动 泛频	1 730～1 540 1 250～1 030 3 510～3 390	5.78～6.49 8.00～9.70 2.85～2.95	极强 弱 很弱	

续表

基团	振动类型	波数/cm^{-1}	波长/μm	强度	备注
(1) 饱和链状酮 (—CH$_2$—CO—CH$_2$—)	C=O 伸	1 725~1 705	5.80~5.86	强	
(2) α,β-不饱和酮 (—CH=CH—CO—)	C=O 伸	1 685~1 665	5.94~6.01	强	由于 C=O 与 C=C 共轭而降低 40 cm^{-1}
(3) α-二酮 (—CO—CO)	C=O 伸	1 730~1 710	5.78~5.85	强	
(4) β-二酮(烯醇式) (—CO—CH$_2$—CO—)	C=O 伸	1 640~1 540	6.10~6.49	强	宽、共轭螯合作用非正常 C=O 峰
2. 芳酮类	C=O 伸	1 700~1 630	5.88~6.14	强	很宽的谱带,可能是 $\nu_{C=O}$ 与其他部分振动的偶合
	其他振动	1 320~1 200	7.57~8.33		
(1) Ar—CO	C=O 伸	1 700~1 680	5.88~5.95	强	
(2) 二芳基酮 (Ar—CO—Ar)	C=O 伸	1 670~1 660	5.99~6.02	强	
(3) 1-酮基-2-羟基或氨基芳酮	C=O 伸	1 665~1 635	6.01~6.12	强	
3. 脂环酮 (1) 六元、七元环酮	C=O 伸	1 725~1 705	5.80~5.86	强	
(2) 五元环酮	C=O 伸	1 750~1 740	5.71~5.75	强	
十、羧酸类 (—COOH) 1. 脂肪酸	OH 伸	3 400~2 500	2.94~4.00	中	二聚体,宽
	C=O 伸	1 740~1 690	5.75~5.92	强	二聚体
	OH 弯(面内)	1 450~1 410	6.90~7.10	弱	二聚体或 1 440~1 395 cm^{-1}
	C—O 伸	1 266~1 205	7.90~8.30	中	二聚体
	OH 弯(面外)	960~900	10.4~11.1	弱	
(1) R—COOH(饱和)	C=O 伸	1 725~1 700	5.80~5.88	强	
(2) α-卤代脂肪酸	C=O 伸	1 740~1 720	5.75~5.81	强	
(3) α,β-不饱和酸	C=O 伸	1 715~1 690	5.83~5.91	强	
2. 芳酸	OH 伸	3 400~2 500	2.94~4.00	弱、中	二聚体
	C=O 伸	1 700~1 680	5.88~5.95	强	二聚体
	OH 弯(面内)	1 450~1 410	6.90~7.10	弱	
	C—O 伸	1 290~1 205	7.75~8.30	中	
	OH 弯(面外)	950~870	10.5~11.5	弱	
十一、酸酐					
(1) 链酸酐	C=O 伸(反称)	1 850~1 800	5.41~5.56	强	共轭时每个谱带降 20 cm^{-1}
	C=O 伸(对称)	1 780~1 740	5.62~5.75	强	
	C—O 伸	1 170~1 050	8.55~9.52	强	
(2) 环酸酐 (五元环)	C=O 伸(反称)	1 870~1 820	5.35~5.49	强	共轭时每个谱带降 20 cm^{-1}
	C=O 伸(对称)	1 800~1 750	5.56~5.71	强	
	C—O 伸	1 300~1 200	7.69~8.33	强	
十二、酯类 (—C(=O)—O—R)	C=O 伸(泛频)	~3 450	~2.90	弱	
	C=O 伸	1 770~1 720	5.65~5.81	强	
	C—O—C 伸	1 300~1 000	7.69~10.00	强	多数酯

续表

基团	振动类型	波数/cm^{-1}	波长/μm	强度	备注
1. C=O 伸缩振动					
(1) 正常饱和酯类	C=O 伸	1 750~1 735	5.71~5.76	强	
(2) 芳香酯及 α,β-不饱和酯类	C=O 伸	1 730~1 717	5.78~5.82	强	
(3) β酮类的酯类（烯醇型）	C=O 伸	~1 650	~6.06	强	
(4) δ-内酯	C=O 伸	1 750~1 735	5.71~5.76	强	
(5) γ-内酯（饱和）	C=O 伸	1 780~1 760	5.62~5.68	强	
(6) β-内酯	C=O 伸	~1 820	~5.50	强	
2. C—O 伸缩振动					
(1) 甲酸酯类	C—O 伸	1 200~1 180	8.33~8.48	强	
(2) 乙酸酯类	C—O 伸	1 250~1 230	8.00~8.13	强	
(3) 酚类乙酸酯	C—O 伸	~1 250	~8.00	强	
十三、胺	NH 伸	3 500~3 300	2.86~3.03	中	伯胺强,中;仲胺极弱
	NH 弯（面内）	1 650~1 550	6.06~6.45		
	C—N 伸（芳香）	1 360~1 250	7.35~8.00	强	
	C—N 伸（脂肪）	1 235~1 020	8.10~9.80	中、弱	
	NH 弯（面外）	900~650	11.1~15.4		
(1) 伯胺类 (C—NH$_2$)	NH 伸	3 500~3 300	2.86~3.03	中	2 个峰
	NH 弯（面内）	1 650~1 590	6.06~6.29	强、中	
	C—N 伸（芳香）	1 340~1 250	7.46~8.00	强	
	C—N 伸（脂肪）	1 220~1 020	8.20~9.80	中、弱	
(2) 仲胺类 (—C—NH—C—)	NH 伸	3 500~3 300	2.86~3.03	中	1 个峰
	NH 弯（面内）	1 650~1 550	6.06~6.45	极弱	
	C—N 伸（芳香）	1 350~1 280	7.41~7.81	强	
	C—N 伸（脂肪）	1 220~1 020	8.20~9.80	中、弱	
(3) 叔胺 (C—N—C)	C—N（芳香）	1 360~1 310	7.35~7.63	强	
	C—N 脂肪	1 220~1 020	8.20~9.80	中、弱	
十四、酰胺	NH 伸	3 500~3 100	2.86~3.22	强	伯酰胺双峰 仲酰胺单峰
	C=O 伸	1 680~1 630	5.95~6.13	强	谱带Ⅰ
	NH 弯（面内）	1 640~1 650	6.10~6.45	强	谱带Ⅱ
	C—N 伸	1 420~1 400	7.04~7.14	中	谱带Ⅲ
(1) 伯酰胺	NH 伸（反称）	~3 350	~2.98	强	
	NH 伸（对称）	~3 180	~3.14	强	
	C=O 伸	1 680~1 650	5.95~6.06	强	
	NH 弯（剪式）	1 650~1 250	6.06~8.00	强	
	C—N 伸	1 420~1 400	7.04~7.14	中	
	NH$_2$ 面内摇	~1 150	~8.70	弱	
	NH$_2$ 面外摇	750~600	1.33~1.67	中	
(2) 仲酰胺	NH 伸	~3 270	~3.09	强	
	C=O 伸	1 680~1 630	5.95~6.13	强	
	NH 弯+C—N 伸	1 570~1 515	6.37~6.60	中	NH 面内弯与 C—N 重合
	C—N 伸+NH 弯	1 310~1 200	7.63~8.33	中	NH 面外弯与 C—N 重合
(3) 叔酰胺	C=O 伸	1 670~1 630	5.99~6.13		

续表

基团	振动类型	波数/cm^{-1}	波长/μm	强度	备注
十五、不饱和含氮化合物 C≡N 伸缩振动					
(1) RCN	C≡N 伸	2 260~2 240	4.43~4.46	强	饱和,脂肪族
(2) α、β-芳香腈	C≡N 伸	2 240~2 220	4.46~4.51	强	
(3) α、β-不饱和脂肪族腈	C≡N 伸	2 235~2 215	4.47~4.52	强	
十六、杂环芳香族化合物					
1. 吡啶类(喹啉同吡啶)	CH 伸	~3 030		弱	吡啶与苯环类似2个峰,~1 615,~1 500;季铵移至1 625 cm^{-1}
	环的骨架振动 ($\nu_{C=C}$ 及 $\nu_{C=N}$)	1 667~1 430	6.00~7.00	中	
	CH 弯(面内)	1 175~1 000	8.50~10.0	弱	
	CH 弯(面外)	910~665	11.0~15.0	强	
	环上的 CH 面外弯 (1) 普通取代基				
	α-取代	780~740	12.82~13.51	强	
	β-取代	805~780	12.42~12.82	强	
	γ-取代	830~790	12.05~12.66	强	
	(2) 吸电子基				
	α-取代	810~770	12.35~13.00	强	
	β-取代	820~800	12.20~12.50	强	
		730~690	13.70~14.49	强	
	γ-取代	860~830	11.63~12.05	强	
2. 嘧啶类	CH 伸	3 060~3 010	3.37~3.32	弱	
	环的骨架振动 ($\nu_{C=C}$ 及 $\nu_{C=N}$)	1 580~1 520	6.33~6.58	中	
	环上的 CH 弯	1 000~960	10.00~10.42	中	
	环上的 CH 弯	825~775	12.12~12.90	中	
十七、硝基化合物					
(1) R—NO$_2$	NO$_2$ 伸(反称)	1 565~1 543	6.39~6.47	强	
	NO$_2$ 伸(对称)	1 385~1 360	7.22~7.35	强	
	C—N 伸	920~800	10.87~12.50	中	用途不大
(2) Ar—NO$_2$	NO$_2$ 伸(反称)	1 550~1 510	6.45~6.62	强	
	NO$_2$ 伸(对称)	1 365~1 335	7.33~7.49	强	
	CN 伸	860~840	11.63~11.90	强	
	不明	~750	~13.33	强	

附录 2 各种质子的化学位移

附表 2-1 质子典型化学位移 δ 范围简表

(键上的取代基在这里没有画出,一般说来,这对测定化学位移并不重要)

基 团	化学位移/1×10^{-6}	基 团	化学位移/1×10^{-6}
$(CH_3)_4Si$	0	CH_3O	3.3~4.0
R_2NH	0.4~5.0	$RCH_2X(X=Cl,Br,OR)$	3.4~3.8
ROH(单体,稀溶液)	0.5	ArOH(聚合的)	4.5~7.7
RNH_2	0.5~2.0	$H_2C=C$	4.6~7.7
CH_3C	0.7~1.3	$RCH=CR_2$	5.0~6.0
H_3CCNR_2	1.0~1.8	$HNC=O$	5.5~8.5
$CH_3CX(X=F,Cl,Br,I,$ $OH,OR,OAr,N,SH)$	1.2~2.0	ArH	6.0~9.5
		RHN	7.1~7.7
RCH_2R	1.2~1.4	苯	7.27
$RCHR_2$	1.5~1.8	HCOO	8.0~8.2
$CH_3C=C$	1.6~1.9	ArHN*	8.5~9.5
$CH_3C=O$	1.9~2.6	ArCHO	9.0~10.0
$HC\equiv C$	2.0~3.1	RCHO	9.4~10.0
CH_3Ar	2.1~2.5	RCHOOH(二聚体,非极性溶剂)	9.7~12.2
CH_3S	2.1~2.8	ArOH(分子内氢键)	10.5~12.5
CH_3N	2.1~3.0	$-SO_3H$	11.0~13.0
ArSH	2.8~4.0	RCOOH(单体)	11.0~12.2
ROH(聚合的)	3.0~5.2	烯醇	15.0~16.0

R 代表 1 个饱和取代基或 H；* 溶于三氟乙酸

附表 2-2 质子的化学位移[①]

	基 团	δ 值范围/1×10^{-6}		基 团	δ 值范围/1×10^{-6}
1	TMS	0.00	11	RNH_2(在惰性溶剂中 浓度<1 mol/L)	1.5~1.1*
2	$-CH_2-$ 环丙烷	0.22			
3	CH_3-CN	1.08~0.88	12	$-CH_2-C-C=C-$	1.60~1.18
4	CH_3-C-（饱和）	0.95~0.85 (1.3~0.7)	13	$-CH_2-CN$	1.62~1.20
			14	$-C-H$（饱和）	1.65~1.40
5	$CH_3-C-CO-R$	1.12~0.93	15	$-CH_2-C-Ar$	1.78~1.60
6	$CH_3-C-N-O-R$	1.20	16	$-CH_2-C-O-R$	1.81~1.21
7	$N\underset{CH_2}{\overset{\quad}{\rule{1cm}{0.5pt}}}C$	1.48	17	$CH_3-C=NOH$	1.81
			18	$-CH_2-C-I$	1.86~1.65
8	$-CH_2-$（饱和）	1.48~1.20	19	$-CH_2-C-CO-R$	1.90~1.60
9	$-CH_2-C-O-COR$ 及 $-CH_2-C-O-Ar$	1.50	20	$CH_3-C=C$	1.9~1.6
			21	$CH_3-\underset{O-CO-R}{\overset{\quad}{C=C-}}$	1.91~1.87
10	RSH	1.5~1.1*			

[①] Parikh V M. Absorption Spectroscopy of Organic Molecules. Addion−Wesley, 1979. 262~267

续表

	基　团	δ值范围/1×10^{-6}		基　团	δ值范围/1×10^{-6}
22	—CH$_2$—C=C—O—R	1.93	62	—CH$_2$—N=C=S	3.61
23	—CH$_2$—C—Cl	1.96~1.60	63	CH$_3$—SO$_2$—Cl	3.64
24	CH$_3$—C=C— COOR 或 CN	2.03~1.94	64	Br—CH$_2$—CN	3.7
			65	—C≡C—CH$_2$—Br	3.82
25	—CH$_2$—C—Br	2.03~1.68	66	Ar—CH$_2$—Ar	3.92~3.81
26	CH$_3$—C=C—CO—R	2.06~1.93	67	Ar—NH$_2$*, Ar—NH—R*, Ar—NH—Ar*	4.0~3.4 (4.3~3.3)
27	CH$_2$—C—NO$_2$	2.07			
28	—CH$_2$—C—SO$_2$—R	2.16	68	CH$_3$—O—SO$_2$—OR	3.94
29	—C—O CH	2.29	69	—C=C—CH$_2$—O—R	3.97~3.90
			70	—C=C—CH$_2$—Cl	4.04~3.96
30	—CH$_2$—C=C	2.31~1.83	71	Cl—CH$_2$—C≡N	4.07
31	CH$_3$—N—N—	2.33	72	H$_2$C=C—O— CH$_2$—C=C	4.13~3.93
32	—CH$_2$—CO—R	2.39~2.02**			
33	CH$_3$—SO—R	2.50	73	—C=C—CH$_2$—Cl	4.16~4.09
34	CH$_3$—Ar	2.50~2.25 (2.5~2.1)	74	—C=C—CH$_2$—OR	4.18
			75	—CH$_2$—O—CO—R 或 —CH$_2$—O—Ar	4.29~3.98
35	—CH$_2$—S—R	2.53~2.39			
36	CH$_3$—CO—SR	2.54~2.33	76	—CH$_2$—NO$_2$	4.38
37	—CH$_2$—C≡N	2.58	77	Ar—CH$_2$—Br	4.43~4.41
38	CH$_3$—C=O	2.6~2.3 (2.6~1.9)	78	Ar—CH$_2$—OR	4.49~4.36
			79	Ar—CH$_2$—Cl	4.50
39	CH$_3$—S—C≡N	2.63	80	—C=CH$_2$	4.63
40	CH$_3$—CO—C=C 或 CH$_3$—CO—Ar	2.68~1.83	81	—C=CH—, 非环, 非共轭	5.7~5.1 (5.9~5.1)
			82	—C=CH—, 环, 非共轭	5.7~5.2
41	CH$_3$—CO—Cl 或 Br	2.81~2.66	83	—C=CH$_2$	5.7~5.3 (6.25~5.2)
42	CH$_3$—S—	2.8~2.1			
43	CH$_3$—N	3.0~2.1	84	—CH(OR)$_2$	5.20~4.80
44	—C≡C—C≡C—H	2.87	85	Ar—CH$_2$—O—CO—R	5.26
45	—CH$_2$—SO$_2$—R	2.92	86	R—O—H (在惰性溶剂中, 浓度<1 mol/L)	5.2~3.0*
46	—C≡C—H, 非共轭	2.65~2.45			
47	—C≡C—H, 共轭	3.1~2.8	87	Ar—C=CH—	5.40~5.28
48	Ar—C≡C—H	3.05	88	—CH=C—O—R	5.55~4.54
49	—CH$_2$(C=C—)$_2$	3.05~2.90	89	—CH=C—C≡N	5.75
50	—CH$_2$—Ar	3.06~2.53	90	—C=CH—CO—R	6.05~5.68
51	—CH$_2$—I	3.20~3.03	91	R—CO CH=C—CO—R	6.13~6.03
52	—CH$_2$—SO$_2$F	3.28	92	Ar—CH=C—	6.28~6.23
53	Ar—CH$_2$—N	3.32	93	—C=C—H, 共轭	6.7~5.5 (7.8~5.3)
54	—CH$_2$—N—Ar	3.37~3.28			
55	Ar—CH$_2$—C=C—	3.38~3.18	94	—C=C—H, 非环, 共轭	6.5~6.0 (7.1~5.5)
56	—CH$_2$—N$^+$—	3.40			

57	—CH$_2$—Cl	3.57~3.35	95	H—C=C—
				          | |
				    H CO—R
					6.40~6.30

58	—CH$_2$—O—R	3.58~2.31			
59	CH$_3$—O—	3.8~3.5 (4.0~3.3)	96	—C=CH—O—R	6.45~6.22
			97	Br—CH=C—	7.00~6.62
60	—CH$_2$—Br	3.58~3.25	98	—CH=C—CO—R	7.04~5.47
61	CH$_3$—O—SO—OR	3.58	99	—C=CH—O—CO—CH$_3$	7.25

续表

基团	δ值范围/1×10⁻⁶	基团	δ值范围/1×10⁻⁶
100 (吲哚 NH)	7.4~7.3	107 —C=C—CHO (脂肪族,α,β,γ不饱和)	9.68~9.43
101 R—CO—NH—	7.7~6.1 (8.5~5.5)	108 R—CHO (脂肪族)	9.8~9.7 (9.8~9.5)
102 Ar—CH—CO—R	7.72~7.38	109 Ar—CHO	10.0~9.7 (10.1~9.5)
103 ArH,苯环	8.0~6.6 (9.5~6.0)	110 R—COOH	11.52~10.97
		111 —SO₃H	12.0~11.0
104 ArH,非苯环	8.6~6.2 (9.0~4.0)	112 —C=C—COOH	12.18~11.57
		113 R—COOH (二聚体)	12.2~11.0
105 DMF (H-CO-N(CH₃)₂)	8.1~7.9	114 Ar—OH (分子内氢键)	12.5~10.5 (15.5~10.5)
		115 Ar—OH (缔合)	7.7~4.5*
106 H-CO-O-	8.2~8.0	116 烯醇类	16.0~15.0

* 该质子的核磁共振信号值(峰位)与浓度、温度及其他交换质子等有关,氨基质子的数值取决于氮原子的碱性。

** 在这些化合物中,R=H、芳烃基、脂烃基、OH、OR 或 NH₂。

附表 2-3　NMR 常用溶剂中残余质子及 ¹³C 的化学位移(δ)值

名称	分子式	δ_H*/1×10⁻⁶	峰裂数	δ_C/1×10⁻⁶	峰裂数
四氯化碳	CCl_4	—	—	96.0	1
二硫化碳	CS_2	—	—	192.8	1
氯仿-d_1	$CDCl_3$	7.28	1	77.0	3
丙酮-d_6	CD_3COCD_3	2.07	5	29.8	7
二甲基亚砜-d_6	CD_3SOCD_3	2.50	5	39.5	7
甲醇-d_4	CD_3OD	3.34(4.11)	5	49.0	7
吡啶-d_5	C_5D_5N	7.2~8.6	复杂	123.5	3
苯-d_6	C_6D_6	7.24	1	128.0	3
甲苯-d_8	$C_6D_5CD_3$	2.3,7.1	复杂,5	21.3,125~137	7,复杂
乙酸-d_4	CD_3CO_2D	2.06(12)	5	20.0,178.4	7,1
三氟乙酸	CF_3CO_2H	(12)	1	115.0,163.0	1,1
重水	D_2O	(4.61)	1	—	—

* 括号内的数据变动很大,受样品浓度及氢键影响。

附录3 质谱中常见中性碎片与碎片离子

附表 3-1 常见的由分子离子脱掉的碎片

离子	碎片	离子	碎片
M-1	H	M-33	HS, CH_3+H_2O
M-15	CH_3	M-34	H_2S
M-16	O, NH_2	M-41	C_3H_5
M-17	OH, NH_3	M-42	CH_2CO, C_3H_6
M-18	H_2O	M-43	C_3H_7, CH_3CO
M-19	F	M-44	CO_2, C_3H_8
M-20	HF	M-45	$COOH, OC_2H_5, CH_3CHOH$
M-26	$C_2H_2, C\equiv N$	M-46	C_2H_5OH, NO_2
M-27	$HCN, CH_2=CH$	M-48	SO
M-28	CO, C_2H_4	M-55	C_4H_7
M-29	CHO, C_2H_5	M-56	$C_4H_8, 2CO$
M-30	C_2H_6, CH_2O, NO	M-57	C_4H_9, C_2H_5CO
M-31	OCH_3, CH_2OH	M-58	C_4H_{10}
M-32	CH_3OH, S	M-60	CH_3COOH

附表 3-2 常见的碎片离子

m/z	组成或结构	m/z	组成或结构
15	CH_3^+	47	$CH_2=\overset{+}{S}H$
18	H_2O^+	49/51(3∶1)	CH_2Cl^+
26	$C_2H_2^+$	50	$C_4H_2^+$
27	$C_2H_3^+$	51	$C_4H_3^+$
28	$CO^+, C_2H_4^+, N_2^+$	55	$C_4H_7^+$
29	$CHO^+, C_2H_5^+$	56	$C_4H_8^+$
30	$CH_2=\overset{+}{N}H_2$	57	$C_4H_9^+, C_2H_5CO^+$
31	$CH_2=\overset{+}{O}, CH_3O^+$	58	$C_3H_8N^+, CH_2=C(OH)\overset{+}{C}H_3$
36/38(3∶1)	HCl^+	59	$COO\overset{+}{C}H_3, CH_2=C(OH)\overset{+}{N}H_2$
39	$C_3H_3^+$		$C_2H_5CH=\overset{+}{O}H, CH_2=\overset{+}{O}-C_2H_5$
40	$C_3H_4^+$	60	$CH_2=C(OH)OH^+$
41	$C_3H_5^+$	61	$CH_3C(OH)=OH^+, CH_2CH_2SH^+$
42	$C_2H_2O^+, C_3H_6^+$	65	$C_5H_5^+$
43	$CH_3CO^+, C_3H_7^+$	66	$H_2S_2^+$
44	$C_2H_6N^+, O=C=\overset{+}{N}H_2$	68	$CH_2CH_2CH_2CN^+$
	$CO_2^+, C_3H_8^+, CH_2=CH(OH)^+$	69	$CF_3^+, C_5H_9^+$
45	$CH_2=\overset{+}{O}CH_3, CH_3CH=\overset{+}{O}H$	70	$C_5H_{10}^+$

续表

m/z	组成或结构	m/z	组成或结构
71	$C_5H_{11}^+$, $C_3H_7CO^+$	95	呋喃-C=O$^+$
72	$CH_2=C(OH)C_2H_5^+$		
	$C_3H_7CH=\overset{+}{N}H_2$ 及异构体		
73	$C_5H_9O^+$, $COOC_2H_5^+$, $(CH_3)_3Si^+$	97	$C_5H_5S^+$, $C_7H_{13}^+$
74	$CH_2=\overset{+}{C}(OH)OCH_3$	99	1,3-二氧戊环乙烯基阳离子
75	$C_2H_5\overset{+}{C}(OH)_2$		
77	$C_6H_5^+$		
78	$C_6H_6^+$		
79	$C_6H_7^+$		δ-戊内酯阳离子
79/81(1:1)	Br^+		
80/82(1:1)	HBr^+	105	$C_6H_5CO^+$, $C_8H_9^+$
80	$C_5H_6N^+$	106	$C_7H_8N^+$
81	$C_5H_5O^+$	107	$C_7H_7O^+$
83/85/87(9:6:1)	$HCCl_2^+$	107/109(1:1)	$C_2H_4Br^+$
85	$C_6H_{13}^+$, $C_4H_9CO^+$	111	噻吩-C=O$^+$
	2H-吡喃阳离子		
		121	$C_8H_9O^+$
	丁内酯阳离子	122	C_6H_5COOH
	$CH_2=\overset{+}{C}(OH)C_3H_7$	123	$C_6H_5COOH_2^+$
86	$C_4H_9CH=\overset{+}{N}H_2$	127	I^+
87	$CH_2=CH-\overset{+}{\overset{OH}{C}}-OCH_3$	128	HI^+
		130	$C_9H_8N^+$
		135/137(1:1)	环己基溴阳离子
91	$C_7H_7^+$	141	CH_2I^+
92	$C_7H_8^+$, $C_6H_6N^+$	147	$(CH_3)_2Si=\overset{+}{O}-Si(CH_3)_3$
91/93/(3:1)	氯代环己基阳离子	149	邻苯二甲酸酐衍生物
93/95/(1:1)	CH_2Br^+		
94	$C_6H_6O^+$	160	$C_{10}H_{10}NO^+$
	吡咯-C=O$^+$	190	$C_{11}H_{12}NO_2^+$

附录4 气相色谱法重要固定液

固定液	说明	使用温度/℃	McReynolds 常数 x'	y'	z'	u'	s'	CP值[1]
Squalane	角鲨烷	0/150	0	0	0	0	0	0
Nujol	液体石蜡	0/100	9	5	2	6	11	1
Apiezon M	饱和烃润滑脂	50/300	31	22	15	30	40	3
SF—96	100%甲基硅氧烷	0/250	12	53	42	6	37	5
SE—30	100%甲基硅氧烷	50/350	15	53	44	64	41	5
OV—1	100%甲基硅氧烷	100/350	16	55	44	65	42	5
OV—101	100%甲基硅氧烷	0/350	17	57	45	67	43	5
SP—2 100	100%甲基硅氧烷	0/350	17	57	45	67	43	5
DC—11	100%甲基硅氧烷	0/300	17	86	48	69	56	7
SE—52	5%苯基,95%甲基硅氧烷	50/300	32	72	65	98	67	8
SE—54	1%乙烯基,5%苯基,94%甲基硅氧烷	50/300	33	72	66	99	67	8
DC—560	11%氯苯基,89%甲基硅氧烷	0/200	32	72	70	100	68	8
OV—73	5.5%苯基,94.5%甲基硅氧烷	50/350	40	86	76	114	85	10
OV—3	10%苯基,90%甲基硅氧烷	0/350	44	86	81	124	88	10
OV—105	5%氰乙基,95%甲基硅氧烷	20/275	36	108	93	139	86	11
Dexsil 300	25%聚甲基碳硼,75%甲基硅氧烷	50/400	47	80	103	148	96	11
OV—7	20%苯基,80%甲基硅氧烷	0/350	69	113	111	171	128	14
DC—550	25%苯基,75%甲基硅氧烷	0/200	74	116	117	178	135	15
Dioctyl sebacate	癸二酸二辛酯	0/125	72	168	108	180	123	15
Diisodecyl phthalate	苯二甲酸二壬酯	0/150	83	183	147	231	159	19
DC—710	50%苯基,50%甲基硅氧烷	5/250	107	149	153	228	190	19
OV—17	50%苯基,50%甲基硅氧烷	0/350	119	158	162	243	202	21
SP—2 250	50%苯基,50%甲基硅氧烷	0/350	119	158	162	243	202	21
Span 80	山梨糖醇单油酸酯	25/150	97	226	170	216	268	24
OV—22	65%苯基,35%甲基硅氧烷	0/350	160	188	191	283	253	25
PEG—1 500	聚丙二醇	0/170	128	294	173	264	226	26
Amin 220	1-乙醇-2(十七烷基)-2-异咪唑	0/180	117	380	181	293	133	26
Ucon LB 1 715	聚乙二醇—聚丙二醇	0/200	132	297	180	275	235	27
Didecyl phthalate	苯二甲酸二癸酯	50/150	136	255	213	320	235	27
OV—25	75%苯基,25%甲基硅氧烷	0/350	178	204	208	305	280	28

续表

固定液	说明	使用温度/℃	McReynolds 常数					CP 值[1]
			x'	y'	z'	u'	s'	
OS—124	五环聚对苯基醚	0/200	176	227	224	306	283	29
NPGS	新戊二醇丁二酸酯	50/225	172	327	225	344	326	33
QF—1	50%三氟丙基,50%甲基硅氧烷	0/250	144	233	355	463	305	36
OV—210	50%三氟丙基,50%甲基硅氧烷	0/275	146	238	358	468	310	36
OV—202	50%三氟丙基,50%甲基硅氧烷	0/275	146	238	358	468	310	36
Ucon 50 HB 2 000	40%聚乙二醇—60%聚丙二醇	0/200	202	394	253	392	341	37
OV—215	50%三氟丙基,50%甲基硅氧烷	0/275	149	240	363	478	315	37
Ucon 50 HB 5 100	50%聚乙二醇—50%聚丙二醇	0/200	214	418	278	421	375	40
OV—330	苯基硅氧烷—聚乙二醇共聚物	0/250	222	391	273	417	368	40
XE—60	25%氰乙基,75%甲基硅氧烷	0/250	204	381	340	493	367	42
OV—225	25%苯基,25%氰乙基,50%甲基硅氧烷	0/275	228	369	338	492	386	43
NPGA	新戊二醇己二酸酯	50/225	232	421	311	461	424	44
NPGS	新戊二醇丁二酸酯	50/225	272	467	365	539	472	50
Carbowax 20 MTPA	聚乙二醇 20 000 对苯二酸酯	60/250	321	537	367	573	520	54
Carbowax 20M	聚乙二醇, M_r=2 万	60/250	322	536	368	572	510	55
Carbowax 6 000	聚乙二醇, M_r=6 万~7.5 万	60/200	322	540	369	577	512	55
Carbowax 4 000	聚乙二醇, M_r=3 万~3.7 万	60/200	325	551	375	582	520	56
OV—351	聚乙二醇 20 000—硝基对苯二酸反应物	60/275	335	552	382	583	540	57
EGA	乙二醇己二酸酯	100/200	372	576	453	655	617	63
DEGA	二乙二醇己二酸酯	20/190	378	603	460	665	658	66
SP—2 310	45%苯基,55%氰丙基硅氧烷	25/275	440	637	605	840	670	76
THEED	N,N,N',N'-四(2-羟乙基)乙二胺	0/150	463	924	626	801	893	88
OV—275	100%二氰丙烯基硅氧烷	100/275	629	872	763	1106	849	100

[1] CP 值 $=\dfrac{\sum\limits_{i}^{5}\Delta I_{\text{固定液}}}{\sum\limits_{i}^{5}\Delta I^{\text{OV}-275}}\times 100=\dfrac{\sum\limits_{i}^{5}\Delta I_{\text{固定液}}}{629+872+763+1\,106+849}\times 100$

附录5 相对重量校正因子(f)

物质名称	热导	氢焰	物质名称	热导	氢焰
一、正构烷			邻二甲苯	1.08	0.93
甲烷	0.58	1.03	异丙苯	1.09	1.03
乙烷	0.75	1.03	正丙苯	1.05	0.99
丙烷	0.86	1.02	联苯	1.16	
丁烷	0.87	0.91	萘	1.19	
戊烷	0.88	0.96	四氢萘	1.16	
己烷	0.89	0.97	**六、醇**		
庚烷*	0.89	1.00*	甲醇	0.75	4.35
辛烷	0.92	1.03	乙醇	0.82	2.18
壬烷	0.93	1.02	正丙醇	0.92	1.67
二、异构烷			异丙醇	0.91	1.89
异丁烷	0.91		正丁醇	1.00	1.52
异戊烷	0.91	0.95	异丁醇	0.98	1.47
2,2-二甲基丁烷	0.95	0.96	仲丁醇	0.97	1.59
2,3-二甲基丁烷	0.95	0.97	叔丁醇	0.98	1.35
2-甲基戊烷	0.92	0.95	正戊醇		1.39
3-甲基戊烷	0.93	0.96	2-戊醇	1.02	
2-甲基己烷	0.94	0.98	正己醇	1.11	1.35
3-甲基己烷	0.96	0.98	正庚醇	1.16	
三、环烷			正辛醇		1.17
环戊烷	0.92	0.96	正癸醇		1.19
甲基环戊烷	0.93	0.99	环己醇	1.14	
环己烷	0.94	0.99	**七、醛**		
甲基环己烷	1.05	0.99	乙醛	0.87	
1,1-二甲基环己烷	1.02	0.97	丁醛		1.61
乙基环己烷	0.99	0.99	庚醛		1.30
环庚烷		0.99	辛醛		1.28
四、不饱和烃			癸醛		1.25
乙烯	0.75	0.98	**八、酮**		
丙烯	0.83		丙酮	0.87	2.04
异丁烯	0.88		甲乙酮	0.95	1.64
1-正丁烯	0.88		二乙基酮	1.00	
1-戊烯	0.91		3-己酮	1.04	
1-己烯		1.01	2-己酮	0.98	
乙炔		0.94	甲基正戊酮	1.10	
五、芳香烃			环戊酮	1.01	
苯*	1.00*	0.89	环己酮	1.01	
甲苯	1.02	0.94	**九、酸**		
乙苯	1.05	0.97	乙酸		4.17
间二甲苯	1.04	0.96	丙酸		2.5
对二甲苯	1.04	1.00	丁酸		2.09

续表

物质名称	热导	氢焰	物质名称	热导	氢焰
己酸		1.58	**十三、卤素化合物**		
庚酸		1.64	二氯甲烷	1.14	
辛酸		1.54	氯仿	1.41	
十、酯			四氯化碳	1.64	
乙酸甲酯		5.0	三氯乙烯	1.45	
乙酸乙酯	1.01	2.64	1-氯丁烷	1.10	
乙酸异丙酯	1.08	2.04	氯苯	1.25	
乙酸正丁酯	1.10	1.81	邻氯甲苯	1.27	
乙酸异丁酯		1.85	氯代环己烷	1.27	
乙酸异戊酯	1.10	1.61	溴乙烷	1.43	
乙酸正戊酯	1.14		碘甲烷	1.89	
乙酸正庚酯	1.19		碘乙烷	1.89	
十一、醚			**十四、杂环化合物**		
乙醚	0.86		四氢呋喃	1.11	
异丙醚	1.01		砒咯	1.00	
正丙醚	1.00		吡啶	1.01	
乙基正丁基醚	1.01		四氢吡咯	1.00	
正丁醚	1.04		喹啉	0.86	
正戊醚	1.10		哌啶	1.06	1.75
十二、胺与腈			**十五、其他**		
正丁胺	0.82		水	0.70	氢焰无信号
正戊胺	0.73		硫化氢	1.14	氢焰无信号
正己胺	1.25		氨	0.54	氢焰无信号
二乙胺		1.64	二氧化碳	1.18	氢焰无信号
乙腈	0.68		一氧化碳	0.86	氢焰无信号
丙腈	0.83		氩	0.22	氢焰无信号
正丁胺	0.84		氮	0.86	氢焰无信号
苯胺	1.05	1.03	氧	1.02	氢焰无信号

* 基准；f_g 也可用 f_m 表示

(1) 顾蕙祥、阎宝石主编. 气相色谱手册. 第二版, 北京: 化学工业出版社, 1990, 513～517。
(2) J Chromatogr. 1967, 5(2):68(摘译)。以正庚烷为基准，其 $f=1$。

附录6 高效液相色谱固定相

附表6-1 吸附色谱固定相

名称	孔径/0.1 nm	半径/μm	表面积/(m²/g)	形状[①]	厂家
多孔硅胶					
Resolve	90	5,10	200	S	Waters
Nova Pak	60	4	120	S	Waters
Chromegasorb	60	5,10	500	I	ES Industries
Chromegaspher	60	3,5,10	500	S	ES Industries
Partisil	85	5,10,20,53	350	I	Whatman
LiChrosorb	60	5,7,10	550	I	Merck
Si 60, Si 100	100	5,7,10	420	I	
LiChrospher	60	4		S	Merck
Si 60, Si 100	100	5,10	250	S	Merck
Si Ultrasphere	—	3.5	—	S	Beckman
Adsorbosphere silica	80	3,5,10	200	S	Alltech
Alltech silica	—	5,10		I	Associates
	300	5,10	60	S	Southern
Zorbax Sil	70	6	350	S	DuPont
P. E. HS—3 silica	100	3	—	S	Perkin Elmer
Chromega—alumina		5,10		I	Es Industries
LiChrosorb Alox T		5,10	70	I	Merck
Spherisorb A5Y,		5,10,20	—	S	Phase Sep.

① S—球形;I—无定形。

附表6-2 键合固定相

名称	孔径/0.1 nm	粒径/μm	形状[①]	厂家
长链烃基				
ODS—Hypersil	120	3,5,10	S	Shandon
Adsorbosphere—C_{18}	80	3,5,10	S	Alltech
Spheri—5 ODS	—	5	S	Brownlee
C_{18}—Ultrasphere	—	3,5	S	Beckman
C_{18}—IP Ultrasphere		5	S	Beckman
Spherisorb ODS1	80	3,5,10	S	Phase Sep
Spherisorb ODS2	80	3,5,10	S	Phase Sep
LiChrosorb RP—18	60,100	5,10	I	Merck
LiChrospher RP—18	60,100	5,10	S	Merck
Hi—Pore RP 318	330	5	S	Bio—Rad
Bio—Sil ODS5, 10	80	5,10	S,I	Bio—Rad
Partisil ODS—3	85	5,10	I	Whatman
Chromegabond C_{18}	100	5,10	S	E. S. Industries
Nova—Pak C_{18}	60	4	S	Waters
Resolve C_{18}	90	5,10	S	Waters
Nucleosil C_{18}	50,100	5,10	S	Macherey—Nagel
Supelcosil LC18	100	3.5	S	Supelco
PE HS—3 C_{18}	100	3	S	Perkin Elmer

续表

名称	孔径/0.1 nm	粒径/μm	形状[①]	厂家
中等链长烃基				
Sphersorb Octyl	80	3,5,10	S	Phase Sep.
LiChrospher RP-8	60,100	5,10	I	Merck
LiChrospher RP-8	60,100	5,10	S	Merck
Partisil CCS/C_8	85	5,10	I	Whatman
Nucleosil C_8	50,100	5,10	S	Macherey-Nagel
Pecosphere C_8	100	3,5	S	Perkin Elmer
短链烃基				
SAS Hypersil	120	3,5,10	S	Shandon
Adsorbosphere TMS	80	5,10	S	Alltech Assoc
Ro Sil C_3	80	3,5,8	S	(Applied
C_3 Ultrapore	—	5	S	Beckman
Spherisorb C_1	80	3,5,10	S	Phase Sep.
LiChrosorb RP-2	60,100	5,10	I	Merck
苯基				
Phenyl-Hypersil	120	3,5,10	S	Shandon
Spherisorb phenyl		3,5,10	S	Phase Sep.
Chromegabond Diphenyl	60,100,300	3,5,10	S	E. S. Industries
Nova-Pak phenyl	60	4	S	Waters
氨基				
Partisil PAC	85	5,10	I	Whatman
LiChrosorb NH_2	60,100	5,10	I	Merck
Spherisorb NH_2	80	3,5,10	S	Phase Sep
Adsorbosphere-NH_2	80	3,5,10	S	Alltech
氰基				
Nova Pak CN	60	4	S	Waters
LiChrosorb CN	60,100	5,10	I	Merck
Spheri-5 CN	—	5	S	Brownlee
Zorbax CN	70	6	S	DuPont
Supelco-CN	100	3,5	S	Supelco
Spherisorb CN	80	3,5,10	S	Phase Sep.
CN-Ultrasphere	—	3,5	S	Bechman
Adsorbosphere CN	80	3,5,10	S	Alltech
二醇基				
Chromegabond-diol	60,100,300	3,5,10	S	E. S. Industries
LiChrosorb diol	60,100	5,10	I	Merck
LiChrosphere Si100 diol	100	5,10	S	Merck
	60	10	I	J. T. Baker

① S—球形；I—无定形。

附录 7　常用式量表
(以 1991 年公布的相对原子质量计算)

分子式	相对分子质量	分子式	相对分子质量
$AgBr$	187.772	H_2O_2	34.014 7
$AgCl$	143.321	HF	20.006 4
AgI	234.772	HI	127.912 4
$AgNO_3$	169.873	H_3PO_4	97.995 3
Al_2O_3	101.9612	H_2S	34.081 9
$Al(OH)_3$	78.0036	H_2SO_4	98.079 5
$Al_2(SO_4)_3 \cdot 18H_2O$	666.4288	I_2	253.809
As_2O_3	197.8414	$KAl(SO_4)_2 \cdot 12H_2O$	474.390 4
$BaCO_3$	197.336	KBr	119.002 3
$BaCl_2 \cdot 2H_2O$	244.263	$KBrO_3$	167.000 5
$Ba(OH)_2 \cdot 8H_2O$	315.467	K_2CO_3	138.206
$BaSO_4$	233.391	$K_2C_2O_4 \cdot H_2O$	184.231
$CaCO_3$	100.0872	KCl	74.551
$CaC_2O_4 \cdot H_2O$	146.1129	$KClO_4$	138.549
$CaCl_2$	110.9834	K_2CrO_4	194.194
CaO	56.0774	$K_2Cr_2O_7$	294.188
$Ca(OH)_2$	74.093	$KHC_4H_4O_6$(酒石酸氢钾)	188.178
CuO	79.545	$KHC_8H_4O_4$(邻苯二甲酸氢钾)	204.224
$Cu(OH)_2$	97.561	KH_2PO_4	136.086
$CuSO_4 \cdot 5H_2O$	249.686	K_2HPO_4	174.176
$FeCl_2$	126.75	$KHSO_4$	136.170
$FeCl_3$	162.2051	KI	166.003
FeO	71.846	KIO_3	214.001
Fe_2O_3	159.69	$KMnO_4$	158.034
$Fe(OH)_3$	106.869	KNO_3	101.103
$FeSO_4 \cdot 7H_2O$	278.0176	KOH	56.106
$FeSO_4 \cdot (NH_4)_2SO_4 \cdot 6H_2O$	392.1429	K_3PO_4	212.266
H_3AsO_4	141.9430	$KSCN$	97.182
H_3BO_3	61.8330	K_2SO_4	174.260
HBr	80.9119	$K(SbO)C_4H_4O_6 \cdot 1/2H_2O$ (酒石酸锑钾)	333.928
$HBrO_3$	128.9101		
$HC_2H_3O_2$(醋酸)	60.0526	$MgCO_3$	84.314
HCN	27.0258	$MgCl_2$	95.211
H_2CO_3	62.0251	$MgNH_4PO_4 \cdot 6H_2O$	245.407
$H_2C_2O_4$	90.0355	MgO	40.304
$H_2C_2O_4 \cdot 2H_2O$	126.066 0	$Mg(OH)_2$	58.320
HCl	36.460 6	$Mg_2P_2O_7$	222.553
$HClO_4$	100.458 2	$MgSO_4$	120.369
HNO_3	63.012 9	$MgSO_4 \cdot 7H_2O$	246.476
H_2O	18.015 3		

续表

分子式	相对分子质量	分子式	相对分子质量
NH_3	17.030 6	$NaHCO_3$	84.007 1
NH_4Br	97.948	$NaHC_2O_4 \cdot H_2O$	130.033
$(NH_4)_2CO_3$	96.086 5	$NaH_2PO_4 \cdot 2H_2O$	156.008
NH_4Cl	53.492	$Na_2HPO_4 \cdot 12H_2O$	358.143
NH_4F	37.037 0	$NaNO_3$	84.9947
$NH_3 \cdot H_2O$	35.046 0	$NaOH$	39.9972
$(NH_4)_3PO_4 \cdot 12MoO_3$	1876.35	$Na_2SO_4 \cdot 10H_2O$	322.196
NH_4SCN	76.122	$Na_2S_2O_3$	158.110
$(NH_4)_2SO_4$	132.141	$Na_2S_2O_3 \cdot 5H_2O$	248.186
$Na_2B_4O_7 \cdot 10H_2O$	381.372	P_2O_5	141.945
$NaBr$	102.894	$PbSO_4$	303.26
Na_2CO_3	105.989 0	ZnO	81.39
$Na_2CO_3 \cdot 10H_2O$	286.142	$Zn(OH)_2$	99.40
$Na_2C_2O_4$	134.000	$ZnSO_4$	161.46
$NaCl$	58.443	$ZnSO_4 \cdot 7H_2O$	287.56
$Na_2H_2C_{10}H_{12}O_8N_2 \cdot 2H_2O$ (EDTA 二钠二水合物)	372.240		

附录8 国际相对原子质量表(1995)

元素 符号名称	元素 英文名	原子序	相对原子质量	元素 符号名称	元素 英文名	原子序	相对原子质量
H 氢	Hydrogen	1	1.007 94(7)	Zr 锆	Zirconium	40	91.224(2)
He 氦	Helium	2	4.002 602(2)	Nb 铌	Niobium	41	92.906 38(2)
Li 锂	Lithium	3	6.941(2)	Mo 钼	Molybdenum	42	95.94(1)
Be 铍	Beryllium	4	9.012 182(3)	Tc 锝	Technetium	43	[98]
B 硼	Boron	5	10.811(7)	Ru 钌	Ruthenium	44	101.07(2)
C 碳	Carbon	6	12.010 7(8)	Rh 铑	Rhodium	45	102.905 50(2)
N 氮	Nitrigen	7	14.006 74(7)	Pd 钯	Palladium	46	106.42(1)
O 氧	Oxygen	8	15.999 4(3)	Ag 银	Silver	47	107.868 2(2)
F 氟	Fluorine	9	18.998 403 2(5)	Cd 镉	Cadmium	48	112.411(8)
Ne 氖	Neon	10	20.179 7(6)	In 铟	Indium	49	114.818(3)
Na 钠	Sodium	11	22.989 770(2)	Sn 锡	Tin	50	118.710(7)
Mg 镁	Magnesium	12	24.305 0(6)	Sb 锑	Antimony	51	121.760(1)
Al 铝	Aluminum	13	26.981 538(2)	Te 碲	Tellurium	52	127.60(3)
Si 硅	Silicon	14	28.085 5(3)	I 碘	Iodine	53	126.904 47(3)
P 磷	Phosphorus	15	30.973 761(2)	Xe 氙	Xenon	54	131.29(2)
S 硫	Sulfur	16	32.066(6)	Cs 铯	Cesium	55	132.905 45(2)
Cl 氯	Chlorine	17	35.452 7(9)	Ba 钡	Barium	56	137.327(7)
Ar 氩	Argon	18	39.948(1)	La 镧	Lanthanum	57	138.905 5(2)
K 钾	Potassium	19	39.098 3(1)	Ce 铈	Cerium	58	140.116(1)
Ca 钙	Calcium	20	40.078(4)	Pr 镨	Praseodymium	59	140.907 65(3)

续表

符号	名称	英文名	原子序	相对原子质量	符号	名称	英文名	原子序	相对原子质量
Sc	钪	Scandium	21	44.955 910(8)	W	钨	Tungsten	74	183.84(1)
Ti	钛	Titanium	22	47.867(1)	Re	铼	Rhenium	75	186.207(1)
V	钒	Vanadium	23	50.941 5(1)	Os	锇	Osmium	76	190.23(3)
Cr	铬	Chromium	24	51.996 1(6)	Ir	铱	Iridium	77	192.217(3)
Mn	锰	Manganese	25	54.938 049(9)	Pt	铂	Platinum	78	195.078(2)
Fe	铁	Iron	26	55.845(2)	Au	金	Gold	79	196.966 54(2)
Co	钴	Cobalt	27	58.933 200(9)	Hg	汞	Mercury	80	200.59(2)
Ni	镍	Nickel	28	58.693 4(2)	Tl	铊	Thallium	81	204.383 3(2)
Cu	铜	Copper	29	63.546(3)	Pb	铅	Lead	82	207.2(1)
Zn	锌	Zinc	30	65.39(2)	Bi	铋	Bismuth	83	208.980 38(2)
Ga	镓	Gallium	31	69.723(1)	Po	钋	Polonium	84	[209]
Ge	锗	Germanium	32	72.61(2)	At	砹	Astatine	85	[210]
As	砷	Arsenic	33	74.921 560(2)	Rn	氡	Radon	86	[222]
Se	硒	Selenium	34	78.96(3)	Fr	钫	Francium	87	[223]
Br	溴	Bromine	35	79.904(1)	Ra	镭	Radium	88	[226]
Kr	氪	Krypton	36	83.80(1)	Ac	锕	Actinium	89	[227]
Rb	铷	Rubidium	37	85.467 8(3)	Th	钍	Thorium	90	232.038 1(1)
Sr	锶	Strontium	38	87.62(1)	Pa	镤	Protactinium	91	231.035 88(2)
Y	钇	Yttrium	39	88.905 85(2)	U	铀	Uranium	92	238.028 9(1)
Nd	钕	Neodymium	60	144.24(3)	Np	镎	Neptunium	93	[237]
Pm	钷	Promethium	61	[145]	Pu	钚	Plutonium	94	[244]
Sm	钐	Samarium	62	150.36(3)	Am	镅	Americium	95	[243]
Eu	铕	Europium	63	151.964(1)	Cm	锔	Curium	96	[247]
Gd	钆	Gadolinium	64	157.25(3)	Bk	锫	Berkelium	97	[247]
Tb	铽	Terbium	65	158.925 34(2)	Cf	锎	Californium	98	[251]
Dy	镝	Dysprosium	66	162.50(3)	Es	锿	Einsteinium	99	[252]
Ho	钬	Holmium	67	164.930 32(2)	Fm	镄	Fermium	100	[257]
Er	铒	Erbium	68	167.26(3)	Md	钔	Mendelevium	101	[258]
Tm	铥	Thulium	69	168.934 21(2)	No	锘	Nobelium	102	[259]
Yb	镱	Ytterbium	70	173.04(3)	Lr	铹	Lawrencium	103	[260]
Lu	镥	Lutetium	71	174.967(1)	Rf	𬬻	Rutherfordium	104	[261]
Hf	铪	Hafnium	72	178.49(2)	Ha	𬭊	Hahnium	105	[262]
Ta	钽	Tantalum	73	180.947 9(1)					

注：录自 1993 年国际相对原子质量表（IUPAC Commission On Atomic Weights and Isotopic Abundances, Atomic Weights Of the Elements, 1995, *Pure Appl. Chem.*, 68, 2339, 1996）。( ) 表示相对原子质量数值最后一位的不确定性，[ ] 中的数值为没有稳定同位素元素半衰期最长同位素的质量数。

自我测验题(一)

一、填空题

1. 直接电位法测定溶液的pH，所用电化学电池为_____，指示电极为_____，参比电极为_____。
2. 朗伯-比尔定律成立的条件是_____和_____。
3. 紫外-可见光谱又叫_____，它是由于物质的_____跃迁所引起的。它只适合于研究_____的化合物。
4. 红外光谱又称_____，其产生吸收峰的必要条件是_____和_____。
5. 紫外分光光度计常以_____为光源，以_____为色散元件。
6. 红外分光光度计常以_____为光源，以_____为色散元件。
7. 荧光分光光度计有_____和_____两个单色器，且检测器和入射光方向_____，常用的光源为_____。
8. 产生核磁共振信号的必要条件是_____和_____。
9. 分子离子含有_____数个电子，含有_____数个电子的离子不是分子离子。
10. 原子吸收线的宽度并非如想象那样是一条严格的几何线，而是有一定的宽度，引起谱线变宽的主要因素有_____和_____。

二、名词解释

1. 指示电极
   参比电极
2. 透光率
   吸光度
3. 基频峰
   泛频峰
4. 激发光谱
   发射光谱
5. 摩尔吸光系数
   百分吸光系数
6. 化学等价
   磁等价
7. 分子离子
   重排离子

三、选择题

1. 使用永停滴定法滴定至化学计量点时电流降至最低点，说明（　　）。
   A. 滴定剂和被滴定剂均为不可逆电对
   B. 滴定剂和被滴定剂均为可逆电对
   C. 滴定剂为可逆电对，被滴定剂为不可逆电对
   D. 滴定剂为不可逆电对，被滴定剂为可逆电对

2. 有一符合Beer定律的溶液，厚度不变，当浓度为c时，透光率为t，当浓度为$c/2$时，则透光率为（　　）。
   A. $t/2$　　　　　　B. t　　　　　　C. $t^{\frac{1}{2}}$　　　　　　D. t^2

3. 四个羰基化合物，羰基的伸缩振动频率分别为 1 623 cm^{-1}，1 670 cm^{-1}，1 715 cm^{-1}，1 800 cm^{-1}，请指出峰位为 1 800 cm^{-1} 的化合物是（　　）。

C. 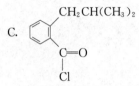 D. $CH_3CH_2\overset{O}{\overset{\|}{C}}CH_3$

4. 紫外分光光度计常用的光源为( )。
   A. 氢灯 B. 氙灯 C. 汞灯 D. 硅碳棒
5. 下列说法哪些是错误的( )。
   A. 荧光光谱是分子吸收光谱 B. 荧光光谱的形状与激发光波长无关
   C. 荧光波长总是小于激发光波长 D. 荧光光谱与激发光谱基本成镜像关系
6. 原子吸收分光光度法定量测定基体较复杂的样品时,最好选用( )。
   A. 内标法 B. 外标法 C. 标准加入法 D. 归一化法
7. 下列化合物在 NMR 谱上化学位移最小的是( )。
   A. CH_4 B. CH_3Cl C. CH_3Br D. CH_3F
8. 某化合物的分子式为 C_8H_{10},在质谱图上出现 m/z 91 的强峰,则化合物可能是( )。

四、计算题

1. 精密称取安定样品 13.86 mg 于 100 mL 量瓶中,用 $0.5\% H_2SO_4$ —甲醇溶解,并稀释至刻度,摇匀。精密吸取 5.00 mL 上述溶液稀释至 50.0 mL。取该溶液在 284 nm 波长处,用 1.0 cm 吸收池测得吸收度为 0.618,试求安定的百分吸收系数及样品中安定的百分含量。(已知 $M=284.8, \varepsilon=12\,896$)

2. 用下面电池测量溶液 pH:玻璃电极 $|H^+(x\ mol/L)\|$ SCE。用 pH=4.00 缓冲液,25℃ 时测得电动势为 0.209 V。用未知溶液代替缓冲液,测得电动势为 0.312,计算未知液 pH。

五、解谱题

1. 已知有机化合物 $C_8H_{10}O$ 的红外光谱如下,试推断其结构式,并说明推测的过程。

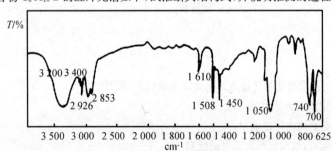

2. 某化合物分子式为 C_2H_5I,其 NMR 谱如下(积分高度比 $H_a:H_b$ 为 3.2:2.1);试推断其结构。

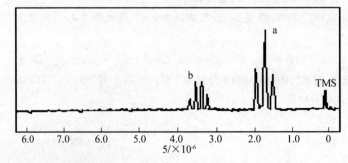

自我测验题(二)

一、填空题

1. 色谱分析从两相所处的状态来分类可分为_____和_____。
2. 在吸附色谱中,吸附剂的含水量与其活度、活度级数和吸附能力之间有如下关系:吸附剂的含水量越少,则其活度级数_____,活度_____,吸附能力_____。
3. 色谱中范氏方程一般简式为_____,在 HPLC 中范氏方程简式为_____。
4. 气相色谱中采用归一化法定量,在一个分析周期内,样品中各组分必须_____,而且_____。
5. HPLC 中,反相色谱常用_____为固定相,以_____为流动相。极性_____的组分先流出。

二、名词解释

1. 比移值   2. 分配系数
3. 保留时间   4. 保留体积
5. 容量因子   6. 死时间

三、选择题

1. 在吸附薄层色谱法中,分离极性物质,选择吸附剂、展开剂的一般原则是( )。
   A. 活性大的吸附剂和极性强的展开剂   B. 活性大的吸附剂和极性弱的展开剂
   C. 活性小的吸附剂和极性弱的展开剂   D. 活性小的吸附剂和极性强的展开剂
2. 在气-液色谱中,下列( )对两个组分的分离度无影响。
   A. 增加柱长   B. 增加检测器灵敏度
   C. 改变固定液化学性质   D. 改变柱温
3. 气相色谱分析中,若气化室温度过低,样品不能迅速气化,则造成峰形( )。
   A. 变窄   B. 变宽   C. 无影响   D. 变高
4. 在高效液相色谱中,提高柱效最有效的途径是( )。
   A. 降低填料粒度   B. 适当提高柱温
   C. 降低流动相的流速   D. 提高流动相的流速
5. Van Deemter 方程中影响 A 的因素有( )。
   A. 固定相粒径   B. 载气流速   C. 载气相对分子质量   D. 柱温
6. HPLC 与 GC 相比,可忽略纵向扩散项,主要因为( )。
   A. 柱前压力高   B. 流速比 GC 快   C. 流动相的黏度大   D. 柱温低

四、计算题

1. 色谱法分析某样品包括以下组分,其校正因子与峰面积数据如下,计算各组分的百分含量。

组分	乙苯	对二甲苯	间二甲苯	邻二甲苯
峰面积	150	92	170	110
校正因子	0.97	1.00	0.96	0.98

2. 两种药物在一根 10.0 m 长的柱上分离,第二种组分(按出峰顺序)的保留时间为 300 s,半峰宽为 18 s,空气出峰为 30 s,两组分分配系数比是 2。

求:(1) 用第二组分计算此柱的 n 和 H。
(2) 计算两种组分的分离度。
(3) 此时二组分的分离度是否可算完全分离?

模 拟 试 卷

专业_____ 学号_____ 姓名_____

题号	一	二	三	四	五	六	总分
分数							

一、名词解释(10分)
1. 指示电极
2. 百分吸收系数
3. 红外非活性振动
4. 容量因子
5. 荧光薄层板

二、填空题(30分)
1. 用高氯酸为标准溶液,以电位法测定枸橼酸钠的含量时,应选用_____及_____为电极对。
2. 永停滴定常选用的电极对是_____。
3. 可见—紫外光谱又称_____光谱,红外光谱又称_____光谱,前者是由于分子中_____跃迁而产生,后者是由于分子发生_____跃迁而产生。
4. 朗伯—比尔定律的适用条件是_____和_____。
5. 红外分光光度计最常用的检测器是_____。
6. 在 HPLC 中,反相色谱常用_____为固定相,_____为流动相,极性_____的组分先流出。
7. 气相色谱法中,常用归一化法进行定量计算,其计算关系式为_____。用归一化法定量时,要求_____。
8. 气相色谱的检测器有_____型和_____型,其中最常用的检测器 FID 是属于_____型。
9. 流动相的极性_____,固定相的极性_____,称为正相色谱;反之,流动相的极性_____,固定相的极性_____,称为反相色谱。
10. 色谱法中范氏方程一般简式为_____,在 HPLC 中范氏方程简式为_____。
11. 有机化合物质谱中最主要的有五种离子峰:_____、_____、_____、_____和_____。
12. 在 NMR 谱上,烃类化合物某质子的信号分裂为四重峰,且强度比为 1∶3∶3∶1,则与此质子相偶合的相邻质子数为_____个。

三、选择题(20分)
1. 下列永停滴定法中,以电流指针突然下降至零并保持不动为滴定终点的是( )。
   A. I_2 标准溶液滴定 $Na_2S_2O_3$ 液
   B. Ce^{4+} 标准溶液滴定 Fe^{2+} 溶液
   C. $Na_2S_2O_3$ 标准溶液滴定 I_2 液
   D. $Na_2S_2O_3$ 标准溶液滴定 Fe^{3+}
2. 请推测 H_2O 分子的基本振动数为( )。
   A. 4个 B. 3个 C. 2个 D. 1个
3. 四个羰基化合物,羰基的伸缩振动频率分别为 1 623 cm^{-1},1 670 cm^{-1},1 715 cm^{-1},1 800 cm^{-1},请指出峰位为 1 800 cm^{-1} 的化合物是( )。

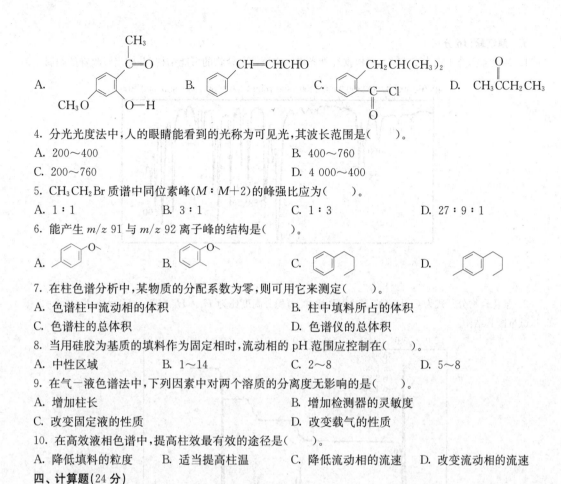

4. 分光光度法中,人的眼睛能看到的光称为可见光,其波长范围是( )。
   A. 200～400   B. 400～760
   C. 200～760   D. 4 000～400

5. CH_3CH_2Br 质谱中同位素峰($M:M+2$)的峰强比应为( )。
   A. 1:1   B. 3:1   C. 1:3   D. 27:9:1

6. 能产生 m/z 91 与 m/z 92 离子峰的结构是( )。

7. 在柱色谱分析中,某物质的分配系数为零,则可用它来测定( )。
   A. 色谱柱中流动相的体积   B. 柱中填料所占的体积
   C. 色谱柱的总体积   D. 色谱仪的总体积

8. 当用硅胶为基质的填料作为固定相时,流动相的pH范围应控制在( )。
   A. 中性区域   B. 1～14   C. 2～8   D. 5～8

9. 在气-液色谱法中,下列因素中对两个溶质的分离度无影响的是( )。
   A. 增加柱长   B. 增加检测器的灵敏度
   C. 改变固定液的性质   D. 改变载气的性质

10. 在高效液相色谱中,提高柱效最有效的途径是( )。
    A. 降低填料的粒度   B. 适当提高柱温   C. 降低流动相的流速   D. 改变流动相的流速

四、计算题(24分)

1. 已知某相对分子质量为156的化合物的摩尔吸光系数为 6.74×10^3,则该化合物的百分吸收系数为多少?若要使之在1 cm吸收池中透光率为10%,应配制样品溶液的浓度(mg/mL)为多少?

2. 某色谱峰的半峰宽为2 mm,保留时间为4.5 min,色谱柱长10 cm,记录仪纸速为2 cm/min,计算色谱柱的理论塔板数和塔板高度。

3. 用GC分离一含A,B的混合试样,色谱条件为:载气 N_2,流速20 mL/min,柱长2 m,柱温180℃,测定结果,空气的保留时间为1.0 min,组分A的 t_R 为14 min,B的 t_R 为17 min,B的基线宽度为30 s,求:
   (1) 组分A、B的调整保留时间;
   (2) 计算色谱柱的理论塔板数;
   (3) 计算A、B的容量因子;
   (4) 计算A、B的分离度 R。

五、解谱题(16分)

1. 某化合物分子式为 C_7H_6O,试根据红外光谱图推测该化合物的可能结构,并标出吸收峰的归属。

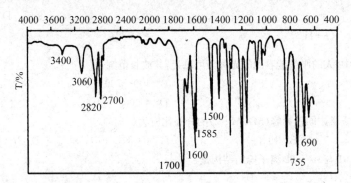

2. 某化合物分子式为 $C_{10}H_{12}O_2$,其 NMR 谱如下,积分高度比为 $H_a:H_b:H_c:H_d = 3.1:2.0:2.05:5.1$,试推断其结构。

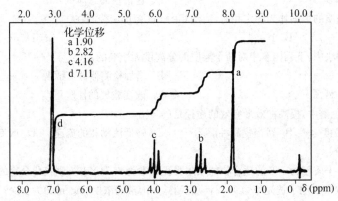

《仪器分析》函授教学大纲

（药学类各专业专升本函授适用）

一、说明

1. 仪器分析目的和任务

仪器分析是研究物质化学组成、分子结构的分析方法及其相关理论的学科，是药学类院校各专业的主干基础课程之一。通过本课程的学习，要求学生掌握仪器分析的基本知识、基本理论和基本操作技术，并培养学生分析问题和解决问题的能力，为进一步学习药学各专业课程和从事药学事业打下良好的理论基础和实验技术基础。

2. 课程的基本要求

经过本课程的教学，使学生掌握仪器分析的基本理论和方法，同时以理论为基础，掌握相应实验基本操作技能。理论课面授辅导32学时，基本实验12学时。

3. 教材及主要参考书

(1) 教材：《仪器分析》(第2版)，严拯宇主编，东南大学出版社，2009年

(2) 主要参考书：

《仪器分析》，董慧如主编，化学工业出版社，2000年

《仪器分析》，赵藻藩主编，高等教育出版社，1993年

《分析化学》，严拯宇主编，东南大学出版社，2005年

《分析化学》，胡育筑主编，科学出版社，2007年

二、教学内容和要求

第一章 电位法及永停滴定法

[基本内容]

电化学分析方法的原理及分类；电位法基本概念（化学电池、指示电极、参比电极、可逆电极和可逆电池、盐桥等）；常用的指示电极和参比电极；电极电位的计算和测量；pH计的测量原理和方法；电位滴定法原理、确定终点的方法及应用；永停滴定法的原理和方法；滴定曲线的类型；应用示例。

[基本要求]

1. 掌握电位法的基本原理、测定pH的原理和方法。
2. 理解原电池、电解池、电动势、指示电极、参比电极等基本概念。
3. 重点掌握直接电位法和电位滴定法的原理及电位滴定法确定终点的方法。
4. 掌握永停滴定法的原理和方法。

第二章 紫外－可见分光光度法

[基本内容]

紫外－可见分光光度法的基本原理（Beer－Lambert定律，吸光系数和吸收光谱，偏离Beer定律的化学因素和光学因素）；紫外－可见分光光度计的主要部件、光学性能与类型；定性与定量方法（定性鉴别与纯度检测、单组分定量方法和多组分定量方法）；紫外吸收光谱的基

本概念(电子跃迁类型、发色团、助色团、长移、短移、增色效应、减色效应、吸收带、溶剂效应)。

[基本要求]

1. 掌握紫外－可见分光光度法的基本原理。
2. 了解紫外光谱与有机分子结构的关系。
3. 理解比尔－朗伯定律的物理意义,掌握其使用条件。
4. 理解摩尔吸光系数、百分吸光系数的意义及其关系,掌握紫外－可见分光光度法用于定性定量的方法。
5. 了解紫外－可见分光光度计的构造和基本部件。

第三章 荧光分析法

[基本内容]

荧光法的基本原理(荧光、磷光的发生过程,激发光谱和荧光光谱,分子结构与荧光的关系,荧光效率,影响因素);荧光强度与浓度的关系和定量分析方法。

[基本要求]

1. 掌握荧光法的原理及特点。
2. 熟悉荧光光谱与有机化合物结构的关系及定量分析方法。
3. 了解荧光光谱与激发光谱的关系。

第四章 红外分光光度法

[基本内容]

红外分光光度法的基本原理(红外吸收光谱产生的条件、振动能级与振动光谱、振动自由度与振动形式、基频峰与泛频峰、特征峰与相关峰、吸收峰的位置和强度);红外分光光度计的部件及特点;有机化合物红外光谱的解析方法。

[基本要求]

1. 了解红外分光光度法的基本原理。
2. 掌握红外吸收光谱产生的条件及其与分子振动能级的关系。
3. 掌握常见有机化合物的典型光谱解析方法及应用。
4. 了解红外分光光度计的主要部件,并与可见－紫外分光光度计进行比较。

第五章 原子吸收分光光度法

[基本内容]

原子吸收分光光度法的基本原理(原子的量子能级和能级图、原子光谱的特点、原子吸收与原子浓度的关系);原子吸收分光光度计的原理、主要部件和类型;实验技术(测定条件选择、干扰及其抑制方法);定量分析方法(标准曲线法、标准加入法、内标法)。

[基本要求]

1. 熟悉原子吸收分光光度法的基本原理及应用。
2. 一般了解光谱项和光谱支项的概念及其区别。
3. 了解实验仪器和仪器部件。
4. 掌握定量分析方法。

第六章 核磁共振波谱法

[基本内容]

核磁共振波谱法的基本原理(原子核自旋、进动、能级分裂、共振吸收条件);化学位移(抗磁屏蔽效应、化学位移的定义及影响因素、质子化学位移的计算);自旋系统的命名及一级图谱的特点;简单有机化合物一级核磁共振氢谱的解析方法和应用。

［基本要求］

1. 熟悉核磁共振波谱法的基本原理。
2. 掌握化学等价、磁等价、自旋偶合、偶合分裂等基本概念。
3. 掌握一级图谱的特点和解析方法。

第七章 质谱法

［基本内容］

质谱法的特点和用途;单聚焦质谱仪工作原理;质谱图;离子类型(分子离子、碎片离子、重排离子、同位素离子、亚稳离子等);裂解方式及规律;分子式的测定(分子离子峰的确认及相对分子质量的测定;几类有机化合物(烃类、醇类、醛酮类、酸与酯)的质谱特征及解析方法。

［基本要求］

1. 熟悉质谱法的基本原理、离子类型、裂解的一般规律及各类化合物的质谱特征。
2. 掌握质谱法在相对分子质量和分子式的测定及结构解析中的应用。
3. 能较为熟练地解析简单化合物的裂解过程,准确写出裂解方程式。

第八章 平面色谱法

［基本内容］

色谱法的基本原理、分类与应用;薄层色谱法的基本原理、实验技术与定性定量应用纸色谱法的基本原理和实验方法。

［基本要求］

1. 掌握薄层色谱、纸色谱的基本原理、实验条件及定性定量方法。
2. 了解各类色谱固定相和流动相的选择原则。
3. 理解比移值和分离度的概念。
4. 掌握色谱的显色方法。

第九章 气相色谱法

［基本内容］

气相色谱法的基本理论(基本概念、塔板理论、Van Deemter 方程);色谱柱(固定液、载体、气液色谱填充柱、气固色谱填充柱)的性能;检测器(热导、氢焰)的原理和性能;分离条件选择与样品预处理;定性定量分析方法及其应用;气相色谱仪的原理、结构、特点和应用。

［基本要求］

1. 掌握气相色谱法的基本原理、特点和分类。
2. 掌握保留时间、保留体积、分配系数、分配系数比、死时间、死体积、容量因子、分离度、理论塔板数等色谱概念。
3. 了解气相色谱固定液的分类及其选择原则。
4. 掌握气相色谱检测器的类型和检测原理。
5. 理解范氏方程各项的意义。
6. 了解气相色谱仪的结构及应用;掌握色谱分离条件选择与样品定性定量方法。

第十章 高效液相色谱法

［基本内容］

高效液相色谱法的基本原理;Van Deemter 方程式在液相色谱中的表现形式;各类高效液相色谱法(液－固吸附、液－液分配、离子对色谱法、离子抑制色谱法)的分离机制;正相色谱和反相色谱的区别与应用；固定相与流动相；高效液相色谱分析仪的原理、结构、特点及应用；定性、定量分析方法及其应用。

［基本要求］
1. 掌握高效液相色谱法的基本原理、特点及分类。
2. 熟悉固定相、流动相及其他分析条件的选择。
3. 熟悉高效液相色谱仪的结构及样品定性定量方法。

第十一、十二、十三章 视学时可作为一般简介，使学生对仪器分析的发展和药物分析方法设计及验证有一定的了解和认识。

《仪器分析》面授辅导学时安排

章次	内容	辅导学时	实验内容	学时
一	电位法及永停滴定法	3.5	pH 的测定	4
二	紫外-可见分光光度法	3.5	邻二氮菲法测定水中含铁量	4
三	荧光分析法	1	原料药吸收系数的测定	4
四	红外分光光度法	4	纸色谱分离甘氨酸和蛋氨酸	4
五	原子吸收分光光度法	1	TLC 分离 TMP 和 SMZ	4
六	核磁共振波谱法	3.5	精密仪器参观与示教	4
七	质谱法	3.5		
八	平面色谱法	2		
九	气相色谱法	4		
十	高效液相色谱法	2		
十一	高效毛细管电泳法	2		
十二	质谱联用技术			
十三	药物分析方法的设计和验证			
十四	实验			
	合计	30	注:各函授站视条件适当选做。	

习 题 答 案

第一章 习题答案

一、填空题

1. 电位恒定 使用方便 寿命长 2. 拐点 极值点 等于零 3. 玻璃电极 饱和甘汞电极 两次测量 4. (图见左) 电流 5. 参比电极 甘汞电极(Ag－AgCl 电极) 6. 偏高 酸差 偏低 碱差或钠差 7. 待测试液 电动势 8. 相同的 Pt 电极 玻璃电极和 SCE 9. 氢离子在玻璃膜表面进行离子交换和扩散而形成双电层结构 10. $pH_X = pH_S + \dfrac{E_X - E_S}{0.0592}$

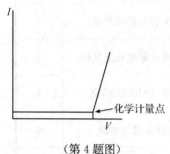

(第 4 题图)

二、选择题

1. A 2. A 3. D 4. C 5. C 6. B 7. A 8. B 9. B 10. A 11. C 12. D 13. B

三、计算题

1. 解：
$$E_X - E_S = \frac{-2.303RT}{nF} = -0.0592(\text{V})$$
$$\Delta\varphi = 346.1 - 358.7 = -12.6(\text{mV})$$
$$c_0 = \frac{c_a V_a}{(V_0 + V_a)10^{\Delta\varphi/S} - V_0} = \frac{0.0500 \times 1.00}{(50.00 + 1.00) \times 10^{(-0.0126)/(-0.0592)} - 50.00} = 1.50 \times 10^{-3}(\text{mol/L})$$

2. 解：
$$\varphi = K + \frac{0.0592}{n_x}\lg a_{Ca^{2+}}$$
$$K = 0.300 - \frac{0.0592}{2}\lg(1.00 \times 10^{-3}) = 0.389$$

$$\varphi = K + \frac{0.0592}{n_x}\lg\left[a_{Ca^{2+}} + \sum_Y K_{Ca,Y} a_Y^{\frac{n_{Ca}}{n_Y}}\right]$$
$$= 0.389 + \frac{0.0592}{2}\lg(1.00 \times 10^{-3} + 0.040 \times 1.00 \times 10^{-3} + 0.021 \times 1.00 \times 10^{-3} + 0.081 \times 5.00 \times 10^{-4}$$
$$+ 6.6 \times 10^{-5} \times 0.100^2 + 1.7 \times 10^{-4} \times 0.0500^2)$$
$$= 0.301(\text{V}) = 301(\text{mV})$$

Zn^{2+} 的 $K_{Ca,Y}$ 最大，故 Zn^{2+} 的干扰最大。

3. 解：两电极反应为
$$Bi + H_2O - 3e^- \rightleftharpoons BiO^+ + 2H^+$$
$$Ag^+ + e^- \rightleftharpoons Ag$$
$$\varphi_{Ag^+/Ag} = \varphi^{\ominus}_{Ag^+/Ag} + 0.0592\lg[Ag^+]$$
$$= \varphi^{\ominus}_{Ag^+/Ag} + 0.0592\lg K_{sp} - 0.0592\lg[I^-]$$
$$= 0.799 + 0.0592\lg 8.3 \times 10^{-17} - 0.0592\lg 0.100$$
$$= -0.094(\text{V})$$
$$\varphi_{BiO^+/Bi} = \varphi^{\ominus}_{BiO^+/Bi} + \frac{0.0592}{3}\lg\{[BiO^+][H^+]^2\}$$

$$=0.160+\frac{0.0592}{3}\lg\{[0.050][1.00\times10^{-2}]^2\}=0.06\text{ (V)}$$
$$E=-0.09-0.06=-0.15\text{(V)}$$

故该电池是电解池。

4. 解:(1) $Ag_2C_2O_4/Ag$ 的电极电位与 pC_2O_4 的关系式为

$$\varphi_{Ag_2C_2O_4/Ag}=\varphi^{\ominus'}+0.0592\lg\left(\frac{K_{sp}}{[C_2O_4^{2-}]}\right)^{1/2}$$
$$=\varphi^{\ominus'}+\frac{0.0592}{2}\lg K_{sp}-\frac{0.0592}{2}\lg[C_2O_4^{2-}]$$

电池电动势

$$E=\varphi_{Ag_2C_2O_4/Ag}-\varphi_{AgCl/Ag}=0.4878+\frac{0.0592}{2}pC_2O_4-0.199=0.289+\frac{0.0592}{2}pC_2O_4$$

(2) $0.402=0.289+\frac{0.0592}{2}pC_2O_4 \quad pC_2O_4=3.82$

5. 解:$E=\varphi_{SCE}-\varphi_{H_2/H^+}=0.2412-\frac{0.0592}{2}\lg\frac{a_{H^+}^2}{p(H_2)}=0.2412+\frac{0.0592}{2}\lg p(H_2)-0.0592\lg a_{H^+}^2$

$$=0.2412+\frac{0.0592}{2}\lg p(H_2)-0.0592\lg\frac{[C_5H_5NH^+]K_w}{[C_6H_5N]K_b}$$

$$0.563=0.2412+\frac{0.0592}{2}\lg 0.200-0.0529\lg\frac{0.0536\times1.00\times10^{-14}}{0.189K_b}$$

$$\lg K_b=-8.762 \quad K_b=1.73\times10^{-9}$$

6. 解:由题设数据可得以下数据处理表:

V/mL	pH	ΔpH	ΔV	ΔpH/ΔV	V/mL	Δ(ΔpH/ΔV)	Δ²pH/ΔV²
36.00	4.76	0.74	3.20	0.23	37.60		
39.20	5.50					1.17	0.60
		1.01	0.72	1.40	39.56		
39.92	6.51					20.35	50.88
		1.74	0.08	21.75	39.96		
40.00	8.25					0.12	1.50
		1.75	0.08	21.87	40.00		
40.08	10.00					-20.48	-51.20
		1.00	0.72	1.39	40.24		
40.80	11.00					-1.09	-1.43
		0.24	0.80	0.30	41.20		
41.60	11.24						

故加入 NaOH 溶液 40.00 mL 时,$\Delta^2 pH/\Delta V^2=1.50$

40.24 mL 时,$\Delta^2 pH/\Delta V^2=51.20$

设终点时滴定体积为 x mL,由内插法得

$(40.24-40.00):(-51.20-1.50)=(x-40.00):(0-1.5)$

$x=40.01\text{(mL)}$

样品溶液的浓度为

$$c_{样}=\frac{(cV)_{NaOH}}{V_{样}}=\frac{0.1250\times40.01}{50.00}=0.1000\text{(mol/L)}$$

由 $K_a=\frac{[A^-][H^+]}{[HA]}$,当半中和点$[A^-]=[HA]$时,$K_a=[H^+]$,则

因为 $x=20.00$ mL,pH=3.81,所以 $K_a=1.55\times10^{-4}$

7. 解:由题设数据可得以下数据处理表:

V/mL	E/V	ΔE	ΔV	$\Delta E/\Delta V$	V/mL	$\Delta(\Delta E/\Delta V)$	$\Delta^2 E/\Delta V^2$
30.00	−0.004 7	0.008 8	0.30	0.029 3	30.15		
30.30	0.004 1					0.016 7	0.055 7
		0.013 8	0.30	0.046 0	30.45		
30.60	0.017 9					0.031 0	0.103 3
		0.023 1	0.30	0.077 0	30.75		
30.90	0.041 0					0.005 0	0.016 7
		0.024 6	0.30	0.082 0	31.05		
31.20	0.065 6					−0.044 3	−0.147 7
		0.011 3	0.30	0.037 7	31.35		
31.50	0.076 9						

(1) 设终点时加入的体积为 x mL,用内插法可得

$$\frac{-0.147\ 7-0.016\ 7}{31.20-30.90}=\frac{0-0.016\ 7}{x-30.90}$$

$x=30.93$(mL)

理论上所需滴定剂的体积为

$(cV)_{\text{La(NO}_3)_3}=1/3(cV)_{\text{NaF}}$

$0.033\ 18 \times V_{\text{La(NO}_3)_3}=1/3 \times 100.0 \times 0.030\ 93$

$V_{\text{La(NO}_3)_3}=31.07$(mL)

(2) 用表中第一个数据计算常数值 K

$-0.104\ 6 = K+0.059\ 2\text{pF}=K-0.059\ 2\lg[\text{F}^-]=K-0.059\ 2\lg 0.030\ 93$

$K=-0.194\ 6$

(3) 计算加入 50.00 mL 滴定剂后游离的 F^- 的浓度

根据化学计量关系与题设的条件有

$0.111\ 3=-0.194\ 6+0.059\ 2\text{pF}=-0.194\ 6-0.059\ 2\lg[\text{F}^-]$

$-\lg[\text{F}^-]=(0.111\ 3+0.194\ 6)/0.059\ 2=5.167$

$[\text{F}^-]=6.81\times 10^{-6}$(mol/L)

(4) 计算 La^{3+} 的浓度

根据化学计量关系与题设的条件有

$[\text{La}^{3+}]=[50.00\times 0.033\ 16-1/3(100.0\times 0.030\ 93)]/(100.0+50.00)=4.187\times 10^{-3}$(mol/L)

(5) 计算 LaF_3 的溶度积

$K_{\text{sp}}=[\text{La}^{3+}][\text{F}^-]=4.187\times 10^{-3}\times(6.78\times 10^{-6})^3=1.30\times 10^{-18}$

8. 解:根据计算公式

$$\text{pH}_x=\text{pH}_s+\frac{E_x-E_s}{0.059\ 2}$$

求得当 $E_x=0.312$ V,$\text{pH}_x=4.00+(0.312-0.209)/0.059\ 2=5.74$(V)

$E_x=0.088$ V,$\text{pH}_x=4.00+(0.088-0.209)/0.059\ 2=1.96$(V)

同理,$E_x=-0.017$ V,$\text{pH}_x=4.00+(-0.017-0.209)/0.0592=0.17$(V)

9. 解:$E_x-E_s=0.059(\lg c_x-\lg c_s)$

$\therefore \lg c_x=\dfrac{E_x-E_s}{2\times 0.059}+\lg c_s$

$=\dfrac{0.248-0.315}{2\times 0.059}+\lg 1.0\times 10^{-3}$

$=3.57$

$\therefore c=10^{-3.57}=2.7\times 10^{-4}$ mol/L

10. 解:$0.482=(0.337+\dfrac{0.059\ 2}{2}\lg\dfrac{K_{\text{SP}}}{[\text{IO}_3^-]^2})-(-0.231+\dfrac{0.059\ 2}{2}\lg 0.025\ 0)$

$$-0.0592 = 0.0592 \lg[IO_3^-]$$

$$[IO_3^-] = 0.10 \text{ mol/L}$$

11. 解:$E = \varphi_+ - \varphi_- = (\varphi^\ominus + 0.059\lg[Ag^+]) - (\varphi^\ominus_{Ag^+/Ag} + 0.059\lg\dfrac{[Ag(S_2O_3)_2^{3-}]}{[S_2O_3^{2-}]^2 K_{Ag(S_2O_3)_2^{3-}}})$

$$0.903 = 0.059\lg 0.050 - 0.059\lg\dfrac{0.0010}{2.00^2 \times K_{Ag(S_2O_3)_2^{3-}}}$$

$$K_{Ag(S_2O_3)_2^{3-}} = 1.0 \times 10^{13}$$

12. 解:由 $K_{sp(AgCl)}$ 定义:$K_{sp(AgCl)} = [Ag^+][Cl^-]$

$$E = \varphi_{(+)} - \varphi_{(-)} = \varphi^\ominus_{Ag^+/Ag} + 0.059\lg[Ag^+] - (\varphi^\ominus_{Ag^+/Ag} + 0.059\lg\dfrac{K_{SP}}{[Cl^-]})$$

$$0.4455 = 0.059\lg 0.072 + 0.059\lg 0.0769 - 0.059\lg K_{SP} \quad K_{SP} = 1.56 \times 10^{-10}$$

第二章 习题答案

一、填空题

1. 吸光度 浓度 吸收池厚度 $A = Ecl$ 2. 200~800nm 200~400 400~800 3. 电子光谱 电子能级跃迁 共轭不饱和化合物 4. 钨灯 玻璃 氢灯(或氘灯) 石英 5. $\sigma \to \sigma^*$ $\pi \to \pi^*$ $n \to \pi^*$ $n \to \sigma^*$
6. 共轭的 $\pi \to \pi^*$ $n \to \pi^*$ 7. 单色光 稀溶液 8. 光源 单色器 吸收池 检测器 记录与数据处理

二、选择题

1. C 2. B 3. D 4. A 5. D 6. B 7. C 8. D

三、计算题

1. 跃迁类型 吸收带

(1) $CH_2=CHCH_3$ $\sigma \to \sigma^*$、$\pi \to \pi^*$ 无

(2) $CH_2=CH-\overset{O}{\underset{\|}{C}}-CH_3$ $\sigma \to \sigma^*$、$\pi \to \pi^*$、$n \to \pi^*$ R、K

(3) ⌬-OH $\sigma \to \sigma^*$、$n \to \sigma^*$、$\pi \to \pi^*$ E、B

(4) ⌬-$\overset{O}{\underset{\|}{C}}$-$CH_3$ $\sigma \to \sigma^*$、$\pi \to \pi^*$、$n \to \pi^*$ R、B、K

2. 解:(a) $\lambda_{max} = 235$ nm 处,$\varepsilon = 12\,000$,为 K 带吸收,是结构(1)的羰基与双键共轭所产生的吸收带,即 a 为(1);

(b) 220 nm 后无强吸收,而(2)仅能产生 C=O 的 R 带弱吸收,故 b 为(2)。

3. 解:$A = E_{1\,cm}^{1\%} cl$

$$E_{1\,cm}^{1\%} = \dfrac{A}{cl} = \dfrac{0.557}{0.4962 \times 10^{-3} \times 1} = 1\,123$$

$$\varepsilon = \dfrac{M}{10} E_{1\,cm}^{1\%} = \dfrac{236}{10} \times 1\,123 = 2.65 \times 10^4$$

4. 解:$\varepsilon = \dfrac{M}{10} E_{1\,cm}^{1\%}$,$A = E_{1\,cm}^{1\%} cl$

$$E_{1\,cm}^{1\%} = 10 \times 18\,200/396.6 = 459$$

$$c = A/E_{1\,cm}^{1\%} l = 0.400/459 \times 1 = 8.71 \times 10^{-4} \text{ (g/100 mL)}$$

5. 解:$A = -\lg T = Ecl$

$$\lg T_2 = \dfrac{l_2}{l_1}\lg T_1 \quad T_2 = T_1^{l_2/l_1}$$

$l_2 = 1$ cm 时,$T_2 = 0.6^{1/2} = 0.775 = 77.5\%$

$l_2=3$ cm 时，$T_2=0.6^{3/2}=0.465=46.5\%$

6. 解：$-\lg T = Ecl$

$$-\lg 0.1 = \frac{10 \times 6\,740}{156} \times c \times l$$

$c = 0.002\,31$ g/100 mL $= 2.31 \times 10^{-2}$ mg/mL

7. 解：$-\lg T = Ecl$

则 $\dfrac{c_甲}{c_乙} = \dfrac{-\lg T_甲}{-\lg T_乙} = \dfrac{-\lg 0.54}{-\lg 0.32} = 0.54$

8. 解：$c_配 = \dfrac{10.00 \times 10^{-3}}{200} \times \dfrac{5.00}{50} \times 100 = 5.00 \times 10^{-4}$ (g/100 mL)

$c_测 = 0.463/927.9 \times 1 = 4.99 \times 10^{-4}$ (g/100 mL)

故：$w(咖啡酸) = \dfrac{c_测}{c_配} \times 100\% = \dfrac{4.99 \times 10^{-4}}{5.00 \times 10^{-4}} \times 100\% = 99.8\%$

9. 解：$\varepsilon = \dfrac{M}{10} E_{1\,\text{cm}}^{1\%}$，$A = -\lg T = Ecl$

$E_{1\,\text{cm}}^{1\%} = 10 \times 12\,000/100 = 1\,200$

$E_{1\,\text{cm}\,测}^{1\%} = \dfrac{A}{cl} = -\lg 0.417 / (\dfrac{0.050\,0}{250} \times \dfrac{2}{100} \times 100 \times 1) = 950$

$w(样品) = \dfrac{E_{1\,\text{cm}\,测}^{1\%}}{E_{1\,\text{cm}}^{1\%}} \times 100\% = \dfrac{950}{1\,200} \times 100\% = 79.2\%$

10. 解：$E_{1\,\text{cm}}^{1\%} = \dfrac{A}{cl} = \dfrac{-\lg 0.451}{0.001 \times l} = 346$

$\varepsilon = \dfrac{M}{10} E_{1\,\text{cm}}^{1\%}$

$\therefore M = \dfrac{10 \times \varepsilon}{E_{1\,\text{cm}}^{1\%}} = \dfrac{10 \times 1.34 \times 10^4}{346} = 387$

$M_胺 = 387 - 229 = 158(\pm 1\%)$

11. 解：$\Delta A = \Delta Ecl$

$(0.442 - 0.278) = (720 - 270) \times c \times l$

$\therefore c = \dfrac{0.442 - 0.278}{720 - 270} = 0.000\,364$ g/100 mL $= 0.364$ (mg/100 mL)

第三章 习题答案

一、填空题

1. 物质分子有强的紫外—可见吸收 一定的荧光效率 2. 最大激发波长 最大发射波长

二、选择题

1. C 2. C 3. D 4. D

三、计算题

1. 解：25 mL 氧化液：荧光读数为 6 格，相当于空白背景。

25 mL 测定液：荧光读数为 55 格，实际核黄素的荧光为 55−6=49(格)。

24 mL 氧化液+1 mL 标准核黄素：荧光读数为 92 格。

标准核黄素 0.5 μg/mL：荧光读数为 92−6=86(格)。

$0.5\ \mu g \times \dfrac{49}{86} = 0.284\,9\ \mu g$

1 g 谷物中核黄素为 $0.284\,9\ \mu g \times \dfrac{50}{25} = 0.569\,8$ (μg/g)

2. 回归方程式：
$$F = 1.761 + 116.6c$$
$$c = 0.348 \ \mu mol/L$$

第四章 习题答案

一、填空题

1. 振转光谱 振动转动能级 4000～400 4000～1250 1250～400 2. 分子由基态跃迁至第一振动激发态所产生的吸收峰 简并 红外非活性振动 3. $\Delta \mu \neq 0$ $\nu_L = \Delta V \cdot \nu_{振}$ 4. 硅碳棒 真空热电偶 KBr 压片法 5. $3N-5$ $3N-6$ 6. 凡可用于鉴别官能团存在的吸收峰 由一个官能团所产生的一组相互依存的特征峰

二、选择题

1. B 2. C 3. A 4. C 5. B 6. A 7. D

三、解谱题

1. 解：

   (1) $CH_3—CH_3$ 电偶极矩变化 $\Delta \mu = 0$，非活性

   (2) $CH_3—CCl_3$ 电偶极矩变化 $\Delta \mu \neq 0$，活性

   (3) SO_2 电偶极矩变化 $\Delta \mu \neq 0$，活性

   (4) ① $\Delta \mu \neq 0$，活性   ② $\Delta \mu = 0$，非活性

   ③ $\Delta \mu \neq 0$，活性   ④ $\Delta \mu = 0$，非活性

2. 解：$C=O$，$\mu' = \dfrac{m_A \cdot m_B}{m_A + m_B} = \dfrac{12 \times 16}{12 + 16} = 6.857$

   $$\nu_{C=O} = 1\ 307 \sqrt{\dfrac{12.1}{6.857}} = 1\ 736 \ (cm^{-1})$$

   $$\nu_{OH} = 1\ 307 \sqrt{\dfrac{7.12}{\dfrac{16 \times 1}{16 + 1}}} = 3\ 595 \ (cm^{-1})$$

   $$\nu_{C-O} = 1\ 307 \sqrt{\dfrac{5.80}{\dfrac{12 \times 16}{12 + 16}}} = 1\ 200 \ (cm^{-1})$$

   由于 $K_{C=O} > K_{C-O}$ ∴ $\nu_{C=O} > \nu_{C-O}$ 折合质量相同，则键力常数愈大，振动频率越高。

   由于 $\mu_{C-O} > \mu_{OH}$ ∴ $\nu_{OH} > \nu_{C-O}$ 键力常数相同时，折合质量越小，振动频率越高。

3. 解：应是 4-叔丁基甲苯(Ⅲ)，因为图中有 2 960 cm^{-1} ($\nu_{CH_3}^{as}$) 和 2 870 cm^{-1} ($\nu_{CH_3}^{S}$) 两个峰归属为 CH_3，故为(Ⅲ)。

4. 解：2 200 cm^{-1} $\nu_{C \equiv N}$；3 500～2 500 ν_{OH}，且无 $\nu_{C=O}$ 峰。

   ∴ 该化合物的结构是(Ⅰ)。

5. 解：

   (1) $U = \dfrac{2 + 2 \times 8 + 1 - 7}{2} = 6$ (可能有苯环)

   (2) 吸收峰(cm^{-1})   振动类型   归属

   3 030 $\nu_{\phi H}$

   1 610, 1 510 $\nu_{C=C}$ (骨架振动)

   815                  $\gamma_{\phi H}$ (对位取代)

   1 175 $\delta_{\phi H}$

   2 220 $\nu_{C \equiv N}$ —C≡N

2 920	$\nu^{as}_{CH_3}$	
1 450	$\delta^{as}_{CH_3}$	—CH_3
1 380	$\delta^s_{CH_3}$	

∴ 此化合物结构为：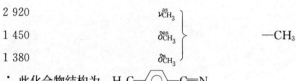

6. 解：

(1) $U=\dfrac{2+2\times 8-8}{2}=5$（可能有苯环）

(2) 特征区第一强峰为 $1\,687\ cm^{-1}$，查光谱 8 个重要区段表可知，$1\,687\ cm^{-1}$ 是 $\nu_{C=O}$ 峰，它可能是醛、酮、酸或酯，因分子式中只含 1 个氧原子，不可能是酸或酯。而 $2\,850\ cm^{-1}$ 及 $2\,750\ cm^{-1}$ 无醛基的 ν_{CH} 峰，故很可能是芳酮。

(3) 找相应相关峰

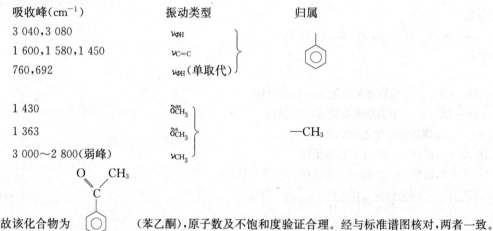

故该化合物为 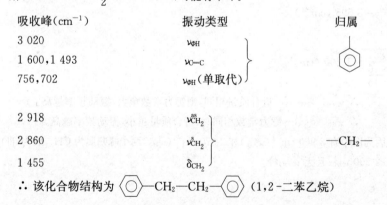 （苯乙酮），原子数及不饱和度验证合理。经与标准谱图核对，两者一致。

7. 解：(1) $U=\dfrac{2+2\times 14-14}{2}=8>4$，可能有苯环。

吸收峰(cm^{-1})	振动类型	归属
3 020	$\nu_{\phi H}$	
1 600, 1 493	$\nu_{C=C}$	苯环
756, 702	$\nu_{\phi H}$（单取代）	
2 918	$\nu^{as}_{CH_2}$	
2 860	$\nu^s_{CH_2}$	—CH_2—
1 455	δ_{CH_2}	

∴ 该化合物结构为 苯-CH_2-CH_2-苯 （1,2-二苯乙烷）

第五章　习题答案

一、填空题

1. 气态物质中基态原子的外层电子　$3^2S_{1/2}-3^2P_{3/2}$　2. 多普勒变宽　10^{-2}　3. 原子在激发态的停留时间　原子的热运动　4. 原子与其他种类粒子的碰撞　5. 灯电流　5%～15%　6. 自然宽度　多普勒变宽　压力变宽　场致变宽　自吸变宽　7. 多普勒变宽（或热变宽）　劳伦兹（或碰撞变宽、压力变宽）和自然变宽
8. 锐线　峰值吸收

二、选择题
1. A 2. B 3. C 4. D 5. C 6. B 7. D 8. A 9. D 10. C

三、计算题
1. 解:先将各稀释度值进行校正,即减去空白液的吸收值,然后,以各溶液中所加入标准钴溶液浓度为横坐标,以吸收度为纵坐标作图可得一直线,外推直线与横坐标交点,即为试样的浓度。

（1）校正后,溶液 A 至 E 的吸收度分别为:0.159,0.250,0.336,0.425,0.512。

（2）外推试样的浓度为—1.79。所以 $c_x=1.79×(6.23/5)=2.23$ ($1×10^{-6}$)。

2. 解:依题意作图,得回归方程,式中 x 为镁标准溶液浓度,y 为吸收度值,将样品吸光度 0.213 代入回归方程中计算得样品中镁的含量为 0.532 $\mu g/mL$,血清中镁的浓度为:

$$c=\frac{0.532×50}{2}=13.3\ (\mu g/mL)$$

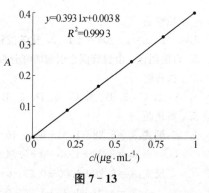

图 7 - 13

3. 解:

（1）
$$\frac{A_1}{A_2}=\frac{Kc_1}{Kc_2}=\frac{c_1}{c_2}$$

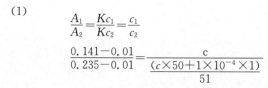

解得 $c=2.66×10^{-8}$ mol/mL $=2.66×10^{-5}$ mol/L

（2）$S=\frac{2.66×10^{-5}}{0.131}×0.004\ 4=8.93×10^{-5}$ mol/L $=0.100\ \mu g/mL$

4. 解:原子吸收光谱法是以测量气态基态原子外层电子对共振线的吸收为基础的分析方法。在实际工作中,对原子吸收值的测量是以一定光强的单色光 I_0 通过原子蒸气,然后测出被吸收后的光强 I。此吸收过程符合朗伯-比尔定律,即

$$I=I_0e^{-KNL}$$

式中,K 为吸收系数,N 为自由原子总数(近似于基态原子数),L 为吸收层厚度。

吸光度 A 可用下式表示:

$$A=\lg\frac{I_0}{I}=2.303\ KNL$$

此式表明,A 与 N 成正比。

在实际分析过程中,当实验条件一定时,N 正比于待测元素的浓度 c。因此,以标准系列作出工作曲线后,即可从吸光度的大小,求得待测元素的含量。

5. 解:原子吸收分光光度计由光源、原子化器、单色器、检测器 4 个主要部分组成,一般光源采用空心阴极灯;原子化器又有火焰与非火焰两种。常用的火焰是空气-乙炔,非火焰多采用石墨炉;单色器均用光栅,波长范围是紫外、可见光区;检测器为光电倍增管。

由光源发射的待测元素的锐线光束(共振线),通过原子化器,被原子化器中的基态原子吸收,再射入单色器中进行分光后,被检测器接收,即可测得其吸收讯号。

在原子化器中,同时存在着被测原子的吸收和发射,此发射讯号干扰检测,为了消除待测原子的发射讯号,可在光源后面加一切光器,将光源发射的光束调制成一定频率的光。另外,放大器的电子系统也被调制到相同频率(选频放大器)。在这种系统里,只有来自光源的具有调制频率的光才被接收和放大,而从原子化器中发射的未经调制的光则不被放大,从而消除了发射讯号的干扰。这种装置中需采用交流放大器。

6. 解:$A=\lg\frac{1}{T}=\lg\frac{I_0}{I}=\lg\frac{100}{48}=2-1.681\ 2=0.318\ 8$

$S=\frac{c×0.004\ 4}{A}=\frac{3×0.004\ 4}{0.318\ 8}=0.041\ \mu g\cdot mL^{-1}(1\%)$

7. 解:最适浓度测量范围为:

最低　$0.005×25=0.125\ \mu g\cdot mL^{-1}$

最高　$0.005×120=0.6\ \mu g\cdot mL^{-1}$

应称取试样的最低质量为：

$$\frac{25×0.125}{10^6×0.01}×100=0.031\ g$$

第六章　习题答案

一、填空题

1. 2　2. $\nu_0=\nu$　$\Delta m=\pm1$　3. 化学位移相同　位移等价核　4. 一级偶合　高级偶合　$\Delta\nu/J$ 是否大于 10

5. 自旋偶合　由自旋偶合引起的峰分裂　偶合常数　6. 氢分布　质子类型　偶合关系

二、选择题

1. A　2. C　3. B　4. C　5. D　6. D

三、解谱题

1. 解：顺式：$\delta_a=5.28+1.00+0-0.10=6.18×10^{-6}$

$\delta_b=5.28+1.35+0+0.74=7.37×10^{-6}$

反式：$\delta_a=5.28+1.00+0.37-0=6.65×10^{-6}$

$\delta_b=5.28+1.35+1.35-0=7.98×10^{-6}$

2. 解：① $\because \Delta\nu/\tau=\dfrac{7.26-6.72}{8.5}×60=3.8<10$

$\therefore$ 是高级偶合的 AB 系统。

② $x=\dfrac{60×10}{3.8}=157.9$（MHz）

3. 解：其 NMR 谱及结构分别如下：

(1)　　　　　　　　　　　　(2)

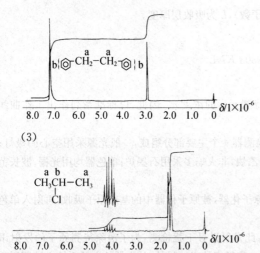
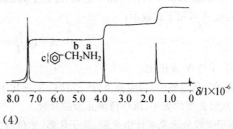

(3)　　　　　　　　　　　　(4)

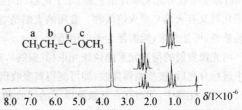

4. 解：(1) ① $U=\dfrac{2+2×4-10}{2}=0$　饱合脂肪族化合物

$\Delta\nu/J=\dfrac{3.38-1.13}{7.1}×60=19.0$　一级偶合

② $\delta(1×10^{-6})$　　峰数　　氢数　　结构单元

1.13　　　　　　　3　　　　3　　　—$CH_2C\underline{H}_3$

3.38　　　　　　　4　　　　2　　　—$OC\underline{H}_2CH_3$

③可能结构为：$CH_3CH_2OCH_2CH_3$ (A_2X_3)

(2) ① $U=\dfrac{2+2\times 9-12}{2}=4$ 可能有苯环

②

$\delta(1\times 10^{-6})$	峰数	氢数	结构单元
1.22	2	6	$-CH\begin{smallmatrix}CH_3\\CH_3\end{smallmatrix}$
2.83	7	1	$-CH\begin{smallmatrix}CH_3\\CH_3\end{smallmatrix}$
7.09	单	5	—C₆H₅

③ 可能结构为：C₆H₅—CH(CH₃)₂ (A_5, AX_6)

(3) ① $U=\dfrac{2+2\times 10-12}{2}=5$ 可能含苯环

②

$\delta(1\times 10^{-6})$	峰数	氢数	结构单元
2.42	单	3	—CH_3
7.35	单	5	—C₆H₅
4.88 与 5.33	4	2	—CH—CH—

③ 可能结构：$C_6H_5CHBr-CHBrCOCH_3$ (A_5, AB, A_3)

(4) 若 CH_3CH_2 中的 CH_2 与 C=O 相连，CH_2 上氢的 δ 值只能在 $(2.02\sim 2.39)\times 10^{-6}$，而不可能达到 4.2×10^{-6}。说明 CH_3CH_2 与 O 直接相连，故②③④不对。应为①。

验证：$CH_3CH_2O-\overset{O}{\underset{\|}{C}}-CH_2-\overset{O}{\underset{\|}{C}}-CH_3$

$\delta(\times 10^{-6})$： 1.2   4.2   3.6   2.2

多重性： t   qua   s   s

峰分裂与 δ 均合理，故为①。

5. 解：

$\delta(\times 10^{-6})$	峰数	氢数	单元
3.2	s	6	2—OCH_3
4.3	s	4	2—CH_2—
7.2	s	4	—C₆H₄—

6. 解：① $U=\dfrac{2+2\times 12-14}{2}=6$ 可能含苯环

②

$\delta(\times 10^{-6})$	峰数	碳级数
14.2	q	CH_3
61.5	t	CH_2
129.0	d	CH
131.1	d	CH
132.7	s	C
167.5	s	C=O

因 12 个碳,6 个峰,对称结构,且由 δ 值与 U 知含苯环,

故可能结构为: 邻苯二甲酸二乙酯结构 (苯环上邻位两个 —C(=O)—OCH$_2$CH$_3$ 基团)

7. 解:① $U=\dfrac{2+2\times 5-8}{2}=2$

②

$\delta(\times 10^{-6})$	峰数	碳级数
14.4	q	CH$_3$
60.4	t	CH$_2$
129.1	t	CH$_2$
130.0	d	CH
166.0	s	C=O

③ 可能结构为: CH$_2$=CH—C(=O)—OCH$_2$CH$_3$

8. 解:① $U=\dfrac{2+2\times 7-8}{2}=4$ 可能含苯环

②

碳谱 $\delta(\times 10^{-6})$	峰数	碳级数
64.5	t	CH$_2$
126.8	d	CH
127.2	d	CH
128.2	d	CH
140.8	s	C

C$_7$H$_8$O,7 个碳,5 个峰,分子中有相同环境碳,由 δ 和 U 知应有苯环。

③

氢谱 $\delta(\times 10^{-6})$	峰数	氢数	结构单元
2.4	s	1	—OH
4.6	s	2	—CH$_2$—
7.3	s	5	—C$_6$H$_5$

④ 综上,可能结构为:C$_6$H$_5$CH$_2$OH

第七章 习题答案

一、填空题

1. 分子离子峰 碎片离子峰 同位素离子峰 亚稳离子峰 2. 离子化 质量分离 离子检测 3. 使被分析物质电离为离子 电子轰击离子源 经过计算机处理后的棒图 4. 相对分子质量 分子式 5. 同位素峰强比法 精密质量法 6. 化合物中含有不饱和中心 C=X(X 为 O,N,S,C)基团 与这个基团相连的键上具有 γ 氢原子 7. 偶数 奇数 偶数

二、选择题

1. B 2. D 3. B 4. C 5. C 6. C

三、解谱题

1. 解:C$_{43}$H$_{50}$N$_4$O$_6$ 的精密质量$(m/z)=43\times 12.000\,00+50\times 1.007\,825+4\times 14.003\,07+6\times 15.994\,91=718.372\,99$

C$_{42}$H$_{46}$N$_2$O$_7$ 的精密质量$(m/z)=718.336\,60$

718.372 99 与 718.336 60 相比,前者更接近 718.374 3,因而该生物碱的正确分子式是 C$_{43}$H$_{50}$N$_4$O$_6$。

2. 解:m/z 104 偶数质量单位,是重排离子,从分子结构看可发生反 Diels-Alder 裂解:

$$\left[\bigotimes\right]^{\ddagger} \longrightarrow \left[\bigodot\hspace{-2pt}=\hspace{-2pt}CH_2\right]^{\ddagger} + \parallel$$
$$m/z\ 132(M^{\ddagger}) \qquad\qquad m/z\ 104$$

3. 解：

$$\underset{m/z\ 105}{\bigcirc}\!\!-\!\!\overset{\overset{+}{O}}{\underset{CH_3}{C}} \xrightarrow{\alpha\text{均裂}} \bigcirc\!\!-\!\!C\!\!\equiv\!\!\overset{+}{O} + \cdot CH_3$$

$$\bigcirc\!\!-\!\!\overset{\overset{\cdot\cdot}{\overset{+}{O}}}{\underset{CH_3}{C}} \xrightarrow{\alpha\text{异裂}} \underset{m/z\ 77}{\bigoplus} + \cdot \overset{O}{\underset{CH_3}{C}}$$

$$\bigcirc\!\!-\!\!\overset{\overset{+}{O}}{\underset{CH_3}{C}} \xrightarrow{\alpha\text{均裂}} \overset{+}{C}\!\!\equiv\!\!O + \bigcirc\cdot$$
$$\qquad\qquad\qquad CH_3$$
$$\qquad\qquad\qquad m/z\ 43$$

4. 解：(1) 求分子式 m/z：84(M, 100)、85(6.7)、86(0.2)，M 为偶数，相对分子质量较小，不大可能含偶数个 N，设含 C、H、O，根据同位素峰强度计算分子式：

$$n_C = \frac{6.7}{1.1} = 6$$

$$n_O = \frac{0.2 - 0.006 \times 6^2}{0.2} = 0 \text{(不含氧)}$$

$$n_H = 84 - 6 \times 12 = 12$$

分子式为 C_6H_{12}

(2) $U = \frac{2 + 2 \times 6 - 12}{2} = 1$，未知物含有 1 个双键，是烯烃。

(3) 碎片离子的归属 碎片离子 m/z 41、56 及 69 可能分别为 $C_3H_5^+$、$C_4H_8^+$ 及 $C_5H_9^+$。

m/z 41 是烯烃的特征离子之一，直链 1-烯烃及支链 2-甲基-1-烯烃都可能产生这种离子，由于未知物的相对分子质量是 84，因而只能是 1-己烯或 2-甲基-1-戊烯。其裂解情况如下：

(A) $CH_3-CH_2-CH_2-CH_2-CH=CH_2 \xrightarrow{-e^-} CH_3-CH_2-CH_2-\overset{\curvearrowleft}{CH_2}-\overset{\curvearrowleft}{CH}=\overset{+}{CH_2}$

$\longrightarrow CH_2=CH-\overset{+}{CH_2}(m/z\ 41)$

(B) $CH_3-CH_2-CH_2-\underset{CH_3}{\overset{|}{C}}=CH_2 \xrightarrow{-e^-} CH_3-CH_2-\overset{\curvearrowleft}{CH_2}-\underset{CH_3}{\overset{|}{\overset{+}{C}}}-\overset{\curvearrowleft}{CH_2}$

$\longrightarrow CH_3-\overset{+}{C}=CH_2(m/z\ 41)$

m/z 41 离子可以证明烯键在分子结构式的一端，但不易证明是直链或支链 1-烯，这需要由 m/z 56 离子证明。

m/z 56 离子为基峰，偶数质量单位，为重排离子。在上述两种结构中只有 2-甲基-1-戊烯经麦氏重排后能产生 m/z 为 56 的重排离子。

$$\begin{matrix} & H & \\ H_2C & CH_2 \\ & \parallel \\ H_2C & C-CH_3 \\ & CH_2 \end{matrix}^{\ddagger} \longrightarrow \begin{matrix} CH_2 \\ \parallel \\ CH_2 \end{matrix} + \begin{matrix} CH_3 \\ | \\ C \\ H_2C\ CH_3 \end{matrix}$$

$$m/z\ 56$$

m/z 69 碎片离子峰主要是断掉支链甲基而形成：

$$CH_3-CH_2-CH_2-\overset{\overset{CH_3}{|}}{\underset{}{C}}{}^+\cdot CH_2 \longrightarrow CH_3-CH_2-CH_2-\overset{+}{C}=CH_2 + \cdot CH_3$$
$$\hspace{6cm} m/z\ 69$$

m/z 84 是分子离子 $M^{+\cdot}$。

综上所述，证明未知物是 2-甲基-1-戊烯。

5. 解：(1) 分子式 $M:M+2=3:1$，因此说明分子式中含有 1 个氯原子，由未知物相对分子质量 112 减去氯相对原子质量 35 余 77。未知物质谱上明显有 m/z 77、51、39 的苯环特征峰，因此说明未知物为氯苯，分子式为 C_6H_5Cl。

(2) 碎片离子归属

$$[\text{C}_6\text{H}_5{}^{35}\text{Cl}]^{+\cdot}\ m/z\ 112, \quad [\text{C}_6\text{H}_5{}^{37}\text{Cl}]^{+\cdot}\ m/z\ 114$$

$$[\text{C}_6\text{H}_5\text{Cl}]^{+\cdot} \xrightarrow{-\dot{\text{Cl}}} [\text{C}_6\text{H}_5]^+ \xrightarrow{-CH=CH} [\text{C}_4\text{H}_3]^+$$
$$\hspace{4cm} m/z\ 77 \hspace{3cm} m/z\ 51$$

$$\downarrow -(C_3H_2)$$

$$[\triangle]^+\ m/z\ 39$$

(3) 结论：综合上述理由，说明未知物是氯苯。

6. 解：(1) 由分子式 $C_8H_{16}O$ 计算不饱和度，估计化合物的种类。

$U=\dfrac{2+2\times 8-16}{2}=1$，可能是酮、醛或烯醇类等化合物。

(2) 碎片离子峰的归属 主要碎片离子峰有：m/z 128、85、72、57、43、41 及 29 等。基峰 m/z 43 为甲基酮的特征离子，是由 α 裂解产生。

$$R-\overset{\overset{O^+}{\|}}{C}-CH_3 \begin{array}{l} \xrightarrow{\text{均裂}} R\cdot + CH_3-C\equiv\overset{+}{O}\quad (m/z\ 43) \\ \xrightarrow{\text{异裂}} R^+ + CH_3-\dot{C}O\quad (m/z\ 85) \end{array}$$

未知物是甲基酮已经证明，进一步需要证明已烷基 R 的结构，需由其他碎片离子来说明。

m/z 72 的离子为偶数，与分子离子为偶数一致，还由于含 γ 氢的酮很易产生麦氏重排，故 m/z 72 的离子应是麦氏重排离子，而且在 3 位 C 上必须有甲基，否则只能产生 m/z 58 的重排离子。

$$\begin{array}{c}R'-CH\\ |\\ CH_2\\ |\\ CH\\ |\\ CH_3\end{array}\overset{H}{\underset{}{\cdots}}\overset{+\cdot}{\underset{}{O}}{=}\overset{}{\underset{}{C}}{-}CH_3 \longrightarrow \begin{array}{c}R'\\ |\\ CH\\ \|\\ CH_2\end{array} + \begin{array}{c}HO\\ \|\\ C\\ /\ \ \backslash\\ CH_3\ CH_3\end{array}$$
$$\hspace{8cm} m/z\ 72$$

(3) 根据分子式 R′为乙基,即 R 可能是 $CH_3-CH_2-CH_2-CH_2-\underset{\underset{CH_3}{|}}{CH}-$ 。但除了 3 位 C 有甲基外,其他烷基部分是否是直链? 由于质谱存在 m/z 29、43(共用)及 57 离子,具有直链烷基的特征,可以初步认定 R 的结构正确。

$$CH_3-CH_2-CH_2-CH_2-\underset{\underset{CH_3}{|}}{CH}-\overset{\overset{O}{\|}}{C}-CH_3$$

由上述讨论确认未知物为 3-甲基-2-庚酮,进一步证明可以进行综合光谱解析。

第八章 习题答案

一、填空题
1. 越大 越容易 2. 小 3. 点样 饱和 展开 4. 分配 小
二、选择题
1. B 2. C 3. A 4. A 5. C
三、计算题
1. 解:(a) $R_f = \dfrac{7.6\ cm}{16.2\ cm} = 0.47$

    (b) 化合物 A 的位置 $= 0.47 \times 14.3\ cm = 6.7\ cm$

2. 解: $R_f = \dfrac{1}{1+K\dfrac{V_s}{V_m}} = \dfrac{1}{1+0.50 \times \dfrac{0.10}{0.33}} = 0.87$

    $k = \dfrac{1-R_f}{R_f} = \dfrac{0.13}{0.87} = 0.15$

3. 解: $R = R_{fA}/R_{fB} = L_A/L_B = 1.5$

    $L_A = 1.5 \times 9 = 13.5\ (cm)$

    $R_{fA} = \dfrac{L_A}{L_0} = \dfrac{13.5}{18} = 0.75$

4. 解: $R = \dfrac{2(L_A-L_B)}{W_1+W_2} = \dfrac{2 \times (6.9-5.6)}{0.83+0.57} = 1.9$

    $R_{fA} = \dfrac{6.9}{16.0} = 0.43$ $R_{fB} = \dfrac{5.6}{16.0} = 0.35$

5. 解: $R_{fA} = \dfrac{L_A}{L_0} = 0.63$ $R_{fB} = \dfrac{L_A-2}{L_0} = 0.45$

    $L_0 = \dfrac{2}{0.63-0.45} = 11\ (cm)$

    滤纸条长至少要加 2 cm 的起始线距离,所以至少 13 cm 长。

6. 解: $SN = \dfrac{L_0}{b_0+b_1} - 1 = \dfrac{127}{1.9+4.2} - 1 = 20$

7. 解:6 种杂料的极性次序为:
   偶氮苯<对甲氧基偶氮苯<苏丹黄<苏丹红<对氨基偶氮苯<对羟基偶氮苯
   以硅胶为吸附剂的薄层色谱,原理为吸附色谱,极性小的物质的 R_f 大,因此偶氮苯 R_f 最大,对羟基偶氮苯 R_f 最小。
   极性次序的排列根据它们的分子结构,它们均具有偶氮苯的基本母核,根据取代基的极性大小,很易排出:
   偶氮苯<对甲氧基偶氮苯<对氨基偶氮苯<对羟基偶氮苯
   苏丹红、苏丹黄及对羟基偶氮苯均带有羟基官能团,但苏丹红、苏丹黄上的羟基上的氧原子易与相邻氮原子形成分子内氢键,而使它们的极性大大下降至对氨基偶氮苯之后,苏丹红极性大于苏丹黄,则因苏丹红的共轭体系比苏丹黄长。

8. 解:根据公式 $R=\frac{\sqrt{n}}{4}\frac{\alpha-1}{\alpha}\frac{k_2}{1+k_2}$

∵ $\frac{k_2}{1+k_2}=\frac{\frac{1-R_{f2}}{R_{f2}}}{1+\frac{1-R_{f2}}{R_{f2}}}=1-R_{f2}$

∴ 公式 $R=\frac{\sqrt{n}}{4}\frac{\alpha-1}{\alpha}(1-R_{f2})$ 成立

第九章　习题答案

一、填空题
1. $H=A+B/u+Cu$　涡流扩散　纵向扩散　传质阻抗　2. 柱温　在使最难分离的组分有好的分离度的前提下,尽可能采用较低的柱温,但以保留时间适宜及不拖尾为宜　3. 0.52　2.43　4. 浓度　质量　流速恒定　5. 质量　氮气　氢气　空气　6. 全部出柱　检测器都有响应　$C_i\%=\frac{A_i f_i}{A_s f_s}\frac{W_s}{W}\times 100\%$

二、选择题
1. C　2. D　3. C　4. B　5. A　6. B　7. D　8. B　9. C　10. D

三、计算题
1. 解:$n=5.54\left(\frac{t_R}{W_{0.5}}\right)^2=5.54\left(\frac{4.5}{2/20}\right)^2=11\,200$

   $n_{eff}=5.54\left(\frac{t_R'}{W_{0.5}}\right)^2=5.54\left(\frac{4.5-1}{2/20}\right)^2=6\,790$

   $H=\frac{2\,000}{11\,200}=0.18(mm)$　　$H_{eff}=\frac{2\,000}{6\,790}=0.29(mm)$

2. 解:(1) $k=\frac{t_R'}{t_M}=\frac{5.0-1.0}{1.0}=4.0$

   (2) $V_M=t_M\cdot F_c=1.0\times 50=50\,(mL)$

   (3) $K=k\frac{V_m}{V_s}=4.0\times\frac{1.0\times 50}{2.0}=100$

   (4) $V_R=t_R\cdot F_c=5.0\times 50=250\,(mL)$

3. 解:$n=16\left(\frac{t_R}{W}\right)^2=16\left(\frac{250}{25}\right)^2=1\,600$

   $\alpha=\frac{t_{R'B}}{t_{R'A}}=\frac{250-30}{230-30}=1.1$

   $k_B=\frac{t_{R'B}}{t_M}=\frac{250-30}{30}=\frac{22}{3}$

   $R=\frac{\sqrt{n}}{4}\frac{\alpha-1}{\alpha}\frac{k_2}{1+k_2}=\frac{\sqrt{1\,600}}{4}\frac{1.1-1}{1.1}\frac{\frac{22}{3}}{1+\frac{22}{3}}=0.80$

   $\frac{R_1^2}{R_2^2}=\frac{L_1}{L_2}$　$\frac{0.8^2}{1.5^2}=\frac{2}{L_2}$　$L_2=7\,m$

4. 解:$n=16\left(\frac{t_R}{W}\right)^2$　　$W^2=16\frac{t_R^2}{n}$

   $W_A^2=\frac{16\times 15.05^2}{4\,200}$　　$W_A=0.928\,9$

   $W_B^2=\frac{16\times 14.82^2}{4\,200}$　　$W_B=0.914\,7$

$$R = \frac{t_{R2} - t_{R1}}{(W_1 + W_2)/2} = \frac{15.05 - 14.82}{(0.9289 + 0.9147)/2} = 0.25$$

$$\frac{R_1^2}{R_2^2} = \frac{n_1}{n_2} \qquad \frac{0.25^2}{1.0^2} = \frac{4200}{n_2} \qquad n_2 = 67200$$

5. 解：$u = \frac{L}{t_M}$ $\quad u_1 = \frac{200}{18.2} = 11.0$ (cm/s) $\quad n_1 = 16 \times \left(\frac{2020.0}{223.0}\right)^2 = 1313$

$$H_1 = \frac{200}{1313} = 0.152 \text{ (cm)}$$

$$u_2 = \frac{200}{8.0} = 25.0 \text{ (cm/s)} \qquad n_2 = 16 \times \left(\frac{888.0}{99.0}\right)^2 = 1287$$

$$H_2 = \frac{200}{1287} = 0.155 \text{ (cm)}$$

$$u_3 = \frac{200}{5.0} = 40 \text{ (cm/s)} \qquad n_3 = 16 \times \left(\frac{558.0}{68.0}\right)^2 = 1077$$

$$H_3 = \frac{200}{1077} = 0.186 \text{ (cm)}$$

由 u_1、u_2、u_3 和 H_1、H_2、H_3 可分别建立 3 个范氏方程：

0.152 cm $= A + B/(11.0 \text{ cm/s}) + C \times 11.0$ cm/s

0.155 cm $= A + B/(25.0 \text{ cm/s}) + C \times 25.0$ cm/s

0.186 cm $= A + B/(40.0 \text{ cm/s}) + C \times 40.0$ cm/s

解联立方程可求出 A、B、C 3 个常数：

$A = 0.0605$ cm, $B = 0.683$ cm^2/s, $C = 0.0027$ s。

6. 解：(1) $B/u = Cu = 0$，则 $H = A$，范氏曲线为一条平行于横轴的直线。

(2) $A = Cu = 0$，则 $H = B/u$，范氏曲线为双曲线。

(3) $A = B/u = 0$，则 $H = Cu$，范氏曲线为通过原点的直线。

7. 解：对下式微分：$H = A + B/u + Cu$

$$\frac{dH}{du} = -B/u^2 + C = 0$$

当 $\frac{dH}{du} = 0$ 时，$u = u_{opt} = \sqrt{\frac{B}{C}} = \sqrt{\frac{0.35}{0.043}} = 2.85$ (cm·s^{-1})

$H_{min} = A + 2\sqrt{BC} = 0.15 + 2\sqrt{0.36 \times 4.3 \times 10^{-2}} = 0.399$ (cm)

8. 解：$k_{甲苯} = \frac{t_{R'甲苯}}{t_M} = \frac{2.10 - 0.20}{0.20} = 9.5$

$$n_{甲苯} = 5.54 \left(\frac{t_R}{W_{0.5}}\right)^2 = 5.54 \times \left(\frac{2.10}{0.285/2}\right)^2 = 1203$$

$$R = \frac{\sqrt{n}}{4} \cdot \frac{\alpha - 1}{\alpha} \cdot \frac{k_2}{1 + k_2}$$

$$1.0 = \frac{\sqrt{1203}}{4} \cdot \frac{\alpha - 1}{\alpha} \cdot \frac{9.5}{1 + 9.5}$$

$\alpha = 1.15$

$k_{甲苯}/k_{苯} = 1.15$ $\qquad k_{苯} = 9.5/1.15 = 8.3$

$k_{苯} = \frac{t'_{R苯}}{t_M}$ $\quad t_{R苯} = k_{苯} t_M + t_M = 8.3 \times 0.20 + 0.20 = 1.9$ (min)

$$\frac{R_1^2}{R_2^2} = \frac{L_1}{L_2} \qquad \frac{1.0^2}{1.5^2} = \frac{2}{L_2} \qquad L_2 = 4.5 \text{ (m)}$$

9. 解：(1) 各组分的相对重量校正因子

$$f_i = \frac{A_s}{A_i} \cdot \frac{m_i}{m_s}$$

$$f_A = \frac{4.00}{6.50} \times \frac{0.653}{0.435} = 0.924$$

$$f_B = \frac{4.00}{7.60} \times \frac{0.864}{0.435} = 1.04$$

$$f_C = \frac{4.00}{8.10} \times \frac{0.864}{0.435} = 0.981$$

$$f_D = \frac{4.00}{15.0} \times \frac{1.76}{0.435} = 1.08$$

(2) 各组分的重量百分数

$$A\% = \frac{0.924 \times 3.50}{0.924 \times 3.50 + 1.04 \times 4.50 + 0.981 \times 4.00 + 1.08 \times 2.00} \times 100\% = 23.1\%$$

$$B\% = \frac{1.04 \times 4.50}{0.924 \times 3.50 + 1.04 \times 4.50 + 0.981 \times 4.00 + 1.08 \times 2.00} \times 100\% = 33.4\%$$

$$C\% = \frac{0.981 \times 4.00}{0.924 \times 3.50 + 1.04 \times 4.50 + 0.981 \times 4.00 + 1.08 \times 2.00} \times 100\% = 28.0\%$$

$$D\% = \frac{1.08 \times 2.00}{0.924 \times 3.50 + 1.04 \times 4.50 + 0.981 \times 4.00 + 1.08 \times 2.00} \times 100\% = 15.4\%$$

10. 解:$H_2O\% = \frac{0.55 \times 5.00 \times 0.15 \times 1.065}{0.58 \times 4.00 \times 0.10 \times 1.065} \times \frac{0.4000}{50.00} \times 100\% = 1.42\%$

11. 解:(1) 一甲胺 二甲胺 三甲胺

形成氢键能力 $CH_3-\overset{H}{\underset{H}{N}}$ > $CH_3-\overset{H}{\underset{CH_3}{N}}$ > $CH_3-\overset{CH_3}{\underset{CH_3}{N}}$

分子中 N 能接受质子,与 N 相连的 H 又能给出质子,形成氢键能力一甲胺最强,二甲胺、三甲胺位阻加大,给出质子减少。

可选用氢键型固定液,如 PEG—20M。

流出顺序为三甲胺最先流出色谱柱,一甲胺最后。

(2) 苯与环己烷沸点相差很小,极性有一定的差别,可选用极性固定液或中等极性固定液,如 β,β'-氧二丙腈或 DNP。

组分流出顺序,环己烷先流出色谱柱。

12. 解:(1) $R = \frac{t_{R_2} - t_{R_1}}{(W_1 + W_2)/2} = \frac{t_{R_2} - t_{R_1}}{W}$

$$n = 16\left(\frac{t_R}{W}\right)^2 \quad W^2 = 16\frac{t_{R_2}^2}{n} \quad W = \frac{4}{\sqrt{n}}t_{R_2}$$

$$R = \frac{t_{R_2} - t_{R_1}}{t_{R_2}} \cdot \frac{\sqrt{n}}{4} = \frac{\sqrt{n}}{4} \cdot \frac{t'_{R_2} - t'_{R_1}}{t'_{R_2}} \cdot \frac{t'_{R_2}}{t'_{R_2} + t_M}$$

分子,分母分别除以 t'_{R_1} 与 t_M:

$$R = \frac{\sqrt{n}}{4} \cdot \frac{\alpha - 1}{\alpha} \cdot \frac{k_2}{1 + k_2}$$

(2) $n_{eff} = 16\left(\frac{t'_R}{W}\right)^2 \quad W^2 = 16\frac{t'^2_{R_2}}{n_{eff}} \quad W = \frac{4}{\sqrt{n_{eff}}}t'_{R_2}$

$$R = \frac{\sqrt{n_{eff}}}{4} \cdot \frac{t'_{R_2} - t'_{R_1}}{t'_{R_2}}$$

分子、分母同时除以 t'_{R_1}

$$R = \frac{\sqrt{n_{eff}}}{4} \cdot \frac{\alpha - 1}{\alpha}$$

(3) 根据 n 与 n_{eff} 计算公式:

$$W^2 = 16\frac{t_R^2}{n} \qquad W^2 = 16\frac{t_R'^2}{n_{\text{eff}}}$$

$$\frac{t_R^2}{n} = \frac{t_R'^2}{n_{\text{eff}}}$$

$$n_{\text{eff}} = n\frac{t_R'^2}{(t_R' + t_M)^2}$$

分子、分母均除以 t_M^2

$$n_{\text{eff}} = n\left(\frac{k}{1+k}\right)^2$$

分流比 $= F_c/F_v = 0.583/35.6 = 1:61$

13. 解：

	t_R	H	R
流速加倍	$\frac{1}{2}t_{R原}$	变大	变小
柱长加倍	$2t_{R原}$	不变	$\sqrt{2}R_{原}$
固定液液膜厚度加倍	$2t_{R'原}$	变大	变小
柱温增加	变小	变大	变小

第十章 习题答案

一、填空题

1. 色谱选择性　组分容量因子（保留时间）　梯度洗脱　2. ODS　甲醇—水　大　3. $H = A + B/u + Cu$　$H = A + Cu$　4.

色谱类型	机理	固定相	流动相
纸色谱	分配	水	有机溶剂
薄层色谱	吸附	吸附剂	有机溶剂
反相高效液相色谱	分配	ODS	甲醇—水

5. 紫外　荧光　6. 576 00　7. (1) 1.67　(2) 7.5　(3) 12.5　8. B/u　9. $1.5/W_{1/2}$

10. $R = \frac{\sqrt{n}}{4}\left(\frac{\alpha+1}{\alpha}\right)\frac{k}{k+1}$　k　n　α　11. 梯度洗脱　12. $C_i\% = \frac{A_i f_i}{\sum A_i f_i} \times 100$　在一个分析流程内，样品的所有组分都应流出色谱柱，且检测器对其都有响应

二、选择题

1. D　2. A　3. C　4. D　5. B　6. D　7. B　8. B　9. A　10. A　11. C　12. B　13. B　14. B

三、计算题

1. 解：(1) 由公式 $n = 16(t_R/W)^2$

$n_A = 16 \times (6.4/0.45)^2 = 3\,236$

$n_B = 16 \times (14.4/1.07)^2 = 2\,898$

$n_C = 16 \times (15.4/1.16)^2 = 2\,820$

$n_D = 16 \times (20.7/1.45)^2 = 3\,261$

(2) $n_A + n_B + n_C + n_D = 12\,215$

$n_平 = 12\,215/4 = 3\,054$

(3) $H_平 = 10 \text{ cm}/3.05 \times 10^3 = 0.033$（mm）

2. 解：(1) $k = t_R'/t_M$

$k_A = (6.4 - 4.2)/t_M = 0.524$

$k_B=2.43$ $k_C=2.67$ $k_D=3.93$

(2) $K=kV_M/V_S$

$K_A=0.524\times1.26/0.148=4.5$

$K_B=20.7$ $K_C=22.7$ $K_D=33.4$

3. 解:(1) $R=\dfrac{t_{RC}-t_{RB}}{(W_B+W_C)/2}=\dfrac{2\times(15.4-14.4)}{1.07+1.16}=0.897$

(2) $\alpha=t'_{RC}/t'_{RB}=(15.4-4.2)/(14.4-4.2)=1.10$

(3) $L_{1.5}/L_{0.897}=1.5^2/0.897^2$

$L_{1.5}=10\text{ cm}\times2.80=28\text{ cm}$

(4) $t_{R1.5}/t_{R0.897}=1.5^2/0.897^2$

$t_{R1.5}=15.4\times2.80=43.1\text{ (min)}$

4. 解:(1) B 停留在固定相中的时间 $=t_{RB}-t_M=t'_{RB}$

A 停留在固定相中的时间 $=t'_{RA}$

$t'_{RB}/t'_{RA}=(5-1)/(2-1)=4$

(2) $K_B/K_A=t'_{RB}/t'_{RA}=4$

(3) $W^2=16\dfrac{t_R^2}{n}$

当柱长为 $2L_\text{原}$ 时,$n=2n_\text{原}$、$t_R=2t_{R\text{原}}$

$\because W^2_\text{原}=16\dfrac{t_{R\text{原}}^2}{n_\text{原}}$

$W^2=16\dfrac{4t_{R\text{原}}^2}{2n_\text{原}}=2W^2_\text{原}$

$\therefore W=\sqrt{2}W_\text{原}$

当柱长增加一倍时,峰宽为原峰宽的 $\sqrt{2}$ 倍。

5. 解:根据公式 $R=2(t_{R_2}-t_{R_1})/(W_1+W_2)$

设 $W_1=W_2$ $\therefore R=\dfrac{t_{R_2}-t_{R_1}}{W}$

根据 $n_\text{有效}=16\left(\dfrac{t'_R}{W}\right)^2$

$W_2=\dfrac{4t'_{R_2}}{\sqrt{n_\text{有}}}$ 代入上式

$R=\dfrac{\sqrt{n_\text{有}}}{4}\dfrac{t'_{R_2}-t'_{R_1}}{t'_{R_2}}=\dfrac{\sqrt{n_\text{有}}}{4}\dfrac{\alpha-1}{\alpha}$

$n_\text{有}=16R^2\left(\dfrac{\alpha}{\alpha-1}\right)^2$ $L=n_\text{有}\cdot H_\text{有}$

$L=16R^2\left(\dfrac{\alpha}{\alpha-1}\right)^2 H_\text{有}$

$=16\times15^2\times\left(\dfrac{1.25}{1.25-1}\right)^2\times0.1=90\text{ (mm)}$

需 9 cm 长色谱柱能将两组分完全分离。

6. 解:$\sum A_i f_i=150\times0.97+92\times1.00+170\times0.96+110\times0.98$

$=145.5+92+163.2+107.8$

$=508.5$

$C_i\%=\dfrac{A_i f_i}{\sum A_i f_i}\times100\%$

故   乙苯$\%=150\times0.97/508.5=28.6\%$

对二甲苯%＝92×1.00/508.5＝18.1%
间二甲苯%＝170×0.96/508.5＝32.1%
邻二甲苯%＝110×0.98/508.5＝21.2%

7. 解：(1) $k=\dfrac{t_R-t_M}{t_M}$

   $k_A=\dfrac{6.5-4.0}{4.0}=0.63$ $\qquad k_B=\dfrac{13.5-4.0}{4.0}=2.38$

   $k_C=\dfrac{14.6-4.0}{4.0}=2.65$ $\qquad k_D=\dfrac{20.1-4.0}{4.0}=4.03$

   (2) $n=16\left(\dfrac{t_R}{W}\right)^2$

   $n_A=16\times\left(\dfrac{6.5}{0.41}\right)^2=4\,021$ $\qquad n_B=16\times\left(\dfrac{13.5}{0.97}\right)^2=3\,099$

   $n_C=16\times\left(\dfrac{14.6}{1.10}\right)^2=2\,818$ $\qquad n_D=16\left(\dfrac{20.1}{1.38}\right)^2=3\,394$

   $n_{eff}=16\left(\dfrac{t'_R}{W}\right)^2$

   $n_{eff}(A)=16\times\left(\dfrac{6.5-4.0}{0.41}\right)^2=595$

   $n_{eff}(B)=16\times\left(\dfrac{13.5-4.0}{0.97}\right)^2=1\,535$

   $n_{eff}(C)=16\times\left(\dfrac{14.6-4.0}{1.10}\right)^2=1\,486$

   $n_{eff}(D)=16\times\left(\dfrac{20.1-4.0}{1.38}\right)^2=2\,178$

   (3) $H=L/n$, $H_A=0.06$; $H_B=0.08$; $H_C=0.09$; $H_D=0.07$

   $H_{eff}=L/n_{eff}$, $H_{eff(A)}=0.42$; $H_{eff(B)}=0.16$; $H_{eff(C)}=0.17$; $H_{eff(D)}=0.11$

8. 解：丙二醇%＝$\dfrac{m_s A_i f_i}{m A_s f_s}\times 100\%=\dfrac{0.3500\times 2.5\times 1.0}{20.0\times 0.83\times 1.0250}\times 100\%=5.1\%$

9. 解：$n=5.54\times(4.5/0.2/2)^2=11\,218$

   $H=L/n=10/11\,218.5=8.9\times10^{-4}$

10. 解：$f_{i,m}=m_i/A_i$ $\qquad x_i\%=m_s A_i f_{si}/(mlA_s)\times100\%$

    黄连碱%＝$0.2400\times 3.71\times 0.05831/(0.05556\times 0.8560\times 4.16)\times 100\%=26.24\%$

    小檗碱%＝$0.2400\times 4.54\times 0.04950/(0.05556\times 0.8560\times 4.16)\times 100\%=27.26\%$

11. 解 (1) $k_1=\dfrac{t'_{R_1}}{t_0}=\dfrac{t_{R_1}-t_0}{t_0}=\dfrac{4.10-1.31}{1.31}=2.13$

    同理 $k_2=\dfrac{4.38-1.31}{1.31}=2.34$

    $\alpha=\dfrac{k_2}{k_1}=\dfrac{2.34}{2.13}=1.10$

    $R=\dfrac{\sqrt{n}}{4}\times\dfrac{\alpha-1}{\alpha}\times\dfrac{k_2}{1+k_2}$

    $R=\dfrac{\sqrt{2.84\times 10^4\times 0.15}}{4}\times\dfrac{1.10-1}{1.10}\times\dfrac{2.34}{1+2.34}=1.0$

    (2) $\dfrac{R_1^2}{R_2^2}=\dfrac{L_1}{L_2}$ $\qquad \dfrac{1.0^2}{R_2^2}=\dfrac{0.15}{0.30}$

    $R_2=1.4$

参考文献

1. 柯以侃. 仪器分析. 台北:大杨出版社,1997
2. 北京大学化学系仪器分析教学组. 仪器分析教程. 北京:北京大学出版社,1997
3. [日]藤昭. 电化学测定方法. 北京:北京大学出版社,1995
4. 彭图治. 分析化学手册. 第2版. 北京:化学工业出版社,1999
5. 王彤. 仪器分析与实验. 青岛:青岛出版社,2000
6. 董慧茹. 仪器分析. 北京:化学工业出版社,2000
7. 孙毓庆. 分析化学. 第4版. 北京:人民卫生出版社,1999
8. 倪坤仪. 分析化学. 北京:人民卫生出版社,1993
9. 李发美. 分析化学. 北京:人民卫生出版社,2000
10. 赵藻藩等. 仪器分析. 北京:高等教育出版社,1993
11. 陈国珍. 荧光分析法. 北京:科学出版社,1990
12. 倪坤仪,王志群. 药物分析化学. 南京:东南大学出版社,2001
13. 常建华,董绮功. 波谱原理及解析. 北京:科学出版社,2001
14. 孙汉文. 原子吸收光谱技术. 北京:中国科学技术出版社,1992
15. 方惠群. 仪器分析原理. 南京:南京大学出版社,1994
16. 李安模. 原子吸收及原子荧光光谱分析. 北京:科学出版社,2000
17. 张正行. 有机光谱分析. 北京:人民卫生出版社,1995
18. 邓勃. 仪器分析. 北京:清华大学出版社,1991
19. 施耀曾. 有机化合物光谱和化学鉴定. 南京:江苏科学技术出版社,1988
20. 赵瑶兴. 光谱解析与有机结构鉴定. 合肥:中国科技大学出版社,1992
21. 沈淑娟. 波谱分析法. 上海:华东化工学院出版社,1992
22. 何丽一编著. 平面色谱方法及应用. 北京:化学工业出版社,2000
23. Sherma J and Fried B. Handbook of Thin Layer Chromatography. New York:Marcel Dekker Inc. ,1991
24. Kellner R, Merment J-M and Otto M. . Analytical Chemistry the Approved Text to the FECS Curriculum Analytical Chemistry. Weinheim:Wiley-VCH Verlag GmbH, 1998
25. Clifton E. Chemical Separations Principles Techniquies and Experiments. A Wiley-Intersciene Publication,1999
26. 邹学贤. 分析化学. 北京:人民卫生出版社,2000
27. 孙传经编著. 毛细管色谱法. 北京:化学工业出版社,1991
28. 汪尔康. 21世纪的分析化学. 北京:科学出版社,2001
29. British Phrmacopoeia Commission,British Pharmacopoeia(B. P),2000,Ⅲ
30. 方积乾. 医药数理统计方法. 第2版. 北京:人民卫生出版社,1992
31. 胡育筑. 化学计量学简明教程. 北京:中国医药科技出版社,1997
32. 林秉承. 毛细管电泳导论. 北京:科学出版社,1996
33. 傅小芸,吕建德. 毛细管电泳. 杭州:浙江大学出版社,1997
34. 武汉大学. 分析化学. 第2版. 北京:高等教育出版社,1982
35. 华中师范大学. 分析化学. 第2版. 北京:高等教育出版社,1986
36. [美]考瓦斯基主编;刘世庆等译. 化学计量学. 沈阳:辽宁大学出版社,1990
37. 于如嘏. 分析化学. 第2版. 上册. 北京:人民卫生出版社,1986